重点大学计算机专业系列教材

ASP.NET 4.5动态网站设计教程
——基于C# 5.0+SQL Server 2012

李春葆 蒋林 喻丹丹 曾平 陈良臣 编著

清华大学出版社

北京

内容简介

本书以 C♯＋SQL Server 为数据库平台，以 Visual Studio 2012 为开发环境，通过大量实例来介绍 ASP.NET 应用程序开发技巧，主要内容包括 ASP.NET 概述、ASP.NET 网站结构、HTML5＋CSS3、C♯语言基础、ASP.NET 内置对象、Web 标准服务器控件、ASP.NET 验证控件、用户控件、主题和母版页、网站导航控件、ASP.NET AJAX 控件、ADO.NET 数据库访问技术、LINQ、网站配置、成员资格和角色管理、Web 系统的多层结构和学生成绩管理网站设计等。

本书可作为读者学习 ASP.NET 动态网站开发的教程，也可作为普通高校计算机专业和非计算机专业的动态网站开发的教程，还可作为希望掌握 ASP.NET 网页开发的读者的自学参考书。

本书封面贴有清华大学出版社防伪标签，无标签者不得销售。
版权所有，侵权必究。举报: 010-62782989, beiqinquan@tup.tsinghua.edu.cn。

图书在版编目(CIP)数据

ASP.NET 4.5 动态网站设计教程: 基于 C♯ 5.0＋SQL Server 2012/李春葆等编著.—北京: 清华大学出版社, 2016(2021.2重印)
(重点大学计算机专业系列教材)
ISBN 978-7-302-41628-9

Ⅰ.①A… Ⅱ.①李… Ⅲ.①网页制作工具－程序设计 Ⅳ.①TP393.092

中国版本图书馆 CIP 数据核字(2015)第 228398 号

责任编辑: 魏江江　王冰飞
封面设计: 常雪影
责任校对: 时翠兰
责任印制: 沈　露

出版发行: 清华大学出版社
网　　址: http://www.tup.com.cn, http://www.wqbook.com
地　　址: 北京清华大学学研大厦 A 座
邮　　编: 100084
社 总 机: 010-62770175
邮　　购: 010-83470235
投稿与读者服务: 010-62776969, c-service@tup.tsinghua.edu.cn
质量反馈: 010-62772015, zhiliang@tup.tsinghua.edu.cn
课件下载: http://www.tup.com.cn, 010-83470236

印 装 者: 三河市君旺印务有限公司
经　　销: 全国新华书店
开　　本: 185mm×260mm　印　张: 34.25　字　数: 872千字
版　　次: 2016 年 1 月第 1 版　印　次: 2021 年 2 月第 7 次印刷
印　　数: 7301～8100
定　　价: 59.00 元

产品编号: 066227-01

INTRODUCTION
出版说明

　　随着国家信息化步伐的加快和高等教育规模的扩大,社会对计算机专业人才的需求不仅体现在数量的增加上,而且体现在质量要求的提高上,培养具有研究和实践能力的高层次的计算机专业人才已成为许多重点大学计算机专业教育的主要目标。目前,我国共有 16 个国家重点学科、20 个博士点一级学科、28 个博士点二级学科集中在教育部部属重点大学,这些高校在计算机教学和科研方面具有一定优势,并且大多以国际著名大学计算机教育为参照系,具有系统完善的教学课程体系、教学实验体系、教学质量保证体系和人才培养评估体系等综合体系,形成了培养一流人才的教学和科研环境。

　　重点大学计算机学科的教学与科研氛围是培养一流计算机人才的基础,其中专业教材的使用和建设则是这种氛围的重要组成部分,一批具有学科方向特色优势的计算机专业教材作为各重点大学的重点建设项目成果得到肯定。为了展示和发扬各重点大学在计算机专业教育上的优势,特别是专业教材建设上的优势,同时配合各重点大学的计算机学科建设和专业课程教学需要,在教育部相关教学指导委员会专家的建议和各重点大学的大力支持下,清华大学出版社规划并出版本系列教材。本系列教材的建设旨在"汇聚学科精英、引领学科建设、培育专业英才",同时以教材示范各重点大学的优秀教学理念、教学方法、教学手段和教学内容等。

　　本系列教材在规划过程中体现了如下一些基本组织原则和特点。

　　1. 面向学科发展的前沿,适应当前社会对计算机专业高级人才的培养需求。教材内容以基本理论为基础,反映基本理论和原理的综合应用,重视实践和应用环节。

　　2. 反映教学需要,促进教学发展。教材要能适应多样化的教学需要,正确把握教学内容和课程体系的改革方向。在选择教材内容和编写体系时注意体现素质教育、创新能力与实践能力的培养,为学生知识、能力、素质协调发展创造条件。

　　3. 实施精品战略,突出重点,保证质量。规划教材建设的重点依然是专业基础课和专业主干课;特别注意选择并安排了一部分原来基础比较好的优秀教材或讲义修订再版,逐步形成精品教材;提倡并鼓励编写体现重点大学计算机专业教学内容和课程体系改革成果的教材。

4. 主张一纲多本，合理配套。专业基础课和专业主干课教材要配套，同一门课程可以有多本具有不同内容特点的教材。处理好教材统一性与多样化的关系；基本教材与辅助教材以及教学参考书的关系；文字教材与软件教材的关系，实现教材系列资源配套。

5. 依靠专家，择优落实。在制订教材规划时要依靠各课程专家在调查研究本课程教材建设现状的基础上提出规划选题。在落实主编人选时，要引入竞争机制，通过申报、评审确定主编。书稿完成后要认真实行审稿程序，确保出书质量。

繁荣教材出版事业，提高教材质量的关键是教师。建立一支高水平的以老带新的教材编写队伍才能保证教材的编写质量，希望有志于教材建设的教师能够加入到我们的编写队伍中来。

教材编委会

前言

ASP.NET 4.5是Microsoft公司推出的建立动态Web应用程序的开发平台,它为开发人员提供了完整的可视化开发环境,具有使用方便、灵活、性能好、安全性高、完整性强及面向对象等特性,是目前主流的网络编程工具之一。

本书以C#为编程工具、SQL Server为数据库平台介绍动态网站的开发方法。

全书分为18章,第1章为ASP.NET概述;第2章为ASP.NET网站结构;第3章为使用ASP.NET进行HTML5和CSS3设计;第4章为C#语言基础;第5章为ASP.NET的常用对象;第6章为Web标准服务器控件;第7章为ASP.NET验证控件;第8章为用户控件;第9章为主题和母版页;第10章为站点导航控件;第11章为ASP.NET AJAX控件;第12章为ADO.NET数据库访问技术;第13章为语言集成查询——LINQ;第14章为Web系统的多层结构;第15章为ASP.NET Web服务;第16章为配置ASP.NET应用程序;第17章为成员资格和角色管理;第18章为学生成绩管理网站设计,讨论中小型网站的开发过程,具有综合性。

书中各章提供了一定数目的练习题和上机实验题供读者选用,练习题主要考查学生对基本知识点的理解程度,学生通过温习便可完成,除了个别题目外没有提供参考答案;上机实验题是对能力的考查,要求学生具有一定的设计能力。附录A给出了大部分上机实验题设计参考答案,附录B给出了6个综合上机实验题,附录C给出了使用学生成绩管理系统的过程。

本书的读者对象仅仅需要具备基本的HTML网页设计和程序设计知识。

本书是"ASP.NET动态网站设计"课程组全体教师长期教学经验和教学方法的总结,是学习和吸收国内外相关主流教材和著作的成果,全书具有如下特色。

(1) 知识全面、内容翔实:在讲授上力求翔实和全面,细致地解析每个知识点和各知识点的联系。

(2) 条理清晰、讲解透彻:从介绍ASP.NET的基本概念出发,由简单到复杂,循序渐进地介绍ASP.NET动态网站开发方法。

(3) 实例丰富、实用性强:列举了大量的应用示例,读者通过上机模仿可以极大地提高进行ASP.NET动态网站开发的能力。

(4) 为了方便教师教学和学生学习,本书提供了全面、丰富的教学资源,配套的教学资源包括如下内容。

① PPT：供任课教师在教学中使用。

② 源程序代码：存放在 ASP.NET 文件夹中，每章对应一个子文件夹，例如，\ch2 文件夹包含第 2 章的所有示例代码，"\学生成绩管理系统"文件夹包含第 18 章的学生成绩管理系统的全部代码。

③ 上机实验题源程序代码：存放在各章对应的文件夹中，例如，\ch2 文件夹中的 Experment2 便是上机实验题 2 的网页。

上述所有教学资源均可从清华大学出版社网站免费下载。欢迎使用本书的教师和读者与编者联系，联系邮箱为 licb1964@126.com。由于编者水平所限，书中难免有不当和错误之处，敬请广大读者指正。

本书的编写得到湖北省教改项目、武汉大学计算机学院、解放军理工大学以及清华大学出版社的大力支持，在此一并表示衷心的感谢。

编　者

2015 年 10 月

目录

第 1 章 ASP.NET 概述 ... 1

1.1 WWW 的基础知识 ... 1
- 1.1.1 WWW 简介 ... 1
- 1.1.2 WWW 的特点和系统结构 ... 3
- 1.1.3 WWW 的工作原理 ... 4
- 1.1.4 静态网页和动态网页 ... 6
- 1.1.5 Web 网页开发技术 ... 8

1.2 ASP.NET 的基础知识 ... 10
- 1.2.1 ASP.NET 的特点 ... 10
- 1.2.2 ASP.NET 引擎 ... 10
- 1.2.3 ASP.NET 应用程序的开发工具 ... 11
- 1.2.4 ASP.NET 应用程序的开发方式 ... 12

1.3 .NET Framework ... 13
- 1.3.1 .NET Framework 体系结构 ... 13
- 1.3.2 .NET Framework 下应用程序的开发和执行 ... 14

1.4 创建 ASP.NET 应用程序 ... 15
- 1.4.1 ASP.NET 应用程序的项目类型 ... 15
- 1.4.2 设计第一个网站 ... 17
- 1.4.3 Web 应用程序集成开发环境 ... 20
- 1.4.4 ASP.NET 网页代码编写模型 ... 22
- 1.4.5 打开一个网站 ... 23
- 1.4.6 ASP.NET 网站的工作原理 ... 25

练习题 1 ... 27
上机实验题 1 ... 27

第 2 章 ASP.NET 网站结构 ... 29

2.1 ASP.NET 网站的基本结构 ... 29
- 2.1.1 网站文件类型 ... 29

2.1.2　网站的目录结构 ………………………………………………………… 30
　　2.1.3　.aspx 网页的结构 ………………………………………………………… 30
2.2　ASP.NET 页面指令 ………………………………………………………………… 30
2.3　代码脚本块和 ASP.NET 网站编译 ………………………………………………… 34
　　2.3.1　代码脚本块 ………………………………………………………………… 34
　　2.3.2　ASP.NET 网站的编译和预编译 ………………………………………… 35
2.4　页面内容设计 ……………………………………………………………………… 36
　　2.4.1　网页静态元素设计 ………………………………………………………… 37
　　2.4.2　ASP.NET 服务器控件 …………………………………………………… 40
练习题 2 …………………………………………………………………………………… 43
上机实验题 2 ……………………………………………………………………………… 43

第 3 章　使用 ASP.NET 进行 HTML5 和 CSS3 设计 …………………………… 44

3.1　HTML 的基础知识 ………………………………………………………………… 44
　　3.1.1　HTML 概述 ………………………………………………………………… 44
　　3.1.2　HTML 头部和主体标记 …………………………………………………… 47
　　3.1.3　基础标记 …………………………………………………………………… 49
　　3.1.4　格式标记 …………………………………………………………………… 50
　　3.1.5　表格标记 …………………………………………………………………… 51
　　3.1.6　样式/节标记 ………………………………………………………………… 53
　　3.1.7　列表标记 …………………………………………………………………… 54
　　3.1.8　超链接标记 ………………………………………………………………… 57
　　3.1.9　图像标记 …………………………………………………………………… 58
　　3.1.10　框架标记 ………………………………………………………………… 60
　　3.1.11　表单标记 ………………………………………………………………… 64
3.2　CSS ………………………………………………………………………………… 68
　　3.2.1　CSS 和 CSS3 ……………………………………………………………… 68
　　3.2.2　样式表 ……………………………………………………………………… 68
　　3.2.3　样式表的组织方式 ………………………………………………………… 72
　　3.2.4　CSS 方框模型 ……………………………………………………………… 76
　　3.2.5　网页页面布局 ……………………………………………………………… 78
练习题 3 …………………………………………………………………………………… 80
上机实验题 3 ……………………………………………………………………………… 80

第 4 章　C♯语言基础 ………………………………………………………………… 81

4.1　C♯中的数据类型 …………………………………………………………………… 81
　　4.1.1　值类型 ……………………………………………………………………… 81
　　4.1.2　引用类型 …………………………………………………………………… 83
4.2　C♯中的变量和常量 ………………………………………………………………… 84
　　4.2.1　变量 ………………………………………………………………………… 84

4.2.2 常量 ·· 85
4.3 C#中的运算符 ··· 86
　　4.3.1 常用的C#运算符 ·· 86
　　4.3.2 运算符的优先级 ··· 87
　　4.3.3 装箱和拆箱 ··· 88
4.4 结构体类型和枚举类型 ·· 88
　　4.4.1 结构体类型 ··· 88
　　4.4.2 枚举类型 ·· 89
4.5 C#中的控制语句 ··· 90
　　4.5.1 选择控制语句 ·· 90
　　4.5.2 循环控制语句 ·· 94
4.6 数组 ··· 96
　　4.6.1 一维数组的定义 ··· 96
　　4.6.2 一维数组的动态初始化 ·· 96
　　4.6.3 访问一维数组中的元素 ·· 97
4.7 异常处理语句和命名空间 ··· 97
　　4.7.1 异常处理语句 ·· 97
　　4.7.2 使用命名空间 ·· 98
4.8 面向对象程序设计 ·· 99
　　4.8.1 类 ·· 99
　　4.8.2 对象 ··· 101
　　4.8.3 构造函数和析构函数 ··· 104
　　4.8.4 属性 ··· 105
　　4.8.5 方法 ··· 106
　　4.8.6 委托简介 ·· 109
　　4.8.7 事件简介 ·· 109
4.9 C#中的常用类和结构体 ··· 109
　　4.9.1 String类 ··· 109
　　4.9.2 Math类 ·· 110
　　4.9.3 Convert类 ·· 111
　　4.9.4 DateTime结构体 ··· 111
4.10 继承 ·· 112
　　4.10.1 什么是继承 ··· 112
　　4.10.2 派生类的声明 ·· 113
　　4.10.3 基类成员的可访问性 ··· 114
　　4.10.4 使用sealed修饰符来禁止继承 ·· 114
　　4.10.5 网页的继承模型 ··· 114
4.11 接口简介 ··· 116
4.12 程序调试 ··· 116
　　4.12.1 调试工具 ··· 116

4.12.2 设置断点 …… 117
4.12.3 调试过程 …… 117
练习题 4 …… 120
上机实验题 4 …… 120

第 5 章 ASP.NET 的常用对象 …… 121

5.1 ASP.NET 对象概述 …… 121
5.1.1 Web 应用程序编程的难点及其应对 …… 121
5.1.2 ASP.NET 的内置对象 …… 123

5.2 Page 对象 …… 123
5.2.1 Page 对象的属性 …… 123
5.2.2 Page 对象的方法 …… 124
5.2.3 Page 对象的事件 …… 124
5.2.4 Page 对象的应用 …… 126

5.3 Response 对象 …… 126
5.3.1 Response 对象的属性 …… 127
5.3.2 Response 对象的方法 …… 127
5.3.3 Response 对象的应用 …… 128

5.4 Request 对象 …… 129
5.4.1 Request 对象的属性 …… 129
5.4.2 Request 对象的方法 …… 129
5.4.3 Request 对象的应用 …… 130

5.5 Server 对象 …… 133
5.5.1 Server 对象的属性 …… 133
5.5.2 Server 对象的方法 …… 133
5.5.3 Server 对象的应用 …… 134

5.6 Application 对象 …… 135
5.6.1 Application 对象的属性 …… 135
5.6.2 Application 对象的方法 …… 136
5.6.3 Application 对象的事件 …… 137
5.6.4 几种常见功能的实现 …… 137
5.6.5 Application 对象的应用 …… 137

5.7 Session 对象 …… 140
5.7.1 Session 对象的属性 …… 140
5.7.2 Session 对象的方法 …… 141
5.7.3 Session 对象的事件 …… 141
5.7.4 Session 对象的应用 …… 142

5.8 Cookie 对象 …… 143
5.8.1 Cookie 对象的属性 …… 143
5.8.2 Cookie 对象的方法 …… 144

5.8.3 Cookie 对象的应用 …… 144
5.9 ViewState 对象 …… 146
　　5.9.1 ViewState 对象的属性 …… 146
　　5.9.2 ViewState 对象的方法 …… 147
　　5.9.3 ViewState 对象的应用 …… 147
5.10 配置 Global.asax 文件 …… 148
5.11 ASP.NET 网页框架 …… 150
　　5.11.1 网页的执行方式和 ASP.NET 状态管理 …… 150
　　5.11.2 网页的生命周期 …… 152
　　5.11.3 网页生命周期中的事件 …… 154
练习题 5 …… 155
上机实验题 5 …… 155

第 6 章 Web 标准服务器控件 …… 156

6.1 Web 标准控件概述 …… 156
　　6.1.1 Web 标准控件的分类 …… 156
　　6.1.2 Web 标准控件的公共属性、方法和事件 …… 156
　　6.1.3 Web 标准控件的相关操作 …… 159
6.2 常用的表单控件 …… 160
　　6.2.1 Label 控件 …… 161
　　6.2.2 TextBox 控件 …… 161
　　6.2.3 Button 控件 …… 162
　　6.2.4 LinkButton 控件 …… 163
　　6.2.5 Image 控件 …… 164
　　6.2.6 ImageButton 控件 …… 164
　　6.2.7 HyperLink 控件 …… 165
　　6.2.8 ImageMap 控件 …… 165
　　6.2.9 Table 控件 …… 168
　　6.2.10 Panel 控件 …… 170
　　6.2.11 HiddenField 控件 …… 170
　　6.2.12 Calendar 控件 …… 170
　　6.2.13 RadioButton 控件 …… 172
　　6.2.14 CheckBox 控件 …… 173
6.3 常用的列表控件 …… 174
　　6.3.1 DropDownList 控件 …… 174
　　6.3.2 ListBox 控件 …… 177
　　6.3.3 RadioButtonList 控件 …… 179
　　6.3.4 CheckBoxList 控件 …… 181
　　6.3.5 BulletedList 控件 …… 183
6.4 常用的其他标准控件 …… 185

6.4.1　FileUpload 控件 ………………………………………………………… 185
　　6.4.2　View 控件和 MultiView 控件 …………………………………………… 187
　　6.4.3　Wizard 控件 …………………………………………………………… 188
练习题 6 ……………………………………………………………………………… 192
上机实验题 6 ………………………………………………………………………… 193

第7章　ASP.NET 验证控件 …………………………………………………………… 194

7.1　验证控件概述 …………………………………………………………………… 194
　　7.1.1　使用验证控件的方法 ……………………………………………………… 194
　　7.1.2　验证控件的公共属性和方法 ……………………………………………… 195
7.2　常见的验证控件 ………………………………………………………………… 196
　　7.2.1　RequiredFieldValidator 控件 ……………………………………………… 196
　　7.2.2　CompareValidator 控件 …………………………………………………… 199
　　7.2.3　RangeValidator 控件 ……………………………………………………… 202
　　7.2.4　RegularExpressionValidator 控件 ………………………………………… 202
　　7.2.5　CustomValidator 控件 …………………………………………………… 204
　　7.2.6　ValidationSummary 控件 ………………………………………………… 206
7.3　使用验证组 ……………………………………………………………………… 208
练习题 7 ……………………………………………………………………………… 210
上机实验题 7 ………………………………………………………………………… 210

第8章　用户控件 ………………………………………………………………………… 212

8.1　用户控件概述 …………………………………………………………………… 212
8.2　创建用户控件 …………………………………………………………………… 213
　　8.2.1　创建用户控件的过程 ……………………………………………………… 213
　　8.2.2　设置用户控件 ……………………………………………………………… 214
8.3　使用用户控件 …………………………………………………………………… 216
8.4　将网页转化为用户控件 ………………………………………………………… 219
　　8.4.1　将单个网页转换成用户控件 ……………………………………………… 219
　　8.4.2　将代码隐藏网页转换成用户控件 ………………………………………… 219
练习题 8 ……………………………………………………………………………… 220
上机实验题 8 ………………………………………………………………………… 220

第9章　主题和母版页 …………………………………………………………………… 221

9.1　主题 ……………………………………………………………………………… 221
　　9.1.1　主题概述 …………………………………………………………………… 221
　　9.1.2　创建主题 …………………………………………………………………… 223
　　9.1.3　应用主题 …………………………………………………………………… 226
　　9.1.4　禁用主题 …………………………………………………………………… 229
9.2　母版页 …………………………………………………………………………… 230

   9.2.1 母版页和内容页 ···················· 230
   9.2.2 创建母版页 ······················ 231
   9.2.3 创建内容页 ······················ 233
   9.2.4 从内容页中访问母版页中的内容 ············ 236
   9.2.5 母版页的嵌套 ····················· 240
 练习题 9 ·························· 241
 上机实验题 9 ························ 241

第 10 章 站点导航控件 ····················· 243

 10.1 ASP.NET 站点导航概述 ················· 243
   10.1.1 站点导航的功能 ···················· 243
   10.1.2 站点导航的工作方式 ·················· 244
   10.1.3 几种站点导航控件 ··················· 244
 10.2 站点地图 ······················· 245
 10.3 TreeView 控件 ····················· 246
   10.3.1 TreeNode 类 ····················· 246
   10.3.2 TreeView 控件的属性、方法和事件 ··········· 248
   10.3.3 TreeNodeCollection 类 ················ 250
   10.3.4 向 TreeView 控件中添加结点的方法 ··········· 251
 10.4 Menu 控件 ······················ 255
   10.4.1 MenuItem 类 ····················· 255
   10.4.2 Menu 控件的属性和事件 ················ 256
   10.4.3 MenuItemCollection 类 ················ 258
   10.4.4 向 Menu 控件中添加菜单项的方法 ············ 259
 10.5 SiteMapPath 控件 ··················· 261
 练习题 10 ························· 263
 上机实验题 10 ······················· 264

第 11 章 ASP.NET AJAX 控件 ················· 265

 11.1 AJAX 技术 ······················ 265
   11.1.1 AJAX 的工作原理 ··················· 265
   11.1.2 XmlHttpRequest 对象 ················· 266
   11.1.3 实现 AJAX 的步骤 ··················· 268
   11.1.4 HTTP 处理程序 ···················· 269
   11.1.5 AJAX 编程示例 ···················· 270
 11.2 ASP.NET AJAX ···················· 272
   11.2.1 ASP.NET AJAX 概述 ················· 272
   11.2.2 ScriptManager 控件 ·················· 273
   11.2.3 UpdatePanel 控件 ··················· 274
   11.2.4 UpdateProgress 控件 ················· 278

11.2.5　Timer 控件 …………………………………………… 283
　　　11.2.6　ScriptManagerProxy 控件 ……………………………… 284
　　　11.2.7　AJAX 控件应用示例 …………………………………… 284
　11.3　AJAX 控件工具集 ………………………………………………… 288
　练习题 11 …………………………………………………………………… 290
　上机实验题 11 ……………………………………………………………… 290

第 12 章　ADO.NET 数据库访问技术 …………………………………… 291

　12.1　数据库概述 ………………………………………………………… 291
　　　12.1.1　关系数据库的基本结构 ………………………………… 291
　　　12.1.2　SQL Server 2012 数据库管理系统 ……………………… 293
　　　12.1.3　结构化查询语言 ………………………………………… 294
　12.2　ADO.NET 模型 …………………………………………………… 298
　　　12.2.1　ADO.NET 简介 ………………………………………… 298
　　　12.2.2　ADO.NET 体系结构 …………………………………… 299
　　　12.2.3　ADO.NET 数据库的访问流程 ………………………… 301
　12.3　ADO.NET 的数据访问对象 ……………………………………… 302
　　　12.3.1　SqlConnection 对象 ……………………………………… 302
　　　12.3.2　SqlCommand 对象 ……………………………………… 305
　　　12.3.3　SqlDataReader 对象 ……………………………………… 310
　　　12.3.4　SqlDataAdapter 对象 …………………………………… 313
　12.4　DataSet 对象 ……………………………………………………… 315
　　　12.4.1　DataSet 对象概述 ………………………………………… 315
　　　12.4.2　DataSet 对象的属性和方法 ……………………………… 316
　　　12.4.3　Tables 集合和 DataTable 对象 …………………………… 317
　　　12.4.4　Columns 集合和 DataColumn 对象 ……………………… 319
　　　12.4.5　Rows 集合和 DataRow 对象 …………………………… 320
　12.5　数据源控件 ………………………………………………………… 322
　　　12.5.1　数据源控件概述 ………………………………………… 322
　　　12.5.2　SqlDataSource 控件 ……………………………………… 322
　　　12.5.3　LinkDataSource 控件 …………………………………… 330
　12.6　数据绑定控件 ……………………………………………………… 335
　　　12.6.1　数据绑定控件概述 ……………………………………… 335
　　　12.6.2　列表控件的绑定 ………………………………………… 335
　　　12.6.3　GridView 控件 …………………………………………… 336
　　　12.6.4　DetailsView 控件 ………………………………………… 359
　　　12.6.5　FormView 控件 …………………………………………… 363
　　　12.6.6　DataList 控件 …………………………………………… 363
　练习题 12 …………………………………………………………………… 369
　上机实验题 12 ……………………………………………………………… 369

第 13 章　语言集成查询——LINQ ················· 371

13.1　LINQ 概述 ················· 371
13.1.1　什么是 LINQ ················· 371
13.1.2　LINQ 提供程序 ················· 372
13.2　LINQ to Objects ················· 373
13.2.1　LINQ 基本操作 ················· 373
13.2.2　LINQ 查询子句 ················· 374
13.2.3　方法查询 ················· 376
13.3　LINQ to XML ················· 378
13.3.1　XML 文档 ················· 378
13.3.2　使用 LINQ to XML ················· 380
13.4　LINQ to DataSet ················· 383
13.5　LINQ to SQL ················· 385
13.5.1　使用 O/R 映射器 ················· 385
13.5.2　使用 LINQ to SQL ················· 386
13.6　LINQ to Entities ················· 390
13.6.1　ADO.NET 实体框架 ················· 390
13.6.2　使用 LINQ to Entities ················· 394
13.6.3　EntityDataSource 控件 ················· 396
练习题 13 ················· 398
上机实验题 13 ················· 402

第 14 章　Web 系统的多层结构 ················· 403

14.1　Web 系统的三层结构 ················· 403
14.1.1　什么是 Web 系统的三层结构 ················· 403
14.1.2　Web 系统三层结构示例 ················· 404
14.2　ObjectDataSource 控件 ················· 406
14.2.1　ObjectDataSource 控件和 SqlDataSource 控件的区别 ················· 406
14.2.2　ObjectDataSource 控件的使用方法 ················· 407
14.2.3　使用 ObjectDataSource 控件关联数据访问层和表示层 ················· 407
14.2.4　ObjectDataSource 控件应用示例 ················· 408
练习题 14 ················· 416
上机实验题 14 ················· 416

第 15 章　ASP.NET Web 服务 ················· 418

15.1　Web 服务概述 ················· 418
15.1.1　Web 服务的特点 ················· 418
15.1.2　Web 服务的体系结构 ················· 419
15.2　创建和使用 Web 服务 ················· 420

15.2.1　创建 ASP.NET Web 服务网站 …………………………………………… 420
15.2.2　创建 ASP.NET Web 服务 ……………………………………………………… 422
15.2.3　使用 ASP.NET Web 服务 ……………………………………………………… 425
15.3　通过 Web 服务传输 DataSet 数据集 ……………………………………………………… 428
15.4　在 AJAX 内容页中引用 Web 服务 ……………………………………………………… 430
练习题 15 …………………………………………………………………………………………… 431
上机实验题 15 ……………………………………………………………………………………… 431

第 16 章　配置 ASP.NET 应用程序 …………………………………………………………… 433

16.1　Web.config 配置文件概述 ………………………………………………………………… 433
　　16.1.1　Web.config 文件的特点 ……………………………………………………… 433
　　16.1.2　配置文件的继承关系 ………………………………………………………… 434
16.2　Web.config 文件 ……………………………………………………………………………… 434
　　16.2.1　Web.config 文件的结构 ……………………………………………………… 434
　　16.2.2　重要的配置节 ………………………………………………………………… 436
　　16.2.3　在 Web.config 中保存自定义的设置 ……………………………………… 443
16.3　Web.config 文件的加密和解密 ……………………………………………………………… 444
　　16.3.1　Web.config 文件的加密 ……………………………………………………… 444
　　16.3.2　Web.config 文件的解密 ……………………………………………………… 445
16.4　ASP.NET 安全机制 …………………………………………………………………………… 446
　　16.4.1　ASP.NET 结构 ………………………………………………………………… 446
　　16.4.2　ASP.NET 安全级别 …………………………………………………………… 446
　　16.4.3　两种主要的身份验证模式 …………………………………………………… 447
　　16.4.4　ASP.NET 授权 ………………………………………………………………… 449
练习题 16 …………………………………………………………………………………………… 450
上机实验题 16 ……………………………………………………………………………………… 450

第 17 章　成员资格和角色管理 …………………………………………………………………… 451

17.1　成员资格概述 ………………………………………………………………………………… 451
　　17.1.1　ASP.NET 成员资格体系结构 ………………………………………………… 451
　　17.1.2　配置成员资格的过程 ………………………………………………………… 452
17.2　建立成员资格数据 …………………………………………………………………………… 453
17.3　成员资格提供程序 …………………………………………………………………………… 455
　　17.3.1　SqlMembershipProvider 提供程序 …………………………………………… 455
　　17.3.2　配置自己的 SqlMembershipProvider 提供程序 …………………………… 457
17.4　成员资格 API ………………………………………………………………………………… 458
　　17.4.1　Membership 类 ………………………………………………………………… 458
　　17.4.2　MembershipUser 类 …………………………………………………………… 460
　　17.4.3　MembershipCreateStatus 类 …………………………………………………… 461
17.5　登录控件 ……………………………………………………………………………………… 462

17.5.1 Login 控件 ·········· 462
17.5.2 其他登录控件 ·········· 464
17.6 角色管理 ·········· 464
17.7 使用向导配置安全性 ·········· 465
练习题 17 ·········· 468
上机实验题 17 ·········· 468

第 18 章 学生成绩管理网站设计 ·········· 469

18.1 网站功能 ·········· 469
18.2 数据库设计 ·········· 470
18.3 网站设计 ·········· 471
    18.3.1 建立网站 ·········· 471
    18.3.2 网站布局 ·········· 471
18.4 网页设计 ·········· 472
    18.4.1 通用功能设计 ·········· 472
    18.4.2 主页设计 ·········· 477
    18.4.3 管理员端功能设计 ·········· 480
    18.4.4 学生端功能设计 ·········· 494
    18.4.5 教师端功能设计 ·········· 495
练习题 18 ·········· 496
上机实验题 18 ·········· 496

附录 A 上机实验题设计参考答案 ·········· 497

附录 B 综合上机实验题 ·········· 523

附录 C 使用学生成绩管理系统 ·········· 524

参考文献 ·········· 526

第 1 章 ASP.NET 概述

ASP.NET 是一种动态网页开发技术,它使用 Visual Studio 集成开发环境中的兼容语言作为编程语言来开发 Web 应用程序。本章介绍与 ASP.NET 相关的一些基本概念和网站开发技术,为后续章节的学习打下基础。

本章学习要点:
- ☑ 掌握 WWW 的基本概念。
- ☑ 掌握静态网页和动态网页的区别。
- ☑ 了解 Web 开发的相关技术。
- ☑ 掌握 ASP.NET 的特点和 ASP.NET 引擎的工作原理。
- ☑ 了解.NET Framework 的体系结构。
- ☑ 掌握 Visual Studio 开发 Web 应用程序的集成开发环境。
- ☑ 掌握使用 Visual Studio 开发网站的过程。

1.1 WWW 的基础知识

1.1.1 WWW 简介

1. 计算机网络

计算机网络是指将地理位置不同的具有独立功能的多台计算机及其外部设备通过通信线路连接起来,在网络操作系统、网络管理软件及网络通信协议的管理和协调下实现资源共享和信息传递的计算机系统。

计算机网络类型的划分标准多种多样,其中从地理范围划分是一种被人们公认的通用网络划分标准,按这种标准可以把各种计算机网络划分为以下类型。

- 局域网(Local Area Network,LAN):指在某一区域内由多台计算机互连而成的计算机组,一般是在方圆几千米以内。局域网可以实现文件管理、应用软件共享、打印机共享、工作组内的日程安排、电子邮件和传真通信服务等功能。局域网是封闭型的,可以由办公室内的两台计算机组成,也可以由一个公司内的上千台计算机组成。

- 城域网(Metropolitan Area Network,MAN):指在一个城市范围内所建立的计算机通信网,属宽带局域网。它的一个重要用途是用作骨干网,通过它将位于同一城市内不同地点的主机、数据库以及 LAN 等互相连接起来。
- 广域网(Wide Area Network,WAN):也称远程网,通常跨很大的物理范围,所覆盖的范围从几十千米到几千千米,它能连接多个城市或国家,或横跨几个洲,并能提供远距离通信,形成国际性的远程网络。

要想让两台计算机进行通信,必须使它们采用相同的信息交换规则。通常把在计算机网络中用于规定信息的格式以及如何发送和接收信息的一套规则称为网络协议或通信协议,如 TCP/IP 协议。

迄今为止,计算机网络经过了 4 个阶段的发展,即远程终端联机阶段、计算机网络阶段、计算机网络互联阶段和国际互联网与信息高速公路阶段。

2. WWW、互联网和因特网

WWW 是环球信息网(World Wide Web)的缩写(也为 Web、W3 等),中文名字为万维网、环球网等。它起源于 1989 年 3 月,是由欧洲粒子物理实验室研究发展起来的主从结构分布式超媒体系统,最初的开发设计目的是为该实验室的物理学家们提供一种共享信息的工具。

蒂姆·伯纳斯-李

> 1980 年欧洲粒子物理实验室的蒂姆·伯纳斯-李构建了 ENQUIRE 项目。1989 年 3 月,他撰写了《关于信息化管理的建议》一文,文中提及 ENQUIRE 并描述了一个更加精巧的管理模型。1990 年 11 月 12 日,他和罗伯特·卡里奥合作提出了一个更加正式的关于 WWW 的建议。1990 年 11 月 13 日,他在一台 NeXT 工作站上编写了第一个网页以实现他文中的想法,并制作了一个网络工作所必需的所有工具,包括第一个 WWW 浏览器(同时也是编辑器)和第一个网页服务器。1991 年 8 月 6 日,他在 alt.hypertext 新闻组上贴了关于 WWW 项目简介的文章,这一天也标志着因特网上万维网公共服务的首次诞生。

要理解 WWW,用户必须了解互联网(internet)和因特网(Internet)这两个十分容易混淆的名字。《现代汉语词典》(2002 年增补本)将互联网定义为"指由若干电子机网络相互连接而成的网络",将因特网定义为"全球最大的一个电子计算机互联网,是由美国的 ARPA 网发展演变而来的",因特网的英文首字母大写表示。

也就是说,互联网是网络与网络之间串连成的庞大网络,这些网络以一组通用的协议相连,形成逻辑上的单一巨大的国际网络。因特网和其他类似的由计算机相互连接而成的大型网络系统都可算是互联网,因特网只是互联网中最大的一个。

而 WWW 是无数个网络站点和网页的集合,它们在一起构成了因特网最主要的部分。实际上,WWW 是多媒体的集合,是由超链接连接而成的。人们通常通过网络浏览器上网观看到的就是 WWW 的内容。所以,WWW 并不等同于因特网,它只是因特网所能提供的服务之一,是靠因特网运行的一项服务。或者说,因特网指的是一个硬件的网络,而 WWW 更倾向于一种浏览网页的功能。

另外有一个名字是 Intranet,称为企业内部网,是因特网技术在企业内部的应用。它实际上是采用因特网技术建立的企业内部网络,在一个企业或组织的内部并为其成员提供信息的共享和交流等服务,如文件传输、电子邮件等。Intranet 在内部网络上采用 TCP/IP 作为通信协议,利用因特网的 WWW 模型作为标准信息平台,同时建立防火墙把内部网和因特网分开。当然,Intranet 并非一定要和因特网连接在一起,它完全可以自成一体作为一个独立的网络。

万维网联盟(World Wide Web Consortium,W3C)又称 W3C 理事会,它于 1994 年 10 月在麻省理工学院(MIT)计算机科学实验室成立。万维网联盟的创建者是万维网的发明者蒂姆·伯纳斯-李。

1.1.2 WWW 的特点和系统结构

1. WWW 的特点

WWW 的特点如下:

(1) WWW 是图形化和易于导航的。

WWW 可以提供将图形、音频、视频信息集合于一体的特性。另外,WWW 使用一种超文本(hypertext)链接技术。超文本可以是 WWW 网页上的任意一个元素,由它指向因特网上的其他 WWW 元素,所以,WWW 是非常易于导航的,浏览用户可以在各站点各网页之间进行方便的浏览。

(2) WWW 与平台无关。

无论系统平台是什么,用户都可以通过因特网访问 WWW。浏览 WWW 对系统平台没有什么限制,无论从 Windows 平台或 UNIX 平台等都可以访问 WWW。对 WWW 的访问是通过一种被称为浏览器的软件实现的,例如 Netscape 的 Navigator、Microsoft 的 Explorer 等。

(3) WWW 是分布式的。

大量的图形、音频和视频信息会占用相当大的磁盘空间,我们甚至无法预知信息的多少。对于 WWW 没有必要把所有信息都放在一起,信息可以放在不同的站点上,只需要在浏览器中指明这个站点就可以了。使在物理上并不一定在一个站点的信息在逻辑上一体化,从用户来看这些信息是一体的。

(4) WWW 是动态的。

由于各 WWW 站点包含站点本身的信息,信息的提供者可以经常对站点上的信息进行更新,所以 WWW 站点上的信息是动态的。

2. WWW 网页、网页文件和网站

WWW 网页(web page)也称为页面,是指因特网上按照 HTML(超文本标记语言)格式组织起来的文件,在通过因特网进行信息查询时以信息页面的形式出现,它可包括图形、文字、声音和视频等信息。网页是网站的基本信息单位,是 WWW 的基本文档,它由文字、图片、动画、声音等多种媒体信息以及链接组成,是用 HTML 编写的,通过链接实现与其他网页或网站的关联和跳转。

网页文件是用 HTML(标准通用标记语言下的一个应用)编写的可在 WWW 上传输能被浏览器识别显示的文本文件,其扩展名是 htm 和 html 等。

网站通常由众多不同内容的网页构成,具有独立域名,网页的内容可体现网站的全部功能。通常把进入网站首先看到的网页称为首页或主页(homepage),新浪、网易、搜狐是国内比较知名的大型门户网站。

3. WWW 的系统结构

WWW 的系统结构采用的是客户机/服务器结构模式,如图 1.1 所示。WWW 可以让客

户机(常用浏览器)通过因特网访问服务器上的网页。在这个结构中,所有资源由一个全局"统一资源标识符"(URL)来标识,这些资源通过超文本传输协议(HTTP)传送给用户。

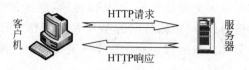

图1.1　WWW的客户机/服务器结构模式

1.1.3　WWW的工作原理

1. 服务器端和客户机端

要了解WWW的工作原理,首先要了解什么是服务器端(或服务端)和客户机端(或客户端)。

通常提供服务的一方称为服务端,接受服务的一方称为客户端。例如,当读者在浏览新浪网站主页时,新浪网站主页所在的服务器称为服务端,而读者自己的计算机称为客户端。

只要在计算机上安装有接受服务的软件,这台计算机就变成一台服务器。例如,在一台计算机上安装有数据库服务器组件(如SQL Server),它就是一台数据库服务器。Web服务器(或WWW服务器)是指具有允许它们接受和响应来自客户端计算机的请求的特定软件的计算机,Web服务器允许用户通过Internet/Intranet共享信息。

在一台计算机上安装客户端软件,这台计算机就变成一台客户机。在因特网中客户端软件主要有浏览器,如IE浏览器等。

这里的服务器和客户机并不是从硬件上划分的,如果一台计算机上既安装服务器软件又安装有客户机软件,则它既是服务器又是客户机,也就是说它既可以作为服务端又可以作为客户端。如果此时本机的客户端访问本机的服务端,相对该客户端而言,该服务端称为本机服务端。

2. 超文本传输协议(HTTP)

可以说,因特网能够迅速扩展的原因是WWW的迅速发展,而WWW不断成功的最主要原因是超文本传输协议的高效性。HTTP是一种以TCP/IP通信协议为基础的应用协议,它提供了在WWW服务器和客户端浏览器之间传输信息的一种机制。也就是说,HTTP负责规定客户端浏览器和服务器是怎样互相交流的。

(1) HTTP协议的特点

HTTP协议的主要特点可概括如下:

- 支持客户机/服务器模式。
- 简单快速:客户机向服务器请求服务时只需传送请求方法和路径。由于HTTP协议简单,使得HTTP服务器的程序规模小,因而通信速度很快。
- 灵活:HTTP允许传输任意类型的数据对象。
- 无连接:无连接的含义是限制每次连接只处理一个请求。服务器处理完客户的请求并收到客户的应答后,即断开连接。采用这种方式可以节省传输时间。
- 无状态:HTTP协议是无状态协议。无状态是指协议对于事务处理没有记忆能力。缺少状态意味着如果后续处理需要前面的信息,则它必须重传,这样可能导致每次连接传送的数据量增大。另一方面,在服务器不需要先前信息时它的应答较快。

(2) URL

因特网上的每一个网页都具有一个唯一的名称标识,通常称之为URL(统一资源定位符)地址,这种地址可以是本地磁盘,也可以是局域网上的某一台计算机,更多的是因特网上的网

站。简单地说,URL 就是 WWW 地址,俗称"网址"。其基本格式如下:

protocol:// hostname[:port] /path/

对各部分说明如下。
- protocol:指定使用的传输协议,通常为 HTTP。
- hostname(主机名):指存放资源的服务器的域名系统(DNS)主机名或 IP 地址。
- port(端口号):整数,可选,省略时使用默认端口。各种传输协议都有默认的端口号,如 HTTP 的默认端口为 80。
- path(路径):由零或多个"/"符号隔开的字符串,一般用来表示主机上的一个目录或文件名(如果省略目录,服务器在网站主目录查找文件;如果省略文件名,服务器查找名为 index. html、index. htm、default. html 或 default. htm 的文件)。

例如:

URL 提供了位于本地 WWW 服务器或远程 WWW 服务器上的信息,通过使用 HTTP 管理这些信息,这样用户就可以在 WWW 上创建对 URL 的引用了。

(3) HTTP 的工作原理

WWW 使用 HTTP 协议传输各种超文本网页和数据,HTTP 协议的会话过程包括如下 4 个步骤。

① 建立连接:客户端的浏览器向服务端发出建立连接的请求,服务端给出响应就可以建立连接了。

② 发送请求:客户端按照协议的要求通过连接向服务端发送自己的请求。客户端通常采用 HTTP URL 向服务器端发出访问请求。

③ 给出应答:服务端按照客户端的要求给出应答,把结果(HTML 文件)返回给客户端。也就是说,服务端将选中的 HTML 文档通过该连接传输到客户端,并将其在浏览器中显示出来。

④ 关闭连接:客户端接到应答后关闭连接。也就是说,HTML 文档传到客户端后,服务器将会立即自动终止这个 TCP/IP 连接。

注意:在向客户端发送所请求文件的同时,服务器并没有存储关于该客户的任何状态信息。即便某个客户端在几秒钟内再次请求同一个对象,服务器也不会响应说"自己刚刚给它发送了这个对象"。

例如,某客户端发送请求的 URL 为:

http://www.Website.com/somepath/index.html

假设相应的 index. html 网页由一个基本 HTML 文件和 5 个 JPEG 图像文件构成,而且所有这些对象都存放在同一台服务器主机中,则完整的会话过程如下:

① 客户机初始化一个与服务器主机 www.Website.com 中的服务器的 TCP 连接。服务器使用默认端口号 80 监听来自客户机的连接建立请求。

② 客户机经由与 TCP 连接相关联的本地套接字发出一个 HTTP 请求消息。这个消息中包含路径名"/somepath/index.html"。

③ 服务器经由与 TCP 连接相关联的本地套接字接收这个请求消息，再从服务器主机的内存或硬盘中取出对象/somepath/index.html，经由同一个套接字发出包含该对象的响应消息。

④ 服务器告知 TCP 关闭这个 TCP 连接（不过 TCP 要到客户机收到刚才这个响应消息之后才会真正终止这个连接）。

⑤ 客户机经由同一个套接字接收这个响应消息，TCP 连接随后终止。该消息表明所封装的对象是一个 HTML 文件。客户机从中取出这个文件，加以分析后发现其中有 5 个 JPEG 对象的引用。

⑥ 对每一个引用到的 JPEG 对象重复步骤①～④。

3. 其他传输协议

(1) HTTPS（超文本传输安全协议）

HTTP 将用户的数据（包括用户名和密码）都以明文传送，具有安全隐患，容易被他人窃听，对于具有敏感数据的传送，可以使用具有保密功能的 HTTPS 协议。

HTTPS 的主要思想是在不安全的网络上创建一个安全信道，并可在使用适当的加密包和服务器证书可被验证且可被信任时对窃听和中间人攻击提供合理的防护。

一个到某网站的 HTTPS 连接可被信任，当且仅当用户相信其浏览器正确实现了 HTTPS 且安装了正确的证书颁发机构、用户相信证书颁发机构仅信任合法的网站、被访问的网站提供了一个有效的证书和该证书正确地验证了被访问的网站等。

(2) FTP（文件传输协议）

FTP 是因特网中用于访问远程机器的另一个协议，它使用户可以在本地机和远程机之间进行有关文件的操作。FTP 协议允许传输任意文件并且允许文件具有所有权与访问权限。也就是说，通过 FTP 协议可以与因特网上的 FTP 服务器进行文件的上传或下载等操作。

FTP 实现的目标是促进文件的共享（计算机程序或数据）、鼓励间接或者隐式地使用远程计算机、向用户屏蔽不同主机中各种文件存储系统的细节及提供可靠和高效的传输数据。

与其他因特网应用一样，FTP 也采用了客户机/服务器模式，它包含客户机 FTP 和服务器 FTP，客户机 FTP 启动传送过程，而服务器 FTP 对其做出应答。在因特网上有一些网站，它们依照 FTP 协议提供服务，让网友们进行文件的存取，这些网站就是 FTP 服务器。网上的用户要连上 FTP 服务器，就要用到 FTP 的客户端软件。通常 Windows 都有 ftp 命令，这实际上就是一个命令行的 FTP 客户端程序，另外常用的 FTP 客户端程序还有 CuteFTP、LeapFTP、FlashFXP 等。

1.1.4 静态网页和动态网页

在因特网中最常见的就是 WWW 网页，一般来说，出现在浏览器中的 Web 网页不外乎有两种，即静态网页和动态网页。

1. 静态网页

所谓静态网页就是指那些不能够接收用户输入信息的 Web 网页，其内容是静态的，唯一的响应就是接收鼠标点击超链接后显示所连接的网页。当用户用鼠标点击其中一个超链接后,就会在浏览器中显示所连接的网页信息。

静态网页采用 HTML 标记语言编写,静态网页文件通常采用 html 或 htm 等扩展名。

例如,采用 Windows 中的记事本编写以下静态网页代码并存储在 spage.html 文件中:

```
<html>
    <head>
        <title>一个静态网页</title>
    </head>
    <body>
        <center>
            <font face = "黑体"><h2>ASP.NET 程序设计课程</h2></font>
            <font face = "宋体"><h3>欢迎光临</h3></font>
        </center>
    </body>
</html>
```

双击该文件,在 IE 浏览器中显示的结果如图 1.2 所示。在浏览器中右击,在出现的快捷菜单中选择"查看源"命令,显示的源代码与上述代码相同。

从中可以看到,静态网页中没有程序代码,只有 HTML 标记。

静态网页的工作过程如图 1.3 所示,其基本步骤如下:

① 用户通过客户机浏览器输入网址并回车发出 WWW 请求。
② 服务器收到静态网页请求。
③ 服务器从硬盘的指定位置查找相应的 HTML 文件。
④ 将在硬盘中找到的 HTML 文件返回给服务器。
⑤ 服务器向客户机返回该请求的文件。
⑥ 客户机浏览器收到请求的文件,并解析这些 HTML 代码将它显示出来。

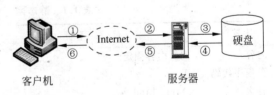

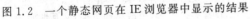

图 1.2　一个静态网页在 IE 浏览器中显示的结果　　　图 1.3　静态网页的工作过程

从中可以看到,WWW 服务器的主要功能是找到用户要访问的网页文件,不做任何改动直接传给客户端。也就是说,静态网页是实实在在保存在服务器上的文件,每个网页都是一个独立的文件。由于静态网页没有数据库的支持,内容相对稳定,因此容易被 Web 服务器查找,访问效率较高。

需要指出的是,静态网页中可以包含客户端脚本,常见的客户端脚本语言有 JavaScript 或 VBScript 等。客户端脚本在一个特定的网页中改变界面以及行为或者响应鼠标或键盘操作,如滚动字幕。在这种情况下,客户端会发生动态行为,但客户端生成的内容都在用户的本地计算机系统中。也就是说,这类网页的动态行为都是在客户端进行的,是在客户端"动",而网页本身是静态生成的,所以仍将这类网页归入静态网页。

2. 动态网页

所谓动态网页就是执行时用户可以输入所允许的各种信息,以实现人机交互,它能够根据不同的时间、不同的访问者显示不同的内容。采用动态网页技术的网站可以实现更多的功能,如用户注册、用户登录、在线调查、用户管理、订单管理等。

动态网页中不仅含有 HTML 标记,还含有相关的程序代码。本书采用 ASP.NET 设计动态网页,网页的扩展名是 aspx,其示例参见例 1.1。

动态网页的工作过程与图 1.3 类似,其步骤如下:

① 用户通过客户机浏览器输入网址并回车发出 WWW 请求。
② 服务器收到动态网页请求。
③ 服务器从硬盘的指定位置查找相应的动态网页文件。
④ 将在硬盘中找到的动态网页文件返回给服务器,服务器执行其中的程序代码,生成 HTML 文件。
⑤ 服务器向客户机返回该 HTML 文件。
⑥ 客户机浏览器收到请求的文件,并以图形方式将 HTML 标记显示在计算机屏幕上。

从中可以看到,对于动态网页,服务器的主要功能是通过文件系统找到用户要访问的动态网页文件,执行该网页文件的程序代码,产生 HTML 文件,再将该 HTML 文件传给客户机。

和静态网页的服务器相比,动态网页的服务器不仅要查找动态网页文件,还要解释执行其中的程序代码(对于 ASP.NET 网页,这种程序代码是由 ASP.NET 引擎执行的;对于静态网页,不需要这种引擎),将含有程序代码的动态网页转化为标准的静态网页,然后将静态网页发送给客户机。也就是说,动态网页实际上并不是独立存在于服务器上的网页文件,只有当用户请求时服务器才返回一个完整的网页,这个返回的网页事先并不存在,而是由引擎(如 ASP.NET 引擎)生成的。

归纳起来,静态网页和动态网页的比较如表 1.1 所示。从中可以看出,静态网页和动态网页各有优缺点,在实际应用中,开发人员根据任务的需要选择设计哪种类型的网页。

表 1.1 静态网页和动态网页的比较

比较项	静态网页	动态网页
内容	网页内容固定	网页内容动态生成
含程序代码	无	含 C#或 VB 等程序代码
后缀	.htm、.html 等	.asp、.jsp、.php、.cgi、.aspx 等
优点	无须系统实时生成,网页风格灵活多样	日常维护简单,更改结构方便,交互性能强
缺点	交互性能较差,日常维护烦琐	需要大量的系统资源合成网页
数据库	不支持	支持

1.1.5 Web 网页开发技术

WWW 是一种典型的分布式应用架构,其应用中的每一次信息交换都要涉及客户端和服务端两个层面,因此,Web 网页开发技术大体上可以分为 Web 客户端技术和 Web 服务器端技术两大类。

Web 客户端的主要任务是展现信息内容,而 HTML 语言则是信息展现的最有效的载体之一。最初的 HTML 语言只能在浏览器中展现静态的文本或图像信息,满足不了人们对信息丰富和多样性的强烈需求，因此，由静态技术向动态技术的转变成为Web客户端技术演进的必然趋势。目前，支持Web客户端动态技术的语言主要有VBScript和JavaScript脚本语言。

与客户端技术从静态向动态的演进过程类似，Web服务器端的网页开发技术也是由静态向动态逐渐发展、完善起来的。最早的Web服务器简单地响应浏览器发来的HTTP请求，并将存储在服务器上的HTML文件返回给浏览器。

第一种真正使服务器能根据执行时的具体情况动态生成HTML页面的技术是CGI（Common Gateway Interface，通用网关接口）技术。CGI技术允许服务器端的应用程序根据客户端的请求动态生成HTML网页，这使客户端和服务器端的动态信息交换成为可能。

1994年出现了PHP（Hypertext Preprocessor，超文本预处理器）语言，它将HTML代码和PHP指令合成为完整的服务器端动态页面，Web应用的开发者可以用一种更加简便、快捷的方式实现动态Web功能。

1996年，Microsoft借鉴PHP的思想，在其Web服务器IIS 3.0（Internet Information Server，Internet信息服务器）中引入了ASP（Active Server Pages，活跃服务器页面）技术。ASP使用脚本语言VBScript和JavaScript，借助Microsoft Visual Studio等开发工具在市场上的成功，迅速成为Windows系统下Web服务器端的主流开发技术。

1997年，Servlet技术问世，1998年，JSP技术诞生。Servlet和JSP的组合（还可以加上Java Bean技术）让Java开发者同时拥有了类似CGI程序的集中处理功能和类似PHP的HTML嵌入功能。

2000年，Microsoft推出了基于.NET Framework的ASP.NET 1.0版本，2002年推出了ASP.NET 1.1版本，2005年推出了ASP.NET 2.0版本，2008年推出了ASP.NET 3.5版本，2010年推出了ASP.NET 4.0版本，2012年又推出了ASP.NET 4.5版本。

下面简要介绍常见的几种Web网页开发技术。

- CGI：一种早期的动态网页技术，可以使用不同的程序设计语言编写适合的CGI程序，如VB、Delphi或C/C++等。虽然CGI技术已经发展成熟而且功能强大，但由于编程困难、效率低下、修改复杂，所以逐渐被新技术取代。
- ASP：Microsoft开发的服务器端脚本环境，内置于IIS 3.0及以后的版本之中，通过ASP可结合HTML网页、ASP指令和ActiveX组件建立动态、交互且高效的Web服务器应用程序。有了ASP，用户就不必担心客户浏览器是否能执行所编写的代码，因为所有程序都将在服务器端执行，包括所有嵌在普通HTML中的脚本程序。当程序执行完毕后，服务器仅将执行结果返回给客户浏览器，这样也减轻了客户浏览器的负担，极大地提高了交互的速度。ASP 3.0是经典ASP的最后一个版本。
- PHP：一种易于学习和使用的服务器端脚本语言，用户只需要很少的编程知识就能使用PHP建立一个真正交互的Web网站。PHP不需要特殊的开发环境，不仅支持多种数据库，还支持多种通信协议。
- JSP：JSP与ASP技术非常相似，两者都提供在HTML代码中混合某种程序代码、由语言引擎解释执行程序代码的功能。与ASP一样，JSP中的Java代码均在服务器端执行。
- ASP.NET：它是继ASP后推出的全新的动态网页制作技术，是建立在.NET Framework的公共语言运行库上的，可用于在服务器上生成功能强大的Web应用程序。它在性能上比ASP强很多，与PHP和JSP相比也存在明显的优势。

1.2 ASP.NET 的基础知识

ASP.NET 是 Microsoft 公司的一种服务器端脚本技术,是一种在 IIS 中运行的程序,可以使(嵌入网页中的)脚本由 WWW 服务器执行。ASP.NET 不是 ASP,而是下一代 ASP,不是 ASP 的更新版本。ASP.NET 是一种建立动态网页的技术,是面向新一代企业级的网络计算 Web 平台,它是 .NET Framework 的一部分,可以使用任何 .NET 兼容的语言(如 C♯、VB 等)编写 ASP.NET 应用程序,ASP.NET 网页进行编译可以提供比脚本语言更出色的性能表现。在 ASP.NET 网页中,可以使用 ASP.NET 服务器端控件建立常用的用户接口元素,并对其进行编程;可以使用内建可重用组件和自定义组件快速建立 Web 网页,从而使代码极大地简化。相对原有的 Web 技术而言,ASP.NET 提供的编程模型和结构有助于快速、高效地建立灵活、安全和稳定的应用程序。

1.2.1 ASP.NET 的特点

ASP.NET 的主要特点如下:
① ASP.NET 是和 .NET Framework 集成在一起的。
② ASP.NET 是编译执行的,而不是解释执行的。
③ ASP.NET 支持多语言。
④ ASP.NET 运行在公共语言运行库内。
⑤ ASP.NET 是面向对象的。
⑥ ASP.NET 支持所有的浏览器。
⑦ ASP.NET 易于部署和配置。

1.2.2 ASP.NET 引擎

在处理动态网页时,服务器既要查找动态网页文件又要执行动态网页文件以产生 HTML 文件,这样负担过重,通常将 Web 服务器和动态网页源代码的执行分离开来。也就是说,当一个 Web 请求到达时,Web 服务器确定所请求的页面是静态网页还是动态网页,如果是静态网页,则该网页的内容将直接被发送到该请求的浏览器;如果是动态网页,例如是一个 ASP.NET 网页,则 Web 服务器将把执行该网页的任务转交给 ASP.NET 引擎,ASP.NET 引擎执行 ASP.NET 网页中的程序代码,以 HTML 形式产生该网页文件并返回给 Web 服务器,由 Web 服务器将其返回给发出 Web 请求的客户机浏览器。

图 1.4 说明了一个典型的 ASP.NET Web 网页的请求过程。其常见的配置是客户机安装有 IE 浏览器;Web 服务器配置有 IIS;数据库服务器安装有 SQL Server 数据库管理系统。对图中的各个步骤说明如下:
① 客户机通过浏览器发出 Web 请求。
② Web 服务器收到 ASP.NET 动态网页请求。
③ Web 服务器从硬盘的指定位置查找相应的 ASP.NET 动态网页文件。
④ 将在硬盘中找到的 ASP.NET 动态网页文件返回给 Web 服务器。
⑤ Web 服务器将 ASP.NET 动态网页发给 ASP.NET 引擎。
⑥ ASP.NET 引擎逐行地读取该文件,并执行文件中的程序代码(脚本),如果需要访问

数据库,则将这部分代码发给数据库服务器;如果不需要访问数据库,则直接转到步骤⑧。

⑦ 数据库服务器执行数据库访问,并将结果返回给 ASP.NET 引擎。

⑧ ASP.NET 引擎生成最终的纯 HTML 文件并返回给 Web 服务器。

⑨ Web 服务器将该纯 HTML 文件发送给客户机。

⑩ 客户机收到请求的纯 HTML 文件,并在浏览器中以图形方式将 HTML 标记显示在计算机屏幕上。

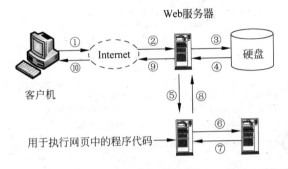

图 1.4 ASP.NET 网页的执行由 ASP.NET 引擎处理

从中可以看到,ASP.NET 网页作为代码是在服务器上执行的,因此,网页必须配置为当客户引发交互时提交到服务器。每次网页都会传回服务器,以便再次执行其服务器代码,然后向客户呈现其自身的新版本。

只要客户在该网页中操作,此循环就会继续。客户每次单击按钮时,网页中的信息便会发送到 Web 服务器中,然后该网页再次执行。每个循环称为一次"往返行程"。由于网页处理发生在 Web 服务器上,因此网页执行的每个操作需要一次到服务器的往返行程。ASP.NET 网页可以执行客户端脚本,而客户端脚本不需要到服务器的往返行程,这对于客户输入验证和某些类型的用户界面编程十分有用。

1.2.3 ASP.NET 应用程序的开发工具

读者从前面可以了解到,开发 ASP.NET 动态网页的主要工作之一是编写网页的程序代码。其主要的开发工具是 Visual Studio,这里采用 Visual Studio 2012,它提供的用于开发 ASP.NET 应用程序的各种版本如表 1.2 所示。

ASP.NET 引擎是一个用于执行 ASP.NET 网页的软件,在安装 Visual Studio 的相应版本后,计算机便自动配置好了 ASP.NET 引擎。

表 1.2 Visual Studio 2012 开发 ASP.NET 应用程序的各种版本

版 本	说 明
Visual Studio Express 2012 for Web	Web 开发的免费版本
Visual Studio 2012 专业版	用于创建 Windows、Web、移动和 Office 应用程序
Visual Studio 2012 高级版	用于个人或团队开发,包括测试、数据库部署、变更和生命周期管理的基本工具
Visual Studio 2012 旗舰版	用于团队开发,包括完整的测试、建模、数据库部署和生命周期管理工具

1.2.4 ASP.NET 应用程序的开发方式

开发 ASP.NET 应用程序主要有如图 1.5 所示的 3 种方式，即独立、Intranet 和 Internet 开发方式。

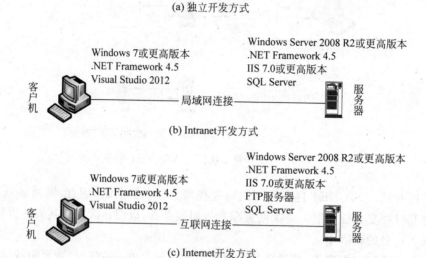

图 1.5 开发 ASP.NET 应用程序的 3 种方式

在独立开发方式中，采用的计算机既是服务器又是客户机，需要配置客户端软件，如 Windows 7 或更高版本（带有浏览器），又要配置服务端软件，如.NET Framework 4.5、Visual Studio 2012、IIS Express(Visual Studio 内置的轻量级的 IIS)和 SQL Server(如果网页需要访问 SQL Server 数据库)等。

在 Intranet 开发方式中，客户机与服务器通过局域网通信，为此，服务器还需要安装 FPSE(FrontPage Server Extensions，FrontPage 服务扩展)或 WebDAV(Web-based Distributed Authoring and Versioning，基于 Web 的分布式创作和版本控制)，它们提供了作为管理员所需要的工具，以便管理网站安全、将内容组织进子网站以及检查网站的使用情况等。

在 Internet 开发方式中，客户机与服务器通过因特网通信，为此，服务器还需要配置成 FTP 服务器，以方便客户端与服务端传送文件。

说明： 当前程序员只能通过 Visual Studio 自带的 ASP.NET 开发服务器(webdev.exe)或 IIS 两种 Web 服务器之一来开发和测试 ASP.NET 网站程序，这两个方案各有优缺点，而 ASP.NET 程序员希望有一个像 ASP.NET 开发服务器那样容易使用，但是功能又跟 IIS 一样强大的服务器。IIS Express 就是另一个新的、免费的、综合了这两个方案优点的选择，它的出现使得开发和运行 ASP.NET 网站程序变得更为容易。IIS Express 支持 Visual Studio，可以运行在 Windows XP 和更高的版本上，它不需要管理员权限即可运行，也不要求代码做任何改动,可以用它开发所有类型的ASP.NET程序,而且它还支持完整的IIS功能集。

本书的示例采用独立开发方式,本机上安装有Windows 7(IE浏览器版本11)、.NET Framework 4.5、Visual Studio 2012(安装Visual Studio 2012时自动安装IIS Express)和SQL Server 2012。

1.3 .NET Framework

.NET Framework是Microsoft公司的XML Web服务的平台,是新一代Internet计算模型,各个Web服务之间彼此是松散耦合的,通过XML进行通信,协同完成某一特定的任务。

1.3.1 .NET Framework体系结构

.NET Framework的体系结构如图1.6所示。

1. 公共语言规范(简称为CLS)

.NET Framework中定义了一个CLS,包含函数调用方式、参数传递方式、数据类型和异常处理方式等。在进行程序设计时,如果使用符合CLS的开发语言(称为.NET兼容语言,如C#、VB等),那么所开发的程序可以在任何公共语言开发环境的操作系统下执行。

2. ASP.NET和Windows窗体

在.NET Framework中有两种方式可以设计应用程序界面,即Web(Web网页和Web服务)和Windows窗体。而Web网页是以ASP.NET为基

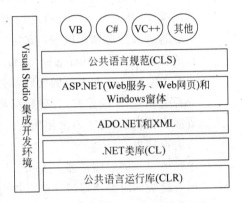

图1.6 .NET Framework体系结构

础,ASP.NET将许多控件加以对象化,使得用户更加方便地使用各个控件的属性、方法和事件。Web服务是一种程序调用与执行的方式,该程序是以网站为基础的,一个应用程序可以通过Web服务主动调用网络上的另一个应用程序。

3. ADO.NET和XML

.NET Framework直接支持ADO.NET(数据库访问接口)和XML文件的操作。在XML文档和数据集之间可以进行数据转换,甚至共享一份数据,程序员可以选择熟悉的方式处理数据,以提高程序的设计效率。

4. .NET类库

在程序开发过程中,会有许多功能组件被重复使用,于是将这些组件制作成类库,每一种程序设计语言都拥有各自独立的类库,如C++的MFC、Java的JDK等,然而每一种类库都是针对一种语言的,所以这些类库彼此之间并不能互相引用,对于偏好VB的程序员而言,所开发的类库就无法被C++程序员使用。

.NET Framework提供了一个巨大的统一类库,该类库提供了程序员在开发程序时所需要的大部分功能,而且这个类库可以使用任何一种.NET兼容语言加以引用,程序员不再需要为了不同的类库而学习不同的程序设计语言。

.NET类库是以面向对象为基础创建的,其实在.NET Framework下,不管是数字还是字符串,所有的数据都是对象。.NET类库结构是阶层式的,采用命名空间加以管理,方便程序员

进行分类引用。

5. 公共语言运行库（简称为 CLR）

在.NET Framework 下，所有的.NET 兼容语言将使用统一的虚拟机，CLR 将是所有的兼容.NET 语言在执行时所必备的运行环境，这种统一的虚拟机与运行环境可以达到跨平台的目标。

1.3.2 .NET Framework 下应用程序的开发和执行

在.NET Framework 下可以使用多种兼容语言进行应用程序的开发。.NET Framework 中的 CLR 实际上是一种语言规范，它大致可以分为以下几个部分。

- 通用类型系统（Common Type System，CTS）：其作用是使所有的.NET 兼容语言共享相同的数据类型。无论程序是采用哪种.NET 兼容语言编写的，都会被编译成相同的与平台机器无关的中间语言（IL 或 MSIL），称为第 1 次编译。中间语言中采用统一的数据类型，从而使不同语言之间的数据得以沟通协调。
- 内存管理和资源回收机制：支持.NET Framework 且遵守共同规范的程序语言所编写的程序，称之为 managed code（托管代码）。也就是说，在 Visual Studio 中编写的.NET Framework 规范的代码都是托管代码。托管代码在执行过程中使用到的内存资源受到 CLR 的监控，各种数据与对象的生存期都由 CLR 管理。CLR 提供了统一的资源回收机制，对于不再使用的对象等会自动释放所使用的资源，避免造成程序错误或内存耗损。
- 中间语言与即时编译器：在.NET Framework 下，第 1 次编译的中间语言代码与原数据一起被即时编译器编译成可执行的本机代码，称为第 2 次编译。该本机代码可以在任何安装.NET Framework 的机器上执行。

同时.NET Framework 负责管理兼容语言创建的应用程序的执行，如图 1.7 所示，所以应用程序的开发需要安装 Visual Studio 开发环境，而应用程序的执行只需要安装.NET Framework 即可。

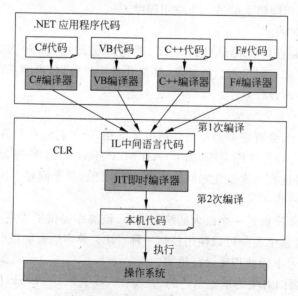

图 1.7 托管代码的执行过程

1.4 创建 ASP.NET 应用程序

1.4.1 ASP.NET 应用程序的项目类型

Visual Studio 提供了两种创建 ASP.NET 应用程序的方法，用于创建两种不同类型的 ASP.NET 应用程序。

1. 基于项目的开发——Web 项目

在创建一个 Web 项目时，Visual Studio 生成一个.csproj 项目文件（假设使用 C#编程），它记录项目中的文件并保存一些调试设置。运行 Web 项目时，Visual Studio 在启动 Web 浏览器前把项目的所有代码编译成一个程序集。

创建一个 Web 项目的操作是启动 Visual Studio 2012，选择"文件|新建|项目"命令，出现"新建项目"对话框，单击模板列表中 Visual C#下面的 Web 项，列出已安装的 Web 项目模板，如图 1.8 所示。用户可以选择"ASP.NET 空 Web 应用程序"模板进行 Web 项目的开发，此时需要输入一个位置，它可以是文件路径，也可以是指向本地或远端 IIS 服务器的 URL。

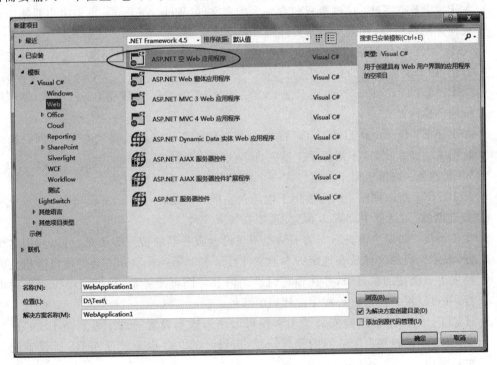

图 1.8　Web 项目的模板

2. 无项目文件的开发——网站

创建一个没有任何项目文件的网站，此时，Visual Studio 认为在网站目录（及其子目录）里的所有文件都是 Web 应用程序的一部分。在这种情况下，Visual Studio 可以不预编译代码，而是由 ASP.NET 在第一次请求网页时编译网站（当然可以进行预编译）。

创建一个网站的操作是启动 Visual Studio 2012，选择"文件|新建|网站"命令，出现"新建网站"对话框，单击模板列表中的 Visual C#项，列出已安装的网站模板，如图 1.9 所示，对各网站模板的说明如下。

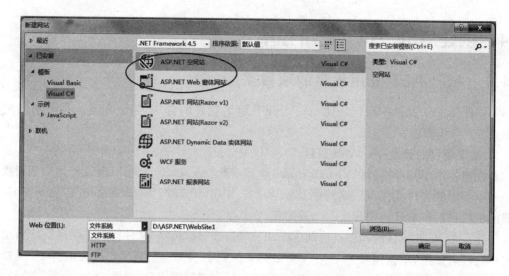

图 1.9 网站的模板

- ASP.NET 空网站：该模板只包含一个配置文件（Web.config）。本书中主要使用该模板构建网站示例，并逐步添加文件和目录。
- ASP.NET 窗体网站：该模板用于配置一个基本的 ASP.NET 网站，包含许多文件和目录，用于窗体网站的开发。
- ASP.NET 网站（Razor v1 或 Razor v2）：通过 Microsoft 的 Web Pages 框架，使用这些模板创建网站。
- ASP.NET Dynamic Data 实体网站：该模板用于创建灵活且强大的 Web 网站来管理数据库中的数据，而不需要手工输入许多代码。
- WCF 服务：该模板用于创建包含一个或多个 WCF 服务的网站。
- ASP.NET 报表网站：该模板用于创建企业报表网站。

在"新建网站"对话框中，"Web 位置"选项有如下 3 种。

- 文件系统：如果主机没有安装 IIS，也不想设置服务器的位置等信息，可以使用这个设置，表示代码源文件放在选定的本地文件目录中。Visual Studio 会把用户所指定的路径视为该网站的根目录，并在预览时启动内置的网页服务器，根据这个位置来模拟执行，并可以很方便地进行程序源代码的移植。
- HTTP：如果主机已经安装了 IIS，便可以使用这个设置。这个设置与 IIS 的设置相关，还必须设置网页服务器的预览网址，所设计的文件也会放置在 IIS 所设置网站的根目录中。
- FTP：如果测试主机并不在本机上，可以使用这个设置，表示将代码源文件保存在远程的 FTP 服务器上。Visual Studio 通过文件传输协议 FTP 访问网站，这样更容易访问其他服务器上的网站。在第一次运行 FTP 网站时会提示用户指定服务器 URL。

3. 两种不同类型 ASP.NET 应用程序的比较

两种不同类型 ASP.NET 应用程序的比较如表 1.3 所示。一般来说，基于项目的 Web 开发比无项目文件的网站开发更严格，因为项目文件显式地列出了哪些文件是项目的一部分，容易捕获到潜在的错误（若丢失的文件）甚至恶意的破坏，并且允许更灵活的文件管理（如将几个单独的项目放在同一个虚拟目录的不同子目录中）。

表 1.3 两种不同类型 ASP.NET 应用程序的比较

比较项	网站	应用程序
项目文件	无	一个或多个
编译方式	在运行时编译	预编译成单个程序集
类文件位置	App_Code 目录	任意目录
启动操作	"文件|新建|网站"命令	"文件|新建|项目"命令

而无项目文件的网站开发不仅简化了文件管理,而且简化了调试和部署过程,适合团队协作。同时,无项目文件的网站开发允许混合使用语言。

本书的示例主要采用无项目文件的网站开发类型,"Web 位置"采用"文件系统",这是一种非常适合初学者的 ASP.NET 应用程序开发方法。

1.4.2 设计第一个网站

本小节通过一个简单示例说明 ASP.NET 网站和网页的设计过程。

【例 1.1】 在 D 盘 ASP.NET 目录中建立一个 ch1 的子目录,将其作为网站目录,然后创建一个 WebForm1 网页,其功能是在用户单击其中的"单击"按钮时提示相应的信息。

解:其步骤如下。

① 启动 Visual Studio 2012。

② 选择"文件\|新建\|网站"命令,出现如图 1.9 所示的"新建网站"对话框,然后选择"ASP.NET 空网站"模板,选择"Web 位置"为"文件系统",单击"浏览"按钮,选择"D:\ASP.NET\ch1"目录,单击"确定"按钮。

③ 出现如图 1.10 所示的界面,其中只有一个 Web.config 配置文件,这表示创建了一个空的网站 ch1。下面在该网站中添加网页,选择"网站\|添加新项"命令,出现如图 1.11 所示的

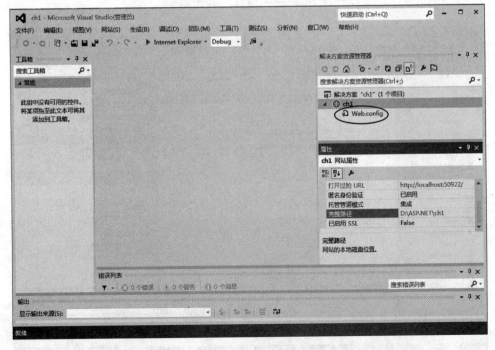

图 1.10 新建一个空网站 ch1

"添加新项-ch1"对话框,在中间列表中选择"Web 窗体",将文件名称改为 WebForm1.aspx,保持"将代码放在单独的文件中"复选框的默认勾选,单击"添加"按钮。

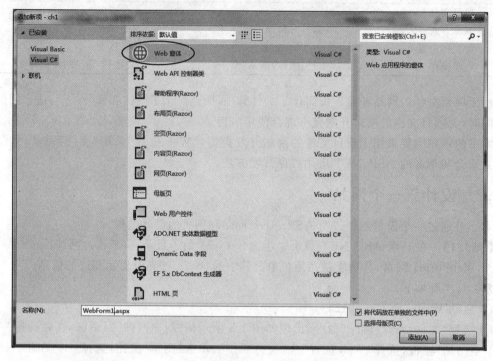

图 1.11 "添加新项-ch1"对话框

④ 出现 WebForm1 网页的源视图,进入 HTML 代码编辑窗口,如图 1.12 所示。单击中部下方的 设计 选项卡进入设计视图,即进入窗体设计窗口。

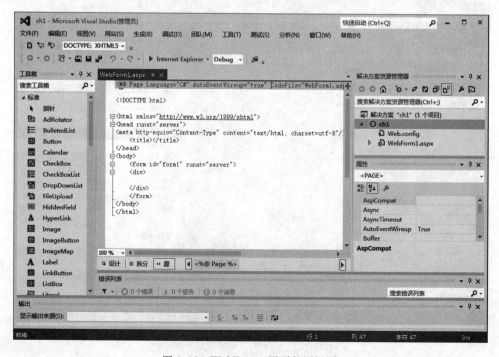

图 1.12 WebForm1 网页的源视图

⑤ 在<body>部分的第1行输入"我的第一个ASP.NET网页"文字。选择工具箱中的  控件,将其拖放到第2行,从而放置一个命令按钮Button1,然后右击它,在出现的快捷菜单中选择"属性"命令,设置它的Text属性为"单击",设置其字体属性如图1.13所示。再选择工具箱中的 A Label 控件,将其拖放到第3行,从而放置一个标签Label1,将其Text属性设置为空、字体属性设置为"楷体,Small"。WebForm1网页的设计视图如图1.14所示。

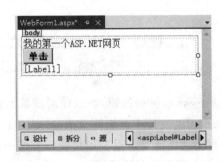

图1.13 设置Button1的字体属性　　　　图1.14 WebForm1网页的设计视图

⑥ 单击中部下方的 源 选项卡进入源视图,其结果如图1.15所示,它反映了前面的设计,即将开发人员的设计操作转换为ASP.NET网页文件。

图1.15 WebForm1网页的源视图

ASP.NET网页文件类似HTML文件,可以包含HTML、XML以及脚本。ASP.NET网页文件中的脚本在服务器上执行,其文件扩展名是aspx。

⑦ 再次进入网页的设计视图,双击Button1,出现程序代码编辑窗口,其中绝大部分代码是Visual Studio自动产生的,在Button1_Click事件过程中输入"Label1.Text = "您单击了按钮";"一行,如图1.16所示。

说明:在解决方案资源管理器中可以看到WebForm1网页对应的两个文件是WebForm1.aspx和WebForm1.aspx.cs。

⑧ 这样WebForm1网页设计完毕,用户可以在浏览器中预览网页。使用F5键或单击工

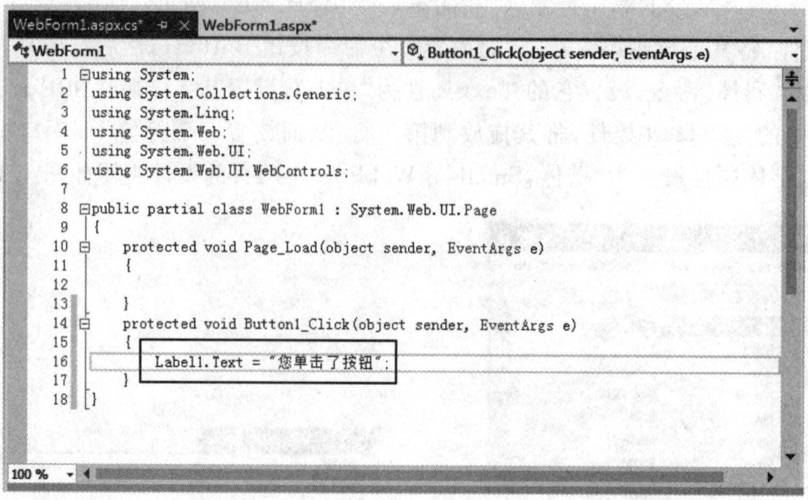

图 1.16　WebForm1 网页的程序代码

具栏中的 ▶ Internet Explorer ▾ 按钮，表示在调试状态浏览网页。在第一次运行时，系统会询问是否要在 Web.config 文件中添加调试功能，如图 1.17 所示，单击"确定"按钮即可，这样在以后浏览时就不再出现询问对话框。如果使用 Ctrl+F5 键，表示在非调试状态浏览网页，会立即出现 WebForm1 网页的浏览界面。

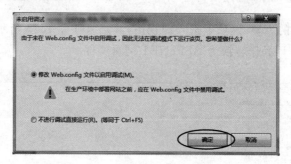

图 1.17　"未启用调试"对话框

⑨ 在浏览器中预览网页时单击"单击"按钮，在该按钮的下方会显示"您单击了按钮"，如图 1.18 所示。

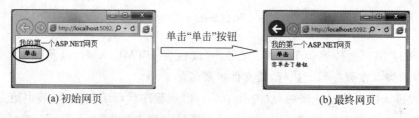

(a) 初始网页　　　　　　　　　　　　(b) 最终网页

图 1.18　在 IE 浏览器中操作 WebForm1 网页

1.4.3　Web 应用程序集成开发环境

Web 应用程序集成开发环境的组成部分如下。

1．菜单栏

它继承了所有可用的 Visual Studio 命令,除"文件"、"编辑"、"视图"、"窗口"和"帮助"菜单外,还提供了编程专用的功能菜单,如"网站"、"生成"、"调试"、"工具"和"测试"等。

2．标准工具栏

在菜单栏下方就是标准工具栏,通过它可以快速访问常用的菜单命令等。这里有两排按钮,上排按钮用于排版和字体设置等,下排按钮用于新建项目、打开文件等。

例如在设计网站时,可以单击标准工具栏中的 ▦ 按钮保存当前的网页文件,单击 ▦ 按钮保存当前网站的所有文件。

3．控件工具箱

集成开发环境的左边是控件工具箱,其中把开发 Web 网页所使用的控件图标分类列出,用户可以直接使用这些控件,只需要将控件拖放到网页的设计界面上即可,极大地节省了编写代码的时间,加快了程序设计的速度。

4．解决方案资源管理器

集成开发环境的右边是"解决方案资源管理器"窗口,它提供了网站项目及其文件的有组织的视图,并且提供了对项目和文件相关命令的便捷访问,可以方便地创建文件和目录。解决方案资源管理器采用树视图结构,如果要将文件与解决方案而不是与特定的项目关联,只需将文件直接添加到解决方案中。

5．HTML 代码编辑窗口

HTML 代码编辑窗口用于设计或显示网页的 HTML 代码。开发人员可以直接输入和修改 HTML 代码进行网页设计,其下方有 3 个选项卡。

- ▦ 设计:单击它时进入当前网页的设计视图。
- ▦ 源:单击它时进入当前网页的源视图。
- ▦ 拆分:单击它时同时出现源视图(上方)和设计视图(下方),在开发人员操作时两部分存在联动,以方便网页设计。

通过单击上述选项卡,开发人员可以在设计视图和源视图之间方便地切换,设计出美观的网页界面,本书将在第 2 章介绍 HTML 网页设计方法。

6．窗体设计器

在网页处于设计视图时启动窗体设计器,开发人员可以进行可视化网页设计。例如,简单地从控件工具箱拖放控件到网页中来创建网页元素等。其操作类似于 FrontPage 和 Dreamweaver 等网页设计工具。

7．程序代码编辑窗口

在窗体设计器中的某个控件上双击,进入程序代码编辑窗口,开发人员可以设计相应的事件处理过程。采用的编程语言有 C♯、VB 等.NET Framework 兼容语言,本书采用 C♯语言,将在第 3 章介绍 C♯语言程序设计方法。

8．属性窗口

集成开发环境的右下方是属性窗口,通过它可以对网页的一些属性值进行设置,这些属性值也会自动添加到 HTML 源代码中,属性值还会随选取对象的不同而改变。

9．错误列表窗口

在集成开发环境的中部下方是错误列表窗口,用于报告代码中检测到的、尚未解决的错误。

在 Visual Studio 集成开发环境中,开发人员可以通过拖动等操作十分方便地改变各个窗口的位置和大小,以定制自己的集成开发环境。

1.4.4 ASP.NET 网页代码编写模型

在 ASP.NET 网页中,用户的编程工作分为两个部分,即可视元素和编程逻辑。可视元素部分由包括标记、服务器控件和静态文本的文件组成,而编程逻辑部分包括事件处理程序和其他代码,这些代码由用户创建与网页进行交互。程序代码可以驻留在网页的 script 块中或者单独的类中。如果代码在单独的类文件中,则该文件称为"代码隐藏"文件。在本书中编程逻辑代码使用 C# 语言编写。

因此,ASP.NET 提供了两种代码编写模型,即代码隐藏页模型和单文件页模型。这两种模型功能相同,在两种模型中可以使用相同的控件和代码。

1. 代码隐藏页模型

通过代码隐藏页模型,可以在一个文件(*.aspx)中存放标记,并在另一个文件(*.aspx.cs)中存放编程代码。代码文件的名称会根据所使用的编程语言有所变化。

这种模型的优点是可以清楚地分隔标记(HTML 代码)和代码(编程逻辑),适用于包含大量代码或多个开发人员共同创建网站的 Web 应用程序;便于程序的维护和升级;程序代码可在多个网页中重用等。

在前面的例 1.1 中,WebForm1 网页就是采用这种网页代码编写模型,本书的示例大部分采用这种模型。

2. 单文件页模型

在单文件页模型中,网页的标记及其程序代码位于同一个 .aspx 文件中,也称为内联模型。程序代码位于 script 块中,该块包含 runat="server"属性,此属性将其标记为 ASP.NET 应执行的代码。

【例 1.2】 在例 1.1 建立的 ch1 网站中创建一个 WebForm2 网页,采用单文件页模型,其功能与 WebForm1 网页相同。

解:其步骤如下。

① 在 ch1 网站中选择"网站|添加新项"命令,出现"添加新项-ch1"对话框,在中间列表中选择"Web 窗体",将文件名称改为 WebForm2.aspx,注意去掉"将代码放在单独的文件中"复选框的默认勾选,单击"添加"按钮。

② 单击 设计 选项卡进入网页的设计视图,将 WebForm1 的设计界面复制到本网页中。

③ 双击 Button1,进入程序代码编辑窗口,在 Button1_Click 事件过程中输入"Label1.Text = "您单击了按钮";"一行。

④ 单击 源 选项卡,可以看到 WebForm2 的源视图代码如下:

```
<%@ Page Language="C#" %>
<!DOCTYPE html>
<script runat="server">
    protected void Button1_Click(object sender, EventArgs e)
    {
        Label1.Text = "您单击了按钮";
    }
</script>
<html xmlns="http://www.w3.org/1999/xhtml">
<head runat="server">
```

```
<meta http-equiv="Content-Type" content="text/html; charset=utf-8"/>
    <title></title>
</head>
<body>
    <form id="form1" runat="server">
        <div>
            我的第一个 ASP.NET 网页<br/>
            <asp:Button ID="Button1" runat="server" Font-Bold="True" Font-Names="黑体"
                Font-Size="Small" OnClick="Button1_Click" Text="单击"/>
            <br/>
            <asp:Label ID="Label1" runat="server" Font-Bold="False" Font-Names="楷体"
                Font-Size="Small"></asp:Label>
        </div>
    </form>
</body>
</html>
```

⑤ 在浏览器中预览该网页,其操作与 WebForm1 网页完全相同。

说明:在解决方案资源管理器中可以看到 WebForm2 网页对应的只有一个文件,即 WebForm2.aspx。

通常,单文件页模型适用于特定的网页,在这些网页中,代码(编程逻辑)主要由网页中控件的事件处理程序组成。

单文件页模型的优点:在没有太多代码的网页中,可以方便地将代码和标记保留在同一个文件中;因为只有一个文件,所以使用单文件页模型编写的网页更容易部署或发送给其他程序员;由于文件之间没有相关性,因此更容易对单文件网页进行重命名;因为网页包含于单个文件中,故在源代码管理系统中管理文件稍微简单一些。

1.4.5 打开一个网站

在建立一个网站并保存后经常需要打开网站进行修改,下面通过一个示例说明其操作过程。

【例 1.3】 打开例 1.1 建立的 ch1 网站。

解:其步骤如下。

① 启动 Visual Studio。

② 选择"文件|打开|网站"命令,出现如图 1.19 所示的"打开网站"对话框,其中左边列表表示打开网站的类型。

- 文件系统:从磁盘位置打开网站。
- 本地 IIS:使用本地计算机上的 IIS 打开网站。
- FTP 站点:从 FTP 位置打开网站。
- 远程站点:打开 FrontPage 网站。
- 源代码管理:从源代码管理打开网站。

这里选择"文件系统",并单击"D:\ASP.NET\ch1",然后单击"打开"按钮。

③ 出现如图 1.20 所示的 Microsoft Visual Studio 对话框,提示用户是否使用 IIS Express,因为在 Visual Studio 中开发网站时需要 Web 服务器才能测试或运行它们。Visual Studio 2010 之前的版本内置了 Visual Studio Development Server(Visual Studio 开发服务器)用于测试或运行网站,自 Visual Studio 2010 版本开始有了 IIS Express。在 Visual Studio

2012 中可以使用 Visual Studio 开发服务器和 IIS Express 测试或运行网站,最好使用 IIS Express,因为 Microsoft 公司表示以后的 Visual Studio 版本可能不再支持 Visual Studio 开发服务器。

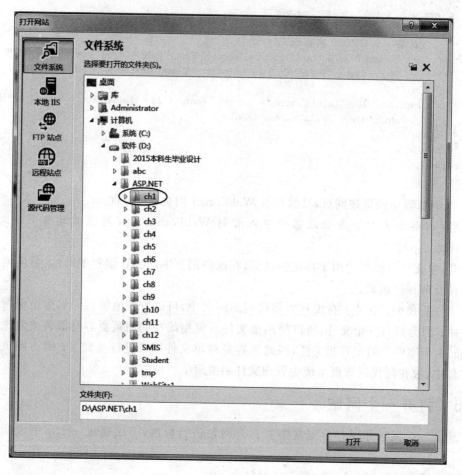

图 1.19 "打开网站"对话框

这里单击"是"按钮,表示使用 IIS Express。

④ 此时打开 ch1 网站。在运行网页时,Windows 的任务栏中会出现一个表示 IIS Express 的小图标,如图 1.21 所示,说明在运行网页时自动启动了 IIS Express。

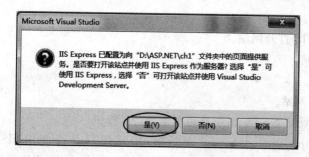

图 1.20 Microsoft Visual Studio 对话框

图 1.21 Windows 的任务栏中出现的 IIS Express 的小图标

如果建立的网站已默认使用 Visual Studio 开发服务器,现在要改为使用 IIS Express,其操作是在解决方案资源管理器中右击网站名(如 ch1),在出现的快捷菜单中选择"使用 IIS Express"命令。

如果要配置 Visual Studio 将 IIS Express 作为默认的 Web 服务器,选择"工具|选项"命令,单击左边列表中的"项目和解决方案|Web 项目"结点,选中"将 IIS Express 用于新的基于文件的网站和项目",单击"确定"按钮,这样会使 Visual Studio 对新创建的网站和项目使用 IIS Express,即将 IIS Express 作为默认的 Web 服务器。

1.4.6 ASP.NET 网站的工作原理

前面创建的 ch1 网站相当简单,但是让 WebForm1 网页显示在浏览器中却没有那么简单。在浏览器能够显示它之前,需要一个 Web 服务器对它进行处理,这就是 Visual Studio 自动启动 IIS Express 来处理网页请求的原因。接下来,它会启动默认的 Web 浏览器并定向到 Web 服务器的地址"http://localhost:50922/WebForm1.aspx",不过每次启动 Web 服务器时,这个地址中的实际端口号可能都不同,因为该数字是 Visual Studio 随机选择的。

用户要意识到,在 Visual Studio 中创建的.aspx 文件并不是在浏览器中最终显示的文件。在 Visual Studio 中创建一个网页时就向它添加了标记,网页中的标记由 HTML、ASP.NET 服务器控件的代码组成。

在浏览器中请求一个.aspx 网页时,Web 服务器就会处理这个网页,执行它在文件中找到的所有服务器端代码,并有效地将 ASP.NET 标记转换为纯 HTML,然后发送给显示这个页面的浏览器。

例如在运行 WebForm1 网页时,在图 1.18(a)中右击网页并选择"查看源"命令,这样还会打开一个默认的文本编辑器,用于显示该页面的 HTML 代码(服务器运行 WebForm1 网页后发送给客户端的代码),看到的代码如下:

```
<!DOCTYPE html>
<html xmlns="http://www.w3.org/1999/xhtml">
  <head>
    <meta http-equiv="Content-Type" content="text/html; charset=utf-8" />
    <title></title>
  </head>
  <body>
    <form method="post" action="WebForm1.aspx" id="form1">
      <div class="aspNetHidden">
        <input type="hidden" name="__VIEWSTATE" id="__VIEWSTATE"
          value="imqMDAq1sejePvD1BL9T5T0yYhCQymNxs2NfZ13wBV+gb99i11VMXUfIm1P63J
          dNRq0zNz+Js72sk/dYhiCwZHULrGv/f7dz6PjOoK66MRU=" />
      </div>
      <div class="aspNetHidden">
        <input type="hidden" name="__VIEWSTATEGENERATOR"
             id="__VIEWSTATEGENERATOR" value="C687F31A" />
        <input type="hidden" name="__EVENTVALIDATION" id="__EVENTVALIDATION"
          value="wXde2O3FbKBkEXnyoST14XF9tOwzP7+NZmC96FoKdxMqJ5tkBjR3XX5D4Rdqkz
          o0xk44iBDgquovdgOR6IMRp7m1LnpkCNHG9hEkmImPF0Aa1S4zLJ+MjZhrZrhfhxrZ" />
      </div>
      <div>
        我的第一个 ASP.NET 网页
        <br />
```

```
          <input type="submit" name="Button1" value="单击" id="Button1"
            style="font-family:黑体;font-size:Small;font-weight:bold;" />
          <br />
          <span id="Label1" style="font-family:楷体;
            font-size:Small;font-weight:normal;"></span>
        </div>
      </form>
    </body>
</html>
```

上述代码是纯 HTML,其中有 3 个隐藏域,name 为"__VIEWSTATE"是一个隐藏域,只有 form 表单(窗体)标识 runat 为 server 时才会自动生成这个隐藏域。当请求某个网页时,ASP.NET 把所有控件的状态序列化成一个字符串,然后作为网页的隐藏属性送到客户端。当客户端把网页回传时,ASP.NET 分析回传的网页窗体属性,并赋给控件对应的值。

name 为"__VIEWSTATEGENERATOR"的隐藏域用于在 ASP.NET 运行时帮助确定是回传到相同的网页还是跨页。

name 为"__EVENTVALIDATION"的隐藏域用来验证事件是否从合法的网页发送,它只是一个数字签名,可以阻止由潜在的恶意用户从浏览器端发送的未经授权的请求。

另外,head 元素中的 meta 是元标记,其中包含了对应 html 的相关信息,客户端浏览器或服务器端的程序会根据这些信息进行处理。例如,以下代码表示网页文字编码为 utf-8:

```
<meta http-equiv="Content-Type" content="text/html; charset=utf-8" />
```

而以下代码表示网页运行时每 5 秒刷新一次:

```
<meta http-equiv="Refresh" content="5" />
```

此时用户单击"单击"按钮进入图 1.18(b)所示的浏览器界面后,再右击网页并选择"查看源"命令,看到的代码如下:

```
<!DOCTYPE html>
<html xmlns="http://www.w3.org/1999/xhtml">
  <head>
    <meta http-equiv="Content-Type" content="text/html;charset=utf-8" />
    <title></title>
  </head>
  <body>
    <form method="post" action="WebForm1.aspx" id="form1">
      <div class="aspNetHidden">
        <input type="hidden" name="__VIEWSTATE" id="__VIEWSTATE"
          value="XgXAStCtATpFAw1t3m6E5Xd8faw/Rax54pltnWYnztGiFwhrvxUEH3ra1bcw
          obxNzKSM/CHVuXlYSRIUSczV+V5Yi58beIBCtDdkge8qtj8XFWynsDmOhcsUpy
          MsOL7HISUH738sK3hbBuQK9ZtvyQ==" />
      </div>
      <div class="aspNetHidden">
        <input type="hidden" name="__VIEWSTATEGENERATOR" id="__VIEWSTATEGENERATOR"
          value="C687F31A" />
        <input type="hidden" name="__EVENTVALIDATION" id="__EVENTVALIDATION"
          value="EBWQqBOCiL2SJ27noUhUoUWx5mKL8394CXAV1oumldlsj1Ia4pF9D+76PlFt1
          19Cxh84A5sCInMjTlBoe8CEb9I+gFZsDb9E+tAbaprveBosrKW8vuf5JLbGfVLPVYuT" />
      </div>
      <div>
        我的第一个 ASP.NET 网页
        <br />
        <input type="submit" name="Button1" value="单击" id="Button1"
```

```
            style = "font - family:黑体;font - size:Small;font - weight:bold;" />
         < br />
         < span id = "Label1" style = "font - family:楷体;
            font - size:Small;font - weight:normal;">您单击了按钮</span>
      </div>
    </form>
  </body>
</html>
```

从中可以看到,开发人员设计好一个 ASP.NET 网页后,在请求该网页时,ASP.NET 执行网页,通过 ASP.NET 引擎将其转换为纯 HTML,图 1.22 所示的是上述 WebForm1 网页中命令按钮 Button1 的代码转换方式。

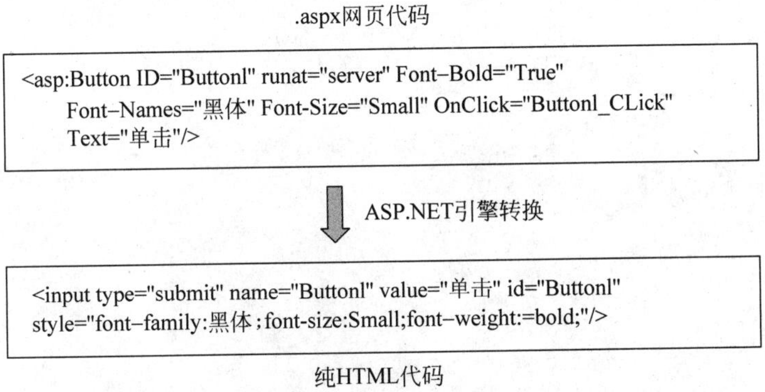

图 1.22 ASP.NET 进行的代码转换

本章只是介绍开发 ASP.NET 网站的基本知识,相关的内容和原理将在后面分章循序渐进地讨论。

练习题 1

1. 简述 WWW 的特点。
2. 简述静态网页和动态网页的执行过程,说明两者的异同。
3. 简述 .NET Framework 的作用。
4. 简述 Visual Studio 2012 创建网站的过程。
5. 简述什么是 ASP.NET。
6. 简述典型的 ASP.NET Web 网页请求过程。
7. 简述什么是 ASP.NET 网页文件。
8. 简述 ASP.NET 引擎的作用。
9. 简述两种 ASP.NET 网页代码编写模型的差别。
10. 简述 .aspx 网页与纯 HTML 代码有什么不同。

上机实验题 1

在 ch1 网站中添加一个名称为 Experment1 的网页,其中包含一个命令按钮 Button1 和一个标签 Label1,当用户单击 Button1 时,在 Label1 中显示"上机实验题 1",如图 1.23 所示,并查看运行时的客户端代码。

图 1.23 上机实验题 1 网页的运行结果

ASP.NET 网站结构

第 2 章

CHAPTER 2

在开发的 ASP.NET 应用程序中最多的是 ASP.NET 网站类型。最简单的网站包含一个目录,其中至少包含一个.aspx 文件(ASP.NET 网页)和一个配置文件。本章介绍 ASP.NET 网站和网页的结构。

本章学习要点:
☑ 掌握 ASP.NET 网站常见的文件类型和目录类型。
☑ 掌握 ASP.NET 网页的结构。
☑ 掌握常见的 ASP.NET 页面指令的使用方法。
☑ 掌握 ASP.NET 网站的编译过程。
☑ 掌握 ASP.NET 服务器控件的特点和 HTML 服务器控件的使用。

2.1 ASP.NET 网站的基本结构

一个典型的 ASP.NET 网站通常由多个网页组成,每个网页将共享许多通用的资源和配置设置。

2.1.1 网站文件类型

从文件组成来看,网站由多个文件组成,包括 Web 网页、配置文件和数据库文件等,最常见的文件类型如下。
- *.aspx:ASP.NET 网页文件,包含用户界面的代码。
- *.cs:采用代码隐藏页模型设计网页时的代码隐藏文件。如果选择 C#作为开发语言,则产生.cs 文件。
- *.ascx:开发人员自己设计的 ASP.NET 用户控件。
- Web.config:ASP.NET 应用程序的基于 XML 格式的配置文件,包含各种 ASP.NET 功能的配置信息,如数据库连接、安全设置、状态管理等。
- global.asax:全局应用程序文件,该文件驻留在 ASP.NET 网站的根目录下。
- *.asmx 文件:为其他计算机提供共享应用程序的 Web 服务。

- *.skin 文件：外观文件，用于设置主题。
- *.css 文件：样式表文件。
- *.master：母版页文件。

2.1.2 网站的目录结构

每个网站都有一个目录，为了更方便管理和使用，ASP.NET 保留了一些可用于特定内容的文件和目录名称。一个网站常用的目录如下。

- App_Data 目录：用于存放应用程序使用的数据库。它是一个集中存储应用程序所用数据库的地方。App_Data 目录可以包含 SQL Server 数据库文件(.mdf)、Access 数据库文件(.mdb)或 XML 文件等。
- App_Code 目录：用于存放所有应当作为应用程序的一部分动态编译的类文件。在开发网站时，对 App_Code 目录的更改会导致整个应用程序的重新编译。
- Bin 目录：包含应用程序所需的用于控件、组件或者需要引用的任何其他代码的可部署程序集。该目录中存在的任何.dll 文件将自动地链接到应用程序。
- App_Themes 目录：用于存放主题文件和 CSS 文件等。
- App_GlobalResources 目录：用于存放系统资源文件。资源文件是一些字符串表，当应用程序需要根据某些事情进行修改时，资源文件可用于这些应用程序的数据字典。除了字符串之外，用户还可以在资源文件中添加图像和其他文件。

2.1.3 .aspx 网页的结构

ASP.NET 页面的结构是非常模块化的，每个.aspx 网页文件一般包含 3 个独立的部分，即页面指令、代码脚本块和页面内容。

1. 页面指令

页面指令设置页面的运行环境，规定 ASP.NET 引擎如何处理该页面，控制 ASP.NET 页面的行为，一个页面可以包含多条页面指令。

2. 代码脚本块

代码脚本块是由<script runat=server></script>标记对括起来的程序代码。在代码脚本块中可以定义页面的全局变量及控件事件处理程序等，这些程序代码要先编译后执行。

3. 页面内容

页面内容是由网页元素构成的，常见的网页元素有文本、图像、链接、表格、框架和表单等。在设计网页内容时，应尽可能做到条理性强、操作逻辑清晰和用户体验好。

2.2 ASP.NET 页面指令

页面指令用来定义 ASP.NET 网页分析器和编译器使用该网页的一些设置。这些指令允许用户为特定网页指定页面属性和配置信息，是由 ASP.NET 用作处理页面的指令，但不作为发送到浏览器的标记的一部分呈现。当使用这类指令时，虽然标准的做法是将指令包括在文件的开头，但是它们可以位于.aspx 或.ascx 文件中的任何位置。每个页面指令都可以包含一个或多个特定于该指令的属性(与值成对出现)，下面介绍常见的页面指令。

1. @Page 指令

该指令允许开发人员为网页指定多个配置选项,并且该指令只能在 Web 窗体网页中使用。每个.aspx 文件只能包含一条@ Page 指令。该指令可以指定页面中代码的服务器编程语言、页面是将服务器代码直接包含在其中(即单文件页面)还是将代码包含在单独的类文件中(即代码隐藏页面)、调试和跟踪选项、页面是否为某母版页的内容页等。

其基本格式如下:

<%@Page 属性 = "值" [属性 = "值" …] %>

其中使用的主要属性及其说明如表 2.1 所示。若要定义@ Page 指令的多个属性,需要使用一个空格分隔每个属性/值对。对于特定属性,不要在该属性与其值相连的等号(=)两侧加空格。

表 2.1　@Page 指令的属性及其说明

属性	说明
AutoEventWireup	指示页面的事件是否自动绑定。如果启用了事件自动绑定,则为 True(默认值),否则为 False
Buffer	确定是否启用了 HTTP 响应缓冲。如果启用了页面缓冲,则为 True(默认值),否则为 False
ClassName	一个字符串,指定在请求页面时将自动进行动态编译的页面的类名。此值可以是任何有效的类名,并且可以包括类的完整命名空间(完全限定的类名)。如果未指定该属性的值,则已编译页面的类名将基于页面的文件名
CodeBehind	指定包含与页面关联的类的已编译文件的名称。该属性不能在运行时使用
CodeFile	指定指向页面引用的代码隐藏文件的路径
CodePage	指示用于响应的编码方案的值,该值是一个用作编码方案 ID 的整数
Description	提供该页面的文本说明。ASP.NET 分析器忽略该值
ErrorPage	定义在出现未处理页面异常时用于重定向的目标 URL
Inherits	定义供页面继承的代码隐藏类。它与 CodeFile 属性(包含指向代码隐藏类的源文件的路径)一起使用
Language	指定在对页面中的所有内联呈现和代码声明块进行编译时使用的语言,只可以表示任何.NET Framework 支持的语言,如 C♯
MasterPageFile	设置内容页面的母版页面或嵌套母版页面的路径,支持相对路径和绝对路径
Title	指定在相应的 HTML<title>标记中呈现的页面的标题,也可以通过编程方式将标题作为页面的属性来访问
Trace	指示是否启用跟踪。如果启用了跟踪,则为 True,否则为 False(默认值)

例如,第 1 章例 1.1 中 WebForm1.aspx 网页文件的如下内容就是页面指令:

<%@Page Language = "C♯" AutoEventWireup = "True" CodeFile = "WebForm1.aspx.cs"
    Inherits = "WebForm1" %>

其作用是指定 ASP.NET 网页编译器使用 C♯作为网页的服务器端代码语言,自动绑定网页的事件,该网页代码隐藏文件为 WebForm1.aspx.cs,供页面继承的代码隐藏类为WebForm1。

2. @Import 指令

该指令将命名空间显式地导入网页中,使所导入的命名空间的所有类和接口可用于该网页。导入的命名空间可以是.NET Framework 类库或用户定义的命名空间的一部分。其基本格式如下：

```
<%@ Import namespace = "值" %>
```

@Import 指令不能有多个 namespace 属性。若要导入多个命名空间，需要使用多条 @Import 指令来实现。

例如导入.NET Framework 基类命名空间 System.Net 和用户定义的命名空间 UserNS，代码如下：

```
<%@ Import namespace = "System.Net" %>
<%@ Import namespace = "UserNS" %>;
```

实际上，在采用 Visual Studio 设计 ASP.NE 网页时，像 System、System.Web、System.Web.UI、System.Web.UI.HtmlControls 和 System.Web.UI.WebControls 常用的命名空间是默认导入的。

3. @Control 指令

@Control 指令与@Page 指令基本相似，在.aspx 文件中包含@Page 指令，而在.ascx 文件中不包含@Page 指令，该文件中包含了@Control 指令。该指令只能用于用户控件中。用户控件在带有 ascx 扩展名的文件中进行定义。每个 ascx 文件只能包含一条@Control 指令。此外，对于每个@Control 指令，只允许定义一个 Language 属性，因为每个控件只能使用一种语言。

其基本格式如下：

```
<%@Control 属性 = "值" [属性 = "值" …] %>
```

例如，在网站中新添加一个 WebUserControl.ascx 用户控件，其中@Control 指令的默认代码如下：

```
<%@Control Language = "C#" AutoEventWireup = "True" CodeFile = "WebUserControl.ascx.cs"
    Inherits = "WebUserControl" %>
```

4. @Master 指令

该指令只能在母版页的.master 文件中使用，用于标识 ASP.NET 母版页。每个.master 文件只能包含一条@Master 指令。其基本格式如下：

```
<%@Master 属性 = "值" [属性 = "值" …] %>
```

例如，母版页 MasterPage.master 以 C# 作为内联代码语言。事件处理代码在名为 MasterPage 的分部类中定义。用户可以在 MasterPage.master.cs 文件中找到 MasterPage 类的代码，对应的设置如下：

```
<%@Master Language = "C#" CodeFile = "MasterPage.master.cs"
    Inherits = "MasterPage" %>
```

以上代码用到了@Master 指令中两个重要的属性，即 CodeFile 和 Inherits 属性，它们的含义与@Page 中相似，只是改为针对母版页。

5. @Implements

该指令用来定义要在网页或用户控件中实现的接口。其基本格式如下：

```
<%@Implements interface = "value" %>
```

其中，interface 属性用来指定要在网页或用户控件中实现的接口。在 Web 窗体网页中实现接口时,开发人员可以在代码声明块中的<script>元素的开始标记和结束标记之间创建其事件、方法和属性,但不能使用该指令在代码隐藏文件中实现接口。

6. @Reference

该指令以声明的方式将网页、用户控件或 COM 控件连接到目前的网页或用户控件。使用此指令可以动态编译与生成提供程序关联的页面、用户控件或另一个类型的文件,并将其连接到包含@Reference 指令的当前网页、用户控件或母版页文件,这样就可以从当前文件内部引用外部编译的对象及其公共成员。

其基本格式如下:

```
<% @Reference page = "值" control = "值" virtualPath = "值" %>
```

其中,page 属性指定外部网页,ASP.NET 动态编译该网页并将它连接到包含@Reference 指令的当前文件;control 属性指定外部用户控件,ASP.NET 动态编译该控件并将它连接到包含@Reference 指令的当前文件;virtualPath 属性指定引用的虚拟路径,只要生成提供程序存在,可以是任何文件类型,例如,它可能会指向母版页。

例如,使用@Reference 指令连接用户控件 MyControl.ascx,对应的代码如下:

```
<% @Reference Control = "MyControl.ascx" %>
```

7. @OutputCache

该指令用于以声明的方式控制 ASP.NET 网页或网页中包含的用户控件的输出缓存策略。网页输出缓存就是在内存中存储处理后的 ASP.NET 网页内容。这一机制允许 ASP.NET 向客户端发送网页响应,而不必再次经过网页处理生命周期。

网页输出缓存对于那些不经常更改,但需要大量处理才能创建的网页特别有用。例如,如果创建大通信量的网页来显示不需要频繁更新的数据,网页输出缓存则可以极大地提高该网页的性能。用户可以分别为每个网页配置网页缓存,也可以在 Web.config 文件中创建缓存配置文件。利用缓存配置文件,只定义一次缓存设置就可以在多个页面中使用这些设置。

设置网页输出缓存的基本格式如下:

```
<% @OutputCache 属性 = "值" [属性 = "值" …] %>
```

例如,设置网页或用户控件进行输出缓存的持续时间为 100 秒,代码如下:

```
<% @OutputCache Duration = "100" VaryByParam = "none" %>
```

其中,Duration 属性设置网页或用户控件进行缓存的时间(以秒计),VaryByParam 属性是以分号分隔的字符串列表,用于使输出缓存发生变化,none 表示无变化。

8. @Assembly

该指令用于在编译时将程序集连接到当前页面,这使得开发人员可以使用程序集公开的所有类和方法等。其使用格式有如下两种:

```
<% @Assembly name = "assemblyname" %>
<% @Assembly src = "pathname" %>
```

其中,name 指定编译页面时要连接的程序集,src 指定要动态编译并连接到当前页面的源文件的路径。

必须在@Assembly 指令中包含 name 或 src 属性,但不能在同一个指令中包含两者。如果需要同时使用这两个属性,则必须在文件中包含多个@ Assembly 指令。在连接 Web 应用程序的 Bin 目录中的程序集时,将自动连接到该应用程序中的 ASP.NET 文件,这样的程序集不需要@Assembly 指令。

例如,以下代码使用@Assembly 指令连接到用户定义的程序集 myassembly:

`<% @Assembly name = "myassembly" %>`

以下代码使用@Assembly 指令连接到 VB 源文件 mysource.vb:

`<% @Assembly src = "mysource.vb" %>`

2.3 代码脚本块和 ASP.NET 网站编译

2.3.1 代码脚本块

代码脚本块也称为代码声明块,它嵌入在 ASP.NET 应用程序文件的＜script＞块中。图 2.1 所示的是脚本块的分类。

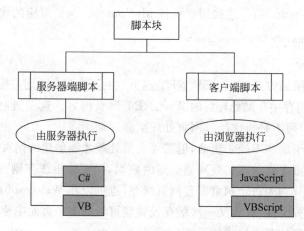

图 2.1 脚本块的分类

1. 客户端脚本

作为页面的一部分的客户端脚本,当用户请求页面时,将这些脚本直接发送至客户端浏览器,由浏览器执行。客户端脚本通常用 JavaScript 或 VBScript 语言编写。客户端脚本可以完成如下功能:

① 在将某个页面加载至浏览器中时,改变此页面的外观。
② 验证用户在窗体中输入的数据,将通过验证的数据发送至服务器。
③ 当触发按钮的单击事件时,在浏览器中显示相关信息。

例如,采用 JavaScript 编写客户端脚本代码的一般格式如下:

```
< script type = "text/javascript">
    javascript 脚本代码
</script>
```

需要注意的是,服务器并不会执行这些客户端脚本代码,而是直接发送给客户端浏览器,它们是在客户端浏览器中执行的。

2. 服务器端脚本

服务器脚本也是页面的一部分,但它不发送至浏览器,而是在请求页面之后和在回送至浏览器之前由服务器处理。服务器端代码声明块必须具有 runat="server"属性。

服务器脚本的基本格式如下：

```
<script runat = "server" language = "codelanguage" src = "pathname">
    代码部分
</script>
```

对其中各个属性的说明如下。

- language：指定用于代码脚本块的语言。该值可以表示任何与.NET Framework 兼容的语言。如果未指定任何语言，该值默认为@Page 或@Control 指令中指定的语言。在 ASP.NET 网页或用户控件中只能使用一种语言。如果在多处指定了语言（这是不必要的），例如在代码声明块的开始标记和@Page 或@Control 指令中指定了语言，则这些语言必须匹配。当然也可以使用 type 属性替代 language 属性，例如，language = "javascript"和 type = "text/javascript"的作用相同。
- runat：通常设置为 runat="server"，它指定 script 块中包含的代码在服务器而不是客户端上运行。此属性对于服务器端代码块是必需的。
- src：指定要加载的外部脚本文件的路径和文件名。当使用该属性时，将忽略声明块中的任何其他代码。

ASP.NET 提供了代码隐藏页模型和单文件页模型两种代码编写模型，在第 1 章中例 1.2 采用单文件页模型，其代码脚本块如下：

```
<script runat = "server">
    protected void Button1_Click(object sender, EventArgs e)
    {
        Label1.Text = "您单击了按钮";
    }
</script>
```

其 language 是该网页中@Page 页面指令设置的 C♯语言，所定义的 Button1_Click 事件处理过程与 Button1 命令按钮的 OnClick 属性关联：

```
<asp:Button ID = "Button1" runat = "server" Font - Bold = "True" Font - Names = "黑体"
            Font - Size = "Small" OnClick = "Button1_Click" Text = "单击" />
```

在运行该网页时，用户单击 Button1，则执行 Button1_Click 事件处理过程。

与之功能等价的例 1.1 采用代码隐藏页模型，其中 WebForm1.aspx 文件没有直接包含代码脚本块，只不过将相关的事件处理过程放在另一个文件（即 WebForm1.aspx.cs）中，通过@Page 页面指令的属性设置（即 CodeFile="WebForm1.aspx.cs"）建立关联，所以两种代码编写模型本质上没有差别，且代码隐藏页模型更加方便。

本书采用 C♯作为代码语言，将在第 4 章介绍 C♯语言基础。

2.3.2　ASP.NET 网站的编译和预编译

为了使用应用程序代码为用户提出的请求提供服务，ASP.NET 必须首先将代码编译成一个或多个程序集。程序集是文件扩展名为 dll 的文件，dll 文件在服务器上执行，并动态生成网页的 HTML 输出。用户可以采用多种不同的兼容语言来编写 ASP.NET 代码。在编译代码时会将程序代码翻译成中间语言代码，在运行时.NET Framework 会将中间语言代码翻译成 CPU 特定的指令，以便计算机上的处理器运行应用程序。

在编译给定的 ASP.NET 应用程序文件时，嵌入的代码块将随与给定的 ASP.NET 文件类型关联的特定对象一起编译。例如编译网页时，任何嵌入的代码声明块将随网页类一起编译到服务器上的单个网页对象中。

编译应用程序代码的好处：提高执行速度；编译后的代码要比非编译的源代码更难进行反向工程处理，提供了安全性；可以消除代码中的许多错误，提高了代码的稳定性。

在默认情况下，当用户首次请求资源（如网站的一个网页）时将动态编译 ASP.NET 网页和代码文件，称为自动编译，产生编译后的.dll 文件，实例化该.dll 并处理（响应用户首次请求）。第 1 次编译网页和代码文件之后，会缓存编译后的资源。当用户第 2 次请求时（假设资源没有发送变化），没有再为第 2 次和以后的请求重复上述整个过程，该请求只是实例化已创建的.dll，该.dll 将响应发送给请求者，这样将极大地提高随后对同一页提出的请求的效率。用户首次请求和以后请求网页的处理过程如图 2.2 所示。

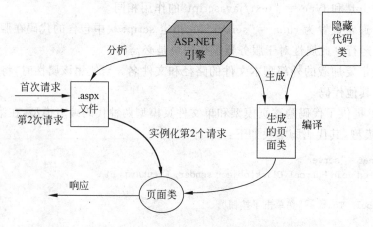

图 2.2　用户首次请求和以后请求网页的处理过程

实际上，ASP.NET 在将整个网站提供给用户之前可以预编译该网站，这样做有很多好处：

- 可以加快用户的响应时间，因为网页和代码文件在第 1 次被请求时无须编译。这对于经常更新的大型网站尤其有用。
- 可以在用户看到网站之前识别编译时错误。
- 可以创建网站的已编译版本，并将该版本部署到成品服务器，而无须使用源代码。

预编译网站可以在命令行上使用 Aspnet_compiler.exe 工具实现，ASP.NET 提供了两个预编译站点选项。

- 预编译现有网站：如果希望提高现有网站的性能并对网站执行错误检查，那么此选项十分有用。
- 针对部署预编译网站：此选项将创建一个特殊的输出，可以将该输出部署到成品服务器。

2.4　页面内容设计

页面内容设计就是通过各种各样的 HTML 标记对页面上的文字、图片、表格、声音等元素进行描述（例如字体、颜色、大小），而浏览器则对这些标记进行解释并生成页面，于是就得到可以看到的画面。在采用 Visual Studio 设计 ASP.NET 网页时，表示页面的可视元素有静态元素和服务器控件。

2.4.1 网页静态元素设计

所谓网页静态元素设计，就是直接采用 HTML 元素进行网页设计，共有两种方式，即直接用 HTML+CSS 和采用 HTML 控件设计。前一种方式将在第 3 章详细介绍，这里简要介绍后一种方式。

Visual Studio 的工具箱中提供了 HTML 控件组，如图 2.3 所示，其中的控件都是客户端控件。在设计网页时，可以将这些 HTML 控件直接拖放到网页中进行可视化设计。

说明：控件是一种类，绝大多数控件都具有可视的界面，能够在程序运行中显示其外观。利用控件进行可视化设计既直观又方便，可以实现所见即所得的效果。程序设计的主要内容是选择和设置控件及对控件的事件编写处理代码。

在客户端脚本代码设计中常用的有 Document 对象和 Element 对象等，有关更多的内容，读者可以参考 JavaScript 教程。

每个载入浏览器的 HTML 文档都会成为 Document 对象。Document 对象可以从脚本中对 HTML 页面中的所有元素进行访问，其常用的方法如下。

- close()：关闭用 document.open() 方法打开的输出流，并显示选定的数据。
- getElementById()：返回对拥有指定 ID 的第一个对象的引用。
- getElementsByName()：返回带有指定名称的对象集合。
- getElementsByTagName()：返回带有指定标签名的对象集合。
- open()：打开一个流，以收集来自任何 document.write() 或 document.writeln() 方法的输出。
- write()：向文档写 HTML 表达式或 JavaScript 代码。

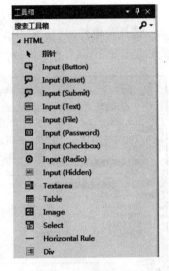

图 2.3 HTML 控件

Element 对象表示 XML 文档中的元素，元素可包含属性、其他元素或文本。如果元素含有文本，则在文本结点中表示该文本。其中，textContent 属性用于设置或返回元素及其后的文本内容。例如，以下代码用于获取网页中 Label1 控件的文本值：

document.getElementById("Label1").textContent

下面讨论一个客户端脚本代码设计的示例，说明网页静态元素的设计方法。

【例 2.1】 在 D 盘 ASP.NET 目录中建立一个 ch2 的子目录，将其作为网站目录，然后创建一个 WebForm1.html 网页，其功能是说明 HTML 控件的应用。

解：其步骤如下。

① 启动 Visual Studio 2012。

② 选择"文件|新建|网站"命令，出现"新建网站"对话框，然后选择"ASP.NET 空网站"

模板,选择"Web 位置"为"文件系统",单击"浏览"按钮,选择"D:\ASP.NET\ch2"目录,单击"确定"按钮,创建一个空的网站 ch2。

③ 选择"网站|添加新项"命令,出现"添加新项-ch2"对话框,在中间列表中选择"Web 窗体",将文件名称改为 WebForm1.aspx,去掉"将代码放在单独的文件中"复选框的默认勾选(创建单文件页模型的网页),单击"添加"按钮。

④ 进入网页的设计视图,在<body>的第 1 行输入"学习使用 HTML 控件(客户端脚本设计)"。在第 3 行输入"输入:",再从工具箱的 HTML 控件中拖放一个 Input (Text) 控件(ID 为 Text1)。在第 5 行中拖放一个 Input (Button) 控件(ID 为 Button1),进入属性窗口,将其 value 设置为"单击"。在第 7 行输入"字符个数:",再从工具箱的 HTML 控件中拖放一个 Input (Text) 控件(ID 为 Text2)。

选择菜单栏的"格式"中的 A 字体(F)... 命令对网页中的各个元素进行字体和颜色设计,例如设计 Button1 的字体,对话框如图 2.4 所示。该网页的最终设计界面如图 2.5 所示。

图 2.4 设计 Button1 的字体的对话框

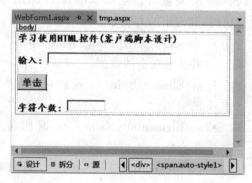

图 2.5 WebForm1.aspx 网页的设计界面

⑤ 进入源视图,修改代码如下(其中粗体是新增部分,其余部分是系统自动生成的,Visual Studio 会将开发人员的可视化设计尽可能地转换为样式,有关样式内容将在第 3 章介绍):

```
<%@ Page Language = "C#" %>
<!DOCTYPE html>
<script type = "text/javascript">
  function count() {
    document.getElementById("Text2").value =
        document.getElementById("Text1").value.length;;
  }
</script>
<html xmlns = "http://www.w3.org/1999/xhtml">
  <head runat = "server">
    <meta http-equiv = "Content-Type" content = "text/html; charset = utf-8"/>
    <title></title>
```

```
        <style type="text/css">
            .auto-style1
            {   font-family: 楷体; font-weight: bold;
                font-size: medium; color: #0000FF;
            }
            #Button1
            {   color: #FF0000; font-size: medium;
                font-weight: 700; font-family: 黑体;
            }
            #Text1 {  width: 205px; }
            #Text2 {  width: 58px; }
        </style>
    </head>
<body>
    <form id="form1" runat="server">
        <div>
            <span class="auto-style1">学习使用HTML控件(客户端脚本设计)</span>
            <br /><br />
            <span class="auto-style1">输入：</span><input id="Text1" type="text" />
            <br /><br />
            <input id="Button1" type="button" value="单击" onclick="count()" /><br />
            <br />
            <span class="auto-style1">字符个数：</span><input id="Text2" type="text" />
        </div>
    </form>
</body>
</html>
```

⑥ 单击工具栏中的 ▶ Internet Explorer 按钮运行本网页，在文本框Text1中输入"China"，然后单击"单击"按钮，得到的结果如图2.6所示。

本例的几点说明如下：

① JavaScript脚本代码是客户端代码，服务器直接将其发送到客户端，它是在客户端浏览器中运行的，以下操作可以验证这一点。在图2.6所示的浏览器界面中右击网页并选择"查看源"命令，可以看到服务器发送给客户端的代码如下：

图2.6 WebForm1.aspx网页的执行界面

```
<!DOCTYPE html>
<script type="text/javascript">
    function count() {
        form1.Text2.value = form1.Text1.value.length;
    }
</script>
<html xmlns="http://www.w3.org/1999/xhtml">
    <head><meta http-equiv="Content-Type" content="text/html; charset=utf-8" />
        <title></title>
        <style type="text/css">
            .auto-style1 {
                font-family: 楷体; font-weight: bold;
                font-size: medium; color: #0000FF;
            }
            #Button1 {
```

```
            color: #FF0000; font-size: medium;
            font-weight: 700; font-family: 黑体;
        }
        #Text1 { width: 205px; }
        #Text2 { width: 58px; }
    </style>
</head>
<body>
    <form method="post" action="WebForm1.aspx" id="form1">
        <div class="aspNetHidden">
            <input type="hidden" name="__VIEWSTATE" id="__VIEWSTATE"
                value="t5NT4yI78/F0XeVF2mIPXNW2InWdTrF4sUh2BOH8Zp63V63qzJUDnW+
                s5JQJvgTH6rbagzhBl+lD99xcwfHLV2WV7VU0M9T36luVV1zrIsk=" />
        </div>
        <div class="aspNetHidden">
            <input type="hidden" name="__VIEWSTATEGENERATOR"
                id="__VIEWSTATEGENERATOR" value="C687F31A" />
        </div>
        <div>
            <span class="auto-style1">学习使用 HTML 控件(客户端脚本设计)</span>
            <br /><br />
            <span class="auto-style1">输入:</span><input id="Text1" type="text" />
            <br /><br />
            <input id="Button1" type="button" value="单击" onclick="count()" />
            <br /><br />
            <span class="auto-style1">字符个数:</span><input id="Text2" type="text" />
        </div>
    </form>
</body>
</html>
```

② 如果在<script>中添加 runat="server",就会变成服务器脚本,服务器脚本是在服务器端运行的,而 Text2 等 HTML 元素是在客户端浏览器中呈现的,服务器并不处理 Text2,所以改为服务器脚本后出现 Text2 没有定义的错误消息。

③ 本例中 Text1、Text2 和 Button1 等 HTML 控件的代码中都没有 runat="server",表示它们都是客户端元素。如果将本例的<script>改为如下代码,同样会出现 Text2 等没有定义的错误:

```
<script>
    protected void Button1_ServerClick(object sender, EventArgs e)
    {
        Text2.Value = Text1.Value.Length;
    }
</script>
```

2.4.2 ASP.NET 服务器控件

为了使服务器将程序代码转换为客户端浏览器能够认识的代码,需要使用 ASP.NET 服务器控件。所有服务器控件都要添加 runat="server"属性,在 ASP.NET 引擎处理时,会将它们转换为相应的客户端 HTML 元素。ASP.NET 服务器控件分为 3 类,即 HTML 服务器控件、Web 标准服务器控件和其他服务器控件。

1. HTML 服务器控件

默认情况下,ASP.NET 文件中的 HTML 元素作为文本进行处理,并且不能在服务器端代码中引用这些元素。若要使这些元素能以编程方式进行访问,可以通过添加 runat="server"属性表明应将 HTML 元素作为服务器控件进行处理,还需要设置元素的 ID 属性,使得可以通过编程方式引用控件。

HTML 控件转换为服务器控件后,控件的事件在服务器中处理,对应的事件名称也会发生变化。例如,命令按钮 Button 包含 onServerClick 属性,而不是常规 HTML 中使用的 onClick 属性,就是告诉服务器当命令按钮的单击事件发生时应调用的事件处理过程是"命令按钮 id_ServerClick"。若希望控件在客户端处理事件,则应使用传统的 onClick 属性。这时必须提供客户端脚本来处理事件,系统会首先执行客户端代码,然后再执行服务器代码。

【例 2.2】 在 ch2 网站中设计一个网页 WebForm2,说明 HTML 服务器控件的应用。

解:其步骤如下。

① 打开 ch2 网站,选择"网站|添加新项"命令,出现"添加新项-ch2"对话框,然后在中间列表中选择"Web 窗体",将文件名称改为 WebForm2.aspx,去掉"将代码放在单独的文件中"复选框的默认勾选(创建单文件页模型的网页),单击"添加"按钮。

② 该网页的设计界面如图 2.7 所示,其中包含两个 input(Text) HTML 控件(id 为 TextBox1 和 TextBox2)和一个 input(Button) HTML 控件 Button1。

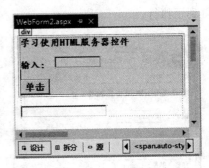

图 2.7 WebForm2.aspx 网页的设计界面

③ 进入源视图,设计对应的代码(其中粗体是增加部分):

```
<%@ Page Language="C#" %>
<!DOCTYPE html>
<script runat="server">
    protected void Button1_ServerClick(object sender, EventArgs e)
    {
        Text2.Value = "您输入的是:" + Text1.Value;
    }
</script>
<html xmlns="http://www.w3.org/1999/xhtml">
<head runat="server">
    <meta http-equiv="Content-Type" content="text/html; charset=utf-8"/>
    <title></title>
    <style type="text/css">
        .auto-style1
        {   font-family: 楷体; font-weight: bold;
            font-size: medium; color: #0000FF;
        }
        #Text1 { width: 72px; }
        #Button1
        {   color: #FF0000;   font-size: medium;
            font-weight: 700; font-family: 黑体;
        }
    </style>
</head>
<body>
```

```
            < form id = "form1" runat = "server">
                <div>
                    < span class = "auto-style1">学习使用HTML服务器控件</span>
                    < br /><br />
                    < span class = "auto-style1">输入：</span>
                    < input id = "Text1" runat = "server" type = "text" />
                    < br /><br />
                    < input id = "Button1" runat = "server" type = "button" value = "单击"
                        onServerClick = "Button1_ServerClick" />
                </div>
                <p>< input id = "Text2" runat = "server" type = "text" /></p>
            </form>
        </body>
    </html>
```

④ 单击工具栏中的 ▶ Internet Explorer 按钮运行本网页，在输入文本框中输入"China"，然后单击"单击"按钮，得到的结果如图2.8所示。从中可以看到，Button1_ServerClick 事件过程得到了执行。

图2.8 WebForm2.aspx 网页的执行界面

实际上，除了可以将 HTML 控件转换为 HTML 服务器控件之外，ASP.NET 还提供了一组与之对应的 HTML 服务器控件，它们的名称以 Html 开头，如 HtmlInputButton 与 < input type = "button" > 对应，HtmlInputText 与 < input type = "text" > 对应，而且它们的对象模型紧密映射到相应元素的对象模型，并自动维护控件状态，即在网页到服务器的往返行程中，将自动对用户在这些 HTML 服务器控件中输入的值进行维护并发送回浏览器。

说明：从前面的两个示例可以看出，在开发 ASP.NET 应用程序时建议使用服务器控件，如果不需要交互，可以使用普通的 HTML 元素。

2. Web 标准服务器控件

Web 服务器控件比 HTML 服务器控件具有更多的内置功能。Web 服务器控件不仅包括窗体控件（例如按钮和文本框），而且包括特殊用途的控件（例如日历、菜单和树视图控件）。Web 服务器控件与 HTML 服务器控件相比更加抽象，因为其对象模型不一定反映 HTML 语法。有关 Web 服务器控件的使用将在第6章介绍。

3. 其他服务器控件

其他服务器控件主要包含以下控件。

- 验证控件：包含逻辑以允许对用户在输入控件（例如 TextBox 控件）中输入的内容进行验证的控件。验证控件可用于对必填字段进行检查，对照字符的特定值或模式进行测试，验证某个值是否在限定范围之内，等等。
- 用户控件：作为 ASP.NET 网页创建的控件，ASP.NET 用户控件可以嵌入其他 ASP.NET 网页中，这是一种创建工具栏和其他可重用元素的捷径。
- 登录控件：提供了一个方便的方法来创建 ASP.NET 网页，这些网页包含用于用户登录、密码恢复和创建新用户的控件。默认情况下，登录控件与 ASP.NET 成员资格集成，以帮助网站的用户身份验证过程自动化。

* 导航控件：用于有效地在网站上进行导航。

在后面的章节中将介绍上述各类服务器控件的使用和设计方法。

练习题 2

1. 简述 ASP.NET 网站的基本文件类型。
2. 简述 ASP.NET 网站的基本目录结构。
3. 简述 .aspx 网页的基本结构。
4. 简述 ASP.NET @ Page 指令的作用。
5. 简述 ASP.NET 客户端脚本和服务器端脚本的区别。
6. 简述 ASP.NET 网页静态文本和 HTML 服务器控件的区别。
7. 在一个 ASP.NET 网页中放置一个标签服务器控件 Label1，能否通过客户端 JavaScript 脚本访问它？为什么？
8. 在一个 ASP.NET 网页中放置一个文本框服务器控件 TextBox1，给出它的 ASP.NET 源视图代码，然后运行该网页，给出其客户端的 HTML 代码。
9. 在一个 ASP.NET 网页中放置一个命令按钮服务器控件 Button1，如果删除 runat="server" 属性，该网页能否正确运行？
10. 简述常用的 ASP.NET 服务器控件类型。

上机实验题 2

在 ch2 网站中添加一个名称为 Experment2 的单文件页模型网页，它含有一个服务器文本框 TextBox1、一个服务器按钮 Button1、一个客户端文本框 Text1、一个客户端按钮 Button2、两个服务器标签 Label1 和 Label2。

网页运行时，用户在 TextBox1 中输入字符串，单击 Button1 时在 Label1 中显示该字符串，如图 2.9 所示；用户在 Text1 中输入字符串，单击 Button2 时在 Label2 中显示该字符串，如图 2.10 所示。同时体会服务器脚本和客户端脚本在执行上的区别（从图 2.10 可以看到，客户端脚本执行时不影响原页面的内容；反之，如果在图 2.10 所示的运行界面上单击 Button1、Text1 和 Label2 的内容会被清空）。

图 2.9　上机实验题 2 网页的运行界面一　　图 2.10　上机实验题 2 网页的运行界面二

CHAPTER 3

第3章 使用 ASP.NET 进行 HTML5 和 CSS3 设计

虽然可以采用 Visual Studio 的窗体设计器可视化地设计 ASP.NET 网页，ASP.NET 引擎运行这些网页时会将其转换为纯 HTML，但是掌握 HTML 和 CSS 对于熟练地设计网页仍然是必要的。HTML 提供了网页的内容和结构，CSS 提供了网页的格式化。本章简要介绍在 Visual Studio 中进行 HTML5 和 CSS3 设计的相关知识。

本章学习要点：
☑ 掌握 HTML 的特点和 HTML 文档结构。
☑ 掌握 HTML/XHTML 的各种标记及其作用。
☑ 掌握 CSS 样式的设计方法。
☑ 掌握在 ASP.NET 应用程序中使用 HTML 和 CSS 的方法。

3.1 HTML 的基础知识

HTML(Hyper Text Markup Language，超文本标记语言)是一种用来表示网页信息的符号标记语言，是 WWW 的核心语言。HTML5 是 HTML 的第 5 次重大修改。

3.1.1 HTML 概述

1. HTML、XHTML、HTML5 和 XHTML5

（1）HTML

HTML 标记语言是一套标记(或标签)，HTML 标记是由尖括号包围的关键词，如<html>，HTML 标记通常是成对出现的，如和。HTML 元素指的是从开始标记到结束标记的所有代码。HTML 使用标记来描述网页，用于告诉浏览器如何显示网页。

因此，HTML 是用来描述网页的一种语言，它不是一种编程语言，而是通向 WWW 技术世界的"钥匙"。HTML 具有简易性和平台无关性的特点。

HTML 内容丰富，从功能上大体可分为文本结构设置、列表建立、文本属性设置、超链接与图片和多媒体插入，以及对象、表格和表单的操作。

(2) XHTML

由于 WWW 上的许多网页包含着糟糕的但仍然可以工作的 HTML 代码(即使它没有遵守 HTML 规则),W3C 于 2000 年 1 月 26 日推出了 XHTML1.0 标准规范。XHTML 是更严谨、更纯净的 HTML 版本,并将逐渐取代 HTML。所有新的浏览器都支持 XHTML、XHTML 与 HTML4.01 兼容。XHTML 1.0 有以下几个版本。

- XHTML 1.0 Transitional(过渡版):它是参照 HTML 4.01 Transitional 改编的,包括了 Strict 版本弃用的呈现性元素。其文件类型描述为:

  ```
  <!DOCTYPE html PUBLIC "-//W3C//DTD XHTML 1.0 Transitional//EN"
     "http://www.w3.org/TR/xhtml1/DTD/xhtml1-transitional.dtd">
  ```

- XHTML 1.0 Strict(严格版):它是参照 HTML 4.01 Strict 改编的,但不包括被弃用的元素。其文件类型描述为:

  ```
  <!DOCTYPE html PUBLIC "-//W3C//DTD XHTML 1.0 Strict//EN"
     "http://www.w3.org/TR/xhtml1/DTD/xhtml1-strict.dtd">
  ```

- XHTML 1.0 Frameset(框架版):它是参照 HTML 4.01 Frameset 改编的,并允许于网页中定义框架元素。其文件类型描述为:

  ```
  <!DOCTYPE html PUBLIC "-//W3C//DTD XHTML 1.0 Frameset//EN"
     "http://www.w3.org/TR/xhtml1/DTD/xhtml1-frameset.dtd">
  ```

从使用角度上看,XHTML 和 HTML 的区别如下。

- 大小写:HTML 不区分大小写,而在 XHTML 中大小写是敏感的,标记名必须用小写字母。
- 标记嵌套:在 HTML 中,即便使用了不正确的嵌套,一样可以在很多浏览器中使用,而 XHTML 要求嵌套必须完全正确。例如,姓名不能写成姓名。
- 是否有结束标记:在 HTML 中,有些标记是可以没有结束标记的,而 XHTML 要求所有标记都必须有结束标记,例如,HTML 中的
在 XHTML 中必须写成
</br>或者简单地写成
。注意,
中的斜杠前有一个空格。
- 引号:HTML 中的属性值可以用引号引起来,也可以不使用引号,但 XHTML 中要求所有属性值都必须加引号,即使是数字也需要加引号。例如,<img alt="smile" src="smile.jpg" />。除此之外,XHTML 还要求属性值不能省略。
- id 和 name:在 XHTML 中用 id 属性代替 name 属性,每个元素只有一个唯一的标识属性 id。
- 样式的使用:在不使用样式表的情况下,HTML 中的每一个样式都可以直接使用"属性名=属性值"的方法设置样式。但在 XHTML 中,如果不使用样式表,只能通过 style 属性来设置样式,如 style="width:50px;height:200px"。

XHTML 是 HTML 与 XML(扩展标记语言)的结合物,实际上以 XML 重构的 HTML 4.01 就是 XHTML 1.0,所以 XHTML 可以被所有支持 XML 的设备读取。采用 XHTML 可以编写出拥有良好结构的 HTML 文档。

但 XHTML 只是在内容结构上改进原有的 HTML,后来推出的 XHTML 2.0 也仅仅在 XHTML 1.0 的基础上更加注重网页规范和可用性,而缺乏交互性。

(3) HTML5

正是由于 XHTML 的缺陷，W3C 于 2014 年 10 月 29 日又推出了 HTML5 标准规范。实际上，在此之前的几年时间里已经有很多开发者陆续使用了 HTML5 的部分技术，如 Firefox、Google Chrome、Opera、Safari 4+、IE 9 或更高版本等都已支持 HTML5。

HTML5 将会取代 1999 年制定的 HTML4.01、XHTML1.0 标准，以期能在互联网应用迅速发展的时候使网络标准符合当代的网络需求，为桌面和移动平台带来无缝衔接的丰富内容。

HTML5 作为下一代的 HTML，通过提供跨浏览器标准改变了 Web 应用程序的开发方式，提高网页性能，增加页面交互。同时 HTML5 吸取了 XHTML2.0 的一些建议，包括一些用来改善文档结构的功能。其主要改进包括取消了一些过时的 HTML4 标记，将内容和展示分离，增加了一些全新的表单输入对象和提供了一些全新的、更合理的标记等，如新增了 section、article、video、footer 等标记。

(4) XHTML5

以 XML 重构的 HTML5 就是 XHTML5，即 HTML5+XML=XHTML5。

本章的示例采用 Visual Studio 2012 设计网页，并遵守 XHTML5 标准规范。为此，在 Visual Studio 2012 中选择"工具|选项"命令，然后选择"文本编辑器|HTML|验证"结点，再选择 XHTML5 或 HTML5 模式作为验证的目标，如图 3.1 所示。除非特别指定，本书后面的 HTML 指的都是 XHTML5。

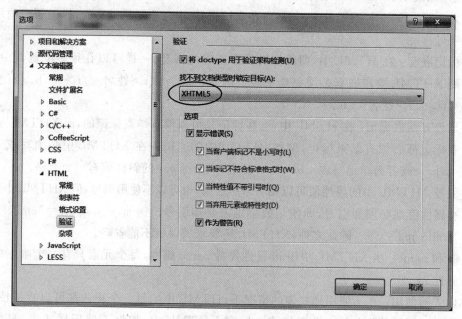

图 3.1 设置 XHTML5 模式作为验证的目标

说明：在采用 Visual Studio 设计网页时，通过设计视图界面所设计的 ASP.NET 控件会遵守 XHTML5 规则，但是要确保最终的网页是与 XHTML5 兼容的，必须保证开发人员加入的任何静态内容也遵守这些规则。选择 XHTML5 或 HTML5 模式作为验证的目标就是为了达到这个目的。

2. HTML 文档结构

HTML 文档就是网页,它是一种普通文本文件,网页可以是网站的一部分,也可以独立存在,可以用记事本等文本编辑器进行编辑,本书使用 Visual Studio 编辑 HTML 文档。纯 HTML 文件的扩展名为.html 等。

从结构上看,HTML 文档一般分为三部分,即 DOCTYPE、文档头部(head)和文档主体(body),其基本结构如图 3.2 所示。

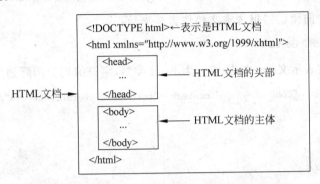

图 3.2 HTML 文档的基本结构

其中,DOCTYPE 是文档类型的声明。DOCTYPE 标记是一种标准通用标记语言的文档类型声明,它的目的是要告诉标准通用标记语言解析器应该使用什么样的文档类型定义来解析文档。其他所有 HTML 代码都包含在<html>和</html>标记之间。

在 XHTML 中,<html>的 xmlns 属性是必需的,它定义 XML 的命名空间。不过,即使 XHTML 文档中的<html>没有使用此属性,W3C 的验证器也不会报错。这是因为 xmlns=http://www.w3.org/1999/xhtml 是一个固定值(W3C 的默认命名空间),即使没有包含它,此值也会被添加到<html>标记中。

3.1.2 HTML 头部和主体标记

1. HTML 的头部

HTML 头部一般用于标记文档的某些信息,放于<head>与</head>之间。它们通常不会显示在网页上。

用于 HTML 头部的标记有<title>和<meta>等,其中<title>是任何网页必须有的,其他均为可选项。

(1) title 标记

基本用法:

<title> … </title>

该标记用于指定文档的标题,通常,<title> … </title>中间的文字会显示在浏览器的标题栏上。一般用简明扼要的文字概括文档的主要内容或主题,不超过 64 个 ASCII 码字符长度,因为如果过长,窗口的标题栏无法容纳。

(2) meta 标记

基本用法:

<meta 属性="属性值"/>

该标记用于描述网页的具体摘要信息,包括文档的内容类型、字符编码信息、搜索关键字、网站提供的功能和服务的详细描述等。其内容并不在浏览器中显示。其中,http-equiv属性把content属性关联到HTTP头部;name属性把content属性关联到一个名称;content属性定义与http-equiv或name属性相关的元信息(必选);charset属性定义文档的字符编码。

例如,以下语句指定若干关键字:

<meta name="keywords" content="Visual Studio,ASP.NET,动态网页设计">

例如,以下语句向浏览器报告本文档作者是李兵:

<meta name="作者" content="李兵">

例如,以下语句表示文档的内容类型为html类型,字符编码为国际通用的字符编码:

<meta http-equiv="Content-Type" content="text/html; charset=utf-8"/>

2. 主体标记

基本用法:

<body> … </body>

<body>标记定义文档的主体。body标记包含文档的所有内容(例如文本、超链接、图像、表格和列表等)。

为了在浏览器中显示完整内容,需在网页中添加文本、图形、表格、表单、超链接等网页元素。HTML语言通过各种标记控制这些网页元素的显示方式。一个含有header、section和footer元素的网页的文档主体部分的基本结构如下:

```
<body>
  <header>
    <!-- 定义页面的页眉 -->
  </header>
  <section>
    <!-- 定义节 -->
  </section>
  <footer>
    <!-- 定义页面的页脚 -->
  <footer>
</body>
```

注意:在HTML5中,所有body元素的"呈现属性"均不被赞成使用,可以使用CSS样式或style属性取代它。

【例3.1】 在D盘ASP.NET目录中建立一个ch3的子目录,将其作为网站目录,创建一个WebForm1.html网页,其功能是说明HTML头部和主体标记的应用。

解:其步骤如下。

① 启动Visual Studio 2012。

② 选择"文件|新建|网站"命令,出现"新建网站"对话框,选择"ASP.NET空网站"模板,选择"Web位置"为"文件系统",单击"浏览"按钮,选择"D:\ASP.NET\ch3"目录,单击"确定"按钮,创建一个空的网站ch3。

③ 选择"网站|添加新项"命令,出现"添加新项-ch3"对话框,在中间列表中选择"HTML页",将文件名称改为WebForm1.html,单击"添加"按钮。

说明:这种"HTML页"模板类型的网页只能采用单文件页模型设计。

④ 进入源视图，设计其 HTML 代码如下（只有粗体部分的代码是新添加的，其余部分是 Visual Studio 自动产生的）：

```
<!DOCTYPE html>
<html xmlns="http://www.w3.org/1999/xhtml">
  <head>
    <meta http-equiv="Content-Type" content="text/html; charset=utf-8"/>
    <title>第3章例3.1</title>
  </head>
  <body>
    中华人民共和国
  </body>
</html>
```

该网页在 IE 浏览器中的显示结果如图 3.3 所示。

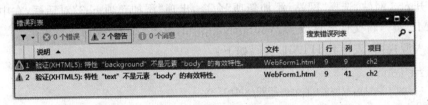

图 3.3　WebForm1.html 网页的显示结果

说明：尽管设置 Visual Studio 2012 支持的是 XHTML5，对于＜body＞不赞成使用"呈现属性"，但有时出现违反情况时仍然可以运行网页。例如，将例 3.1 代码中的＜body＞行改为以下语句时网页仍可正常运行，但会在错误列表窗口中给出如图 3.4 所示的警告消息。

```
<body background="../Images/img1.bmp" text="#FF0000">
```

图 3.4　给出警告消息的错误列表窗口

下面按功能介绍＜body＞标记中常见的 HTML 标记。

3.1.3　基础标记

1. 标题标记

基本用法：

＜hn＞ … ＜/hn＞ n=1,2,3,4,5,6

该标记确定字体的显示方式，按标题级别突出显示这些标题文字，字体从 h1～h6 逐级减小。用户可以使用 style 属性规定元素的行内样式，样式定义是一个或多个由分号分隔的 CSS 属性和值。

例如，以下代码以 h1 标题文字、蓝色和居中格式显示"中华人民共和国"：

＜h1 style="color:blue; text-align:center"＞中华人民共和国＜/h1＞

2. 段落标记

基本用法：

＜p＞ … ＜/p＞

该标记用于定义一个段落，可以忽略文档中原有的回车和换行来定义一个新段落，换行并插入一个空行。

3. 换行标记

基本用法：

该标记强行中断当前行，使后续文本在下一行显示。

4. 水平线标记

基本用法：

<hr />

该标记在文档中添加一条水平线，用来分隔文档。

5. 定义注释标记

基本用法：

<!-- ... -->

注释标签用于在源代码中插入注释，注释不会显示在浏览器中。

【例3.2】 在ch3网站中添加一个WebForm2.html网页，其功能是说明HTML基础标记的应用。

解：其步骤如下。

① 打开ch3网站，选择"网站|添加新项"命令，出现"添加新项-ch3"对话框，在中间列表中选择"HTML页"，将文件名称改为WebForm2.html，单击"添加"按钮。

② 进入源视图，设计其HTML代码如下：

```
<!DOCTYPE html>
<html xmlns="http://www.w3.org/1999/xhtml">
  <head>
    <meta http-equiv="Content-Type" content="text/html; charset=utf-8" />
    <title>第3章例3.2</title>
  </head>
  <!-- 文档的主体 -->
  <body>
    <h3>中华人民共和国</h3>
    <hr />
    <p>中华人民共和国</p>
    <br />
    <h5>中华人民共和国</h5>
  </body>
</html>
```

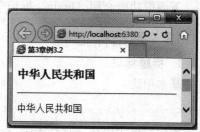

图3.5 WebForm2.html网页的显示结果

该网页在IE浏览器中的显示结果如图3.5所示。

3.1.4 格式标记

几个常见的格式标记如表3.1所示。

表3.1 几个常见的格式标记及其说明

格式标记	功能	说明
<tt>	呈现类似打字机或者等宽的文本效果	
<i>	显示斜体文本效果	
<b>	呈现粗体文本效果	

格式标记	功 能	说 明
\<em\>	定义强调文本	
\<small\>	呈现小号字体效果	
\<strong\>	定义语气更为强烈的强调文本	
\<sub\>	定义下标文本	
\<sup\>	定义上标文本	
\<mark\>	定义有记号的文本	HTML5 新增标记
\<meter\>	定义预定义范围内的度量	HTML5 新增标记
\<time\>	定义日期/时间	HTML5 新增标记

【例 3.3】 在 ch3 网站中添加一个 WebForm3.html 网页，其功能是说明常见的格式标记的应用。

解：其步骤如下。

① 打开 ch3 网站，选择"网站|添加新项"命令，出现"添加新项-ch3"对话框，在中间列表中选择"HTML 页"，将文件名称改为 WebForm3.html，单击"添加"按钮。

② 进入源视图，设计其 HTML 代码如下：

```
<!DOCTYPE html>
<html xmlns = "http://www.w3.org/1999/xhtml">
  <head>
    <meta http - equiv = "Content - Type" content = "text/html; charset = utf - 8"/>
    <title>第3章例3.3</title>
  </head>
  <body>
    This text is <b>bold</b>
    <br/>
    This text is <strong>strong</strong>
    <br/>
    <em>This text is <mark>emphasized</mark></em>
    <br/>
    This text is <i>italic</i>
    <br/>
    This text is <small>small</small>
    <br/>
    This text contains <sub>subscript</sub>
    <br/>
    This text contains <sup>superscript</sup>
    <time></time>
  </body>
</html>
```

图 3.6 WebForm3.html 网页的显示结果

该网页在 IE 浏览器中的显示结果如图 3.6 所示。

3.1.5 表格标记

表格是人们处理数据最常用的一种形式，一个表格由表标题、行、列标题和单元格组成。表格不仅可以用来罗列数据，还可以将文本、图像、超链接等各种对象放到表格中进行定位，从而制作出排版精美的网页。几个常见的表格标记如表 3.2 所示。

表3.2 几个常见的表格标记及其说明

表格标记	功　能
\<table\>	定义表格
\<caption\>	定义表格标题
\<th\>	定义表格中的表头单元格
\<tr\>	定义表格中的行
\<td\>	定义表格中的单元
\<thead\>	定义表格中的表头内容
\<tbody\>	定义表格中的主体内容
\<tfoot\>	定义表格中的表注内容（脚注）
\<col\>	定义表格中一个或多个列的属性值
\<colgroup\>	定义表格中供格式化的列组

在设计表格时常用下面的属性：对于＜table＞标记，border表示是否有边框，为"0"表示没有边框，为"1"表示有边框；cellpadding规定单元边沿与其内容之间的空白；cellspacing规定单元格之间的空白。

对于单元格，colspan＝"2"表示横跨两列的单元格，rowspan＝"2"表示横跨两行的单元格；background设置单元格背景图像；bgcolor设置单元格背景颜色。

另外，在一个表格中可以嵌套另一个表格。

【例3.4】 在ch3网站中添加一个WebForm4.html网页，其功能是说明表格标记的应用。

解：其步骤如下。

① 打开ch3网站，选择"网站|添加新项"命令，出现"添加新项-ch3"对话框，在中间列表中选择"HTML页"，将文件名称改为WebForm4.html，单击"添加"按钮。

② 进入源视图，设计其HTML代码如下：

```html
<!DOCTYPE html>
<html xmlns="http://www.w3.org/1999/xhtml">
  <head>
    <meta http-equiv="Content-Type" content="text/html; charset=utf-8"/>
    <title>第3章例3.4</title>
  </head>
  <body>
    <table border="1" style="text-align:center;width:300px;border:double">
    <caption><b>学生情况表</b></caption>
    <tr>
      <th>学号</th>
      <th>姓名</th>
      <th>性别</th>
      <th>班号</th>
    </tr>
    <tr>
      <td>101</td>
      <td>王华</td>
      <td>女</td>
      <td rowspan="3">0701</td>
    </tr>
    <tr>
```

```
            <td>103</td>
            <td>李民</td>
            <td>男</td>
        </tr>
        <tr>
            <td>108</td>
            <td>张丽</td>
            <td>女</td>
        </tr>
        <tr>
            <td>112</td>
            <td>陈强</td>
            <td>男</td>
            <td rowspan = "2">0702</td>
        </tr>
        <tr>
            <td>138</td><td>李兵</td>
            <td>男</td>
        </tr>
    </table>
</body>
</html>
```

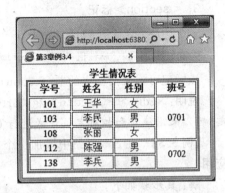

图 3.7　WebForm4.html 网页的显示结果

该网页在 IE 浏览器中的显示结果如图 3.7 所示。首先采用<table>标记创建一个表格，其标题为"学生情况表"，然后插入 6 行，每行 4 列，第 2、3、4 行的第 4 列是合并的(通过 rowspan="3"来实现)，第 5、6 行的第 4 列也是合并的。

3.1.6　样式/节标记

主要的样式/节标记如表 3.3 所示。

表 3.3　主要的样式/节标记及其说明

样式/节标记	功　　能	说　　明
<style>	定义文档的样式信息	
<div>	定义文档中的块	
<span>	定义文档中的节	
<header>	定义 section 或 page 的页眉	HTML5 新增标记
<footer>	定义 section 或 page 的页脚	HTML5 新增标记
<section>	定义 section	HTML5 新增标记
<article>	定义文章	HTML5 新增标记
<aside>	定义页面内容之外的内容	HTML5 新增标记
<details>	定义元素的细节	HTML5 新增标记
<dialog>	定义对话框或窗口	HTML5 新增标记
<summary>	为<details>元素定义可见的标题	HTML5 新增标记

1. style

<style>标记用于为 HTML 文档定义样式信息。在 style 中可以规定在浏览器中如何呈现 HTML 文档。其详细的使用方法见 3.2 节介绍。

说明：对于 style 而言，既可以用作 HTML 标记，也可以用作 HTML 属性，用户要注意两者的区别。

2. <div>标记

基本用法：

<div 属性="属性值"> … </div>

该标记可定义文档中的块，可以把文档分割为独立的、不同的部分。它是内容自动地开始一个新行。

3. <section>标记

基本用法：

<section 属性="属性值"> … </section>

该标记可定义文档中的节（section），如章节、页眉、页脚或文档中的其他部分。

说明：<div>、<section>和<article>等节标记通常用于将若干HTML元素组合在一起，可以采用绝对和相对定位方式进行页面布局，详细内容见3.2.2节的CSS属性。

【例3.5】 在ch3网站中添加一个WebForm5.html网页，其功能是说明样式/节标记的应用。

解：其步骤如下。

① 打开ch3网站，选择"网站|添加新项"命令，出现"添加新项-ch3"对话框，在中间列表中选择"HTML页"，将文件名称改为WebForm5.html，单击"添加"按钮。

② 进入源视图，设计其HTML代码如下：

```
<!DOCTYPE html>
<html xmlns="http://www.w3.org/1999/xhtml">
  <head>
    <meta http-equiv="Content-Type" content="text/html; charset=utf-8"/>
    <title>第3章例3.5</title>
  </head>
  <body>
    <div style="color:blue">
        <h3>要闻</h3>
        <p>"一带一路"十年目标：年贸易额2.5万亿美元</p>
    </div>
    <section>
        <h1>体育新闻</h1>
        <p>发展足球绝不是说不开展别的体育活动</p>
    </section>
  </body>
</html>
```

该网页在IE浏览器中的显示结果如图3.8所示，分别采用<div>和<section>标记将显示的所有文字分为两组。

3.1.7 列表标记

列表用于显示一组意义相似的列表项，每个列表项由一个文字串构成。列表分为有序列表、无序列表和自定义列表。

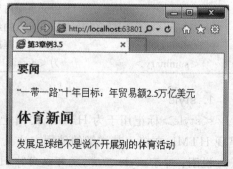

图3.8 WebForm5.html网页的显示结果

1. 有序列表

基本用法：

```
<ol start = "起始序号" type = "符号类型">
  <li>…</li>
  <li>…</li>
  …
</ol>
```

其功能是建立有序列表。start 属性指出数字序列的起始值；type 属性指出数字序号的样式，即符号类型，取值如下。

- 1：表示阿拉伯数字 1、2、3 等，此为默认值。
- a：表示小写字母 a、b、c 等。
- A：表示大写字母 A、B、C 等。
- i：表示小写罗马数字 i、ii、iii、iv 等。
- I：表示大写罗马数字 I、II、III、IV 等。

<li>标记用于定义列表项，位于<ol>和</ol>之间，它有两个常用的属性。

- type：指出该列表项的符号类型（其取值与 ol 标记的 type 属性取值相同）。
- value：新的数字序列起始值，以获取非连续的数字序列。

2. 无序列表

基本用法：

```
<ul type = "项目符号">
    <li>…</li>
    <li>…</li>
    …
</ul>
```

其功能是建立无序列表。每个列表项以无编号的形式列出来，其前有一个项目符号，由属性 type 决定，type 的取值如下。

- disc：使用实心圆作为项目符号，此为默认值。
- circle：使用空心圆作为项目符号。
- square：使用方块作为项目符号。

3. 自定义列表

基本用法：

```
<dl>
    <dt>…</dt>
        <dd>…</dd>
        <dd>…</dd>
        …
</dl>
```

自定义列表属于描述性列表，用于表示信息的层次关系。

注意：根据文档的具体要求，自定义列表可以嵌套使用。

【例 3.6】 在 ch3 网站中添加一个 WebForm6.html 网页，其功能是说明列表标记的应用。

解：其步骤如下。

① 打开 ch3 网站,选择"网站|添加新项"命令,出现"添加新项-ch3"对话框,在中间列表中选择"HTML 页",将文件名称改为 WebForm6.html,单击"添加"按钮。

② 进入源视图,设计其 HTML 代码如下:

```html
<!DOCTYPE html>
<html xmlns="http://www.w3.org/1999/xhtml">
  <head>
    <meta http-equiv="Content-Type" content="text/html; charset=utf-8"/>
    <title>第3章例3.6</title>
  </head>
  <body>
    <!-- 插入一个1行3列的表格 -->
    <table border="1" style="text-align:center;width:400px;border:double">
      <tr>
        <td>
          <h3>球类</h3>
          <ol start="1" type="a">
            <li>足球</li>
            <li>篮球</li>
            <li>排球</li>
            <li>乒乓球</li>
          </ol>
        </td>
        <td>
          <h3>球类</h3>
          <ul>
            <li>足球</li>
            <li>篮球</li>
            <li>排球</li>
            <li>乒乓球</li>
          </ul>
        </td>
        <td>
          <h3>体育</h3>
          <dl>
            <dt>球类</dt>
            <dd>足球</dd>
            <dd>篮球</dd>
            <dd>排球</dd>
            <dd>乒乓球</dd>
            <dt>田径</dt>
            <dd>跑步</dd>
            <dd>铅球</dd>
            <dd>跳高</dd>
            <dd>跳远</dd>
          </dl>
        </td>
      </tr>
    </table>
  </body>
</html>
```

该网页在 IE 浏览器中的显示结果如图 3.9 所示。该例采用<table>标记建立一个1行3列的表格,第1列插入一个有序列表,第2列插入一个无序列表,第3列插入一个自定义列表。

第 3 章 使用 ASP.NET 进行 HTML5 和 CSS3 设计

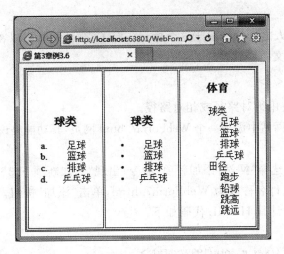

图 3.9 WebForm6.html 网页的显示结果

3.1.8 超链接标记

超链接(或链接)用于实现浏览转向功能,是 Web 网页的基本功能之一,通过它将众多网页组织到一起,主要的超链接标记如表 3.4 所示。

表 3.4 主要的超链接标记及其说明

链接标记	功 能	说 明
<a>	定义锚	
<link>	定义文档与外部资源的关系,最常见的用途是链接样式表,如 <link rel="stylesheet" type="text/css" href="theme.css" />	
<nav>	定义导航超链接。如果文档中有前后按钮,则应该把它放到<nav>标记中	HTML5 新增标记

超链接标记最常用的属性是 href,它指出转向的 URL。另外,target 属性指出该超链接指向的 HTML 文档在指定目标窗口中打开,target 属性取值及其说明如表 3.5 所示。

表 3.5 目标窗口名称及其说明

名 称	说 明
_blank	将超链接的内容显示在新的浏览器窗口中
_parent	将超链接的内容显示在父窗口中
_search	将超链接的内容显示在搜索窗口中
_self	将超链接的内容显示在当前窗口中
_top	将超链接的内容显示在浏览器主窗口中

<a>标记有以下两种基本用法。

1. 设置锚点(书签)

格式为:

<a name = "锚点名称" > … </a>

这相当于书签,即在网页中的某一处设置一个标记,其他的超链接可以指向它。

2. 设置超链接

HTML 的很多诱人之处就来源于这个标记。有了它，访问者可以在一个文档的不同部分跳转，也可以跳到其他文档。其格式为：

```
< a href = "url"> ... </a>
```

其中，URL 可以使用绝对路径或相对路径。

【例 3.7】 在 ch3 网站中添加一个 WebForm7.html 网页，其功能是说明超链接标记的应用。

解：其步骤如下。

① 打开 ch3 网站，选择"网站|添加新项"命令，出现"添加新项-ch3"对话框，在中间列表中选择"HTML 页"，将文件名称改为 WebForm7.html，单击"添加"按钮。

② 进入源视图，设计其 HTML 代码如下：

```
<!DOCTYPE html >
< html xmlns = "http://www.w3.org/1999/xhtml">
  < head >
    < meta http - equiv = "Content - Type" content = "text/html; charset = utf - 8" />
    < title >第 3 章例 3.7 </title >
  </head >
  < body >
    <!-- 插入一个 2 行 1 列的表格 -->
    < table border = "1" style = "text - align:center;width:400px;border:double">
      < tr >
        < td >
          < h3 >锚点标记示例</h3 >
          < p >< a href = "WebForm1.html">WebForm1 </a>指向本网站一个页面的链接</p >
          < p >< a href = "http://www.whu.edu.cn/">武汉大学</a>指向 WWW 网站的链接</p >
        </td >
      </tr >
      < tr >
        < td >
          < h3 > nav 标记示例</h3 >
          < nav >
            < a href = "WebForm3.html">首网页</a>
            < a href = "WebForm2.html">前一个网页</a>
            < a href = "WebForm4.html">后一个网页</a>
          </nav >
          < br />
        </td >
      </tr >
    </table >
  </body >
</html >
```

该网页在 IE 浏览器中的显示结果如图 3.10 所示。单击其中的各个超链接便转向相应的网页。

3.1.9 图像标记

图像是最早引进 Web 页的多媒体对象，由于有了图像，Web 可以图文并茂地向用户提供

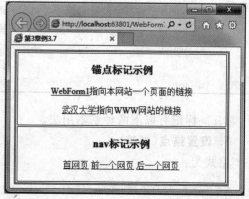

图 3.10 WebForm7.html 网页的显示结果

信息，成倍地加大了它所提供的信息量，而且图像的引入也极大地美化了 Web 网页。Web 网页制作的很多技巧就是如何利用好图像，使网页美观匀称。用户可以使用图像标记链入图像，主要的图像标记如表 3.6 所示。

表 3.6 主要的图像标记及其说明

图像标记	功能	说明
<img>	定义图像	
<map>	定义图像映射	
<area>	定义图像地图内部的区域	
<canvas>	定义图形	HTML5 新增标记
<figcaption>	定义 figure 元素的标题	HTML5 新增标记
<figure>	定义媒介内容的分组以及它们的标题	HTML5 新增标记

1. <img>标记

<img>标记的基本用法：

< img 属性 = "属性值">

图像标记的必需属性如下。

- src：链接图像的 URL 位置，通常采用相对路径，例如"../Images/logo.gif"就是一个相对路径，表示当前目录的上一级目录中 Images 目录中的 logo.gif 文件。图像可以是 jpeg、gif 或 png 文件。
- alt：该图形的信息，如文件名、文件大小和描述等。

注意：<img>标记并不会在网页中插入图像，而是从网页上链接图像。<img>标记创建的是被引用图像的占位空间。

2. 绝对 URL 和相对 URL

绝对 URL 是包含网站域名和协议信息（http：//前缀）的完整路径，例如，以下就是武汉大学网站中一幅新闻图片的绝对 URL：

http://news.whu.edu.cn/_mediafile/whu_news/2015/04/14/2ppgcrb9dk.jpg

用户可以通过如下代码来引用它：

< img src = "http://news.whu.edu.cn/_mediafile/whu_news/2015/04/14/2ppgcrb9dk.jpg" />

相对 URL 用于引用相对于使用 URL 位置的另一个资源，所以当前网页的位置很重要。例如，若当前网页位于网站的根目录，该网页中的如下代码可以引用网站的 Images 目录中的 img4.bmp 文件：

< img src = "Images/img4.bmp" alt = "图像" />

若当前网页位于网站根目录的 Student 子目录中，该网页中的如下代码可以引用网站的 Images 目录中的 img4.bmp 文件：

< img src = "../Images/img4.bmp" alt = "图像" />

其中，开头的两个句点用于导航到网站根目录。

在服务器端可以用波浪符号指向网站根目录。例如，该网站的任何网页中的如下代码都可以引用网站的 Images 目录中的 img4.bmp 文件：

```
< img src = "~/Images/img4.bmp" />
```

注意：Visual Studio 的以前版本将为内置的 Web 服务器建立一个应用程序目录,所以必须用~。而 Visual Studio 2012 附带的新的 IIS Express 默认不使用应用程序目录,这样就不再认可上述 URL 表示。

【例 3.8】 在 ch3 网站中添加一个 WebForm8.html 网页,其功能是说明图像标记的应用。

解：其步骤如下。

① 打开 ch3 网站,选择"网站|添加新项"命令,出现"添加新项-ch3"对话框,在中间列表中选择"HTML 页",将文件名称改为 WebForm8.html,单击"添加"按钮。

② 在解决方案资源管理器中右击网站名 ch3,在出现的快捷菜单中选择"添加|新建目录"命令,添加一个名称为 Images 的目录,并放入几个图像文件。

③ 进入源视图,设计其 HTML 代码如下：

```
<!DOCTYPE html>
< html xmlns = "http://www.w3.org/1999/xhtml">
  < head >
    < meta http - equiv = "Content - Type" content = "text/html; charset = utf - 8"/>
    < title >第 3 章例 3.8 </title >
  </head >
  < body >
    < img src = "Images/img1.bmp" alt = "图像 1" width = "150" height = "150"/>
    < img src = "Images/img2.bmp" alt = "图像 2" width = "100" height = "100"/>
  </body >
</html >
```

该网页在 IE 浏览器中的显示结果如图 3.11 所示,其中采用<img>标记显示两幅图。

3.1.10 框架标记

框架也是网页布局的重要工具,它与表格的不同之处在于表格是把网页分割成小的单元格,而框架是把浏览器的窗口分割成若干个小窗口,这些子窗口称为框架,每一个框架都相当于一个浏览器窗口,这样就使一个浏览器窗口可以显示多个网页。主要的框架标记如表 3.7 所示。

图 3.11 WebForm8.html 网页的显示结果

表 3.7 主要的框架标记及其说明

框 架 标 记	功　　能
<frame>	定义框架集的窗口或框架
<frameset>	定义框架集
<noframes>	定义针对不支持框架的用户的替代内容
<iframe>	定义内联框架

1. 建立框架

基本用法：

```
< frameset 属性 = "属性值">…</frameset>
```

其功能是指定当前窗口的分割结构，即分为几行还是分为几列。框架标记常用的属性如下。

- rows="高度列表"：设置子窗口的高度，即把整个窗口横向分割成几个框架（垂直框架）。
- cols="宽度列表"：设置子窗口的宽度，即把整个窗口纵向分割成几个框架（水平框架）。

其中，rows 指明当前窗口要分为几行及各行的高度，cols 用于指定列。例如要把当前窗口分成等高的两行，可以如下这样：

<frameset rows = "50%,50%">…</frameset>

"高度列表"（或"宽度列表"）中的数字个数表示要分割的行（或列）数，各数字的大小表示相应行（或列）的高度（或宽度），其对应顺序为从上到下（或从左到右）。各数字的取值可以为具体的整数值（其单位为像素），可以为当前窗口高度（或宽度）的百分数。其中，在列表数字中可以有一个数字被指定为"*"。这个"*"表示相应的行高（或列宽）为指定了其他行（或列）的高度（或宽度）后当前窗口剩余的高度（或宽度）。

注意：在同一个<frameset>中不能既指定 rows 又指定 cols，因为没有足够的信息提供给浏览器在分行后应该在哪一行中分列。

2. frame 标记

一个 frame 表示一个窗口，它嵌入在<frameset>…</frameset>之间，按照 rows 和 cols 设定的子窗口顺序依次指定一个子窗口显示哪一个网页。其基本用法如下：

<frame 属性 = "属性值" … />

其常用的属性如下。

- src="url"：设置要链接到该子窗口的 URL。
- name="framename"：表示子窗口的名称。
- marginwidth="size"：用来控制显示内容和窗口左右边界的距离，默认为1。
- marginheight="size"：用来控制显示内容和窗口上下边界的距离，默认为1。
- scrolling="yes/no/auto"：指定子窗口是否使用滚动条，默认为 auto，即根据窗口内容决定是否有滚动条。
- noresize：使用该属性后，指定窗口不能调整窗口大小。

例如，以下代码使用 3 个不同的文档制作一个如图 3.12 所示的水平框架（其中 HtmlPagea.html 等 3 个网页分别在浏览器中显示"框架 A"、"框架 B"和"框架 C"）：

```
<frameset cols = "30%,40%,30%">
    <frame src = "HtmlPagea.html"/>
    <frame src = "HtmlPageb.html"/>
    <frame src = "HtmlPagec.html"/>
</frameset>
```

而以下代码使用3个不同的文档制作一个如图 3.13 所示的垂直框架：

```
<frameset rows = "30%,40%,30%">
    <frame src = "HtmlPagea.html"/>
    <frame src = "HtmlPageb.html"/>
    <frame src = "HtmlPagec.html"/>
</frameset>
```

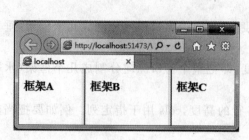

图 3.12　一个水平框架

图 3.13　一个垂直框架

【例 3.9】　在 ch3 网站中添加一个 WebForm9.html 网页，其功能是说明框架标记的应用。

解：其步骤如下。

① 打开 ch3 网站，选择"网站|添加新项"命令，出现"添加新项-ch3"对话框，在中间列表中选择"HTML 页"，将文件名称改为 WebForm9.html，单击"添加"按钮。

② 进入源视图，设计其 HTML 代码如下：

```
<!DOCTYPE html PUBLIC "-//W3C//DTD XHTML 1.0 Frameset//EN"
    "http://www.w3.org/TR/xhtml1/DTD/xhtml1-frameset.dtd">
<html>
  <head>
    <meta http-equiv="Content-Type" content="text/html; charset=utf-8"/>
    <title>第3章例3.9</title>
  </head>
  <frameset rows="*,80%">
    <frame src="WebForm1.html" id="f1"/>
    <frameset cols="40%,60%">
      <frame src="WebForm3.html" id="f3"/>
      <frame src="WebForm4.html" id="f4" scrolling="no"/>
    </frameset>
  </frameset>
</html>
```

该网页在 IE 浏览器中的显示结果如图 3.14 所示，它是一种混合框架结构。有关框架网页设计的几点说明如下：

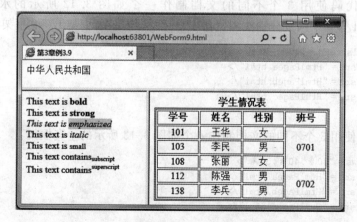

图 3.14　WebForm9.html 网页的显示结果

① 由于 HTML5 不再支持 frameset/frame,而只有 XHTML1.0 的框架版支持 frameset/frame,所以要验证包含框架的页面,需要确保 DOCTYPE 被设置为 XHTML 1.0 Frameset DTD,即

```
<!DOCTYPE html PUBLIC "-//W3C//DTD XHTML 1.0 Frameset//EN"
    "http://www.w3.org/TR/xhtml1/DTD/xhtml1-frameset.dtd">
```

② 元素 frameset 不能嵌套在元素 body 中,即不能与<frameset></frameset>标记一起使用<body></body>标记。

③ 在 XHTML 1.0 Frameset 中,name 属性被视为已过时,可以用 id 代替,但 Visual Studio 仅仅给出警告消息,网页仍然能够正确运行。

3. iframe 标记

iframe 标记用于创建包含另外一个文档的内联框架(即行内框架)。其基本用法如下:

```
<iframe 属性="属性值"> … </iframe>
```

iframe 框架的常用属性如下。

- src="url":设置要链接到该框架的 URL。
- width="size":设置 iframe 框架的宽度。
- height="size":设置 iframe 框架的高度。
- name="name":设置 iframe 框架的名称。
- frameborder="size":指定 iframe 框架是否有边框,size 可取 1 和 0 值之一,默认为 1。
- marginwidth="size":用来控制显示内容和窗口左右边界的距离,默认为 1。
- marginheight="size":用来控制显示内容和窗口上下边界的距离,默认为 1。
- scrolling="yes/no/auto":指定子窗口是否使用滚动条,默认为 auto,即根据窗口内容决定是否有滚动条。

【例 3.10】 在 ch3 网站中添加一个 WebForm10.html 网页,采用 iframe 框架标记实现网页导航功能。

解:其步骤如下。

① 打开 ch3 网站,选择"网站|添加新项"命令,出现"添加新项-ch3"对话框,在中间列表中选择"HTML 页",将文件名称改为 WebForm10.html,单击"添加"按钮。

② 进入源视图,设计其 HTML 代码如下:

```
<!DOCTYPE html>
<html xmlns="http://www.w3.org/1999/xhtml">
  <head>
    <meta http-equiv="Content-Type" content="text/html; charset=utf-8"/>
    <title>第 3 章例 3.10</title>
  </head>
  <body>
    <table>
      <tr>
        <td>
          <h2>导航</h2>
          <a href="WebForm1.html" target="showframe">WebForm1</a>
          <br/>
          <a href="WebForm2.html" target="showframe">WebForm2</a>
          <br/>
```

```
                    < a href = "WebForm3.html" target = "showframe">WebForm3 </a>
                </td>
                <td>
                    < iframe name = "showframe"></iframe>
                </td>
            </tr>
        </table>
    </body>
</html>
```

该网页中有一个1行2列的表格,第1列显示3个超链接,第2行有一个iframe框架(名称为showframe)。在运行该网页时,用户单击任何超链接,则在showframe框架中显示一个网页。用户单击WebForm2超链接的显示结果如图3.15所示。

从中看到frameset/frame和iframe框架的几点差别如下:

- HTML5不支持frameset/frame,但支持iframe。
- frame不能脱离frameset单独使用,而iframe可以。
- frame的高度只能通过frameset控制,而iframe可以自己控制。
- frame不能放在body中,而iframe可以。
- iframe的使用更加随意和灵活。

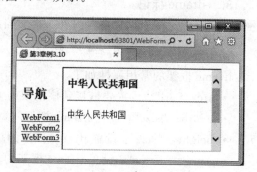

图3.15 WebForm10.html网页的显示结果

3.1.11 表单标记

HTML提供的表单(form)是用来将用户输入的数据从浏览器传递给Web服务器的。例如可以利用表单建立一个录入界面,也可以利用表单对数据库进行查询。表单的主要标记如表3.8所示。

表3.8 主要的表单标记及其说明

表单标记	功 能	说 明
\<form\>	定义供用户输入的 HTML 表单	
\<input\>	定义输入控件	
\<textarea\>	定义多行的文本输入控件	
\<button\>	定义按钮	
\<select\>	定义选择列表(下拉列表)	
\<optgroup\>	定义选择列表中相关选项的组合	
\<option\>	定义选择列表中的选项	
\<label\>	定义 input 元素的标注	
\<fieldset\>	定义围绕表单中元素的边框	
\<legend\>	定义 fieldset 元素的标题	
\<datalist\>	定义下拉列表	HTML5新增标记
\<keygen\>	定义生成密钥	HTML5新增标记
\<output\>	定义输出的一些类型	HTML5新增标记

1. ＜form＞标记

基本用法：

<form 属性 = "属性值"＞ … </form＞

＜form＞标记的主要属性如下。

- action(必选)：用来指出当这个表单提交后需要执行的驻留在 Web 服务器上的程序名（包括路径）是什么。一旦 Internet 网络用户提交输入信息后服务器便激活这个程序，完成某种任务。例如＜form action = "login.aspx" method = "post"＞…＜/form＞，当用户单击本表单的提交按钮以后，Web 服务器上的 login.aspx 将接收用户输入的信息，以登记用户信息。
- method(可选)：用来说明从客户端浏览器将因特网用户输入的信息传送给 Web 服务器时所使用的方式，它有两种方式，即 post 和 get(默认方式)，前者从指定的资源请求数据，后者向指定的资源提交要被处理的数据。从数据的可见性看两者的区别是，使用 post 时表单中所有的变量及其值按规律放入报文中，而不是附加在 action 所设定的 URL 之后；使用 get 时将 form 的输入信息作为字符串附加在 action 所设定的 URL 的后面，并用"?"隔开，即在客户端浏览器的地址栏中可以直接看见这些内容。
- enctype(可选)：该属性规定在发送到服务器之前应该如何对表单数据进行编码。默认情况下，表单数据会编码为 application/x-www-form-urlencoded。也就是说，在发送到服务器之前，所有字符都会进行编码(空格转换为"＋"加号，特殊符号转换为 ASCII 十六进制值)。
- target(可选)：用于规定在哪一个窗口中打开 action 属性中规定的网页，默认值为"_self"。

2. **各种常见的表单控件**

在＜form＞与＜/form＞之间可以嵌入各种控件，也称为表单域标记。它们的通用格式为：

<input type = "输入控件类型" name = "域名称" value = "值"＞

其中，type 属性设置该控件的类型，name 确定该控件在整个文档中的名称，value 属性设置 input 元素的值。

(1) 单行文本输入框

基本用法：

<input type = "text" name = "域名称" value = "默认值" maxlength = 值 size = 值 /＞

其中，value 属性确定该文本框预置的文字。maxlength 属性确定在这个文本框中所能容纳的字符串最大长度，该项可以不设。size 属性确定这个文本框的显示宽度，以能显示多少个字符来衡量。

另有一种特殊的单行文本输入框专门用于输入密码(password)，不同之处在于它对键盘输入的回显字符为"＊"，即它把用户的输入隐藏了。其用法为：

<input type = "password" name = "域名称" value = "默认值" maxlength = 值 size = 值＞

(2) 命令按钮

基本用法：

< input type = "button" name = "域名称" value = "值">

type 设置为 button 表示这个控件为按钮。另有两个特殊的控件，它们实质上是按钮，但其 type 不是 button，而分别是 submit（提交按钮）和 reset（重置按钮）。其用法分别为：

< input type = "submit" name = "域名称" value = "值">
< input type = "reset" name = "域名称" value = "值">

按下提交按钮后，表单就把当前所获得的信息以 method 指定的方式全部传给 action 指定的程序。按下重置按钮后，则表单中的所有控件都被重置，恢复初始状态。

（3）复选框

基本用法：

< input type = "checkbox" name = "域名称" value = "值" checked >

type 设置为 checkbox 表示这个控件为复选框。value 用于设置当这个检查框被选中后发送给 action 指定处理程序的值。checked 为预置该检查框被选中，如果有这一项，该检查框初始值为被选中。

（4）单选框（选项按钮）

基本用法：

< input type = "radio" name = "域名称" value = "值" checked >

单选框的各属性意义与复选框的基本相同。值得注意的是，要设置单选框时，各选项必须同名（具有相同的 name），取值不同（value 不相同），并且几个选项中必须有且只能有一个预置为选中。如果没有预置选中项，默认预置第一个选择项被选中。

（5）图像

基本用法：

< input type = "image" name = "域名称" src = URL >

该标记把 src 指定位置的图像加到表单里，当用户用鼠标在该图像内单击时，该点在图像中的坐标将作为值传给 action 指定的处理程序。

（6）隐藏项

基本用法：

< input type = "hidden" name = "域名称" value = 值>

该控件的内容在表单中被隐藏起来，并不在网页中显示。通常可用来以隐藏方式向服务器传送有关信息。

【例 3.11】 在 ch3 网站中添加一个 WebForm11.html 网页，通过一个用户注册界面的设计说明表单标记的使用方法。

解：其步骤如下。

① 打开 ch3 网站，选择"网站|添加新项"命令，出现"添加新项-ch3"对话框，在中间列表中选择"HTML 页"，将文件名称改为 WebForm11.html，单击"添加"按钮。

② 进入源视图，设计其 HTML 代码如下：

```
<!DOCTYPE html >
< html xmlns = "http://www.w3.org/1999/xhtml">
  < head >
```

```html
    <meta http-equiv="Content-Type" content="text/html; charset=utf-8"/>
    <title>第3章例3.11</title>
</head>
<body>
    <form action="RegPage.html" method="post">
        <table style="align-content:center;width:350px">
            <caption><h3>用户注册</h3></caption>
            <tr>
                <td style="text-align:right">用户名</td>
                <td><input type="text" name="name" size="20"
                    style="width: 120px; height: 16px" />
                </td>
            </tr>
            <tr>
                <td style="text-align:right">密码</td>
                <td>
                    <input type="password" name="pass" size="20"
                    style="width: 120px; height: 16px" />
                </td>
            </tr>
            <tr>
                <td style="text-align:right">年龄</td>
                <td><input type="radio" name="age" />18 以下
                    <input type="radio" name="age" />18-25
                    <br />
                    <input type="radio" name="age" />26-45
                    <input type="radio" name="age" />45 以上
                </td>
            </tr>
            <tr>
                <td style="text-align:right">喜爱的运动</td>
                <td><input type="checkbox" name="love1" value="足球" />足球
                    <br />
                    <input type="checkbox" name="love2" value="篮球" checked="checked" />篮球
                    <br /><input type="checkbox" name="love3" value="排球" />排球
                </td>
            </tr>
            <tr>
                <td style="text-align:center" colspan="2">
                    <input type="submit" value="确定" />   
                    <input type="reset" value="重置" />
                </td>
            </tr>
        </table>
    </form>
</body>
</html>
```

该网页在 IE 浏览器中显示的初始界面如图 3.16 所示。用户在其中操作后单击"确定"按钮,将转向 RegPage.html 网页(这里没有设计 RegPage.html 网页)。

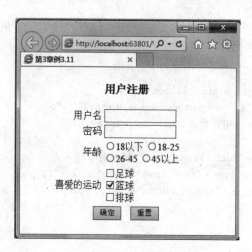

图 3.16 WebForm11.html 网页的显示结果

3.2 CSS

级联样式表或层叠样式表(Cascading Style Sheets,CSS)与 HTML 一样也是一种标记语言,甚至很多属性都是来源于 HTML。CSS 有助于为 HTML 文档提供美观且一致的外观。通过使用样式,可以简化 HTML 网页标记设计,同时使网页外观不再只由浏览器决定,网页设计者也可以精确地控制 HTML 标记在浏览器中的外观,如网页布局、字体、颜色、背景和其他效果。

3.2.1 CSS 和 CSS3

HTML 标记原本被设计为用于定义文档内容。通过使用<h1>、<p>、<table>这样的标记,HTML 的初衷是表达"这是标题"、"这是段落"、"这是表格"之类的信息。同时文档布局由浏览器完成,而不使用任何的格式化标签。

由于两种主要的浏览器(Netscape 和 IE)不断地将新的 HTML 标记和属性添加 HTML 规范中,创建文档内容清晰地独立于文档表现层的网站变得越来越困难。为了解决这个问题,W3C 肩负起了 HTML 标准化的使命,并在 HTML 4.0 之外创造出样式(style)。这便是 CSS 的由来,主要目的是用于控制网页的样式和布局。所有的主流浏览器均支持 CSS。

CSS 的优点是提供了一种能使所有 Web 网页样式保持一致的方法,样式信息独立于网页内容,只修改一个样式文件就可以改变页数不定的网页的外观和格式,版面和页面布局控制能力更强,具有更快的下载速度。

同 HTML 的发展一样,CSS3 是最新的 CSS 标准。CSS3 完全向后兼容,因此不必改变现有的设计。CSS3 被划分为模块,其中最重要的 CSS3 模块包括选择器、框模型、背景和边框、文本效果、2D/3D 转换、动画、多列布局和用户界面等。本章主要介绍选择器和框模型。

说明:CSS 在 Web 开发中非常普遍,所以 HTML5 规范废弃了一些过去表示样式的 HTML 元素,如 font、center 和 strike 元素等,而采用相应的 CSS 实现同样的功能。

3.2.2 样式表

样式是指每一个网页元素呈现在浏览器中的风格,比如字体的大小、颜色,页面的背景色、背景图等。样式表中包含应用于网页元素的相关样式信息。

定义样式的基本格式如下：

样式属性1:值1;样式属性2:值2;…

样式属性与值之间用冒号":"分隔,如果一个样式中有多个样式属性,各样式属性之间要用分号";"隔开。

例如,一个最简单的样式表的形式如图3.17所示。其中,h1称为选择器,用来表示应当向什么元素应用该格式化信息。从h1开始到闭合花括号的代码块称为规则。上述规则定义了网页中所有<h1>元素的外观。该选择器可以直接映射到HTML元素上。

一般情况下,要能够样式化网页上的元素,浏览器必须知道3件事件:

- 必须样式化网页上的什么元素？
- 必须样式化元素的什么部分？
- 希望选中的元素的那部分看起来是什么样子？

这些问题的答案由选择器、属性和值给出。

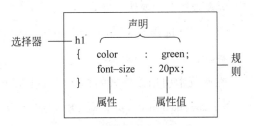

图3.17 最简单样式表的形式

1. CSS 选择器

在CSS中,选择器是一种模式,用于选择需要添加样式的元素。CSS中的选择器有Universal选择器、Type选择器、类选择器、ID选择器和伪类选择器等。

(1) Universal选择器

Universal选择器(通用选择器)用星号(*)表示,它适用于网页的所有元素。Universal选择器可以用来进行一些全局设置。例如,以下规则将网页中所有元素的字体改为Arial:

```
* { font-family:Arial; }
```

(2) Type选择器

Type选择器(类型选择器)是最典型的选择器类型,用于指向一个特定类型的HTML元素。如果有多个不同的标记要使用相同的样式,则可以采用编组的方法简化定义。例如:

```
h1,h2,h3 { color:red }
```

则所有的h1、h2、h3标题都将以红色显示,在这种表示法中,各选择器之间要用逗号","分隔。

(3) 类选择器

使用类选择器可以为某一个HTML标记创建多个样式,或者为多个标记创建同一种样式。类选择器的定义格式如下:

样式定义选择符.类名{样式属性1:值1;样式属性2:值2; …}

例如,h1.first和h1.second的样式代码分别如下:

```
h1.first {color:red;font-size:40px}
h1.second{color:blue;font-size:30px}
```

这样,可以通过以下方式使用它们:

```
<body>
    <h1 class="first">中华人民共和国</h1>
    <h1 class="second">教育部</h1>
</body>
```

其在浏览器中的显示结果如图 3.18 所示。

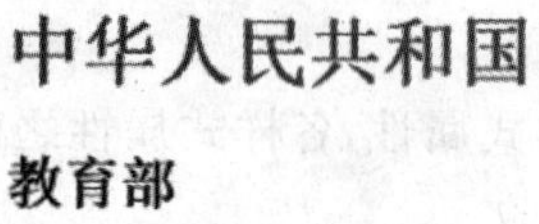

中华人民共和国
教育部

图 3.18 采用类选择器样式的浏览器显示结果

（4）ID 选择器

选择器用来在网页内选择或指向一个或多个特定的元素，以对要格式化的元素进行更细化的控制。用户可以使用若干个不同的选择器，这里仅介绍 ID 选择器。

ID 选择器以"#"为标志，依靠这个唯一的标志可以定义一套样式。其定义方法如下：

#ID 选择器名{属性 1:值 1;属性 2:值 2; …;属性 n:值 n }

其中，ID 选择器名前的"#"符号不能省略。例如：

#customId1 { color:red }

在网页中引用该样式的标记内使用 id 属性即可，例如：

<p id="customId1">本段落文字为红色</p>

ID 选择器与类选择器的主要区别如下：

- 类选择器前面以"."开始，而 ID 选择器前面以"#"开始。
- 在设计网页时，类可以分配给任何个数的元素，通常 ID 选择器只能在某个 HTML 文档中使用一次。ID 选择器类似于表单元素 input 中的 name 属性，每个 name 属性的值应该是唯一的。
- 值得注意的是，实际上有些浏览器（如 IE）不一定会检查网页中 ID 选择器的唯一性，可以在网页中对多个元素使用同一个 ID 选择器，从而使同一个样式表现在多个元素上，建议最好不要这么做。
- ID 选择器对元素应用样式时比类选择器具有更高的优先级。

（5）伪类选择器

CSS 还包含一系列伪类选择器（简称伪类），在创建样式规则时提供了额外的选项。伪类可以添加到其他选择器，以创建更复杂的 CSS 规则。

例如，有以下代码：

```
#title p:first-child { font-size: small; color:red; }
#title p:nth-child(2) { font-size: medium; color:blue;}
```

第 1 行表示将该样式应用于 id 属性为 title 的元素中的第一个段落标记，第 2 行表示将该样式应用于 id 属性为 title 的元素中的第 2 个段落标记。对于如下 HTML 代码：

```
<body>
    <div id="title">
        <p>第 1 个段落：红色 small</p>
        <p>第 2 个段落：蓝色 medium</p>
    </div>
</body>
```

其在浏览器中的显示结果如图 3.19 所示。

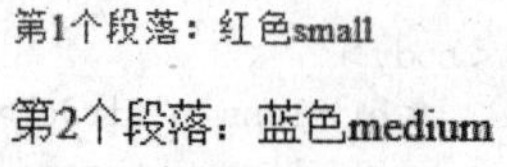

另外还有与锚点相关的伪类，即专用于<a>标记的选择器，可以设置不同类型超链接的显示方式。

- a:link：未被访问过的超链接。
- a:visited：已被访问过的超链接。

第1个段落：红色small

第2个段落：蓝色medium

图 3.19 采用伪类样式的浏览器显示结果

- a:active：当超链接处于选中状态。
- a:hover：当鼠标指针移动到超链接上。

例如：

a:visited,a:link { color:blue }
a:hover { color:red; text-decoration:none }

上述语句定义了这个文档中的超链接文本在未访问和被访问时为蓝色、带下划线，当有鼠标指针掠过时颜色变为红色、不带下划线。

2. CSS 属性

属性是元素的一部分，可通过样式表修改。CSS 定义了一个很长的属性列表，包括 CSS 文本属性（Text）、CSS 背景属性（Background）、CSS 尺寸属性（Dimension）和 CSS 表格属性（Table）等。在大多数情况下网站中不会用到所有项，表 3.9 给出了常用的 CSS 属性。

表 3.9 常用的 CSS 属性

CSS 属性	功　能
background-color	设置元素的背景颜色
background-image	设置元素的背景图像
border	在一个声明中设置所有的边框属性
height	设置元素的高度
width	设置元素的宽度
font	在一个声明中设置所有字体属性
font-family	规定文本的字体系列
font-size	规定文本的字体尺寸
font-weight	规定字体的粗细
target	简写属性，设置 target-name、target-new 以及 target-position 属性
margin	在一个声明中设置所有外边距属性
padding	在一个声明中设置所有内边距属性
color	设置文本的颜色
text-align	规定文本的水平对齐方式

除此之外还有两个很重要的定位属性。

1) float 属性

该属性定义元素在哪个方向浮动。以往这个属性总是应用于图像，使文本围绕在图像周围，不过在 CSS 中任何元素都可以浮动，浮动元素会生成一个块级框，而不论它本身是何种元素。该属性可能的取值如下。

- none（默认值）：元素不浮动，并会显示在其在文本中出现的位置。
- left：元素向左浮动。
- right：元素向右浮动。
- inherit：规定应该从父元素继承 float 属性的值。

2) position 属性

该属性规定元素的定位类型，它定义建立元素布局所用的定位机制。任何元素都可以定位，不过绝对或固定元素会生成一个块级框，而不论该元素本身是什么类型。相对定位元素会相对于它在正常流中的默认位置偏移。其可能的取值如下。

- static（默认值）：没有定位，元素出现在正常的流中（忽略 top、bottom、left 或 right 等声明）。
- absolute：生成绝对定位的元素，相对于 static 定位以外的第一个父元素进行定位。元素的位置通过 left、top、right 或 bottom 属性进行规定。
- fixed：生成绝对定位的元素，相对于浏览器窗口进行定位。元素的位置通过 left、top、right 或 bottom 属性进行规定。
- relative：生成相对定位的元素，相对于其正常位置进行定位。因此，left:20px 会向元素的左边位置添加 20 像素。
- inherit：规定应该从父元素继承 position 属性的值。

例如，以下代码采用绝对定位和相对定位显示文字。

```
<body>
    <div style = "position:absolute;left:40px;top:60px">
        <h2>绝对定位的标题</h2>
    </div>
    <div style = "position:relative: left:20px">
        <h3>相对定位的标题</h3>
    </div>
</body>
```

其显示结果如图 3.20 所示。

实际上，Visual Studio 提供了十分方便的智能感知，当开发人员输入 CSS 属性名时，智能感知便列出相应的 CSS 属性，如图 3.21 所示，用户可以从中选择相应 CSS 属性。

图 3.20　采用绝对定位和相对定位显示文字的结果

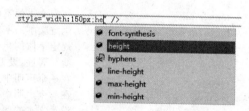

图 3.21　智能感知显示的 CSS 属性

3. 属性值

从前面的 float 和 position 属性看到，同一属性的不同取值会导致不同的效果。

另外，与属性一样，值也有很多风格，可用的值取决于具体的属性。例如，color 属性采用表示颜色的值，可以是颜色名称（如 red），也可能是代表红、绿、蓝色成分的十六进制数（如 #FF0000）。

同样，当开发人员输入完一个 CSS 属性名时，智能感知便列出相应的 CSS 属性值，如图 3.22 所示列出的是 color 的 CSS 属性值，用户可以从中选择相应值。

图 3.22　智能感知显示的 CSS 属性值

3.2.3　样式表的组织方式

样式表的组织方式主要有 3 种，即内联样式、内部样式表和外部样式表。无论 CSS 样式如何组织，一旦服务器将它们发送到客户端，浏览器将负责解析样式，把它们应用于网页中相应的 HTML 元素。而当采用内部样式表或外部样式表时，样式被定义为 CSS 规则，浏览器使用该规则确定应用什么样式,以及应用于哪些 HTML 元素。

1. 内联样式

在网页设计中,大多数 HTML 元素都有 style 属性,每个 HTML 元素使用<style>标记建立一个或多个样式,这种方式就是内联样式方式,也称为网页内嵌法。其用法如下:

```
style = "属性 1:值 1;属性 2:值 2; …;属性 n:值 n"
```

在前面例 3.4 中的如下代码就是采用这种方式:

```
< table border = "1" style = "text - align:center;width:300px;border:double">
```

内联样式不需要定义为规则,因为它们会自动应用于包含它们的元素。因此,浏览器不需要选择要应用该样式的元素。例如(粗体部分为 style 属性设置):

```
< h1 style = "font - size:40px;color:Red;">中华人民共和国</h1 >
< h2 style = "font - size:30px;color:Blue;">教育部</h2 >
```
             内联样式

这样,浏览器直接将 style 属性指定的样式作用于各自的元素。

这种方式的优点是直观、方便,缺点是若不喜欢某种样式,需要不厌其烦地逐一修改每一个元素的样式。

2. 内部样式表

设计一个网页可能需要多个样式,内部样式表方式就是将在单个网页中用到的样式集中存储在该网页内部。内部样式表就是单个网页内部存储的 CSS 样式集合(也称为私有样式)。这些样式位于<style>标记中,这个标记一般位于网页的<head>部分。

例如(粗体部分为 style 标记):

```
<! DOCTYPE html >
< html xmlns = "http://www.w3.org/1999/xhtml">
  < head >
      < meta http - equiv = "Content - Type" content = "text/html; charset = utf - 8"/>
      < title >样式引用示例</title >
      < style type = "text/css">
          h1 {font - size:40px; color:Red;}      内部样式表
          h2 {font - size:30px; color:Blue;}
      </style >
  </head >
  < body >
      < h1 >中华人民共和国</h1 >
      < h2 >教育部</h2 >
  </body >
</html >
```

这种方法的优点是所有样式集中放在一起,便于修改,一旦某个样式发生改变,本网页中所有该样式的元素都会发生更改。

3. 外部样式表

前面两种方式设计的样式都只适用于它所在的网页。如果要将其用于其他网页,最好把所设计的样式放在一个独立的文件中,这样的文件就是外部样式表文件。例如,样式表文件 StyleSheet1.css 的内容为:

```
body { background - color: #33bb66; }
h1 { font - size:40pt; color:Blue; }
```

```
h2 { font-size:30pt; color:White;}
```

在网页文件中引用该样式表文件只需要在网页的＜head＞元素中添加如下代码：

```
<link href="StyleSheet1.css" type="text/css" rel="Stylesheet" />
```

其中，rel规定了被链接文件的关系，取值是Stylesheet，type属性规定了链接文件的类型；href属性则指定了要链接的样式表文件的URL。

凡是在网页的＜head＞元素中与该样式表文件建立链接的HTML文件，其网页元素的样式就会按照外部样式表文件中的定义显示。

外部样式表文件的扩展名为.css。在Visual Studio中，创建外部样式表文件的操作是选择"网站|添加新项"命令，出现"添加新项"对话框，在中间列表中选择"样式表"，设置样式表文件名，然后单击"添加"按钮。

说明：在3种样式表组织方式中，通常，外部样式表优于内部样式表，而内部样式表优于内联样式。但在实际应用中，究竟采用哪种方式需要根据具体应用而定。

4. 使用样式生成器设计样式

Visual Studio提供了专门的样式生成器，可以可视化地设计样式表文件。下面通过一个例子说明样式生成器的使用方法。

【例3.12】 在ch3网站中添加一个WebForm12.html网页，然后添加一个StyleSheet.css外部样式表文件，设计相应的样式，并将其应用到网页设计中。

解：其步骤如下。

① 打开ch3网站，选择"网站|添加新项"命令，出现"添加新项-ch3"对话框，在中间列表中选择"HTML页"，将文件名改为WebForm/2.html，单击"添加"按钮。

② 选择"网站|添加新项"命令，出现"添加新项-ch3"对话框，在中间列表中选择"样式表"，保持默认文件名为Style Sheet.CSS，单击"添加"按钮。

③ 出现如图3.23所示的样式设计界面。在样式编辑窗口中删除原有内容，输入"h1 {　}"，然后将光标移动到该花括号内，单击工具栏中的 按钮（或者在该花括号内右击，在出现的快捷菜单中选择"生成样式"命令），出现"修改样式"对话框。

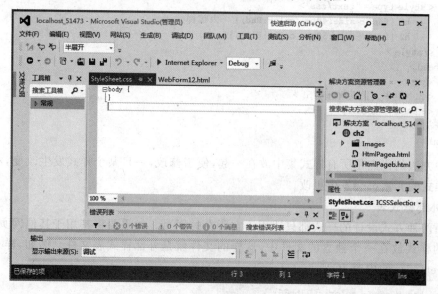

图3.23　样式设计界面

④ 在"修改样式"对话框中设置 h1 的"字体"类别如图 3.24 所示,单击"确定"按钮返回。此时,h1 的定义变为:

```
h1 {    color: #FF0000; font-weight: bold;
        font-size: larger; font-family: 楷体;
}
```

图 3.24 "修改样式"对话框

⑤ 采用同样的操作创建两个类选择器如下:

```
h1.first { font-size: 35px; color: #0000FF; }
h1.second { font-size: 25px; color: #006600; }
```

单击工具栏中的 ■ 按钮保存该外部样式表文件。

⑥ 切换到 WebForm12.html 网页,进入源视图,设计其 HTML 代码如下:

```
<!DOCTYPE html>
<html xmlns = "http://www.w3.org/1999/xhtml">
  <head>
    <meta http-equiv = "Content-Type" content = "text/html; charset=utf-8" />
    <title>第 3 章例 3.12</title>
    <link href = "StyleSheet.css" type = "text/css" rel = "Stylesheet" />
  </head>
  <body>
    <div>
      <h1>中华人民共和国</h1>
      <h1 class = "first">中华人民共和国</h1>
      <h1 class = "second">中华人民共和国</h1>
    </div>
  </body>
</html>
```

该网页在 IE 浏览器中的显示结果如图 3.25 所示。从中看到,第 1 行文字应用了 h1 样式,第 2 行文字应用了 h1.first 类样式,第 3 行文字应用了 h1.second 类样式,且后两行都应用了 h1 的加粗和楷体。

该样式表文件可以被本网站中的多个网页所引用,以达到样式共享的目的,而且使整个网站界面具有一致性。

在网页设计中选择"视图|管理样式"命令,会出现"管理样式"对话框。如图 3.26 所示的是 WebForm12.html 网页的"管理样式"对话框,通过该对话框可以查看当前网页上能使用的所有样式,其中的 ▣ 按钮用于新建样式,▦ 按钮用于附加样式表。

图 3.25　WebForm12.html 网页的显示结果

图 3.26　"管理样式"对话框

3.2.4　CSS 方框模型

在 CSS 中,方框模型是定位元素的核心,它定义了浏览器如何把 HTML 中的每个元素看作矩形方框。该方框由不同的部分组成,包括页边距、内边距边框和内容,如图 3.27 所示。

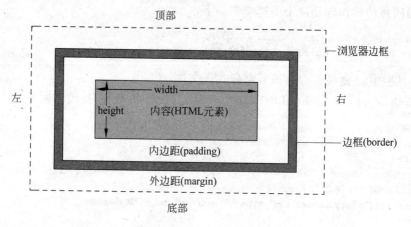

图 3.27　CSS 方框结构

1. 设置方框的外边距

CSS 的外边距属性设置为:

```
margin: margin-top margin-right margin-bottom margin-left
```

其中,margin 设置对象与浏览器边框之间的边距,margin-left 设置左边距,margin-right 设置右边距,margin-top 设置上边距,margin-bottom 设置下边距。用户可以使用其中任何一个属性只设置相应的外边距,而不会直接影响所有其他外边距。

例如，以下代码指定段落的左外边距为2cm：

```
<style type="text/css">
    p.leftmargin {margin-left: 2cm}
</style>
```

2. 设置方框的边框

每个边框有3个方面的信息，即宽度、样式以及颜色。

通过border-width属性为边框指定宽度。其一般格式为：

border-width: border-top-width border-right-width border-bottom-width border-left-width

可以使用其中任何一个属性只设置相应边的宽度，而不会直接影响其他边的宽度。

通过border-style属性为边框指定样式。其一般格式为：

border-style: border-top-style border-right-style border-bottom-style border-left-style

可以使用其中任何一个属性只设置相应边的样式，而不会直接影响其他边的样式。

通过border-color属性为边框指定颜色。其一般格式为：

border-color: border-top-color border-right-color border-bottom-color border-left-color

可以使用其中任何一个属性只设置相应边的颜色，不会直接影响其他边的颜色。

3. 设置方框的内边距

设置方框的内边距采用padding属性，其用法与margin相似。

在CSS中，width和height指的是内容区域的宽度和高度，增加内边距、边框和外边距不会影响内容区域的尺寸，但是会增加元素框的总尺寸。

【例3.13】 在ch3网站中添加一个WebForm13.html网页，说明CSS方框的使用方法。

解： 其步骤如下。

① 打开ch3网站，选择"网站|添加新项"命令，出现"添加新项-ch3"对话框，在中间列表中选择"HTML页"，将文件名称改为WebForm13.html，单击"添加"按钮。

② 进入源视图，设计其HTML代码如下：

```
<!DOCTYPE html>
<html xmlns="http://www.w3.org/1999/xhtml">
  <head>
    <meta http-equiv="Content-Type" content="text/html; charset=utf-8"/>
    <title>第3章例3.13</title>
    <style type="text/css">
      div
      {  margin: 40px; border: 20px groove #630;
         padding: 60px; background-color: white;
         float: left;
      }
    </style>
  </head>
  <body>
    <div>
      <img src="Images\img1.bmp" style="width:150px" />
    </div>
  </body>
</html>
```

该网页在IE浏览器中的显示结果如图3.28所示，图中标识了方框的各个属性的含义。

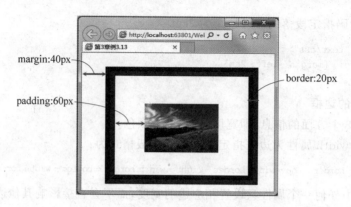

图 3.28　WebForm13.html 网页的显示结果

3.2.5　网页页面布局

在网页设计中,页面的整体结构布局是十分重要的,通常采用表格或方框布局。

利用表格布局主要通过将网页中的内容分为若干个区块,用表格的单元格代表区块,然后分别在不同的区块内填充内容,图 3.29 所示的是一种基本的表格布局形式。

图 3.29　一种基本的表格布局形式

方框布局就是采用 DIV＋CSS 进行页面布局,它是 Web 2.0 时代提倡的一种页面布局方式,是一种比较灵活方便的布局方法。对于 DIV＋CSS 布局的页面,浏览器会边解析边显示。DIV＋CSS 网页布局的基本流程如下:

① 规划网页结构,把网站从整体上分为几个区块,规划好每个区块的大小和位置。

② 将区块用＜div＞标记代替,设置好每个＜div＞的大小和样式。

③ 通过布局属性设置＜div＞的位置布局。

【例 3.14】　在 ch3 网站中添加一个 WebForm14.html 网页,说明 DIV＋CSS 布局方法。

解:其步骤如下。

① 打开 ch3 网站,选择"网站|添加新项"命令,出现"添加新项-ch3"对话框,在中间列表中选择"HTML 页",将文件名称改为 WebForm14.html,单击"添加"按钮。

② 进入源视图,设计其 HTML 代码如下:

```
<!DOCTYPE html>
<html xmlns="http://www.w3.org/1999/xhtml">
<head>
    <meta http-equiv="Content-Type" content="text/html; charset=utf-8"/>
    <title>第3章例3.14</title>
    <style type="text/css">
        * {margin:0px; padding:0px;}
        body
        {   font-size: 12px; margin: 0px auto;
            height: auto; width: 440px;
        }
        .mainBox
        {   border: 1px dashed #0099CC;
            margin: 3px; padding: 0px;
            float: left; height: 200px;
            width: 100px;
```

```
            }
            .mainBox h3
            {   float: left; height: 20px;
                width: 100px; color: #FFFFFF;
                padding: 6px 3px 3px 10px;
                background-color: #0099CC;
                font-size: 16px;
            }
            .mainBox p
            {   line-height: 1.5em;
                text-indent: 2em;
                margin: 35px 5px 5px 5px;
            }
        </style>
    </head>
    <body>
        <h2>ASP.NET 程序设计</h2>
        <div class="mainBox">
            <h3>前言</h3>
            <p>正文内容</p>
        </div>
        <div class="mainBox">
            <h3>第 1 章</h3>
            <p>正文内容 </p>
        </div>
        <div class="mainBox">
            <h3>第 3 章</h3>
            <p>正文内容 </p>
        </div>
        <div class="mainBox">
            <h3>第 3 章</h3>
            <p>正文内容 </p>
        </div>
        <footer>
            <br />
            <h3>结束语</h3>
        </footer>
    </body>
</html>
```

该网页在 IE 浏览器中的显示结果如图 3.30 所示。本例采用内联样式方式设置方框选择器和类选择器等，在<body>中用<div>等标记进行页面布局。

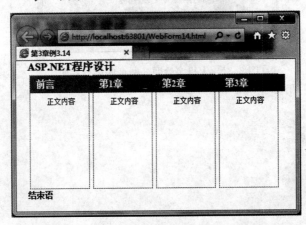

图 3.30　WebForm14.html 网页的显示结果

练习题 3

1. 简述 HTML 文档结构。
2. 简述 HTML 与 XHTML 的异同。
3. 简述 HTML 常用的格式标记及其作用。
4. 简述 HTML 常用的列表标记及其作用。
5. 简述 HTML 常用的样式/节标记及其作用。
6. 简述 HTML 常用的超链接标记及其作用。
7. 简述 <img> 图像标记及其作用。
8. 简述 iframe 框架标记及其作用。
9. 简述在网页中创建表格的过程。
10. 简述在网页中建立表单的过程。
11. 简述 CSS 的作用。
12. 简述使用样式生成器设计样式表文件的过程,并说明如何在网页中使用样式表文件。
13. 简述 CSS 方框模型。

上机实验题 3

在 ch3 网站中设计一个名称为 Experment3.html 的网页,用于输入学号和姓名,网页中有一个 5×2 的表格(该表格在浏览器中居中显示),包含 3 个 HTML 文字、3 个文本框和两个按钮,它们都是客户端控件,其运行界面如图 3.31 所示。其中采用外部样式表文件设置各 HTML 标记的外观,样式表文件为 StyleSheet2.css。

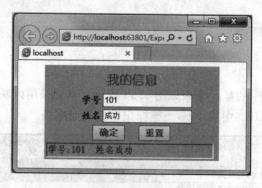

图 3.31 上机实验题 3 网页的运行界面

第 4 章 C#语言基础

C#语言是 Microsoft 公司推出的面向对象的编程语言,是专门为.NET Framework 量身打造的。程序员可以采用 C# 快速、方便地编写各种基于.NET Framework 的应用程序。C#作为 ASP.NET 网页编程的脚本语言,网页运行时由 ASP.NET 引擎执行其脚本,在产生最终的 HTML 网页后由服务器发送给客户端。实际上,ASP.NET 4.5 本身就是采用 C#语言开发的,所以 C#不仅适用于 Web 应用程序的开发,也适用于开发强大的系统程序。总之,C#具有简洁的语法、精心的面向对象设计、与 Web 的紧密结合、完整的安全性与错误处理等特点。本章简要介绍 C#语言及其在 Web 应用程序开发中的基本内容。

本章学习要点:
- ☑ 掌握 C#中的各种数据类型。
- ☑ 掌握 C#中值类型和引用类型变量的定义方法及其区别。
- ☑ 掌握 C#中类的声明方法。
- ☑ 掌握 C#中对象的定义和使用方法。
- ☑ 掌握 C#中继承的使用方法。

4.1 C#中的数据类型

数据类型是用来区分不同类型的数据;由于数据在存储时所需要的容量不同,不同的数据就必须要分配不同大小的内存空间来存储,所以将数据划分成不同的数据类型。C#中数据类型的分类如图 4.1 所示,从中可以看到,C#数据类型主要分为值类型和引用类型两大类。

4.1.1 值类型

值类型的变量内含变量值本身,C#的值类型可以分为简单类型、结构体类型和枚举类型等。

1. 整数类型

整数类型变量的值为整数。数学上的整数可以从负无穷大到正无穷大,但是由于计算机的存储单元是有限的,所以计算机语言提供的整数类型的值总是在一定的范围之内。具体的各整数类型及其取值范围如表 4.1 所示。

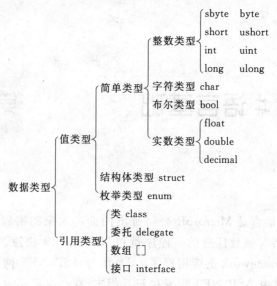

图 4.1　C#中数据类型的分类

表 4.1　整数类型及其取值范围

类型标识符	说　明	占用位数	取　值　范　围	示　　例
sbyte	带符号字节型	8	−128～127	sbyte i=10;
byte	无符号字节型	8	0～255	byte i=10;
short	带符号短整型	16	−32 768～32 767	short i=10;
ushort	无符号短整型	16	0～65 535	ushort i=10;
int	带符号整型	32	−2 147 483 648～2 147 483 647	int i=10;
uint	无符号整型	32	0～4 294 967 295	uint i=10; uint i=10U;
long	带符号长整型	64	−9 223 372 036 854 775 808～ 9 223 372 036 854 775 807	long i=10; long i=10L;

ulong	无符号长整型	64	0～18 446 744 073 709 551 615	ulong i=16;
				ulong i=16U;
				ulong i=16L;
				ulong i=16UL;

2. 实数类型

C#中的实数类型包括单精度浮点数(float)、双精度浮点数(double)和固定精度的浮点数(decimal),它们的差别主要在于取值范围和精度不同。各实数类型及其取值范围与精度如表 4.2 所示。

3. 字符类型

在 C#中字符类型采用国际上公认的 16 位 Unicode 字符集表示形式,用它可以表示世界上的多种语言。其取值范围为'\u0000'～'\uFFFF',即 0～65 535。字符类型的标识符是 char,

表 4.2 实数类型及其取值范围与精度

类型标识符	说明	取值范围	示例
float	单精度浮点数	$\pm 1.5 \times 10^{-45} \sim 3.4 \times 10^{38}$,精度为 7 位数	float f=1.23;
double	双精度浮点数	$\pm 5.0 \times 10^{-324} \sim 1.7 \times 10^{308}$,精度为 15~16 位数	double d=1.23;
decimal	固定精度的浮点数	$1.0 \times 10^{-28} \sim 7.9 \times 10^{28}$ 之间,精度为 28~29 位有效数字	decimal d=1.23;

因此也可称为 char 类型。例如,可以采用以下方式为字符变量赋值:

```
char c = 'H';               //字符 H
char c = '\x0048';          //字符 H,十六进制转义符(前缀为\x)
char c = '\u0048';          //字符 H,Unicode 表示形式(前缀为\u)
char c = '\r';              //回车,转义字符(用于在程序中指代特殊的控制字符)
```

在表示一个字符常数时,单引号内的有效字符数量必须且只能是一个,并且不能是单引号或者反斜杠(\)。

4. 布尔类型

布尔类型数据用于表示逻辑真和逻辑假,布尔类型的类型标识符是 bool。

布尔类型常数只有两种值,即 true(代表"真")和 false(代表"假")。布尔类型数据主要应用在流程控制中,往往通过读取或设定布尔类型数据的方式来控制程序的执行方向。

注意:在 C#语言中,bool 类型不能像 C/C++语言那样可能直接转换为 int 类型,例如,"int a=(2<3);"在 C/C++中都是正确的,但在 C#中不允许这样,会出现"无法将类型 bool 隐式转换为 int"的编译错误。

4.1.2 引用类型

C#中的另一大数据类型是引用类型,引用类型也称为参考类型。和值类型相比,引用类型的变量不直接存储所包含的值,而是指向它所要存储的值。换句话说,值类型变量的内存空间中存储的是实际数据,而引用类型变量在其内存空间中存储的是一个指针,该指针指向存储数据的另一块内存位置。由此可见,值类型变量的内存开销小,访问速度快,而引用类型变量的内存开销大,访问速度稍慢。

引用类型共分 4 种类型,即类、接口、数组和委托等。

1. object 类

object 是 C#中所有类型(包括所有的值类型和引用类型)的基类,C#中的所有类型都直接或间接地从 object 类中继承。因此,对一个 object 的变量可以赋予任何类型的值:

```
float f = 1.23;
object obj1;                       //定义 obj1 对象
obj1 = f;
object obj2 = "China";             //定义 obj2 对象并赋初值
```

对 object 类型的变量声明采用 object 关键字,这个关键字是在.NET Framework 的命名空间 System 中定义的,是类 System.Object 的别名。

2. string 类

C#中还定义了一个 string 类,表示一个 Unicode 字符序列,专门用于对字符串的操作。同样,这个类也是在.NET Framework 的命名空间 System 中定义的,是类 System.String 的别名。

字符串在实际中的应用非常广泛,利用 string 类中封装的各种内部操作可以很容易地完成对字符串的处理。例如:

```
string str1 = "123" + "abc";          //" + "运算符用于连接字符串
char c = "Hello World!"[1];           //"[ ]"运算符可以访问 string 中的单个字符,c = 'e'
string str2 = "China";
string str3 = @"China";               //用@表示后跟一个严格字符串,其中\n 等不再作为转义符
bool b = (str2 == str3);              //" == "运算符用于两个字符串比较,b = true
```

4.2 C#中的变量和常量

在程序的执行过程中其值不发生改变的量称为常量,其值可变的量称为变量。它们可与数据类型结合起来分类。在程序中,常量是可以不经说明而直接引用的,变量则必须先定义后使用。

4.2.1 变量

变量是在程序的运行过程中其值可以发生变化的量,可以在程序中使用变量来存储各种各样的数据,并对它们进行读、写、运算等操作。

1. 变量的定义

在C#程序中使用某个变量之前,必须要告诉编译器它是一个什么样的变量,通过对变量定义来完成。定义变量的方法如下:

[访问修饰符]数据类型 变量名[=初始值];

例如:

```
string name = "王华";
int age = 20;
```

也可以同时声明一个或多个给定类型的变量,例如:

```
int a = 1, b = 2, c = 3;
```

变量具有作用范围,C#是纯面向对象的语言,没有像 C/C++ 中那样的全局变量,只能在类中定义变量,包括类字段和类函数成员中定义的变量,前者的作用范围是整个类,后者的作用范围是该变量所在的函数成员。

2. 理解值类型的变量

在定义变量时,如果指定变量的类型是值类型,那么这个变量就是值类型的变量(或值变量)。值变量直接把值存放在这个变量名标记的存储位置上,值类型的变量是在栈空间中分配的。

当定义一个值类型变量并且给它赋值的时候,这个变量只能存储相同类型的数据。所以,一个 int 类型的变量只能存放 int 类型的数据。另外,当把值赋给某个值类型的变量时,C#首先创建这个值的一个副本,然后把这个副本放在变量名所标记的存储位置上。例如:

```
int x;
int y = 2;
x = y;
```

在这段代码中,当把变量 y 的值赋给 x 时,程序会创建变量 y 的值的副本,即 2,然后把这个值放到 x 中,如图 4.2 所示。如果后面的程序修改了 y 的值,就不会影响 x 的值。这看起来是很显然的,但对于引用类型的变量来说就不是这样的了。

3. 理解引用类型的变量

在定义变量时,如果指定变量的类型是引用类型,那么这个变量就是引用类型的变量(或引用变量)。引用表示所使用的是变量或对象的地址而不是变量或对象本身。当定义引用变量时,程序只是分配了存放这个引用的存储空间,它是在栈空间中分配的。另外还要创建对象实例并把该实例的存储地址赋给该引用变量,需要使用 new 操作符。例如:

```
MyClass p1;                    //MyClass 是已声明的类或类型
p1 = new MyClass();
MyClass p2 = p1;
```

第 1 个语句定义了 MyClass 类的一个引用类型变量 p1。第 2 个语句使用 new 操作符来创建 MyClass 类实例,C♯会在堆存储空间中分配该实例,然后把这个实例的地址赋给这个引用变量 p1,这个引用变量就可以用来引用堆中创建的那个实例了。第 3 个语句定义了 MyClass 类的一个引用类型变量 p2,并让它指向 p1 所指的 MyClass 实例。p1 和 p2 引用变量的空间分配如图 4.3 所示。通常将 p1 和它所指的 MyClass 实例称为 p1 对象。

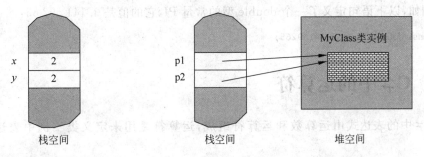

图 4.2 值变量的空间分配　　　　图 4.3 引用类型变量的空间分配

由于实例是在堆存储空间中分配的,在程序执行时,.NET Framework 会跟踪堆存储空间,一旦某个指向实例的引用变量超出了作用范围,就自动释放该实例,不需要程序员编写专门的代码释放实例空间,从而达到垃圾自动回收的目的,这是 C♯的优点之一。

4.2.2 常量

所谓常量,就是在程序执行中其值保持固定不变的量。常量一般分为直接常量和符号常量,常量的类型可以是任何一种值类型或引用类型。

1. 直接常量

直接常量是指把程序中不变的量直接硬编码为数值或字符串值。例如,以下都是直接常量:

```
100                     //整型直接常量
1.23e5                  //浮点型直接常量
true                    //布尔型直接常量
"中华人民共和国"         //字符串型常量
null                    //对象引用常量
```

在程序中书写一个十进制的数值常数时，C#默认按照以下方法判断一个数值常数属于哪种C#数值类型：

- 如果一个数值常数不带小数点，如12345，则这个常的类型是整型。
- 对于一个属于整型的数值常数，C#按以下顺序判断该数的类型：int、uint、long、ulong。
- 如果一个数值常数带小数点，如3.14，则该常数的类型是浮点型中的double类型。

2. 符号常量

符号常量是通过关键字const声明的常量，包括常量的名称和它的值。常量的声明格式如下：

const 数据类型　常量名 = 初始值;

其中，"常量名"必须是C#的合法标识符，在程序中通过常量名访问该常量。"类型标识符"指示了所定义的常量的数据类型，而"初始值"计算结果是所定义的常量的值。

符号常量具有以下特点：

- 在程序中，常量只能被赋予初始值。一旦赋予一个常量初始值，这个常量的值在程序的运行过程中就不允许改变，即无法对一个常量赋值。
- 在定义常量时，表达式中的运算符对象只允许出现常量和常数，不能有变量存在。

例如，以下语句定义了一个double型的常量PI，它的值是3.14159265：

const double PI = 3.14159265;

4.3 C#中的运算符

C#中的表达式由运算数和运算符组成，运算符是用来定义类实例中表达式运算数的运算。

4.3.1 常用的C#运算符

依照运算符作用的运算数的个数来分，C#中共有下面3种类型的运算符。

- 一元运算符：一元运算符带一个运算数并使用前缀符（如$-x$）或后缀符（如$x++$）。
- 二元运算符：二元运算符带两个运算数并且全部使用中缀符（如$x+y$）。
- 三元运算符：只存在唯一一个三元运算符"?:"。三元运算符带3个运算数并使用中缀符（$c?\ x:y$）。

下面分别给出使用运算符的例子：

```
int x = 3;
int y = 6;
int z;
x++;                    //一元运算符
--x;                    //一元运算符
z = x + y;              //二元运算符
y = (x < 10 ? 0 : 1);   //三元运算符
```

注意：最后一行代码表示当$x<10$成立的时候y取值为0，否则取值为1。

表4.3列出了C#支持的运算符。

表 4.3 C#中的运算符

运算符类别	运算符
算术	+、-、*、/
逻辑	&、|、^、&&、||
字符串串连	+
递增、递减	++、--
移位	<<、>>
关系	==、!=、<=、>=
赋值	=、+=、-=、*=、/=、%=、|=、^=、<<=、>>=
成员访问	.
索引	[]
条件	?:
委托串连和删除	+=、-=
创建对象	new
类型信息	is、as、sizeof、typeof
溢出异常控制	checked、unchecked

4.3.2 运算符的优先级

当一个表达式包含多个运算符时,运算符的优先级控制着单个运算符求值的顺序,一般先执行优先级高的运算符,同级的运算符按照从左到右的顺序执行,括号的优先级最高。例如对于表达式:

x + y * z

首先求出 $y*z$,然后将结果与 x 相加,因为 * 的优先级比 + 的优先级要高。如果需要调整优先级,可以使用括号"()"。例如需要先求 x 与 y 的和,然后再将结果与 z 相乘,则可以编写如下表达式:

(x + y) * z

还要考虑运算符的结合性,函数是左结合的,其优先级高。例如,对于表达式:

2*(3+5)-f(7)

首先计算 $f(7)$ 的值,接着计算 $(3+5)$,再计算 $2*(3+5)$,最后做减法运算。

表 4.4 总结了常见运算符从高到低的优先级顺序,每个组中的运算符具有相同的优先级。

表 4.4 常见运算符的优先级

运算符类别	运算符	运算符类别	运算符
基本	x.y、f(x)、a[x]、x++、x--、new、typeof、sizeof、checked、unchecked、->	逻辑"与"	x&y
		逻辑"异或"	x^y
		逻辑"或"	x|y
一元	+x、-x、!x、~x、++x、--x、(T)x	条件"与"	x&&y
		条件"或"	x||y
乘法	x*y、x/y、x%y	条件运算	?:
加法	x+y、x-y	赋值	x=y、x+=y、x-=y、x*=y、x/=y、x%=y、x&=y、x|=y、x^=y、x<<=y、x>>=y
移位	x<<y、x>>y		
关系	x>y、x<=y、x>=y		
相等	x==y、x!=y		

4.3.3 装箱和拆箱

装箱和拆箱是 C# 类型系统中重要的概念。通过装箱和拆箱实现值类型和引用类型数据的相互转换，也就是说，装箱和拆箱是实现值类型和引用类型相互转换的"桥梁"。

1．装箱转换

装箱转换是指将一个值类型的数据隐式地转换成一个引用类型的数据。把一个值类型装箱就是创建一个 object 类型的实例，并把该值类型的值复制给这个 object 实例。

例如，下面的语句就执行了装箱转换：

```
int i = 10;
object obj = i;                    //装箱
```

2．拆箱转换

拆箱转换是指将一个引用类型的数据显式地转换成一个值类型数据。

拆箱操作分为两步：首先检查对象实例，确保它是给定值类型的一个装箱值，然后把实例的值复制到值类型数据中。例如，下面的语句就执行了拆箱转换：

```
object obj = 10;
int i = (int)obj;                  //拆箱
```

拆箱转换需要（而且必须）执行显式转换，这是它与装箱转换的不同之处。

4.4 结构体类型和枚举类型

4.4.1 结构体类型

结构体类型是一种值类型，对应变量的值保存在栈内存区域。

1．结构体类型的声明

结构体类型由若干"成员"组成。数据成员称为字段，每个字段都有自己的数据类型。声明结构体类型的一般格式如下：

```
struct 结构体类型名称
{   [字段访问修饰符] 数据类型 字段1;
    [字段访问修饰符] 数据类型 字段2;
       ⋮
    [字段访问修饰符] 数据类型 字段n;
};
```

其中，struct 是结构体类型的关键字。"字段访问修饰符"的主要取值有 public 和 private（默认值），public 表示可以通过该类型的变量访问该字段，private 表示不能通过该类型的变量访问该字段。

例如，以下声明一个具有姓名和年龄的结构体类型 Student：

```
struct Student                     //声明结构体类型 Student
{   public int xh;                 //学号
    public string xm;              //姓名
    public string xb;              //性别
```

```
    public int nl;                    //年龄
    public string bh;                 //班号
}
```

在上述结构体类型声明中,结构体类型名称为 Student。该结构体类型由 5 个成员组成,第 1 个成员是 xh,为整型变量;第 2 个成员是 xm,为字符串类型;第 3 个成员是 xb,为字符串类型;第 4 个成员是 nl,为整型变量;第 5 个成员是 bh,为字符串类型。

2. 结构体类型变量的定义

在声明一个结构体类型后,可以定义该结构体类型的变量(简称为结构体变量)。定义结构体变量的一般格式如下:

结构体类型　结构体变量;

例如,在声明结构体类型 Student 后,定义它的两个变量如下:

```
Student s1,s2;
```

3. 结构体变量的使用

结构体变量的使用主要包括字段访问和赋值等,这些都是通过结构体变量的字段实现的。

(1) 访问结构体变量字段

访问结构体变量字段的一般格式如下:

结构体变量名.字段名

例如,s1.xh 表示结构体变量 s1 的学号,s2.xm 表示结构体变量 s2 的姓名。

(2) 结构体变量的赋值

结构体变量的赋值有下面两种方式。

- 结构体变量的字段赋值:方法与普通变量相同。
- 结构体变量之间赋值:要求赋值的两个结构体变量必须类型相同。例如:

```
s1 = s2;
```

这样 s2 的所有字段值赋给 s1 的对应字段。

4.4.2 枚举类型

枚举类型也是一种自定义数据类型,它允许用符号代表数据。枚举是指程序中某个变量具有一组确定的值,通过"枚举"可以将其值一一列出来。这样,使用枚举类型就可以将常用颜色用符号 Red、Green、Blue、White、Black 表示,从而提高了程序的可读性。

1. 枚举类型的声明

枚举类型使用 enum 关键字声明,其一般语法形式如下:

enum 枚举名　{枚举成员 1,枚举成员 2,…}

其中,enum 是枚举类型的关键字。例如,以下声明一个名称为 color 的表示颜色的枚举类型:

```
enum Color {Red,Green,Blue,White,Black}
```

在声明枚举类型后,可以通过枚举名来访问枚举成员,其使用语法如下:

枚举名.枚举成员

2. 枚举成员的赋值

在声明的枚举类型中，每一个枚举成员都有一个相对应的常量值，默认情况下C#规定第1个枚举成员的值取0，它后面的每一个枚举成员的值按加上1递增。例如前面的Color，Red值为0，Green值为1，Blue值为2，依此类推。

用户可以为一个或多个枚举成员赋整型值，当某个枚举成员赋值后，如果其后的枚举成员没有赋值，它自动在前一个枚举成员值之上加1。例如：

enum Color { Red = 0, Green, Blue = 3, White, Black = 1};

则这些枚举成员的值分别为0、1、3、4、1。

3. 枚举类型变量的定义

在声明一个枚举类型后，可以定义该枚举类型的变量（简称为枚举变量）。定义枚举变量的一般格式如下：

枚举类型　枚举变量；

例如，在声明枚举类型Color后，定义它的两个变量如下：

Color c1,c2;

4. 枚举变量的使用

枚举变量的使用包括赋值和访问等。

（1）枚举变量的赋值

为枚举变量赋值的语法格式如下：

枚举变量 = 枚举名.枚举成员

例如：

c1 = Color.Red;

（2）枚举变量的访问

枚举变量像普通变量一样直接访问。

4.5 C#中的控制语句

控制语句用于改变程序的正常流程，主要有选择控制语句和循环控制语句。

4.5.1 选择控制语句

C#中的选择控制语句有if语句、if…else语句、if…else if语句和switch语句，它们根据指定条件的真假值确定执行哪些简单语句，其中简单语句既可以是单个语句，也可以是用"{}"括起来的复合语句。

1. if语句

if语句用于在程序中有条件地执行某一语句序列，其基本语法格式如下：

if(条件表达式)语句；

其中，"条件表达式"是一个关系表达式或逻辑表达式，当"条件表达式"为True时，执行后面的"语句"。

2. if…else 语句

如果希望 if 语句在"条件表达式"为 True 和 False 时分别执行不同的语句,则用 else 引入条件表达式为 False 时执行的语句序列,这就是 if…else 语句,它根据不同的条件分别执行不同的语句序列,其语法形式如下:

```
if (条件表达式)
    语句 1;
else
    语句 2;
```

其中的"条件表达式"是一个关系表达式或逻辑表达式。当"条件表达式"为 True 时执行"语句 1";当"条件表达式"为 False 时执行"语句 2"。

3. if…else if 语句

if…else if 语句用于进行多重判断,其语法形式如下:

```
if (条件表达式 1) 语句 1;
else if (条件表达式 2) 语句 2;
    ⋮
else if (条件表达式 n) 语句 n;
else 语句 n+1;
```

首先计算"条件表达式 1"的值。如果为 True,则执行"语句 1";如果"条件表达式 1"的值为 False,则继续计算"条件表达式 2"的值。如果为 True,则执行"语句 2";如果"条件表达式 2"值为 False,则继续计算"条件表达式 3"的值,依此类推。如果所有条件中给出的表达式值都为 False,则执行 else 后面的"语句 n+1"。如果没有 else,则什么也不做,转到该 if…else if 语句后面的语句继续执行。

【例 4.1】 在 D 盘 ASP.NET 目录中建立一个 ch4 的子目录,将其作为网站目录,并创建一个 WebForm1 网页,其功能是将用户输入的学生分数转换成等级。

解:其步骤如下。

① 启动 Visual Studio 2012。

② 选择"文件|新建|网站"命令,出现"新建网站"对话框,然后选择"ASP.NET 空网站"模板,选择"Web 位置"为"文件系统",单击"浏览"按钮,选择"D:\ASP.NET\ch4"目录,单击"确定"按钮,创建一个空的网站 ch4。

③ 选择"网站|添加新项"命令,出现"添加新项-ch4"对话框,在中间列表中选择"Web 窗体页",将文件名称改为 WebForm1.aspx,其他保持默认项(创建代码隐藏页模型的网页),单击"添加"按钮。

④ 单击 设计 选项卡进入网页的设计视图,从标准工具箱将一个 Label 控件拖放到第一行中(默认 ID 为 Label1),通过属性窗口将其 Text 属性改为"分数",字体改为"楷体,Medium"并加粗,ForeColor 属性改为 Blue。在该行拖放一个 TextBox 控件(默认 ID 为 TextBox1),所有属性保持默认值。

⑤ 按两次 Enter 键将光标移到第 3 行,拖放一个 Button 控件(默认 ID 为 Button1),通过属性窗口将其 Text 属性改为"转换",字体改为"黑体,Medium"并加粗,ForeColor 属性改为 Red。

⑥ 再按两次 Enter 键将光标移到第 5 行,拖放一个 Label 控件(默认 ID 为 Label2),将其 Text 属性改为"等级",其他属性与 Label1 相同。在该行拖放一个 TextBox 控件(默认 ID

为TextBox2),将其ReadOnly属性改为True,其他属性保持默认值。最终的设计界面如图4.4所示。

说明：如果要为多个控件设置相同的属性,按Ctrl键并选中这些控件,进入属性窗口设置相应的属性即可。

⑦ 双击Button1控件,出现代码编辑窗口,输入以下事件过程代码：

```
protected void Button1_Click(object sender, EventArgs e)
{
    int n;
    if (TextBox1.Text!="")
    {
        n = int.Parse(TextBox1.Text);
        if (n>=90)
            TextBox2.Text = "优秀";
        else if (n>=80)
            TextBox2.Text = "优良";
        else if (n>=70)
            TextBox2.Text = "中等";
        else if (n>=60)
            TextBox2.Text = "及格";
        else
            TextBox2.Text = "不及格";
    }
}
```

其中,n = int.Parse(TextBox1.Text)语句表示将TextBox1文本框中用户输入的值(默认为字符串)转换为整数后赋给int型变量n,然后用if语句进行判断。

⑧ 单击 **源** 选项卡进入网页的源视图,对应的代码如下：

```
<%@ Page Language="C#" AutoEventWireup="true" CodeFile="WebForm1.aspx.cs"
    Inherits="WebForm1" %>
<!DOCTYPE html>
<html xmlns="http://www.w3.org/1999/xhtml">
<head runat="server">
    <meta http-equiv="Content-Type" content="text/html; charset=utf-8"/>
    <title></title>
</head>
<body>
    <form id="form1" runat="server">
    <div>
        <asp:Label ID="Label1" runat="server" Font-Bold="True" Font-Names="楷体"
            Font-Size="Medium" ForeColor="Blue" Text="分数"></asp:Label>
        <asp:TextBox ID="TextBox1" runat="server" Width="100px"></asp:TextBox>
        <br /><br />
        <asp:Button ID="Button1" runat="server" Font-Bold="True"
            Font-Names="黑体" Font-Size="Medium" ForeColor="Red"
            OnClick="Button1_Click" Text="转换" />
        <br /><br />
        <asp:Label ID="Label2" runat="server" Font-Bold="True" Font-Names="楷体"
            Font-Size="Medium" ForeColor="Blue" Text="等级"></asp:Label>
        <asp:TextBox ID="TextBox2" runat="server" Width="94px"
            ReadOnly="True"></asp:TextBox>
    </div>
```

        </form>
      </body>
    </html>

从中看到，Visual Studio 将开发人员的设计操作自动转换为网页的界面代码，从而方便进行可视化设计。

⑨ 单击工具栏中的 ▶ Internet Explorer 按钮运行本网页，在"分数"文本框中输入 85，单击"转换"按钮，得到对应的等级为"优良"，如图 4.5 所示。

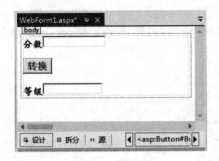

图 4.4　WebForm1 网页设计界面

图 4.5　WebForm1 网页运行界面

说明：为了使界面更加美观，可以采用第 3 章介绍的 HTML5 和 CSS3 进行美化设计。

4. switch 语句

switch 语句也称为开关语句，适合有多重选择的场合，用于测试某一个变量具有多个值时所执行的动作。switch 语句的语法形式如下：

```
switch (表达式)
{   case 常量表达式 1: 语句 1;
    case 常量表达式 2: 语句 2;
    ⋮
    case 常量表达式 n: 语句 n;
    default:语句 n+1;
}
```

switch 语句控制传递给与"表达式"值匹配的 case 块。switch 语句可以包括任意数目的 case 块，但是任何两个 case 块都不能具有相同的"常量表达式"值。语句体从选定的语句开始执行，直到 break 语句将控制传递到 case 块以外。在每一个 case 块（包括 default 块）的后面都必须有一个跳转语句（如 break 语句）。C♯不支持从一个 case 块显式地贯穿到另一个 case 块（这一点与 C++ 中的 switch 语句不同）。但有一个例外，当 case 语句中没有代码时可以不包含 break 语句。

如果没有任何 case 表达式与开关值匹配，则控制传递给跟在可选 default 标签后的语句；如果没有 default 标签，则控制传递到 switch 语句以外。

例如，可以将例 4.1 的 Button1_Click 事件过程等价地改为：

```
protected void Button1_Click(object sender, EventArgs e)
{   int n;
    if (TextBox1.Text!= "")
    { n = int.Parse(TextBox1.Text);
      switch(n/10)                //整除
      {  case 9: TextBox2.Text = "优秀"; break;
```

```
            case 8: TextBox2.Text = "优良";break;
            case 7: TextBox2.Text = "中等";break;
            case 6: TextBox2.Text = "及格";break;
            default: TextBox2.Text = "不及格"; break;
        }
    }
}
```

4.5.2 循环控制语句

C#中的循环控制语句有while、do-while和for语句，另外，break和continue语句用于结束整个循环和结束当前一趟循环。

1. while语句

while语句的一般语法格式如下：

while(条件表达式)语句;

当"条件表达式"的运算结果为True时，则重复执行"语句"。每执行一次"语句"后，就会重新计算一次"条件表达式"，当该表达式的值为False时，while循环结束。

【例4.2】 在ch4网站中设计一个求1~n之和的网页WebForm2，其中n为正整数，由用户输入。

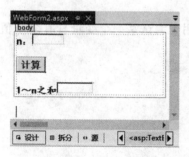

图4.6 WebForm2网页设计界面

解：其步骤如下。

① 打开ch4网站，选择"网站|添加新项"命令，出现"添加新项-ch4"对话框，在中间列表中选择"Web窗体"，将文件名称改为WebForm2.aspx，其他保持默认项，单击"添加"按钮。

② 该网页的设计界面如图4.6所示，其中包含两个标签(ID为Label1和Label2)、两个文本框(ID为TextBox1和TextBox2)和一个命令按钮Button1。

③ 双击Button1控件，出现代码编辑窗口，输入以下事件过程代码：

```
protected void Button1_Click(object sender, EventArgs e)
{   int n,i = 1,s = 0;
    if (TextBox1.Text!= "")
    {   n = int.Parse(TextBox1.Text);
        while (i <= n)
        {   s += i;
            i++;
        }
        TextBox2.Text = string.Format("{0}",s);
    }
}
```

其中，TextBox2.Text = string.Format("{0}",s)语句表示将整型变量s的值转换成字符串后在TextBox2文本框中输出n。

④ 单击工具栏中的 ▶ Internet Explorer 按钮运行本网页，在n文本框中输入10，单击"计算"按钮，求得1到10之和为55，如图4.7所示。

2. do-while 语句

do-while 语句的一般语法格式如下：

```
do
{ 语句;
} while (条件表达式);
```

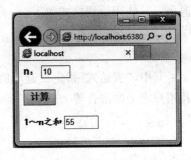

图 4.7 WebForm2 网页运行界面

do-while 语句每一次循环执行一次"语句",然后计算"条件表达式"是否为 True,如果是,则继续执行循环,否则结束循环。与 while 语句不同的是,do-while 循环中的"语句"至少会执行一次,而 while 语句若条件第一次就不满足,语句一次也不会被执行。

例如,可以将例 4.2 的 Button1_Click 事件过程等价地改为:

```
protected void Button1_Click(object sender, EventArgs e)
{   int n, i = 1, s = 0;
    if (TextBox1.Text != "")
    {   n = int.Parse(TextBox1.Text);
        do
        {   s += i;
            i++;
        } while (i <= n);
        TextBox2.Text = string.Format("{0}", s);
    }
}
```

3. for 语句

for 语句通常用于预先知道循环次数的情况,其一般语法格式如下:

for (表达式 1;表达式 2;表达式 3)语句;

其中,"表达式 1"可以是一个初始化语句,一般用于对一组变量进行初始化或赋值。"表达式 2"用作循环的条件控制,它是一个条件或逻辑表达式,当其值为 True 时,继续下一次循环,当其值为 False 时,则终止循环。"表达式 3"在每次循环执行完后执行,一般用于改变控制循环的变量。"语句"在"表达式 2"为 True 时执行。具体来说,for 循环的执行过程为:

① 执行"表达式 1"。
② 计算"表达式 2"的值。
③ 如果"表达式 2"的值为 True,先执行后面的"语句",再执行"表达式 3",然后转向步骤①;如果"表达式 2"的值为 False,则结束整个 for 循环。

例如,可以将例 4.2 的 Button1_Click 事件过程等价地改为:

```
protected void Button1_Click(object sender, EventArgs e)
{   int n, i, s = 0;
    if (TextBox1.Text != "")
    {   n = int.Parse(TextBox1.Text);
        for (i = 1; i <= n; i++)
            s += i;
        TextBox2.Text = string.Format("{0}", s);
    }
}
```

另外,C#还提供了 foreach 循环语句,它与 for 循环语句类似,用于对容器中的元素进行遍历。其使用语法格式如下：

```
foreach(数据类型   标识符 in 表达式)
   语句;
```

其中，"表达式"指定要遍历的容器，包括C#数组、System.Collection名称空间的集合以及用户定义的集合等。例如：

```
int[] a = {1,2,3};
foreach(int t in a)              //每执行一次，循环变量t依次取集合中的一个元素
{
   //对变量t进行读操作
}
```

上述代码的运行效果就是依次遍历数组 a 的所有元素，将数组 a 的各元素依次赋值给变量 t。

4. break 和 continue 语句

break 语句将使程序从当前的循环语句（do、while 和 for）内跳转出来，接着执行循环语句后面的语句。

continue 语句也用于循环语句，它类似于 break，但它不是结束整个循环，而是结束循环语句的当前一次循环，接着执行下一次循环。在 while 和 do-while 循环语句中，执行控制权转至对"条件表达式"的判断，在 for 语句中，转去执行"表达式2"。

4.6 数组

数组是同一类型的数据的有序结合，分为一维数组、二维数组和多维数组等。本节以一维数组为例说明C#数组的使用方法，其他类型的数组类似。

4.6.1 一维数组的定义

定义一维数组的语法格式如下：

```
数组类型[]   数组名;
```

其中，"数据类型"为C#中合法的数据类型，"数组名"为C#中合法的标识符。

例如，以下定义了3个一维数组，即整型数组 a、双精度数组 b 和字符串数组 c：

```
int[] a;
double[] b;
string[] c;
```

在定义数组后，必须对其进行初始化才能使用。初始化数组有两种方法，即动态初始化和静态初始化。

4.6.2 一维数组的动态初始化

动态初始化需要借助 new 运算符，为数组元素分配内存空间，并为数组元素赋初值，数值类型初始化为0、布尔类型初始化为False、字符串类型初始化为null。

动态初始化数组的格式如下：

```
数组类型[]   数组名 = new 数据类型[n]{元素值0,元素值1,…,元素值n-1};
```

其中,"数组类型"是数组中数据元素的数据类型,n为"数组长度",可以是整型常量或变量,后面一层大括号为初始值部分。

4.6.3 访问一维数组中的元素

为了访问一维数组中的某个元素,需指定数组名称和数组中该元素的下标(或索引)。所有元素下标从0开始到数组长度减1。例如,以下语句输出数组a的所有元素值:

```
for(i=0;i<5;i++)
    //输出a[i]的值;
```

4.7 异常处理语句和命名空间

4.7.1 异常处理语句

为了保证程序更加完备,用户会经常在程序中使用到异常处理语句try-catch-finally,其使用语法格式如下:

```
try
{被保护的语句块;}
catch(异常对象声明)
{捕获到异常时执行的语句块;}
finally
{完成善后工作的语句块;}
```

其中,各部分的说明如下。

- try 块:封装了程序要执行的代码,如果执行这段代码的过程中出现错误或者异常情况,就会抛出一个异常。
- catch 块:在 try 块的后面封装了处理在 try 代码块中出现的错误所采取的措施,可以有多个 catch 块用来捕获不同类型的异常。
- finally 块:该块是可选的,如果有,放在 catch 之后,无论 try 块是否有异常,这个块中的代码都要执行。另外不能跳出 finally 块,如果采用跳转语句要跳出 try 块,仍要执行 finally 块。

【例 4.3】 在 ch4 网站中设计一个检测两个整数除法运算错误的网页 WebForm3,做除法运算的两个正整数由用户输入。

解:其步骤如下。

① 打开 ch4 网站,选择"网站|添加新项"命令,出现"添加新项-ch4"对话框,在中间列表中选择"Web 窗体",将文件名称改为 WebForm3.aspx,其他保持默认项,单击"添加"按钮。

② 该网页的设计界面如图 4.8 所示,其中包含 3 个标签(ID 为 Label1～Label3)、3 个文本框(ID 为 TextBox1～TextBox3)和一个命令按钮 Button1。

③ 双击 Button1 控件,出现代码编辑窗口,输入以下事件过程代码:

图 4.8 WebForm3 网页设计界面

```
protected void Button1_Click(object sender, EventArgs e)
{
    int a, b, c;
    string mystr = "";
    try
    {
        a = int.Parse(TextBox1.Text);
        b = int.Parse(TextBox2.Text);
        c = a/b;
        mystr = string.Format("{0}",c);
    }
    catch(DivideByZeroException ex)
    {
        mystr = "除零错误";
    }
    catch (Exception ex)
    {
        mystr = ex.Message;
    }
    finally
    {
        TextBox3.Text = mystr;
    }
}
```

其中，DivideByZeroException 是除零异常类，Exception 是异常类，前者是从后者派生的。Exception 类包含 Message 属性，在出现异常时包含相应的错误信息。

④ 单击工具栏中的 ▶ Internet Explorer 按钮运行本网页，在"被除数"文本框中输入 12，在"除数"文本框中输入 4，单击"相除"按钮，其结果如图 4.9 所示。在"被除数"文本框中输入 12，在"除数"文本框中输入 0，单击"相除"按钮，出现异常，被第一个 catch 子句检测到，会修改 mystr 的值，其结果如图 4.10 所示。从中看到，不论是否出现异常，都会执行 finally 中包含的语句。

图 4.9　WebForm3 网页运行界面一　　　图 4.10　WebForm3 网页运行界面二

4.7.2　使用命名空间

在 C# 编程中总会使用到 .NET 类库，它是一个含有上千个类、接口和值类型的库，提供了对系统功能的访问，是创建 Web 应用程序等的基础。其中所有的类按逻辑关系进行分类，也就是命名空间，命名空间提供了一种组织相关类和其他类型的方式。与文件或组件不同，命名空间是一种逻辑组合,而不是物理组合。在 C#文件中定义类时,可以把它包括在命名空间定义中。以后再定义另一个类,在另一个文件中执行相关操作时,就可以在同一个命名空间中包含它,创建一个逻辑组合,告诉使用类的其他开发人员这两个类是如何相关的以及如何使用它们。

使用命名空间有两种方式,一种是使用别名指令为命名空间定义别名,这样此后的程序语句就可以使用这个别名来代替定义的这个命名空间;另一种是通过 using 关键字引用命名空间,把该命名空间中的类型导入到包含这个 using 语句的命名空间中,这样就可以直接使用命名空间中的类型的名称。例如:

using System;

这个语句就是引用 System 命名空间,这样在程序中就可以使用 System 命名空间中包含的类或结构体等。在前面的所有示例中,进入代码编辑窗口时,其开头部分默认包含以下语句:

using System;
using System.Collections.Generic;
using System.Linq;
using System.Web;
using System.Web.UI;
using System.Web.UI.WebControls;

这是引用.NET Framework 的命名空间,其说明如下。

- System:提供基本类。
- System.Collections.Generic:提供集合类。
- System.Linq:提供用于 LINQ 的类。
- System.Web:提供使浏览器与服务器相互通信的类和接口。
- System.Web.UI:提供用于创建 Web 应用程序用户界面的类和接口。
- System.Web.UI.WebControls:提供在 Web 窗体上创建 Web 服务器控件的类。

对于这些网页的设计,只需要引用 System 命名空间就可以了。开发人员可以根据需要添加或修改,大家在后面的章节中会看到特定命名空间的添加。

4.8 面向对象程序设计

C#是一种纯面向对象的程序设计语言,本节介绍 C#中的类及其成员设计。

4.8.1 类

从计算机语言角度来说,类是一种数据类型,而对象是具有这种类型的变量。

1. 类的声明

声明类的语法格式如下:

```
[类的修饰符] class 类名[:基类名]
{
    //类的成员;
}[;]
```

其中,class 是声明类的关键字,"类名"必须是合法的 C#标识符。"类的修饰符"有多种,用于指定类的访问级别,其说明如表4.5所示。

表 4.5 类的访问修饰符

类的修饰符	说明
public	公有类,表示对该类的访问不受限制
protected	保护类,表示只能从所在类和所在类派生的子类进行访问
internal	内部类,只有其所在类才能访问
private	私有类,只有该类才能访问
abstract	抽象类,表示该类是一个不完整的类,不允许建立类的实例
sealed	密封类,不允许从该类派生新的类

例如,以下声明了一个 Person 类:

```
public class Person                              //声明 Person 类,其访问级别为 public
{   public int pno;                              //编号公有字段
    string pname;                                //姓名私有字段
    public void setdata(int no, string name)     //定义 setdata 方法
    {   pno = no; pname = name;   }
    public void dispdata()                       //定义 dispdata 方法
    {   Console.WriteLine("{0} {1}", pno, pname);   }
}
```

2. 类的成员

类的成员可以是类本身所声明的以及从基类中继承而来的。类的成员如表4.6所示,总体上分为两大类,即字段和属性合起来称为数据成员,主要用于存储类的数据;其他合起来称为函数成员,主要用于数据的处理或操作。

表 4.6 类的成员

类的成员	说明
字段	字段存储类要满足其设计所需要的数据,也称为数据成员
属性	属性是类中可以像类中的字段一样访问的方法。属性可以为类字段提供保护,避免字段在对象不知道的情况下被更改
方法	方法定义类可以执行的操作。方法可以接受提供输入数据的参数,并且可以通过参数返回输出数据。方法还可以不使用参数而直接返回值
委托	委托定义了方法的类型,使得可以将方法当作另一个方法的参数来进行传递,这种将方法动态地赋给参数的做法使得程序具有更好的可扩展性
事件	事件是向其他对象提供有关事件发生(如单击按钮或成功地完成某个方法)通知的一种方式
索引器	索引器允许以类似于数组的方式为对象建立索引
运算符	运算符是对操作数执行运算的术语或符号,如+、*、<等
构造函数	构造函数是在第一次创建对象时调用的方法。它们通常用于初始化对象的数据
析构函数	析构函数是当对象即将从内存中移除时由运行库执行引擎调用的方法。它们通常用来确保需要释放的所有资源都得到了适当的处理

类的成员也可以使用不同的访问修饰符,从而定义它们的访问级别,类成员的访问修饰符及其说明如表4.7所示。

表 4.7　类成员的访问修饰符

类成员的修饰符	说明
public	公有成员,提供了类的外部界面,允许类的使用者从外部进行访问,这是限制最少的一种访问方式
private	私有成员(默认的),仅限于类中的成员可以访问,从类的外部访问私有成员是不合法的,如果在声明中没有出现成员的访问修饰符,按照默认方式成员为私有的
protected	保护成员,这类成员不允许外部访问,但允许其派生类成员访问
internal	内部成员,允许同一个命名空间中的类访问
readonly	只读成员,这类成员的值只能读,不能写。也就是说,除了赋予初始值外,在程序的任何一个部分将无法更改这个成员的值

例如,前面声明的 Person 类对应的类图如图 4.11 所示,字段和方法前面的图标表示该成员的访问级别。

C#中的类声明和 C++有一个明显的差别就是字段可以赋初值,例如,在前面 Person 类的声明中可以将 pno 字段改为:

public int pno = 101;

这样 Person 类的每个对象的 pno 字段都有默认值 101。

图 4.11　Person 类的类图

3. 分部类

分部类可以将类(结构体或接口等)的声明拆分到两个或多个源文件中。若要拆分类的代码,被拆分类的每一部分的定义前面都要用 partial 关键字修饰。分部类的每一部分都可以存放在不同的文件中,编译时会将所有部分组合起来构成一个完整的类声明。

每个网页的逻辑代码中都声明了一个分部类,例如 WebForm1 网页的逻辑代码 WebForm1.aspx.cs 中有以下代码:

```
public partial class WebForm1 : System.Web.UI.Page
{
    ...
}
```

表示 WebForm1 类是一个分部类,它是从 System.Web.UI.Page 类派生的。实际上,所有网页类都是从 System.Web.UI.Page 类继承的,ASP.NET 将动态编译网页,并在用户第一次请求时运行网页,如果网页发生更改,编译器将自动对该网页进行重新编译。

4.8.2　对象

类和对象是不同的概念。类定义对象的类型,但它不是对象本身。对象是基于类的具体实体,有时称为类的实例。只有在定义类对象时才会给对象分配相应的内存空间。

1. 定义类的对象

一旦声明了一个类,就可以用它作为数据类型来定义类对象(简称为对象)。定义类的对象分两步:

(1) 定义对象引用

其语法格式如下:

类名　对象名;

例如,"Person p;"语句定义 Person 类的对象引用 p。

(2) 创建类的实例

其语法格式如下:

对象名 = new 类名();

例如,"p=new Person();"语句创建 Person 类的对象实例。

以上两步也可以合并成一步。其语法格式如下:

类名　对象名 = new 类名();

例如"Person p=new Person();"语句。

通常将对象引用和对象实例混用,但读者应了解它们之间的差异。在上述语句中 Person()部分是创建类的实例,然后传递回该对象的引用并赋给 p,这样就可以通过对象引用 p 操作该对象实例。两个对象引用可以引用同一个对象,例如:

```
Person p1 = new Person();
Person p2 = p1;
```

在上述代码中先创建一个 Person 对象引用 p1,再创建一个 Person 类实例,由 p1 指向该实例,在执行 p2=p1 后,两个对象引用 p1、p2 指向同一个实例。

2. 访问对象的字段

访问对象字段的语法格式如下:

对象名.字段名

其中,"."是一个运算符,该运算符的功能是表示对象的成员。

例如,前面定义的 p 对象的成员变量表示为 p.pno。

实际上,通过对象名只能访问类的公有成员,不能访问类的私有成员或保护成员。由于 Person 类的 pname 字段默认是私有的,所以不能像 p.pname 这样访问 pname 字段。

3. 调用对象的方法

调用对象的方法的语法格式如下:

对象名.方法名(参数表)

例如,调用前面定义的 p 对象的成员方法 setdata 为 p.setdata(101,"Mary")。

【例 4.4】 在 ch4 网站中设计一个网页 WebForm4,说明类设计方法。

解:其步骤如下。

① 打开 ch4 网站,选择"网站|添加新项"命令,出现"添加新项-ch4"对话框,在中间列表中选择"Web 窗体",将文件名称改为 WebForm4.aspx,其他保持默认项,单击"添加"按钮,创建一个空的网页。

② 选择"网站|添加新项"命令,出现"添加新项"对话框,从模板列表中选择"类"选项,保持默认类文件名 Class1.cs,如图 4.12 所示,单击"添加"按钮,此时出现如图 4.13 所示的系统消息框,单击"是"按钮,表示将该类文件放在系统自动创建的 App_Code 目录中,设计 Class1 类的代码如下:

```csharp
public class Class1
{   int xh = 0;
    string xm = "";
    public void setdata(int xh1,string xm1)
```

```
    {  xh = xh1; xm = xm1; }
    public int getxh()
    {  return xh; }
    public string getxm()
    {  return xm; }
}
```

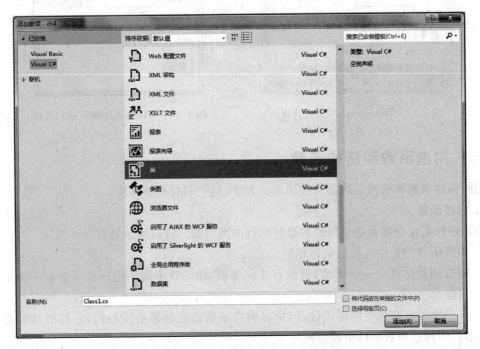

图 4.12 "添加新项"对话框

图 4.13 系统消息框

③ 保存该文件后设计 WebForm3 网页的界面如图 4.14 所示,其中包含两个标签(ID 为 Label1 和 Label2)、两个文本框(ID 为 TextBox1 和 TextBox2)和一个命令按钮 Button1,并将两个文本框的 ReadOnly 属性设置为 True。

④ 双击 Button1 控件,出现代码编辑窗口,输入以下事件过程代码:

```
protected void Button1_Click(object sender, EventArgs e)
{   Class1 st = new Class1();           //定义类对象 st
    st.setdata(101,"王华");              //调用方法
    TextBox1.Text = string.Format("{0}",st.getxh());
    TextBox2.Text = st.getxm();
}
```

⑤ 单击工具栏中的 ▶ Internet Explorer 按钮运行本网页,单击"显示"按钮,其运行结果如图 4.15 所示。

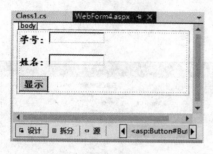

图 4.14 WebForm4 网页设计界面

图 4.15 WebForm4 网页运行界面

4.8.3 构造函数和析构函数

类的构造函数和析构函数都是类的成员方法,但它们有着特殊性。

1. 构造函数

构造函数是在创建给定类型的对象时执行的类方法。构造函数具有以下性质:

- 构造函数的名称与类的名称相同。
- 构造函数尽管是一个函数,但没有任何类型,即它既不属于返回值函数也不属于 void 函数。
- 一个类可以有多个构造函数,但所有构造函数的名称都必须相同,它们的参数各不相同,即构造函数可以重载。
- 当创建类对象时,构造函数会自动地执行;由于它们没有返回类型,不能像其他函数那样进行调用。
- 当声明类对象时,调用哪一个构造函数取决于传递给它的参数类型。
- 构造函数不能被继承。
- 当定义类对象时,构造函数会自动执行。因为一个类可能会有包括默认构造函数在内的不止一种构造函数,下面讨论如何调用特定的构造函数。

(1) 调用默认构造函数

不带参数的构造函数称为"默认构造函数"。无论何时,只要使用 new 运算符实例化对象,并且不为 new 提供任何参数,就会调用默认构造函数。假设一个类包含有默认构造函数,调用默认构造函数的语法如下:

类名 对象名 = new 类名();

如果没有为对象提供构造函数,则默认情况下 C# 将创建一个构造函数,该构造函数实例化对象,并将所有成员变量设置为相应的默认值。

(2) 调用带参数的构造函数

假设一个类中包含有带参数的构造函数,调用这种带参数的构造函数的语法如下:

类名 对象名 = new 类名(参数表);

其中,"参数表"中的参数可以是变量,也可以是表达式。

【例 4.5】 在 ch4 网站中设计一个网页 WebForm5,采用构造函数方式实现与例 4.4 网页相同的功能。

解：其步骤如下。

① 打开 ch4 网站，选择"网站|添加新项"命令，出现"添加新项-ch4"对话框，在中间列表中选择"Web 窗体"，将文件名称改为 WebForm5.aspx，其他保持默认项，单击"添加"按钮，创建一个空的网页。

② 打开 Class1.cs 文件，输入以下代码：

```
public class Class2
{   int xh = 0;
    string xm = "";
    public Class2(int xh1, string xm1)        //构造函数
    {   xh = xh1; xm = xm1; }
    public int getxh()
    {   return xh; }
    public string getxm()
    {   return xm; }
}
```

③ 将 WebForm4 网页设计界面复制到本网页中，然后双击 Button1 控件，出现代码编辑窗口，输入以下事件过程代码：

```
protected void Button1_Click(object sender, EventArgs e)
{   Class2 st = new Class2(101,"王华");
    TextBox1.Text = string.Format("{0}", st.getxh());
    TextBox2.Text = st.getxm();
}
```

本网页的运行结果与 WebForm4 网页相同。

2. 析构函数

当对象不再需要时，希望它所占的存储空间能被收回。在 C# 中提供了析构函数专门用于释放被占用的系统资源。析构函数具有以下性质：

- 析构函数在类对象销毁时自动执行。
- 一个类只能有一个析构函数，而且析构函数没有参数，即析构函数不能重载。
- 析构函数的名称是"～"加上类的名称（中间没有空格）。
- 与构造函数一样，析构函数也没有返回类型。
- 析构函数不能被继承。

4.8.4 属性

属性描述了对象的具体特性，它提供了对类或对象成员的访问。C# 中的属性更充分地体现了对象的封装性，不直接操作类的字段，而是通过访问器进行访问。

属性在类模块里是采用以下方式进行声明的，即指定变量的访问级别、属性的类型、属性的名称，然后是 get 访问器或者 set 访问器代码块。其语法格式如下：

```
修饰符 数据类型 属性名称
{   get 访问器              //设置该属性是可读的
    set 访问器              //设置该属性是可写的
}
```

属性是通过"访问器"来实现的：访问器是数据字段赋值和检索其值的特殊方法。使用

set 访问器可以为数据字段赋值，使用 get 访问器可以检索数据字段的值。

属性是为了保护类的字段。通常情况下，将字段设计为私有的，设计一个对其进行读或写的属性。在属性的 get 访问器中用 return 来返回该字段的值，在属性的 set 访问器中可以使用一个特殊的隐含参数 value，该参数包含用户指定的值。

【例 4.6】 在 ch4 网站中设计一个网页 WebForm6，采用属性方式实现与例 4.4 网页相同的功能。

解：其步骤如下。

① 打开 ch4 网站，选择"网站|添加新项"命令，出现"添加新项-ch4"对话框，在中间列表中选择"Web 窗体"，将文件名称改为 WebForm6.aspx，其他保持默认项，单击"添加"按钮，创建一个空的网页。

② 打开 Class1.cs 文件，输入以下代码：

```
public class Class3
{   int xh = 0;
    string xm = "";
    public int pxh                         //属性 pxh
    {   get {  return xh; }
        set {  xh = value; }
    }
    public string pxm                      //属性 pxm
    {   get { return xm; }
        set {  xm = value; }
    }
}
```

③ 将 WebForm4 网页设计界面复制到本网页中，然后双击 Button1 控件，出现代码编辑窗口，输入以下事件过程代码：

```
protected void Button1_Click(object sender, EventArgs e)
{   Class3 st = new Class3();
    st.pxh = 101;
    st.pxm = "王华";
    TextBox1.Text = string.Format("{0}",st.pxh);
    TextBox2.Text = st.pxm;
}
```

本网页的运行结果与 WebForm4 网页相同。

4.8.5 方法

方法是包含一系列代码的代码块。从本质上讲，方法就是和类相关联的动作，是类的外部界面。用户可以通过外部界面来操作类的私有字段。

1. 方法的定义

定义方法的基本格式如下：

```
修饰符 返回类型 方法名(参数列表)
{
    //方法的具体实现；
}
```

其中，如果省略"修饰符"，默认为 private。"返回类型"指定该方法返回数据的类型，它可以是任何有效的类型。如果方法不需要返回一个值,其返回类型必须是 void。"参数列表"是用逗号分隔的类型、标识符对。这里的参数是形参,本质上是变量,它用来在调用方法时接收实参传给方法的值,如果方法没有参数,那么"参数列表"为空。

2. 方法的返回值

方法可以向调用方返回某一特定的值。如果返回类型不是 void,则该方法可以用 return 关键字来返回值,return 还可以用来停止方法的执行。

3. 方法的参数

方法中的参数是保证不同方法间互动的重要"桥梁",方便用户对数据的操作。C#中方法的参数有下面 4 种类型。

(1) 值参数

不含任何修饰符,当利用值向方法传递参数时,编译程序给实参的值做一份副本,并且将此副本传递给该方法对应的形参,被调用的方法不会修改内存中实参的值,所以使用值参数时是可以保证实参的安全性的。

例如,前面 Class1 类的 setdata 方法中的参数就是值参数。

(2) 引用型参数

以 ref 修饰符声明的参数属引用型参数。引用型参数本身并不创建新的存储空间,而是将实参的存储地址传递给形参,所以对形参的修改会影响原来的实参。在调用方法前,引用型实参必须被初始化,同时在调用方法时对应引用型参数的实参也必须使用 ref 修饰。

例如,以下定义的 MyClass 类中的 addnum 方法使用了一个引用型参数 num2:

```
public class MyClass
{   int num = 0;
    public void addnum(int num1, ref int num2)
    {   num2 = num + num1; }
}
```

以下语句调用 addnum 方法时实参 x 发生改变:

```
int x = 0;                          //引用型实参要置初值
MyClass s = new MyClass();
s.addnum(5, ref x);                 //x 的值变为 5
```

(3) 输出型参数

以 out 修饰符声明的参数属输出参数。与引用型参数类似,输出型参数也不开辟新的内存区域。输出型参数与引用型参数的差别在于调用方法前无须对实参进行初始化。输出型参数用于传递方法返回的数据,out 修饰符后应跟与形参的类型相同的类型,声明在方法返回后传递的变量被认为经过了初始化。

例如,以下定义的 MyClass 类中的 addnum 方法使用了一个输出参数 num2:

```
public class MyClass
{   int num = 0;
    public void addnum(int num1, out int num2)
    {   num2 = num + num1; }
}
```

以下语句调用 addnum 方法时实参 x 发生改变:

```
int x;                              //输出型实参不必置初值
MyClass s = new MyClass();
```

```
s.addnum(5, out x);              //x 的值变为 5
```

(4) 数组型参数

以 params 修饰符声明数组型参数，params 关键字可以指定在参数数目可变处采用参数的方法参数。在方法声明中的 params 关键字之后不允许任何其他参数，并且在方法声明中只允许一个 params 关键字。数组型参数不能再有 ref 和 out 修饰符。

例如，以下定义的 MyClass 类中的 addnum 方法使用了一个数组型参数 b：

```
public class MyClass
{   int num = 10;
    public void addnum(ref int sum, params int[] b)
    {   sum = num;
        foreach (int item in b)
            sum += item;
    }
}
```

以下语句求实参数组 a 的所有元素之和：

```
int x = 0;
MyClass s = new MyClass();
s.addnum(ref x,1,2,3);           //x 的值为 6
s.addnum(ref x,1,2);             //x 的值为 3
s.addnum(ref x,1);               //x 的值为 1
```

4. 可选参数

所谓可选参数是指在调用方法时可以包含这个参数，也可以忽略它。为了表明每个参数是可选的，需要在定义方法时为它提供参数默认值。指定默认值的语法和初始化本地变量的语法一样。例如声明以下类：

```
class MyClass
{   public int add(int a, int b = 1, int c = 2)
    {   return a + b + c; }
}
```

该类中的 add 方法有两个可选参数，有以下代码：

```
MyClass s = new MyClass();
int x = s.add(5);
int y = s.add(5, 6);
int z = s.add(5, 6, 7);
```

计算过程是"$x=5+1+2=8, y=5+6+2=13, z=5+6+7=18$"。从中看到，当可选参数没有给出实参时，自动取可选参数的默认值。

不是所有的参数类型都可以作为默认值，其规定如下：

- 若只有值类型的默认值在编译的时候可以确定，就可以使用值类型作为可选参数。
- 只有在默认值是 null 的时候，引用类型才可以作为可选参数来使用。

如果一个方法包含必填参数、可选参数和 params 参数，则必填参数必须在可选参数之前声明，而 params 参数必须在可选参数之后声明。其一般格式如下：

fun(int x, double y, …,   int op1 = 1, double op2 = 2.5, …,   params int [] arr)
　　　　必填参数　　　　　　　　　　　可选参数　　　　　　　　　　　params 参数

5. 方法的重载

方法的重载是指调用同一个方法名,但是使用不同的数据类型的参数或者参数的次序不一致。只要一个类中有两个以上的同名方法,且使用的参数类型或者个数不同,编译器就可以判断在哪种情况下调用了哪种方法。

为此,在C♯中引入了成员签名的概念。成员签名包含成员的名称和参数列表,每个成员签名在类型中必须是唯一的,只要成员的参数列表不同,成员的名称可以相同。如果同一个类有两个或多个这样的成员(方法、属性、构造函数等),它们具有相同的名称和不同的参数列表,则称该同类成员进行了重载,但它们的成员签名是不同的。

例如,下面的代码实现了 MethodTest 方法的重载(假设都是某个类的成员),它们是不同的成员签名:

```
public int MethodTest(int i,int j)      //重载方法1
{
    //代码
}
public int MethodTest(int i)            //重载方法2
{
    //代码
}
public string MethodTest(string sr)     //重载方法3
{
    //代码
}
```

4.8.6 委托简介

委托是一种安全的封装方法的类型,类似于 C/C++ 中的函数指针,通过委托可以将方法作为参数或变量使用,从而可以采用统一的格式调用多个方法。与 C/C++ 中的函数指针不同,委托是类型安全的。

4.8.7 事件简介

事件是一种用于类和类之间传递消息或触发新的行为的编程方式。事件可以看成类的委托,能够把控件和可执行代码联系在一起,如用户单击 Button 控件触发 Click 事件后就执行相应的事件处理代码。

事件的声明通过委托来实现。即先定义委托,再用委托定义事件,触发事件的过程实际上是调用委托。

4.9 C♯中的常用类和结构体

C♯提供了各种功能丰富的内建类和结构体,其中有些类和结构体是经常使用的,本节予以介绍。

4.9.1 String 类

前面介绍过,string 类型表示字符串,实际上,string 是 .NET Framework 中的 String 类的别名。string 类型定义了相等运算符(==和!=),用于比较两个 string 对象,另外,"+"运算符用于连接字符串,"[ ]"运算符用来访问 string 中的各个字符。

String 类位于 System 命名空间中,用于字符串的处理。String 类的常用属性如表 4.8 所示,常用的方法如表 4.9 所示,使用这些属性和方法会给字符串的处理带来极大的方便。

表 4.8 String 类的常用属性及其说明

属性	说明
Chars	获取此字符串中位于指定字符位置的字符
Length	获取此字符串中的字符数

表 4.9 String 类的常用方法及其说明

方法	方法类型	说明
Compare	静态方法	比较两个指定的 String 对象
Concat		连接 String 的一个或多个字符串
Format		将指定的 String 中的每个格式项替换为相应对象的值的文本等效项
CompareTo	非静态方法	非静态方法,将此字符串与指定的对象或 String 进行比较,并返回两者相对值的指示
Contains		返回一个值,该值指示指定的 String 对象是否出现在此字符串中
Equals		确定两个 String 对象是否具有相同的值
IndexOf		返回 String 或者一个或多个字符在此字符串中的第一个匹配项的索引
Insert		在该 String 中的指定索引位置插入一个指定的 String
Remove		从该 String 中删除指定个数的字符
Replace		将该 String 中的指定 String 的所有匹配项替换为其他指定的 String
Split		返回包含该 String 中的子字符串(由指定 Char 或 String 数组的元素分隔)的 String 数组
Substring		从该字符串中检索子字符串
ToLower		返回该 String 转换为小写形式的副本
ToUpper		返回该 String 转换为大写形式的副本
Trim		从该字符串的开始位置和末尾移除一组指定字符的所有匹配项

注意:一个类的方法有静态方法和非静态方法之分。对于静态方法,只能通过类名来调用;对于非静态方法,需通过类的对象来调用。

4.9.2 Math 类

Math 类位于 System 命名空间中,它包含了实现 C#中常用算术运算功能的方法,这些方法都是静态方法,可通过"Math.方法名(参数)"来使用,其中常用的方法如表 4.10 所示。

表 4.10 Math 类的常用方法

方法	说明
Abs	返回指定数字的绝对值
Acos	返回余弦值为指定数字的角度
Asin	返回正弦值为指定数字的角度
Atan	返回正切值为指定数字的角度
Atan2	返回正切值为两个指定数字的商的角度
Ceiling	返回大于或等于指定数字的最小整数

续表

方法	说明
Cos	返回指定角度的余弦值
Cosh	返回指定角度的双曲余弦值
DivRem	计算两个数字的商,并在输出参数中返回余数
Exp	返回 e 的指定次幂
Floor	返回小于或等于指定数字的最大整数
Log	返回指定数字的对数
Log10	返回指定数字以 10 为底的对数
Max	返回两个指定数字中较大的一个
Min	返回两个数字中较小的一个
Pow	返回指定数字的指定次幂
Round	将值舍入到最接近的整数或指定的小数位数
Sign	返回表示数字符号的值
Sin	返回指定角度的正弦值
Sinh	返回指定角度的双曲正弦值
Sqrt	返回指定数字的平方根
Tan	返回指定角度的正切值
Tanh	返回指定角度的双曲正切值
Truncate	计算一个数字的整数部分

4.9.3 Convert 类

Convert 类位于 System 命名空间中,用于将一个值类型转换成另一个值类型。这些方法都是静态方法,可通过"Convert.方法名(参数)"来使用,其中常用的方法如表 4.11 所示。

表 4.11 Convert 类的常用方法

方法	说明
ToBoolean	将数据转换成 Boolean 类型
ToDataTime	将数据转换成日期时间类型
ToInt16	将数据转换成 16 位整数类型
ToInt32	将数据转换成 32 位整数类型
ToInt64	将数据转换成 64 位整数类型
ToNumber	将数据转换成 Double 类型
ToObject	将数据转换成 Object 类型
ToString	将数据转换成 string 类型

4.9.4 DateTime 结构体

DateTime 结构体位于 System 命名空间中,DateTime 值类型表示值范围在公元 0001 年 1 月 1 日午夜 12:00:00 到公元 9999 年 12 月 31 日晚上 11:59:59 之间的日期和时间。用户可以通过以下语法格式定义一个日期时间变量:

DateTime 日期时间变量 = new DateTime(年,月,日,时,分,秒);

例如,以下语句定义了两个日期时间变量:

```
DateTime d1 = new DateTime(2009,10,1);
DateTime d2 = new DateTime(2009,10,1,8,15,20);
```

其中,d1 的值为 2009 年 10 月 1 日零点零分零秒,d2 的值为 2009 年 10 月 1 日 8 点 15 分 20 秒。

DateTime 结构体的常用属性如表 4.12 所示,常用方法如表 4.13 所示。

表 4.12 DateTime 结构体的常用属性

属 性	说 明
Date	获取此实例的日期部分
Day	获取此实例所表示的日期为该月中的第几天
DayOfWeek	获取此实例所表示的日期是星期几
DayOfYear	获取此实例所表示的日期是该年中的第几天
Hour	获取此实例所表示日期的小时部分
Millisecond	获取此实例所表示日期的毫秒部分
Minute	获取此实例所表示日期的分钟部分
Month	获取此实例所表示日期的月份部分
Now	获取一个 DateTime 对象,该对象设置为此计算机上的当前日期和时间,表示为本地时间
Second	获取此实例所表示日期的秒部分
TimeOfDay	获取此实例的当天的时间
Today	获取当前日期
Year	获取此实例所表示日期的年份部分

表 4.13 DateTime 结构体的常用方法

方 法	方法类型	说 明
Compare	静态方法	比较 DateTime 的两个实例,并返回它们相对值的指示
DaysInMonth		返回指定年和月中的天数
IsLeapYear		返回指定的年份是否为闰年的指示
Parse		将日期和时间的指定字符串表示转换成其等效的 DateTime
AddDays	非静态方法	将指定的天数加到此实例的值上
AddHours		将指定的小时数加到此实例的值上
AddMilliseconds		将指定的毫秒数加到此实例的值上
AddMinutes		将指定的分钟数加到此实例的值上
AddMonths		将指定的月份数加到此实例的值上
AddSeconds		将指定的秒数加到此实例的值上
AddYears		将指定的年份数加到此实例的值上
CompareTo		将此实例与指定的对象或值类型进行比较,并返回二者相对值的指示

4.10 继承

4.10.1 什么是继承

为了对现实世界中的层次结构进行模型化,面向对象的程序设计技术引入了继承的概念。继承是面向对象程序设计最重要的特征之一。任何类都可以从另外一个类继承而来,即这个类拥有它所继承类的所有成员。C#提供了类的继承机制,但C#只支持单继承不支持多重继承,即在C#中一次只允许继承一个类,不允许继承多个类。

一个类从另一个类派生出来时,称之为派生类或子类,被派生的类称为基类或父类。派生类从基类那里继承特性,派生类也可以作为其他类的基类,从一个基类派生出来的多层类形成了类的层次结构。

与C++不同,C#中仅允许单继承。也就是说,类只能从一个基类继承实现。C#中的继承具有以下特点:

- C#中只允许单继承,即一个派生类只能有一个基类。
- C#中继承是可以传递的,如果C从B派生,B从A派生,那么C不仅继承B的成员,还继承A的成员。
- C#中派生类可以添加新成员,但不能删除基类的成员。
- C#中派生类不能继承基类的构造函数和析构函数,但能继承基类的属性。
- C#中派生类可以隐藏基类的同名成员,如果在派生类隐藏了基类的同名成员,基类的该成员在派生类中就不能被直接访问,只能通过"base.基类方法名"来访问。
- C#中派生类对象也是基类的对象,但基类对象不一定是基派生类的对象。也就是说,基类的引用变量可以引用基派生类对象,而派生类的引用变量不可以引用基类对象。

4.10.2 派生类的声明

派生类的声明格式如下:

[类修饰符] class 派生类: 基类;

在C#中,派生类可以从它的基类中继承字段、属性、方法和事件等,实际上除了构造函数和析构函数,派生类隐式地继承了基类的所有成员。

下面来看一个例子,先声明一个基类:

```
class A
{    private int n;              //私有字段
     protected int m;            //保护的字段
     public void afun()          //公有方法
     {
          //方法的代码
     }
}
```

再声明一个B类继承A类,注意继承是用":"来表示的:

```
class B : A
{    private int x;              //私有字段
     public void bfun()          //公有方法
     {
          //方法的代码
     }
}
```

A、B类的继承关系如图4.16所示,有以下代码:

```
B b = new B();                   //定义对象并实例化
b.afun();
```

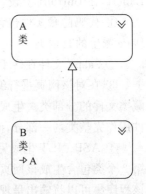

图 4.16 A、B两个类的继承关系

从中可以看出 A 类的 afun() 方法在 B 类中不用重新编写,因为 B 类继承了 A 类,所以可以通过类 B 类的对象调用它。

4.10.3 基类成员的可访问性

派生类将获取基类的所有非私有数据和行为以及新类为自己定义的所有其他数据或行为。在前面的例子中,基类 A 中保护的字段 m 和公有方法 afun 都被继承到派生类 B 类中,这样在 B 类中隐含有保护的字段 m 和公有方法 afun。但基类 A 中的私有字段 n 不能被继承到派生类 B 中。

所以,如果希望在派生类中隐藏某些基类的成员,可以在基类中将这些成员设为 private 访问成员。

4.10.4 使用 sealed 修饰符来禁止继承

C#中提供了 sealed 关键字用来禁止继承。如果要禁止继承一个类,只需要在声明类时加上 sealed 关键字就可以了,这样的类称为密封类。例如:

```
sealed class 类名
{
    ...
}
```

这样就不能从该类派生任何子类。

4.10.5 网页的继承模型

网页设计有代码隐藏模型和单文件模型,下面分别介绍它们的继承模型。

1. 代码隐藏网页的继承模型

在代码隐藏模型中,网页的标记和服务器端元素(包括控件声明)位于.aspx 文件中,而网页的程序代码则位于单独的代码文件中。该代码文件包含一个分部类,即具有关键字 partial 的类声明,以表示该代码文件只包含构成该页的完整类的全体代码的一部分。在分部类中,添加应用程序要求该网页所具有的代码。此代码通常由事件处理程序构成,但是也可以包括需要的任何方法或属性。

以第 1 章的例 1.1 为例,该网页中包含一个 Button 控件 Button1 和一个 Label 控件 Label1,在 Button1 上设计有一个单击事件过程。其代码隐藏网页的继承模型如下:

① 代码隐藏文件包含一个继承自基页类的分部类。基页类可以是 Page 类,也可以是从 Page 派生的其他类。

② .aspx 文件在@ Page 指令中包含一个指向代码隐藏分部类的 Inherits 属性。

③ 在对该网页进行编译时,ASP.NET 将基于.aspx 文件生成一个分部类,此类是代码隐藏类文件的分部类。生成的分部类文件包含页控件的声明。使用此分部类可以将代码隐藏文件用作完整类的一部分,而无须显式声明控件。

④ ASP.NET 生成另外一个从在步骤③中生成的类继承的类 WebForm1_aspx。生成的第 2 个类包含生成该网页所需的代码。生成的第 2 个类和代码隐藏类将编译成程序集,运行该程序集可以将输出呈现到浏览器。

代码隐藏 ASP.NET 网页中的页类的继承模型如图 4.17 所示。

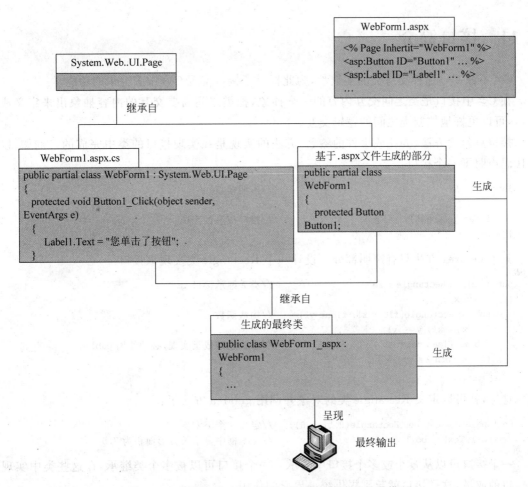

图 4.17 代码隐藏 ASP.NET 网页中的页类的继承模型

2. 单文件网页的继承模型

在单文件页中,标记、服务器端元素以及事件处理代码全都位于同一个 .aspx 文件中。在对该网页进行编译时,编译器将生成和编译一个从 Page 基类派生或从使用 @Page 指令的 Inherits 属性定义的自定义基类派生的新类。

以第 1 章的例 1.2 为例,该网页为 WebForm2.aspx,将从 Page 类派生一个名为 ASP.WebForm2_aspx 的新类,生成的类中包含 WebForm2.aspx 网页中的控件的声明以及事件处理程序和其他自定义代码。

在生成网页之后,生成的类将编译成程序集,并将该程序集加载到应用程序域,然后对该网页类进行实例化并执行该网页类以将输出呈现到浏览器。如果对影响生成的类的网页进行更改(无论是添加控件还是修改代码),则已编译的类代码将失效,并生成新的类。

单文件 ASP.NET 网页中的页类的继承模型如图 4.18 所示。

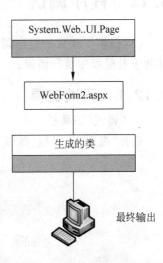

图 4.18 单文件 ASP.NET 网页中的页类的继承模型

4.11 接口简介

C#不像C++那样支持类的多继承,为此提供了接口实现C++中多继承的功能。

在C#中接口是类之间交互内容的一个抽象,把类之间需要交互的内容抽象出来定义成接口,可以更好地控制类之间的逻辑交互。

接口只包含方法、委托或事件的签名,方法的实现是在实现接口的类中完成的。例如,以下代码声明了一个接口:

```
interface Ia                            //声明接口 Ia
{
    float getarea();                    //接口成员的声明
}
```

其中 getarea 方法只有声明部分。设计一个 Rectangle 类实现该接口:

```
public class Rectangle : Ia             //类 A 继承接口 Ia
{   float x,y;
    public Rectangle(float x1, float y1)  //构造函数
    {   x = x1; y = y1;   }
    public float getarea()
    {   return x * y;   }               //隐式接口成员实现,必须使用public
}
```

这样,就可以定义 Rectangle 类的对象并调用 getarea 方法了:

```
Rectangle box1 = new Rectangle(2.5, 3.0);  //定义一个类实例
TextBox1.Text = box1.getarea();            //文本框中显示长方形面积为 7.5
```

一个接口可以从零个或多个接口中继承。一个接口可以被多个类继承,在这些类中实现该接口的成员,这样接口就起到提供统一界面的作用。

4.12 程序调试

C#提供了强大的程序调试功能,使用其调试环境可以有效地完成程序的调试工作,从而有助于发现程序执行错误。

4.12.1 调试工具

1. "调试"工具栏

选择"视图|工具栏|调试"命令,出现"调试"工具栏,如图4.19所示。

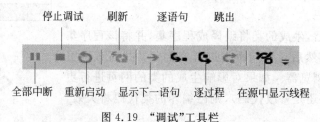

图 4.19 "调试"工具栏

2. "调试"菜单

"调试"菜单提供了更完整的程序错误调试命令,如图 4.20 所示。

4.12.2 设置断点

程序调试的基础是设置断点,断点是在程序中设置的一个位置(程序行),程序执行到该位置时中断(或暂停)。断点的作用是在调试程序中,当程序执行到断点处语句时会暂停程序的执行,供程序员检查这一位置上程序元素的执行情况,这样有助于定位产生错误输出或出错的代码段。

设置和取消断点的方法如下。

方法1:右击某代码行,从出现的快捷菜单中选择"断点|插入断点"命令(设置断点)或者"断点|删除断点"命令(取消断点)。

方法2:将光标移至需要设置断点的语句处,然后选择"调试"菜单中的"切换断点"命令或按 F9 键。

设置了断点的代码行的最左端会出现一个红色的圆点,并且该代码行也呈现红色背景。例如,一个网页中只有一个 Button 按钮,程序中包含 Button1_Click 事件处理

图 4.20 "调试"菜单

过程,图 4.21 显示了在第 13 行处设有一个断点。用户可以在一个程序中设置多个断点。

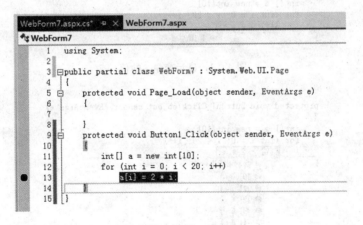

图 4.21 设置一个断点

4.12.3 调试过程

1. 开始调试过程

在设置断点后,从"调试"菜单中选择"启动调试"、"逐语句"或"逐过程"命令,或者在代码编辑窗口中右击,然后从快捷菜单中选择"运行到光标处"命令,即开始调试过程。

如果选择"启动调试"命令(或按 F5 键),则应用程序启动并一直执行到断点。用户可以在任何时刻中断执行以检查值或检查程序状态。

例如,在设置图 4.21 中的断点后,选择"调试|启动调试"命令运行该网页,单击 Button1 按钮,程序执行到断点后停下来,连续单击 ▶ 继续(C),当 $a[i]$ 超界时出现如图 4.22 所示的提示,

此时再继续运行则出现错误。

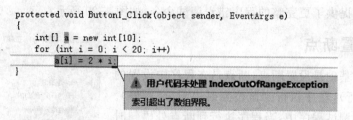

图4.22 程序执行出现错误

若选择"逐语句"或"逐过程"命令,程序启动并执行,然后在过程的第一行中断。

如果选择"执行到光标处"命令,则应用程序启动并一直执行到断点或光标位置,具体看是断点在前还是光标在前。用户可以在源窗口中设置光标位置。在某些情况下不出现中断,这意味着执行始终未到达设置光标处的代码。

2. 查看调试信息

在程序调试的中断状态下可以通过多种窗口观察变量的值。

① 智能感知窗口:将鼠标放在希望观察的执行过语句的变量上,调试器会通过智能感知窗口自动显示执行到断点时该变量的值,甚至可以显示执行到断点时一个表达式的值。

例如,在图4.22所示的情况下关闭提示框,将鼠标放在变量 i 上,看到的结果如图4.23所示。如将鼠标放在 $a[i]$ 上,再展开它,可以看到各数组元素的值,如图4.24所示。

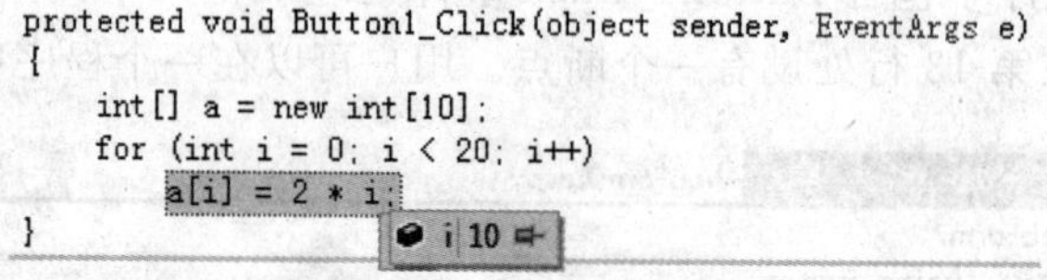

图4.23 显示变量 i 的值

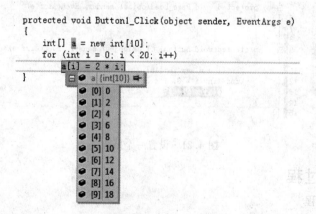

图4.24 显示 a 数组元素的值

② 即时窗口:此时选择"调试|窗口|即时"命令,出现即时窗口,可以输入"?变量或表达式"来显示变量或表达式的值,如图4.25所示。

③ 局部变量窗口:此时选择"调试|窗口|局部变量"命令,出现局部变量窗口,它自动显示当前过程中所有的变量值,如图4.26所示。

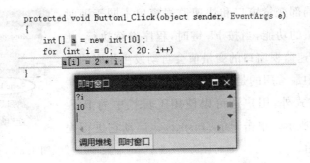

图 4.25　即时窗口中显示变量 i 的值

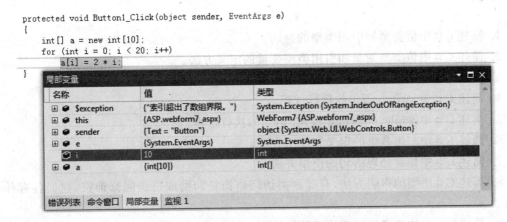

图 4.26　局部变量窗口显示变量 i 的值

④ 快速监视窗口：此时在某个对象上或空白处右击，从弹出的快捷菜单中选择"快速监视"命令，出现快速监视窗口，它用于显示用户在"表达式"文本框中输入的表达式的值，如图 4.27 所示。

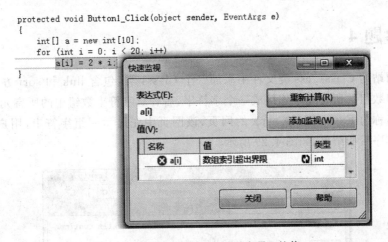

图 4.27　快速监视窗口中显示变量 i 的值

在程序开始调试过程后，每次处于中断状态时，用户通过上述窗口观察变量或表达式的值，然后按 F5 键继续，从而跟踪变量或表达式的变化过程，最终找出程序出错的原因。

需要注意的是,局部变量窗口和快速监视窗口不同于即时窗体,它具有跟踪变量的功能,当按 F5 键时,程序继续执行,此时局部变量窗口和快速监视窗口的变量值会自动发生相应的改变,所以在程序调试中最常用的是这两个窗口。

除了上述调试方式外,用户还可以使用工具栏中的 Page Inspector,如图 4.28 所示。单击 Page Inspector 启动它进行程序调试,这里不再介绍。

图 4.28　选择 Page Inspector

练习题 4

1. 简述 C# 中值类型和引用类型的异同。
2. 简述 C# 中值类型变量和引用类型变量的定义方法。
3. 简述 C# 中结构体类型的声明和使用方法。
4. 简述 C# 中 switch 语句的执行过程。
5. 简述 C# 中 while、do-while 和 for 语句的执行过程。
6. 简述 C# 中二维数组的定义和使用方法。
7. 简述 C# 中异常处理语句的使用方法。
8. 简述 C# 中类的声明方法,有哪些类访问修饰符和类成员访问修饰符,它们各有什么特点。
9. 简述 C# 中构造函数和析构函数的特点。
10. 简述 C# 中类的静态方法和非静态方法有什么不同。
11. 简述 C# 中方法参数有哪些类型,各有什么特点。
12. 简述 C# 中方法重载和重写有什么不同。
13. 简述出现调试的基本过程。

上机实验题 4

在 ch4 网站的 Class1.css 类文件中添加一个 Class4 类,包含 link 和 sort 方法,前者用于将一个字符串数组的所有元素连接成一个字符串,后者对字符串数组中的所有元素递增排序。再添加一个名称为 Experment4.aspx 的网页,该网页中先显示一组字符串,用户单击"排序"按钮后显示排序后的结果,如图 4.29 所示。

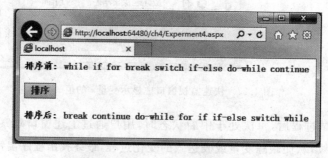

图 4.29　上机实验题 4 网页的运行界面

CHAPTER 5

ASP.NET 的常用对象　第 5 章

ASP.NET 中有一些常用的内置对象,当 Web 应用程序运行时,这些对象提供了丰富的功能,例如维护 Web 服务器活动状态、网页输入/输出等。另外,通过配置 Global.asax 文件可以实现 Web 应用程序和会话的初始化设置等。

本章学习要点:
- ☑ 理解 Web 应用程序编程的难点。
- ☑ 掌握 Page 对象的使用方法。
- ☑ 掌握 Response、Request、Server 对象的使用方法。
- ☑ 掌握 Application、Session、Cookie 和 ViewState 对象的使用方法。
- ☑ 掌握 Global.asax 文件的配置方法。
- ☑ 掌握 ASP.NET 网页的执行方式和 ASP.NET 状态管理方法。
- ☑ 掌握 ASP.NET 网页生命周期的全过程。
- ☑ 灵活利用 ASP.NET 对象设计较复杂的网页。

5.1　ASP.NET 对象概述

5.1.1　Web 应用程序编程的难点及其应对

相对传统的基于客户端的应用程序编程,Web 应用程序编程有一些特殊的难点,通常包括:
- 实现多样式的 Web 用户界面:使用基本的 HTML 功能来设计和实现用户接口既困难又费事,特别是在网页具有复杂布局且包含大量动态内容和功能齐全的用户交互对象时。
- 客户端与服务器的分离:在 Web 应用程序中,客户端(浏览器)和服务器是不同的程序,它们通常在不同的计算机(甚至不同的操作系统)上运行,因此,共同组成应用程序的这两个部分仅共享很少的信息;它们可以进行通信,但通常只交换很小块的简单信息。

- 无状态执行：当 Web 服务器接收到对某个网页的请求时会找到该网页，对其进行处理，将其发送到浏览器，然后丢弃所有网页信息。如果用户再次请求同一网页，服务器则会重复整个过程，从头开始对该网页进行重新处理。换言之，服务器不会记忆它已处理的网页，即网页是无状态的。因此，如果应用程序需要维护有关某网页的信息，其无状态的性质就成为了一个问题。
- 未知的客户端功能：在许多情况下，Web 应用程序可供许多使用不同浏览器的用户进行访问。浏览器具有不同的功能，因此很难创建将在所有浏览器上都同样正常运行的应用程序。
- 数据访问方面的复杂性：对位于传统 Web 应用程序中的数据源进行读取和写入非常复杂，并且会消耗大量资源。
- 可缩放性方面的复杂性：在许多情况下，由于应用程序的不同组件之间缺乏兼容性，导致用现有方法设计的 Web 应用程序未能实现可伸缩性的目标。对于开发周期较短的应用程序，这往往是一个常见的导致失败的方面。

为了处理这些难点，ASP.NET 网页和 ASP.NET 网页框架通过以下几个方面来处理这些难题。

- 直观、一致的对象模型：ASP.NET 网页框架提供了一种对象模型，它使开发人员能够将窗体当作一个整体，而不是分离的客户端和服务器模块。在此模型中，可以通过比在传统 Web 应用程序中更为直观的方式对网页进行编程，其中包括能够设置网页元素的属性和响应事件。此外，ASP.NET 服务器控件是基于 HTML 网页的物理内容以及浏览器与服务器之间的直接交互的一种抽象模型。通常可以按照在客户端应用程序中使用控件的方式使用服务器控件，而不必考虑如何创建 HTML 来显示和处理控件及其内容。
- 事件驱动的编程模型：ASP.NET 网页为 Web 应用程序带来了一种开发人员熟悉的模型，该模型用于为客户端或服务器上发生的事件编写事件处理程序。ASP.NET 网页框架对此模型进行了抽象，使捕获客户端上的事件、将其传输到服务器并调用适当方法等操作的基础机制都是自动的，并对于开发人员都是不可见的，这样就得到了一个清晰的、易于编写的、支持事件驱动开发的代码结构。
- 直观的状态管理：ASP.NET 网页框架会自动处理网页及其控件的状态维护任务，它使开发人员能够以显式方式维护应用程序特定信息的状态。这种状态管理无须使用大量服务器资源即可实现，而且可以通过向浏览器发送 Cookie 来实现，也可以不通过向浏览器发送 Cookie 来实现。
- 独立于浏览器的应用程序：ASP.NET 网页框架允许开发人员在服务器上创建所有应用程序逻辑，而无须针对浏览器之间的差异进行显式编码。但是，它仍允许开发人员利用浏览器特定的功能，方法是通过编写客户端代码来提供增强的性能和更丰富的客户端体验。
- .NET Framework 公共语言运行库支持：ASP.NET 网页框架是在 .NET Framework 的基础上生成的，因此整个框架可用于任何 ASP.NET 应用程序。开发人员的应用程序可以用与运行库兼容的任何语言编写。此外，数据访问通过 .NET Framework 提供的数据访问基础结构（包括 ADO.NET）得到了简化。
- .NET Framework 可缩放服务器性能：ASP.NET 网页框架使开发人员能够将 Web

应用程序从一台只装有一个处理器的计算机有效地缩放到多计算机"网络场",并且无须对应用程序的逻辑进行复杂的更改。

5.1.2 ASP.NET 的内置对象

在具体解决 Web 应用程序编程的难点上,ASP.NET 提供了几个内置对象,如 Response、Request 等,它们是 ASP.NET 技术中最重要的一部分。这些内置对象是由.NET Framework 中封装好的类来实现的。因为这些内置对象是在 ASP.NET 网页初始化请求时自动创建的,是全局变量,不需要声明就可以直接使用,如 Response.Write("Hello World")就是直接使用了 Response 对象。

ASP.NET 中常用的内置对象及其说明如表 5.1 所示。实际上,Response、Request、Server、Application、Session 和 ViewState 都是 Page 类的属性。

表 5.1 ASP.NET 中常用的内置对象

对象名	说明
Page	用于操作整个网页
Response	用于向浏览器输出信息
Request	提供对当前网页请求的访问
Server	提供服务器端的一些属性和方法
Application	提供对所有会话的应用程序范围的方法和事件的访问,还提供对可用于存储信息的应用程序范围的缓存的访问
Session	用于存储特定用户的会话信息
Cookie	用于设置或获取 Cookie 信息
ViewState	获取状态信息的字典,这些信息开发人员可以在同一网页的多个请求间保存和还原服务器控件的视图状态

5.2 Page 对象

Page 类是一个用作 Web 应用程序的用户界面的类,Page 对象其实就是 C#中 Web 应用程序的.aspx 文件,又称为网页。Page 对象是网页中所有服务器控件的容器。也就是说,每一个 ASP.NET 网页都是一个 Page 对象,Page 对象是由 System.Web.UI 命名空间中的 Page 类来实现的,Page 类与扩展名为.aspx 的文件相关联,这些文件在运行时被编译为 Page 对象,并缓存在服务器内存中。

由于网页编译后所创建的类由 Page 派生而来,因此网页可以直接使用 Page 对象的属性(包括各种 ASP.NET 的内置对象)、方法和事件。

5.2.1 Page 对象的属性

Page 对象的常用属性及其说明如表 5.2 所示,除此之外,Page 对象还包括 Response、Request、Server、Session 和 Application 对象属性,下面介绍其中两个属性的用法。

1. IsPostBack 属性

该属性是一个布尔值,由系统自动设置其值,当为 True 时表示当前网页是为响应客户端回传(PostBack,指网页及操作状态传回服务器)而加载,为 False 时表示首次加载和访问网页。

表5.2 Page对象的常用属性及其说明

属 性	说 明
ClientQueryString	获取请求的URL的查询字符串部分
ErrorPage	获取或设置错误页,在发生未处理的页异常的事件时请求浏览器将被重定向到该页
Form	获取网页的HTML表单
IsAsync	获取一个值,该值指示是否异步处理网页
IsPostBack	获取一个值,该值指示该页是否正为响应客户端回传而加载,或者它是否正被首次加载和访问
IsValid	获取一个值,该值指示页验证是否成功
Master	获取确定页的整体外观的母版页
MasterPageFile	获取或设置母版页的文件名

在ASP.NET网页的处理过程中,IsPostBack属性值的设置如下:

① 用户通过客户端浏览器请求网页,网页第一次运行。

② Web服务器接受请求,将其代码发给ASP.NET引擎,此时IsPostBack属性为False,ASP.NET引擎执行服务器脚本代码,产生HTML文件,交给Web服务器,Web服务器将其发送到客户端。

③ 客户端用户看到显示的页面,输入信息或从可选项中进行选择,或者单击按钮。

④ 此时网页又发送到Web服务器(第2次或以后运行网页),Web服务器接受请求并将其代码发给ASP.NET引擎,在ASP.NET中称此为"回发"或"回传",这时IsPostBack属性为True,ASP.NET引擎执行服务器脚本代码,产生HTML文件,交给Web服务器,Web服务器将其发送到客户端。

以上过程循环执行,直到用户退出。

2. IsValid属性

该属性用于获取一个布尔值,指示网页上的验证控件是否验证成功。若网页验证控件全部验证成功,该值为True,否则为False。

IsValid属性在网页验证中起着重要作用。例如,以下事件过程通过mylabel标签输出验证结果:

```
void Button1_Click(Object Sender, EventArgs E)
{   if (Page.IsValid)            //也可写成 if (Page.IsValid == True)
        mylabel.Text = "信息验证成功!";
    else
        mylabel.Text = "信息验证失败";
}
```

5.2.2 Page对象的方法

Page对象的常用方法及其说明如表5.3所示。

5.2.3 Page对象的事件

Page的常用事件及其说明如表5.4所示,下面对主要的事件做进一步的介绍。

1. Init事件

Init事件对应的事件处理过程为Page_Init,在初始化网页时触发该事件。Init事件只触发一次。Init事件通常用来完成系统所需的初始化,如设置网页、控件属性的初始值。

第 5 章 ASP.NET 的常用对象

表 5.3　Page 对象的常用方法及其说明

方　法	说　明
DataBind	将数据源绑定到被调用的服务器控件及其所有子控件
Eval	计算数据绑定表达式
FindControl	在网页中搜索指定的服务器控件
RegisterClientScriptBlock	向网页发出客户端脚本块
MapPath	检索虚拟路径(绝对的或相对的)或应用程序相关的路径映射到的物理路径
Validate	指示网页中的所有验证控件进行验证

表 5.4　Page 对象的常用事件及其说明

事　件	说　明
PreInit	在网页初始化开始时引发
Init	当服务器控件初始化时引发
InitComplete	在网页初始化完成时引发
PreLoad	在网页 Load 事件之前引发
Load	当服务器控件加载到 Page 对象中时引发
LoadComplete	在网页生命周期的加载阶段结束时引发
PreRender	在加载 Control 对象之后、呈现之前引发
PreRenderComplete	在呈现网页内容之前引发
SaveStateComplete	在网页已完成对页和页上控件的所有视图状态和控件状态信息的保存后引发
Unload	当服务器控件从内存中卸载时引发

2．Load 事件

Load 事件对应的事件处理过程为 Page_Load。当在内存中加载网页时触发该事件,在网页每次加载时都触发,不管是首次加载,还是按用户要求回送信息再次调用网页的回传加载,Page_Load 事件处理过程都会被执行。

如果仅希望在网页第一次加载时执行 Page_Load 事件处理过程,可以使用 Page.IsPostBack 属性。如果 Page.IsPostBack 属性为 False,则网页第一次被载入,如果为 True,则网页传回服务器。例如,在以下 Page_Load 事件处理过程中,通过 Page.IsPostBack 属性可以实现首次加载和回传时执行不同的程序代码:

```
void Page_Load(Object o,EventArgs e)
{    if (!Page.IsPostBack)           //也可写成 if (Page.IsPostBack == False)
     {   //如果网页为首次加载,则进行一些操作
         …
     }
     else
     {   //如果网页为回传,则进行一些操作
         …
     }
}
```

3．Unload 事件

Unload 事件对应的事件处理过程为 Page_Unload,当网页从内存中卸载并将输出结果发送给浏览器时触发该事件。Unload 事件主要用来执行最后的资源清理工作,如关闭文件、关闭数据库连接和释放对象等。由于这个事件是最后事件,网页的所有内容已经传到客户端浏

览器，所以不能使用它来改变控件。这个事件并不是指用户在浏览器端关闭网页，而是从IIS角度讲，网页从内存中卸载时发生这个事件。

5.2.4 Page对象的应用

本节通过一个示例说明Page对象的应用。

【例5.1】 在D盘ASP.NET目录中建立一个ch5的子目录，将其作为网站目录，然后创建一个WebForm1.aspx网页，其功能是说明Page对象的IsPostBack属性的应用。

解：其步骤如下。

① 启动Visual Studio 2012。

② 选择"文件|新建|网站"命令，出现"新建网站"对话框，选择"ASP.NET空网站"模板，选择"Web位置"为"文件系统"，单击"浏览"按钮，然后选择"D:\ASP.NET\ch5"目录，单击"确定"按钮，这样就创建了一个空的网站ch5。

③ 选择"网站|添加新项"命令，出现"添加新项-ch5"对话框，在中间列表中选择"Web窗体页"，将文件名称改为WebForm1.aspx，其他保持默认项，单击"添加"按钮。

④ 进入设计视图，设计该网页界面如图5.1所示，其中包含一个文本框TextBox1、一个按钮Button1和一个标签Label1。在该网页上设计如下事件过程：

```
protected void Page_Load(object sender, EventArgs e)
{
    if (Page.IsPostBack == true)
        Label1.Text = TextBox1.Text + ":您好,已经提交了!";
    else
        Label1.Text = "您还没有提交!";
}
```

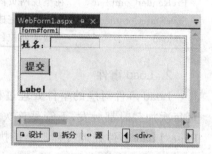

⑤ 单击工具栏中的 ▶ Internet Explorer 按钮运行本网页，初始运行界面如图5.2所示。此时Page.IsPostBack返回False，在文本框中输入"王华"，单击"提交"按钮，其运行界面如图5.3所示，这是因为此时网页是回传状态，所以Page.IsPostBack返回True。

图5.1 WebForm1网页设计界面

图5.2 WebForm1网页运行界面一

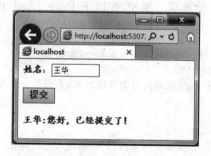

图5.3 WebForm1网页运行界面二

5.3 Response对象

Response对象实际上是与该Page对象关联的HttpResponse对象，用于控制服务器发送给浏览器的信息，包括直接发送信息给浏览器、重定向浏览器到另一个URL或设置cookie的值,特别是可以使用Response对象高效地实现在不同页面的转换。

5.3.1 Response对象的属性

Response对象的常用属性及其说明如表5.5所示。

表5.5 Response对象的常用属性及其说明

属 性	说 明
Buffer	获取或设置一个值,该值指示是否缓冲输出,并在完成处理整个响应之后将其发送
BufferOutput	获取或设置一个值,该值指示是否缓冲输出,并在完成处理整个页之后将其发送
Cache	获取网页的缓存策略(过期时间、保密性、变化子句)
Cookies	获取响应Cookie集合
Expires	获取或设置在浏览器上缓存的页过期之前的分钟数。如果用户在网页过期之前返回该页,则显示缓存版本。提供Expires是为了与以前版本的ASP兼容
IsClientConnected	获取一个值,通过该值指示客户端是否仍连接在服务器上

5.3.2 Response对象的方法

Response对象的常用方法及其说明如表5.6所示,下面介绍几个主要方法的用法。

表5.6 Response对象的常用属性及其说明

方 法	说 明
Output	启用到输出HTTP响应流的文本输出
OutputStream	启用到输出HTTP内容主体的二进制输出
RedirectLocation	获取或设置HTTP"位置"标头的值
Status	设置返回到客户端的Status栏
AppendCookie	将一个HTTP Cookie添加到内部Cookie集合
AppendToLog	将自定义日志信息添加到Internet信息服务(IIS)日志文件
BinaryWrite	将一个二进制字符串写入HTTP输出流
Clear	清除缓冲区流中的所有内容输出
ClearContent	清除缓冲区流中的所有内容输出
ClearHeaders	清除缓冲区流中的所有头
Close	关闭到客户端的套接字连接
End	将当前所有缓冲的输出发送到客户端,停止该网页的执行,并引发EndRequest事件
Redirect	将客户端重定向到新的URL
Write	将信息写入HTTP响应输出流
WriteFile	将指定的文件直接写入HTTP响应输出流

1. Write方法

Write方法可以将一个字符串写入HTTP响应输出流。例如:

```
Response.Write("现在时间为: " + DateTime.Now.ToString());
```

用于输出当前的时间。

实际上Write方法将指定的字符串输出到客户端,由客户端浏览器解释后输出,所以这个输出字符串中可以包含一些HTML格式输出标记。

2. End 方法

End 方法用来输出当前缓冲区的内容,并中止当前网页的处理。例如:

```
Response.Write("欢迎光临");
Response.End();
Response.Write("我的网站!");
```

只输出"欢迎光临",而不会输出"我的网站!"。End 方法常用来帮助调试程序。

3. Redirect 方法

使用 Redirect 方法可以实现在不同网页之间进行跳转的功能,也就是可以从一个网页地址转到另一个网页地址,可以是本机的网页,也可以是远程的网页地址。其基本使用格式如下:

```
Redirect(url)
```

其中,url 指定目标的位置。例如,执行以下代码显示武汉大学的主页:

```
Response.Redirect("http://www.whu.edu.cn/");
```

另一种使用格式如下:

```
Redirect(url,endResponse)
```

其中,endResponse 为 bool 值,指示当前网页的执行是否应终止。例如,以下服务器端代码使用 IsClientConnected 属性来检查请求网页的客户端是否仍与服务器连接。如果 IsClientConnected 为 true,则调用 Redirect 方法,因此客户端可以查看另一网页;如果 IsClientConnected 为 false,将调用 End 方法,并且所有网页处理都将终止:

```
if (Response.IsClientConnected)
{   //如果是连接的,则转向另一个网页并不终止当前网页
    Response.Redirect("anotherpage.aspx", false);
}
else
{   //如果浏览器不是连接的,停止使用的响应处理
    Response.End();
}
```

注意:Redirect 执行客户端重定向时,浏览器请求新资源。此重定向是一个进入系统的新请求,因此需要接受 IIS 和 ASP.NET 安全策略的所有身份验证和授权逻辑的检验。

5.3.3 Response 对象的应用

本节通过一个示例说明 Response 对象的应用。

【例 5.2】 在 ch5 网站中设计一个 WebForm2.aspx 网页,其功能是使用 Response 对象的 Write 方法输出若干文字。

解:其步骤如下。

① 打开 ch5 网站,选择"网站|添加新项"命令,出现"添加新项-ch5"对话框,在中间列表中选择"Web 窗体",将文件名称改为 WebForm2.aspx,其他保持默认项,单击"添加"按钮。

② 该网页的设计界面中不包含任何内容。进入设计视图,在空白处右击,在出现的快捷菜单中选择"查看代码"命令,进入代码编辑窗口,设计如下事件过程:

```
protected void Page_Load(object sender, EventArgs e)
{   Response.Write("现在时间为: " + DateTime.Now.ToString() + "<br>");
```

```
            Response.Write("< h1 >中华人民共和国</h1 >");
            Response.Write("< h2 >中华人民共和国</h2 >");
            Response.Write("< h3 >中华人民共和国</h3 >");
}
```

③ 单击工具栏中的 ▶ Internet Explorer 按钮运行本网页，其运行界面如图 5.4 所示。

图 5.4　WebForm2 网页运行界面

5.4　Request 对象

Request 对象实际上是请求的页的 HttpRequest 对象，其主要功能是从客户端获取数据。使用该对象可以访问任何 HTTP 请求传递的信息，包括使用 post 方法或者 get 方法传递的参数、cookie 和用户验证。也就是说，Request 对象使 ASP.NET 能够读取客户端在 Web 请求期间发送的 HTTP 值。

5.4.1　Request 对象的属性

Request 对象的常用属性及其说明如表 5.7 所示。

表 5.7　Request 对象的常用属性及其说明

属　性	说　明
ApplicationPath	获取 ASP.NET 应用的虚拟目录（URL）
PhysicalPath	获得 ASP.NET 应用的物理目录
Browser	获取有关正在请求客户的客户端的浏览器功能的信息
Cookies	获取在请求中发送的 Cookies 集
FilePath	获取当前请求的虚拟路径
Form	获取回传到网页的窗体变量集
Headers	获取 HTTP 头部
ServerVariables	获取服务器变量的名字/值集
QueryString	获取 HTTP 查询字符串变量集合
Url	获取有关当前请求的 URL 的信息
UserHostAddress	获取远程客户端主机的地址
UserHostName	获取远程客户端的 DNS 名称

5.4.2　Request 对象的方法

Request 对象的常用方法及其说明如表 5.8 所示，下面介绍几个主要方法的用法。

表 5.8 Request 对象的常用方法及其说明

方法	说明
MapPath	返回 URL 的物理路径
SaveAs	将 HTTP 请求保存到文件中
ValidateInput	对通过 Cookies、Form 和 QueryString 属性访问的集合进行验证

1. MapPath 方法

其使用语法格式如下：

MapPath(VirtualPath)

该方法将当前请求的 URL 中的虚拟路径 VirtualPath 映射到服务器上的物理路径。参数 VirtualPath 用于指定当前请求的虚拟路径(可以是绝对路径，也可以是相对路径)，返回值为与 VirtualPath 对应的服务器端物理路径。

例如，以下语句：

Response.Write(Request.MapPath("aa"));

在浏览器中输出 aa 所在的物理路径。

2. SaveAs 方法

其使用语法格式如下：

SaveAs(filename, includeHeaders)

该方法将客户端的 HTTP 请求保存到磁盘。参数 filename 用于指定文件在服务器上保存的位置；布尔型参数 includeHearders 用于指定是否同时保存 HTTP 头。

例如：

Request.SaveAs("H:\aaa", True);

则执行后在 H 盘根目录产生 aaa 文件。

5.4.3 Request 对象的应用

对于网页中的 form 元素，method 属性取值为"get"表示从服务器上获取数据，取值为"post"表示向服务器传送数据。

get 是把参数数据队列加到提交表单的 action 属性所指的 URL 中，值和表单内的各个字段一一对应，在 URL 中可以看到。对于 get 方式，服务器端用 Request.QueryString 获取变量的值。

post 是通过 HTTP 的 post 机制将表单内的各个字段与其内容放置在 HTML HEADER 内一起传送到 action 属性所指的 URL 地址，用户看不到这个过程。对于 post 方式，服务器端用 Request.Form 获取提交的数据。

通常，get 传送的数据量较小，post 传送的数据量较大；get 的安全性非常低，post 的安全性较高，但是 get 的执行效率比 post 高。

1. 获取客户端机器和浏览器的相关信息

通常使用 Request 对象的 Browser、Url、Path 和 PhysicalPath 等属性获取客户端机器和浏览器的相关信息。

【例 5.3】 在 ch5 网站中设计一个 WebForm3.aspx 网页，其功能是使用 Response 对象的 Write 方法输出若干文字。

解：其步骤如下。

① 打开 ch5 网站，选择"网站|添加新项"命令，出现"添加新项-ch5"对话框，在中间列表中选择"Web 窗体"，将文件名称改为 WebForm3.aspx，其他保持默认项，单击"添加"按钮。

② 其设计界面中不包含任何内容。进入设计视图，在空白处右击，在出现的快捷菜单中选择"查看代码"命令，进入代码编辑窗口，设计如下事件过程：

```
protected void Page_Load(object sender, EventArgs e)
{
    Response.Write("浏览器名称和主版本号: "
        + Request.Browser.Type + "<br>");
    Response.Write("浏览器名称: " + Request.Browser.Browser + "<br>");
    Response.Write("浏览器平台: " + Request.Browser.Platform + "<br>");
    Response.Write("客户端 IP 地址: " + Request.UserHostAddress + "<br>");
    Response.Write("当前请求的 URL: " + Request.Url + "<br>");
    Response.Write("当前请求的虚拟路径: " + Request.Path + "<br>");
    Response.Write("当前请求的物理路径: " + Request.PhysicalPath + "<br>");
}
```

③ 单击工具栏中的 ▶ Internet Explorer 按钮运行本网页，其运行界面如图 5.5 所示。

图 5.5　WebForm3 网页运行界面

2. 使用 Request 对象的 QueryString 属性在网页之间传递数据

在上网的过程中，用户经常发现网址后面跟一串字符，这就是通过 URL 后面的字符串在两个网页之间传递参数，它是基于 get 方式的。网页的 QueryString 属性保存这些参数和值，因此可以通过 Request 的 QueryString 在网页之间传递信息。

【例 5.4】　在 ch5 网站中设计 WebForm4 和 WebForm4-1 两个网页，其功能是说明 QueryString 属性的使用方法。

解：其步骤如下。

① 打开 ch5 网站，添加一个网页 WebForm4.aspx。

② 其设计界面如图 5.6 所示，包含有两个文本框（ID 分别为 uname 和 uage）和一个命令按钮 Button1。进入源视图，将<form>元素改为：

<form id = "form1" runat = "server" method = "get" action = "WebForm4 - 1.aspx">

在该网页中不设计 Button1_Click 事件过程，Button1 命令按钮仅仅起到提交网页的作用。

③ 再添加一个网页 WebForm4-1.aspx，其设计界面如图 5.7 所示，包含有一个标签 Label1。在该网页上设计如下事件过程：

```
protected void Page_Load(object sender, EventArgs e)
{
    string uname,uage;
    uname = Request.QueryString["uname"];
    uage = Request.QueryString["uage"];
    Label1.Text = uname + ":您好！您的年龄为" + uage + "岁";
}
```

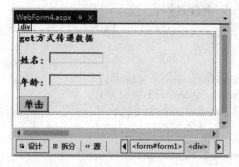
图 5.6　WebForm4 网页设计界面

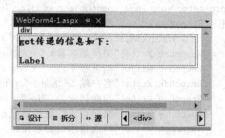
图 5.7　WebForm4-1 网页设计界面

④ 单击工具栏中的 ▶ Internet Explorer 按钮运行 WebForm4 网页，输入姓名为"王华"、年龄为"26"，如图 5.8 所示，然后单击"单击"按钮，出现如图 5.9 所示的界面，可以看到其 URL 地址为"http://localhost:53072/WebForm4-1.aspx?__VIEWSTATE="后跟一串乱码，这些乱码是表单中 uname 和 uage 的加密数据。WebForm4-1 网页的 Page_Load 事件过程从中提取 QueryString 属性中对应变量的值并输出。

图 5.8　WebForm4 网页运行界面

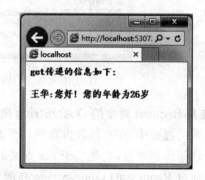
图 5.9　WebForm4-1 网页运行界面

3. 使用 Request 对象的 Form 属性在网页之间传递数据

使用 Request 的 Form 属性可以获取客户端通过 post 方式传递的表单数据，从而实现网页之间的数据传递。

【例 5.5】　在 ch5 网站中设计 WebForm5 和 WebForm5-1 两个网页，其功能是说明 Form 属性的使用方法。

解：其步骤如下。

① 打开 ch5 网站，添加一个网页 WebForm5.aspx。

② 其设计界面与 WebForm4 相似，包含有两个文本框（ID 分别为 uname 和 uage）和一个命令按钮 Button1。进入源视图，将 <form> 元素改为：

```
<form id="form1" runat="server" method="post" action="WebForm5-1.aspx">
```

在该网页中不设计 Button1_Click 事件过程，Button1 命令按钮仅仅起到提交网页的作用。

③ 再添加一个网页 WebForm5-1.aspx，其设计界面与 WebForm4-1 相似，包含有一个标签 Label1。在该网页上设计如下事件过程：

```
protected void Page_Load(object sender, EventArgs e)
{       string uname, uage;
        uname = Request.Form["uname"];
        uage = Request.Form["uage"];
        Label1.Text = uname + ":您好！您的年龄为" + uage + "岁";
}
```

④ 单击工具栏中的 ▶ Internet Explorer 按钮运行 WebForm5 网页，输入姓名为"王华"、年龄为"26"，类似图 5.8 所示，然后单击"单击"按钮，出现类似图 5.9 所示的界面，WebForm5-1 网页的 Page_Load 事件过程提取 Form 属性中对应变量的值并输出，同时看到其 URL 地址为"http://localhost:53072/WebForm5-1.aspx"，没有看到例 5.4 那样的乱码，这就是 post 和 get 方式的区别。

5.5 Server 对象

Server 对象实际上是 HttpServerUtility 类的实例，提供对服务器的方法和属性的访问，可以获取服务器的信息，对 HTML 文本进行编码和解码等，如文件的物理路径等。

5.5.1 Server 对象的属性

Server 对象的常用属性及其说明如表 5.9 所示。

表 5.9 Server 对象的常用属性及其说明

属 性	说 明
MachineName	作用是获取服务器的名称
ScriptTimeOut	获取和设置请求超时值（以秒计）

5.5.2 Server 对象的方法

Server 对象的常用方法及其说明如表 5.10 所示，下面介绍几个主要方法的用法。

表 5.10 Server 对象的常用方法及其说明

方 法	说 明
Execute	使用另一页执行当前请求
HtmlEncode	对要在浏览器中显示的字符串进行编码
HtmlDecode	对字符串进行 URL 解码并返回已解码的字符串
UrlEncode	对指定字符串以 URL 格式进行编码
UrlPathEncode	对 URL 字符串的路径部分进行 URL 编码并返回编码后的字符串
MapPath	返回与 Web 服务器上的指定虚拟路径相对应的物理文件路径
Transfer	终止当前网页的执行，并开始执行新的请求网页

1. MapPath 方法

使用 MapPath 方法可以获得服务器文件的物理路径。其使用语法格式如下：

```
Server.MapPath(path);
```

其中，path 指定 Web 服务器的虚拟路径。如果 path 为 null，MapPath 方法将返回包含当前应用程序的目录的完整物理路径。

2. Transfer 方法

Transfer 方法对于当前请求，终止当前网页的执行，并使用指定的网页 URL 路径开始执行一个新网页。新网页执行后不再返回原网页。其语法格式如下：

```
Server.Transfer(url);
```

其中，url 表示服务器要执行的新网页的 URL 路径。Transfer 方法转向的网页也应该是 .aspx 类型的网页，例如，传输到 .asp 或 .asmx 等类型的网页是无效的。Transfer 方法保留 QueryString 和 Form 集合。

注意：在使用 Server 对象的 Transfer 方法时，ASP.NET 并不验证当前用户是否有权查看由 Transfer 方法提交的资源。虽然 ASP.NET 授权和身份验证逻辑运行于调用原始资源处理程序之前，但 ASP.NET 仍将直接调用 Transfer 方法指示的处理程序，并且不为新资源重新运行授权和身份验证逻辑，这一点不同于 Response 对象的 Redirect 方法。

3. Execute 方法

有时用户希望在网页运行时执行其他网页的内容后继续执行当前网页的内容，可以使用 Server.Execute 方法。其两种用法的语法格式如下：

```
Server.Execute(path);
Execute(path,preserveForm)
```

其中，path 指出要执行的 URL 路径；preserveForm 是一个 bool 值，当为 true 时保留 QueryString 和 Form 集合，为 false 时清除 QueryString 和 Form 集合。

注意：Execute 方法和 Transfer 方法的区别是 Execute 方法执行完新的网页后再返回原网页执行，而 Transfer 方法不再返回原网页执行。它们的相同点是都不同于 Response 对象的 Redirect 方法，执行它们时 ASP.NET 不验证当前用户是否有权查看由 Execute/Transfer 方法提交的资源。

5.5.3 Server 对象的应用

本节通过一个示例说明 Server 对象的应用。

【例 5.6】 在 ch5 网站中设计一个网页 WebForm6，其功能是使用 Server 对象获取服务器端的相关信息。

解：其步骤如下：

① 打开 ch5 网站，添加一个网页 WebForm6.aspx。

② 其设计界面如图 5.10 所示，其中包含两个命令按钮（Button1 和 Button2）和两个标签（Label1 和 Label2）。在该网页上设计如下事件过程：

```
protected void Button1_Click(object sender, EventArgs e)
{    Label1.Text = "服务器名称:" + Server.MachineName + "<br>" +
        "网页请求超时时间:" + Server.ScriptTimeout.ToString() + "秒";
}
```

```
protected void Button2_Click(object sender, EventArgs e)
{   string mystr1 = "<b>一个字符串</b>";
    string mystr2 = "ab12&@ * % #";
    Label2.Text = "服务器路径:" + Server.MapPath(".") + "<br>" +
        "HtmlEncode:" + Server.HtmlEncode(mystr1) + "<br>" +
        "HtmlDecode:" + Server.HtmlDecode(mystr1) + "<br>" +
        "UrlEncode:" + Server.UrlEncode(mystr2) + "<br>" +
        "UrlDecode:" + Server.UrlDecode(mystr2);
}
```

③ 单击工具栏中的 ▶ Internet Explorer 按钮运行本网页,然后分别单击其中的两个命令按钮,其结果如图 5.11 所示,从中看到 Server 对象的相关属性值和通过调用 Server 对象的相关方法返回的结果。

图 5.10 WebForm6 网页设计界面　　　　图 5.11 WebForm6 网页运行界面

5.6 Application 对象

Application 对象是为当前 Web 请求获取的 HttpApplicationState 对象,它启用 ASP.NET 应用程序中多个会话和请求之间的全局信息共享。Application 对象是运行在 Web 应用服务器上的虚拟目录及其子目录下所有文件、网页、模块和可执行代码的总和。一旦网站服务器被打开,就创建了 Application 对象,所有的用户共用一个 Application 对象并可以对其进行修改。Application 对象的这一特性使得网站设计者可以方便地创建聊天室和网站计数器等常用的 Web 应用程序。

Application 对象是一个对象集合,可以看作是存储信息的容器,为所有用户共享。

5.6.1 Application 对象的属性

Application 对象的常用属性及其说明如表 5.11 所示。

表 5.11 Application 对象的常用属性及其说明

属　性	说　明
AllKeys	获取 Application 集合中的访问键
Count	返回 Application 集合中的对象个数
Contents	获取对 Application 对象的引用

5.6.2 Application 对象的方法

Application 对象的常用方法及其说明如表 5.12 所示，下面介绍几个主要方法的用法。

表 5.12 Application 对象的常用方法及其说明

方法	说明
Add	向 Application 集合中添加新对象
Clear	从 Application 集合中移除所有对象
Remove	从 Application 集合中移除指定名称的对象
RemoveAt	从 Application 集合中移除指定索引的对象
RemoveAll	从 Application 集合中移除所有对象
Lock	禁止其他用户修改 Application 集合中的对象
Unlock	允许其他用户修改 Application 集合中的对象

1. Add 方法

该方法用于将新对象添加到 Application 集合中。其语法格式如下：

```
Application.Add(字符串,对象值)
```

其中，"字符串"指定对象名。例如：

```
string str1 = "mystr";
int int1 = 34;
Application.Add("var1",str1);
Application.Add("var2",int1);
```

这样 Application 集合中新增了 var1 和 var2 两个对象，它们的值分别是 "mystr" 和 34。用户也可以采用以下方式新增对象：

```
Application["var1"] = str1;
Application["var2"] = int1;
```

可以采用以下方式读取 Application 集合中的信息：

```
int intvar;
string strvar;
object obj1 = Application[0];           //或 obj1 = Application.Contents[0];
objecto bj2 = Application["var2"];      //或 obj2 = Application.Contents["var2"];
strvar = (string)obj1;                  //强制转换类型
intvar = (int)Application["var2"];      //强制转换类型
```

如果 Application 集合中指定的对象不存在，则访问该对象时返回 null。

2. Remove 和 RemoveAt 方法

它们都用于删除 Application 集合中的指定对象。其使用语法格式如下：

```
Application.Remove(对象名);
Application.RemoveAt(对象索引);
```

例如：

```
Application.Remove("var1")        //删除 var1 对象
Application.RemoveAt(1);          //删除 var2 对象
```

5.6.3 Application 对象的事件

Application 对象的常用事件及其说明如表 5.13 所示,这些事件处理过程应该放在 Global.asax 文件中。

表 5.13 Application 对象的常用事件及其说明

事 件	说 明
Start	在整个 ASP.NET 应用程序第一次执行时引发
End	在整个 ASP.NET 应用程序结束时引发

5.6.4 几种常见功能的实现

应用程序状态是可供 ASP.NET 应用程序中的所有类使用的数据储存库。它存储在服务器的内存中,因此与在数据库中存储和检索信息相比,它的执行速度更快。与特定于单个用户会话的会话状态不同,应用程序状态应用于所有的用户和会话。因此,应用程序状态非常适合存储那些数量少、不随用户的变化而变化的常用数据。

应用程序状态存储在 HttpApplicationState 类中,该类是用户首次访问应用程序中的任何 URL 资源时创建的一个新实例。

1. 用锁定方法将值写入应用程序状态

应用程序状态变量可以同时被多个线程访问。因此,为了防止产生无效数据,在设置值前,必须锁定应用程序状态。

其实现方式是在设置应用程序变量的代码中调用 Application 对象的 Lock 方法,并设置应用程序状态值,然后调用 Application 对象的 UnLock 方法取消锁定应用程序状态,释放应用程序状态以供其他写入请求使用。

例如,以下代码说明了如何锁定和取消锁定应用程序状态。该代码将 PageRequestCount 变量值增加 1,然后取消锁定应用程序状态:

```
Application.Lock();
Application["PageRequestCount"] = ((int)Application["PageRequestCount"]) + 1;
Application.UnLock();
```

2. 从应用程序状态中读取值

确定应用程序变量是否存在,然后在访问该变量时将其转换为相应的类型。

例如,以下代码说明了检索应用程序状态值 AppStartTime,并将其转换为一个 DateTime 类型的名为 appStateTime 的变量:

```
if (Application["AppStartTime"] != null)
{
    DateTime myAppStartTime = (DateTime)Application["AppStartTime"];
}
```

5.6.5 Application 对象的应用

本节通过一个示例说明 Application 对象的应用。

【例 5.7】 在 ch5 网站中设计一个网页 WebForm7,用于实现简单的聊天室功能。

解：其步骤如下。

① 打开 ch5 网站，添加一个网页 WebForm7.aspx。

② 其设计界面如图 5.12 所示，其中包含 3 个文本框，chatBox 用于显示聊天内容（大小为 200px×500px，TextMode 属性置为 MultiLine，ReadOnly 属性置为 True），TextBox1 和 TextBox2 分别用于输入姓名和聊天记录，TextBox2 的 TextMode 属性被设为 MultiLine。另外有两个命令按钮（Button1 用于提交聊天记录，Button2 用于刷新聊天记录）。在该网页上设计如下事件过程：

```
protected void Application_Start(object sender, EventArgs e)
{    Application["chats"] = null;       //聊天记录置空
     Application["chatnum"] = null;     //聊天记录数置空
}
protected void Application_End(object sender, EventArgs e)
{    Application["chats"] = null;       //聊天记录清空
     Application["chatnum"] = null;     //聊天记录数清空
}
protected void Page_Load(object sender, EventArgs e)
{    if (Application["chats"] != null)
         chatBox.Text = Application["chats"].ToString();
}
protected void Button1_Click(object sender, EventArgs e)
{    int num;
     if (TextBox1.Text != "" && TextBox2.Text != "")
     {   Application.Lock();
         if (Application["chatnum"] == null)
            num = 0;
         else
            num = int.Parse(Application["chatnum"].ToString());
         if (num % 5 == 0)           //每 5 条聊天记录添加一个当前时间
            Application["chats"] = TextBox1.Text + "说:" + TextBox2.Text
              + "[" + DateTime.Now.ToString() + "].\n" + Application["chats"];
         else
            Application["chats"] = TextBox1.Text + "说:" + TextBox2.Text + ".\n"
              + Application["chats"];
         num++;
         object obj = num;
         Application["chatnum"] = obj;
         Application.UnLock();
         chatBox.Text = Application["chats"].ToString();
     }
     else
         Response.Write("<script>alert('必须输入姓名和聊天内容')</script>");
}
protected void Button2_Click(object sender, EventArgs e)
{    if (TextBox1.Text != "")
         chatBox.Text = Application["chats"].ToString();
}
```

说明：由于文本框的内容较多时总是定位开头的位置，为了能够看到最新的聊天记录，所以 chatBox 文本框的聊天记录是倒着显示的。

③ 单击工具栏中的 ▶ Internet Explorer 按钮运行本网页，输入姓名开始聊天。再次启动另一

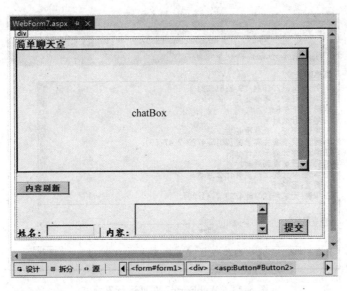

图 5.12 WebForm7 网页设计界面

个浏览器(如百度浏览器),输入地址"http://localhost:53072/WebForm7.aspx"启动本网页,这样两个人就可以相互聊天了,图 5.13 所示是王华的聊天界面(采用 IE 浏览器),图 5.14 所示是李明的聊天界面(采用百度浏览器)。

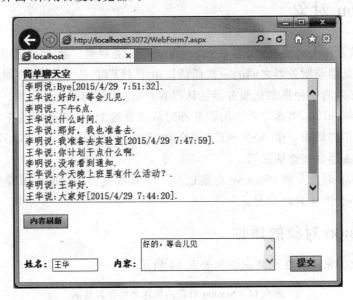

图 5.13 WebForm7 网页运行界面一

本网页设计的说明如下:

① 程序中 Response.Write("<script>alert('必须输入姓名和聊天内容')</script>")语句是向客户端浏览器发送脚本语句,会在浏览器中输出一个 alert 对话框。

② Application_Start 和 Application_End 两个事件过程用于在应用程序启动和退出时执行 Application["chats"]=null 等将聊天记录清空。

③ 本网页不能即时显示另一个网友的聊天信息,只有在单击"提交"按钮后才显示所有网

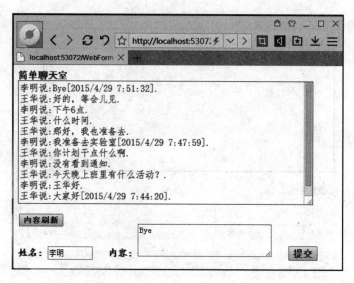

图 5.14　WebForm7 网页运行界面二

友的及时聊天信息,因此增加了一个"内容刷新"按钮,用于实现刷新功能,可以使用 AJAX 控件进行改进,有关 AJAX 控件的内容在第 11 章介绍。

5.7　Session 对象

　　Session 对象是一个会话对象,是 HttpSessionState 类对象。就 Web 开发而言,一个会话就是客户通过浏览器与服务器之间的一次通话。由于 HTTP 是无状态的,因此无法纪录客户一连串的动作,必须有一种机制使服务器能认得客户,这就引入了会话概念。服务器发给客户一个会话 ID(SessionID),当客户再访问服务器时就带着这个 ID,服务器就凭着这个唯一的 ID 来识别客户。当用户请求一个 ASP.NET 网页时,系统将自动创建一个 Session 对象,退出应用程序或关闭服务器时该会话撤销。

　　和 Application 对象一样,Session 对象也是一个对象集合,但 Session 是针对某个特定客户的,客户之间不会产生共享情况。

5.7.1　Session 对象的属性

Session 对象的常用属性及其说明如表 5.14 所示。

表 5.14　Session 对象的常用属性及其说明

属　性	说　明
Contents	获取对当前会话状态对象的引用
Count	获取会话状态集合中的项数
IsCookieless	获取一个值,该值指示会话 ID 是嵌入在 URL 中还是存储在 HTTP Cookie 中
IsNewSession	获取一个值,该值指示会话是不是与当前请求一起创建的
SessionID	用来标识一个 Session 对象
TimeOut	获取并设置会话状态提供程序终止会话之前各请求之间所允许的超时期限

5.7.2 Session 对象的方法

Session 对象的常用方法及其说明如表 5.15 所示，下面介绍几个主要方法的用法。

表 5.15 Session 对象的常用方法及其说明

方 法	说 明
Add	将新的项添加到 Session 集合中
Clear	从 Session 集合中清除所有对象，但不结束会话
Abandon	强行结束用户会话，并清除会话中的所有信息
CopyTo	将 Session 集合复制到一维数组中
Remove	删除会话状态集合中的项
RemoveAll	从会话状态集合中移除所有的键和值
RemoveAt	删除会话状态集合中指定索引处的项

1. Add 方法

该方法用于将新对象添加到 Session 集合中。其语法格式如下：

```
Session.Add(字符串,对象值)
```

其中，"字符串"指定对象名。例如：

```
string str1 = "mystr";
int int1 = 34;
Session.Add("var1",str1);
Session.Add("var2",int1);
```

这样 Session 集合中新增了 var1 和 var2 两个对象，它们的值分别是"mystr"和 34。用户也可以采用以下方式新增对象：

```
Session["var1"] = str1;
Session["var2"] = int1;
```

可以采用以下方式读取 Session 集合中的信息：

```
int intvar;
string strvar;
object obj1 = Session[0];
objecto bj2 = Session["var2"];
strvar = (string)obj1;            //强制转换类型
intvar = (int)Session["var2"];    //强制转换类型
```

2. Clear 方法

该方法用于清除 Session 集合中的所有对象。其语法格式如下：

```
Session.Clear();
```

5.7.3 Session 对象的事件

Session 对象的常用事件及其说明如表 5.16 所示。

表 5.16 Session 对象的常用事件及其说明

事 件	说 明
Start	建立 Session 对象时引发
End	结束 Session 对象时引发

说明:当用户在客户端直接关闭浏览器退出 Web 应用程序时,并不会触发 End 事件,因为关闭浏览器的行为是一种典型的客户端行为,是不会被通知到服务器端的。End 事件只有在服务器重新启动、用户调用了 Abandon 方法或未执行任何操作达到了 Timeout 设置的值(超时)时才会被触发。

5.7.4 Session 对象的应用

本节通过示例说明 Session 对象的应用。

【例 5.8】 在 ch5 网站中设计两个网页 WebForm8 和 WebForm8-1,用于实现在这两个网页之间传递数据的功能。

解:其步骤如下。

① 打开 ch5 网站,添加一个网页 WebForm8.aspx。

② 其设计界面如图 5.15 所示,其中包含两个文本框(TextBox1 和 TextBox2,分别用于输入用户名和密码,TextBox2 的 TextMode 属性设置为 Password)和一个命令按钮(Button1)。在该网页上设计如下事件过程:

```
protected void Button1_Click(object sender, EventArgs e)
{
    Session["uname"] = TextBox1.Text;
    Session["upass"] = TextBox2.Text;
    Server.Transfer("WebForm8 - 1.aspx");
}
```

③ 再添加一个名称为 WebForm8-1.aspx 的网页,其中只有一个标签 Label1,在该网页上设计如下事件过程:

```
protected void Page_Load(object sender, EventArgs e)
{
    string mystr;
    mystr = "用户名:" + Session["uname"].ToString() +
        "<br>密 码:" + Session["upass"].ToString();
    Label1.Text = mystr;
}
```

图 5.15 WebForm8 网页设计界面

④ 单击工具栏中的 ▶ Internet Explorer 按钮运行 WebForm8 网页,输入用户名和密码,如图 5.16 所示。单击"确定"按钮,转向 WebForm8-1.aspx 网页,输出结果如图 5.17 所示。

图 5.16 WebForm8 网页运行界面

图 5.17 WebForm8-1 网页运行界面

从本例可以看到,在一次会话中,Session 对象中存储的值都是有效的,这里是在 WebForm8 网页中存储用户名和密码,在 WebForm8-1 网页中使用这些值。

在设计网站时,有时需要禁止用户后退或者刷新以及重复提交数据,解决方法有多种,可以通过 Session 对象来解决,其思路是设置一个标志,将这个标志放在 Session 中,在提交命令按钮 Button1 中设计相应的判断功能,基本代码如下:

```
protected void Page_Load(object sender,EventArgs e)
{   if (!Page.IsPostBack)
    {   //如果第一次载入网页就将 Updata 设为 False
        Session["Updata"] = False;
    }
}
protected void Button1_Click(object sender,EventArgs e)
{   //如果网页已经提交过(Updata 为 true)则不进行任何操作,直接返回
    if (Session["Updata"] == True) return;
    //这里放置表单验证代码,验证正确后将 Updata 设为 True
    Session["Updata"] = True;
    //这里放置转向其他网页的代码
}
```

这样用户只要成功提交之后,在提交过程中刷新网页或提交一次后单击后退按钮都不能再反复提交了。

5.8 Cookie 对象

Response 和 Request 对象都有一个 Cookies 属性,它是存放 Cookie 对象的集合,是 HttpCookieCollection 类对象,提供了操作 Cookie 的方法。而 Cookie 是 HttpCookie 类对象,提供创建和操作各 Cookie 的方法。一个 Cookie 是一段文本信息,能随着用户请求和网页在 Web 服务器和浏览器之间传递。用户每次访问站点时,Web 应用程序都可以读取 Cookie 包含的信息,从而知道用户上次登录的时间等具体信息。Cookie 可以是临时的(具有特定的过期时间和日期),也可以是永久的。

Cookie 对象和 Application、Session 对象一样,都是为了保存信息,它们之间的区别是 Cookie 对象的信息保存在客户端,而 Application 和 Session 对象的信息保存在服务器端。

通常使用 Response 对象的 Cookies 集合属性设置 Cookie 信息,使用 Request 对象的 Cookies 集合属性读取 Cookie 信息。Cookies 集合属性有 Count(返回集合中 Cookie 对象的个数)属性和 Add(向 Cookies 集合中新增一个 Cookie 对象)、Clear(删除 Cookies 集合中的所有对象)及 Remove(删除 Cookies 集合中指定名称的对象)等方法。

5.8.1 Cookie 对象的属性

Cookie 对象的常用属性及其说明如表 5.17 所示,下面介绍其中几个主要的属性。

表 5.17 Cookie 对象的常用属性及其说明

属 性	说 明
Name	获取或设置 Cookie 的名称
Expires	获取或设置 Cookie 的过期日期和时间
Domain	获取或设置 Cookie 关联的域
Path	获取或设置要与 Cookie 一起传输的虚拟路径
Secure	获取或设置一个值,通过该值指示是否安全传输 Cookie
Item	获取 HttpCookie.Values 属性的快捷方式
Value	获取或设置单个 Cookie 值
Values	获取在单个 Cookie 对象中包含的键值对的集合

1. Name 属性

通过 Cookie 的 Name 属性来指定 Cookie 的名称,因为 Cookie 是按名称保存的,如果设置了两个名称相同的 Cookie,后保存的那一个将覆盖前一个,所以在创建多个 Cookie 时,每个 Cookie 都必须具有唯一的名称,以便日后读取时识别。

例如,mycookie 是一个 Cookie 对象,则 mycookie.Name 返回该 Cookie 对象的名称。

2. Value 属性

Cookie 的 Value 属性用来指定 Cookie 中保存的值,因为 Cookie 中的值都是以字符串的形式保存的,所以当为 Value 指定值时,如果不是字符串类型的要进行类型转换。

例如,mycookie 是一个 Cookie 对象,则 mycookie.Value 返回该 Cookie 对象的值。

5.8.2 Cookie 对象的方法

Cookie 对象的常用方法及其说明如表 5.18 所示。

表 5.18 Cookie 对象的常用方法及其说明

方法	说明
Equals	判断指定的 Cookie 对象是否等于当前的 Cookie 对象
ToString	返回此 Cookie 对象的一个字符串表示形式

5.8.3 Cookie 对象的应用

1. 创建 Cookie 对象

Cookie 对象是由 HttpCookie 类来实现的,创建一个 Cookie 对象就是建立 HttpCookie 类的一个实例。HttpCookie 类具有以下构造函数:

```
public HttpCookie(string name)
public HttpCookie(string name, string value)
```

其中,name 表示 Cookie 对象的名称(对应 Name 属性),value 表示 Cookie 对象的值(对应 Value 属性)。例如:

```
HttpCookie cookie1 = new HttpCookie("mycookie1");
                                        //新建名称为 mycookie1 的 Cookie 对象
cookie1.Value = "mystring";             //其值设为"mystring"
Response.Cookies.Add(cookie1);          //添加 cookie1 对象
HttpCookie cookie2 = new HttpCookie("mycookie2","good");
                                        //新建名称为 mycookie2 的 Cookie 对象,其值为"good"
Response.Cookies.Add(cookie2);          //添加 cookie2 对象
```

2. 设置多值 Cookie

一个 Cookie 对象可以有多个值,通过子键区分。

例如,当一个名称为 mycookie 的 Cookie 对象已添加到 Response 对象中后,可以通过以下语句设置两个子键的值:

```
Response.Cookies["mycookie"]["uname"] = "Smith";
Response.Cookies["mycookie"]["uage"] = 23.ToString();
```

或者在创建 Cookie 对象的同时设置多个值:

```
HttpCookie cookie = new HttpCookie("mycookie");
```

```
cookie.Values["uname"] = "Smith";
cookie.Values["uage"] = 23.ToString();
Response.Cookies.Add(cookie);
```

3. 读取 Cookie 对象

对于单值 Cookie 对象,直接用 Request.Cookies[Cookie 的 Name 属性值]来读取其 Cookie 值。

对于多值 Cookie 对象,还需加上子键名称。例如,以下语句将 Name 为 mycookie1 的 Cookie 对象的两个子键值分别在两个文本框中输出:

```
TextBox1.Text = Request.Cookies["mycookie1"]["uname"];
TextBox2.Text = Request.Cookies["mycookie1"]["uage"];
```

4. Cookie 的有效期

Cookie 的 Expires 属性是 DateTime 类型的,用来指定 Cookie 的过期日期和时间,即 Cookie 的有效期。浏览器在适当的时候删除已经过期的 Cookie。如果不给 Cookie 指定过期日期和时间,则为会话 Cookie,不会存入用户的硬盘,在浏览器关闭后就会被删除。

应根据应用程序的需要来设置 Cookie 的有效期,如果用来保存用户的首选项,则可以把其设置为永远有效(例如 100 年);如果用来统计用户访问次数,则可以把有效期设置为半年。即使设置长期有效,用户也可以自行决定将其全部删除。

5. 修改和删除 Cookie

修改某个 Cookie 实际上是指用新的值创建新的 Cookie,并把该 Cookie 发送到浏览器,覆盖客户机上旧的 Cookie。

删除 Cookie 是修改 Cookie 的一种形式。由于 Cookie 位于用户的计算机中,所以无法直接将其删除。但是,用户可以修改 Cookie 将其有效期设置为过去的某个日期,从而让浏览器删除这个已过期的 Cookie。

【例 5.9】 在 ch5 网站中设计一个网页 WebForm9,其功能是说明 Cookie 对象的使用方法。

解:其步骤如下。

① 打开 ch5 网站,添加一个网页 WebForm9.aspx。

② 其设计界面如图 5.18 所示,其中包含两个文本框(TextBox1 和 TextBox2)和两个命令按钮(Button1 和 Button2)。在该网页上设计如下事件过程:

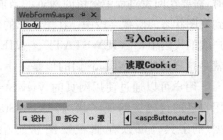

图 5.18 WebForm9 网页设计界面

```
protected void Button1_Click(object sender, EventArgs e)
{    //写入 Cookie 事件过程
    HttpCookie mycookie = new HttpCookie("cookiemc");
    mycookie.Value = TextBox1.Text;
    mycookie.Expires = DateTime.Now.AddMinutes(1);    //保存 1 分钟
    Response.Cookies.Add(mycookie);                    //添加到 Response 对象中
}
protected void Button2_Click(object sender, EventArgs e)
{    //读取 Cookie 事件过程
    if (Request.Cookies["cookiemc"] != null)
        TextBox2.Text = Request.Cookies["cookiemc"].Value;
    else
        Response.Write("<script>alert('Cookie 已过期')</script>");
}
```

③单击工具栏中的 ▶ Internet Explorer 按钮运行本网页,在 TextBox1 文本框中输入"China"字符串,然后单击"写入 Cookie"命令按钮,再单击"读取 Cookie"命令按钮,则在 TextBox2 文本框中输出 Cookie 的值,如图 5.19 所示。由于 Request.Cookies["cookiemc"]的保留时间被设置为 1 分钟,当到期后,单击"读取 Cookie"命令按钮会出现如图 5.20 所示的消息提示框,表示该 Cookie 不能再使用。

图 5.19　WebForm9 网页运行界面

图 5.20　消息提示框

说明:Cookies 是 Cookie 的集合,Page 对象并没有 Cookies 属性,所以要保存 Cookie 信息,应将其添加到 Response 对象中,由 Request 对象读出来使用。

5.9　ViewState 对象

ViewState 对象是视图状态对象,它是 Page 对象的一个属性,是 StateBag 类对象。视图状态是 ASP.NET 网页框架默认情况下用于保存往返过程之间的网页和控件值的方法。视图状态用于在同一网页的多个请求间保存和还原服务器控件的信息。当呈现网页的 HTML 形式时,需要在回发过程中保留的网页的当前状态和值将被序列化为 Base64 编码的字符串,并输出到视图状态的隐藏字段中。在第 1 章的例 1.1 中看到的服务器运行 WebForm1 网页后发送给客户端的代码中,__VIEWSTATE、__VIEWSTATEGENERATOR 和__EVENTVALIDATION 就是这样的隐藏字段,它们的值是一串乱码,实际上是序列化的结果。

用户可以通过使用网页的 ViewState 属性将往返过程中的数据保存到 Web 服务器来利用自己的代码访问视图状态。ViewState 属性是一个包含密钥/值对(其中包含视图状态数据)的字典。可以存储在视图状态中的数据类型有字符串、整数、布尔值、Array 对象、ArrayList 对象和哈希表等。

5.9.1　ViewState 对象的属性

ViewState 对象的常用属性及其说明如表 5.19 所示。

表 5.19　ViewState 对象的常用属性及其说明

属　性	说　明
Count	获取视图状态对象中的状态项个数
Item	获取或设置在视图状态对象中存储的项的值
Keys	获取表示视图状态对象中的项的键集合
Values	获取存储在视图状态对象中的视图状态值的集合

5.9.2 ViewState 对象的方法

ViewState 对象的常用方法及其说明如表 5.20 所示。

表 5.20 ViewState 对象的常用属性及其说明

方法	说明
Add	将新的状态项对象添加到 StateBag 对象。如果该项已经存在于视图状态对象中，则此方法会更新该项的值
Clear	从当前视图状态对象中移除所有项
Remove	将指定的密钥/值对从视图状态对象中移除

例如：

```
ArrayList myarr = new ArrayList(4);        //定义名为 myarr 的 ArrayList 对象
myarr.Add("item 1");                       //向 myarr 中添加 4 个元素
myarr.Add("item 2");
myarr.Add("item 3");
myarr.Add("item 4");
ViewState.Add("mystate",myarr);            //将 myarr 存储到键名为 mystate 的视图项中
ArrayList parr;                            //声明 parr
parr = (ArrayList)ViewState["mystate"];    //读取键名为 mystate 的视图项到 parr 中
```

说明：视图状态信息是使用 Base64 编码存储的，并在呈现期间包括在网页中，这会增加网页大小。在回发网页时，视图状态的内容作为网页回发信息的一部分发送。由于这会大大增加网络通信量和降低连接速度，因此建议不要在视图状态中存储大量信息。

5.9.3 ViewState 对象的应用

ViewState 对象的应用与 Application、Session 十分相似，只是将相关的键名和值存储在隐藏字段 _VIEWSTATE 中。

【例 5.10】 在 ch5 网站中设计一个网页 WebForm10，其功能是说明 Cookie 对象的使用方法。

解：其步骤如下。

① 打开 ch5 网站，添加一个网页 WebForm10.aspx。

② 其设计界面如图 5.21 所示，其中包含两个文本框（TextBox1 和 TextBox2）、两个命令按钮（Button1 和 Button2）和一个标签 Label1。在该网页上设计如下事件过程：

```
protected void Page_Load(object sender, EventArgs e)
{
    Button2.Enabled = False;
}
protected void Button1_Click(object sender, EventArgs e)
{   if (TextBox1.Text != "" && TextBox2.Text != "")
    {   ViewState["name"] = TextBox1.Text;
        ViewState["age"] = TextBox2.Text;
        Button2.Enabled = True;
    }
}
protected void Button2_Click(object sender, EventArgs e)
{   Label1.Text = "ViewState 信息如下：<br>";
```

图 5.21 WebForm10 网页设计界面

```
        Label1.Text += "姓名:" + ViewState["name"] + "<br>";
        Label1.Text += "年龄:" + ViewState["age"];
}
```

③ 单击工具栏中的 ▶ Internet Explorer 按钮运行本网页,在 TextBox1 文本框中输入"王华",在 TextBox2 文本框中输入"30",如图 5.22 所示,然后单击"存储视图状态"命令按钮,再单击"读取视图状态"命令按钮,则在 Label1 标签中输出存储的视图状态的值,如图 5.23 所示。

图 5.22　WebForm10 网页运行界面一

图 5.23　WebForm10 网页运行界面二

5.10　配置 Global.asax 文件

每个 ASP.NET 网页中都会存在许多的事件,如 Page_Load 等,用户可以在网页中通过编程来处理这些事件。作为一个 ASP.NET 应用程序也存在这样的事件,如应用程序开始时要执行什么操作,一个新 Session 被创建的时候要进行什么操作等。那么对这些事件的处理要写在什么地方呢?通常情况下这些事件处理过程应放在 Global.asax 和 Web.config 这两个文件中。有关 Web.config 文件的内容将在以后介绍,这里只讨论 Global.asax 文件。

在 ASP.NET 中都不会自动创建 Global.asax 文件,如果要创建该文件,选择"网站|添加新项"命令,在打开的"添加新项"对话框中选择"全局应用程序类"选项,如图 5.24 所示,单击"添加"按钮即可创建一个 Global.asax 文件。该文件位于 ASP.NET 应用程序的根目录下,其作用就是用来处理与应用程序相关的一些事件。

常用的应用程序相关事件及事件被触发时间如表 5.21 所示。

表 5.21　应用程序相关事件

事件名称	事件被触发的时间	事件名称	事件被触发的时间
Application_Start	应用程序启动时	Application_Error	发生错误时
Session_Start	会话启动时	Session_End	会话结束时
Application_BeginRequest	每个请求开始时	Application_End	应用程序结束时

下面通过一个示例说明 Global.asax 文件的作用。

【例 5.11】　在 ch5 网站中设计一个网页 WebForm11,其功能是统计访问网页的在线人数。

解:其步骤如下。

① 打开 ch5 网站。

第 5 章 ASP.NET 的常用对象

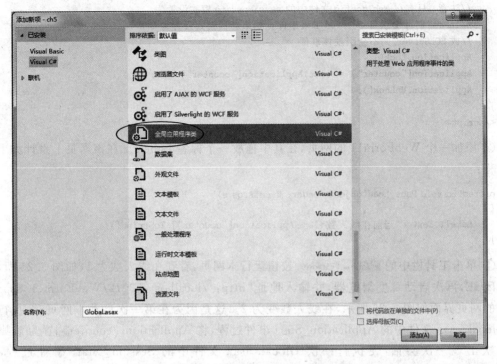

图 5.24 添加 Global.asax 文件

② 若本网站中没有 Global.asax 文件，则添加一个，否则打开该文件，修改其内容如下（只添加粗体代码部分，其他不变）：

```
<%@ Application Language="C#" %>
<script runat="server">
void Application_Start(object sender, EventArgs e)
{
    //在应用程序启动时运行的代码
    Application.Lock();
    Application["counter"] = 0;
    Application.UnLock();
}
void Application_End(object sender, EventArgs e)
{
    //在应用程序关闭时运行的代码
}
void Application_Error(object sender, EventArgs e)
{
    //在出现未处理的错误时运行的代码
}
void Session_Start(object sender, EventArgs e)
{
    //在新会话启动时运行的代码
    Application.Lock();
    Application["counter"] = (int)Application["counter"] + 1;
    Application.UnLock();
}
void Session_End(object sender, EventArgs e)
{
    //在会话结束时运行的代码
```

```
        //注意：只有在Web.config文件中的sessionstate模式设置为
        //InProc时才会引发Session_End事件。如果会话模式设置为StateServer
        //或SQLServer,则不会引发该事件
        Application.Lock();
        Application["counter"] = (int)Application["counter"] - 1;
        Application.UnLock();
    }
</script>
```

③ 添加一个 WebForm11 的网页,在其中拖放一个标签 Label1。在该网页上设计如下事件过程：

```
protected void Page_Load(object sender, EventArgs e)
{
    Label1.Text = "当前在线人数：" + Application["counter"].ToString();
}
```

④ 单击工具栏中的 ▶ Internet Explorer 按钮运行本网页,看到在线人数为 1,如图 5.25 所示。不关闭 IE,再次启动百度浏览器,并输入地址"http://localhost:53072/WebForm11.aspx",此时的网页界面如图 5.26 所示,在线人数变为 2。这是因为在第一次启动本网页时,执行一次 Global.asax 文件中的 Application_Start 事件过程,将 Application["counter"]置为 0,则以后每次出现一次会话,便执行一次 Global.asax 文件中的 Session_Start 事件过程,使 Application["counter"]增 1,当退出会话时,执行一次 Global.asax 文件中的 Session_End 事件过程,使 Application["counter"]减 1,所以 Application["counter"]的值就是在线的人数。

图 5.25　WebForm11 网页运行界面一

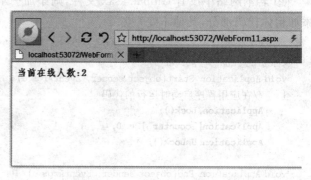

图 5.26　WebForm11 网页运行界面二

5.11　ASP.NET 网页框架

在前面的各种示例中已经介绍了动态网页设计的基本方法,本节归纳网页执行和传统桌面应用程序执行的不同点,以及网页的生命周期和网页的生命周期中的事件。

5.11.1　网页的执行方式和 ASP.NET 状态管理

当用户在浏览器中输入一个 URL 的时候,浏览器显示出带有文本框、图像、命令按钮或其他网页元素的 Web 网页。当用户输入文本框内容,然后单击某个提交按钮时,网页上就显示出新的数据,对用户的操作进行响应。所谓提交按钮,是指其 HTML 元素的 type 属性为"submit"或者导致执行表单 submit()方法的网页元素。那么这一执行过程是怎样

的呢?

对于传统的桌面应用程序,有一个用户坐下来开始运行这个应用程序,并且是在一段时间内不停地运行它,然后关闭这个应用程序。用户与这个应用程序进行交互的这段时间称为会话。如果用户在某个地方输入他的姓名,应用程序会在一定时期内记住这个姓名(这段时期称为该变量的作用域),以备随后使用。用户的姓名以及用户所做的其他更改就是所谓应用程序的状态(state)。应用程序至少需要在同一会话期间内保持这个状态,有时候需要在不同会话之间保持这个状态。

桌面应用程序总是需要保持应用程序的状态,而 Web 网页不需要。事实上,Web 应用程序模型被特意而明确地设计为"无状态"的。而 Web 用户期待 Web 应用程序能够像桌面应用程序一样具有相同的行为,所以 Web 应用程序也需要以某种方式来保持状态。

其实现方式是每次从服务器请求网页时都会创建网页类的一个新实例。这通常意味着在每次往返过程中将会丢失所有与该页面及其控件关联的信息。例如,如果用户将信息输入到 HTML 网页上的文本框中,此信息将发送到服务器,但是不会返回到客户端。为了克服 Web 编程的这一固有局限性,ASP.NET 网页框架包含几种状态管理功能,可以将往返过程之间的网页和控件值保存到 Web 服务器。ASP.NET 状态管理有以下两种方式。

1. 基于客户端的状态管理方法

基于客户端的状态管理涉及在网页中或客户端计算机上存储信息,在各往返行程间不会在服务器上维护任何信息。其常见技术有视图状态、控件状态和 Cookie 等。

(1) 视图状态

视图状态管理是通过使用 ViewState 对象实现的,在前面已介绍。

(2) 控件状态

用户可以使用 ViewState 属性来保存控件状态数据,也可以使用 ControlState 属性保持特定于某个控件的属性信息。

(3) 隐藏域

开发人员可以在 ASP.NET 网页的表单中自己创建 HiddenField 控件(自定义隐藏域)来存储任何特定于网页的信息。隐藏域在浏览器中不以可见的形式呈现,但可以像对待标准控件一样设置其属性。当向服务器提交网页时,隐藏域的内容将在 HTTP 窗体集合中随其他控件的值一起发送。

(4) Cookie

Cookie 管理是通过使用 Cookie 对象实现的,在前面已介绍。

(5) 查询字符串

查询字符串是在网页 URL 的结尾附加的信息。例如:

http://www.mysite.com/default.aspx?name=smith&age=30

在上面的 URL 路径中,查询字符串以问号(?)开始,并包含两个属性/值对,一个名为 name,另一个名为 age。

查询字符串提供了一种维护状态信息的方法,这种方法很简单,但有使用上的限制。大多数浏览器和客户端设备会将 URL 的最大长度限制为 2083 个字符。

2. 基于服务器的状态管理方法

ASP.NET 提供了多种方法用于维护服务器上的状态信息,而不是保持客户端上的信息。

通过基于服务器的状态管理,为了保留状态,可以减少发送给客户端的信息量,但它可能会使用服务器上高成本的资源。其常见技术有应用程序状态、会话状态及配置文件属性。

应用程序状态管理是采用 Application 对象实现的,会话状态管理是采用 Session 对象实现的。有关配置文件属性的内容将在本章后面介绍。

回到前面的问题,用户在浏览器中输入一个 URL,即发出一个网页请求,Web 服务器找到相应的 ASP.NET 网页,将其交给 ASP.NET 引擎,ASP.NET 引擎执行相关的程序代码,生成 HTML 网页文件,由 Web 服务器发给用户浏览器进行显示(并保存这个网页的相关信息,以便识别是第一次加载还是回传),这是第一次网页显示,其详细过程如图 5.27(a)所示。

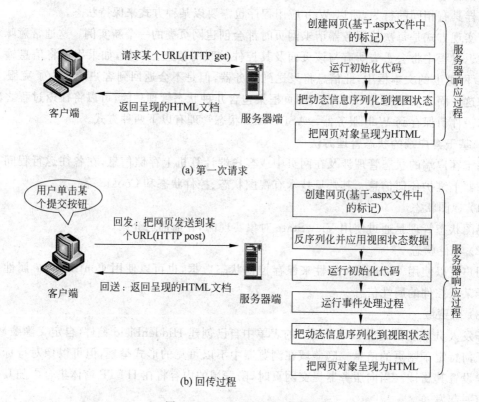

图 5.27 ASP.NET 网页请求

当用户输入文本框内容,然后单击命令按钮,这称为提交(并非每次用户操作都要提交,如果有客户端代码,如 JavaScript 代码,这些代码的执行是在客户端进行的,不需要提交),网页再次传给 Web 服务器,Web 服务器再次交给 ASP.NET 引擎,该引擎执行相关的事件处理程序,又生成 HTML 网页文件,由 Web 服务器发给用户浏览器进行显示,这称为第二次显示,这一过程称为回传过程,其详细过程如图 5.27(b)所示。这种交互过程可以一直进行下去,直到用户终止执行。

5.11.2 网页的生命周期

当请求 Web 服务器上的一个 ASP.NET 网页时,这个网页就会被加载到 Web 服务器的内存中,经过处理后,发送给用户,即从内存中卸载出去。这个过程称为网页的生命周期,它的目标就是为发送网页请求的浏览器呈现适当的 HTML 网页。

第 5 章 ASP.NET 的常用对象

网页生命周期有两种稍微不同的顺序：一种是首次加载网页时，另一种是在回传过程中再次加载网页时，图 5.28 说明了网页生命周期的各个阶段的顺序。

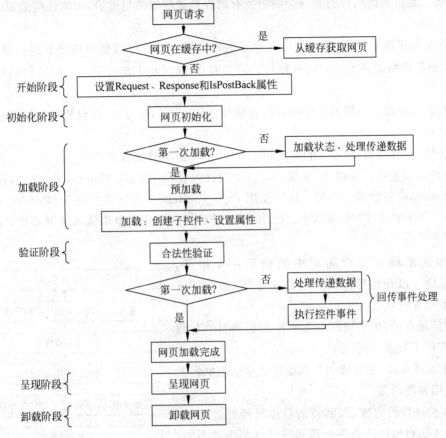

图 5.28 ASP.NET 网页的生命周期

在第一次加载网页时，生命周期由以下几个部分组成：

① 浏览器将对网页的请求发送到 Web 服务器上，ASP.NET 引擎首先要确定这个网页是否已经存在于缓存（专门用于保存最近使用过的对象的一部分内存空间）中。如果缓存中存在这个网页，Web 服务器就会取得这个网页并返回到浏览器上，本次任务就完成了；如果缓存中不存在这个网页，这个时候才真正开始网页的生命周期。

② 在开始阶段，回传模式就已经确定了。如果这个网页是另一个网页发出的请求，那么它不是一个回传（IsPostBack 置为 False）；如果这个网页是返回到 Web 服务器进行处理和重新显示的，那么它才是一个回传（IsPostBack 置为 True）。对 IsPostBack 和 PreviousPage 属性进行相应的设置，同时也要设置网页的 Request 和 Response 属性。

③ 在网页初始化阶段包含了两个通常要处理的事件，即 PreInit 和 Init 事件。如果没有编写相应的事件处理程序代码，ASP.NET 会执行事件的默认行为。在 PreInit 事件中，先在网页初始化之前确定目标设备的类型、设置母版页、创建控件树以及给控件分配唯一的 ID，这些 ID 都已经在代码中规定好了。在这个阶段，还会在网页中加载和应用用户个性化设置和主题等。

PreInit 是生命周期中的第一个能被拦截和处理的事件，这就意味着它是第一个可以编码的事件,可以通过编写代码来更改初始化网页的默认行为。在 Init 事件中,将会读取或初始化控件的属性。如果这是一个回传,那么存储在视图状态(视图状态指网页及网页上所有控件的状态,而状态是指当前用户的当前会话中所有的控件和变量的当前值)中的任何值现在还没有恢复到控件中。

④ 在加载事件中,所有的控件属性都要进行设置。用户可以使用视图状态信息,也可以访问网页的控件层次系统中的所有控件。通常在 Page_Load 方法中对加载阶段的处理例程进行更改。

⑤ 在验证阶段会调用网页中所有的验证控件的 Validate 方法,并设置相应控件和网页的 IsValid 属性。

⑥ 在呈现(或绘制)阶段,用户个性化设置、控件及视图状态都会保存下来。依次调用网页中的控件以绘制在浏览器上,也就是将各个控件组合到 HTML 标记中,标记内容可以通过网页的 Response 属性进行访问。通常使用 Page_PreRender 方法来处理 PreRender 事件。在 PreRender 事件中,HTML 实际上已经生成好,并已经发送到了原来请求的网页中,除非有自定义的用户控件。

⑦ 卸载阶段是生命周期中的最后一个阶段,Unload 事件可以处理任何最后的扫尾工作,如关闭文件、释放数据库连接等。

在回传过程中,生命周期与第一次加载网页的过程相似,但有以下几点不同:

① 在加载阶段,在完成网页初始化之后会根据需要加载和应用视图状态。

② 在验证阶段完成后,回传的数据已经经过处理,这个时候才执行控件的事件处理程序。这是很重要的,只有在网页初始化完成,Load 事件已经处理完毕之后才会调用控件的事件处理程序(如命令按钮的 Click 事件)。之所以重要是因为各种事件处理程序的执行顺序对程序处理逻辑来说是十分关键的。

5.11.3 网页生命周期中的事件

在生命周期的每个阶段都提供了可以使用的方法和事件,供程序开发人员来重写 ASP.NET 引擎的默认处理行为,或增加自己的程序处理逻辑。

网页生命周期中的事件如图 5.29 所示。从中看到,尽管 Web 应用程序模型和传统的桌面应用程序模型有较大的不同,但它通过各种事件和方法提供了极大的编程灵活性,掌握网页生命周期以及事件,就可以编写类似于桌面应用程序那样具有很强交互性的 Web 应用程序。总之,深入理解 ASP.NET 网页框架理论对于开发复杂的 Web 应用程序是十分必要的。

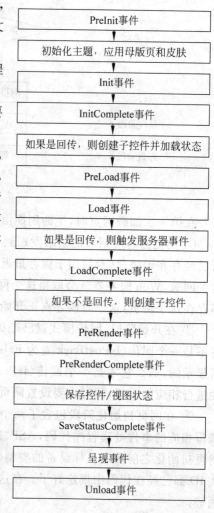

图 5.29 网页生命周期中的事件

练习题 5

1. 简述 ASP.NET 网页的处理过程。
2. 简述 Page 对象的 IsPostBack 属性和 IsValid 属性的含义，分别说明 Page 对象的 Init 事件、Load 事件和 Unload 事件何时发生。
3. 简述 Response 对象的作用。
4. 简述 Request 对象的作用。
5. 简述使用 Response.Redirect 方法、Server.Transfer 方法和 Server.Execute 方法实现网页转向上的差异。
6. 简述使用 Application 对象和 Session 对象保存用户信息上的差异。
7. 简述 Cookie 对象的作用。
8. 简述 ViewState 对象的作用。
9. 简述 Global.asax 文件的作用。
10. 简述网页的生命周期。
11. 简述网页生命周期中的主要事件。

上机实验题 5

在 ch5 网站中添加一个名称为 Experment5 的网页，用于输入学生的学号、姓名、性别和班号，均采用文本框接受用户输入。当用户单击"确定"命令按钮时在另一个网页 Experment5-1 中显示该学生信息，如图 5.30 所示。

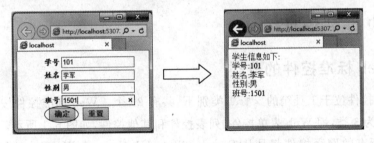

图 5.30　上机实验题 5 网页的运行界面

CHAPTER 6

第 6 章　Web 标准服务器控件

Web 标准服务器控件(简称 Web 标准控件)是开发网页中最常用的控件。所谓控件是指一个可重用的组件或对象,有自己的属性、方法和可以响应的事件。本章介绍这类 Web 标准控件的使用方法。

本章学习要点:
- ☑ 掌握 Web 标准控件的特点和分类。
- ☑ 掌握各种表单控件的使用方法。
- ☑ 掌握各种列表控件的使用方法。
- ☑ 掌握其他常用标准控件的使用方法。
- ☑ 灵活使用各种 Web 标准控件实现复杂网页的设计。

6.1　Web 标准控件概述

6.1.1　Web 标准控件的分类

Web 标准控件位于工具箱的 ◢ 标准 类别下,共有 29 个。Web 标准控件按照功能大致分为 3 类,即 Web 表单控件、列表控件和其他控件,如图 6.1 所示。

实际上,所有的网页控件都是从 System.Web.UI.Control.WebControls 直接或间接派生而来的,都包含在 System.Web.UI.WebControls 命名空间下,所以,网页程序代码都包含以下语句引用该命名空间:

```
using System.Web.UI.WebControls;
```

6.1.2　Web 标准控件的公共属性、方法和事件

1. Web 标准控件的公共属性

Web 标准控件的属性可以通过属性窗口来设置,也可以通过 HTML 代码实现,例如,设置 Label 控件的属性代码如下:

```
<asp:Label ID="Label1" runat="server" Font-Bold="True"
    Font-Size="Small" Text="一个标签" Width="80px"></asp:Label>
```

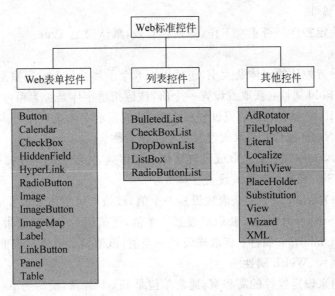

图 6.1 Web 标准控件的分类

Web 标准控件以"asp:"为前缀,ID 属性指定其 ID 值,作为控件的唯一标识,在向客户端呈现时,会将 ID 属性转换为 id 属性。每个 Web 标准服务器控件都有一系列的属性,它的公共属性如下:

(1) AccessKey 属性

该属性可以用来指定键盘的快速键。当使用者按下键盘上的 Alt 再加上所指定的值时,表示选择该控件。

(2) BackColor 属性

该属性设定对象的背景色,其属性的设定值为颜色名称或是♯RRGGBB 的格式。

(3) BorderWidth 属性

该属性可以设定控件的边框宽度。

(4) BorderColor 属性

该属性可以用来设定边框的颜色。

(5) BorderStyle 属性

该属性可以用来设定控件的边框样式,共有下面 10 种设定。

- NotSet:未设置边框样式。
- None:无边框。
- Dotted:虚线边框。
- Dashed:点划线边框。
- Solid:实线边框。
- Double:双实线边框。
- Groove:用于凹陷边框外观的凹槽状边框。
- Ridge:用于凸起边框外观的突起边框。
- Inset:用于凹陷控件外观的内嵌边框。
- Outset:用于凸起控件外观的外嵌边框。

(6) Enabled 属性

该属性用来决定控件是否正常工作，即是否有效，默认值是 True。

(7) Font 属性

该属性用于设置控件的字体及大小，包括以下 8 个子属性用来设定字型的样式。

- FontInfo.Bold 属性：获取或设置一个值，该值指示字体是否为粗体。
- FontInfo.Italic 属性：获取或设置一个值，该值指示字体是否为斜体。
- FontInfo.Name 属性：获取或设置主要字体名称。
- FontInfo.Names 属性：获取或设置字体名称序列，按希望的顺序排列。
- FontInfo.Size 属性：获取或设置字体大小。
- FontInfo.Overline 属性：获取或设置一个值，该值指示字体是否带上划线。
- FontInfo.Strikeout 属性：获取或设置一个值，该值指示字体是否带删除线。
- FontInfo.Underline 属性：获取或设置一个值，该值指示字体是否带下划线。

(8) Height 属性、Width 属性

这两个属性用来设定控件的高和宽，通常单位是 pixel（像素，简写为 px）。

(9) TabIndex 属性

该属性用来设定当用户按下 Tab 键时控件接收焦点的顺序，如果没有设定这个属性，其默认值为零。如果控件的 TabIndex 属性值相同，则是以控件在 ASP.NET 网页中被配置的顺序来决定。

(10) ToolTip 属性

该属性用来设定小提示。在设定本属性后，当用户停留在控件上时就会出现提示的文字。

(11) Visible 属性

该属性决定控件是否显示，当设定为 False 时，在运行网页时看不到该控件。

(12) CssClas 属性

该属性用来获取或设置由 Web 服务器控件在客户端呈现的级联样式表（CSS）类，即设置控件的样式。

(13) SkinID 属性

该属性获取或设置要应用于控件的外观。

(14) ViewStateMode 属性

该属性获取或设置此控件的视图状态模式，取值为 Disabled 表示禁用此控件的视图状态，即使父控件已启用了视图状态也是如此；取值为 Enabled 表示启用此控件的视图状态，即使父控件已禁用了视图状态也是如此；取值为 Inherit（默认值）表示从父控件继承 ViewStateMode 的值。

2．Web 标准控件的公共方法

Web 标准控件的公共方法如下：

(1) ApplyStyleSheetSkin 方法

该方法将网页样式表中定义的样式属性应用到控件。

(2) DataBind 方法

该方法将数据源绑定到被调用的服务器控件及其所有子控件。

(3) Dispose 方法

该方法使服务器控件得以在从内存中释放之前执行最后的清理操作。

第6章 Web标准服务器控件

(4) FindControl 方法

该方法在当前的命名容器中搜索指定的服务器控件。

(5) Focus 方法

该方法为控件设置输入焦点。

(6) GetType 方法

该方法获取当前实例的类型。

(7) HasControls 方法

该方法确定服务器控件是否包含任何子控件。

(8) Render 方法

该方法将控件呈现给指定的 HTML 编写器。

(9) RenderControl 方法

该方法生成服务器控件 HTML 输出。

(10) ResolveClientUrl 方法

该方法获取浏览器可以使用的 URL。

(11) ResolveUrl 方法

该方法将 URL 转换为在请求客户端可用的 URL。

3. Web 标准控件的公共事件

Web 标准控件的公共事件如下：

(1) DataBinding 事件

该事件当服务器控件绑定到数据源时发生。

(2) Disposed 事件

该事件当从内存释放服务器控件时发生，这是请求 ASP.NET 网页时服务器控件生存期的最后阶段。

(3) Init 事件

该事件当服务器控件初始化时发生。初始化是控件生存期的第一步。

(4) Load 事件

该事件当服务器控件加载网页时发生。

(5) PreRender 事件

该事件在加载控件对象之后、呈现之前发生。

(6) Unload 事件

该事件当服务器控件从内存中卸载时发生。

6.1.3 Web 标准控件的相关操作

1. 向网页中添加 Web 标准控件

通常有 3 种向网页中添加 Web 标准控件的方法。

(1) 双击实现添加控件

在网页上把光标停留在要添加控件的位置上，在工具箱中双击要添加的控件图标，Web 标准控件就会呈现在网页上光标停留的位置。

(2) 拖放实现添加控件

在工具箱中找到要添加的控件，然后拖放到网页中。

(3) 使用代码添加控件

在网页源视图代码中通过输入相应的代码来添加控件。

2. 网页控件的布局

设计 Web 窗体不像设计普通 Windows 窗体那样可以随意布局控件，有时设计时对齐的控件在浏览器中显示时却不能对齐，这需要进行控件布局设计，常用的方法有以下两种。

(1) 插入表实现网页控件的布局

其操作是选择"表|插入表"命令，在网页中插入一个合适的表，再在表的单元格中添加相应的控件。通过"表|修改"菜单可以对表格中的单元格进行布局，包括合并单元格、拆分单元格等。

(2) 插入层实现网页控件的布局

其操作是进入网页的源视图，添加<div>元素，在其中拖放控件，选择"格式|位置"命令，在出现的"定位"对话框中选择"相对"定位样式，然后拖动该层到合适的位置。

3. 删除 Web 标准控件

删除 Web 标准控件有两种方法：一种方法是选中要删除的控件，按 Delete 键；另一种方法是选中要删除的控件，然后右击，在弹出的快捷菜单中选择"删除"命令。

4. 动态生成控件和动态删除控件

每个控件都对应一个类，将控件放置到网页中就是生成该类的一个对象。其基本步骤如下：

(1) 创建控件的实例并设置其属性

例如，标签控件对应的类为 Label，可以用以下语句创建一个标签 label1：

```
Label label1 = new Label();
label1.Text = "一个标签";
```

控件通常在网页的初始化阶段添加到页面中，所以上述语句通常放在网页的 Page_Load 事件过程中。

(2) 将新控件添加到网页上已有容器的 Controls 集合中

例如，将前面创建的标签 label1 放在网页中的语句如下：

```
Page.Controls.Add(label1);
```

其中，Page 网页对象作为容器可以放置多个控件，其 Controls 属性是一个控件对象集合，保存网页中的所有控件对象。用户既可以用 Add 方法向其中添加控件，也可以用 Clear 等方法删除其中的控件。例如，以下语句用于动态删除网页上的所有控件对象：

```
Page.Controls.Clear();
```

说明：因为 Controls 属性是一个集合，最好使用 AddAt 方法在特定位置放置新控件，例如在其他控件的前面。

除 Page 对象之外，容器控件如 Panel 也可以采用上述方法动态生成和删除。

6.2 常用的表单控件

表单控件放置在表单中，构成表单的基本元素。本节介绍几个常用表单控件的使用方法。

6.2.1 Label 控件

Label 控件又称为标签控件,在工具箱中的图标为 **A** Label,对应命名空间 System.Web.UI.WebControls 中的 Label 类。Label 控件用于显示文本信息,其主要的属性是 Text,用于设置或获取该控件的显示文本。

注意:如果只想显示静态文本,可以使用 HTML 标记进行显示(在设计时直接在网页中输入文本),并不需要使用 Label 控件,仅当需要在服务器代码中更改文本的内容或其他特性时才使用 Label 控件。

6.2.2 TextBox 控件

TextBox 控件又称文本框控件,在工具箱中的图标为 TextBox,对应命名空间 System.Web.UI.WebControls 中的 TextBox 类。TextBox 控件用于让用户输入文本数据,它的常用属性、方法和事件如表 6.1 所示。

表 6.1 TextBox 控件的常用属性、方法和事件

类型	名称	说明
属性	AutoPostBack	获取或设置一个值,该值表示控件失去焦点时是否发生自动回发到服务器的操作
	Columns	设置文本框的水平尺寸,单位为字符
	MaxLength	设置文本框的最大字符数(不能用于多行文本框)
	ReadOnly	设置文本框是否为只读的
	Rows	设置文本框的垂直尺寸
	Text	设置文本框中显示的文本
	TextMode	设置文本框的文本模式,可取 MultiLine(多行)、Password(作为密码输入)或 SingleLine(单行)等值
	Wrap	设置多行文本框中的文本是否回绕
方法	OnTextChanged	引发 TextChanged 事件
事件	TextChanged	当文本框内容发生改变时引发此事件

默认情况下,TextMode 属性设置为 SingleLine,它创建只包含一行的文本框,还可将此属性设置为 MultiLine 或 Password,分别用于多行文本输入和密码输入。

文本框的显示宽度由其 Columns 属性确定。如果文本框是多行文本框,则显示高度由 Rows 属性确定。

使用 Text 属性确定 TextBox 控件的内容,通过设置 MaxLength 属性可以限制可输入到此控件中的字符数,将 Wrap 属性设置为 True 来指定当到达文本框的结尾时单元格内容应自动在下一行继续。

AutoPostBack 属性决定控件中的文本内容修改后是否自动回发到服务器,默认为 False,即修改文本后并不立即回发到服务器,而是等网页被提交后一并处理。若为 True,则每次更改文本框的内容并且焦点离开控件时都会自动回发,使服务器处理控件相应的 TextChanged 事件。

6.2.3 Button 控件

Button 控件又称命令按钮控件，在工具箱中的图标为 ▣ Button，对应命名空间 System. Web. UI. WebControls 中的 Button 类。Button 控件用于在网页上显示下压按钮，它的常用属性、方法和事件如表 6.2 所示。

表 6.2 Button 控件的常用属性、方法和事件

类型	名称	说明
属性	Text	设置命令按钮上显示的文本
	CommandName	单击命令按钮时该值来指定一个命令名称
	CommandArgument	单击命令按钮时将该值传递给 Command 事件
	CausesValidation	设置为 False，则所提交作为参数的表单不被检验。默认为 True
方法	OnClick	引发 Click 事件
	OnCommand	引发 Command 事件
事件	Click	单击命令按钮且包含它的表单被提交到服务器时引发此事件
	Command	单击命令按钮时引发此事件

默认的 Button 按钮为 Submit(提交)按钮，在这种情况下不要指定 CommandName 属性和 CommandArgument 属性值，其功能是在单击时激活 Click 事件将包含它的表单提交给相应的服务器进行处理。

当设置了 CommandName 属性和 CommandArgument 属性后，Button 按钮成为 Command(命令)按钮，在单击时激活 Command 事件。当多个 Command 按钮共用一个 OnCommand 方法时，可以根据 CommandArgument 值确定单击了哪个 Button 控件。对于 Command 按钮，在单击时激活 Command 事件，同样会将包含它的表单提交给相应的服务器进行处理。

【例 6.1】 在 D 盘 ASP.NET 目录中建立一个 ch6 的子目录，将其作为网站目录，然后创建一个 WebForm1 网页，其功能是说明 Submit 和 Command 按钮的使用方法。

解：其步骤如下。

① 启动 Visual Studio 2012。

② 选择"文件|新建|网站"命令，出现"新建网站"对话框，然后选择"ASP.NET 空网站"模板，选择"Web 位置"为"文件系统"，单击"浏览"按钮，选择"D:\ASP.NET\ch6"目录，单击"确定"按钮，创建一个空的网站 ch6。

③ 选择"网站|添加新项"命令，出现"添加新项-ch6"对话框，在中间列表中选择"Web 窗体页"，将文件名称改为 WebForm1.aspx，其他保持默认项，单击"添加"按钮。

④ 进入设计视图，设计本网页界面如图 6.2 所示，其中有 3 个命令按钮和一个标签 Label1。Button1 控件的 Text 属性设为"命令按钮 1"，CommandName 属性设为 Commad，CommandArgument 属性设为"命令按钮 1"；Button2 控件的 Text 属性设为"命令按钮 2"，CommandName 属性设为 Commad，CommandArgument 属性设为"命令按钮 2"；Button3 控件的 Text 属性设为"命令按钮 3"。在该网页上设计如下事件过程：

图 6.2 WebForm1 网页设计界面

```
protected void Button_Command(object sender, CommandEventArgs e)
{
    Label1.Text = "单击的是" + e.CommandArgument.ToString();
}
protected void Button3_Click(object sender, EventArgs e)
{
    Label1.Text = "单击的是命令按钮 3";
}
```

进入 Button1 的属性窗口，单击 ⚡ 按钮，设置其 Command 事件处理过程为 Button_Command，如图 6.3 所示。让 Button2 也共享 Command 事件，采用同样的操作设置 Button2 的 Command 事件处理过程为 Button_Command。

⑤ 进入网页的源视图，用户看到 3 个命令按钮对应的代码如下（粗体部分展示了它们的不同点）：

```
<asp:Button ID = "Button1" runat = "server" CommandArgument = "命令按钮 1"
    CommandName = "Command" CssClass = "auto-style1" OnCommand = "Button_Command"
    Text = "命令按钮 1" />
<asp:Button ID = "Button2" runat = "server" CommandArgument = "命令按钮 2"
    CommandName = "Command" CssClass = "auto-style1" OnCommand = "Button_Command"
    Text = "命令按钮 2" />
<asp:Button ID = "Button3" runat = "server" CssClass = "auto-style1"
    OnClick = "Button3_Click" Text = "命令按钮 3" />
```

⑥ 单击工具栏中的 ▶ Internet Explorer 按钮运行本网页，然后单击"命令按钮 2"命令按钮，其运行结果如图 6.4 所示，单击其他命令按钮的运行结果与此相似。需要注意的是，Button1 和 Button2 执行的是 Command 事件，而 Button3 执行的是 Click 事件。

图 6.3　设置 Button1 的 Command 事件处理过程　　图 6.4　WebForm1 网页运行界面

6.2.4　LinkButton 控件

LinkButton 控件又称超链接按钮控件，在工具箱中的图标为 🔲 LinkButton，对应命名空间 System.Web.UI.WebControls 中的 LinkButton 类。LinkButton 控件在功能上与 Button 控件相似，只是在呈现的样式上不同，LinkButton 控件以超链接的形式显示，它的常用属性和事件如表 6.3 所示。

和 Button 控件一样，在不设置 CommandName 属性和 CommandArgument 属性值时，LinkButton 控件为提交超链接按钮；当设置 CommandName 属性和 CommandArgument 属性值时，LinkButton 控件为命令超链接按钮。

表 6.3 LinkButton 控件的常用属性和事件

类型	名称	说明
属性	CommandArgument	获取或设置与关联的 CommandName 属性一起传递到 Command 事件处理程序的可选参数
	CommandName	获取或设置与 LinkButton 控件关联的命令名，此值与 CommandArgument 属性一起传递到 Command 事件处理程序
	PostBackUrl	获取或设置单击 LinkButton 控件时从当前页发送到的网页的 URL
	Text	获取或设置显示在 LinkButton 控件上的文本标题
事件	Click	在单击 LinkButton 控件时发生
	Command	在单击 LinkButton 控件时发生

用户可以通过设置 Text 属性或将文本放在 LinkButton 控件的开始和结束标记之间来指定要在 LinkButton 控件中显示的文本。

6.2.5 Image 控件

Image 控件又称图像控件，在工具箱中的图标为 ![Image]，对应命名空间 System.Web.UI.WebControls 中的 Image 类。Image 控件用于在网页上显示图像，它的常用属性如表 6.4 所示。

表 6.4 Image 控件的常用属性

属性	说明
AlternateText	获取或设置当图像不可用时 Image 控件中显示的替换文本
ImageAlign	获取或设置 Image 控件相对于网页上其他元素的对齐方式
ImageUrl	获取或设置在 Image 控件中显示的图像的位置

ImageUrl 属性用来获取 Image 控件中要显示的图像的地址，在通过属性窗口设置该属性时，单击 ImageUrl 属性后的 ... 按钮，将弹出一个"选择图像"对话框，可以从中选择要显示的图像。

6.2.6 ImageButton 控件

ImageButton 控件又称超图像按钮控件，在工具箱中的图标为 ![ImageButton]，对应命名空间 System.Web.UI.WebControls 中的 ImageButton 类。ImageButton 控件用于显示图像并对图像上的鼠标单击作出响应，其功能与 Button 控件类似，但按钮的外形更美观，它的常用属性和事件如表 6.5 所示。

ImageButton 控件最重要的两个属性是 ImageUrl 和 PostBackUrl。ImageUrl 属性用来获取 Image 控件中要显示的图像的地址，在通过属性窗口设置该属性时，单击 ImageUrl 属性后的 ... 按钮，将弹出一个"选择图像"对话框，可以从中选择要显示的图像。

PostBackUrl 属性用来设置单击控件时链接到的网页地址，在通过属性窗口设置该属性时，单击其后的 ... 按钮，将弹出一个"选择 URL"对话框，可以从中选择要链接到的网页地址。

表 6.5　ImageButton 控件的常用属性和事件

类型	名称	说明
属性	CommandArgument	获取或设置一个提供有关 CommandName 属性的附加信息的可选参数
	CommandName	获取或设置与 ImageButton 控件关联的命令名
	ImageAlign	获取或设置 Image 控件相对于网页上其他元素的对齐方式
	ImageUrl	获取或设置在 Image 控件中显示的图像的位置
	PostBackUrl	单击按钮时所发送到的 URL
事件	Click	在单击 ImageButton 时发生
	Command	在单击 ImageButton 时发生

和 Button 控件一样，在不设置 CommandName 属性和 CommandArgument 属性值时，ImageButton 控件为提交图像按钮；当设置 CommandName 属性和 CommandArgument 属性值时，ImageButton 控件为命令图像按钮。

6.2.7　HyperLink 控件

HyperLink 控件又称超链接控件，在工具箱中的图标为 ▲ HyperLink，对应命名空间 System.Web.UI.WebControls 中的 HyperLink 类。HyperLink 控件用于显示到其他网页的链接，类似于 HTML 的 <a href="…"> 标记。HyperLink 控件的常用属性如表 6.6 所示。

表 6.6　HyperLink 控件的常用属性

属性	说明
ImageUrl	获取或设置 HyperLink 控件显示的图像的路径
NavigateUrl	获取或设置单击 HyperLink 控件时链接到的 URL
Target	指定 NavigateUrl 的目标框架
Text	获取或设置 HyperLink 控件的文本标题

HyperLink 控件最重要的两个属性是 ImageUrl 和 NavigateUrl。ImageUrl 属性用来获取 Image 控件中要显示的图像的地址，在通过属性窗口设置该属性时，单击 ImageUrl 属性后的 [...] 按钮，将弹出一个"选择图像"对话框，可以从中选择要显示的图像。

NavigateUrl 属性用来设置单击控件时链接到的网页地址，在通过属性窗口设置该属性时，单击其后的 [...] 按钮，将弹出一个"选择 URL"对话框，可以从中选择要链接到的网页地址。

另外，Target 属性指出一个要显示转向的网页的框架或窗口，其取值参见第 3 章中的表 3.5。

6.2.8　ImageMap 控件

ImageMap 控件在工具箱中的图标为 ▣ ImageMap，对应命名空间 System.Web.UI.WebControls 中的 ImageMap 类。ImageMap 控件用于在网页上显示图像，在图像中可以指定若干作用点区域（也称为热点）。单击 ImageMap 控件内定义的作用点区域时，该控件生成到服务器的回发或导航到指定的 URL。ImageMap 控件的常用属性和事件如表 6.7 所示。

表 6.7 ImageMap 控件的常用属性和事件

类型	名称	说明
属性	ImageUrl	获取或设置 ImageMap 控件显示的图像的路径
	ImageAlign	获取或设置 ImageMap 控件中图像相对于网页上其他元素的对齐方式
	HotSpotMode	获取或设置单击 HotSpot 对象时 ImageMap 控件的 HotSpot 对象的默认行为,其取值及说明如表 6.8 所示
	HotSpots	获取 HotSpot 对象的集合,这些对象表示 ImageMap 控件中定义的作用点区域
事件	Click	单击 ImageMap 控件的 HotSpot 对象时发生

HotSpots 属性是一个 HotSpot 对象的集合,每个 HotSpot 对象指定一个或多个作用点区域。HotSpot 对象可以是以下 3 个类的对象。

- CircleHotSpot 类:该类在 ImageMap 控件中定义一个圆形作用点区域。若要定义该对象区域,需将 X 属性设置为表示圆形区域中心的 x 坐标的值,将 Y 属性设置为表示圆形区域中心的 y 坐标的值,将 Radius 属性设置为从圆心到边的距离。
- RectangleHotSpot 类:该类在 ImageMap 控件中定义一个矩形作用点区域。若要定义该对象的区域,需将 Left 属性设置为表示该矩形区域左上角的 x 坐标的值,将 Top 属性设置为表示该矩形区域左上角的 y 坐标的值,将 Right 属性设置为表示该矩形区域右下角的 x 坐标的值,将 Bottom 属性设置为表示该矩形区域右下角的 y 坐标的值。
- PolygonHotSpot 类:该类在 ImageMap 控件中定义一个多边形作用点区域。当在 ImageMap 控件中定义不规则形状的作用点区域时,PolygonHotSpot 对象很有用。例如,在地图中可以使用它来定义单独区域。若要定义 PolygonHotSpot 区域,需将 Coordinates 属性设置为指定 PolygonHotSpot 对象每个顶点的坐标的字符串。多边形顶点是两条多边形边的交点。

在应用中还需要为一个 ImageMap 控件中的所有 HotSpot 对象指定 HotSpotMode 属性(其取值如表 6.8 所示)、PostBackValue 属性(获取或设置单击 HotSpot 时在事件数据中传递的 HotSpot 对象名称)和 NavigateUrl(获取或设置单击 HotSpot 对象时导航至的 URL)。

表 6.8 HotSpotMode 属性的取值及说明

属性值	说明
Inactive	HotSpot 对象不具有任何行为
NotSet	HotSpot 对象使用由 ImageMap 控件的 HotSpotMode 属性设置的行为,如果 ImageMap 控件未定义行为,HotSpot 对象将导航到 URL
Navigate	HotSpot 对象导航到 URL
PostBack	HotSpot 对象生成到服务器的回发

若一个 ImageMap 控件中包含的所有 HotSpot 对象都具有相同的行为,可以使用 ImageMap 控件的 HotSpotMode 属性指定行为,然后将每个 HotSpot 对象的 HotSpotMode 属性都设置为 HotSpotMode.NotSet,也可以不指定 HotSpot.HotSpotMode 属性的值。若一个 ImageMap 控件中包含的 HotSpot 对象具有不同的行为,则必须为每个 HotSpot 对象单独设置 HotSpot.HotSpotMode 属性值。如果 ImageMap 控件和所包含的 HotSpot 对象都设置了 HotSpotMode 属性,则针对每个 HotSpot 对象指定的 HotSpot.HotSpotMode 属性将优先于 ImageMap 控件的 ImageMap.HotSpotMode 属性。

在属性窗口中单击 ImageMap 控件的 HotSpots 属性后的 ... 按钮,将弹出一个"HotSpot 集合编辑器"对话框,可以添加 HotSpot 对象,图 6.5 所示的是添加 3 个热点,用户也可以通过网页的源视图修改或添加网页中的热点。

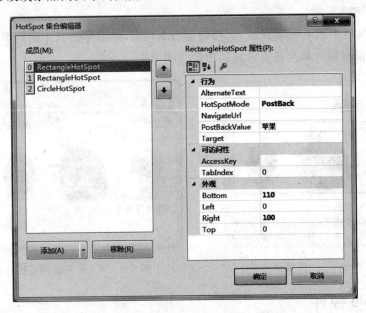

图 6.5 "HotSpot 集合编辑器"对话框

【例 6.2】 在 ch6 网站中设计一个 WebForm2 网页,其功能是说明 ImageMap 控件和热点的使用方法。

解:其步骤如下。

① 打开 ch6 网站,在解决方案资源管理器中右击"ch6"项目名,在出现的快捷菜单中选择"添加|新建目录"命令,添加一个名称为 Images 的目录,在其中放入一个"水果.jpg"的图像文件。

② 选择"网站|添加新项"命令,出现"添加新项-ch6"对话框,在中间列表中选择"Web 窗体",将文件名称改为 WebForm2.aspx,其他保持默认项,单击"添加"按钮。

③ 本网页的设计界面如图 6.6 所示,其中有一个 ImageMap 控件 ImageMap1 和一个标签 Label1。将 ImageMap1 控件的 ImageUrl 属性设为"水果.jpg"图像,HotSpotMode 属性设为 PostBack,并通过"HotSpot 集合编辑器"对话框设置 3 个热点,分别对应 3 个水果的位置,前两个多边形对应苹果和草莓图像,后一个圆形对应桃子图像。

④ 在该网页上设计如下事件过程:

```
protected void ImageMap1_Click(object sender, ImageMapEventArgs e)
{
    Label1.Text = "您单击了" + e.PostBackValue;
}
```

⑤ 进入网页的源视图进行修改,ImageMap1 控件对应的代码如下:

```
<asp:ImageMap ID = "ImageMap1" runat = "server" Height = "116px"
    ImageUrl = "~/Images/水果.jpg" OnClick = "ImageMap1_Click" Width = "307px">
    <asp:RectangleHotSpot HotSpotMode = "PostBack"
        PostBackValue = "苹果" Left = "0" Top = "0" Right = "100" Bottom = "110" />
```

```
        <asp:RectangleHotSpot HotSpotMode = "PostBack"
            PostBackValue = "草莓" Left = "110" Top = "0" Right = "210" Bottom = "110" />
        <asp:CircleHotSpot HotSpotMode = "PostBack" PostBackValue = "桃子"
            Radius = "45" X = "260" Y = "65" />
</asp:ImageMap>
```

⑥ 单击工具栏中的 ▶ Internet Explorer 按钮运行本网页，然后单击其中的圆形热点，其结果如图 6.7 所示，当鼠标指针移开热点时该圆形会立即消失。

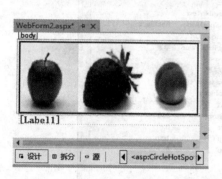

图 6.6　WebForm2 网页设计界面

图 6.7　WebForm2 网页运行界面

6.2.9　Table 控件

Table 控件又称表格控件，在工具箱中的图标为 ▦ Table，对应命名空间 System.Web.UI.WebControls 中的 Table 类。Table 控件用于在网页上显示表格，其常用属性如表 6.9 所示。

表 6.9　Table 控件的常用属性及其说明

属　　性	说　　明
BackImageUrl	获取或设置要在 Table 控件的后面显示的背景图像的 URL
CellPadding	获取或设置单元格的内容和单元格的边框之间的空间量
CellSpacing	获取或设置单元格间的空间量
GridLines	获取或设置 Table 控件中显示的网格线型
Rows	获取 Table 控件中行的集合

在属性窗口中单击 Table 控件的 Rows 属性后 ⋯ 按钮，弹出一个"TableRow 集合编辑器"对话框，可以添加行对象，如图 6.8 所示。对于每个行对象，又可以单击 Cells 属性后的 ⋯ 按钮，弹出一个"TableCell 集合编辑器"对话框，以添加单元格，如图 6.9 所示。

Table 对象的 Rows 属性是一个行集合（即一个 TableRowCollection 类对象），每个行是一个 TableRow 对象。用户可以使用常用的集合方法操作 Table 对象的 Rows 属性，例如，Add 方法将指定的 TableRow 对象追加到 Rows 属性的结尾处，Clear 方法从 Rows 属性中移除所有 TableRow 对象，Remove 方法从 Rows 属性中移除指定的 TableRow。

TableRow 对象的 Cells 属性是一个单元格集合（即一个 TableCellCollection 类对象），每个单元格是一个 TableCell 对象。用户可以使用常用的集合方法操作 TableRow 对象的 Cells 属性。

TableCell 类表示 Table 控件中的单元格。用户可以使用其 Text 属性指定或确定单元格

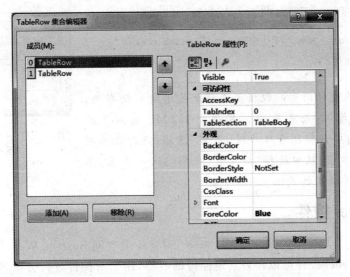

图 6.8 "TableRow 集合编辑器"对话框

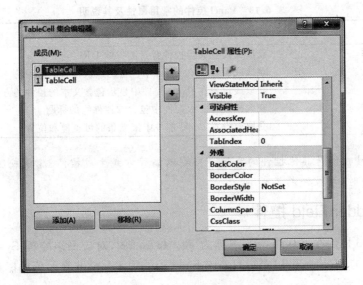

图 6.9 "TableCell 集合编辑器"对话框

的内容,设置 HorizontalAlign 和 VerticalAlign 属性来指定单元格内容的对齐方式,使用 Wrap 属性指定单元格内容是否在单元格内换行。

图 6.10 是一个 Table 控件在浏览器中的运行结果,其对应的 HTML 代码如下:

```
<asp:Table ID="Table1" runat="server" BorderStyle="Groove" BorderWidth="1px"
    CellPadding="1" CellSpacing="1" GridLines="Both" Width="223px">
    <asp:TableRow runat="server" ForeColor="Blue" HorizontalAlign="Center">
        <asp:TableCell runat="server" Font-Bold="True" Font-Names="楷体"
            ForeColor="Red">学号</asp:TableCell>
        <asp:TableCell runat="server" Font-Bold="True" Font-Names="楷体"
            Font-Size="Medium" ForeColor="#FF3300">姓名</asp:TableCell>
    </asp:TableRow>
    <asp:TableRow runat="server" ForeColor="#FF5050" HorizontalAlign="Center">
        <asp:TableCell runat="server" Font-Bold="True"
```

```
                    Font-Names="仿宋">101</asp:TableCell>
        <asp:TableCell runat="server" Font-Bold="True"
                    Font-Names="仿宋">王华</asp:TableCell>
        </asp:TableRow>
</asp:Table>
```

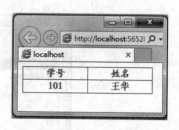

图 6.10　一个 Table 控件的运行结果

说明：如果在设计网页时仅仅用表格就能进行页面布局，最好不用 Table 控件，而是采用工具箱中 HTML 类别下的 Table 标记。或者将鼠标指针移动到 <div> 区域，此时菜单栏中会出现"表"菜单项，从中选择"插入表"命令插入一个表，然后通过"格式"菜单对其格式化。

6.2.10　Panel 控件

Panel 控件在工具箱中的图标为 ▦ Panel，对应命名空间 System.Web.UI.WebControls 中的 Panel 类。Panel 控件可以作为其他控件的容器，用于对控件进行分组，以帮助用户组织 Web 网页的内容。其常用属性如表 6.10 所示。

表 6.10　Panel 控件的常用属性及其说明

属 性	说 明
BackImageUrl	获取或设置面板控件背景图像的 URL
DefaultButton	获取或设置 Panel 控件中包含的默认按钮的标识符
Direction	获取或设置在 Panel 控件中显示包含文本的控件的方向
GroupingText	获取或设置面板控件中包含的控件组的标题
ScrollBars	获取或设置 Panel 控件中滚动条的可见性和位置

说明：Panel 控件是其他控件的容器。当要以编程方式生成控件、隐藏或显示一组控件或本地化一组控件时，该控件尤其有用。

6.2.11　HiddenField 控件

HiddenField 控件在工具箱中的图标为 ▦ HiddenField，对应命名空间 System.Web.UI.WebControls 中的 HiddenField 类。HiddenField 控件用于存储非显示值的隐藏字段，其常用属性如表 6.11 所示。

HiddenField 控件用于存储一个值，一般使用 Value 属性来设置 HiddenField 控件的值，在向服务器的各次发送过程中需保持该值，它呈现为<input type="hidden"/>元素。

表 6.11　HiddenField 控件的常用属性和事件

类型	名　称	说　明
属性	Value	获取或设置隐藏字段的值
事件	ValueChanged	在向服务器的各次发送过程中，当 HiddenField 控件的值更改时发生

通常情况下，网页的状态由视图状态、会话状态和 cookie 来维持。但是，如果这些方法被禁用或不可用，则可以使用 HiddenField 控件来存储状态值。

6.2.12　Calendar 控件

Calendar 控件又称为日历控件，在工具箱中的图标为 ▦ Calendar，对应命名空间 System.

Web.UI.WebControls 中的 Calendar 类。Calendar 控件用于显示单月月历,该月历使用户可以选择日期并移到下个月或上个月。Calender 控件的常用属性和事件如表 6.12 所示。

表 6.12 Calender 控件的常用属性和事件

类型	名称	说明
属性	Caption	获取或设置呈现为日历标题的文本值
	CaptionAlign	获取或设置呈现为日历标题的文本的对齐方式
	CellPadding	获取或设置单元格的内容和单元格的边框之间的空间量
	CellSpacing	获取或设置单元格间的空间量
	DayHeaderStyle	获取显示一周中某天的部分的样式属性
	DayNameFormat	获取或设置周中各天的名称格式
	DayStyle	获取显示的月份中日期的样式属性
	FirstDayOfWeek	获取或设置要在 Calendar 控件的第一天列中显示的一周中的某天
	NextMonthText	获取或设置为下一月导航控件显示的文本
	PrevMonthText	获取或设置为前一月导航控件显示的文本
	SelectedDate	获取或设置选定的日期
	SelectedDates	获取 System.DateTime 对象的集合,这些对象表示 Calendar 控件上的选定日期
	SelectedDayStyle	获取选定日期的样式属性
	SelectionMode	获取或设置 Calendar 控件上的日期选择模式,该模式指定用户可以选择单日、一周还是整月
	SelectMonthText	获取或设置为选择器列中月份选择元素显示的文本
	SelectWeekText	获取或设置为选择器列中周选择元素显示的文本
	ShowDayHeader	获取或设置一个值,该值指示是否显示一周中各天的标头
	ShowGridLines	获取或设置一个值,该值指示是否用网格线分隔 Calendar 控件上的日期
	TitleStyle	获取 Calendar 控件的标题标头的样式属性
	TodayDayStyle	获取 Calendar 控件上今天日期的样式属性
	TodaysDate	获取或设置今天的日期的值
	WeekendDayStyle	获取 Calendar 控件上周末日期的样式属性
事件	SelectionChanged	当用户通过单击日期选择器控件选择一天、一周或整月时发生

【例 6.3】 在 ch6 网站中设计一个 WebForm3 网页,其功能是说明 Calender 控件的使用方法。

解:其步骤如下。

① 打开 ch6 网站,选择"网站|添加新项"命令,出现"添加新项-ch6"对话框,在中间列表中选择"Web 窗体",将文件名称改为 WebForm3.aspx,其他保持默认项,单击"添加"按钮。

② 本网页的设计界面如图 6.11 所示,其中有一个 Calender 控件 Calender1 和一个标签 Label1。在该网页上设计如下事件过程:

```
protected void Calendar1_SelectionChanged(object sender, EventArgs e)
{   Label1.Text = "选取的日期:" +
        Calendar1.SelectedDate.ToLongDateString();
}
```

③ 单击工具栏中的 ▶ Internet Explorer 按钮运行本网页,选中 2015 年 4 月 20 日,其结果如图 6.12 所示。

图 6.11 WebForm3 网页设计界面

图 6.12 WebForm3 网页运行界面

6.2.13 RadioButton 控件

RadioButton 控件又称单选按钮控件，在工具箱中的图标为 ⊙ RadioButton，对应命名空间 System.Web.UI.WebControls 中的 RadioButton 类。RadioButton 类派生自 CheckBox 类，允许用户互斥地从多个 RadioButton 控件中选择一个。RadioButton 控件的常用属性和事件如表 6.13 所示。

表 6.13 RadioButton 控件的常用属性和事件

类型	名称	说明
属性	AutoPostBack	获取或设置一个值，该值指示在单击时 RadioButton 状态是否自动回发到服务器
	Checked	获取或设置一个值，该值指示是否已选中 RadioButton 控件
	GroupName	获取或设置单选按钮所属的组名
	Text	获取或设置与 RadioButton 关联的文本标签
事件	CheckedChanged	当 Checked 属性的值在向服务器进行发送期间更改时发生

RadioButton 控件中的 GroupName 是一个非常重要的属性，如果网页中有多个 RadioButton 控件，那些 GroupName 属性相同的 RadioButton 控件在逻辑上属于一个组，所以对于属同一组的 RadioButton 控件需将它们的 GroupName 属性设置为同一值。

RadioButton 控件主要的事件是 CheckedChanged，当用户单击该控件时引发执行对应的事件处理过程。

【例 6.4】 在 ch6 网站中设计一个 WebForm4 网页，其功能是说明 RadioButton 控件的使用方法。

解：其步骤如下。

① 打开 ch6 网站，选择"网站|添加新项"命令，出现"添加新项-ch6"对话框，在中间列表中选择"Web 窗体"，将文件名称改为 WebForm4.aspx，其他保持默认项，单击"添加"按钮。

② 本网页的设计界面如图 6.13 所示，其中有一个 Panel 控件 Panel1、一个命令按钮 Button1 和一个标签 Label1。Panel1 放置 4 个 RadioButton 控件，它们的 ID 属性从上到下分别为 sel1～sel4，将它们的 GroupName 属性都设置为 op。在该网页上设计如下事件过程：

```
protected void Button1_Click(object sender, EventArgs e)
{    if (sel3.Checked)
```

```
            Label1.Text = "答对了,好棒啊";
        else
            Label1.Text = "答错了,加油啊";
}
```

③ 单击工具栏中的 ▶ Internet Explorer 按钮运行本网页,选中"Windows"选项,单击"确定"命令按钮,其结果如图 6.14 所示。

图 6.13　WebForm4 网页设计界面　　　图 6.14　WebForm4 网页运行界面

6.2.14　CheckBox 控件

CheckBox 控件又称复选框控件,在工具箱中的图标为 ☑ CheckBox ,对应命名空间 System.Web.UI.WebControls 中的 CheckBox 类。该控件为用户提供了一种输入布尔型数据的方法,允许用户进行多项选择,对应 HTML 的 <input type="checkbox">。CheckBox 控件的常用属性和事件如表 6.14 所示。

表 6.14　CheckBox 控件的常用属性和事件

类型	名　　称	说　　　　明
属性	AutoPostBack	获取或设置一个值,该值指示在单击时 CheckBox 状态是否自动回发到服务器
	Checked	获取或设置一个值,该值指示是否已选中 CheckBox 控件
	Text	获取或设置与 CheckBox 关联的文本标签
事件	CheckedChanged	当 Checked 属性的值在向服务器进行发送期间更改时发生

【例 6.5】　在 ch6 网站中设计一个 WebForm5 网页,其功能是说明 CheckBox 控件的使用方法。

解:其步骤如下。

① 打开 ch6 网站,选择"网站|添加新项"命令,出现"添加新项-ch6"对话框,在中间列表中选择"Web 窗体",将文件名称改为 WebForm5.aspx,其他保持默认项,单击"添加"按钮。

② 本网页的设计界面如图 6.15 所示,其中有一个 Panel 控件 Panel1、一个命令按钮 Button1 和一个标签 Label1。Panel1 放置 4 个 CheckBox 控件,它们的 ID 属性从上到下分别为 sel1~sel4。在该网页上设计如下事件过程:

```
protected void Button1_Click(object sender, EventArgs e)
{   if (sel1.Checked && !sel2.Checked && sel3.Checked && !sel4.Checked)
```

```
            Label1.Text = "答对了,好棒啊";
    else
            Label1.Text = "答错了,加油啊";
}
```

③ 单击工具栏中的 ▶ Internet Explorer 按钮运行本网页,选中第2、3个选项,单击"确定"命令按钮,其结果如图6.16所示。

图6.15 WebForm5网页设计界面

图6.16 WebForm5网页运行界面

6.3 常用的列表控件

列表控件可以存放多个数据项,本节介绍几个常用列表控件的使用方法。

6.3.1 DropDownList 控件

DropDownList 控件又称下拉列表控件,在工具箱中的图标为 ▤ DropDownList,对应命名空间 System.Web.UI.WebControls 中的 DropDownList 类,它是从 ListControl 类派生的。ListControl 类用作定义所有列表类型控件通用的属性、方法和事件的抽象基类,所以所有的列表控件具有许多相同的特性。

使用 DropDownList 控件可以创建只允许用户从中选择一项的下拉列表控件,它的常用属性和事件如表6.15所示。

表6.15 DropDownList控件的常用属性和事件

类型	名称	说明
属性	AutoPostBack	该值指示当用户更改列表中的选定内容时是否自动产生向服务器的回发
	DataMember	获取或设置要绑定到控件的 DataSource 中的特定表
	DataSource	获取或设置填充列表控件项的数据源
	DataTextField	获取或设置为列表项提供文本内容的数据源字段
	DataValueField	获取或设置为各列表项提供值的数据源字段
	Items	获取列表控件项的集合
	SelectedItem	获取列表控件中索引最小的选定项
事件	SelectedIndexChanged	当列表控件的选定项在信息发往服务器期间变化时发生
	TextChanged	当 Text 和 SelectedValue 属性更改时发生

使用 SelectedIndex 属性以编程方式指定或确定 DropDownList 控件中的选定项的索引。DropDownList 控件中总是选择一项,无法同时取消选择列表中的所有项。DropDownList 控件中的项的索引从零开始。

注意:若要使 DropDownList 控件执行 SelectedIndexChanged 等事件处理过程,需要将该控件的 AutoPostBack 属性设置为 True(默认值为 False)。也就是说,只要用户从列表控件中进行选择,就会立即引发 SelectedIndexChanged 事件,如果 AutoPostBack 属性为 True,则每次选择时都将表单发送到服务器,但在每个往返行程中选定的项保持不变。

DropDownList 控件的 Items 是一个集合属性,其中每个元素(项)是一个 ListItem 对象。Items 是 ListItemCollection 类的对象,而 ListItemCollection 类的常用属性和方法如表 6.16 所示。

表 6.16 ListItemCollection 类的常用属性和事件

类型	名称	说明
属性	Count	获取集合中的 ListItem 对象数
	Item	获取集合中指定索引处的 ListItem
方法	Add	将 ListItem 追加到集合的结尾
	AddRange	将 ListItem 对象数组中的项添加到集合
	Clear	从集合中移除所有 ListItem 对象
	Contains	确定集合是否包含指定的项
	FindByText	搜索集合中具有 Text 属性且包含指定文本的 ListItem
	FindByValue	搜索集合中具有 Value 属性且包含指定值的 ListItem
	IndexOf	确定索引值,该值表示指定 ListItem 在集合中的位置
	Insert	将 ListItem 插入集合中的指定索引位置
	Remove	从集合中移除 ListItem
	RemoveAt	从集合中移除指定索引位置的 ListItem

在设计时设置 Items 属性的方法是单击 DropDownList1 控件右上角的 ▶ 按钮,出现如图 6.17 所示的"DropDownList 任务"菜单,选择"编辑项"命令,打开如图 6.18 所示的"ListItem 集合编辑器"对话框,通过"添加"按钮增加 Items 属性中的各个项,并输入各项的 Text 和 Value 属性值,这里添加了 4 项,对应的 HTML 代码如下:

```
<asp:DropDownList ID = "DropDownList1" runat = "server">
    <asp:ListItem>打球</asp:ListItem>
    <asp:ListItem>跑步</asp:ListItem>
    <asp:ListItem>看书</asp:ListItem>
    <asp:ListItem>上网</asp:ListItem>
</asp:DropDownList>
```

图 6.17 "DropDownList 任务"菜单

在运行程序时也可以动态地向 DropDownList 控件中添加项。例如,以下语句用于向 DropDownList1 控件中添加 4 项:

```
DropDownList1.Items.Add("打球");
DropDownList1.Items.Add("跑步");
DropDownList1.Items.Add("看书");
DropDownList1.Items.Add("上网");
```

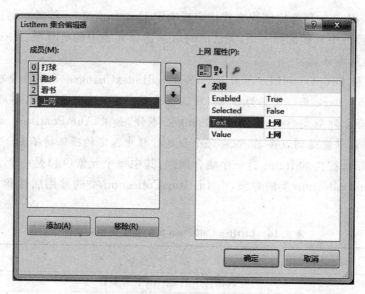

图 6.18 "ListItem 集合编辑器"对话框

【例 6.6】 在 ch6 网站中设计一个 WebForm6 网页,其功能是说明 DropDownList 控件的使用方法。

图 6.19 WebForm6 网页设计界面

解:其步骤如下。

① 打开 ch6 网站,选择"网站|添加新项"命令,出现"添加新项-ch6"对话框,在中间列表中选择"Web 窗体",将文件名称改为 WebForm6.aspx,其他保持默认项,单击"添加"按钮。

② 本网页的设计界面如图 6.19 所示,其中有一个 DropDownList 控件 sel(其 AutoPostBack 属性设为 True)和一个标签 Label1(Text 属性设为空)。在该网页上设计如下事件过程:

```
protected void Page_Load(object sender, EventArgs e)
{    if (!Page.IsPostBack)
    {    sel.Items.Add("汉族");
        sel.Items.Add("满族");
        sel.Items.Add("回族");
        sel.Items.Add("土家族");
        sel.Items.Add("其他");
        sel.AutoPostBack = true;
    }
}
protected void sel_SelectedIndexChanged(object sender, EventArgs e)
{
    Label1.Text = "您的选择是" + sel.SelectedItem.Text;
}
```

③ 单击工具栏中的 ▶ Internet Explorer 按钮运行本网页,在 DropDownList 控件 sel 中选择"回族",其结果如图 6.20 所示。在用户选择一个不同的选项时,将信息发往服务器,从而执行 sel_SelectedIndexChanged 事件过程。如果 AutoPostBack 属性设置为 False,则不会执行 sel_

SelectedIndexChanged 事件过程(它是服务器事件过程)。

6.3.2 ListBox 控件

ListBox 控件又称下拉列表框控件,在工具箱中的图标为 ListBox,对应命名空间 System.Web.UI.WebControls 中的 ListBox 类。ListBox 控件允许用户从预定义列表中选择一项或多项。它与 DropDownList 控件的不同之处在于它可一次显示多项,也可允许用户选择多项。ListBox 控件的常用属性和事件如表 6.17 所示。

图 6.20 WebForm6 网页运行界面

表 6.17 ListBox 控件的常用属性和事件

类型	名 称	说 明
属性	AutoPostBack	该值指示当用户更改列表中的选定内容时是否自动产生向服务器的回发
	DataMember	获取或设置数据绑定控件绑定到的数据列表的名称
	DataSource	获取或设置填充 ListBox 控件的数据源
	DataTextField	获取或设置为 ListBox 控件提供文本内容的数据源字段
	DataValueField	获取或设置为各列表项提供值的数据源字段
	Items	获取 ListBox 控件项的集合
	Rows	获取或设置 ListBox 控件中显示的行数
	SelectedItem	获取 ListBox 控件中索引最小的选定项
	SelectedMode	获取或设置 ListBox 控件的选择模式,可选 Single(只能选一项)或 Multiple(可以选多项)
事件	SelectedIndexChanged	当列表控件的选定项在信息发往服务器之间变化时发生
	TextChanged	当 Text 和 SelectedValue 属性更改时发生

ListBox 控件的 Items 是一个集合属性,其中每个元素(项)是一个 ListItem 对象。Items 属性用来设置子选项,每个子选项都具有索引值,索引值开始为 0。实际上,ListBox 控件的 Items 属性也是一个 ListItemCollection 类对象,ListItemCollection 类的常用属性和方法如表 6.16 所示。

向 ListBox 控件中添加项的过程与 DropDownList 控件的过程相似。在设计时设置 Items 属性的方法是单击 ListBox 控件右上角的 ▶ 按钮,出现"ListBox 任务"菜单,选择"编辑项"命令,打开"ListItem 集合编辑器"对话框,通过"添加"按钮增加 Items 属性中的各个项,并输入各项的 Text 和 Value 属性值。若对于 ListBox1 控件添加类似图 6.18 的 4 个项,对应的 HTML 代码如下:

```
<asp:ListBox ID = "ListBox1" runat = "server">
    <asp:ListItem>打球</asp:ListItem>
    <asp:ListItem>跑步</asp:ListItem>
    <asp:ListItem>看书</asp:ListItem>
    <asp:ListItem>上网</asp:ListItem>
</asp:ListBox>
```

用户也可以在运行程序时动态地向 ListBox 控件中添加项。例如,以下语句向 ListBoxt1 控件中添加 4 个项:

```
ListBox1.Items.Add("打球");
```

```
ListBox1.Items.Add("跑步");
ListBox1.Items.Add("看书");
ListBox1.Items.Add("上网");
```

与 DropDownList 控件相同,若要执行 SelectedIndexChanged 等事件处理过程,需要将该控件的 AutoPostBack 属性设置为 True(默认值为 False)。另外,若允许多行选择,需要将 SelectionMode 设置为 Multiple。

【例 6.7】 在 ch6 网站中设计一个 WebForm7 网页,其功能是说明 ListBox 控件的使用方法。

解:其步骤如下。

① 打开 ch6 网站,选择"网站|添加新项"命令,出现"添加新项-ch6"对话框,在中间列表中选择"Web 窗体",将文件名称改为 WebForm7.aspx,其他保持默认项,单击"添加"按钮。

② 本网页的设计界面如图 6.21 所示,其中有一个 ListBox 控件 ListBox1 和一个标签 Label1(Text 属性设为空)。在该网页上设计如下事件过程:

```
protected void Page_Load(object sender, EventArgs e)
{   if (!Page.IsPostBack)
    {   ListBox1.Items.Add("北京大学");
        ListBox1.Items.Add("清华大学");
        ListBox1.Items.Add("南京大学");
        ListBox1.Items.Add("武汉大学");
        ListBox1.Items.Add("吉林大学");
        ListBox1.Items.Add("湖南大学");
    }
    ListBox1.AutoPostBack = True;
    ListBox1.Rows = 5;
    ListBox1.SelectionMode = System.Web.UI.WebControls.ListSelectionMode.Multiple;
}
protected void ListBox1_SelectedIndexChanged(object sender, EventArgs e)
{   string mystr = "";
    foreach (ListItem it in ListBox1.Items)
        if (it.Selected == True)
            mystr = mystr + it.Text + "   ";
    Label1.Text = "你选择的是:" + mystr;
}
```

③ 单击工具栏中的 ▶ Internet Explorer 按钮运行本网页,按下 Ctrl 键不放,从 ListBox1 控件中选择"清华大学"和"武汉大学"两项,其结果如图 6.22 所示。

图 6.21 WebForm7 网页设计界面

图 6.22 WebForm7 网页运行界面

6.3.3 RadioButtonList 控件

RadioButtonList 控件又称单选按钮列表控件，在工具箱中的图标为 RadioButtonList，对应命名空间 System.Web.UI.WebControls 中的 RadioButtonList 类。RadioButtonList 控件用于构建单选按钮列表，允许用户互斥地从列表中选择一个。RadioButtonList 控件的常用属性和事件如表 6.18 所示。

表 6.18 RadioButtonList 控件的常用属性和事件

类型	名 称	说 明
属性	AutoPostBack	获取或设置一个值，该值指示当用户更改列表中的选定内容时是否自动产生向服务器的回发
	Items	表示控件对象中所有项的集合
	SelectedIndex	获取或设置列表中选定项的最低序号索引
	SelectedItem	获取列表控件中索引最小的选定项
	SelectedValue	获取列表控件中选定项的值，或选择列表控件中包含指定值的项
	Text	获取或设置 RadioButtonList 控件的 SelectedValue 属性
	RepeatColumns	获取或设置要在 RadioButtonList 控件中显示的列数
	RepeatDirection	获取或设置组中单选按钮的显示方向，值为 Horizontal 表示列表项以行的形式水平显示，从左到右、自上而下地加载，直到呈现出所有的项；值为 Vertical（默认值）表示列表项以列的形式垂直显示，自上而下、从左到右地加载，直到呈现出所有的项
	RepeatLayout	获取或设置一个值，该值指定是否将使用 table 元素（默认值）、ul 元素、ol 元素或 span 元素来呈现列表
	TextAlign	获取或设置组内单选按钮的文本对齐方式，取值为 Left 表示与单选按钮控件关联的文本显示在该控件的左侧；取值为 Right（默认值）表示与单选按钮控件关联的文本显示在该控件的右侧
事件	CheckedIndexChanged	当列表控件的选定项在信息发往服务器之间变化时发生
	TextChanged	当 Text 和 SelectedValue 属性更改时发生

RadioButtonList 控件中的 Items 属性用来设置子选项，每个子选项都具有索引值，索引值开始为 0；Items 是 ListItemCollection 类的对象，而 ListItemCollection 类的常用属性和方法如表 6.16 所示。在 RadioButtonList 控件中使用一组 Selected 属性来判断子选项是否被选中。

和 ListBox 一样，用户可以通过"ListItem 集合编辑器"对话框添加 RadioButtonList 控件的各个选项。同样，RadioButtonList 控件的主要事件是 SelectedIndexChanged，当用户单击其中的一个选项时引发执行对应的事件处理过程，但需要设置其 AutoPostBack 属性为 True。

在默认情况下，RadioButtonList 控件只显示一列按钮。开发人员可以将 RadioButtonList 控件的 RepeatColumns 属性设置为所需的列数，在这些列中还可以使用 RepeatDirection 枚举将 RepeatDirection 属性设置为 Vertical（默认值）或 Horizontal。

【例 6.8】 在 ch6 网站中设计一个 WebForm8 网页，其功能是说明 RadioButtonList 控件的使用方法。

解：其步骤如下。

① 打开 ch6 网站，选择"网站|添加新项"命令，出现"添加新项-ch6"对话框，在中间列表中选择"Web 窗体"，将文件名称改为 WebForm8.aspx，其他保持默认项，单击"添加"按钮。

② 本网页的设计界面如图 6.23 所示。插入一个 5×2 的表格,将第 1 行的两列合并(选中要合并的两列,选择"表|修改|合并单元格"命令即可),输入"个人信息";在第 2 行第 1 列输入"性别",在第 2 行第 2 列拖放一个 RadioButtonList1 控件(RepeatColumns 属性设置为 2),通过"ListItem 集合编辑器"对话框添加两个选项,该控件对应的 HTML 代码如下:

```
<asp:RadioButtonList ID="RadioButtonList1" runat="server"
    CssClass="auto-style6" RepeatColumns="2">
    <asp:ListItem>男</asp:ListItem>
    <asp:ListItem>女</asp:ListItem>
</asp:RadioButtonList>
```

在第 3 行第 1 列输入"民族",在第 3 行第 2 列拖放一个 RadioButtonList2 控件(RepeatColumns 属性设置为 3),通过"ListItem 集合编辑器"对话框添加 5 个选项,该控件对应的 HTML 代码如下:

```
<asp:RadioButtonList ID="RadioButtonList2" runat="server"
    CssClass="auto-style6" RepeatColumns="3" Width="199px">
    <asp:ListItem>汉族</asp:ListItem>
    <asp:ListItem>回族</asp:ListItem>
    <asp:ListItem>满族</asp:ListItem>
    <asp:ListItem>土家族</asp:ListItem>
    <asp:ListItem>其他</asp:ListItem>
</asp:RadioButtonList>
```

将第 4 行的两列合并,拖放一个 Button1 控件(其 Text 设置为"确定");将第 5 行的两列合并,拖放一个 Label1 控件(其 Text 设置为空)。在该网页上设计如下事件过程:

```
protected void Button1_Click(object sender, EventArgs e)
{
    string mystr = "", mystr1 = "";
    foreach (ListItem it in RadioButtonList1.Items)
        if (it.Selected == True)
            mystr = it.Text + " ";
    foreach (ListItem it in RadioButtonList2.Items)
        if (it.Selected == True)
            mystr1 = it.Text + " ";
    Label1.Text = "性别为:" + mystr + "<br>" + "民族为:" + mystr1;
}
```

③ 单击工具栏中的 ▶ Internet Explorer 按钮运行本网页,从 RadioButtonList1 控件中选择"女",从 RadioButtonList2 控件中选择"回族",单击"确定"命令按钮,其结果如图 6.24 所示。

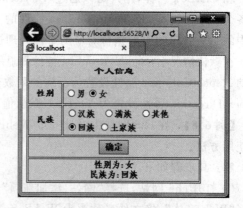

图 6.23 WebForm8 网页设计界面 　　　　图 6.24 WebForm8 网页运行界面

说明：本例不同于例 6.6 和例 6.7，没有使用 RadioButtonList1 控件的 CheckedIndexChanged 事件，所以 RadioButtonList 控件的 AutoPostBack 不必设置为 True。

6.3.4 CheckBoxList 控件

CheckBoxList 控件又称为复选框列表控件，在工具箱中的图标为 ▤ CheckBoxList，对应命名空间 System.Web.UI.WebControls 中的 CheckBoxList 类。CheckBoxList 控件与 CheckBox 控件类似，不同之处是前者只有一个复选框，后者可以包含多个复选框。它的常用属性和事件如表 6.19 所示。

表 6.19 CheckBoxList 控件的常用属性和事件

类型	名称	说明
属性	AutoPostBack	获取或设置一个值，该值指示当用户更改列表中的选定内容时是否自动产生向服务器的回发
	Items	表示控件对象中所有项的集合
	SelectedIndex	获取或设置列表中选定项的最低序号索引
	SelectedItem	获取列表控件中索引最小的选定项
	SelectedValue	获取列表控件中选定项的值，或选择列表控件中包含指定值的项
	Text	获取或设置 CheckBoxList 控件的 SelectedValue 属性
	RepeatColumns	获取或设置要在 CheckBoxList 控件中显示的列数
	RepeatDirection	获取或设置一个值，该值指示控件是垂直显示还是水平显示，取值与 RadioButtonList 控件的该属性相同
	RepeatLayout	获取或设置一个值，该值指定是否将使用 table 元素（默认值）、ul 元素、ol 元素或 span 元素来呈现列表
	TextAlign	与 RadioButtonList 控件的该属性相同
事件	CheckedIndexChanged	当列表控件的选定项在信息发往服务器之间变化时发生
	TextChanged	当 Text 和 SelectedValue 属性更改时发生

CheckBoxList 控件中的 Items 属性用来设置子选项，每个子选项都是一个 ListItem 对象，都具有索引值，索引值开始为 0。Items 是 ListItemCollection 类的对象，而 ListItemCollection 类的常用属性和方法如表 6.16 所示。在 CheckBoxList 控件中使用一组 Selected 属性来判断子选项是否被选中。若要确定 CheckBoxList 控件中的选定项，可以循环访问 Items 集合并测试该集合中每一项的 Selected 属性。

和 ListBox 一样，用户可以通过"ListItem 集合编辑器"对话框添加 CheckBoxList 控件的各个选项。同样，CheckBoxList 控件的主要事件是 SelectedIndexChanged，当用户单击其中的一个选项时引发执行对应的事件处理过程，但需要设置其 AutoPostBack 属性为 True。

在默认情况下，CheckBoxList 控件只显示一列按钮。开发人员可以将 CheckBoxList 控件的 RepeatColumns 属性设置为所需的列数，在这些列中还可以使用 RepeatDirection 枚举将 RepeatDirection 属性设置为 Vertical（默认值）或 Horizontal。

【例 6.9】 在 ch6 网站中设计一个 WebForm9 网页，其功能是说明 CheckBoxList 控件的使用方法。

解：其步骤如下。

① 打开 ch6 网站，选择"网站|添加新项"命令，出现"添加新项-ch6"对话框，在中间列表中选择"Web 窗体"，将文件名称改为 WebForm9.aspx，其他保持默认项，单击"添加"按钮。

② 本网页的设计界面如图 6.25 所示。插入一个 5×2 的表格，将第 1 行的两列合并（选中要合并的两列，选择"表|修改|合并单元格"命令即可），输入"个人信息"；在第 2 行第 1 列输入"爱好"，在第 2 行第 2 列拖放一个 CheckBoxList1 控件（RepeatColumns 属性设置为 4），通过"ListItem 集合编辑器"对话框添加 4 个选项，该控件对应的 HTML 代码如下：

```
<asp:CheckBoxList ID = "CheckBoxList1" runat = "server" CssClass = "auto - style7"
    RepeatColumns = "4" Width = "146px">
    <asp:ListItem>打球</asp:ListItem>
    <asp:ListItem>跑步</asp:ListItem>
    <asp:ListItem>看书</asp:ListItem>
    <asp:ListItem>上网</asp:ListItem>
</asp:CheckBoxList>
```

在第 3 行第 1 列输入"特长"，在第 3 行第 2 列拖放一个 CheckBoxList2 控件（保持 RepeatColumns 属性默认值 0），通过"ListItem 集合编辑器"对话框添加 3 个选项，该控件对应的 HTML 代码如下：

```
<asp:CheckBoxList ID = "CheckBoxList2" runat = "server" CssClass = "auto - style7">
    <asp:ListItem>画画</asp:ListItem>
    <asp:ListItem>表演</asp:ListItem>
    <asp:ListItem>计算机编程</asp:ListItem>
</asp:CheckBoxList>
```

将第 4 行的两列合并，拖放一个 Button1 控件（其 Text 设置为"确定"）；将第 5 行的两列合并，拖放一个 Label1 控件（其 Text 设置为空）。在该网页上设计如下事件过程：

```
protected void Button1_Click(object sender, EventArgs e)
{   string mystr = "", mystr1 = "";
    foreach (ListItem it in CheckBoxList1.Items)
        if (it.Selected == True)
            mystr += it.Text + " ";
    foreach (ListItem it in CheckBoxList2.Items)
        if (it.Selected == True)
            mystr1 += it.Text + " ";
    Label1.Text = "爱好为:" + mystr + "<br>" + "特长为:" + mystr1;
}
```

③ 单击工具栏中的 ▶Internet Explorer 按钮运行本网页，从 CheckBoxList1 控件中勾选第 1、4 两项，从 CheckBoxList2 控件中勾选第 1、3 两项，单击"确定"命令按钮，其结果如图 6.26 所示。

图 6.25　WebForm9 网页设计界面

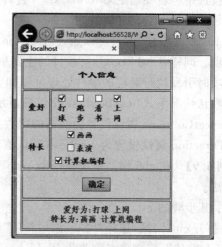
图 6.26　WebForm9 网页运行界面

说明：本例不同于例 6.6 和例 6.7，没有使用 CheckBoxList1 控件的 CheckedIndexChanged 事件，所以 CheckBoxList 控件的 AutoPostBack 不必设置为 True。

6.3.5 BulletedList 控件

BulletedList 控件在工具箱中的图标为 ⋮☰ BulletedList，对应命名空间 System.Web.UI.WebControls 中的 BulletedList 类。BulletedList 控件用于生成一个采用项目符号格式的项列表，其常用属性和事件如表 6.20 至表 6.22 所示。

表 6.20　BulletedList 控件的常用属性和事件

类型	名称	说明
属性	BulletStyle	获取或设置 BulletedList 控件的项目符号样式，其取值如表 6.21 所示
	BulletImageUrl	获取或设置为 BulletedList 控件中的每个项目符号显示的图像的路径
	DisplayMode	获取或设置 BulletedList 控件中的列表内容的显示模式，其取值如表 6.22 所示
	FirstBulletNumber	获取或设置排序 BulletedList 控件中开始列表项编号的值
	Items	表示控件对象中所有项的集合
	SelectedIndex	获取或设置 BulletedList 控件中当前选定项的从零开始的索引
	SelectedItem	获取 BulletedList 控件中的当前选定项
	SelectedValue	获取或设置 BulletedList 控件中选定 ListItem 对象的 Value 属性
	Text	获取或设置 BulletedList 控件的文本
事件	Click	当单击 BulletedList 控件中的链接按钮时发生
	TextChanged	当 Text 和 SelectedValue 属性更改时发生
	SelectedIndexChanged	当列表控件的选定项在信息发往服务器之间变化时发生

表 6.21　BulletStyle 属性取值及其说明

项目符号样式	说明	项目符号样式	说明
NotSet	未设置	UpperRoman	大写罗马数字
Numbered	数字	Disc	实心圆
LowerAlpha	小写字母	Circle	圆圈
UpperAlpha	大写字母	Square	实心正方形
LowerRoman	小写罗马数字	CustomImage	自定义图像

表 6.22　DisplayMode 属性取值及其说明

值	说明
Text	静态文本。由控件所显示的文本不是交互式的
HyperLink	超链接。用户可以单击链接以导航到另一个网页，但必须提供目标 URL 作为各个项的 Value 属性
LinkButton	链接按钮。用户可以单击单个项，然后控件将执行一次回发

使用 FirstBulletNumber 属性来指定排序 BulletedList 控件中开始列表项编号的值。如果将 BulletStyle 属性设置为 Disc、Square、Circle 或 CustomImage 类型，则忽略分配给 FirstBulletNumber 属性的值；如果将 BulletStyle 属性设置为 CustomImage 的值，以指定项目符号的自定义图像，还必须设置 BulletImageUrl 属性以指定图像文件的位置。

若要指定 BulletedList 中列表项的显示行为，需要设置 DisplayMode 属性。若为超链接

（HyperLink）行为，则单击超链接时将定位到相应的URL，需要使用Value属性指定超链接定位到的URL，并使用Target属性指定框架或窗口。若为链接按钮（LinkButton）行为，BulletedList控件将列表项显示为链接，单击这些链接将回发到服务器，如果要以编程方式控制单击链接按钮时执行的操作，需要设计Click事件处理过程。

注意：SelectedIndex和SelectedItem属性是从ListControl类继承而来的，不适用于BulletedList控件，用户可以使用BulletedListEventArgs类的事件数据来确定单击的BulletedList中的链接按钮的索引。

在设计时设置Items属性的方法与ListBox相似，通过"ListItem集合编辑器"对话框来添加Items属性中的各个项，并输入各项的Text和Value属性值。

【例6.10】 在ch6网站中设计一个WebForm10网页，其功能是说明BulletedList控件的使用方法。

解：其步骤如下。

① 打开ch6网站，选择"网站|添加新项"命令，出现"添加新项-ch6"对话框，在中间列表中选择"Web窗体"，将文件名称改为WebForm10.aspx，其他保持默认项，单击"添加"按钮。

② 本网页的设计界面如图6.27所示。插入一个3×3的表格，将第1行的两列合并，输入"BulletedList控件"；在第2行第1列拖放一个BulletedList1控件（DisplayMode属性取默认值text），通过"ListItem集合编辑器"对话框添加4个选项并设置相应的属性，该控件对应的HTML代码如下：

```
<asp:BulletedList ID="BulletedList1" runat="server" BulletStyle="Circle"
    CssClass="auto-style3">
    <asp:ListItem>苹果</asp:ListItem>
    <asp:ListItem>葡萄</asp:ListItem>
    <asp:ListItem>李子</asp:ListItem>
    <asp:ListItem>香蕉</asp:ListItem>
</asp:BulletedList>
```

在第2行第2列拖放一个BulletedList2控件（DisplayMode属性取默认值HyperLink），通过"ListItem集合编辑器"对话框添加4个选项并设置相应的属性，该控件对应的HTML代码如下：

```
<asp:BulletedList ID="BulletedList2" runat="server" BulletStyle="UpperAlpha"
    CssClass="auto-style3" DisplayMode="HyperLink">
    <asp:ListItem Value="WebForm1.aspx">WebForm1</asp:ListItem>
    <asp:ListItem Value="WebForm2.aspx">WebForm2</asp:ListItem>
    <asp:ListItem Value="WebForm3.aspx">WebForm3</asp:ListItem>
    <asp:ListItem Value="WebForm4.aspx">WebForm4</asp:ListItem>
</asp:BulletedList>
```

在第2行第3列拖放一个BulletedList3控件（DisplayMode属性取默认值LinkButton），通过"ListItem集合编辑器"对话框添加5个选项并设置相应的属性，该控件对应的HTML代码如下：

```
<asp:BulletedList ID="BulletedList3" runat="server" BulletStyle="Numbered"
    CssClass="auto-style3" DisplayMode="LinkButton" FirstBulletNumber="10"
    OnClick="BulletedList3_Click">
    <asp:ListItem>中国</asp:ListItem>
    <asp:ListItem>美国</asp:ListItem>
    <asp:ListItem>俄罗斯</asp:ListItem>
```

```
        <asp:ListItem>英国</asp:ListItem>
        <asp:ListItem>法国</asp:ListItem>
</asp:BulletedList>
```

③ 在该网页上设计如下事件过程：

```
protected void BulletedList3_Click(object sender, BulletedListEventArgs e)
{
    Label1.Text = "您的选择：" + BulletedList3.Items[e.Index].Text;
}
```

④ 单击工具栏中的 ▶ Internet Explorer 按钮运行本网页，在该网页中，BulletedList1 控件仅仅用于显示信息，不能交互；单击 BulletedList2 控件中的某一个选项时转向相应的网页；单击 BulletedList3 控件中的某一个选项时执行 BulletedList3_Click 事件过程，图 6.28 所示的是单击 BulletedList3 控件中的第一个选项的显示结果。

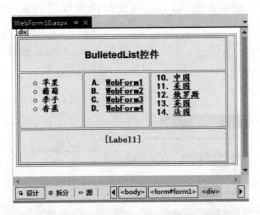

图 6.27　WebForm10 网页设计界面

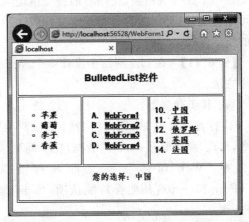

图 6.28　WebForm10 网页运行界面

6.4　常用的其他标准控件

本节介绍 FileUpload、View/MultiView 和 Wizard 控件。

6.4.1　FileUpload 控件

FileUpload 控件在工具箱中的图标为 ![FileUpload]，对应命名空间 System.Web.UI.WebControls 中的 FileUpload 类。FileUpload 控件显示一个文本框控件和一个"浏览"按钮，使用户可以选择要上传到服务器的文件，其常用属性和方法如表 6.23 所示。

表 6.23　FileUpload 控件的常用属性和方法

类型	名称	说明
属性	FileBytes	从使用 FileUpload 控件指定的文件返回一个字节数组
	FileContent	获取 Stream 对象，它指向要使用 FileUpload 控件上传的文件
	FileName	获取客户端上使用 FileUpload 控件上传的文件的名称
	HasFile	获取一个值，该值指示 FileUpload 控件是否包含文件
	PostedFile	获取使用 FileUpload 控件上传的文件的 HttpPostedFile 对象
方法	SaveAs	使用 FileUpload 控件将上传的文件的内容保存到 Web 标准服务器上的指定路径

FileUpload 控件的 PostedFile 属性是 HttpPostedFile 类对象,而 HttpPostedFile 类提供对客户端已上传的单独文件的访问,其常用属性和方法如表 6.24 所示。

表 6.24 HttpPostedFile 类的常用属性和方法

类型	名称	说明
属性	ContentLength	获取上传文件的大小(以字节为单位)
	ContentType	获取客户端发送的文件的 MIME 内容类型
	FileName	获取客户端上的文件的完全限定名称
	InputStream	获取一个 Stream 对象,该对象指向一个上传文件,以准备读取该文件的内容
方法	SaveAs	保存上传文件的内容

在用户选择要上传的文件后,FileUpload 控件不会自动将该文件保存到服务器,必须显式地提供一个控件或机制,使用户能提交指定的文件。例如可以提供一个命令按钮,用户单击它即可上传文件。另外,为保存指定文件应调用 SaveAs 方法,该方法将文件内容保存到服务器上的指定路径。

【例 6.11】 在 ch6 网站中设计一个 WebForm11 网页,其功能是说明 FileUpload 控件的使用方法。

解:其步骤如下。

① 打开 ch6 网站,选择"网站|添加新项"命令,出现"添加新项-ch6"对话框,在中间列表中选择"Web 窗体",将文件名称改为 WebForm11.aspx,其他保持默认项,单击"添加"按钮。

② 在 ch6 网站中建立一个存放上传文件的子目录。

③ 本网页的设计界面如图 6.29 所示,其

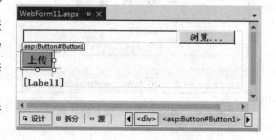

图 6.29 WebForm11 网页设计界面

中有一个 FileUpload 控件 FileUpload1(由一个文本框和"浏览"按钮组成)、一个命令按钮 Button1 和一个标签 Label1。在该网页上设计如下事件过程:

```
protected void Button1_Click(object sender, EventArgs e)
{   string filestr;
    if (FileUpload1.HasFile)
    {   filestr = Server.MapPath("") + "\\File\\" + FileUpload1.PostedFile.FileName;
        try
        {   FileUpload1.PostedFile.SaveAs(filestr);
            Label1.Text = "提示:文件成功上传到" + filestr;
        }
        catch (Exception ex)
        {
            Label1.Text = "提示:文件上传失败," + ex.Message;
        }
    }
    else
        Label1.Text = "提示:没有指定任何要上传的文件";
}
```

④ 单击工具栏中的 ▶ Internet Explorer 按钮运行本网页,单击"浏览"按钮,在出现的"选择要加载的文件"对话框中选择一个要上传的文件 058328-01.pdf,单击"上传"命令按钮,其结果如图 6.30 所示,将指定的文件复制到"D:\ASP.NET\ch6\File"目录中。

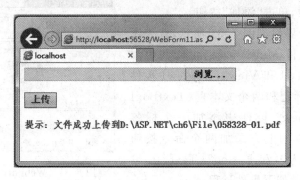

图 6.30 WebForm11 网页运行界面

6.4.2 View 控件和 MultiView 控件

View 控件是一组控件的容器,在工具箱中的图标为 ![View] ,对应命名空间 System.Web.UI.WebControls 中的 View 类。View 控件必须始终包含在 MultiView 控件中。在运行网页时,除非激活 View 控件,否则其包含的内容不会呈现。View 控件的常用事件如表 6.25 所示。

表 6.25 View 控件的常用事件

事件	说明
Activate	当前 View 控件成为活动视图时发生
Deactivate	当前的活动 View 控件变为非活动时发生

MultiView 控件在工具箱中的图标为 ![MultiView] ,对应命名空间 System.Web.UI.WebControls 中的 MultiView 类。它是一组 View 控件的容器,使用它可定义一组 View 控件,其中每个 View 控件都包含子控件。然后,应用程序可根据用户标识、用户首选项以及在查询字符串参数中传递的信息等条件向客户端呈现特定的 View 控件。MultiView 控件的常用事件如表 6.26 所示。

表 6.26 MultiView 控件的常用属性和事件

类型	名称	说明
属性	ActiveViewIndex	获取或设置 MultiView 控件的活动 View 控件的索引
事件	ActiveViewChanged	当 MultiView 控件的活动 View 控件在两次服务器发送间发生更改时发生

在 MultiView 控件中一次只能将一个 View 控件定义为活动视图。如果将某个 View 控件定义为活动视图,它所包含的子控件则会呈现到客户端。用户可以使用 ActiveViewIndex 属性或 SetActiveView 方法定义活动视图。如果 ActiveViewIndex 属性为空,则 MultiView 控件不向客户端呈现任何内容。

【例 6.12】 在 ch6 网站中设计一个 WebForm12 网页,其功能是说明 View 控件和 MultiView 控件的使用方法。

解：其步骤如下。

① 打开 ch6 网站，选择"网站|添加新项"命令，出现"添加新项-ch6"对话框，在中间列表中选择"Web 窗体"，将文件名称改为 WebForm12.aspx，其他保持默认项，单击"添加"按钮。

② 本网页的设计界面如图 6.31 所示，首先添加一个 MultiView 控件 MultiView1，再向其中添加两个 View 控件 View1 和 View2，在 View1 控件中添加两个 HTML 标记和两个文本框（TextBox1 和 TextBox2），在 View2 控件中添加一个标签 Label1。另外，在网页的上方添加两个命令按钮 Button1（Text 为"输入"）和 Button2（Text 为"输出"）。在该网页上设计如下事件过程：

图 6.31　WebForm12 网页设计界面

```
protected void Button1_Click(object sender, EventArgs e)
{    //输入命令按钮的单击事件过程
    MultiView1.ActiveViewIndex = 0;
}
protected void Button2_Click(object sender, EventArgs e)
{    //输出命令按钮的单击事件过程
    MultiView1.ActiveViewIndex = 1;
    Label1.Text = "学号:" + TextBox1.Text + " 姓名:" + TextBox2.Text;
}
```

③ 单击工具栏中的 ▶ Internet Explorer 按钮运行本网页，单击"输入"命令按钮显示 View1 控件，输入相应数据，如图 6.32 所示。再单击"输出"命令按钮显示 View2 控件，其结果如图 6.33 所示。

图 6.32　WebForm12 网页运行界面一

图 6.33　WebForm12 网页运行界面二

6.4.3　Wizard 控件

Wizard 控件又称为向导控件，在工具箱中的图标为 ❋ Wizard，对应命名空间 System.Web.UI.WebControls 中的 Wizard 类。通过该控件能够快速实现向导功能，其使用比其他控件复杂。Wizard 控件的常用属性和事件如表 6.27 所示。

一个 Wizard 控件由多个步骤构成，用 WizardSteps 属性表示，每个步骤用一个 WizardStep 类对象表示，所以 WizardSteps 属性是 WizardStep 类对象的集合（实际上，WizardSteps 属性是 WizardStepBase 类对象的集合，而由 WizardStepBase 类派生出 WizardStep 类）。

表 6.27 Wizard 控件的常用属性和事件

类型	名称	说明
属性	ActiveStep	获取 WizardSteps 集合中当前显示给用户的步骤
	CellPadding	获取或设置单元格内容和单元格边框之间的空间量
	CellSpacing	获取或设置单元格间的空间量
	FinishCompleteButtonImageUrl	获取或设置为"完成"按钮显示的图像的 URL
	FinishCompleteButtonText	获取或设置为"完成"按钮显示的文本标题
	FinishPreviousButtonImageUrl	获取或设置为 Finish 步骤中的"上一步"按钮显示的图像的 URL
	FinishPreviousButtonText	获取或设置为 Finish 步骤中的"上一步"按钮显示的文本标题
	StartNextButtonImageUrl	获取或设置为 Start 步骤中的"下一步"按钮显示的图像的 URL
	StartNextButtonText	获取或设置为 Start 步骤中的"下一步"按钮显示的文本标题
	StepNextButtonImageUrl	获取或设置为"下一步"按钮显示的图像的 URL
	StepNextButtonText	获取或设置为"下一步"按钮显示的文本标题
	StepPreviousButtonImageUrl	获取或设置为"上一步"显示的图像的 URL
	StepPreviousButtonText	获取或设置为"上一步"按钮显示的文本标题
	StepStyle	获取一个对 Style 对象的引用,该对象定义 WizardStep 对象的设置
	HeaderText	获取或设置为在控件上的标题区域显示的文本标题
	HeaderStyle	获取一个对 Style 对象的引用,该对象定义控件上标题区域的设置
	WizardSteps	获取一个包含为该控件定义的所有 WizardStepBase 对象的集合
事件	ActiveStepChanged	当用户切换到控件中的新步骤时发生
	CancelButtonClick	当单击"取消"按钮时发生
	FinishButtonClick	当单击"完成"按钮时发生
	NextButtonClick	当单击"下一步"按钮时发生
	PreviousButtonClick	当单击"上一步"按钮时发生
	SideBarButtonClick	当单击侧栏区域中的按钮时发生

Wizard 控件一次显示一个 WizardStep 对象,用户可以使用 Wizard 控件及其相关联的 WizardStep 对象以线性或非线性方式收集相关数据。

用户可以使用 WizardSteps 集合以编程方式访问包含在 Wizard 控件中的 WizardStepBase 对象,使用 Add、Remove、Clear 和 Insert 方法可以以编程方式操作该集合中的 WizardStepBase 对象。

Wizard 控件的所有步骤一般是由 4 个区组成,如图 6.34 所示是一个步骤的构成,各区的说明如下。

- 标题区(Header):位于界面上方,可以通过设置 Wizard.HeaderText 属性值为每个步骤提供一致的信息。
- 侧栏区(SideBar):位于界面的左侧,包含所有步骤的列表,Wizard 控件的所有步骤都

图 6.34 Wizard 控件的组成

会显示侧栏区。
- 向导步骤区(Step)：位于界面右中部分，侧栏区中的每个列表对应一个向导步骤区，用于放置所需的控件，以完成该步骤的功能。Wizard 控件的每个步骤可能不同，需要开发人员一一设计。
- 导航区(Navigation)：位于界面的右下方，显示"上一步"、"下一步"和"完成"等按钮，用来实现逐步浏览功能，开发人员一般不需要改变它。

当向网页中放置一个 Wizard 控件时，初始界面如图 6.35 所示，侧栏区只显示"Step1"和"Step2"。用户可以通过"自动套用格式"命令设置其外观，例如设置为"专业型"格式。在属性窗口中单击 WizardSteps 属性后的 […] 按钮，将弹出一个"WizardStep 集合编辑器"对话框，可以添加和删除侧栏区中的列表项，如图 6.36 所示。

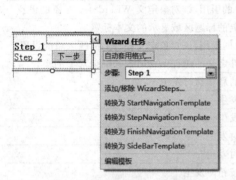

图 6.35　Wizard 控件的初始界面　　　　图 6.36　"WizardStep 集合编辑器"对话框

侧栏区中的每个列表项都对应一个向导步骤区，单击某个列表项，对应的向导步骤区为空，可以向其中放置所需的控件。

标题区的样式（前背景颜色、字体大小等）通过 HeaderStyle 属性设置；侧栏区的样式通过 SideBarStyle 属性设置；向导步骤区的样式通过 StepStyle 属性设置；导航区的样式通过 NavigationStyle 属性设置。

【例 6.13】　在 ch6 网站中设计一个 WebForm13 网页，其功能是说明 Wizard 控件的使用方法。

解：其步骤如下。

① 打开 ch6 网站，选择"网站|添加新项"命令，出现"添加新项-ch6"对话框，在中间列表中选择"Web 窗体"，将文件名称改为 WebForm13.aspx，其他保持默认项，单击"添加"按钮。

② 在本网页中添加一个 Wizard 控件，将其"自动套用格式"设置为"专业型"格式，设置其字体大小为 1em。

③ 通过"WizardStep 集合编辑器"对话框在侧栏区中设置 3 个列表项，"输入信息"步骤区的设计界面如图 6.37 所示，其中主要有两个文本框(TextBox1 和 TextBox2)和两个命令按钮(Button1 和 Button2)。

④ 单击侧栏区中的"输出信息"列表项，其步骤区的设计界面如图 6.38 所示，其中只有一

个标签 Label1。

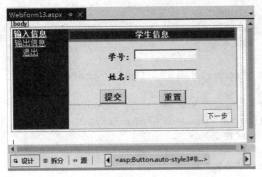

图 6.37 WebForm13 网页设计界面一

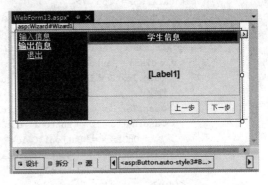

图 6.38 WebForm13 网页设计界面二

⑤ 单击侧栏区中的"退出"列表项,其步骤区的设计界面如图 6.39 所示,其中只有一个 HTML 标签。在本网页上设计如下事件过程:

```
protected void Button1_Click(object sender, EventArgs e)
{   //"提交"命令按钮的单击事件过程
    Label1.Text = "姓名:" + TextBox1.Text + "<br>";
    Label1.Text += "年龄:" + TextBox2.Text;
}
protected void Button2_Click(object sender, EventArgs e)
{    //"重置"命令按钮的单击事件过程
    TextBox1.Text = "";
    TextBox2.Text = "";
}
```

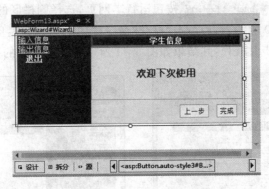

图 6.39 WebForm13 网页设计界面三

最后,本网页中的 Wizard 控件 Wizard1 对应的 HTML 代码如下:

```
<asp:Wizard ID="Wizard1" runat="server" HeaderText="学生信息" ActiveStepIndex="2"
    BackColor="#F7F6F3" BorderColor="#CCCCCC" BorderStyle="Solid" BorderWidth="1px"
    Font-Names="Verdana" Font-Size="1em" Height="166px" Width="428px"
    style="text-align: center">
    <HeaderStyle BackColor="#5D7B9D" BorderStyle="Solid" Font-Bold="True"
        Font-Size="0.9em" ForeColor="White" HorizontalAlign="Center" />
    <NavigationButtonStyle BackColor="#FFFBFF" BorderColor="#CCCCCC"
        BorderStyle="Solid" BorderWidth="1px" Font-Names="Verdana"
        Font-Size="0.8em" ForeColor="#284775" />
    <SideBarButtonStyle BorderWidth="0px" Font-Names="Verdana" ForeColor="White" />
```

```
        <SideBarStyle BackColor = "#7C6F57" BorderWidth = "0px" Font-Size = "0.9em"
            VerticalAlign = "Top" />
        <StepStyle BorderWidth = "0px" ForeColor = "#5D7B9D" />
        <WizardSteps>
            <asp:WizardStep runat = "server" title = "输入信息">
                <div class = "auto-style1">学号：
                    <asp:TextBox ID = "TextBox1" runat = "server" Width = "111px"></asp:TextBox>
                    姓名：
                    <asp:TextBox ID = "TextBox2" runat = "server" Width = "111px"></asp:TextBox>
                    <asp:Button ID = "Button1" runat = "server" CssClass = "auto-style3"
                        OnClick = "Button1_Click" Text = "提交" />
                    <asp:Button ID = "Button2" runat = "server" CssClass = "auto-style3"
                        OnClick = "Button2_Click" Text = "重置" />
                </div>
            </asp:WizardStep>
            <asp:WizardStep runat = "server" title = "输出信息">
                <div class = "auto-style3">
                    <asp:Label ID = "Label1" runat = "server" style = "color: #FF00FF; font-size:
                        medium; font-weight: 700; font-family: Arial"></asp:Label>
                </div>
            </asp:WizardStep>
            <asp:WizardStep runat = "server" Title = "退出">
                <div class = "auto-style3">
                    <span class = "auto-style4">欢迎下次使用</span>
                </div>
            </asp:WizardStep>
        </WizardSteps>
    </asp:Wizard>
```

⑥ 单击工具栏中的 ▶ Internet Explorer 按钮运行本网页，选择侧栏区的"输入信息"列表项，输入学号和姓名，如图6.40所示，然后单击"提交"命令按钮。选择侧栏区的"显示信息"列表项（或单击导航区的"下一步"按钮），其结果如图6.41所示。其他步骤的操作与此相似。

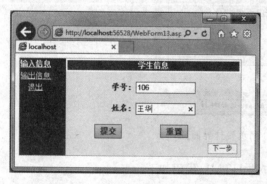
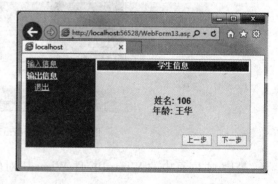

图6.40 WebForm13网页运行界面一　　　图6.41 WebForm13网页运行界面二

练习题6

1. 简述Web标准服务器控件的作用。
2. 简述Web标准服务器控件的分类。
3. 简述向网页中添加Web标准服务器控件的各种方法。

4. 简述 TextBox 控件的 TextMode 属性的设置方法。
5. 简述 Button 控件的常用事件。
6. 简述将一个 Button 按钮设计成 Command(命令)按钮的基本方法。
7. 简述 Button 控件和 LinkButton、ImageButton 及 HyperLink 控件的异同。
8. 简述 DropDownList、ListBox、CheckBoxList、RadioButtonList 和 BulletedList 控件在设置 Items 属性上的异同。
9. 举例说明 ImageMap 控件的应用场合。
10. 简述 CheckBox 控件和 RadioButton 控件在功能上的差别。
11. 简述 Table 控件的作用。
12. 简述 HiddenField 控件的作用。
13. 简述 FileUpload 控件的使用方法。
14. 举例说明 View 控件和 MultiView 控件的应用场合。

上机实验题 6

在 ch6 网站中添加一个名称为 Experment6 的网页,用于输入学生的学号、姓名、性别和班号,性别从单选按钮中选择,班号从 DropDownList 控件中选择。当输入成功后单击"确定"命令按钮时在 Label 控件中显示输入的信息,用户单击"重置"命令按钮时实现输入重置功能。其运行界面如图 6.42 所示。

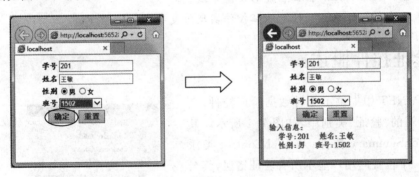

图 6.42 上机实验题 6 网页的运行界面

第 7 章　ASP.NET 验证控件

在 Web 应用中,经常会使用表单来获取用户的数据,如注册信息。为了防止垃圾信息,需要进行数据的检验和过滤。为此,ASP.NET 提供了验证控件,它们是服务器控件,用于实现客户端数据的各种验证。本章介绍 ASP.NET 验证控件的使用方法。

本章学习要点:
☑ 掌握 ASP.NET 验证控件的特点。
☑ 掌握各种 ASP.NET 验证控件的使用方法。
☑ 灵活地使用各种 ASP.NET 验证控件实现较复杂网页的设计。

7.1　验证控件概述

在 ASP.NET 中提供了 6 种数据验证控件,它们位于工具箱的"验证"类别中,如图 7.1 所示。其中,ValidationSummary 控件(从 WebControl 类派生)用于在一个位置向用户显示所有验证错误,其余 5 个控件(都是从 BaseCompareValidator 类派生的)用来执行实际的有效性验证,如范围检查或模式匹配验证控件。

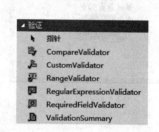

图 7.1　ASP.NET 提供的验证控件

7.1.1　使用验证控件的方法

1. 使用验证控件

通过像添加其他服务器控件那样向网页添加验证控件,即可启用对用户输入的验证。每个验证控件都引用网页上其他地方的输入控件(服务器控件)。在处理用户输入时(例如当提交页面时),验证控件会对用户输入进行测试,并设置属性以指示该输入是否通过测试。在调用了所有验证控件后,会在网页上设置一个属性以指示是否出现验证检查失败。

用户可以使用自己的代码来测试网页和单个控件的状态。例如,使用用户输入信息更新数据记录之前来测试验证控件的状态。如果检测到状态无效,将会略过更新。通常,如果任何验证检查失败,都将跳过所有处理过程并将网页返回给用户。检测到错误的验证控件随后将生成显示在网页上的错误信息。用户也可以将验证控件关联到验证组中,使得属于同一组的验证控件可以一起进行验证。

默认情况下,在单击按钮控件(如 Button、ImageButton 或 LinkButton)时执行验证,可通过将按钮控件的 CausesValidation 属性设置为 False 来禁止在单击按钮控件时执行验证。

2. 何时进行验证

验证控件在服务器代码中执行输入检查。当用户向服务器提交网页之后,服务器将逐个调用验证控件来检查用户输入。如果在任意输入控件中检测到验证错误,则该网页将自行设置为无效状态,以便在代码运行之前测试其有效性。验证发生的时间是已对网页进行了初始化(即处理了视图状态和回发数据),但尚未调用任何更改或单击事件处理程序。

3. 验证多个条件

每个验证控件通常只执行一次测试,但有时需要指定多个条件,例如指定某个日期文本框必须输入数据,同时将该用户输入限制为只接受特定范围内的日期。

此时可以将多个验证控件附加到网页上的一个输入控件。ASP.NET 使用逻辑 AND 运算符来解析控件执行的测试,这意味着用户输入的数据必须通过所有测试才能被视为有效。

在有些情况下,几种不同格式的输入都可能是有效的。例如,在提示输入电话号码时允许用户输入本地号码、长途号码或国际长途号码。若要执行此类测试(必须仅通过一个测试的逻辑 OR 运算),可以使用 RegularExpressionValidator 验证控件并在该控件中指定多个有效模式,或者使用 CustomValidator 验证控件并编写自己的验证代码。

7.1.2 验证控件的公共属性和方法

所有验证控件都具有服务器控件的一些常用属性,另外,5 个 ASP.NET 有效性验证控件都有一些如表 7.1 所示的公共属性,正确地设置这些公共属性是使用验证控件的关键。

表 7.1 验证控件的公共属性

属　　性	说　　明
ControlToValidate	获取或设置要验证的输入控件的 ID
Display	获取或设置验证控件中错误信息的显示行为,其取值如表 7.2 所示
EnableClientScript	指示是否启用客户端验证。通过将 EnableClientScript 属性设置为 False,可在支持此功能的浏览器上禁用客户端验证
ErrorMessage	获取或设置验证失败时 ValidationSummary 控件中显示的错误消息的文本,此属性不会将特殊字符转换为 HTML 实体。例如,小于号字符(<)不转换为 <。这允许将 HTML 元素(如<img>元素)嵌入到该属性的值中
IsValid	获取或设置一个值,该值指示关联的输入控件是否通过验证
Text	获取或设置验证失败时验证控件中显示的文本
ValidationGroup	获取或设置此验证控件所属的验证组的名称

每个验证控件都对应一个需要验证其输入值的输入控件,如 TextBox 控件,验证控件的 ControlToValidate 属性就设置为这个输入控件的 ID。

如果输入控件的值通过了验证,验证控件的 IsValid 为 True,否则为 False。Page.IsValid 为 True 表示该网页的所有控件都通过了验证,否则 Page.IsValid 为 False。

使用Display属性指定验证控件中错误信息的显示行为,显示行为取决于是否执行客户端验证。Display属性如表7.2所示。如果客户端验证不是活动的(由于浏览器不支持它等情况),则Static和Dynamic的行为相同,即错误信息仅在显示时才占用空间,在错误信息不显示(Static)时为其动态分配空间的功能只对客户端验证适用。

表7.2 Display属性的取值及其说明

显示行为取值	说明
None	指定只想在ValidationSummary控件中显示错误信息。错误信息不会显示在验证控件中
Static	指定不希望网页的布局在验证程序控件显示错误信息时改变。显示页面时将在页面上为错误信息分配空间,验证程序的内容是页面的物理组成部分,因此,同一输入控件的多个验证程序必须在页面上占据不同的位置
Dynamic	指定希望在验证失败时在网页上动态放置错误信息。由于页面上没有为验证内容分配的空间,因此页面动态更改以显示错误信息

当同时使用Text和ErrorMessage属性时,在发生错误时将显示Text属性的信息。

5个有效性验证控件都有Validate方法,该方法对关联的输入控件执行验证并更新IsValid属性。

7.2 常见的验证控件

7.2.1 RequiredFieldValidator控件

RequiredFieldValidator控件又称为非空验证控件,对应命名空间System.Web.UI.WebControls中的RequiredFieldValidator类。该控件常用于文本框数据的非空验证,确保用户在网页上输入数据时不会跳过必选字段(必须输入数据的字段),也就是说检查被验证控件的输入是否为空,如果为空,则在网页中显示提示信息。

除了公共属性外,RequiredFieldValidator控件还有一个重要的属性InitialValue,它获取或设置关联的输入控件的初始值。如果输入控件失去焦点时没有从InitialValue属性更改值,它将不能通过验证。

【例7.1】 在D盘ASP.NET目录中建立一个ch7的子目录,将其作为网站目录,然后创建一个WebForm1网页,其功能是说明RequiredFieldValidator控件的使用方法。

解:其步骤如下。

① 启动Visual Studio 2012。

② 选择"文件|新建|网站"命令,出现"新建网站"对话框,然后选择"ASP.NET空网站"模板,选择"Web位置"为"文件系统",单击"浏览"按钮,选择"D:\ASP.NET\ch7"目录,单击"确定"按钮,创建一个空的网站ch7。

③ 选择"网站|添加新项"命令,出现"添加新项-ch7"对话框,在中间列表中选择"Web窗体页",将文件名称改为WebForm1.aspx,其他保持默认项,单击"添加"按钮。

④ 进入设计视图,设计本网页界面如图7.2所示,其中有两个文本框(TextBox1和TextBox2)、一个命令按钮Button1、一个标签Label1和两个RequiredFieldValidator控件。将RequiredFieldValidator1控件的ControlToValidate属性设置为TextBox1,Text属性设置为"学号必须输入";将RequiredFieldValidator2控件的ControlToValidate属性设置为

TextBox2,Text 属性设置为"姓名必须输入"。在该网页上设计如下事件过程：

```
protected void Page_Load(object sender, EventArgs e)
{
    RequiredFieldValidator1.InitialValue = "106";
}
protected void Button1_Click(object sender, EventArgs e)
{   if (Page.IsValid)
        Label1.Text = "输入通过了验证";
    else
        Label1.Text = "输入没有通过验证";
}
```

其中,if (Page.IsValid)可以用 if (RequiredFieldValidator1.IsValid)等价地替代,因为该网页上只有 RequiredFieldValidator1 一个验证控件。

⑤ 单击工具栏中的 ▶ Internet Explorer 按钮运行本网页,输入学号 106,单击"提交"命令按钮,其结果如图 7.3 所示。因为输入的学号与 RequiredFieldValidator1 控件的 InitialValue 值相同,而姓名没有输入,所以两个验证控件都没有验证成功。此时尽管 Page.IsValid 为 False,但将跳过所有处理过程,所以不会执行 Button1_Click 事件处理过程,在 Label1 中显示"输入没有通过验证"。

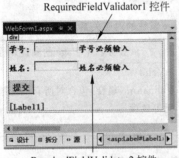

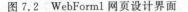

图 7.2　WebForm1 网页设计界面

图 7.3　WebForm1 网页运行界面一

如果输入学号 108,输入姓名"王华",单击"提交"命令按钮,其结果如图 7.4 所示,所有验证控件都通过验证。Page.IsValid 为 True,并执行 Button1_Click 事件处理过程,在 Label1 中显示"输入通过了验证"。

注意：由于本例将 RequiredFieldValidator1 控件的 InitialValue 值设置为 106,只有输入学号为 106 时才验证失败,其他任何值即使为空也会验证成功,所以该属性设置需要根据实际情况而定。

提示：如果包含有验证控件的网页在 IE 浏览器中运行时出现如下错误。

图 7.4　WebForm1 网页运行界面二

```
WebForms UnobtrusiveValidationMode 需要 "jquery" ScriptResourceMapping。请添加一个名为 jquery
(区分大小写)的 ScriptResourceMapping
```

其错误原因是因为采用 Visual Studio 2012(或 2013)开发基于 ASP.NET 4.5 的 Web 应用程

序时很多控件默认允许了 Unobtrusive ValidationMode（一种隐式的验证方式）的属性，它与 jquery 的引用相关，但并未对其进行赋值，程序员必须手动对其进行设置。

一种简单的解决方法就是将该属性设置为 None，可以在网站的 Web.config 文件中添加如下部分达到这一目的。

```
<appSettings>
    <add key="ValidationSettings:UnobtrusiveValidationMode" value="None" />
</appSettings>
```

实际上，用户也可以使用浏览器支持的客户端脚本执行验证，这样可以缩短网页的响应时间，因为错误将被立即检测到并且将在用户离开包含错误的控件后立即显示错误信息。如果可以进行客户端验证，将可以在很大程度上控制错误信息的布局并可以在消息框中显示错误摘要。

验证控件可与 ASP.NET 网页上的任何控件（包括 HTML 和 Web 服务器控件）一起使用。验证控件在客户端上呈现的对象模型与在服务器上呈现的对象模型几乎完全相同。例如，无论在客户端上还是在服务器上都可以通过相同的方式读取验证控件的 IsValid 属性以测试验证。但是在页级别上公开的验证信息有所不同。在服务器上网页支持 Page 的验证属性，在客户端包含相应的验证全局变量，表 7.3 给出了它们的对应关系。

注意：所有与 Page 相关的验证信息都应被视为只读信息。

表 7.3　客户端页变量和服务器 Page 属性的对应关系

客户端中的验证变量	服务器中 Page 的验证属性
Page_IsValid	IsValid
Page_Validators（数组）包含对页上所有验证控件的引用	Validators（集合）包含对所有验证控件的引用
Page_ValidationActive 表示是否应进行验证的布尔值。通过编程方式将此变量设置为 False 以关闭客户端验证	无等效项

下面介绍一个验证控件在客户端上呈现的示例，其功能与例 7.1 相似，可以看出验证控件在服务器和客户端上呈现时编程方式的不同。

【例 7.2】　在 ch7 网站中设计一个 WebForm2 网页，其功能是说明验证控件在客户端中的使用方法。

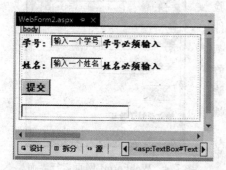

图 7.5　WebForm2 网页设计界面

解：其步骤如下。

① 打开 ch7 网站，选择"网站|添加新项"命令，添加一个文件名称为 WebForm2.aspx 的单文件模型的网页。

② 本网页的设计界面如图 7.5 所示，其中"提交"命令按钮是一个 HTML 控件 Button1（对应工具箱中 HTML 类别的 input(Button) 控件），下方的文本框 Text1 也是一个 HTML 控件（对应工具箱中 HTML 类别的 input(Text) 控件），它们都是客户端控件，对应的 HTML 代码如下：

```
<input id="Button1" type="button" value="提交" onclick="valid()" />
<input id="Text1" type="text" aria-readonly="True" /><br />
```

其他控件及其属性设置与 WebForm1 网页的相同，只是给两个要验证输入的文本框 TextBox1 和 TextBox2 设置了初始值。

③ 在该网页上增加如下 JavaScript 脚本：

```
<script type = "text/javascript">
    function valid()
    {   if (Page_IsValid)
            form1.Text1.value = "输入通过了验证";
        else
            form1.Text1.value = "输入没有通过验证";
    }
</script>
```

其中，Page_IsValid 是客户端全局变量，当网页在客户端运行时存在任何验证问题，它的值为 False。

④ 单击工具栏中的 ▶ Internet Explorer 按钮运行本网页，修改"学号"文本框的值为 110，"姓名"文本框的值为"李明"，单击"提交"命令按钮，其结果如图 7.6 所示，表示通过了验证。继续运行，将"学号"文本框清空，单击"提交"命令按钮，其结果如图 7.7 所示，表示没有通过验证。

图 7.6　WebForm2 网页运行界面一　　　图 7.7　WebForm2 网页运行界面二

从上例看到，验证控件虽然是服务器控件，也可以在客户端提供验证功能。如果关闭要验证控件的这种客户端验证功能，可以将其 EnableClientScript 设置为 False。例如，以下代码用于关闭 RequiredFieldValidator1 控件的客户端验证功能：

```
RequiredFieldValidator1.EnableClientScript = False;
```

也可以使用以下代码关闭网页上所有验证控件的客户端验证功能：

```
foreach(BaseValidator bv in Page.Validators)
    bv.EnableClientScript = False;
```

这个 foreach 循环首先找到 ASP.NET 网页包含的验证器中的每个 BaseValidator 对象（验证控件都是从 BaseValidator 类派生的），然后关闭它的客户端验证功能。

7.2.2　CompareValidator 控件

CompareValidator 控件又称比较验证控件，对应命名空间 System.Web.UI.WebControls 中的 CompareValidator 类。该控件将用户的输入与常数值（由 ValueToCompare 属性指定）、另一个控件（由 ControlToCompare 属性指定）的属性值进行比较，若不相同，则在网页中显示提示信息。

除了公共属性外,CompareValidator 控件的其他重要的属性如表 7.4 所示。

使用 Operator 属性指定要执行的比较操作,如大于、等于等,其基本取值如表 7.5 所示。如果设置 Type 属性,则在比较操作前将两个比较值都自动转换为 Type 属性指定的数据类型,然后进行比较,如表 7.6 所示。

通常不要同时设置 ControlToCompare 和 ValueToCompare 属性,但如果同时设置这两个属性,则 ControlToCompare 属性优先。

表 7.4　CompareValidator 控件的常用属性

属 性	说 明
ControlToCompare	获取或设置要与所验证的输入控件进行比较的输入控件
ValueToCompare	获取或设置一个常数值,该值要与由用户输入到所验证的输入控件中的值进行比较
Operator	获取或设置要执行的比较操作
Type	获取或设置在比较之前将所比较的值转换到的数据类型,其取值如表 7.6 所示

表 7.5　Operator 属性的基本操作及其说明

操 作	值	说 明
Equal	0	默认值,所验证的输入控件的值与其他控件的值或常数值之间的相等比较
NotEqual	1	所验证的输入控件的值与其他控件的值或常数值之间的不等比较
GreaterThan	2	所验证的输入控件的值与其他控件的值或常数值之间的大于比较
GreaterThanEqual	3	所验证的输入控件的值与其他控件的值或常数值之间的大于或等于比较
LessThan	4	所验证的输入控件的值与其他控件的值或常数值之间的小于比较
LessThanEqual	5	所验证的输入控件的值与其他控件的值或常数值之间的小于或等于比较
DataTypeCheck	6	输入到所验证的输入控件的值与 BaseCompareValidator.Type 属性指定的数据类型之间的数据类型比较。如果无法将该值转换为指定的数据类型,则验证失败

表 7.6　Type 属性的取值及其说明

数 据 类 型	值	说 明
String	0	指定字符串数据类型
Integer	1	指定 32 位有符号整数数据类型
Double	2	指定双精度浮点数数据类型
Date	3	指定日期数据类型
Currency	4	指定货币数据类型

【例 7.3】 在 ch7 网站中设计一个 WebForm3 网页,其功能是说明 CompareValidator 控件的使用方法。

解:其步骤如下。

① 打开 ch7 网站,选择"网站|添加新项"命令,添加一个文件名称为 WebForm3.aspx 的代码隐藏模型的网页。

② 本网页的设计界面如图 7.8 所示,其中有两个文本框 TextBox1 和 TextBox2、两个列表框 ListBox1 和 ListBox2、一个命令按钮 Button1、一个标签 Label1 和一个比较验证控件 CompareValidator1。

数据类型列表框 ListBox1 对应的 HTML 代码如下:

```
<asp:ListBox ID = "ListBox1" runat = "server" CssClass = "auto - style5" Width = "137px"
```

```
        OnSelectedIndexChanged = "ListBox1_SelectedIndexChanged"
        AutoPostBack = "True" Height = "96px">
    <asp:ListItem Selected = "True">String</asp:ListItem>
    <asp:ListItem>Integer</asp:ListItem>
    <asp:ListItem>Double</asp:ListItem>
    <asp:ListItem>Date</asp:ListItem>
    <asp:ListItem>Currency</asp:ListItem>
</asp:ListBox>
```

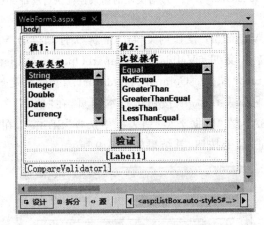

图 7.8 WebForm3 网页设计界面

比较操作列表框 ListBox2 对应的 HTML 代码如下：

```
<asp:ListBox ID = "ListBox2" runat = "server" CssClass = "auto-style5" Width = "162px"
        OnSelectedIndexChanged = "ListBox2_SelectedIndexChanged"
        AutoPostBack = "True" Height = "112px">
    <asp:ListItem Selected = "True">Equal</asp:ListItem>
    <asp:ListItem>NotEqual</asp:ListItem>
    <asp:ListItem>GreaterThan</asp:ListItem>
    <asp:ListItem>GreaterThanEqual</asp:ListItem>
    <asp:ListItem>LessThan</asp:ListItem>
    <asp:ListItem>LessThanEqual</asp:ListItem>
</asp:ListBox>
```

比较验证控件 CompareValidator1 对应的 HTML 代码如下：

```
<asp:CompareValidator ID = "CompareValidator1" runat = "server"
        ControlToCompare = "TextBox2" ControlToValidate = "TextBox1">
</asp:CompareValidator>
```

③ 在该网页上设计如下事件处理过程：

```
protected void Page_Load(object sender, EventArgs e)
{
    Label1.Text = "";
}
protected void Button1_Click(object sender, EventArgs e)
{
    string mystr = TextBox1.Text.ToString() + "(" + ListBox1.SelectedValue.ToString() + ") ";
    mystr += ListBox2.SelectedValue.ToString() + " ";
    mystr += TextBox2.Text.ToString() + "(" + ListBox1.SelectedValue.ToString() + ")";
    if (Page.IsValid)
        Label1.Text = mystr + "<br>验证结果：有效";
    else
```

```
            Label1.Text = mystr + "<br>验证结果：无效";
    }
    protected void ListBox2_SelectedIndexChanged(object sender, EventArgs e)
    { CompareValidator1.Operator = (ValidationCompareOperator)ListBox2.SelectedIndex;
        CompareValidator1.Validate();      //对关联的输入控件执行验证并更新IsValid属性
    }
    protected void ListBox1_SelectedIndexChanged(object sender, EventArgs e)
    { CompareValidator1.Type = (ValidationDataType)ListBox1.SelectedIndex;
        CompareValidator1.Validate();      //对关联的输入控件执行验证并更新IsValid属性
    }
```

说明：由于CompareValidator1控件的Operator属性的取值为ValidationCompareOperator类型的枚举值0~6，所以要用(ValidationCompareOperator)ListBox2.SelectedIndex给CompareValidator1.Operator赋值。CompareValidator1.Type也是如此。

④ 单击工具栏中的 ▶ Internet Explorer 按钮运行本网页，在"值1"文本框中输入"China"，在"值2"文本框中输入"USA"，在"数据类型"列表框中选择"String"，在"比较操作"列表框中选择"NotEqual"，单击"验证"命令按钮，其结果如图7.9所示。

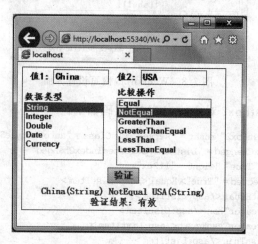

图7.9　WebForm3网页运行界面

7.2.3　RangeValidator控件

RangeValidator控件又称范围验证控件，对应命名空间System.Web.UI.WebControls中的RangeValidator类。该控件用于确保用户输入的值在指定的上、下限范围之内，当输入的值不在验证的范围内时，则在网页中显示提示信息。

除了公共属性外，RangeValidator控件的其他重要的属性有MinimumValue和MaximumValue，它们用于指定要比较值的范围。

7.2.4　RegularExpressionValidator控件

RegularExpressionValidator控件又称正则表达式验证控件，它的功能比非空验证和范围验证控件的功能更强大，对应命名空间System.Web.UI.WebControls中的RegularExpressionValidator类。

除了具有验证控件的公共属性外，RegularExpressionValidator控件的其他重要属性有

ValidationExpression,该属性用于指定正则表达式。正则表达式由正则表达式字符组成,常用的正则表达式字符及其说明如表7.7所示。例如,邮政编码的正则表达式为"\d{6}"。

表7.7 常用正则表达式字符及其说明

正则表达式字符	说明
[…]	匹配括号中的任何一个字符
[^…]	匹配不在括号中的任何一个字符
\w	匹配任何一个字符(a~z、A~Z 和 0~9)
\W	匹配任何一个空白字符
\s	匹配任何一个非空白字符
\S	与任何非单词字符匹配
\d	匹配任何一个数字字符(0~9)
\D	匹配任何一个非数字字符(^0~9)
[\b]	匹配任何一个退格键字符
{n,m}	最少匹配前面表达式 n 次,最多为 m 次
{n,}	最少匹配前面表达式 n 次
?	匹配前面表达式 0 次或 1 次{0,1}
+	至少匹配前面表达式 1 次{1,}
*	至少匹配前面表达式 0 次{0,}
|	匹配前面表达式或后面表达式
(…)	在单元中组合项目
^	匹配字符串的开头
$	匹配字符串的结尾
\b	匹配字符边界
\B	匹配非字符边界的某个位置

RegularExpressionValidator 控件用于确保用户输入的信息与 ValidationExpression 属性指定的正则表达式模式相匹配。

实际上,Visual Studio 预先设好了一些常用的正则表达式,在属性窗口中单击 ValidationExpression 属性右侧的 ... 按钮,出现如图7.10所示的"正则表达式编辑器"对话框,其中列出了常用的正则表达式,从中选择一个标准表达式即可。

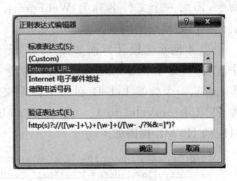

图7.10 "正则表达式编辑器"对话框

例如,一个 RegularExpressionValidator1 用于验证文本框 TextBox1 中输入的"Internet URL"是否正确,对应的 HTML 代码如下:

```
<asp:RegularExpressionValidator ID = "RegularExpressionValidator1" runat = "server"
    ControlToValidate = "TextBox1" ErrorMessage = "URL 错误"
    ValidationExpression = "http(s)?://([\w-]+\.)+[\w-]+(/[\w- ./?%&amp;=]*)?">URL 错误
</asp:RegularExpressionValidator>
```

其中,ValidationExpression 属性是系统自动产生的,它对应"Internet URL"的正则表达式。

7.2.5 CustomValidator 控件

CustomValidator 控件又称自定义验证控件,对应命名空间 System.Web.UI.WebControls 中的 CustomValidator 类。该控件确保用户输入的内容符合自己创建的验证逻辑。

除了具有验证控件的公共属性外,CustomValidator 控件具有重要的自定义验证函数属性。CustomValidator 控件的验证分为服务器自定义验证和客户端自定义验证。

对于服务器自定义验证,需要定义 OnServerValidate 属性(实际上是委托),即需要为执行验证的 ServerValidate 事件提供一个处理过程,该事件在服务器上执行验证时引发。ServerValidate 事件处理过程的格式如下:

```
protected void CustomValidator1_ServerValidate(object source,
        ServerValidateEventArgs args)
{
    //代码
}
```

用户可以通过使用作为参数传递到该事件处理过程 ServerValidateEventArgs 对象(即 args 参数)的 Value 属性来访问要验证的输入控件中的字符串,然后将验证的结果存储在 ServerValidateEventArgs 对象的 IsValid 属性中。

对于客户端自定义验证,需要定义 ClientValidationFunction 属性,该属性获取或设置用于验证的自定义客户端脚本函数的名称,即为输入控件提供用户定义的验证函数。

【例 7.4】 在 ch7 网站中设计一个 WebForm4 网页,其功能是说明 CustomValidator 控件的使用方法。

解:其步骤如下。

① 打开 ch7 网站,选择"网站|添加新项"命令,添加一个文件名称为 WebForm4.aspx 的代码隐藏模型的网页。

② 本网页的设计界面如图 7.11 所示,其中有一个文本框 TextBox1、一个命令按钮 Button1、一个标签 Label1 和一个自定义验证控件 CustomValidator1。CustomValidator1 对应的 HTML 代码如下:

图 7.11 WebForm4 网页设计界面

```
<asp:CustomValidator ID = "CustomValidator1" runat = "server"
    ControlToValidate = "TextBox1" CssClass = "auto-style1"
    OnServerValidate = "CustomValidator1_ServerValidate">
</asp:CustomValidator>
```

③ 在该网页上设计如下事件处理过程:

```
protected void Page_Load(object sender, EventArgs e)
{
    Label1.Text = "";
}
protected void CustomValidator1_ServerValidate(object source,
    ServerValidateEventArgs args)
{   if (args.Value.ToString() == "1234")
        args.IsValid = True;
```

```
        else
            args.IsValid = False;
    }
    protected void Button1_Click(object sender, EventArgs e)
    {   if (!CustomValidator1.IsValid)
            CustomValidator1.Text = "验证不成功";
        else
            Label1.Text = "验证成功";
    }
```

只有当输入用户名为"1234"时才是正确的,其他输入都会导致 CustomValidator1.IsValid 为 False。

④ 单击工具栏中的 ▶ Internet Explorer 按钮运行本网页,在"用户名"文本框中输入"1234",单击"提交"命令按钮,其结果如图 7.12 所示,表示通过验证。在"用户名"文本框中输入"12345",单击"提交"命令按钮,其结果如图 7.13 所示,表示验证没有通过。

图 7.12 WebForm4 网页运行界面一　　　　图 7.13 WebForm4 网页运行界面二

使用 CustomValidator 控件进行客户端验证与服务器验证一样,只是要用 ClientValidationFunction 属性指定客户端的验证函数,该函数需要两个参数,即 source 和 arguments。source 是对验证控件的引用,arguments 是一个对象(被验证的对象),它包含 arguments.IsValid 和 arguments.Value 两个属性,前者指定被验证对象是否有效,后者引用被验证对象的输入值。下面给出一个使用 CustomValidator 控件进行客户端验证的示例。

【例 7.5】 在 ch7 网站中设计一个 WebForm5 网页,其功能是说明使用 CustomValidator 控件进行客户端验证的方法。

解:其步骤如下。

① 打开 ch7 网站,选择"网站|添加新项"命令,添加一个文件名称为 WebForm5.aspx 的代码隐藏模型的网页。

② 本网页的设计界面如图 7.14 所示,其中有一个文本框 TextBox1、一个命令按钮 Button1、一个标签 Label1 和一个 CustomValidator1 验证控件。

CustomValidator1 验证控件对应的 HTML 代码如下:

图 7.14 WebForm5 网页设计界面

```
<asp:CustomValidator ID = "CustomValidator1" runat = "server"
    Text = "没有通过验证" ClientValidationFunction = "valid"
    style = "color: #FF00FF; font-size: medium; font-weight: 700; font-family: 仿宋"
```

```
        ControlToValidate = "TextBox1">
</asp:CustomValidator>
```

③ 在网页的源视图中设计如下客户端代码：

```
<script type = "text/javascript">
    function valid(oSrc, args) {
        args.IsValid = (args.Value % 2 == 0);
    }
</script>
```

在网页上设计如下事件过程：

```
protected void Page_Load(object sender, EventArgs e)
{
    Label1.Text = "";
}
protected void Button1_Click(object sender, EventArgs e)
{
    Label1.Text = "通过了验证";
}
```

④ 单击工具栏中的 ▶ Internet Explorer 按钮运行本网页，在文本框中输入 6，单击"提交"命令按钮，此时执行客户端 valid 函数使 args.IsValid＝True(即 TextBox1 输入通过验证)，回传给服务器，执行 Button1_Click 事件处理过程，在 Label1 中显示"通过了验证"，再发送到客户端，客户端显示结果如图 7.15 所示。

如果在网页运行时在文本框中输入 5，单击"提交"命令按钮，此时执行客户端 valid 函数使 args.IsValid＝False(即 TextBox1 输入没有通过验证)，CustomValidator1 验证控件显示信息，不会回传给服务器，客户端显示结果如图 7.16 所示。

图 7.15　WebForm5 网页运行界面一　　　　图 7.16　WebForm5 网页运行界面二

7.2.6　ValidationSummary 控件

ValidationSummary 控件又称错误总结控件，对应命名空间 System.Web.UI.WebControls 中的 ValidationSummary 类。该控件提供一个集中显示验证错误信息的地方，将本网页中的所有验证控件错误信息组织好并一同显示出来。ValidationSummary 控件的常用属性如表 7.8 所示。

根据 DisplayMode 属性的设置，摘要可以按列表、项目符号列表或单个段落的形式显示，如表 7.9 所示。通过分别设置 ShowSummary 和 ShowMessageBox 属性可以在网页上和消息框中显示摘要。

注意：如果 ShowMessageBox 和 ShowSummary 属性都设置为 True，则在消息框和网页上都显示验证摘要。

表 7.8 ValidationSummary 控件的常用属性

属 性	说 明
HeaderText	控件汇总信息
DisplayMode	获取或设置验证摘要的显示模式,其取值如表 7.9 所示
EnableClientScript	获取或设置一个值,用于指示 ValidationSummary 控件是否使用客户端脚本更新自身
ShowMessageBox	获取或设置一个值,该值指示是否在消息框中显示验证摘要。如果在消息框中显示验证摘要,则为 True,否则为 False,默认为 False
ShowSummary	获取或设置一个值,该值指示是否内联显示验证摘要

表 7.9 DisplayMode 属性取值及其说明

成 员 名 称	说 明
BulletList	显示在项目符号列表中的验证摘要
List	显示在列表中的验证摘要
SingleParagraph	显示在单个段落内的验证摘要

【例 7.6】 在 ch7 网站中设计一个 WebForm6 网页,其功能是说明 ValidationSummary 控件的使用方法。

解:其步骤如下。

① 打开 ch7 网站,选择"网站|添加新项"命令,添加一个文件名称为 WebForm6.aspx 的代码隐藏模型的网页。

② 本网页的设计界面如图 7.17 所示,其中有 3 个文本框(从上到下分别为 TextBox1 ~ TextBox3)、一个命令按钮 Button1 和 4 个验证控件。

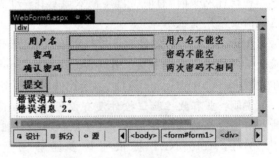

图 7.17 WebForm6 网页设计界面

4 个验证控件对应的 HTML 代码如下:

```
< asp:RequiredFieldValidator ID = "RequiredFieldValidator1" runat = "server"
    ControlToValidate = "TextBox1" CssClass = "auto - style13"
    ErrorMessage = "用户名不能空">
</asp:RequiredFieldValidator >
< asp:RequiredFieldValidator ID = "RequiredFieldValidator2" runat = "server"
    ControlToValidate = "TextBox2" CssClass = "auto - style13"
    ErrorMessage = "密码不能空">
</asp:RequiredFieldValidator >
< asp:CompareValidator ID = "CompareValidator1" runat = "server"
    ControlToCompare = "TextBox2" ControlToValidate = "TextBox3"
    CssClass = "auto - style13" ErrorMessage = "两次密码不相同">
</asp:CompareValidator >
< asp:ValidationSummary ID = "ValidationSummary1" runat = "server" DisplayMode = "List"
    Height = "38px" Width = "199px" style = "color: #FF00FF; font - size: medium;
    font - weight: 700; font - family: 仿宋" />
```

其中 ValidationSummary1 控件的 DisplayMode 属性设为 List、ShowMessageBox 属性设为 False(默认值)、ShowSummary 属性设为 True(默认值)。

③ 单击工具栏中的 ▶ Internet Explorer 按钮运行本网页,在"用户名"文本框中输入"licb",在"确认密码"文本框中输入"1234",单击"提交"命令按钮,其结果如图 7.18 所示,表示没有通过

验证，并在 ValidationSummary1 控件中显示所有错误消息。

如果将 ValidationSummary1 控件的 ShowMessageBox 属性改为 True、ShowSummary 属性改为 False，同样操作的显示结果如图 7.19 所示，只是改为在一个消息框中显示所有错误消息。

图 7.18　WebForm6 网页运行界面一

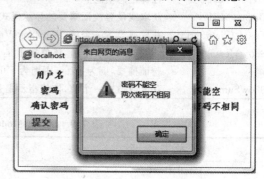
图 7.19　WebForm6 网页运行界面二

7.3　使用验证组

在设计网页时，有时将许多输入显示在一个页面上，但需要对输入的数据进行分组验证，这就需要采用验证组。

ASP.NET 的有效性验证控件都有一个 ValidationGroup 属性，它用于设置验证组名称，验证组名称可以任意指定，相同 ValidationGroup 属性的有效性验证控件属于同一验证组。在设置 ValidationGroup 属性后，当控件触发服务器回发时，仅验证指定组中的验证控件。

说明： 当有效性验证控件没有设置 ValidationGroup 属性时，其默认值为空，这样网页中的所有有效性验证控件都属于这个默认的验证组。

另外，ASP.NET 提供了许多能够回发到服务器的控件，如 Button、CheckBox、CheckBoxList 等。当这类控件的 CausesValidation 属性设置为 True(默认值)时，在该控件回发到服务器时执行验证。

【例 7.7】　在 ch7 网站中设计一个 WebForm7 网页，其功能是说明验证组的使用方法。

解： 其步骤如下。

① 打开 ch7 网站，选择"网站|添加新项"命令，添加一个文件名称为 WebForm7.aspx 的代码隐藏模型的网页。

② 本网页的设计界面如图 7.20 所示，其中有 6 个文本框(从上到下分别为 TextBox1～TextBox6)、两个命令按钮(Button1 和 Button2)和 6 个验证控件，这些验证控件分为 group1 和 group2 两个验证组。

按照从上到下的顺序，第 1 个验证控件的 HTML 代码如下：

```
<asp:RequiredFieldValidator ID="RequiredFieldValidator1" runat="server"
    ErrorMessage="用户名不能空" ControlToValidate="TextBox1"
    CssClass="auto-style6" ValidationGroup="group1">
</asp:RequiredFieldValidator>
```

第 2 个验证控件的 HTML 代码如下：

```
<asp:RequiredFieldValidator ID="RequiredFieldValidator2" runat="server"
    ErrorMessage="密码不能空" ControlToValidate="TextBox2" CssClass="auto-style6"
    ValidationGroup="group1">
```

</asp:RequiredFieldValidator>

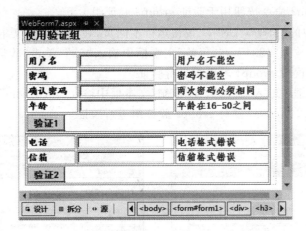

图 7.20 WebForm7 网页设计界面

第 3 个验证控件的 HTML 代码如下：

```
<asp:CompareValidator ID="CompareValidator1" runat="server"
    ErrorMessage="两次密码必须相同" ControlToCompare="TextBox2"
    ControlToValidate="TextBox3" CssClass="auto-style6" ValidationGroup="group1">
</asp:CompareValidator>
```

第 4 个验证控件的 HTML 代码如下：

```
<asp:RangeValidator ID="RangeValidator1" runat="server"
    ErrorMessage="年龄在 16-50 之间" ControlToValidate="TextBox4"
    CssClass="auto-style6" MaximumValue="50" MinimumValue="16"
    Type="Integer" ValidationGroup="group1">
</asp:RangeValidator>
```

第 5 个验证控件的 HTML 代码如下：

```
<asp:RegularExpressionValidator ID="RegularExpressionValidator1" runat="server"
    ErrorMessage="电话格式错误" ControlToValidate="TextBox5"
    CssClass="auto-style6" ValidationExpression="(\(\d{3}\)|\d{3}-)?\d{8}"
    ValidationGroup="group2">
</asp:RegularExpressionValidator>
```

第 6 个验证控件的 HTML 代码如下：

```
<asp:RegularExpressionValidator ID="RegularExpressionValidator2" runat="server"
    ErrorMessage="信箱格式错误" ControlToValidate="TextBox6"
    CssClass="auto-style6"
    ValidationExpression="\w+([-+.']\w+)*@\w+([-.]\w+)*\.\w+([-.]\w+)*"
    ValidationGroup="group2">
</asp:RegularExpressionValidator>
```

"验证 1"命令按钮 Button1 的 HTML 代码如下：

```
<asp:Button ID="Button1" runat="server" Text="验证 1" CssClass="auto-style5"
    ValidationGroup="group1" />
```

"验证 2"命令按钮 Button2 的 HTML 代码如下：

```
<asp:Button ID="Button2" runat="server" Text="验证 2" CssClass="auto-style5"
    ValidationGroup="group2" />
```

从上看到，网页中共有两个验证组，即 group1 和 group2，Button1 命令按钮用于验证 group1 验证组，Button2 命令按钮用于验证 group2 验证组。

③ 单击工具栏中的 ▶ Internet Explorer 按钮运行本网页，在"用户名"文本框中输入"licb"，在"确认密码"文本框中输入"1234"，在"年龄"文本框中输入"65"，单击"验证1"命令按钮，其结果如图 7.21 所示，仅仅对 group1 验证组进行验证。

再在"电话"文本框中输入"1234"，在"信箱"文本框中输入"abcd.com"，单击"验证2"命令按钮，其结果如图 7.22 所示，仅仅对 group2 验证组进行验证。

图 7.21　WebForm7 网页运行界面一　　　图 7.22　WebForm7 网页运行界面二

采用验证组可以设计复杂的需要多组输入数据验证的网页，以方便分阶段进行数据验证。

练习题 7

1. 简述验证控件的主要作用。
2. 简述 5 种验证控件（即 RequiredFieldValidator、CompareValidator、RangeValidator、RegularExpressionValidator 和 CustomValidator）在功能上的差别。
3. 如果要限定网页中某个文本框必须输入数据，应该使用什么验证控件？
4. 如果要限定网页中某个文本框输入的数字在 0～100 之间，应该使用什么验证控件？
5. 如果要限定网页中某个文本框输入的是 8 位数字的电话号码，应该使用什么验证控件？
6. 如果要限定网页中某个文本框输入的是特殊的但无法用正则表达式表示的数据格式（该格式可以用某个程序逻辑表示），应该使用什么验证控件？
7. CustomValidator 控件是一个服务器验证控件，它能否实现客户端验证？
8. 简述使用 CustomValidator 控件实现客户端验证的方法。
9. 使用验证组有什么作用？
10. ASP.NET 的有效性验证控件的 ValidationGroup 属性有什么用途？

上机实验题 7

在 ch7 网站中添加一个名称为 Experment7 的网页，用于输入学生的学号、姓名、性别和班号，学号和姓名不能为空，班号必须以"15"开头。例如，没有任何输入，单击"确定"按钮后的结果如图 7.23 所示;班号输入不以"15"开头,单击"确定"按钮后的结果如图 7.24 所示;数据输入正确,单击"确定"按钮后的结果如图 7.25 所示。

图 7.23　上机实验题 7 的网页运行界面一　　图 7.24　上机实验题 7 的网页运行界面二

图 7.25　上机实验题 7 的网页运行界面三

第 8 章　用户控件

ASP.NET 提供了用户控件设计功能。用户控件基本的应用就是把网页中经常用到的程序封装到一个单元中，以便在其他网页中使用，从而提高应用程序的开发效率。本章介绍用户控件的创建和使用方法。

本章学习要点：
- ☑ 掌握用户控件的基本概念。
- ☑ 掌握用户控件的创建过程以及设置属性和方法的过程。
- ☑ 掌握用户控件的使用方法。

8.1　用户控件概述

用户控件由一个或多个 ASP.NET 服务器控件（如 Button 控件、TextBox 控件等）以及相关的功能代码组成。用户控件还可以包括自定义属性或方法，这些属性或方法向 ASP.NET 网页显示用户控件的功能。

用户控件几乎与网页.aspx 文件相似，但仍有以下不同之处：

- 用户控件的文件扩展名为.ascx。
- 用户控件中没有@Page 指令，而是包含@Control 指令，该指令对配置及其相关属性进行定义。
- 用户控件不能作为独立文件运行，而必须像其他控件一样将其添加到 ASP.NET 网页中。
- 用户控件中没有 html、body 或 form 元素。

用户控件的主要优点如下：

- 可以将常用的内容或控件以及控件的运行程序逻辑设计为用户控件，然后便可以在多个网页中重复使用该用户控件，从而省略许多重复性的工作。
- 网页内容需要改变时只需修改用户控件中的内容，其他应用用户控件的网页会自动随之改变，因此网页的设计和维护更加方便。

8.2 创建用户控件

8.2.1 创建用户控件的过程

创建用户控件的过程与创建网页文件十分相似,下面通过一个示例说明。

【例 8.1】 在 D 盘 ASP.NET 目录中建立一个 ch8 的子目录,将其作为网站目录,然后创建一个 WebForm1 网页,其功能是说明用户控件的创建过程。

解:其步骤如下。

① 启动 Visual Studio 2012。

② 选择"文件|新建|网站"命令,出现"新建网站"对话框,选择"ASP.NET 空网站"模板,选择"Web 位置"为"文件系统",单击"浏览"按钮,选择"D:\ASP.NET\ch8"目录,单击"确定"按钮,创建一个空的网站 ch8。

③ 选择"网站|添加新项"命令,出现"添加新项-ch8"对话框,在中间列表中选择"Web 用户控件"模板,保持默认名称为 WebUserControl.ascx,如图 8.1 所示,单击"添加"按钮。

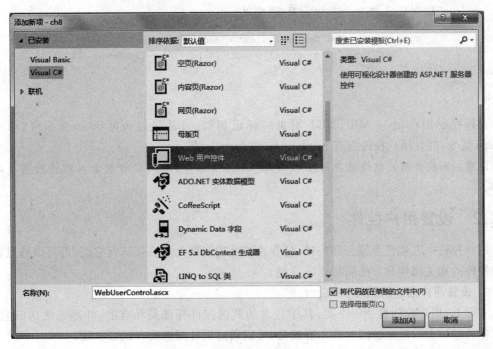

图 8.1 "添加新项-ch8"对话框

④ 进入用户控件的设计视图,插入一个 2×2 的表格,输入两个 HTML 标签,然后拖放两个文本框(TextBox1 和 TextBox2),如图 8.2 所示。

⑤ 进入源视图,看到其源视图代码如下:

```
<%@Control Language = "C#" AutoEventWireup = "true"
    CodeFile = "WebUserControl.ascx.cs" Inherits =
        "WebUserControl" %>
<style type = "text/css">
    .auto-style1 {
```

图 8.2 WebUserControl.ascx 设计界面

```
                width: 200px;
            }
            .auto-style2 {
                font-family: 楷体; font-size: medium;
                color: #0000FF; font-weight: bold;
            }
            .auto-style3 {
                font-family: Arial; font-weight: bold;
                font-size: small;
            }
        </style>
        <table class="auto-style1">
            <tr>
                <td class="auto-style2">学号：</td>
                <td>
                    <asp:TextBox ID="TextBox1" runat="server"
                        CssClass="auto-style3" Width="87px"></asp:TextBox>
                </td>
            </tr>
            <tr>
                <td class="auto-style2">姓名：</td>
                <td>
                    <asp:TextBox ID="TextBox2" runat="server"
                        CssClass="auto-style3" Width="85px"></asp:TextBox>
                </td>
            </tr>
        </table>
```

此新控件的标记与 ASP.NET 网页的标记相似，只是它包含 @Control 指令，而不含 @Page 指令，并且用户控件没有 html、body 和 form 元素。

注意：不能将用户控件放在网站的 App_Code 目录中，否则运行包含该控件的网页时会出错。

8.2.2 设置用户控件

用户控件中可能包含服务器控件，包含该控件的网页无法直接访问它们，但可以通过设计用户控件的相关属性和方法间接访问它们。

1. 设置用户控件的属性

实际上，用户控件就是一个类，其中包含的其他控件等都是私有的，外部无法访问它们。为了能通过该类的对象访问这些私有成员，可以通过设计属性的方式来实现。

例如，对于前面设计的 WebUserControl.ascx 用户控件，无法通过其对象访问文本框，为此在 WebUserControl 用户控件的设计视图中右击，在出现的快捷菜单中选择"查看代码"命令进入代码编辑窗口，在 WebUserControl 类声明中增加如下后台代码：

```
public string sno                    //公共属性
{   get { return TextBox1.Text; }
    set { TextBox1.Text = value; }
}
public string sname                  //公共属性
{   get { return TextBox2.Text; }
    set { TextBox2.Text = value; }
}
```

上述代码定义了用户控件的两个属性，均为 get 和 set 属性。sno 属性对应 TextBox1 文本框的读/写，sname 属性对应 TextBox2 文本框的读/写，这样就可以通过 sno 和 sname 属性访问其中的两个文本框了。

2. 设置用户控件的方法

和设置用户控件的属性一样，可以通过设置用户控件的公共方法来达到访问用户控件中成员的目的，下面通过一个示例说明。

【例 8.2】 创建一个用户控件 WebUserControl1.ascx，其中包含一个列表框 ListBox1，并设计相关公共方法实现对列表框的操作。

解：其步骤如下。

① 打开 ch8 网站，采用例 8.1 的方式创建用户控件 WebUserControl1.ascx。

② 其设计界面如图 8.3 所示，包含一个 HTML 标签和一个列表框 ListBox1，将其 SelectionMode 属性设置为 Multiple。

图 8.3 WebUserControl1.ascx 用户界面

③ 在该用户控件上设计如下方法：

```
public int count()                  //返回列表框中的选项个数
{
    return ListBox1.Items.Count;
}
public void clear()                 //删除所有选项
{
    ListBox1.Items.Clear();
}
public void add(string item)        //添加一个字符串
{
    ListBox1.Items.Add(item);
}
public void add(ListItem item)      //重载函数，添加一个 ListItem 选项
{
    ListBox1.Items.Add(item);
}
public void remove(int i)           //删除指定索引的选项
{
    ListBox1.Items.RemoveAt(i);
}
public int selectedindex()          //返回当前选择选项的索引
{
    return ListBox1.SelectedIndex;
}
public ListItem indexitem(int i)    //返回指定索引的选项
{
    return ListBox1.Items[i];
}
```

上述方法都是通过 ListBox 控件的相关属性和方法来实现的，只不过不能通过 WebUserControl1 用户控件的对象直接调用 ListBox1 控件的这些属性和方法罢了，而是改为调用上述方法实现相同的功能。

8.3 使用用户控件

将 ASP.NET 用户控件添加到网页类似于将其他服务器控件添加到网页，但是请务必遵循下列过程，以便将所有必需的元素添加到网页中。向网页添加 ASP.NET 用户控件的过程如下：

① 打开要添加 ASP.NET 用户控件的网页。
② 切换到设计视图。
③ 在"解决方案资源管理器"中选择自定义用户控件文件，并将其拖到网页上。

当 ASP.NET 用户控件被添加到该网页面时，设计器会创建@Register 指令，网页需要它来识别用户控件。现在就可以处理该控件的公共属性和方法了。

【例 8.3】 在 ch8 网站中设计一个 WebForm1 网页，其功能是说明前面创建的 WebUserControl.ascx 用户控件的使用方法。

解：其步骤如下。

① 打开 ch8 网站，选择"网站|添加新项"命令，添加一个文件名称为 WebForm2.aspx 的代码隐藏页模型的网页。

② 切换到网页的设计视图，在"解决方案资源管理器"中选择 WebUserControl.ascx 文件将其拖到网页上，这样将在网页中生成一个名称为 WebUserControl1 的用户控件。另外添加两个 Button 控件（"确定"命令按钮 Button1 和"重置"命令按钮 Button2）和一个 Label 控件 Label1（其 Text 属性设为空），本网页的设计界面如图 8.4 所示。在该网页上设计如下事件过程：

```
protected void Button1_Click(object sender, EventArgs e)
{   Label1.Text = "输入数据如下:" + "<br>";
    Label1.Text += "学号:" + WebUserControl1.sno;
    Label1.Text += " 姓名:" + WebUserControl1.sname;
}
protected void Button2_Click(object sender, EventArgs e)
{   WebUserControl1.sno = "";
    WebUserControl1.sname = "";
}
```

③ 本网页的源视图代码如下：

```
<%@Page Language="C#" AutoEventWireup="True"
    CodeFile="WebForm1.aspx.cs" Inherits="WebForm1" %>
<%@Register src="WebUserControl.ascx" tagname="WebUserControl" tagprefix="uc1" %>
<!DOCTYPE html>
<html xmlns="http://www.w3.org/1999/xhtml">
  <head runat="server">
    <meta http-equiv="Content-Type" content="text/html; charset=utf-8"/>
    <title></title>
    <style type="text/css">
        .auto-style4 {
            font-family: 黑体; font-weight: bold;
            font-size: medium; color: #FF0000;
        }
    </style>
```

```
    </head>
    <body>
      <form id = "form1" runat = "server">
        <div>
          < uc1:WebUserControl ID = "WebUserControl1" runat = "server" />
        </div>
        <br />
        <asp:Button ID =."Button1" runat = "server" CssClass = "auto‐style4"
            OnClick = "Button1_Click" Text = "确定" />
           
        <asp:Button ID = "Button2" runat = "server" CssClass = "auto‐style4"
            OnClick = "Button2_Click" Text = "重置" />
        <br /><br />
        <asp:Label ID = "Label1" runat = "server" style = "color: ♯FF00FF;font‐size: medium;
            font‐weight: 700; font‐family: 仿宋"></asp:Label>
      </form>
    </body>
</html>
```

其中自动添加的@Register 指令用来标识用户控件 WebUserControl。

④ 单击工具栏中的 ▶ Internet Explorer 按钮运行本网页，在两个文本框中分别输入"106"和"王华"，单击"确定"命令按钮，其结果如图 8.5 所示。

图 8.4 WebForm1 网页设计界面

图 8.5 WebForm1 网页运行界面

上例说明了用户控件中属性的使用，实际上代码 WebUserControl1.sno 就是使用 ID 为 WebUserControl1 的用户控件的 sno 属性。由于该属性为 get 和 set 属性，所以可以进行读/写操作。

下面介绍一个使用用户控件的较复杂的示例。

【例 8.4】 在 ch8 网站中设计一个 WebForm2 网页，其功能是说明前面创建的 WebUserControl1.ascx 用户控件的使用方法。

解：其步骤如下。

① 打开 ch8 网站，选择"网站|添加新项"命令，添加一个文件名称为 WebForm2.aspx 的代码隐藏页模型的网页。

② 切换到网页设计视图，采用<div>元素设计 4 个区块，在第 1 个区块中放入一个 WebUserControl1 用户控件 WebUserControl11，在第 2 个区块中放入 4 个 Button 控件（从上到下分别为 Button1～Button4），在第 3 个区块中放入一个 WebUserControl1 用户控件 WebUserControl12，在第 4 个区块中放入一个标签控件 Label1，其设计界面如图 8.6 所示。

其中 4 个命令按钮的功能如下。
- >>：将左列表框中的所有项目移动到右列表框中。
- >：将左列表框中选定的项目移动到右列表框中。
- <<：将右列表框中的所有项目移动到左列表框中。
- <：将右列表框中选定的项目移动到左列表框中。

在该网页上设计如下事件过程：

```
protected void Page_Load(object sender, EventArgs e)
{   if (!Page.IsPostBack)                  //如果网页为首次加载,则执行以下语句
    {   WebUserControl11.add("清华大学");
        WebUserControl11.add("北京大学");
        WebUserControl11.add("中国科技大学");
        WebUserControl11.add("南京大学");
        WebUserControl11.add("华中科技大学");
        WebUserControl11.add("上海交通大学");
        WebUserControl11.add("武汉大学");
        Label1.Text = "";
    }
}
protected void Button1_Click(object sender, EventArgs e)
{   int i;
    ListItem item;
    for (i = 0; i < WebUserControl11.count(); i++)
    {   item = WebUserControl11.indexitem(i);
        WebUserControl12.add(item);
    }
    WebUserControl11.clear();
    Label1.Text = "操作成功";
}
protected void Button2_Click(object sender, EventArgs e)
{   int i;
    ListItem item;
    i = WebUserControl11.selectedindex();
    if (i >= 0 && i < WebUserControl11.count())
    {   item = WebUserControl11.indexitem(i);
        WebUserControl12.add(item);
        WebUserControl11.remove(i);
        Label1.Text = "操作成功";
    }
    else
        Label1.Text = "没有选择任何选项";
}
protected void Button3_Click(object sender, EventArgs e)
{   int i;
    ListItem item;
    for (i = 0; i < WebUserControl12.count(); i++)
    {   item = WebUserControl12.indexitem(i);
        WebUserControl11.add(item);
    }
    WebUserControl12.clear();
    Label1.Text = "操作成功";
}
protected void Button4_Click(object sender, EventArgs e)
{   int i;
```

```
        ListItem item;
        i = WebUserControl12.selectedindex();
        if (i >= 0 && i < WebUserControl12.count())
        {   item = WebUserControl12.indexitem(i);
            WebUserControl11.add(item);
            WebUserControl12.remove(i);
            Label1.Text = "操作成功";
        }
        else
            Label1.Text = "没有选择任何选项";
}
```

③ 单击工具栏中的 ▶ Internet Explorer 按钮运行本网页，首先在左列表框中显示几所大学的名称，选中"北京大学"，单击">"命令按钮将其移到右列表框中，再选中"武汉大学"，单击">"命令按钮将其移到右列表框中，其结果如图 8.7 所示。

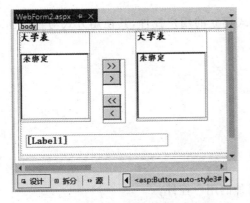

图 8.6　WebForm2 网页设计界面

图 8.7　WebForm2 网页运行界面

8.4　将网页转化为用户控件

在应用程序的开发过程中，有些网页会经常用到且使用频率较高，可以将其略加改动变为一个用户控件。将网页转换为用户控件分为两种情况，下面分别介绍。

8.4.1　将单个网页转换成用户控件

将单个网页转换成用户控件的步骤如下：

① 重命名控件，将文件扩展名改为.ascx。
② 从网页中删除 html、body 和 form 元素。
③ 将@Page 指令更改为@Control 指令。
④ 删除 @Control 指令中除 Language、AutoEventWireup（如果存在）、CodeFile 和 Inherits 以外的所有属性。
⑤ 在@Control 指令中包含 ClassName 属性（该属性用于将用户控件添加到网页时进行强类型化）。

8.4.2　将代码隐藏网页转换成用户控件

将代码隐藏网页转换成用户控件的步骤如下：

第1步：重命名.aspx文件，使其文件扩展名为.ascx。
第2步：将代码隐藏文件的扩展名更改为.ascx.cs。
第3步：打开代码隐藏文件并将该文件继承的类从Page类更改为UseControl类，即将System.Web.UI.Page语句更改为System.Web.UI.UserControl。
第4步：在.aspx文件中执行以下操作。
① 从网页中删除html、body和form元素。
② 将@Page指令更改为@Control指令。
③ 删除@Control指令中除Language、AutoEventWireup（如果存在）、CodeFile和Inherits以外的所有属性。
④ 在@Control指令中将CodeFile属性更改为指向重命名的代码隐藏文件。
⑤ 在@Control指令中包含ClassName属性（该属性用于将用户控件添加到网页时进行强类型化）。

对于采用上述将网页转化为用户控件的方式建立的用户控件，其使用方式与直接创建的用户控件的完全相同。

练习题 8

1. 简述用户控件的作用。
2. 简述用户控件的设计过程。
3. 简述用户控件的使用方法。
4. 在一个用户控件设计中是否可以使用另外的用户控件？
5. 简述将网页转化为用户控件的方法。

上机实验题 8

在ch8网站中添加一个用户控件WebUserControl2.ascx，其功能是用于登录信息（用户名和密码）的输入。另外创建一个名称为Experment8的网页，使用该用户控件实现用户登录，在单击"确定"命令按钮后在一个标签中显示用户登录信息，如图8.8所示。

图 8.8　上机实验题 8 网页的运行界面

第 9 章 主题和母版页

CHAPTER 9

主题和母版页有一个共同的特点,就是统一网页设计风格和样式,达到代码共享的目的,从而提高网站开发的效率,但两者的侧重点是不同的,本章介绍它们的使用方法。

本章学习要点:
- ☑ 掌握主题和外观文件的概念和特点。
- ☑ 掌握创建外观文件的过程以及应用主题和禁用主题的方法。
- ☑ 掌握母版页和内容页的概念与特点。
- ☑ 掌握母版页和内容页的设计方法。
- ☑ 掌握内容页中访问母版页内容的方法。

9.1 主题

9.1.1 主题概述

主题(Theme)是指网页和控件外观属性设置的集合,其工作原理类似于 CSS,为网站提供统一的风格。在 CSS 中,可以将定义的 a:link 样式(指定未被访问过的超链接的样式)存放在一个外部样式表文件中,然后在网站各网页中包含对这个文件的引用,则结果网站中所有的超链接样式便统一成这个文件中定义的那样了。

主题提供了一种简易方式,可以独立于应用程序的网页为网站的控件和网页设置样式,因此便于 Web 应用程序对其进行维护。一个网站可以有多个主题,这样在设计网站时可以先不考虑样式,在以后要进行样式设计时也无须更新网页或更改代码。另外,还可以从外部获得自定义主题,例如将另一个网站的主题复制到本网站中,因此主题可以方便地重用。

实际上,主题是存在于 App_Themes 目录中的一个子目录,每个子目录就是一个主题,其中包含外观文件(.skin)、CSS 文件(.css,样式表文件)、图像文件和其他资源。

在设计网页时不必在网页中显式引用主题,只需把它们放到 App_Thems

目录中,应用程序会自动加载相关的主题。

注意:在一个主题下必须至少包含一个外观文件,也可以有多个外观文件。

1. CSS 文件

CSS 文件在主题出现之前已经得到广泛的应用(在第 3 章已介绍),将 CSS 文件放到主题目录中便作为主题的一部分。主题中的 CSS 文件和非主题中的 CSS 文件没有本质的区别,只是主题 CSS 文件自动作为主题的一部分,在网页中只引用主题即可,不必再单独引用 CSS 文件。

2. 外观文件

外观文件也称为皮肤文件,它是主题的核心内容,用于定义网页中各种服务器控件(如 Button、TextBox 或 Label 控件等)的外观属性。外观文件由一组控件的特定主题的外观标记组成,其扩展名为 .skin。例如,以下代码设置 Button 控件的外观:

```
<asp:Button runat = "server" BackColor = "black" ForeColor = "Red" />
```

同一类型控件的外观标记分为默认外观标记和命名外观标记两种。

(1) 默认外观标记

默认外观标记不设置控件的 SkinID 属性,它自动应用于同一类型的所有控件。在同一主题中只能有同一类型控件的一个默认外观标记,哪怕同一主题下有多个外观文件,但同一类型控件的默认外观标记也只能有一个。上述 <asp:Button … /> 就是默认外观标记的形式,该控件外观标记适用于使用本主题的网页上的所有 Button 控件。

默认外观标记严格按控件类型来匹配,因此 Button 控件外观标记适用于所有 Button 控件,但不适用于 LinkButton 控件或从 Button 对象派生的控件。

(2) 命名外观标记

设置有控件的 SkinID 属性的外观标记称为命名外观标记。命名外观标记不会自动按类型应用于控件,而应当通过设置控件的 SkinID 属性将已命名外观标记显式应用于控件。通过创建已命名外观标记可以为应用程序中同一控件的不同实例设置不同的外观。例如,前面的代码指定命令按钮的默认外观标记,应用于网页中的所有命令按钮,而以下代码属命名外观标记:

```
<asp:Button SkinID = "buttonskin1" BackColor = "gray" />
<asp:Button SkinID = "buttonskin2" BackColor = "white" />
```

这样为命令按钮设置了两种外观,在应用时需指定命令按钮控件的 SkinID 属性是 buttonskin1 或 buttonskin2,这就是为什么几乎所有控件都有 SkinID 属性的原因。

3. 外观文件中的外观标记与控件标记的区别

外观文件中的外观标记与控件标记类似,不过有几个区别。第一个区别是外观文件中的外观标记不能有 ID 属性。ID 用来唯一标识网页中的控件,由于外观文件是应用到所有控件的,因此没有必要给它一个 ID 属性。

另一个区别在于能在标记中设置属性的个数,并不是控件的所有属性都能应用外观,例如,不能通过外观文件设置 Button 按钮的 Enabled 属性。一般来说,影响外观的属性如 BackColor、ForeColor、BorderColor 等可以应用外观,而影响行为的属性如 Enabled、EnableViewState 和 TextBox 的 TextMode 等不能应用外观。

4. 外观和样式表的区别和联系

外观和样式表的主要区别和联系如下：

- 可以通过外观文件使网页中的多个服务器控件具有相同的外观，如果用样式表来实现，则必须设置每个控件的 CssClass 属性才能将样式表中定义的样式类应用于这些控件，非常烦琐。
- 使用样式表虽然能够控制网页中各种元素的样式，但是有些服务器控件的属性却无法用样式表控制，而外观文件可以轻松完成这些功能。
- 当控制属性比较多的服务器控件外观时，可能需要在 CSS 文件中定义很多 CSS 类，如果这些 CSS 类之间定义不好有可能产生不希望的效果，而用外观文件不会出现这些问题。
- 每个网页只能应用一个主题，不能向一个网页应用多个主题，这与样式表不同，样式表可以向一个网页应用多个样式表。

5. 主题图形和其他资源

主题还可以包含图形和其他资源，例如脚本文件或声音文件。通常主题的资源文件与该主题的外观文件位于同一个目录中，但它们也可以位于 Web 应用程序中的其他地方，如位于主题目录的某个子目录中。例如，若要引用主题目录的某个子目录中的资源文件，可以使用类似于如下 Image 控件外观中显示的路径：

<asp:Image runat = "server" ImageUrl = "主题子目录/图像文件名" />

9.1.2 创建主题

1. 创建主题的过程

主题必须存放于网站根目录下的 App_Themes 目录中，且每个主题本身就是一个目录。这里以创建网站 ch9 的主题为例，其步骤如下：

① 在 D 盘 ASP.NET 目录中建立一个 ch9 的子目录，以"ASP.NET 空网站"为模板创建一个名称为 ch9 的空网站。

② 在"解决方案资源管理器"中右击项目名称 ch9，在出现的快捷菜单中选择"添加|添加 ASP.NET 文件夹|主题"命令，系统会自动创建一个位于根目录下的 App_Themes 目录，并在该目录中创建一个待命名的主题（默认名称为"主题1"），如图 9.1 所示。将"主题1"改为 Blue（主题名起到区分不同主题的目的）。

③ 右击主题 Blue，在出现的快捷菜单中选择"添加|添加新项"命令，打开"添加新项-ch9"对话框，选择"外观文件"模板，如图 9.2 所示。

图 9.1 添加主题

④ 单击"添加"按钮，将会为 Blue 主题添加一个外观文件，这里采用默认的外观文件名 SkinFile.skin，接着进入编辑窗口开始编辑外观文件。例如，设计网页中标签、文本框、命令按钮、单选按钮和列表框的统一外观的外观文件，其编辑内容如下（只输入粗体部分，其他注释内容由系统自动生成）：

<%--

默认的外观模板.以下外观仅作为示例提供。

1. 命名的控件外观。SkinId 的定义应唯一,因为在同一主题中不允许一个控件类型有重复的 SkinId。
<asp:GridView runat = "server" SkinId = "gridviewSkin" BackColor = "White" >
　　<AlternatingRowStyle BackColor = "Blue" />
</asp:GridView>
2. 默认外观。未定义 SkinId。在同一主题中每个控件类型只允许有一个默认的控件外观。
<asp:Label runat = "server" style = "color: #FF00FF; font - size: medium;
　　font - weight: 700; font - family: 仿宋" />
<asp:TextBox runat = "server" style = "font - size: small; font - weight: 700;
　　font - family: 宋体" />
<asp:Button runat = "server" style = "color: #FF0000; font - size: medium;
　　font - weight: 700; font - family: 黑体" />
<asp:RadioButton runat = "server" style = " font - family: 幼圆; font - size: medium;
　　color: #800080; font - style: italic; font - weight: bold;" />
<asp:ListBox runat = "server" style = "color: #008000; font - size:medium;
　　font - weight:700; font - family: 华文细黑" />

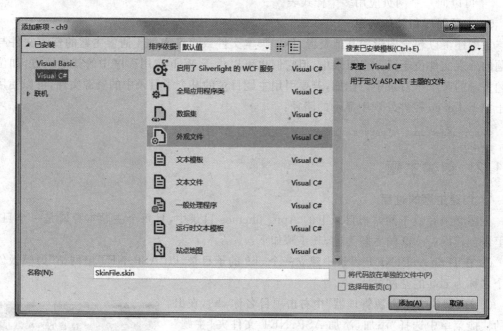

图 9.2 "添加新项-ch9"对话框

注意：在编辑外观文件时,Visual Studio 并不会检查其中的语法错误。

⑤ 如果要建立其他的主题,在"解决方案资源管理器"中右击 App_Themes,在弹出的快捷菜单中选择"添加|添加新项"命令,打开"添加新项-ch9"对话框,选择"外观文件"模板,例如为其命名 SkinFile1.skin,单击"添加"按钮即建立另一个主题。将新建主题名改为 White,这样网站中有 Blue 和 White 两个主题,如图 9.3 所示。

⑥ 在一个主题中可以有多个外观文件。在一个主题中创建另一个外观文件的方法是右击主题名 Blue,在弹出的快捷菜单中选择"添加|添加新项"命令,打开"添加新项-ch9"对话框,选择"外观文件"模板,例如指定外观文件名 SkinFile2.skin,单击"添加"按钮为 Blue 主题添加另一个外观文件 SkinFile2.skin,如图 9.4 所示。

⑦ 再添加一个用于网页 HTML 文字标记的样式表,右击 App_Themes,在弹出的快捷菜

图 9.3　建立另一个主题 White　　　图 9.4　建立另一个外观文件

单中选择"添加|样式表"命令,采用默认文件名 StyleSheet,其代码如下:

```
.html-style1 {
    font-family: 楷体;
    font-weight: bold;
    font-size: medium;
    color: #0000FF;
    text-align:center;
}
```

这样在 App_Themes 目录下出现了一个 StyleSheet.css 样式表文件,主要用于网页中 HTML 标记的格式化。

说明:在 Visual Studio 中创建外观文件的操作方式有多种,上面给出的只是其中的一种方式。

2．主题文件的外观标记设计

设计外观标记的一般过程如下:

① 总结网站开发中常用控件的外观,在一个临时网页中设计这些类型的控件,并设置好它们通用的外观,如字体、颜色、边框等。

② 创建外观文件。

③ 进入该网页的源视图,将这些控件的 HTML 代码复制到该外观文件中,不包括<html>、<body>、
等标记。

④ 从该外观文件中删除这些控件的行为属性,如 ID、Enabled 等。

⑤ 保存该外观文件。

3．主题文件的组织方式

以外观文件为例,常见的组织方式有以下 4 种。

(1) 无组织

将一个网站中所有控件的属性设置放在一个外观文件中,初学者或小型网站可以采用这种方式。例如,前面的 SkinFile.skin 外观文件就是无组织方式。

(2) 根据控件类型组织

将同一类型控件的所有属性设置放在一个外观文件中,每种类型的控件对应一个外观文件。例如,将网页中所有的 Button 外观标记放到一个外观文件中:

```
<asp:Button … />
<asp:Button SkinID="buttonskin1" … />
<asp:Button SkinID="buttonskin2" … />
…
```

而将网页中所有的 TextBox 外观标记放到另一个外观文件中,如此等等。

(3) 根据 SkinID 组织

将具有相同 SkinID 属性的属性设置放在一个外观文件中,每个 SkinID 属性值对应一个外观文件。例如,将网页中所有的 SkinID 属性为"skinid1"的外观标记放到一个外观文件中:

```
<asp:TextBox SkinID = " skinid1" … />
<asp:Button SkinID = " skinid1" … />
…
```

而将网页中所有的 SkinID 属性为"skinid2"的外观标记放到另一个外观文件中,如此等等。

(4) 根据网页组织

将网页中每个网页的属性设置放在一个外观文件中,每个网页对应一个外观文件,这种方式很少使用。

9.1.3 应用主题

1. 指定主题

常见的指定主题的方式有以下几种。

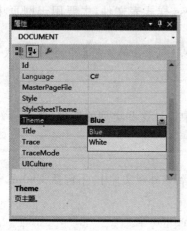

图 9.5 指定网页的 Theme 属性

(1) 设置网页的 Theme 属性指定主题

将网页的 Theme 属性设置为指定的主题。其操作是在属性窗口中指定 DOCUMENT 的 Theme 属性为指定的主题,如图 9.5 所示。这样网页的页面指令自动变为:

```
<%@Page Theme = "Blue" … %>
```

用户也可以直接在页面指令中添加上述粗体属性。

说明:这种方式指定主题的效果在设计时不会显现,只有在网页运行时外观文件的效果才显现出来。另一方面,由于 Theme 属性在网页的生命周期中应用的时间较晚,所以它能有效地重写为单个控件自定义的任何属性。

【例 9.1】 设计一个 WebForm1 网页,其功能是说明 CSS 和外观文件中默认外观标记的使用方法。

解:其步骤如下。

① 在 ch9 网站中添加一个代码隐藏页模型的 WebForm1.aspx 的空网页。

② 进入设计视图,从"解决方案资源管理器"中将 StyleSheet.css 样式表文件拖放到网页设计界面中,这时源视图代码中会自动出现如下链接该样式表文件的代码:

```
<link href = "App_Themes/StyleSheet.css" rel = "stylesheet" type = "text/css" />
```

再设置网页文档的 Theme 属性为 Blue。

③ 本网页的设计界面如图 9.6 所示,其中有两个 HTML 标记、两个文本框(TextBox1 和 TextBox2)、一个命令按钮 Button1(其 Text 属性设置为"确定")和一个标签 Label1(其 Text 设置为空)。从属性窗口指定<DIV>的 class 属性为 html-style1(在 StyleSheet.css 样式表

文件中定义),网页设计界面变为如图9.7所示。

图9.6 WebForm1网页设计界面一

图9.7 WebForm1网页设计界面二

④ 在该网页上设计如下事件过程：

```
protected void Button1_Click(object sender, EventArgs e)
{
    Label1.Text = "输入的数据如下:" + "<br>";
    Label1.Text += "学号:" + TextBox1.Text;
    Label1.Text += " 姓名:" + TextBox2.Text;
}
```

⑤ 单击工具栏中的 ▶ Internet Explorer 按钮运行本网页，在两个文本框中分别输入"106"和"王华"，单击"确定"命令按钮，其结果如图9.8所示。对比设计界面和运行界面，用户从中可以看到主题的作用。

说明：本例中设置网页的主题为Blue，并没有指定每个控件的SkinID属性，所以各类控件都使用该主题下外观文件中的默认外观标记。

(2) 在代码中指定主题

可以在代码中为本网页指定主题，但需要放在Page_PreInit事件处理过程中才会生效，其一般格式如下：

```
protected void Page_PreInit()
{
    Page.Theme = "主题名";
}
```

图9.8 WebForm1网页运行界面

(3) 在Web.config文件中指定主题

与前两种方法相比，这是一种一劳永逸的方法，只需在Web.config文件中的<pages>节中定义Theme属性便可应用于整个网站。例如：

```
<configuration>
    <system.web>
        <pages Theme = "主题名"></pages>
    </system.web>
</configuration>
```

(4) 设置网页的StyleSheetTheme属性指定主题

将网页的StyleSheetTheme属性设置为指定的主题，这样指定的主题称为样式表主题。其操作是在属性窗口中指定DOCUMENT的StyleSheetTheme属性为指定的主题，如图9.9所示。这样网页的页面指令自动变为：

```
<%@ Page Language = "C#" StyleSheetTheme = "Blue" … %>
```

用户也可以直接在页面指令中添加上述粗体属性。

样式表主题和 Theme 属性指定的主题的区别是后者只有在运行时外观才呈现出来,而前者在设计时外观便立即呈现出来。

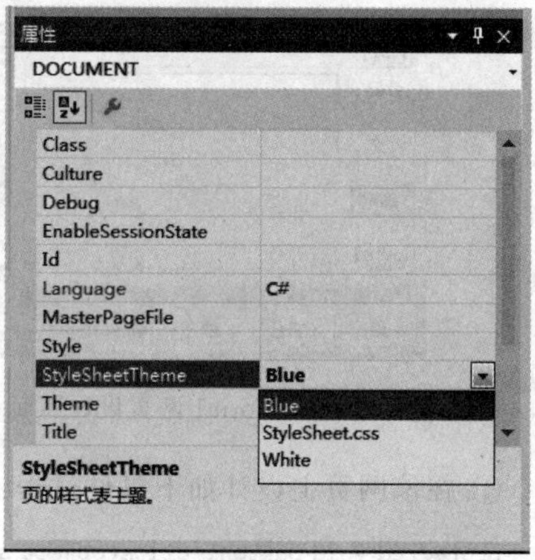

【例 9.2】 设计一个 WebForm2 网页,其功能是说明网页的 StyleSheetTheme 属性和外观文件中命名外观标记的使用方法。

解:其步骤如下。

① 在 ch9 网站中添加一个代码隐藏页模型的 WebForm2.aspx 的空网页。

② 打开 Blue 主题下的 SkinFile2.skin 外观文件,输入如下代码:

图 9.9 指定网页的 StyleSheetTheme 属性

```
<asp:TextBox runat = "server" SkinID = "textboxskin1" style = "font - size: small;
    font - weight: 700; font - family: 宋体" />
<asp:TextBox runat = "server" SkinID = "textboxskin2" style = "font - size: medium;
    font - family: Arial" />
<asp:Button runat = "server" SkinID = "buttonskin1" style = "color: #FF0000;
    font - size: medium; font - weight:700; font - family: 黑体" />
<asp:Button runat = "server" SkinID = "buttonskin2" BorderStyle = "Inset"
    style = "color: #FF0000; font - size: medium; font - weight: 700; font - family: 隶书" />
```

③ 进入网页的设计视图,从"解决方案资源管理器"中将 StyleSheet.css 样式表文件拖放到网页设计界面中,这时源视图代码中会自动出现如下链接该样式表文件的代码:

```
<link href = "App_Themes/StyleSheet.css" rel = "stylesheet" type = "text/css" />
```

再设置网页文档的 StyleSheetTheme 属性为 Blue。

④ 本网页中有两个 HTML 标记、两个文本框(TextBox1 和 TextBox2,TextBox2 的 TextMode 属性设置为 Password)、两个命令按钮(Button1 和 Button2)和一个标签 Label1(其 Text 设置为空)。从属性窗口指定<DIV>的 class 属性为 html-style1。

将 TextBox1 和 TextBox2 的 SkinID 属性分别设置为 textboxskin1 和 textboxskin2,将 Button1 和 Button2 的 SkinID 属性分别设置为 buttonskin1 和 buttonskin2,此时看到的设计界面如图 9.10 所示。

⑤ 在该网页上设计如下事件过程:

```
protected void Button1_Click(object sender, EventArgs e)
{   Label1.Text = "输入的数据如下:<br>";
    Label1.Text += "用户名为" + TextBox1.Text + " 密码为" + TextBox2.Text;
}
protected void Button2_Click(object sender, EventArgs e)
{   Label1.Text = "";
    TextBox1.Text = "";
    TextBox2.Text = "";
}
```

⑥ 单击工具栏中的 ▶ Internet Explorer 按钮运行本网页,在两个文本框中分别输入"User1234"和"1234",单击"确定"命令按钮,其结果如图 9.11 所示。

图 9.10 WebForm2 网页设计界面　　　图 9.11 WebForm2 网页运行界面

通过本例一方面看到 StyleSheetTheme 属性的作用,一旦设置了该属性,其作用在设计时就会显现出来。另一方面看到命名外观标记的使用方法,Blue 主题有 SkinFile.skin 和 SkinFile2.skin 两个外观文件,前者包含默认外观标记,后者包含命名外观标记,由于这里设置了控件的 SkinID 属性,所以使用的是命名外观标记。

2. 控件外观属性的应用顺序

如果对网页既设置 Theme 属性又设置 StyleSheetTheme 属性,则按以下顺序应用控件的属性:

① 应用 StyleSheetTheme 属性。
② 应用网页中的控件属性(重写 StyleSheetTheme),即网页级重写。
③ 应用 Theme 属性(重写控件属性和 StyleSheetTheme)。

注意:由于 StyleSheetTheme 的属性能被网页重写,而 Theme 又能再次重写这些属性,也就是说,两种都使用时 Theme 属性的优先级更高。实际上,两者用于不同的目的。如果想为控件提供默认设置,则应设置 StyleSheetTheme,即 StyleSheetTheme 能为控件提供默认值,然后又可以在网页级重写。如果想强制应用控件的外观,则应使用 Theme 属性,因为 Theme 中的设置不能再重写。

9.1.4 禁用主题

1. 单个网页禁用主题

在网页的页面指令中通过设置 EnableTheming 属性为 False 来使本网页禁用主题,其一般格式如下:

<%@Page EnableTheming = "主题名"… %>

2. 单个网页中的单个控件禁用主题

如果要使网页的某个控件禁用主题,只需把这个控件的 EnableTheming 属性设置为 False 即可。例如,以下代码使得 Button1 控件禁用主题:

<asp:Button ID = "Button1" runat = "server" EnableThemeing = "False" />

注意:禁用主题只影响外观文件的作用,不会影响主题中的 CCS 文件的作用。

9.2 母版页

用户在设计网页时经常会遇到多个网页部分内容相同的情况,如果每个网页都设计一次,显然是重复劳动且非常烦琐,为此 ASP.NET 提供了母版页来解决这个问题。母版页提供了统一管理和定义网页的功能,使多个网页具有相同的布局风格,给网页设计和修改带来很大的方便。

9.2.1 母版页和内容页

1. 母版页概述

母版页是指其他网页可以将其作为模板来引用的特殊网页。母版页的扩展名为.master。在母版页中界面被分为公用区和可编辑区,公用区的设计方法与一般网页的设计方式相同,可编辑区用 ContentPlaceHolder 控件预留出来,ContentPlaceHolder 控件起到占位符的作用,它在母版页中标识出某个区域,该区域将预留给内容页。在一个母版页中可以有一个可编辑区,也可以有多个可编辑区。

2. 内容页概述

引用母版页的.aspx 网页即为内容页。在内容页中母版页的 ContentPlaceHolder 控件预留的可编辑区会被自动替换为 Content 控件,开发人员只需在 Content 控件区域中填充内容即可,在母版页中定义的其他标记将自动出现在使用了该母版页的.aspx 网页中。

3. 母版页和内容页的关系

在客户端浏览器请求基于母版页的网页时,服务器会读取内容页和对应的母版页,将两者合并,母版页中的占位符即 ContentPlaceHolder 控件包含内容页中的内容,然后将最终结果发送给浏览器。母版页和内容页的关系如图 9.12 所示。

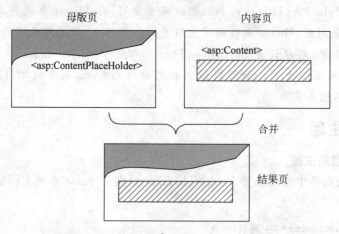

图 9.12 母版页和内容页的关系

在某些情况下,内容页和母版页中会引发相同的事件。例如,两者都引发 Init 和 Load 事件。引发事件的一般规则是初始化事件从最里面的控件向最外面的控件引发,所有其他事件则从最外面的控件向最里面的控件引发。请记住,母版页会合并到内容页中并被视为内容页中的一个控件,这一点十分有用。

母版页和内容页合并后所执行的事件顺序如下。

① 母版页中包含控件的 Init 事件：先初始化母版页包含的所有服务器控件。
② 内容页中包含控件的 Init 事件：初始化内容页包含的所有服务器控件。
③ 母版页的 Init 事件：初始化母版页。
④ 内容页的 Init 事件：初始化内容页。
⑤ 内容页的 Load 事件：加载内容页（这是 Page_Load 事件，后跟 Page_LoadComplete 事件）。
⑥ 母版页的 Load 事件：加载母版页（这也是 Page_Load 事件，后跟 Page_LoadComplete 事件）。
⑦ 母版页中包含控件的 Load 事件：把母版页中的服务器控件加载到网页中。
⑧ 内容页中包含控件的 Load 事件：把内容页中的服务器控件加载到网页中。
⑨ 内容页的 PreRender 事件：在加载内容页之后、呈现之前。
⑩ 母版页的 PreRender 事件：在加载母版之后、呈现之前。
⑪ 母版页中控件的 PreRender 事件：在加载母版页中控件之后、呈现之前。
⑫ 内容页中控件的 PreRender 事件：在加载内容页中控件之后、呈现之前。

9.2.2 创建母版页

创建母版页的方法与一般网页相似，区别仅仅是不能单独在浏览器中查看母版页，而必须通过内容页在浏览器中查看。下面通过一个例子说明创建母版页的操作步骤。

【例 9.3】 设计一个母版页 MasterPage.master，其功能是说明母版页的创建过程。

解：其步骤如下。

① 打开 ch9 网站，选择"网站|添加新项"命令，出现"添加新项-ch9"对话框，选中"母版页"模板，保持默认文件名 MasterPage.master，如图 9.13 所示，单击"添加"按钮。

图 9.13 "添加新项-ch9"对话框

② 出现母版页设计界面，删除其中自动产生的 ContentPlaceHolder 控件，插入一个 2×4 的表格，在第 1 行各列中放置 4 个 HTML 标签，在第 2 行第 1 列中放置一个 Label 控件

Label1,在第 2 行第 2 列中放置一个 ContentPlaceHolder 控件 ContentPlaceHolder1,在第 2 行第 3 列中放置一个 ContentPlaceHolder 控件 ContentPlaceHolder2,在第 2 行第 4 列中放置一个 ListBox 控件 ListBox1,如图 9.14 所示。

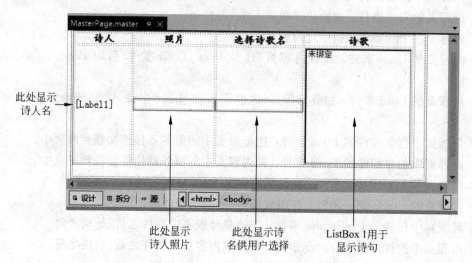

图 9.14　MasterPage.master 母版页设计界面

其中,公用区主要有一个 Label 控件 Label1(用于显示诗人名)和一个 ListBox 控件 ListBox1(用于显示用户所选诗名的诗句),两个 ContentPlaceHolder 控件占用的地方在内容页中设计,分别用于放诗人照片和诗名列表(供用户选择诗名)。

③ 进入源视图,可以看到该母版页的代码如下:

```
<%@ Master Language="C#" AutoEventWireup="true" CodeFile="MasterPage.master.cs"
    Inherits="MasterPage" %>
<!DOCTYPE html>
<html xmlns="http://www.w3.org/1999/xhtml">
  <head runat="server">
    <meta http-equiv="Content-Type" content="text/html; charset=utf-8"/>
    <title></title>
    <asp:ContentPlaceHolder id="head" runat="server"></asp:ContentPlaceHolder>
    <style type="text/css">
      .auto-style1 { width: 97%; }
      .auto-style2 { width: 127px; }
      .auto-style4 { width: 252px; }
      .auto-style5 {
        font-family: 楷体;
        font-weight: bold;
        font-size: medium;
        color: #0000FF;
        text-align: center;
        width: 269px;
      }
      .auto-style6 { width: 269px; }
    </style>
    <link href="App_Themes/StyleSheet.css" rel="stylesheet" type="text/css" />
  </head>
  <body style="width: 573px">
    <form id="form1" runat="server">
```

```
        <div>
            <table class="auto-style1">
                <tr>
                    <td class="html-style1">诗人</td>
                    <td class="html-style1">照片</td>
                    <td class="auto-style5">选择诗歌名</td>
                    <td class="html-style1">诗歌</td>
                </tr>
                <tr>
                    <td class="auto-style2">
                        <asp:Label ID="Label1" runat="server"></asp:Label>
                    </td>
                    <td class="auto-style4">
                        <asp:ContentPlaceHolder ID="ContentPlaceHolder1"
                            runat="server">
                        </asp:ContentPlaceHolder>
                    </td>
                    <td class="auto-style6">
                        <asp:ContentPlaceHolder ID="ContentPlaceHolder2"
                            runat="server">
                        </asp:ContentPlaceHolder>
                    </td>
                    <td>
                        <asp:ListBox ID="ListBox1" runat="server" Height="184px"
                            Width="174px"></asp:ListBox>
                    </td>
                </tr>
            </table>
        </div>
    </form>
  </body>
</html>
```

除了将 Page 页面指令改为 Master 指令以及使用 ContentPlaceHolder 控件外,上述代码与一般的网页十分类似。

注意：母版页不支持主题。

9.2.3 创建内容页

在创建一个完整的母版页之后,接下来必然根据母版页创建内容页,主要有几种方法：

- 选择"网站|添加新项"命令来创建一个 Web 网页,在创建该网页的"添加新项"对话框中勾选"选择母版页"复选框,然后指定相应的母版页。
- 在解决方案资源管理器中右击某个母版页文件,在弹出的快捷菜单中选择"添加内容页"命令。
- 在解决方案资源管理器中选中某个母版页文件,然后选择"网站|添加内容页"命令创建一个 Web 网页。

后两种方法都自动创建默认名称(如 Default.aspx)的网页,然后可以修改网页名称。在设计内容页时用户要注意以下两点：

- 内容页的所有内容都包含在 Content 控件,母版页中的 ContentPlaceHolder 控件在内容页中显示为 Content 控件。
- 内容页必须绑定到母版页,其方式是在内容页的页面指令中设置 MasterPageFile 属性为指定的母版页。

下面通过一个例子说明创建内容页的操作步骤。

【例 9.4】 设计一个 WebForm3 网页，其功能是说明利用母版页来创建内容页的方法。

解：其步骤如下。

① 打开 ch9 网站，在解决方案资源管理器中创建一个 Images 目录，放入若干图片文件。

② 选择"网站|添加新项"命令，出现"添加新项-ch9"对话框，选中"Web 窗体"模板，修改文件名为 WebForm3.aspx，勾选"选择母版页"复选框，如图 9.15 所示，单击"添加"按钮。

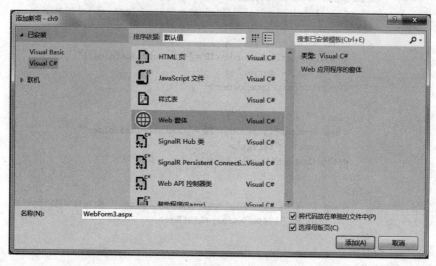

图 9.15　添加 WebForm3.aspx 网页

③ 出现如图 9.16 所示的"选择母版页"对话框，选中 MasterPage.master，单击"确定"按钮。

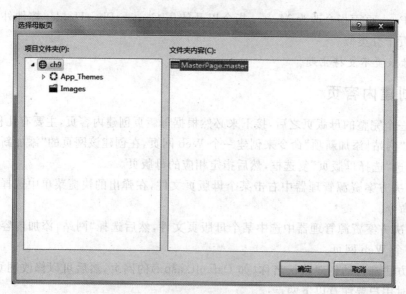

图 9.16　"选择母版页"对话框

出现 WebForm3 内容页的如图 9.17 所示的设计界面，除了母版页中对应的 Content 控件外，其他部分呈灰色，表示是只读不可编辑的。

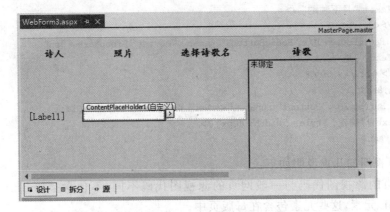

图 9.17　WebForm3 内容页的初始设计界面

④ 设置该网页的 Theme 属性为"Blue",从解决方案资源管理器将 Images 目录中的"李白.jpg"图像文件拖放到 ContentPlaceHolder1 控件中。然后向 ContentPlaceHolder2 控件中添加 3 个 RadioButton 控件(从上到下为 RadioButton1~RadioButton3)和一个 Button 控件 Button1,修改 RadioButton1~RadioButton3 的 Text 属性,将它们的 GroupName 属性均设置为 sn,并设置相应的字体和颜色属性。WebForm3 内容页的最终设计界面如图 9.18 所示。

图 9.18　WebForm3 内容页的最终设计界面

⑤ 进入网页的源视图,本网页的代码如下:

```
<%@Page Title = "" Language = "C#" MasterPageFile = "~/MasterPage.master"
    AutoEventWireup = "true" CodeFile = "WebForm3.aspx.cs"
    Inherits = "WebForm3" Theme = "Blue" %>
<asp:Content ID = "Content1" ContentPlaceHolderID = "ContentPlaceHolder1"
    Runat = "Server">
    <p><img src = "Images/李白.jpg" style = "height: 181px; width: 143px" /></p>
</asp:Content>
<asp:Content ID = "Content2" ContentPlaceHolderID = "ContentPlaceHolder2"
    Runat = "Server">
    <asp:RadioButton ID = "RadioButton1" runat = "server" GroupName = "sn"
        Text = "赠孟浩然" />
    <br /><br />
    <asp:RadioButton ID = "RadioButton2" runat = "server" GroupName = "sn"
```

```
            Text = "月下独酌" />
        < br /> < br />
        < asp:RadioButton ID = "RadioButton3" runat = "server" GroupName = "sn"
            Text = "送 友 人" />
        < br /> < br /> < br />
           
        < asp:Button ID = "Button1" runat = "server" OnClick = "Button1_Click"
            Text = "确定" style = "width: 40px" />
</asp:Content>
```

对该网页视图的几点说明如下：

- 内容页的源视图代码与一般网页的源视图代码不同，不包含＜html＞、＜body＞等 HTML 元素，这些元素包含在母版页中。
- 内容页的源视图代码主要由两部分组成，即代码头声明和 Content 控件区。代码头声明中页面指令重要的属性是 MasterPageFile(设置所绑定的母版页)和 Title(设置网页标题)等。Content 控件区中包含一个或多个 Content 控件，用来包含网页中的非公共内容，Content 控件通过 ContentPlaceHolderID 属性与母版页中的 ContentPlaceHolder 控件关联。

9.2.4 从内容页中访问母版页中的内容

母版页和内容页都可以包含控件的事件处理过程。对于控件而言，事件是本地处理的，即内容页中的控件在内容页中引发事件，母版页中的控件在母版页中引发事件。控件的事件不会从内容页发送到母版页，同样，也不能在内容页中处理来自母版页控件的事件。如果需要从内容页访问母版页的控件和属性将会是非常困难的。下面介绍从内容页中访问母版页中的两种方法。

1. 使用 FindControl 方法获取母版页控件的引用

一个网页(无论是母版页、内容页还是普通网页)就是一个 Page 类对象。Page 类有一个 Master 属性用于获取确定页的整体外观的母版页，还有一个 FindControl 方法用于在页命名容器中搜索指定的服务器控件，其使用语法格式如下：

```
public override Control FindControl(string id)
```

其中，参数 id 指出要查找的控件的标识符。该方法的返回值是指定的控件，或为空引用(如果指定的控件不存在)。

因此，可以在内容页中通过 Master.FindControl(id)来获取母版页中 ID 属性为 id 的控件的引用，因为@Master 页面指令指出当前内容页的母版页，再调用 FindControl 方法在母版页中找指定的控件。例如，若母版页中有一个 ID 属性为 Label1 的 Label 控件，可以在内容页中设计以下事件过程来设置母版页中该控件的 Text 属性：

```
protected void Page_Load(object sender, EventArgs e)
{   Label lab;                              //声明对象引用
    lab = Master.FindControl("Label1") as Label;
    lab.Text = "通过内容页访问母版页控件";
}
```

【例 9.5】 修改前面创建的内容页 WebForm3，实现诗人李白的诗名选择和诗句显示功能。

解：其步骤如下。

① 保持前面 WebForm3 网页的设计不变，在其上设计如下事件过程：

```
protected void Page_Load(object sender, EventArgs e)
{   Label lab1;
    lab1 = Master.FindControl("Label1") as Label;
    lab1.Text = "李白";
}
protected void Button1_Click(object sender, EventArgs e)
{   ListBox list1;
    list1 = Master.FindControl("ListBox1") as ListBox;
    list1.Items.Clear();
    if (RadioButton1.Checked)
    {   list1.Items.Add("吾爱孟夫子,风流天下闻");
        list1.Items.Add("红颜弃轩冕,白首卧松云");
        list1.Items.Add("醉月频中圣,迷花不事君");
        list1.Items.Add("高山安可仰,徒此揖清芬");
    }
    else if (RadioButton2.Checked)
    {   list1.Items.Add("花间一壶酒,独酌无相亲");
        list1.Items.Add("举杯邀明月,对影成三人");
        list1.Items.Add("月既不解饮,影徒随我身");
        list1.Items.Add("暂伴月将影,行乐须及春");
        list1.Items.Add("我歌月徘徊,我舞影零乱");
        list1.Items.Add("醒时同交欢,醉后各分散");
        list1.Items.Add("永结无情游,相期邈云汉");
    }
    else if (RadioButton3.Checked)
    {   list1.Items.Add("青山横北郭,白水绕东城");
        list1.Items.Add("此地一为别,孤蓬万里征");
        list1.Items.Add("浮云游子意,落日故人情");
        list1.Items.Add("挥手自兹去,萧萧班马鸣");
    }
}
```

② 单击工具栏中的 ▶ Internet Explorer 按钮运行本网页，其初始界面如图 9.19 所示。选中"月下独酌"，单击"确定"命令按钮，在右边列表框中显示对应的诗句，如图 9.20 所示。

图 9.19　WebForm3 网页运行界面一

图 9.20　WebForm3 网页运行界面二

2. 使用@MasterType 指令获取母版页中控件的引用

如果要从内容页中访问指定的母版页的成员,可通过创建@MasterType 指令创建对此母版页的强类型引用。该指令的常用形式如下:

```
<%@MasterType VirtualPath="母版页文件路径" %>
```

另外,母版页中将被访问的属性或方法声明为公共成员。

【例 9.6】 设计一个使用母版页 MasterPage.master 的内容页 WebForm4,用于显示诗人杜甫的相关诗篇,与 WebForm3 内容页的功能类似。

解:其步骤如下。

① 打开 MasterPage.master 文件,添加以下公共方法:

```
public void setname(string sn)              //用于设置 Label1 控件的 Text 属性
{
    Label1.Text = sn;
}
public void clear()                          //用于清除 ListBox1 控件的所有选项
{
    ListBox1.Items.Clear();
}
public void add(string sz)                   //用于向 ListBox1 控件中添加一个选项
{
    ListBox1.Items.Add(sz);
}
```

② 采用设计 WebForm3 内容页的方法设计 WebForm4 内容页,设计界面如图 9.21 所示。在源视图代码中的页面指令下方添加以下语句:

```
<%@MasterType VirtualPath="~/MasterPage.master" %>
```

③ 在 WebForm4 内容页上设计如下事件过程:

```
protected void Page_Load(object sender, EventArgs e)
{
    Master.setname("杜甫");
}
protected void Button1_Click(object sender, EventArgs e)
{
    Master.clear();
```

```
if (RadioButton1.Checked)
{   Master.add("风急天高猿啸哀,渚清沙白鸟飞回");
    Master.add("无边落木萧萧下,不尽长江滚滚来");
    Master.add("万里悲秋常作客,百年多病独登台");
    Master.add("艰难苦恨繁霜鬓,潦倒新停浊酒杯");
}
else if (RadioButton2.Checked)
{   Master.add("昔闻洞庭水,今上岳阳楼");
    Master.add("吴楚东南坼,乾坤日夜浮");
    Master.add("亲朋无一字,老病有孤舟");
    Master.add("戎马关山北,凭轩涕泗流");
}
else if (RadioButton3.Checked)
{   Master.add("西山白雪三城戍,南浦清江万里桥");
    Master.add("海内风尘诸弟隔,天涯涕泪一身遥");
    Master.add("惟将迟暮供多病,未有涓埃答圣朝");
    Master.add("跨马出郊时极目,不堪人事日萧条");
}
}
```

图 9.21 WebForm4 网页设计界面

④ 单击工具栏中的 ▶ Internet Explorer 按钮运行本网页,选中"登岳阳楼",单击"确定"命令按钮,在右边列表框中显示对应的诗句,如图 9.22 所示。

图 9.22 WebForm4 网页运行界面

9.2.5 母版页的嵌套

前面介绍了如何基于母版页创建内容页，实际上也可基于母版页创建母版页，这就是母版页的嵌套。如图 9.23 所示，由一个母版页创建母版页 1 和母版页 2，再由母版页 1 创建内容页 11 和内容页 12，由母版页 2 创建内容页 21 和内容页 22。

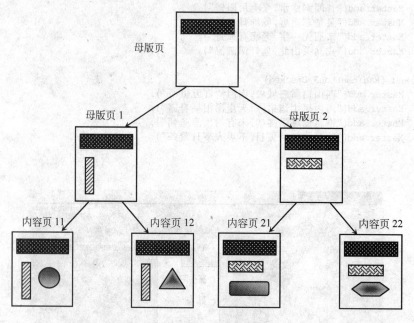

图 9.23 母版页的嵌套

例如，在创建母版页 MasterPage1.master 时指定其母版页为前面创建的 MasterPage.master，并在中间 ContentPlaceHolder2 控件中放置两个 ContentPlaceHolder 控件，如图 9.24 所示。其源视图代码如下：

```
<%@Master Language = "C#" MasterPageFile = "~/MasterPage.master"
    AutoEventWireup = "true" CodeFile = "MasterPage1.master.cs" Inherits = "MasterPage1" %>
<asp:Content ID = "Content1" ContentPlaceHolderID = "ContentPlaceHolder1"
    Runat = "Server">
</asp:Content>
<asp:Content ID = "Content2" ContentPlaceHolderID = "ContentPlaceHolder2"
    Runat = "Server">
    <p>
        <br />      
        <asp:ContentPlaceHolder ID = "ContentPlaceHolder3" runat = "server">
        </asp:ContentPlaceHolder>
        <br /><br />
        <asp:ContentPlaceHolder ID = "ContentPlaceHolder4" runat = "server">
        </asp:ContentPlaceHolder>
    </p>
</asp:Content>
```

在使用 MasterPage1.master 母版页创建内容页时，可以在每个 ContentPlaceHolder 控件中放置需要的控件。

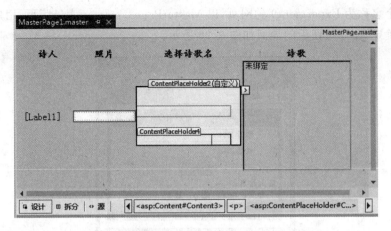

图 9.24　母版页 MasterPage1.master 的设计界面

练习题 9

1. 简述主题和母版页的作用。
2. CSS 样式表与主题有什么区别？
3. 简述主题文件的组织方式。
4. 简述主题的创建和使用方法。
5. 设置网页的 Theme 属性指定主题和设置网页的 StyleSheetTheme 属性指定主题有什么不同？
6. 简述控件外观属性的应用顺序。
7. 简述母版页和内容页的概念。
8. 简述母版页的创建和使用方法。
9. 一个母版页可以作为另一个母版页的母版页吗？如果可以，如何设计？
10. 简述母版页和内容页合并后所执行的事件顺序。

上机实验题 9

在 ch9 网站中创建一个 MasterPage2.master 母版页，其设计界面如图 9.25 所示，再创建一个 Exper 主题，其中皮肤文件的样式如下：

```
<asp:Button runat = "server"
    style = "color: #FF0000; font - size: medium; font - weight: 700; font - family: 黑体" />
<asp:Label runat = "server"
    style = "color: #FF00FF; font - size: medium; font - weight: 700;
    font - family: 仿宋;width:100 %" />
```

图 9.25　母版页的设计界面

添加一个名称为 Experment9 的网页，以 MasterPage2.master 为母版页，用户输入学号和姓名，单击"确定"命令按钮后的界面如图 9.26 所示。

图 9.26　上机实验题 6 网页的运行界面

CHAPTER 10

第 10 章

站点导航控件

对于较大型的网站,可以利用 ASP.NET 站点导航控件实现站点导航。站点导航的作用就像城市道路的路标,使用户在操作时清楚地了解自己所处的位置。本章介绍利用站点导航控件实现站点导航设计。

本章学习要点:
☑ 掌握站点导航的基本概念。
☑ 掌握站点地图的创建和使用方法。
☑ 掌握站点导航控件 TreeView、Menu 和 SiteMapPath 的使用方法。
☑ 灵活使用站点导航控件实现大型网站的导航设计。

10.1 ASP.NET 站点导航概述

使用 ASP.NET 站点导航功能可以为用户导航站点提供一致的方法。随着站点内容的增加以及用户在站点内来回移动网页,管理所有的链接可能会变得比较困难。ASP.NET 站点导航使用户能够将指向所有网页的链接存储在一个中央位置,并在列表中呈现这些链接,或用一个特定 Web 服务器控件在每个网页上呈现导航菜单。

10.1.1 站点导航的功能

若要为网站创建一致的、容易管理的导航解决方案,可以使用 ASP.NET 站点导航。ASP.NET 站点导航提供下列功能:

- 可以使用站点地图描述站点的逻辑结构,接着通过在添加或移除页面时修改站点地图(而不是修改所有网页的超链接)来管理页导航。
- 可以使用 ASP.NET 导航控件在网页上显示导航菜单,导航菜单以站点地图为基础。
- 可以以代码方式创建自定义导航控件或修改在导航菜单中显示的信息的位置。
- 可以配置用于在导航菜单中显示或隐藏链接的访问规则。

- 可以创建自定义站点地图提供程序，以便使用自己的站点地图后端（如存储链接信息的数据库），并将提供程序插入到 ASP.NET 站点导航系统。

10.1.2 站点导航的工作方式

通过 ASP.NET 站点导航可以按层次结构描述站点的布局。例如，一个大学网站共有 11 页，其布局如下：

```
中华大学
    院系设置
        计算机学院
        电子信息学院
        数学学院
        物理学院
    职能部门
        教务处
        财务处
        学生工作处
        科技处
```

若要使用站点导航，先创建一个站点地图或站点的表示形式，可以用 XML 文件描述站点的层次结构，也可以使用其他方法。在创建站点地图后，可以使用站点导航控件在 ASP.NET 页上显示导航结构。

默认的 ASP.NET 站点地图提供程序会加载站点地图数据作为 XML 文档，并在应用程序启动时将其作为静态数据进行缓存。在更改站点地图文件时，ASP.NET 会重新加载站点地图数据。

10.1.3 几种站点导航控件

创建一个反映站点结构的站点地图只完成了 ASP.NET 站点导航系统的一部分，导航系统的另一部分是在 ASP.NET 网页中显示导航结构，这样用户就可以在站点内轻松地移动。用户通过使用下列 ASP.NET 站点导航控件可以轻松地在页面中建立导航信息。

- TreeView：此控件显示一个树状结构或菜单，让用户可以遍历访问站点中的不同页面。单击包含子结点的结点可将其展开或折叠。
- Menu：此控件显示一个可展开的菜单，让用户可以遍历访问站点中的不同页面。将光标悬停在菜单上时，将展开包含子结点的结点。
- SiteMapPath：此控件显示导航路径（也称为当前位置或页眉导航），向用户显示当前页面的位置，并以链接的形式显示返回主页的路径。此控件提供了许多可供自定义链接的外观的选项。

所有站点导航控件均位于工具箱的"导航"选项卡中，如图 10.1 所示，可以像其他服务器控件一样使用。

图 10.1　导航控件

10.2 站点地图

站点地图是一种以.sitemap为扩展名的标准XML文件,主要为站点导航控件提供站点层次结构信息,默认名为Web.sitemap。

下面通过一个示例说明创建站点地图的过程。

【例10.1】 在D盘ASP.NET目录中建立一个ch10的子目录,将其作为网站目录,创建一个表示前面所列的大学网站层次结构的站点地图。

解:其步骤如下。

① 启动Visual Studio 2012。

② 选择"文件|新建|网站"命令,出现"新建网站"对话框,然后选择"ASP.NET空网站"模板,选择"Web位置"为"文件系统",单击"浏览"按钮,选择"D:\ASP.NET\ch10"目录,单击"确定"按钮,创建一个空的网站ch10。

③ 选择"网站|添加新项"命令,出现"添加新项-ch10"对话框,在中间列表中选择"站点地图"模板,保持默认名称为web.sitemap(只有名称为web.sitemap的站点地图才会被自动加载,并且必须出现在网站的根目录中),如图10.2所示,单击"添加"按钮。

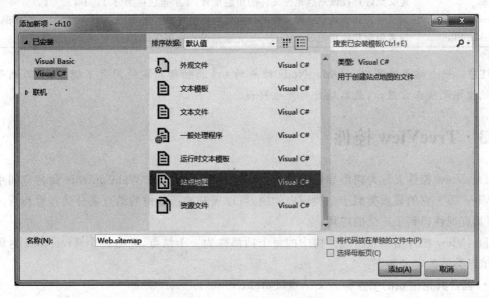

图10.2 "添加新项-ch10"对话框

④ 出现站点地图的编辑窗口,编辑该站点地图包含的内容如下:

```
<?xml version = "1.0" encoding = "utf-8" ?>
<siteMap xmlns = "http://schemas.microsoft.com/AspNet/SiteMap-File-1.0" >
    <siteMapNode url = "WebForm3.aspx" title = "中华大学" description = "">
        <siteMapNode url = "school.aspx" title = "院系设置" description = "">
            <siteMapNode url = "school1.aspx" title = "计算机学院" description = "" />
            <siteMapNode url = "school2.aspx" title = "电子信息学院" description = "" />
            <siteMapNode url = "school3.aspx" title = "数学学院" description = "" />
            <siteMapNode url = "school4.aspx" title = "物理学院" description = "" />
        </siteMapNode>
        <siteMapNode url = "depart.aspx" title = "职能部门" description = "">
```

```
        <siteMapNode url = "depart1.aspx" title = "教务处" description = "" />
        <siteMapNode url = "depart2.aspx" title = "财务处" description = "" />
        <siteMapNode url = "depart3.aspx" title = "学生工作处" description = "" />
        <siteMapNode url = "depart4.aspx" title = "科技处" description = "" />
    </siteMapNode>
  </siteMapNode>
</siteMap>
```

站点地图是一个标准的 XML 文件。其中,第一个标记用于标识版本和编码方式,siteMap 是站点地图的根结点标记,包含若干个 siteMapNode 子结点,一个 siteMapNode 子结点下又可以包含若干个 siteMapNode 子结点,构成一种层次结构。

siteMapNode 结点的常用属性如表 10.1 所示。

表 10.1 siteMapNode 结点的常用属性

属性	说明
url	设置用于结点导航的 URL 地址,在整个站点地图文件中该属性必须唯一
title	设置结点名称
description	设计结点说明文字
key	定义当前结点的关键字
roles	定义允许查找该站点地图文件的角色集合,多个角色可用分号(;)或逗号(,)分隔
Provider	定义处理其他站点地图文件的站点导航提供程序名称,默认为 XmlSiteMapProvider
siteMapFile	设置包含其他相关 SiteMapNode 元素的站点地图文件

注意:一个站点地图中 siteMapNode 结点的 url 属性所指定的网页不能重复,否则会造成导航控件无法正常显示,最后运行时产生错误。

10.3 TreeView 控件

TreeView 控件又称为树形导航控件,对应 System.Web.UI.WebControls 命名空间中的 TreeView 类。它的显示类似于一棵横向的树,可以展开或折叠树的结点来分类查看和管理信息,因其直观性得到了广泛的应用。

TreeView 控件由结点组成。树中的每个项都称为一个结点,它由一个 TreeNode 对象表示。结点类型的定义如下:
- 包含其他结点的结点称为父结点(ParentNode)。
- 被其他结点包含的结点称为子结点(ChildNode)。
- 没有子结点的结点称为叶结点(LeafNode)。

不被其他任何结点包含同时是所有其他结点的上级的结点是根结点(RootNode)。

一个结点可以同时是父结点和子结点,但是不能同时为根结点、父结点和叶结点。结点为根结点、父结点还是叶结点决定着结点的几种可视化属性和行为属性。

尽管通常的树结构只具有一个根结点,但是 TreeView 控件允许向树结构中添加多个根结点。如果要在不显示单个根结点的情况下显示项列表,这种控件就非常有用。

10.3.1 TreeNode 类

TreeView 控件中的一个结点就是一个 TreeNode 类对象。TreeNode 类的常用属性如

表10.2所示,常用方法如表10.3所示。

表10.2 TreeNode类的常用属性及其说明

属性	说明
Checked	获取或设置一个值,该值指示结点的复选框是否被选中
ChildNodes	获取TreeNodeCollection集合,该集合包含当前结点的第一级子结点
Depth	获取结点的深度
Expanded	获取或设置一个值,该值指示是否展开结点
ImageToolTip	获取或设置在结点旁边显示的图像的工具提示文本
ImageUrl	获取或设置结点旁显示的图像的URL
NavigateUrl	获取或设置单击结点时导航到的URL
Parent	获取当前结点的父结点
Selected	获取或设置一个值,该值指示是否选择结点
ShowCheckBox	获取或设置一个值,该值指示是否在结点旁显示一个复选框
Target	获取或设置用来显示与结点关联的网页内容的目标窗口或框架
Text	获取或设置为TreeView控件中的结点显示的文本
ToolTip	获取或设置结点的工具提示文本
Value	获取或设置用于存储有关结点的任何其他数据(如用于处理回发事件的数据)的非显示值
ValuePath	获取从根结点到当前结点的路径

表10.3 TreeNode类的常用方法及其说明

方法	说明
Collapse	折叠当前树结点
CollapseAll	折叠当前结点及其所有子结点
Expand	展开当前树结点
ExpandAll	展开当前结点及其所有子结点
Select	选择TreeView控件中的当前结点
ToggleExpandState	切换结点的展开和折叠状态

每个TreeView对象都具有一个Text属性和一个Value属性。Text属性的值显示在TreeView控件中,而Value属性用于存储有关结点的任何其他数据,例如传递到与该结点相关联的回发事件的数据。在TreeView控件中,结点(即TreeView对象)可以处于以下两种状态之一:选定状态和导航状态。在默认情况下会有一个结点处于选定状态(该结点的Selected属性为True)。若要使一个结点处于导航状态,需将该结点的NavigateUrl属性值设置为空字符串以外的值;若要使一个结点处于选定状态,需将该结点的NavigateUrl属性值设置为空字符串。

TreeNode类提供了以下构造函数:

```
public TreeNode()
public TreeNode(string text)
public TreeNode(string text,string value)
public TreeNode(string text,string value,string imageUrl)
public TreeNode(string text,string value,string imageUrl,string navigateUrl,string target)
```

其中,参数text指定TreeView控件中的结点显示的文本。value指定与结点关联的补充数据,如用于处理回发事件的数据。imageUrl指定结点旁显示的图像的URL。navigateUrl

指定单击结点时链接到的 URL。target 指定单击结点时用来显示链接到的网页内容的目标窗口或框架。

10.3.2 TreeView 控件的属性、方法和事件

1. TreeView 控件的属性

TreeView 控件的常用属性及其说明如表 10.4 所示，下面介绍几个主要的属性。

表 10.4 TreeView 控件的常用属性及其说明

属 性	说 明
CheckedNodes	获取 TreeNode 对象的集合，这些对象表示在 TreeView 控件中显示的选中了复选框的结点
DataSourceID	设置数据源对象，如指定为站点地图和 XML 文件
ExpandDepth	获取或设置第一次显示 TreeView 控件时所展开的层次数
ImageSet	获取或设置用于 TreeView 控件的图像组
LevelStyles	获取 Style 对象的集合，这些对象表示树中各个级别上的结点样式
NodeIndent	获取或设置 TreeView 控件的子结点的缩进量（以像素为单位）
Nodes	获取或设置 TreeNode 对象的集合，它表示 TreeView 控件中的结点
NodeStyle	获取对 TreeNodeStyle 对象的引用，该对象用于设置 TreeView 控件中结点的默认外观
NodeWrap	获取或设置一个值，它指示空间不足时结点中的文本是否换行
RootNodeStyle	获取对 TreeNodeStyle 对象的引用，该对象用于设置 TreeView 控件中根结点的外观
SelectedNode	获取表示 TreeView 控件中选定结点的 TreeNode 对象
SelectedValue	获取选定结点的值
ShowCheckBoxes	获取或设置一个值，它指示哪些结点类型将在 TreeView 控件中显示复选框
ShowExpandCollapse	获取或设置一个值，它指示是否显示展开结点指示符
ShowLines	获取或设置一个值，它指示是否显示连接子结点和父结点的线条
CollapseImageUrl	可折叠结点的指示符所显示图像的 URL，此图像通常为一个减号（—）
ExpandImageUrl	可展开结点的指示符所显示图像的 URL，此图像通常为一个加号（+）
LineImagesFolder	包含用于连接父结点和子结点的线条图像的目录的 URL。ShowLines 属性还必须设置为 True，这样该属性才能有效
NoExpandImageUrl	不可展开结点的指示符所显示图像的 URL

（1）DataSourceID 属性

该属性指定 TreeView 控件的数据源控件的 ID 属性。例如，可以指定与 XML 文件绑定的 XmlDataSource 控件或与站点地图绑定的 SiteDataSource 控件的 ID。

（2）ExpandDepth 属性

该属性获取或设置第一次显示 TreeView 控件时所展开的层次数。例如，若将该属性设为 2，则将展开根结点及根结点下方紧邻的所有子结点。

（3）SelectedNode 属性

该属性返回用户从 TreeView 控件中选定的一个 TreeNode 对象。例如，以下语句在标签 Label1 中显示选择结点的文本：

```
Label1.Text = "选择的结点是:" + TreeView1.SelectedNode.Text;
```

（4）Nodes 属性

Nodes 属性是 TreeView 控件中所有结点的集合，一个结点是一个 TreeNode 对象。用户

可以通过索引来表示 Nodes 集合中的元素(索引从零开始),例如:
- TreeView1.Nodes 表示 TreeView1 控件的所有结点集合。
- TreeView1.Nodes[0]表示 TreeView1 控件中的第一个根结点。
- TreeView1.Nodes[0].ChildNodes 表示 TreeView1 控件中第一个根结点的子结点集合。
- TreeView1.Nodes[0].ChildNodes[1]表示 TreeView1 控件中第一个根结点的第 2 个子结点。

(5) ShowCheckBoxes 属性

该属性用于指示一个 TreeView 控件中哪些结点类型显示复选框。若要在 TreeView 控件中提供多结点选择支持,可以在结点的图像旁边显示复选框,其取值及说明如表 10.5 所示。例如,如果将此属性设置为 TreeNodeType.Parent,则会为树中的每个父结点显示复选框。图 10.3 所示的是将此属性设置为 TreeNodeType.Leaf 的结果。

表 10.5 ShowCheckBoxes 的取值及其说明

结点类型	说明
TreeNodeTypes.All	为所有结点显示复选框
TreeNodeTypes.Leaf	为所有叶结点显示复选框
TreeNodeTypes.None	不显示复选框
TreeNodeTypes.Parent	为所有父结点显示复选框
TreeNodeTypes.Root	为所有根结点显示复选框

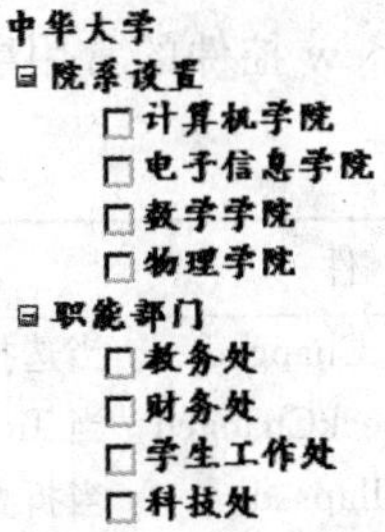

图 10.3 ShowCheckBoxes 属性被设置为 TreeNodeTypes.Leaf 时

(6) LevelStyles 属性

LevelStyles 属性是一个集合,可作为单个样式属性(如 NodeStyle 属性)的另一种方式,以控制树中各个级别上的结点样式。集合中的第一个样式对应于树视图第一级中的结点的样式,集合中的第二种样式对应于树中第二级结点的样式,依此类推。此属性最常用于生成目录样式的导航菜单,在这种导航菜单中,某一级别的结点不管是否具有子结点都会有相同的外观。

例如,若一个 TreeView1 控件有 4 级(含根结点),以下代码采用 LevelStyles 属性设置各级的样式:

```
<asp:TreeView ID="TreeView1" runat="server">
  <LevelStyles>
    <asp:TreeNodeStyle ChildNodesPadding="10"
        Font-Bold="true"
        Font-Size="12pt"
        ForeColor="DarkGreen"/>
    <asp:TreeNodeStyle ChildNodesPadding="5"
        Font-Bold="true"
        Font-Size="10pt"/>
    <asp:TreeNodeStyle ChildNodesPadding="5"
        Font-UnderLine="true"
        Font-Size="10pt"/>
    <asp:TreeNodeStyle ChildNodesPadding="10"
```

```
              Font-Size = "8pt"/>
       </LevelStyles>
       <Nodes>
          ...
       </Nodes>
</asp:TreeView>
```

2. TreeView 控件的方法

TreeView 控件的常用方法及其说明如表 10.6 所示。

表 10.6 TreeView 控件的常用方法及其说明

方法	说明
ExpandAll	打开树中的每个结点
FindNode	检索 TreeView 控件中指定值路径处的 TreeNode 对象

3. TreeView 控件的事件

TreeView 控件的常用事件及其说明如表 10.7 所示。

表 10.7 TreeView 控件的常用事件及其说明

事件	说明
SelectedNodeChanged	当选择 TreeView 控件中的结点时引发
TreeNodeCheckChanged	当 TreeView 控件中的复选框在向服务器的两次发送过程之间状态有所更改时引发
TreeNodeCollapsed	当折叠 TreeView 控件中的结点时引发
TreeNodeDataBound	当数据项绑定到 TreeView 控件中的结点时引发
TreeNodeExpanded	当扩展 TreeView 控件中的结点时引发
TreeNodePopulate	当其 PopulateOnDemand 属性被设置为 True 的结点在 TreeView 控件中展开时引发

10.3.3 TreeNodeCollection 类

TreeView 控件中的所有结点构成一个 TreeNodeCollection 类对象，也就是说，TreeView 控件的 Nodes 属性就是一个 TreeNodeCollection 类对象。TreeNodeCollection 类的常用属性及其说明如表 10.8 所示。

表 10.8 TreeNodeCollection 类的常用属性及其说明

属性	说明
Count	获取 TreeNodeCollection 对象中的项数
Item	获取 TreeNodeCollection 对象中指定索引处的 TreeNode 对象

TreeNodeCollection 类的主要方法如下。

（1）Add 方法

该方法用于向 TreeNodeCollection 对象中添加一个 TreeNode 对象。其使用格式如下：

`public void Add(TreeNode child)`

其中，参数 child 指出要添加的 TreeNode 对象。

（2）AddAt 方法

该方法用于向 TreeNodeCollection 对象中的指定位置添加一个 TreeNode 对象。其使用格式如下：

public void AddAt(int index,TreeNode child)

其中，参数 index 指出将在该处插入 TreeNode 对象的从零开始的索引位置，child 指出要添加的 TreeNode 对象。

（3）Clear 方法

该方法用于从 TreeNodeCollection 对象中移除所有 TreeNode 对象。其使用格式如下：

public void Clear()

（4）Contains 方法

该方法指出 TreeNodeCollection 对象中是否包含指定的 TreeNode 对象。其使用格式如下：

public bool Contains(TreeNode c)

其中，参数 c 指出要查找的 TreeNode 对象。如果指定的 TreeNode 对象包含在 TreeNodeCollection 对象中，则返回值为 True，否则返回值为 False。

（5）IndexOf 方法

该方法查找指定的 TreeNode 对象在 TreeNodeCollection 对象中的位置。其使用格式如下：

public int IndexOf(TreeNode value)

其中，参数 value 指出要定位的 TreeNode 对象。如果找到 TreeNodeCollection 中 value 的第一个匹配项的从零开始的索引，则为该索引，否则为-1。

（6）Remove 方法

该方法从 TreeNodeCollection 对象中删除指定的 TreeNode 对象。其使用格式如下：

public void Remove(TreeNode value)

其中，参数 value 指出要移除的 TreeNode 对象。

使用 Remove 方法可以从集合中移除指定的结点，然后跟在该结点之后的所有项都将上移以填充空白位置，同时还会更新所移动的项的索引。

（7）RemoveAt 方法

该方法从 TreeNodeCollection 对象中删除指定位置处的 TreeNode 对象。其使用格式如下：

public void RemoveAt(int index)

其中，参数 index 指出要移除的结点的从零开始的索引位置。

使用 RemoveAt 方法从 TreeNodeCollection 中指定的从零开始的索引位置移除 TreeNode 对象，然后跟在该结点之后的所有项都将上移以填充空白位置，同时还会更新所移动的项的索引。

10.3.4 向 TreeView 控件中添加结点的方法

向 TreeView 控件中添加结点有以下几种方法。

1．通过手工方式添加结点

在向一个网页中拖放一个 TreeView 控件时会出现"TreeView 任务"列表，如图 10.4 所示，从中选择"编辑结点"命令，打开"TreeView 结点编辑器"对话框，可以从中添加和删除结点，如图 10.5 所示。每个结点至少应设置 Text 和 Vlaue 属性，用户还可以根据需要设置 NavigateUrl 和 Target 属性等。

另外，可以通过选择"TreeView 任务"列表中的"自动套用格式"命令来设置 TreeView 控件的内置样式，图 10.6 所示的是套用"项目符号列表 6"后的预览结果。

图 10.4 "TreeView 任务"列表

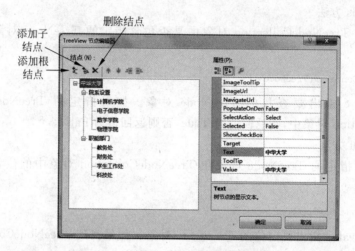

图 10.5 "TreeView 结点编辑器"对话框

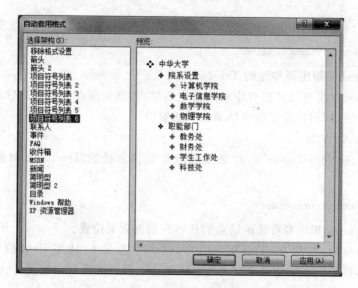

图 10.6 "自动套用格式"对话框

2. 通过 DataSourceID 属性设置数据源控件

ASP.NET 提供了 SiteMapDataSource 和 XmlDataSource 两个服务器控件，位于工具箱的"数据"选项卡中，用于 ASP.NET 站点导航，前者检索站点地图提供程序的导航数据，后者检索指定的 XML 文件的导航数据，并将导航数据传递到可显示该数据的控件（如 TreeView

和 Menu 控件）。

例如在网页中拖放一个 TreeView 控件后，再从工具箱的"数据"选项卡中将 SiteMapDataSource 控件拖放到网页上，不设置其任何属性，只需将 TreeView 控件的 DataSourceID 设置为该 SiteMapDataSource 控件的 ID 即可，SiteMapDataSource 控件会自动读取站点地图的数据并在 TreeView 控件中显示。

或者，在"TreeView 任务"列表中单击"选择数据源"右侧的 ▼ 按钮，在弹出的菜单中选择"新建数据源"命令，出现"数据源配置向导"对话框，选择"站点地图"，如图 10.7 所示，单击"确定"按钮，这样就设置了 TreeView 控件的数据源为 Web.sitemap 站点地图（实际上，系统自动创建一个 SiteMapDataSource 控件）。

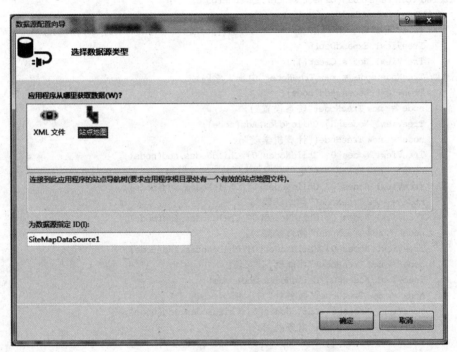

图 10.7　设置数据源类型为"站点地图"

3. 通过编程方式添加结点

由于 TreeView 控件的 Nodes 属性是一个 TreeNodeCollection 类对象，因此采用 Add 方法向其中添加 TreeNode 对象。这种方式可以在运行时动态地增删 TreeView 控件的结点，下面通过一个示例说明。

【例 10.2】　创建一个 WebForm1 网页，采用编程方式通过 TreeView 控件显示前面所列的大学网站层次结构。

解：其步骤如下。

① 打开 ch10 网站，添加一个代码隐藏页模型的网页 WebForm1.aspx。

② 其设计界面如图 10.8 所示，其中包含一个 TreeView 控件 TreeView1、一个命令按钮 Button1 和一个标签 Label1。

③ 进入网页的源视图，添加 TreeView1 控件的 LevelStyles 属性如下：

```
<LevelStyles>
    < asp:TreeNodeStyle ChildNodesPadding = "10"
```

```
            Font-Names = "黑体" Font-Bold = "true"
            Font-Size = "16pt" ForeColor = "red"/>
    <asp:TreeNodeStyle ChildNodesPadding = "5"
            Font-Names = "楷体" Font-Bold = "true"
            Font-Size = "14pt" ForeColor = "Blue" />
    <asp:TreeNodeStyle ChildNodesPadding = "5"
            Font-Names = "仿宋" Font-UnderLine = "true"
            Font-Size = "12pt" ForeColor = "#660066"/>
</LevelStyles>
```

④ 在该网页上设计如下事件过程：

```csharp
protected void Page_Load(object sender, EventArgs e)
{
    if (!Page.IsPostBack)
    {
        TreeView1.ShowCheckBoxes = TreeNodeTypes.Leaf | TreeNodeTypes.Parent;
        TreeView1.ExpandDepth = 2;
        TreeView1.Nodes.Clear();
        TreeNode node = new TreeNode("中华大学");
        TreeView1.Nodes.Add(node);
        node = new TreeNode("院系设置");
        TreeView1.Nodes[0].ChildNodes.Add(node);
        node = new TreeNode("计算机学院");
        TreeView1.Nodes[0].ChildNodes[0].ChildNodes.Add(node);
        node = new TreeNode("电子信息学院");
        TreeView1.Nodes[0].ChildNodes[0].ChildNodes.Add(node);
        node = new TreeNode("数学学院");
        TreeView1.Nodes[0].ChildNodes[0].ChildNodes.Add(node);
        node = new TreeNode("物理学院");
        TreeView1.Nodes[0].ChildNodes[0].ChildNodes.Add(node);
        node = new TreeNode("职能部门");
        TreeView1.Nodes[0].ChildNodes.Add(node);
        node = new TreeNode("教务处");
        TreeView1.Nodes[0].ChildNodes[1].ChildNodes.Add(node);
        node = new TreeNode("财务处");
        TreeView1.Nodes[0].ChildNodes[1].ChildNodes.Add(node);
        node = new TreeNode("学生工作处");
        TreeView1.Nodes[0].ChildNodes[1].ChildNodes.Add(node);
        node = new TreeNode("科技处");
        TreeView1.Nodes[0].ChildNodes[1].ChildNodes.Add(node);
        TreeView1.ShowLines = true;
    }
}
protected void Button1_Click(object sender, EventArgs e)
{
    if (TreeView1.CheckedNodes.Count > 0)
    {
        Label1.Text = "您的选择是：<br>";
        foreach (TreeNode node in TreeView1.CheckedNodes)
            Label1.Text += node.Text + "<br>";
    }
    else
        Label1.Text = "没有选择任何项";
}
```

⑤ 单击工具栏中的 ▶ Internet Explorer 按钮运行本网页，然后在 TreeView1 控件中勾选 4 个选项，单击"确定"命令按钮，其结果如图 10.9 所示。

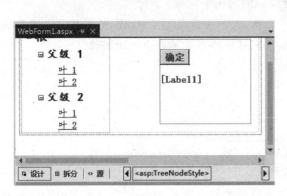

图 10.8　WebForm1 网页设计界面

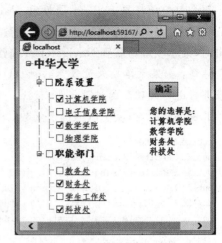

图 10.9　WebForm1 网页运行界面

10.4　Menu 控件

Menu 控件又称为菜单控件,对应 System.Web.UI.WebControls 命名空间中的 Menu 类。该控件主要用于创建一个菜单,让用户快速选择不同页面,从而完成导航功能。其使用方法与 TreeView 控件十分相似。

Menu 控件由菜单项(由 MenuItem 对象表示)树组成。顶级(级别为 0)菜单项称为根菜单项,具有父菜单项的菜单项称为子菜单项。所有根菜单项都存储在 Items 集合中,子菜单项存储在父菜单项的 ChildItems 集合中。

10.4.1　MenuItem 类

Menu 控件中的一个菜单项就是一个 MenuItem 类对象,MenuItem 类的常用属性如表 10.9 所示。

表 10.9　MenuItem 类的常用属性及其说明

属　性	说　　明
ChildItems	获取该对象包含当前菜单项的子菜单项
DataItem	获取绑定到菜单项的数据项
DataPath	获取绑定到菜单项的数据的路径
Depth	获取菜单项的显示级别
ImageUrl	获取或设置显示在菜单项文本旁边的图像的 URL
NavigateUrl	获取或设置单击菜单项时要导航到的 URL
Parent	获取当前菜单项的父菜单项
Selectable	获取或设置一个值,该值指示 MenuItem 对象是否可选或"可单击"
Selected	获取或设置一个值,该值指示 Menu 控件的当前菜单项是否已被选中
Target	获取或设置用来显示菜单项的关联网页内容的目标窗口或框架
Text	获取或设置 Menu 控件中显示的菜单项文本
ToolTip	获取或设置菜单项的工具提示文本
Value	获取或设置一个非显示值,该值用于存储菜单项的任何其他数据,如用于处理回发事件的数据

每个菜单项都具有 Text 属性和 Value 属性。Text 属性的值显示在 Menu 控件中,而 Value 属性用于存储菜单项的任何其他数据(如传递给与菜单项关联的回发事件的数据)。在单击时,菜单项可导航到 NavigateUrl 属性指示的另一个网页。

注意:如果菜单项未设置 NavigateUrl 属性,则单击该菜单项时 Menu 控件只是将页提交给服务器进行处理。通过设置 ImageUrl 属性也可选择在菜单项中显示图像。

TreeNode 类提供了以下构造函数:

```
public MenuItem()
public MenuItem(string text)
public MenuItem(string text, string value)
public MenuItem(string text, string value, string imageUrl)
public MenuItem(string text, string value, string imageUrl, string navigateUrl)
public MenuItem(string text, string value, string imageUrl, string navigateUrl, string target)
```

其中,参数 text 指出 Menu 控件中为菜单项显示的文本;value 指出与菜单项关联的补充数据,如用于处理回发事件的数据;imageUrl 指出显示在菜单项中的文本旁边的图像的 URL;navigateUrl 指出单击菜单项时链接到的 URL;target 指出单击菜单项时显示菜单项所链接到的网页内容的目标窗口或框架。

10.4.2 Menu 控件的属性和事件

1. Menu 控件的属性

Menu 控件的常用属性及其说明如表 10.10 所示,下面介绍几个主要的属性。

表 10.10 Menu 控件的常用属性及其说明

属性	说明
DataSourceID	设置数据源对象,如指定为站点地图和 XML 文件
DisappearAfter	获取或设置鼠标指针不再置于菜单上后显示动态菜单的持续时间
Items	获取 MenuItemCollection 对象,该对象包含 Menu 控件中的所有菜单项
ItemWrap	获取或设置一个值,该值指示菜单项的文本是否换行
Orientation	获取或设置 Menu 控件的呈现方向
PathSeparator	获取或设置用于分隔 Menu 控件的菜单项路径的字符
SelectedItem	获取选定的菜单项
SelectedValue	获取选定菜单项的值
StaticDisplayLevels	获取或设置静态菜单的菜单显示级别数
Target	获取或设置用来显示菜单项的关联网页内容的目标窗口或框架
LevelMenuItemStyles	其包含的样式设置是根据菜单项在 Menu 控件中的级别应用于菜单项的
LevelSelectedStyles	其包含的样式设置是根据所选菜单项在 Menu 控件中的级别应用于该菜单项的

(1) DataSourceID 属性

该属性指定 Menu 控件的数据源控件的 ID 属性。例如,可以指定与 XML 文件绑定的 XmlDataSource 控件或与站点地图绑定的 SiteDataSource 控件的 ID。

(2) Items 属性

Items 属性是 Menu 控件中所有菜单项的集合,一个菜单项是一个 MenuItem 对象。用户可以通过索引来表示 Items 集合中的元素(索引从零开始),例如:

- Menu1.Items 表示 Menu1 控件的所有菜单项集合。

- Menu1.Items[0]表示 Menu1 控件中的第一个菜单项。
- Menu1.Items[0].ChildItems 表示 Menu1 控件中第一个菜单项的子菜单项集合。
- Menu1.Item[0].ChildItems[1]表示 Menu1 控件中第一个菜单项的第 2 个子菜单项。

(3) Orientation 属性

该属性获取或设置 Menu 控件的呈现方向，可取 Horizontal(表示水平呈现 Menu 控件，如图 10.10 所示)或 Vertical(默认值，表示垂直呈现 Menu 控件，如图 10.11 所示)。

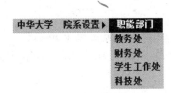
图 10.10　水平呈现 Menu 控件

图 10.11　垂直呈现 Menu 控件

(4) Target 属性

该属性获取或设置用来显示菜单项的关联网页内容的目标窗口或框架。Target 属性影响控件中的所有菜单项。若要为单个菜单项指定一个窗口或框架，直接设置 MenuItem 对象的 Target 属性即可。

(5) LevelMenuItemStyles 属性

LevelMenuItemStyles 属性是一个样式集合，该集合用来控制各菜单级别的菜单项样式。此集合包含的样式是根据菜单项的菜单级别应用于菜单项的。该集合的第一个样式对应于第一级菜单的菜单项样式，该集合的第二个样式对应于第二级菜单的菜单项样式，依此类推。

例如，一个有 3 级菜单的 Menu1 控件的 LevelMenuItemStyles 属性可以设置如下：

```
<Levelmenuitemstyles>
    <asp:menuitemstyle BackColor = "LightSteelBlue" ForeColor = "Black"/>
    <asp:menuitemstyle BackColor = "SkyBlue" ForeColor = "Black"/>
    <asp:menuitemstyle BackColor = "LightSkyBlue" ForeColor = "Black"/>
</Levelmenuitemstyles>
```

(6) LevelSelectedStyles 属性

LevelSelectedStyles 是一个集合，该集合用来控制各菜单级别的选定菜单项的样式。此集合包含的样式是根据选定菜单项的菜单级别应用于该菜单项的。该集合的第一个样式对应于第一级菜单的选定菜单项的样式，该集合的第二个样式对应于第二级菜单的选定菜单项的样式，依此类推。

例如，一个有 3 级菜单的 Menu1 控件的 LevelSelectedStyles 属性可以设置如下：

```
<Levelselectedstyles>
    <asp:menuitemstyle BackColor = "Cyan" ForeColor = "Gray"/>
    <asp:menuitemstyle BackColor = "LightCyan" ForeColor = "Gray"/>
    <asp:menuitemstyle BackColor = "PaleTurquoise" ForeColor = "Gray"/>
</Levelselectedstyles>
```

2．Menu 控件的事件

Menu 控件的常用事件及其说明如表 10.11 所示。

表 10.11　Menu 控件的常用事件及其说明

事件	说明
MenuItemClick	单击菜单项时发生。此事件通常用于将页上的一个 Menu 控件与另一个控件进行同步
MenuItemDataBound	当菜单项绑定到数据时发生。此事件通常用来在菜单项呈现在 Menu 控件中之前对菜单项进行修改

10.4.3　MenuItemCollection 类

　　Menu 控件中的所有菜单项构成一个 MenuItemCollection 类对象 Items，也就是说，Menu 控件的 Items 属性就是一个 MenuItemCollection 类对象。MenuItemCollection 类的常用属性及其说明如表 10.12 所示。

表 10.12　MenuItemCollection 类的常用属性及其说明

属性	说明
Count	获取当前 MenuItemCollection 对象所含菜单项的数目
Item	获取当前 MenuItemCollection 对象中指定索引处的 MenuItem 对象

　　MenuItemCollection 类的主要方法如下。

　　(1) Add 方法

　　该方法用于向 MenuItemCollection 对象中添加一个 MenuItem 对象。其使用格式如下：

`public void Add(MenuItem child)`

　　其中，参数 child 指出要添加的 MenuItem 对象。

　　(2) AddAt 方法

　　该方法用于向 MenuItemCollection 对象中的指定位置添加一个 MenuItem 对象。其使用格式如下：

`public void AddAt(int index, MenuItem child)`

　　其中，参数 index 指出将在该处插入 MenuItem 对象的从零开始的索引位置，child 指出要添加的 MenuItem 对象。

　　(3) Clear 方法

　　该方法用于从 MenuItemCollection 对象中移除所有 MenuItem 对象。其使用格式如下：

`public void Clear()`

　　(4) Contains 方法

　　该方法指出 MenuItemCollection 对象中是否包含指定的 MenuItem 对象。其使用格式如下：

`public bool Contains(MenuItem c)`

　　其中，参数 c 指出要查找的 MenuItem 对象。如果指定的 MenuItem 对象包含在 MenuItemCollection 对象中，则返回值为 True，否则返回值为 False。

　　(5) IndexOf 方法

　　该方法查找指定的 MenuItem 对象在 MenuItemCollection 对象中的位置。其使用格式如下：

```
public int IndexOf(MenuItem value)
```

其中,参数 value 指出要定位的 MenuItem 对象。如果找到 MenuItemCollection 中 value 的第一个匹配项的从零开始的索引,则为该索引,否则为-1。

(6) Remove 方法

该方法从 MenuItemCollection 对象中删除指定的 MenuItem 对象。其使用格式如下:

```
public void Remove(MenuItem value)
```

其中,参数 value 指出要移除的 MenuItem 对象。

使用 Remove 方法可以从集合中移除指定的结点,然后跟在该结点之后的所有项都将上移以填充空白位置,同时还会更新所移动的项的索引。

(7) RemoveAt 方法

该方法从 MenuItemCollection 对象中删除指定位置处的 MenuItem 对象。其使用格式如下:

```
public void RemoveAt(int index)
```

其中,参数 index 指出要移除的结点的从零开始的索引位置。

使用 RemoveAt 方法从 MenuItemCollection 中指定的从零开始的索引位置移除 MenuItem 对象,然后跟在该结点之后的所有项都将上移以填充空白位置,同时还会更新所移动的项的索引。

10.4.4 向 Menu 控件中添加菜单项的方法

向 Menu 控件添加菜单项有以下几种方法。

1. 通过手工方式添加菜单项

在向网页中拖放一个 Menu 控件时会出现"Menu 任务"列表,如图 10.12 所示,从中选择"编辑菜单项"命令,打开"菜单项编辑器"对话框,可以从中添加和删除菜单项,如图 10.13 所示。每个菜单项至少应设置 Text 和 Value 属性,用户还可以根据需要设置 NavigateUrl 和 Target 属性等。

图 10.12 "Menu 任务"列表

图 10.13 "菜单项编辑器"对话框

2. 通过DataSourceID属性设置数据源控件

在网页中拖放一个Menu控件后,再从工具箱的"数据"选项卡中将SiteMapDataSource控件拖放到网页上,不设置其任何属性,只需将Menu控件的DataSourceID设置为该SiteMapDataSource控件的ID即可,SiteMapDataSource控件会自动读取站点地图的数据并在Menu控件中显示。

或者,在"Menu任务"列表中单击"选择数据源"右侧的 ▼ 按钮,在弹出的菜单中选择"新建数据源"命令,出现"数据源配置向导"对话框,选择"站点地图",单击"确定"按钮,这样就设置了Menu控件的数据源为Web.sitemap站点地图(实际上,系统自动创建一个SiteMapDataSource控件)。

3. 通过编程方式添加菜单项

由于Menu控件的Items属性是一个MenuItemCollection类对象,因此采用Add方法向其中添加MenuItem对象。这种方式可以在运行时动态地增删Menu控件的菜单项,下面通过一个示例说明。

【例10.3】 创建一个WebForm2网页,采用编程方式通过Menu控件显示前面所列的大学网站层次结构。

解:其步骤如下。

① 打开ch10网站,添加一个代码隐藏页模型的网页WebForm2.aspx。
② 在该网页的设计界面中包含一个Menu控件Menu1和一个标签Label1。
③ 进入网页的源视图,添加Menu1控件的相关属性如下:

```
<Levelmenuitemstyles>
    <asp:menuitemstyle BackColor = "LightSteelBlue" ForeColor = "Red"
        BorderStyle = "Outset" Font-Names = "黑体" Font-Size = "18px" />
    <asp:menuitemstyle BackColor = "SkyBlue" ForeColor = "Blue" Font-Names = "楷体"
        Font-Size = "16px"/>
    <asp:menuitemstyle BackColor = "LightSkyBlue" ForeColor = "Black" Font-Names = "仿宋"
        Font-Size = "14px"/>
</Levelmenuitemstyles>
<Levelselectedstyles>
    <asp:menuitemstyle BackColor = "Cyan" ForeColor = "Gray"/>
    <asp:menuitemstyle BackColor = "LightCyan" ForeColor = "Gray"/>
    <asp:menuitemstyle BackColor = "PaleTurquoise" ForeColor = "Gray"/>
</Levelselectedstyles>
```

④ 在该网页上设计如下事件过程:

```
protected void Page_Load(object sender, EventArgs e)
{   if (!Page.IsPostBack)
    {   Menu1.Orientation = Orientation.Horizontal;
        Menu1.StaticDisplayLevels = 2;  //静态显示两层
        Menu1.Items.Clear();
        MenuItem node = new MenuItem("中华大学");
        Menu1.Items.Add(node);
        node = new MenuItem("院系设置");
        Menu1.Items[0].ChildItems.Add(node);
        node = new MenuItem("计算机学院");
        Menu1.Items[0].ChildItems[0].ChildItems.Add(node);
```

```
            node = new MenuItem("电子信息学院");
            Menu1.Items[0].ChildItems[0].ChildItems.Add(node);
            node = new MenuItem("数学学院");
            Menu1.Items[0].ChildItems[0].ChildItems.Add(node);
            node = new MenuItem("物理学院");
            Menu1.Items[0].ChildItems[0].ChildItems.Add(node);
            node = new MenuItem("职能部门");
            Menu1.Items[0].ChildItems.Add(node);
            node = new MenuItem("教务处");
            Menu1.Items[0].ChildItems[1].ChildItems.Add(node);
            node = new MenuItem("财务处");
            Menu1.Items[0].ChildItems[1].ChildItems.Add(node);
            node = new MenuItem("学生工作处");
            Menu1.Items[0].ChildItems[1].ChildItems.Add(node);
            node = new MenuItem("科技处");
            Menu1.Items[0].ChildItems[1].ChildItems.Add(node);
        }
    }
    protected void Menu1_MenuItemClick(object sender, MenuEventArgs e)
    {
        Label1.Text = "您的选择是:<br>";
        Label1.Text += Menu1.SelectedItem.Text;
    }
```

⑤ 单击工具栏中的 ▶ Internet Explorer 按钮运行本网页,将鼠标指针移动到"科技处"上,其结果如图 10.14 所示。单击"科技处",其结果如图 10.15 所示。

图 10.14　WebForm2 网页运行界面一　　　图 10.15　WebForm2 网页运行界面二

10.5　SiteMapPath 控件

SiteMapPath 控件对应 System.Web.UI.WebControls 命名空间中的 SiteMapPath 类。该控件会显示一个导航路径(也称为当前位置或页眉导航),此路径为用户显示当前网页的位置,并显示返回到主页的路径链接。此控件提供了许多可供自定义链接的外观的选项。

SiteMapPath 控件的常用属性如表 10.13 所示。

SiteMapPath 控件与站点地图密切相关,它反映站点地图对象提供的数据。如果将 SiteMapPath 控件用在未在站点地图中表示的网页上,则它不会显示。

SiteMapPath 由结点组成。路径中的每个元素均称为结点,用 SiteMapNodeItem 对象表示。锚定路径并表示分层树的根的结点称为根结点,表示当前显示网页的结点称为当前结点。

当前结点与根结点之间的任何其他结点都为父结点。

表10.13 SiteMapPath控件的常用属性及其说明

属性	说明
CurrentNodeStyle	定义当前结点的样式,包括字体、颜色、样式等
NodeStyle	定义导航路径上所有结点的样式
ParentLevelsDisplayed	指定在导航路径上显示的相对于当前结点的父结点层数。默认值为－1,表示父级别数没有限制
PathDirection	指定导航路径上各结点的显示顺序。默认值为RootToCurrent,即按从左到右的顺序显示从根结点到当前结点的路径。另一选项为CurrentToRoot,即按相反的顺序显示导航路径
PathSeparator	指定导航路径中结点之间的分隔符。默认值为">",也可自定义为其他符号
PathSeparatorStyle	定义分隔符的样式
RenderCurrentNodeAsLink	是否将导航路径上当前页的名称显示为超链接。默认值为False
RootNodeStyle	定义根结点的样式
ShowToolTips	当鼠标悬停于导航路径的某个结点时是否显示相应的工具提示信息。默认值为True,即当鼠标悬停于某结点上时显示该结点在站点地图中定义的Description属性值
SiteMapProvider	获取或设置用于呈现站点导航控件的站点提供程序的名称

SiteMapPath显示的每个结点都是HyperLink或Literal控件,开发人员可以将模板或样式应用到这两种控件。

默认的站点地图名称为Web.sitemap文件,它是一个XML文件。ASP.NET的默认站点地图提供程序自动选取此站点地图,该文件必须位于应用程序的根目录中。如果是其他名称和类型的站点地图,在使用时还必须为其指定其他相适应的提供程序,可以通过SiteMapPath控件的SiteMapProvider属性来设置。

【例10.4】 创建一个WebForm3网页,说明SiteMapPath控件的使用方法。

解:其步骤如下。

① 打开ch10网站,添加一个代码隐藏页模型的网页WebForm3.aspx。

② 在其中放置一个TreeView控件TreeView1和一个SiteMapSource控件SiteMapSource1(自动加载前面创建的Web.sitemap站点地图),将TreeView1控件的DataSourceID属性设置为SiteMapSource1,并设置相应的字体属性,如图10.16所示。

③ 新建一个school1.aspx网页,添加一个HTML标记(显示"您的位置:")、一个SiteMapPath控件SiteMapPath1,在下方再添加一个HTML标记(显示"计算机学院"),并设置网页中各控件和标记的字体属性,如图10.17所示。

④ 新建Web.sitemap站点地图中链接的其他网页,与school1.aspx网页类似,只是将第2个HTML标记的文字改为相应的提示文字。

⑤ 单击工具栏中的 ▶ Internet Explorer 按钮运行本网页,出现如图10.18所示的运行界面,单击"计算机学院",自动转向school1.aspx网页,如图10.19所示,SiteMapPath控件自动显示当前的位置,可以单击其中的"中华大学"或"院系设置"进行导航。

图 10.16 WebForm3 网页设计界面

图 10.17 school1.aspx 网页设计界面

图 10.18 WebForm3 网页运行界面

图 10.19 school1.aspx 网页运行界面

练习题 10

1．简述 ASP.NET 站点导航的基本功能。

2．至少列举 3 个你见过的使用站点导航的网站实例。

3．什么是站点地图？简述站点地图的创建和使用方法。

4．简述 TreeView 控件的使用方法。

5．TreeView 控件中的所有结点构成一个什么类对象？如何向 TreeView 控件中添加一个结点？

6．简述 Menu 控件的使用方法。

7．简述 SiteMapPath 控件的使用方法。

上机实验题 10

在 ch10 网站中添加一个名称为 Experment10 的网页,其中放置一个 TreeView 控件和一个 iframe 框架,采用手工方式添加 TreeView 控件的结点。

另外设计一个 dispinfo 网页,其中有一个标签 Label1。

当运行 Experment10 网页时,用户单击 TreeView 控件中的某结点时在 iframe 框架中显示 dispinfo 网页,其中的 Label1 标签显示用户单击的结点的标题。图 10.20 所示的是用户单击"编辑学生信息"结点的结果。

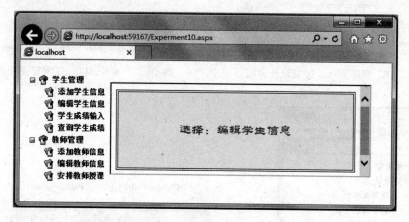

图 10.20 上机实验题 10 网页的运行界面

ASP.NET AJAX 控件

第 11 章

AJAX(或 Ajax)的英文全称为"Asynchronous Javascript And XML"(异步 JavaScript 和 XML),通常的读音为"阿贾克斯",是指一种创建交互式网页应用的网页开发技术,允许客户端通过异步 HTTP 请求与服务器交换数据的技术,目的是利用已经成熟的技术构建具有良好交互性的 Web 应用程序。本章介绍 AJAX 技术和使用 ASP.NET AJAX 控件开发无刷新网页的方法。

本章学习要点:
- ☑ 掌握 AJAX 技术的原理。
- ☑ 掌握各种 ASP.NET AJAX 控件的功能和使用方法。
- ☑ 灵活使用 ASP.NET AJAX 控件开发无刷新网页。

11.1 AJAX 技术

11.1.1 AJAX 的工作原理

传统的 Web 应用交互由用户触发一个 HTTP 请求到服务器,服务器对其进行处理后再返回一个新的 HTHL 页面到客户端,每当服务器处理客户端提交的请求时,客户都只能空闲等待,并且哪怕只是一次很小的交互、只需从服务器端得到很简单的一个数据,都要返回一个完整的 HTML 网页,而用户每次都要浪费时间和带宽去重新读取整个页面。这个做法浪费了许多带宽,由于每次应用的交互都需要向服务器发送请求,应用的响应时间就依赖于服务器的响应时间,这导致了用户界面的响应比本地应用慢得多。

为此出现了 AJAX 技术。AJAX 是一种独立于 Web 服务器软件的浏览器技术,通过在后台与服务器进行少量的数据交换可以使网页实现异步更新。如图 11.1 所示,传统的网页(不使用 AJAX)如果需要网页更新内容,必须重载整个页面,而使用 AJAX 的网页可以在不重新加载整个网页的情况下对网页的某部分进行更新,通常称 AJAX 页面为无刷新 Web 页面。

所以,AJAX 不是一种新的编程语言,而是一种用于创建更好、更快以及交互性更强的 Web 应用程序的技术。这种技术在浏览器与 Web 服务器之间使用异步数据传输（HTTP请求），这样就可使网页从服务器请求少量的信息，而不是整个页面，从而使因特网应用程序更小、更快、更友好。

AJAX的工作原理如图11.2所示，相当于在用户和服务器之间加了一个中间层（AJAX引擎），使用户操作与服务器响应异步化。并不是所有的用户请求都提交给服务器，像一些数据验证和数据处理等都交给AJAX引擎自己来做，只有确定需要从服务器读取新数据时再由AJAX引擎代为向服务器提交请求。

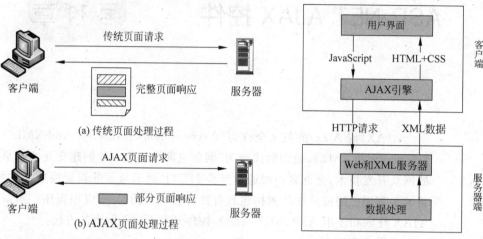

图11.1 传统页面和AJAX页面的处理过程　　　图11.2 AJAX工作原理

11.1.2 XmlHttpRequest 对象

AJAX的核心是JavaScript的XmlHttpRequest对象。该对象在IE5中首次引入，它是一种支持异步请求的技术。简而言之，XmlHttpRequest使开发人员可以使用JavaScript向服务器提出请求并处理响应，而不阻塞用户。

XmlHttpRequest对象的创建十分简单。例如，以下代码用于在IE7及更高版本中创建一个XmlHttpRequest对象xmlHttp：

```
<script type="text/javascript">
    var xmlHttp = new XMLHttpRequest();
</script>
```

所有现代浏览器（IE7和更高版本、Firefox、Chrome、Safari以及Opera）均内建XMLHttpRequest对象，而老版本的IE5和IE6使用ActiveX对象：

```
var xmlHttp = new ActiveXObject("Microsoft.XMLHTTP");
```

为了应对所有的现代浏览器，包括IE5和IE6，需要检查浏览器是否支持XMLHttpRequest对象。如果支持，则创建XMLHttpRequest对象；如果不支持，则创建ActiveXObject，完整的代码如下：

```
var xmlhttp;
if (window.XMLHttpRequest)
{    //用于 IE7 和更高版本、Firefox、Chrome、Opera、Safari
    xmlhttp = new XMLHttpRequest();
}
else
```

```
{   //用于 IE6、IE5
    xmlhttp = new ActiveXObject("Microsoft.XMLHTTP");
}
```

1. XmlHttpRequest 对象的属性

XmlHttpRequest 对象的属性如表 11.1 所示。其中，readyState 属性的 5 个状态中每个都有一个相关联的非正式的名称，表 11.2 给出了各状态的状态值、名称和说明。

表 11.1　XmlHttpRequest 对象的属性

属　性	说　明
readyState	HTTP 请求的状态。当一个 XMLHttpRequest 初次创建时，这个属性的值从 0 开始，直到接收到完整的 HTTP 响应，这个值增加到 4。readyState 的值不会递减，除非当一个请求在处理过程中调用了 abort() 或 open() 方法。每次这个属性的值增加的时候都会触发 onreadystatechange 事件句柄
responseText	服务器接收到的响应体(不包括头部)，或者如果还没有接收到数据，就是空字符串。如果 readyState 小于 3，这个属性就是一个空字符串；如果 readyState 为 3，这个属性返回目前已经接收的响应部分；如果 readyState 为 4，这个属性保存了完整的响应体。如果响应包含了为响应体指定字符编码的头部，就使用该编码，否则假定使用 UTF-8
responseXML	对请求的响应，解析为 XML 并作为 Document 对象返回
status	由服务器返回的 HTTP 状态代码，如 200 表示成功，而 404 表示没有发现错误。当 readyState 小于 3 的时候读取这一属性会导致一个异常
statusText	该属性用名称而不是数字指定了请求的 HTTP 的状态代码。也就是说，当状态为 200 的时候它是 "OK"，当状态为 404 的时候它是 "Not Found"。和 status 属性一样，当 readyState 小于 3 的时候读取这一属性会导致一个异常

表 11.2　readyState 属性的状态值、名称和说明

状态	名　称	描　述
0	Uninitialized	初始化状态。XMLHttpRequest 对象已创建或已被 abort() 方法重置
1	Open	open() 方法已调用，但是 send() 方法未调用，请求还没有被发送
2	Sent	Send() 方法已调用，HTTP 请求已发送到 Web 服务器，未接收到响应
3	Receiving	所有响应头部都已经接收到，响应体开始接收但未完成
4	Loaded	HTTP 响应已经完全接收

2. XmlHttpRequest 对象的事件句柄

onreadystatechange 是 XmlHttpRequest 对象的事件句柄，每次 readyState 属性改变的时候调用该事件句柄设置的事件句柄函数。当 readyState 为 3 时，它也可能调用多次。

3. XmlHttpRequest 对象的方法

XmlHttpRequest 对象的方法如表 11.3 所示，下面介绍几个主要方法的使用。

表 11.3　XmlHttpRequest 对象的方法

方　法	说　明
abort	取消当前响应，关闭连接并且结束任何未决的网络活动。该方法把 XMLHttpRequest 对象重置为 readyState 为 0 的状态，并且取消所有未决的网络活动。例如，如果请求用了太长时间，而且响应不再必要的时候，可以调用这个方法
getAllResponseHeaders	把 HTTP 响应头部作为未解析的字符串返回。如果 readyState 小于 3，这个方法返回 null，否则它返回服务器发送的所有 HTTP 响应的头部。头部作为单个的字符串返回，一行一个头部。每行用换行符 "\r\n" 隔开

续表

方 法	说 明
getResponseHeader	该方法的返回值是指定的 HTTP 响应头部的值,如果没有接收到这个头部或者 readyState 小于3,则为空字符串;如果接收到多个有指定名称的头部,这个头部的值被连接起来并返回,使用逗号和空格分隔开各个头部的值
open	初始化 HTTP 请求参数,例如 URL 和 HTTP 方法,但是并不发送请求
send	发送 HTTP 请求,使用传递给 open 方法的参数以及传递给该方法的可选请求体
setRequestHeader	向一个打开但未发送的请求设置或添加一个 HTTP 请求

(1) XMLHttpRequest.open()方法

该方法的语法格式如下:

open(method, url, async, username, password)

其中,各参数的说明如下。

- method:用于请求的 HTTP 方法,可以是 GET、POST 或 HEAD。
- url 参数是请求的主体。大多数浏览器实施了一个同源安全策略,并且要求这个 URL 与包含脚本的文本具有相同的主机名和端口。
- async:指示请求使用应该异步地执行。如果这个参数是 False,请求是同步的,后续对 send()的调用将阻塞,直到响应完全接收;如果这个参数是 True 或省略,请求是异步的,且通常需要一个 onreadystatechange 事件句柄。
- username 和 password:可选的,为 url 所需的授权提供认证资格。如果指定了,它们会覆盖 url 自己指定的任何资格。

(2) XMLHttpRequest.send()方法

该方法的语法格式如下:

send(body)

如果通过调用 open()指定的 HTTP 方法是 POST 或 PUT,body 参数指定了请求体,作为一个字符串或者 Document 对象。对于任何其他方法,这个参数是不可用的,应该为 null。

这个方法导致一个 HTTP 请求发送。如果之前没有调用 open(),或者更具体地说,如果 readyState 不是1,send()抛出一个异常,否则它发送一个 HTTP 请求。

11.1.3 实现 AJAX 的步骤

AJAX 的工作流程中涉及多个对象,每个对象完成不同的功能。多个对象协作工作的整体构成了 AJAX。实现 AJAX 的基本步骤如下:

① 创建 XMLHttpRequest 对象。

② 创建一个 HTTP 请求。HTTP 请求一般包括服务器的地址、请求的文件和传送的参数等,让 XMLHttpRequest 对象知道从何处加载数据,其机制与以前介绍的 HTTP 请求一样。调用 XMLHttpRequest 对象的 open 方法即可设置 HTTP 请求和请求的方式。

③ 设置相应 HTTP 请求的事件句柄函数。在向服务器发送请求后,因为是异步请求,服务器不一定马上就发出响应,Web 浏览器也不会等待服务器的响应。但浏览器需要在数据加载完毕时得到通知,达到这个目的的通用方法是给 XMLHttpRequest 对象设置事件句柄函数(回调函数),XMLHttpRequest 对象根据自身的状态变化调用相应的函数。

④ 发送 HTTP 请求。调用 XMLHttpRequest 对象的 send 方法即可发送 HTTP 请求。

⑤ 等待响应。

⑥ 使用 DOM（文档对象模型）实现局部刷新，即给当前网页的表单域赋值。

为了能够响应 HTTP 请求，服务器应有相应的处理程序，这种处理程序设计有多种方法。在 ASP.NET 中可以创建自定义的 HTTP 处理程序，下面介绍 HTTP 处理程序的概念和创建自定义 HTTP 处理程序的方法。

11.1.4 HTTP 处理程序

ASP.NET HTTP 处理程序是响应对 ASP.NET Web 应用程序的请求而运行的过程。最常用的处理程序是处理.aspx 文件的 ASP.NET 网页处理程序。当用户请求.aspx 网页文件时，ASP.NET 通过网页处理程序来处理请求。

实际上，ASP.NET 根据文件扩展名将 HTTP 请求映射到 HTTP 处理程序。每个 HTTP 处理程序都可以处理应用程序中的单个 HTTP URL 或 URL 扩展名组。ASP.NET 包括几种内置的 HTTP 处理程序，如表 11.4 所示。

表 11.4 ASP.NET 的几种内置的 HTTP 处理程序

处 理 程 序	说　明
ASP.NET 网页处理程序(*.aspx)	用于所有 ASP.NET 网页的默认 HTTP 处理程序
Web 服务处理程序(*.asmx)	在 ASP.NET 中作为.asmx 文件创建的 Web 服务的默认 HTTP 处理程序
一般 Web 处理程序(*.ashx)	不含用户界面和包括@WebHandler 指令的所有 Web 处理程序的默认 HTTP 处理程序
跟踪处理程序(trace.axd)	显示当前网页跟踪信息的处理程序

迄今为止，所有的网页请求都使用 ASP.NET 默认 HTTP 处理程序。实际上，开发人员可以创建自定义 HTTP 处理程序。

若要创建自定义 HTTP 处理程序，需要创建实现 IHttpHandler 接口的类来创建一个同步处理程序，或者可以实现 IHttpAsyncHandler 来创建一个异步处理程序。两种处理程序接口都要求实现 IsReusable 属性和 ProcessRequest 方法。

以创建同步处理程序为例，使用的 IHttpHandler 是一个.NET Framework 接口，它定义 ASP.NET 为使用自定义 HTTP 处理程序同步处理 HTTP Web 请求而实现的协定。IHttpHandler 接口有以下属性和方法。

- IsReusable：它是一个实现，用于获取一个值，该值指示其他请求是否可以使用 IHttpHandler 实例。
- ProcessRequest：它是一个方法，负责处理单个 HTTP 请求，在此方法中将编写生成处理程序输出的代码。通过实现 IHttpHandler 接口的自定义 HttpHandler 启用 HTTP Web 请求的处理。

用户可以用任何符合公共语言规范（CLS）的语言编写自定义 HTTP 处理程序来处理特定的、预定义类型的 HTTP 请求。响应这些特定请求的是在 HttpHandler 类中定义的可执行代码，而不是常规的 ASP 或 ASP.NET 网页。

11.1.5　AJAX 编程示例

【例 11.1】　在 D 盘 ASP.NET 目录中建立一个 ch11 的子目录，将其作为网站目录，然后创建一个 WebForm1 网页和一般处理程序 AddHandler.ashx，其功能是采用 AJAX 技术实现两个整数相加的运算。

解： 其步骤如下。

① 启动 Visual Studio 2012。

② 选择"文件|新建|网站"命令，出现"新建网站"对话框，然后选择"ASP.NET 空网站"模板，选择"Web 位置"为"文件系统"，单击"浏览"按钮，选择"D:\ASP.NET\ch11"目录，单击"确定"按钮，创建一个空的网站 ch11。

③ 选择"网站|添加新项"命令，创建一个单文件页模型的 WebForm1.aspx 网页，其设计界面如图 11.3 所示，其中的控件采用 HTML 标记实现（都是客户端控件）。对应的源视图代码如下：

```
<%@ Page Language="C#" %>
<!DOCTYPE html>
<script type="text/javascript">
    var xmlHttp;
    function createXMLHttpRequest()
    {
        xmlHttp = new XMLHttpRequest();           //创建一个 XmlHttpRequeset 对象
    }
    function AddNumber()                          //事件处理函数
    {   createXMLHttpRequest();                   //创建一个 XmlHttpRequeset 对象
        var url = "AddHandler.ashx?num1=" + document.getElementById("num1").value
            + "&num2=" + document.getElementById("num2").value;
        xmlHttp.open("GET",url,true);             //创建一个 HTTP 请求
        xmlHttp.onreadystatechange = ShowResult;  //设置事件句柄函数
        xmlHttp.send(null);                       //发送请求
    }
    function ShowResult()
    {   if(xmlHttp.readyState == 4)               //正常响应状态
        {   if(xmlHttp.status == 200)             //正确接受响应数据
            document.getElementById("sum").value = xmlHttp.responseText;
                                                  //局部刷新
        }
    }
</script>
<html xmlns="http://www.w3.org/1999/xhtml">
  <head runat="server">
    <meta http-equiv="Content-Type" content="text/html; charset=utf-8"/>
    <title></title>
    <style type="text/css">
        .auto-style1 {
            font-family: 隶书; font-weight: bold;
            font-size: large; color: #FF0000;
        }
        .auto-style2 { font-family: Arial; font-size: small; }
    </style>
  </head>
  <body>
```

第 11 章 ASP.NET AJAX 控件

```
<form id="form1" runat="server">
  <div>
    <span class="auto-style1">AJAX 编程</span>
    <br />
    <p style="color:#0000FF; font-size: medium; font-weight: 700;
         font-family: 楷体">数1:
      <input type="text" id="num1" size="10" onkeyup="AddNumber()"
          value="0" class="auto-style2" />
         数2:
      <input type="text" id="num2" size="10" onkeyup="AddNumber()"
          value="0" class="auto-style2" />
      相加结果:
      <input type="text" id="sum" size="10" aria-readonly="True"
          class="auto-style2" />
    </p>
  </div>
</form>
</body>
</html>
```

由于 WebForm1.aspx 网页中创建了 XmlHttpRequeset 对象,所以它是一个 AJAX 网页。

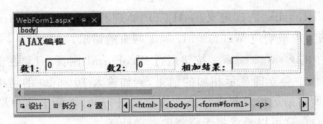

图 11.3 WebForm1 网页设计界面

④ 选择"网站|添加新项"命令,出现"添加新项-ch11"对话框,在中间列表中选择"一般处理程序"模板,修改文件名为 AddHandler.ashx,如图 11.4 所示,单击"添加"按钮。

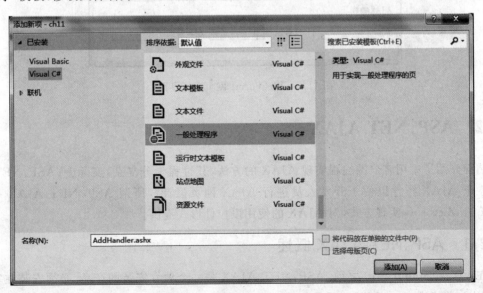

图 11.4 "添加新项-ch11"对话框

此时直接进入代码编辑窗口，输入以下粗体部分的代码：

```
<%@ WebHandler Language = "C#" Class = "AddHandler" %>
using System;
using System.Web;
public class AddHandler: IHttpHandler
{   public void ProcessRequest(HttpContext context)
    {   context.Response.ContentType = "text/plain";
        int a = Convert.ToInt32(context.Request.QueryString["num1"]);
        int b = Convert.ToInt32(context.Request.QueryString["num2"]);
        int result = a + b;
        context.Response.Write(result);
    }
    public bool IsReusable
    {   get
        {
            return false;  //指示其他请求不能使用IHttpHandler实例
        }
    }
}
```

其中，AddHandler.ashx 是自定义的 HTTP 处理程序，通过对 IHttpHandler 接口的 ProcessRequest 方法实现来响应 WebForm1.aspx 网页的请求。

⑤ 单击工具栏中的 ▶ Internet Explorer 按钮运行 WebForm1 网页，只要在前两个文本框中输入数值，第 3 个文本框中会立即显示相加的结果，例如输入 10 和 20 的结果如图 11.5 所示。由于没有显式提交，所有的运行看起来都是在客户端进行的，实际上客户端通过异步 HTTP 请求与服务器交换数据，这可以看成是无刷新的自动计算。

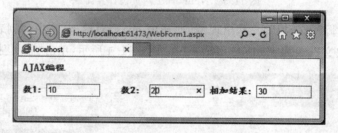

图 11.5　WebForm1 网页运行界面

11.2　ASP.NET AJAX

前面介绍了采用客户端编程实现 AJAX 的方法，其过程十分复杂，实际上，ASP.NET 提供了一组 AJAX 控件以便于开发人员进行 AJAX 网页设计。所谓 ASP.NET AJAX 就是 AJAX 的 Microsoft 实现方式，对 AJAX 的使用以控件形式提供。

11.2.1　ASP.NET AJAX 概述

在 Visual Studio 2010 之前，ASP.NET AJAX 是一个独立安装的产品，必须安装在客户端和 Web 服务器上。在 Visual Studio 2010 及之后的版本中，ASP.NET AJAX 不仅是 Visual Studio 的一部分，还内置到.NET Framework 中。也就是说，使用 ASP.NET 4.5 时应

用 ASP.NET AJAX 不需要任何额外的安装。

Visual Studio 2012 提供的 ASP.NET AJAX 位于工具箱的"AJAX 扩展"类别中，如图 11.6 所示。所有 AJAX 控件都是服务器控件。

ASP.NET AJAX 的命名空间为 System.Web.UI，对应的程序集是 System.Web.Extensions（在 System.Web.Extensions.dll 中）。

ASP.NET AJAX 控件可以像其他服务器控件一样被拖放到网页中，包含有 ASP.NET AJAX 控件的网页称为 AJAX 网页。每个 AJAX 网页都需要使用一个 ScriptManager 控件，只要在网页上使用这个控件，就启动了 ASP.NET 的 AJAX 功能。

图 11.6　ASP.NET AJAX 控件

11.2.2　ScriptManager 控件

ScriptManager 控件用于管理一个网页上的所有 AJAX 资源，它是 AJAX 功能的核心，为需要部分更新的网页提供支持 AJAX 的服务器。每个 ASP.NET 网页都需要一个 ScriptManager 控件来工作，在一个网页上只能有一个 ScriptManager 控件。

ScriptManager 控件比较重要的属性如下。

- Scripts 属性：获取一个包含 ScriptReference 对象（每个对象代表一个呈现给客户端的脚本文件）的 ScriptReferenceCollection 对象。
- Services 属性：获取一个 ServiceReferenceCollection 对象，该对象包含 ASP.NET 在客户端上针对 AJAX 功能公开的每个 Web 服务的 ServiceReference 对象。
- SupportsPartialRendering 属性：获取一个指示客户端是否支持部分页面呈现的值。
- EnablePartialRendering 属性：获取或设置一个可部分呈现页面的值，以便使用 UpdatePanel 控件来单独更新页面区域。

在编写客户端的 JavaScript 代码时，可以将其放置在网页的<script>元素中，也可以将 JavaScript 代码单独放在一个.js 文件（静态脚本文件）中。如果采用后者，需要在网页中引用.js 文件，通过将 asp:ScriptReference 元素添加到网页上 asp:ScriptManager 元素内的 Scripts 结点中来引用.js 文件。例如，以下代码用于引用 myscript.js 文件：

```
<asp:ScriptManager ID = "SM1" runat = "server">
  <Scripts>
    <asp:ScriptReference Name = "myscript.js" />
  </Scripts>
</asp:ScriptManager>
```

其中<asp:ScriptReference Name＝"myscript.js" />就是一个定义的 ScriptReference 对象，这样在网页中就可以调用 myscript.js 文件中的 JavaScript 函数。

从上面可以看到，ScriptReference 类的功能用于注册 JavaScript 脚本文件，将其包括在 ASP.NET 网页上，以便在网页上的客户端中使用它的功能。ScriptReference 类有以下属性。

- Name 属性：获取或设置包含客户端脚本文件的嵌入资源的名称。
- Path 属性：获取或设置引用客户端脚本文件相对于网页的路径。
- ScriptMode 属性：获取或设置要使用的客户端脚本文件的版本（发布版本或调试版本）。

用户还可以通过使用 ScriptReferenceCollection 类的 Add 方法以编程方式将 ScriptReference 对象添加到 Scripts 集合中。

Services 属性用于引用 Web 服务，与 Scripts 属性的使用方式类似，有关 Web 服务的设计将在第 14 章介绍。

为了支持部分页面呈现，ASP.NET 网页必须满足以下条件：
- ScriptManager 控件的 EnablePartialRendering 属性必须为 True（默认值）。
- 网页上必须至少有一个 UpdatePanel 控件。
- SupportsPartialRendering 属性必须为 True（默认值）。如果没有显式设置 SupportsPartialRendering 属性，则其值依浏览器功能而定。

当部分网页呈现受到支持时，ScriptManager 控件会呈现脚本以启用异步回发和部分网页更新，可使用 UpdatePanel 控件来指定要更新的网页区域。ScriptManager 控件会处理异步回送，并且只刷新必须要更新的网页区域。

11.2.3 UpdatePanel 控件

UpdatePanel 控件是一个容器控件，放置在其中的控件具有在没有回传时允许局部刷新的功能。也就是说，UpdatePanel 控件允许定义网页的某些区域支持使用 ScriptManager，之后这些区域就可以回送部分页面，在正常的 ASP.NET 页面回送过程之外更新它们自己。

1. ContentTemplate 属性

该属性是 UpdatePanel 控件最重要的属性，用于获取或设置定义 UpdatePanel 控件内容的模板。也就是说，UpdatePanel 控件作为容器包含的所有需要局部刷新的控件都包含在 ContentTemplate 属性中。

默认情况下，包含在 UpdatePanel 控件的 ContentTemplate 属性中的任何回送控件（例如命令按钮、单选按钮、列表框等）都将导致异步回送并刷新部分页面内容。

【例 11.2】 创建一个 AJAX 网页 WebForm2，其功能是说明 UpdatePanel 控件的应用。

解：其步骤如下。

① 打开 ch11 网站，添加一个代码隐藏页模型的网页 WebForm2.aspx。

② 其设计界面如图 11.7 所示，其中包含一个 ScriptManager1 控件和一个 UpdatePanel1 控件，UpdatePanel1 控件中包含一个 HTML 标签、一个只读文本框 TextBox1 和一个命令按钮 Button1。UpdatePanel1 控件的源视图代码如下：

```
<asp:UpdatePanel ID="UpdatePanel1" runat="server">
    <ContentTemplate>
        <span class="auto-style1">单击时刻：</span>
        <asp:TextBox ID="TextBox1" runat="server" ReadOnly="True"
            style="font-size: small; font-family: Arial" Width="122px"></asp:TextBox>
        <br /><br />
        <asp:Button ID="Button1" runat="server" OnClick="Button1_Click"
            style="color: #FF0000; font-size: medium; font-weight: 700;
            font-family: 黑体" Text="单击" />
    </ContentTemplate>
</asp:UpdatePanel>
```

从中看到 UpdatePanel1 控件的 ContentTemplate 属性是一个列表，包含了所放置的标准控件 TextBox1 和 Button1。

③ 在 Button1 上设计如下事件处理过程：

```
protected void Button1_Click(object sender, EventArgs e)
{
    TextBox1.Text = DateTime.Now.ToString();
}
```

④ 单击工具栏中的 ▶ Internet Explorer 按钮运行本网页，然后单击"单击"命令按钮，其结果如图 11.8 所示。这看起来与普通网页没有什么区别，但实际上每次单击时都会引发异步回送，改变显示的时间。

图 11.7　WebForm2 网页设计界面

图 11.8　WebForm2 网页运行界面

上述网页运行时客户端的部分源代码如下：

```
<div id="UpdatePanel1">
  <span class="auto-style1">单击时刻：</span>
  <input name="TextBox1" type="text" readonly="readonly" id="TextBox1"
      style="width:122px;font-size:small;font-family:Arial" />
  <br /><br />
  <input type="submit" name="Button1" value="单击" id="Button1"
      style="color:#FF0000;font-size:medium;font-weight:700;font-family:黑体" />
</span>
```

如果不使用 ScriptManager1 控件和 UpdatePanel1 控件，其他相同，对应的客户端的部分源代码如下：

```
<span class="auto-style1">单击时刻：</span>
<input name="TextBox1" type="text" value="2015/4/27 9:29:25" readonly="readonly"
    id="TextBox1" style="width:122px;font-size:small;font-family:Arial" />
<br /><br />
<input type="submit" name="Button1" value="单击" id="Button1"
    style="color:#FF0000;font-size:medium;font-weight:700;font-family:黑体" />
```

对比两者，可以看出 AJAX 网页与普通网页的不同。即用户单击时 AJAX 网页在客户端运行并提取客户机的时间，而非 AJAX 网页回传到服务器，提取服务器的时间并回发给客户端。

2. ChildrenAsTriggers 属性

该属性获取或设置一个值，该值指示来自 UpdatePanel 控件的直接子控件的回发是否更新该面板的内容。

如果希望来自 UpdatePanel 控件的直接子控件的回发更新面板内容，则将 ChildrenAsTriggers 属性设置为 True。嵌套的 UpdatePanel 控件的子控件不会更新父 UpdatePanel 控件的内容，除非显式调用 Update 方法或者将这些子控件定义为触发器。

3. UpdateMode 属性

该属性获取或设置一个值，该值指示何时更新 UpdatePanel 控件的内容，可以取值 Always(默认值)或 Conditional。

取值为 Always 表示源于页面的所有回发，UpdatePanel 控件的内容都会进行更新，其中也包括异步回发；取值为 Conditional 表示 UpdatePanel 控件的内容在有条件时进行更新，如显式调用 UpdatePanel 控件的 Update 方法等条件。

注意：不允许同时将 ChildrenAsTriggers 属性值设置为 False 和将 UpdateMode 属性值设置为 Always，否则会引发异常。

4. Triggers 属性

在例 11.2 中，由于 TextBox1 和 Button1 控件都包含在 UpdatePanel 控件中，当发生异步回送时不仅回送了 TextBox1 的内容，而且回送了 Button1 的所有代码，这增加了网络传输的异步请求和响应的数据量。理想的情况是应该在 UpdatePanel 控件中只包含 TextBox1 控件，但是如何将 UpdatePanel 控件外的 Button1 控件定义为引发异步回送的控件呢？解决的方法是使用 Triggers 属性来定义触发器。

Triggers 属性包含以声明方式为 UpdatePanel 控件定义的 AsyncPostBackTrigger 和 PostBackTrigger 对象。

AsyncPostBackTrigger 对象指定一个控件，并将该控件的可选事件定义为导致 UpdatePanel 控件刷新的异步回发控件触发器。也就是说，AsyncPostBackTrigger 对象用于使控件成为 UpdatePanel 控件的触发器，而作为更新面板触发器的控件在异步回发后导致面板内容刷新。

PostBackTrigger 对象将 UpdatePanel 控件内部的控件定义为回发控件。使用该对象可使 UpdatePanel 内部的控件导致回发，而不是执行异步回发。

UpdatePanel 控件的 Triggers 属性可以通过使用设计器中的"UpdatePanelTrigger 集合编辑器"对话框或者通过使用 UpdatePanel 控件的 <Triggers> 元素以声明方式定义触发器。例如，在网页设计中进入 UpdatePanel1 控件的属性窗口，单击 Triggers 属性右侧的 ... 按钮，出现"UpdatePanelTrigger 集合编辑器"对话框，单击"添加"按钮，设置 ControlID 为"Button1"、EventName 为"Click"(假设网页上有一个不包含在 UpdatePanel 控件中的 Button1 控件)，如图 11.9 所示，单击"确定"按钮，此时 UpdatePanel1 控件包含如下 HTML 标记：

```
<Triggers>
    <asp:AsyncPostBackTrigger ControlID="Button1" EventName="Click" />
</Triggers>
```

这样在网页运行时单击 Button1 和该控件包含在 UpdatePanel1 控件中的效果是一样的。ScriptManager 控件提供了 RegisterAsyncPostBackControl 方法用于将控件注册为异步回发的触发器。上述操作等价于如下语句：

```
ScriptManager1.RegisterAsyncPostBackControl(Button1);
```

5. Update 方法

该方法导致更新 UpdatePanel 控件的内容。如果网页允许部分页面呈现，则在调用 Update 方法时会在浏览器中更新 UpdatePanel 控件的内容。如果要使用 Update 方法，需要将 UpdateMode 属性设置为 Conditional；如果要决定更新用服务器逻辑中的面板，要确保 ChildrenAsTriggers 属性为 False，并且没有为该面板定义显式触发器。

在典型的网页设计中，如果为 UpdatePanel 控件定义了触发器，或者该控件的

图11.9 "UpdatePanelTrigger集合编辑器"对话框

ChildrenAsTriggers 属性为 True,则会在网页生命周期期间自动调用 Update 方法。

【例 11.3】 创建一个 AJAX 网页 WebForm3,其功能是在自上次更新以来至少经过 5 秒后使用 Update 方法更新 UpdatePanel 控件的内容。

解:其步骤如下。

① 打开 ch11 网站,添加一个代码隐藏页模型的网页 WebForm3.aspx。

② 其设计界面中包含一个 ScriptManager1 控件和一个 UpdatePanel1 控件。UpdatePanel1 控件中包含一个 HTML 标签和一个<%= LastUpdate.ToString() %>时间域。在 UpdatePanel1 控件外有一个 HTML 标签和一个<%= DateTime.Now.ToString() %>时间域,另外有一个命令按钮 Button1。该网页<body>部分的源视图代码如下:

```
<body>
  <form id = "form1" runat = "server">
    <div>
      <asp:ScriptManager ID = "ScriptManager1" runat = "server">
      </asp:ScriptManager>
    </div>
    <div>
      <asp:UpdatePanel ID = "UpdatePanel1" runat = "server">
        <ContentTemplate>
          <span class = "auto - style1">
            最近更新时刻:<% = LastUpdate.ToString() %></span>
        </ContentTemplate>
      </asp:UpdatePanel>
    </div>
    <div class = "auto - style1">
      <br />
      运行启动时刻:<% = DateTime.Now.ToString() %>
      <br /><br />
      <asp:Button ID = "Button1" runat = "server" OnClick = "Button1_Click"
        style = "color:#FF0000;font - size:medium;font - weight:700;font - family:黑体"
        Text = "单击" />
    </div>
```

```
</form>
</body>
```

说明：<%=…%>其实是 ASP 时代就支持的绑定方式，在 ASP.NET 中这个表达式依然可以使用。通过包含在<%和%>中的表达式将执行结果输出到客户浏览器，如<%=test%>就是将变量 test 的值发送到客户浏览器中。

③ 在网页上设计如下事件处理过程和一个 LastUpdate 属性：

```
protected void Page_Load(object sender, EventArgs e)
{
    ScriptManager1.RegisterAsyncPostBackControl(Button1);
    UpdatePanel1.UpdateMode = UpdatePanelUpdateMode.Conditional;
    if (!IsPostBack)
        LastUpdate = DateTime.Now;
}
protected void Button1_Click(object sender, EventArgs e)
{
    if (LastUpdate.AddSeconds(5.0) < DateTime.Now)
    {
        UpdatePanel1.Update();
        LastUpdate = DateTime.Now;
    }
}
protected DateTime LastUpdate                      //设置一个属性
{
    get
    {
        if (ViewState["LastUpdate"] == null)
            return DateTime.Now;
        else
            return (DateTime)(ViewState["LastUpdate"]);
    }
    set
    {
        ViewState["LastUpdate"] = value; }
}
```

④ 单击工具栏中的  按钮运行本网页，初始界面如图 11.10 所示，立即单击"单击"命令按钮时界面没有任何变化，只有在间隔 5 秒后再单击才会刷新页面，如图 11.11 所示是经过若干时间后单击"单击"命令按钮后的结果，这是通过调用 UpdatePanel1.Update() 方法实现的，而下方的时间域总是保持不变，因为该时间域不包含在 UpdatePanel1 控件中，从而得不到刷新。

图 11.10　WebForm3 网页运行界面一　　图 11.11　WebForm3 网页运行界面二

在一个网页中还可以放置多个 UpdatePanel 控件，每个 UpdatePanel 控件可以实现独立的局部刷新功能，其用法与单个 UpdatePanel 控件类似。

11.2.4　UpdateProgress 控件

通常使用 UpdateProgress 控件来显示部分页面更新的进度。如果网页包含 UpdatePanel

控件,则可以包含 UpdateProgress 控件来通知用户部分页面更新的状态。用户可以使用一个 UpdateProgress 控件来表示整个网页的部分页面更新的进度,也可以为每个 UpdatePanel 控件包含一个 UpdateProgress 控件。

1. ProgressTemplate 属性

该属性获取或设置用于定义 UpdateProgress 控件内容的模板。也就是说,使用 ProgressTemplate 属性可以指定由 UpdateProgress 控件显示的消息。

如果 ProgressTemplate 属性为空,则在显示 UpdateProgress 控件时不会显示任何内容。UpdateProgress 控件模板的显示与 UpdateProgress 控件所在的位置无关。

2. DisplayAfter 属性

该属性获取或设置显示 UpdateProgress 控件之前所经过的时间值(以毫秒为单位)。

默认情况下,UpdateProgress 控件会在显示其内容之前等待 0.5 秒(500 毫秒)。在异步回发的速度很快时,通过设置 DisplayAfter 属性可指定延迟,这有助于防止控件闪烁。

【例 11.4】 创建一个 AJAX 网页 WebForm4,其功能是说明 UpdateProgress 控件的 ProgressTemplate 和 DisplayAfter 属性的使用方法。

解:其步骤如下。

① 打开 ch11 网站,添加一个代码隐藏页模型的网页 WebForm4.aspx。

② 其设计界面如图 11.12 所示,其中包含一个 ScriptManager1 控件,一个 UpdatePanel1 控件和一个 UpdateProgress1 控件,UpdatePanel1 控件中包含一个标签 Label1,UpdateProgress1 控件中包含一个 Image1 图像控件和一个 HTML 文本标记,最下方有一个命令按钮 Button1。该网页<body>部分的源视图代码如下(粗体部分包含 UpdateProgress1 控件的 ProgressTemplate 属性):

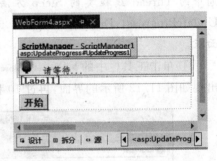

图 11.12 WebForm4 网页设计界面

```
<body>
  <form id="form1" runat="server">
    <div>
      <asp:ScriptManager ID="ScriptManager1" runat="server"></asp:ScriptManager>
      <asp:UpdateProgress ID="UpdateProgress1" runat="server">
        <ProgressTemplate>
          <asp:Image ID="Image1" runat="server" Height="25px"
              ImageUrl="~/Images/img1.jpg" Width="25px" />
           <span class="auto-style1">请等待…</span>
        </ProgressTemplate>
      </asp:UpdateProgress>
    </div>
    <div>
      <asp:UpdatePanel ID="UpdatePanel1" runat="server">
        <ContentTemplate>
          <asp:Label ID="Label1" runat="server" style="color: #FF00FF;
              font-size: medium; font-weight: 700; font-family: 仿宋"></asp:Label>
        </ContentTemplate>
        <Triggers>
          <asp:AsyncPostBackTrigger ControlID="Button1" EventName="Click" />
        </Triggers>
      </asp:UpdatePanel>
```

```
        </div>
        <div>
            <br />
            <asp:Button ID="Button1" runat="server" OnClick="Button1_Click"
                style="color: #FF0000; font-size: medium; font-weight: 700;
                    font-family: 黑体" Text="开始" />
        </div>
    </form>
</body>
```

③ 在网页上设计如下事件处理过程：

```
protected void Page_Load(object sender, EventArgs e)
{
    UpdateProgress1.DisplayAfter = 2000;
}
protected void Button1_Click(object sender, EventArgs e)
{   System.Threading.Thread.Sleep(10000);           //休眠 10 秒钟
    Label1.Text = "完成时刻：" + DateTime.Now.ToString();
}
```

说明：System.Threading.Thread.Sleep(10000)语句是调用 System.Threading 命名空间中的 Thread 线程类的 Sleep 方法,其作用是等待 10 秒,用来模拟长时间运行过程。UpdateProgress1.DisplayAfter = 2000 语句在网页启动后过两秒显示 UpdateProgress1 控件面板。

④ 单击工具栏中的 ▶ Internet Explorer 按钮运行本网页,然后单击"开始"命令按钮,过两秒后出现如图 11.13 所示的界面,再过 10 秒出现如图 11.14 所示的界面。

图 11.13　WebForm4 网页运行界面一

图 11.14　WebForm4 网页运行界面二

3. AssociatedUpdatePanelID 属性

该属性获取或设置 UpdateProgress 控件显示其状态的 UpdatePanel 控件的 ID。在一个网页中可以放置多个 UpdateProgress 控件,通过设置 AssociatedUpdatePanelID 属性可以使每个 UpdateProgress 控件与单个 UpdatePanel 控件关联。

当回发事件源于 UpdatePanel 控件内部时会显示所有关联的 UpdateProgress 控件。如果没有设置 AssociatedUpdatePanelID 属性,则 UpdateProgress 控件会为源于任何 UpdatePanel 控件内部的任何异步回发显示进度,还会为充当面板触发器的任何控件显示进度。

AssociatedUpdatePanelID 属性对 UpdateProgress 控件行为具有以下影响：

- 如果没有设置 AssociatedUpdatePanelID 属性,则为以下回发显示 UpdateProgress 控件：源于任何 UpdatePanel 控件内部的回发和源于充当任何 UpdatePanel 控件的异步

第 11 章 ASP.NET AJAX 控件

触发器的控件的回发。

- 如果将 AssociatedUpdatePanelID 属性设置为 UpdatePanel 控件 ID,则会为源于关联 UpdatePanel 控件内部的回发显示 UpdateProgress 控件。

如果将 AssociatedUpdatePanelID 属性设置为不存在的控件,则永远不会显示 UpdateProgress 控件。如果将 UpdatePanel 控件的 ChildrenAsTriggers 属性设置为 False,而回发源于 UpdatePanel 控件内部,则仍会显示任何关联的 UpdateProgress 控件。

【例 11.5】 创建一个 AJAX 网页 WebForm5,其功能是说明 UpdateProgress 控件的 AssociatedUpdatePanelID 属性的使用方法。

解:其步骤如下。

① 打开 ch11 网站,添加一个代码隐藏页模型的网页 WebForm5.aspx。

② 其设计界面如图 11.15 所示,其中包含一个 ScriptManager1 控件和两组 UpdatePanel 控件。

第 1 组 UpdatePanel1 控件中包含一个 UpdateProgress1 控件(其中有一个 HTML 文本标记)、一个标签 Label1 和一个命令按钮 Button1(Text 为"任务 1"),并设置 UpdateProgress1 的 AssociatedUpdatePanelID 属性为 UpdatePanel1。

第 2 组 UpdatePanel2 控件中包含一个 UpdateProgress2 控件(其中有一个 HTML 文本标记)、一个标签 Label2 和一个命令按钮 Button2(Text 为"任务 2"),并设置 UpdateProgress2 的 AssociatedUpdatePanelID 属性为 UpdatePanel2。

该网页<body>部分的源视图代码如下:

```
<body>
  <form id = "form1" runat = "server">
  <div>
    <asp:ScriptManager ID = "ScriptManager1" runat = "server">
    </asp:ScriptManager>
  </div>
  <div style = "color: #800080; font-size: medium; font-family: 仿宋">
      <asp:UpdatePanel ID = "UpdatePanel1" runat = "server">
        <ContentTemplate>
          <asp:UpdateProgress ID = "UpdateProgress1" runat = "server"
              AssociatedUpdatePanelID = "UpdatePanel1">
            <ProgressTemplate>任务 1: 请等待…</ProgressTemplate>
          </asp:UpdateProgress>
          <asp:Label ID = "Label1" runat = "server" CssClass = "auto-style1" />
          <br /><br />
          <asp:Button ID = "Button1" runat = "server" CssClass = "auto-style2"
              Text = "任务 1" OnClick = "Button1_Click" />
        </ContentTemplate>
      </asp:UpdatePanel>
  </div>
  <div style = "color: #800080; font-size: medium; font-family: 仿宋">
      <asp:UpdatePanel ID = "UpdatePanel2" runat = "server">
        <ContentTemplate>
          <asp:UpdateProgress ID = "UpdateProgress2" runat = "server"
              AssociatedUpdatePanelID = "UpdatePanel2">
            <ProgressTemplate>任务 2: 请等待…</ProgressTemplate>
          </asp:UpdateProgress>
          <asp:Label ID = "Label2" runat = "server" CssClass = "auto-style1" />
          <br /><br />
```

```
              <asp:Button ID = "Button2" runat = "server" CssClass = "auto-style2"
                Text = "任务 2" OnClick = "Button2_Click" />
        </ContentTemplate>
      </asp:UpdatePanel>
    </div>
  </form>
</body>
```

③ 在网页上设计如下事件处理过程：

```
protected void Button1_Click(object sender, EventArgs e)
{   System.Threading.Thread.Sleep(5000);
    Label1.Text = "任务 1 完成时间： " + DateTime.Now.ToString();
}
protected void Button2_Click(object sender, EventArgs e)
{   System.Threading.Thread.Sleep(5000);
    Label2.Text = "任务 2 完成时间： " + DateTime.Now.ToString();
}
```

④ 单击工具栏中的 ▶ Internet Explorer 按钮运行本网页,然后单击"任务 1"命令按钮,出现如图 11.16 所示的界面,过 5 秒后出现如图 11.17 所示的界面,过一会再单击"任务 2"命令按钮,最后的结果如图 11.18 所示。

从中可以看到,两个 UpdateProgress 控件分别显示两个 UpdatePanel 控件的进度,它们相互之间没有影响,都是单独执行异步回送。

图 11.15　WebForm5 网页设计界面

图 11.16　WebForm5 网页运行界面一

图 11.17　WebForm5 网页运行界面二

图 11.18　WebForm5 网页运行界面三

11.2.5 Timer 控件

Timer 控件按照定义的时间间隔执行异步网页回发或同步网页回发,其主要的属性和事件如下。
- Interval 属性:用于指定回发发生的频率,以毫秒(ms)为单位,其默认值为 60 000ms (即 60s)。
- Enabled 属性:用于打开或关闭 Timer,默认为 True。
- Tick 事件:在经过 Interval 属性中指定的毫秒数并向服务器发送网页时引发。

【例 11.6】 创建一个 AJAX 网页 WebForm6,其功能是说明 Timer 控件的使用方法。

解:其步骤如下。

① 打开 ch11 网站,添加一个代码隐藏页模型的网页 WebForm6.aspx。

② 其设计界面如图 11.19 所示,其中包含一个 ScriptManager1 控件、一个 UpdatePanel1 控件和一个 Timer1 控件,UpdatePanel1 控件中包含一个 HTML 文本标记和一个标签 Label1,设置 Timer1 控件的 Interval 属性为 5000。该网页<body>部分的源视图代码如下:

```
<body>
    <form id="form1" runat="server">
        <div>
            <asp:ScriptManager ID="ScriptManager1" runat="server">
            </asp:ScriptManager>
            <asp:Timer ID="Timer1" runat="server"
                OnTick="Timer1_Tick" Interval="5000"></asp:Timer>
        </div>
        <div style="color:#FF00FF;font-size:medium;font-weight:700;font-family:仿宋">
            <asp:UpdatePanel ID="UpdatePanel1" runat="server">
                <ContentTemplate>
                    当前时间:<asp:Label ID="Label1" runat="server"></asp:Label>
                </ContentTemplate>
            </asp:UpdatePanel>
        </div>
    </form>
</body>
```

③ 在网页上设计如下事件处理过程:

```
protected void Page_Load(object sender, EventArgs e)
{
    if (!Page.IsPostBack)
        Label1.Text = DateTime.Now.ToString();
}
protected void Timer1_Tick(object sender, EventArgs e)
{
    Label1.Text = DateTime.Now.ToString();
}
```

④ 单击工具栏中的 ▶ Internet Explorer 按钮运行本网页,出现如图 11.20 所示的界面。每间隔 5 秒刷新一次显示时间。

有关网页刷新的问题,如果本例不用 AJAX 控件而是采用<meta http-equiv="Refresh" content="5" … />的页面指令,尽管可以每 5 秒刷新一次网页来更新显示时间,但刷新的是整个网页,而不仅仅是 Label1 控件,这样会导致页面闪烁。

 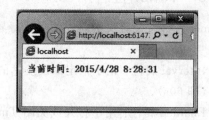

图 11.19　WebForm6 网页设计界面一　　　　图 11.20　WebForm6 网页运行界面

11.2.6　ScriptManagerProxy 控件

在网页设计中可以使用嵌套网页,如基于母版页的网页使用的就是这种设计方法。当在母版页中添加了 ScriptManager 控件时,所有使用该母版页的内容页都支持 AJAX 功能。因为一个网页只能有一个 ScriptManager 控件,不能在内容页中同时使用 ScriptManager 控件,而且只有母版页才能有<head>元素,使得在很多情况下内容页引用.js 等不那么方便,为此 ASP.NET 提供了 ScriptManagerProxy 控件。

如果要在某个内容页中将额外的脚本或服务添加到 ScriptManager 控件所定义的脚本或服务集合中,就可以使用 ScriptManagerProxy 控件。也就是说,ScriptManagerProxy 控件可以在母版页或父元素中已定义 ScriptManager 控件时将新增的脚本或服务添加到内容页或用户控件中。

ScriptManagerProxy 控件的主要属性如下。

- Scripts 属性:获取一个 ScriptReferenceCollection 对象(ScriptReference 对象的集合),该对象包含显式注册到 ScriptManagerProxy 控件的每个脚本文件的 ScriptReference 对象。
- Services 属性:获取一个 ScriptReferenceCollection 对象,该对象包含显式注册到 ScriptManagerProxy 控件的每个 Web 服务的 ServiceReference 对象。

例如,要在内容页中将脚本程序 myscript.js 添加到 ScriptManager 控件(来自母版页)所定义的脚本和服务集合中,可以使用 ScriptManagerProxy 控件来实现。对应的代码如下:

```
<asp:ScriptManagerProxy ID="ScriptManagerProxy1" runat="server">
    <Scripts>
        <asp:ScriptReference Path="myscript.js" />
    </Scripts>
</asp:ScriptManagerProxy>
```

从上看到,ScriptManager 和 ScriptManagerProxy 是两个非常相似的控件,只是后者用于内容页或子网页中。需要注意的是,如果在内容页上使用 ScriptManagerProxy 控件,但母版页上没有 ScriptManager 控件,那么就会出错。

11.2.7　AJAX 控件应用示例

【例 11.7】　创建一个 AJAX 网页 WebForm7,其功能是使用 AJAX 控件改进例 5.7 的简单的聊天室设计。

解:其步骤如下。

① 打开 ch11 网站,添加一个代码隐藏页模型的网页 WebForm6.aspx。

② 其设计界面如图 11.21 所示，其中包含一个 ScriptManager1 控件、一个 UpdatePanel1 控件和一个 Timer1 控件，UpdatePanel1 控件中包含一个文本框 chatBox（大小为 200px×500px，TextMode 属性置为 MultiLine，ReadOnly 属性置为 True），设置 Timer1 控件的 Interval 属性为 10000。网页下方有两个文本框 TextBox1 和 TextBox2，用于输入姓名和聊天内容。该网页的源视图代码如下：

```
<%@ Page Language="C#" AutoEventWireup="true" CodeFile="WebForm7.aspx.cs"
    Inherits="WebForm7" %>
<!DOCTYPE html>
<html xmlns="http://www.w3.org/1999/xhtml">
<head runat="server">
    <meta http-equiv="Content-Type" content="text/html; charset=utf-8"/>
    <title></title>
    <script>
        function setPosition(obj)
        {   var rng = obj.createTextRange();         //为 object 建立 TextRange 对象
            rng.moveStart("character", obj.value.length); //设置更改范围的开始位置
            rng.collapse(true);                      //将插入点移动到当前范围的末尾
            rng.select();                            //将当前选择区置为当前对象
        }
    </script>
</head>
<body>
    <form id="form1" runat="server">
        <asp:ScriptManager ID="ScriptManager1" runat="server">
        </asp:ScriptManager>
        <asp:Timer ID="Timer1" runat="server"
            Interval="10000" OnTick="Timer1_Tick">
        </asp:Timer>
        <div style="color:#e30af3; font-size: x-large; font-weight: 700;
            font-family: 隶书">
            可自动刷新的简单聊天室
```

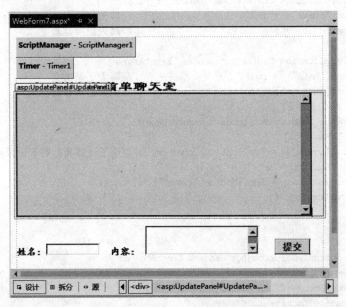

图 11.21　WebForm7 网页设计界面

```
        </div>
        <div>
          <asp:UpdatePanel ID = "UpdatePanel1" runat = "server">
            <ContentTemplate>
              <asp:TextBox ID = "chatBox" runat = "server" BorderStyle = "Inset"
                  Height = "200px" ReadOnly = "True"
                  style = "color: #800080; font-size: medium; font-weight: 400;
                  font-family: 仿宋" TextMode = "MultiLine" Width = "500px"
                      onfocus = "setPosition(this)" />
            </ContentTemplate>
          </asp:UpdatePanel>
        </div>
        <div style = "color: #0000FF; font-size: medium; font-weight: 700;
            font-family: 楷体">
          <br />
          姓名:<asp:TextBox ID = "TextBox1" runat = "server" Width = "83px" />
           内容:
          <asp:TextBox ID = "TextBox2" runat = "server" Height = "42px"
              TextMode = "MultiLine" Width = "189px" onfocus = "setPosition(this)" />
            
          <asp:Button ID = "Button1" runat = "server" OnClick = "Button1_Click"
              style = "color: #FF0000;font-size: medium; font-weight: 700;
              font-family: 黑体; height: 26px;" Text = "提交" Width = "61px" />
        </div>
      </form>
  </body>
</html>
```

其中,客户端 JavaScript 脚本 setPosition(obj)函数作用于 chatBox 和 TextBox2 控件,当多行文本框获得焦点时自动将插入点移动到文本末尾。

③ 在网页上设计如下事件处理过程:

```
protected void Application_Start(object sender, EventArgs e)
{   Application["chats"] = null;           //聊天记录置空
    Application["chatnum"] = null;         //聊天记录数置空
}
protected void Application_End(object sender, EventArgs e)
{   Application["chats"] = null;           //聊天记录清空
    Application["chatnum"] = null;         //聊天记录数清空
}
protected void Page_Load(object sender, EventArgs e)
{   if (!Page.IsPostBack)
    {   Session["mynum"] = Application["chatnum"]; //用于计算我的聊天记录数
        if (Application["chats"] != null)
        {   chatBox.Text = Application["chats"].ToString();
            chatBox.Focus();
        }
    }
}
protected void Button1_Click(object sender, EventArgs e)
{   int chatnum,mynum;
    if (TextBox1.Text != "" && TextBox2.Text != "")
    {   Application.Lock();
        if (Application["chatnum"] == null)
        {   chatnum = 0;
```

```
            mynum = 0;
        }
        else
        {   chatnum = int.Parse(Application["chatnum"].ToString());
            mynum = int.Parse(Session["mynum"].ToString());
        }
        if (chatnum % 5 == 0)                    //每5条聊天记录添加时间
        {   if (chatnum == 0)
                Application["chats"] = TextBox1.Text + "说:" + TextBox2.Text +
                    "[" + DateTime.Now.ToString() + "].";
            else
                Application["chats"] = Application["chats"] + "\n" + TextBox1.Text +
                    "说:" + TextBox2.Text + "[" + DateTime.Now.ToString() + "].";
        }
        else
            Application["chats"] = Application["chats"] + "\n" + TextBox1.Text +
                "说:" + TextBox2.Text + "." ;
        chatnum++;
        object obj = chatnum;
        Application["chatnum"] = obj;
        mynum++;
        obj = mynum;
        Session["mynum"] = obj;
        Application.UnLock();
        chatBox.Text = Application["chats"].ToString();
        chatBox.Focus();
    }
    else
        Response.Write("<script>alert('必须输入姓名和聊天内容')</script>");
}
protected void Timer1_Tick(object sender, EventArgs e)
{   if (TextBox1.Text != "" && Application["chatnum"] != null)
    {   int chatnum = int.Parse(Application["chatnum"].ToString());
        int mynum = int.Parse(Session["mynum"].ToString());
        if (mynum < chatnum)                    //有其他人的聊天记录时刷新 chatBox
        {   chatBox.Text = (string)Application["chats"];
            chatBox.Focus();
        }
        else TextBox2.Focus();
    }
    else TextBox2.Focus();
}
```

当一个客户运行本网页时开始一个会话,置 Session["mynum"]为 Application["chatnum"](即该客户会话前的聊天记录数),每次该客户提交一条聊天记录,Session["mynum"]和 Application["chatnum"]均增加1,当其他客户聊天时 Application["chatnum"]会增加,而该客户的 Session["mynum"]不会增加。所以,在 Timer1_Tick 事件处理过程中,只有当 Session["mynum"]小于 Application["chatnum"],说明有其他客户在聊天,此时才刷新 chatBox 的内容,从而最大限度地减少刷新次数。

④ 单击工具栏中的 ▶ Internet Explorer 按钮运行本网页,其聊天界面如图11.22所示。

和例5.7相比,该例主要有3点改进:

① 由于采用客户端脚本定位多行文本框的插入点,聊天记录按聊天顺序显示,用户每次

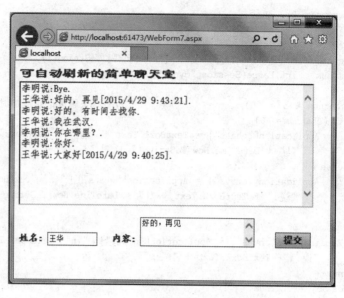

图 11.22　WebForm7 网页运行界面

都能看到最新的聊天记录。

② 采用 AJAX 控件实现屏幕部分自动刷新，消除闪烁现象。

③ 智能化检测是否有其他客户的聊天记录，只有在检测到其他客户聊天记录时才实施刷新。

11.3　AJAX 控件工具集

ASP.NET AJAX 控件不像 Web 标准服务器控件那么多，原因是 Microsoft 把它们当作开放源代码的项目，而不是把它们融合到 Visual Studio 2012 中。Microsoft 及其社区中的开发人员开放了一系列支持 AJAX 的可以在 ASP.NET 应用程序中使用的服务器控件，称之为 AJAX 控件工具集。它们位于 CodePlex 中，网址是"http://ajaxcontroltoolkit.codeplex.com"。用户可以从该网址下载并安装，这样从 Visual Studiio 2012 的工具箱中就可以看到这些控件。

AJAX 控件工具集中常用的 AJAX 控件如下。

- Accordion：可折叠面板。
- AjaxFileUpload：文件上传，支持上传进度的显示、大文件上传、文件拖放上传等。
- AlwaysVisibleControlExtender：将指定的控件悬浮在固定位置。
- AnimationExtender：产生与 Flash 媲美的 JavaScript 动画。
- AreaChart：产生一个或多个系列的面积图。
- AsyncFileUpload：异步文件上传。
- AutoCompleteExtender：扩展 TextBox 控件，通过 Web 服务显示包含文本框输入值的数据。
- BalloonPopupExtender：扩展 TextBox 控件，在文本框获得焦点时弹出提示信息。
- BarChart：产生一个或多个系列的条形图。
- BubbleChart：产生一个或多个系列的气泡图。

第 11 章 ASP.NET AJAX 控件

- CalendarExtender：扩展 TextBox 控件，在文本框获得焦点时弹出输入日历的界面。
- CascadingDropDown：扩展 DropDownList 控件，实现级联式自动填充数据。
- CollapsiblePanelExtender：提供可折叠面板的效果。
- ColorPickerExtender：扩展 TextBox 控件，在文本框获得焦点时弹出选择颜色的界面。
- ComboBox：实现组合框功能。
- ConfirmButtonExtender：扩展 Button 控件，单击 Button 控件时弹出确认提示框。
- DragPanelExtender：自由拖动面板。
- DropDownExtender：提供 SharePoint 样式下拉菜单。
- DropShadowExtender：提供投影效果的面板。
- DynamicPopulateExtender：将 Web 服务返回的数据动态地呈现在控件上。
- FilteredTextBoxExtender：扩展 TextBox 控件，可以防止用户输入无效字符。
- Gravatar：显示 gravatar 类型图片。
- HoverMenuExtender：显示包含可执行操作的弹出面板。
- HTMLEditorExtender：扩展 TextBox 控件，提供 HTML5 编辑功能。
- LineChart：产生一个或多个系列的线形图。
- ListSearchExtender：扩展 List 类控件，提供输入值后自动搜索的功能。
- MaskedEditExtender：扩展 TextBox 控件，提供指定格式的输入功能。
- ModalPopupExtender：改变部分页面的样式，弹出提示信息。
- MutuallyExclusiveCheckBoxExtender：扩展 CheckBox 控件，提供选择多个排他性选项的功能。
- NoBot：拒绝机器人程序。
- NumericUpDownExtender：扩展 TextBox 控件，提供通过上下箭头输入数值的功能。
- PagingBulletedListExtender：扩展 BulletedList 控件，提供客户端排序的分页功能。
- PasswordStrength：扩展 TextBox 控件，显示输入密码的强度。
- PieChart：产生一个或多个系列的饼图。
- PopupControlExtender：弹出帮助用户输入的面板。
- Rating：以星号显示直观的评级信息。
- ReorderList：可以通过鼠标拖动改变条目顺序。
- ResizableControlExtender：可以拖放边框改变大小的面板。
- RoundedCornersExtender：提供圆角效果。
- Seadragon：提供放大或缩小图片的效果。
- SliderExtender：扩展 TextBox 控件，提供通过滑块输入数值的功能。
- SlideShowExtender：提供幻灯片放映的效果。
- TabContainer：提供选项卡的效果。
- TextBoxWatermarkExtender：扩展 TextBox 控件，提供水印的效果。
- ToggleButtonExtender：扩展 CheckBox 控件，通过图片表示不同的选择。
- ToolkitScriptManager：在使用 Ajax Control Toolkit 中的控件时必须首先添加的管理控件。
- Twitter：显示 Twitter 状态信息。

- UpdatePanelAnimationExtender：具有动画效果的局部刷新面板。
- ValidatorCalloutExtender：增强验证控件功能。

上述 AJAX 控件的使用方法与前面介绍的 ASP.NET AJAX 控件基本相同。

练习题 11

1. 简述 AJAX 的作用。在什么情况下采用 AJAX 技术？
2. 简述 AJAX 的工作原理。
3. 简述什么是 ASP.NET AJAX。
4. 简述 ScriptManager 控件的作用。
5. 简述 UpdatePanel 控件的作用。
6. 简述 UpdateProgress 控件的作用。
7. 简述 ScriptManagerProxy 控件的作用。
8. 简述 Timer 控件的作用。
9. 简述例 11.7 和例 5.7 设计的聊天室在运行中有什么不同？
10. 简述 Microsoft 为什么提供 AJAX 控件工具集。

上机实验题 11

在 ch11 网站中添加一个名称为 Experment11 的网页，其功能是用户输入倒计时秒数，单击"开始"命令按钮便开始倒计时，每过 1 秒显示一次剩余秒数，当剩余秒数为 0 时显示"时间到"。图 11.23 所示的是用户输入 10 秒的运行过程，要求在显示剩余秒数时不刷新网页。

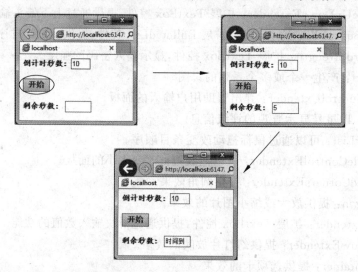

图 11.23 上机实验题 11 网页的运行过程

CHAPTER 12

ADO.NET 数据库访问技术   第 12 章

ADO.NET 是一组向 .NET Framework 程序员公开数据访问服务的类。ADO.NET 为创建分布式数据共享应用程序提供了一组丰富的组件。它提供了对关系数据、XML 和应用程序数据的访问,因此是 .NET Framework 中不可缺少的一部分。ADO.NET 支持多种开发需求,包括创建由应用程序、工具、语言或 Internet 浏览器使用的前端数据库客户端和中间层业务对象。本章先介绍数据库的基本概念,然后讨论通过 ADO.NET 访问 SQL Server 2012 数据库的网页设计技术。

本章学习要点:
- ☑ 掌握数据库的基本概念,并使用 SQL Server 2012 数据库管理系统创建数据库。
- ☑ 掌握基本 SQL 语句实现数据库的操作。
- ☑ 掌握 ADO.NET 的体系结构和访问数据库的方式。
- ☑ 掌握 ADO.NET 的数据访问对象,如 SqlConnection、SqlCommand、SqlDataReader 和 SqlDataAdapter 等对象的使用方法。
- ☑ 掌握 DataSet 数据库访问组件的使用方法。
- ☑ 掌握各种数据源控件的使用方法。
- ☑ 掌握各种数据绑定控件的使用方法。
- ☑ 灵活使用 ADO.NET 设计较复杂的 SQL Server 数据库访问网页。

12.1 数据库概述

数据库用于存储结构化数据。数据组织有多种数据模型,目前主要的数据模型是关系数据模型,以关系模型为基础的数据库就是关系数据库。

12.1.1 关系数据库的基本结构

关系数据库以表的形式(即关系)组织数据,关系数据库以关系的数学理论为基础。在关系数据库中,用户可以不必关心数据的存储结构,同时,关系数据库的查询可用高级语言来描述,这大大提高了查询效率。

下面讨论关系数据库的基本术语。

1. 表

表用于存储数据,它以行列方式组织,可以使用 SQL 从中获取、修改和删除数据。表是关系数据库的基本元素。表在现实生活中随处可见,如职工表、学生表和统计表等。表具有直观、方便和简单的特点。表 12.1 是一个学生情况表 student,其中"学号"为主键。表 12.2 是一个学生成绩表 score,其中"学号+课程名"为主键。从中可以看到,表是一个二维结构,行和列的顺序并不影响表的内容。

表 12.1 学生情况表 student

学号	姓名	性别	民族	班号
1	王华	女	汉族	09001
2	孙丽	女	满族	09002
3	李兵	男	汉族	09001
6	张军	男	汉族	09001
8	马棋	男	回族	09002

表 12.2 学生成绩表 score

学号	课程名	分数	学号	课程名	分数
1	C语言	80	1	数据结构	87
2	C语言	70	2	数据结构	52
3	C语言	89	3	数据结构	84
6	C语言	90	6	数据结构	95
8	C语言	88	8	数据结构	86

2. 记录

记录是指表中的一行,在一般情况下,记录和行的意思是相同的。在表 12.1 中,每个学生所占据的一行是一个记录,描述了一个学生的情况。

3. 字段

字段是表中的一列,在一般情况下,字段和列所指的内容是相同的。在表 12.1 中,"学号"列就是一个字段。

4. 关系

关系是一个从数学中而来的概念,在关系代数中,关系是指二维表,表既可以用来表示数据,也可以用来表示数据之间的联系。

在数据库中,关系是建立在两个表之间的链接,以表的形式表示其间的链接,使数据的处理和表达有更大的灵活性。关系有 3 种,即一对一关系、一对多关系和多对多关系。

5. 索引

索引是建立在表上的单独的物理数据库结构,基于索引的查询使数据获取更为快捷。索引是表中的一个或多个字段,索引可以是唯一的,也可以是不唯一的,主要看这些字段是否允许重复。主索引是表中的一列和多列的组合,作为表中记录的唯一标识。外部索引是相关联的表的一列或多列的组合,通过这种方式来建立多个表之间的联系。

6. 视图

视图是一个与真实表相同的虚拟表,用于限制用户可以看到和修改的数据量,从而简化数据的表达。

7. 存储过程

存储过程是一个编译过的 SQL 程序。在该过程中可以嵌入条件逻辑、传递参数、定义变量和执行其他编程任务。

12.1.2 SQL Server 2012 数据库管理系统

SQL Server 2012 是 Microsoft 公司在 SQL Server 2008 基础上推出的关系数据库管理系统,是目前主流的数据库管理系统之一。SQL Server 2012 Express 是一个轻量级的免费版本。

1. 建立数据库 Stud

在安装 SQL Server 2012 Express 并进入 SQL Server 系统后(这里的登录名为 sa,密码为 12345),通过右击"数据库"结点,在出现的快捷菜单中选择"新建数据库"命令,建立一个名称为 Stud 的数据库,将其路径改为"D:\ASP.NET\ch12"网站的 App_Data 目录,这样会自动建立 Stud.mdf 和 Stud_log.ldf 两个文件,前者为数据库主文件,后者是日志文件。

重要操作:使用 Visual Studio 2012 创建一个对应"D:\ASP.NET\ch12"目录的 ch12 空网站,在解决方案资源管理器中右击项目名 ch12,在出现的快捷菜单中选择"添加|添加 ASP.NET 文件夹|App_Data"命令,创建一个 App_Data 目录,将 Stud 数据库的文件存放在其中。另外,将第 9 章创建的主题目录 App_Themes 复制到 ch12 网站中,以便于本章的网页布局,在复制后右击项目名 ch12,在出现的快捷菜单中选择"刷新目录"命令即可看到 App_Themes 目录。

2. 建立数据表 student 和 score

再展开 Stud 数据库,右击下方的"表"项,在出现的快捷菜单中选择"新建表"命令,可以通过交互建立表结构。这里新建 student 和 score 两个表,前者的关键字为"学号",后者的关键字为"学号+课程名",它们的表结构分别如图 12.1 和图 12.2 所示。

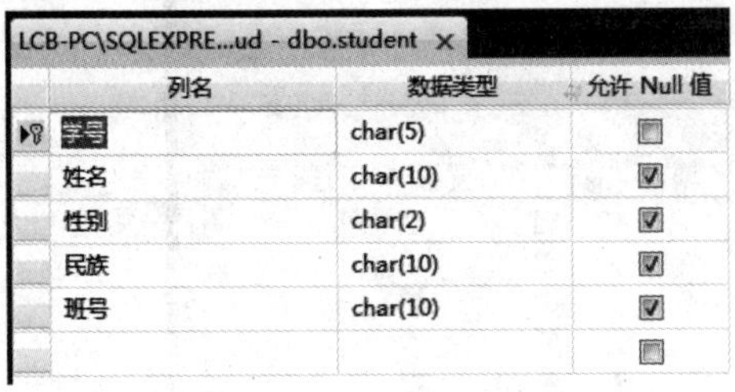
LCB-PC\SQLEXPRE...ud - dbo.student

列名	数据类型	允许 Null 值
学号	char(5)	☐
姓名	char(10)	☑
性别	char(2)	☑
民族	char(10)	☑
班号	char(10)	☑
		☐

图 12.1　student 表结构

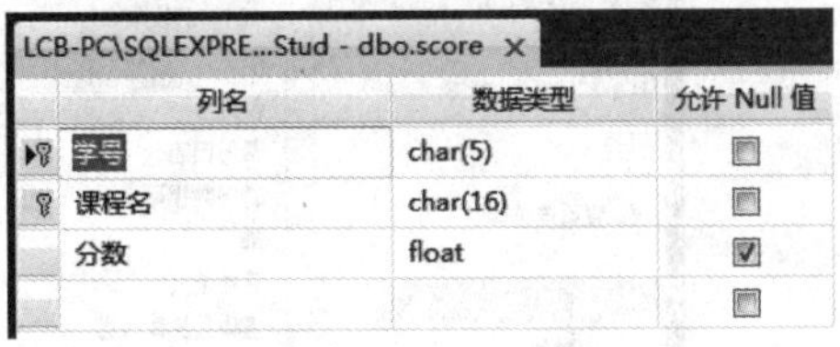
LCB-PC\SQLEXPRE...Stud - dbo.score

列名	数据类型	允许 Null 值
学号	char(5)	☐
课程名	char(16)	☐
分数	float	☑
		☐

图 12.2　score 表结构

在 Stud 数据库的表项下方出现 db.student 和 dbo.score 两个表项,选中 student 表,右击鼠标,在出现的快捷菜单中选择"编辑前 200 行"命令,可以输入表记录。在 student 和 score 表中输入的记录分别如图 12.3 和图 12.4 所示(分别对应表 12.1 和表 12.2 中的记录)。本章后面的例子使用这些样本数据介绍数据库编程方法。

3. 权限设置

为了在网页中访问 Stud 数据库,必须给 Stud 数据库设置一些访问权限,否则在网页运行时会出现无法打开 Stud 数据库的登录失败错误。

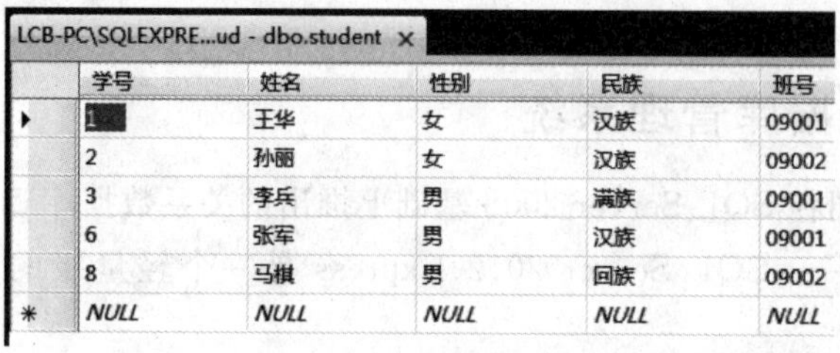

图12.3 student表记录　　　　图12.4 score表记录

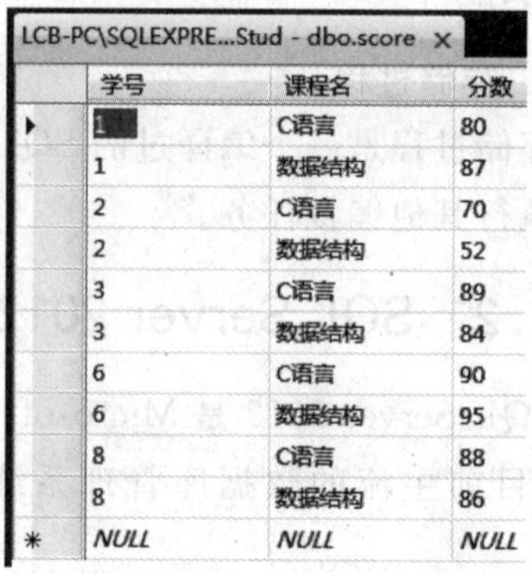

给Stud数据库设置一些公共用户访问权限的操作如下：

① 右击"数据库"结点的"Stud"数据库，在出现的快捷菜单中选择"属性"命令，在出现的"数据库属性-Stud"对话框中单击"权限"项，此时全为空白项，说明没有授予任何权限。

② 单击"搜索"按钮，在出现的"选择用户或角色"对话框中单击"浏览"按钮。

③ 在出现的对话框中勾选"[public]"项，返回到"数据库属性-Stud"对话框。

④ 通过勾选"public的权限"的显式列表中的"插入"、"删除"、"更改"和"选择"等授予项以授予相应权限，如图12.5所示。

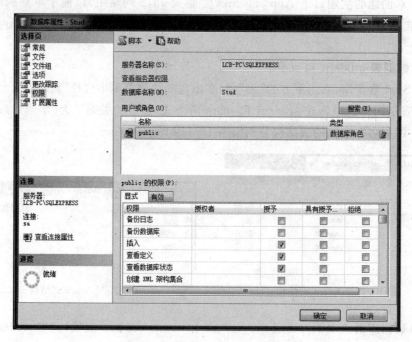

图12.5 "数据库属性-Stud"对话框

这样便可以在网页中访问Stud数据库了。

12.1.3 结构化查询语言

结构化查询语言（SQL）是目前各种关系数据库管理系统广泛采用的数据库语言，很多数据库和软件系统都支持 SQL 或提供 SQL 语言接口。本节在 SQL Server 2012 数据库管理系统中介绍 SQL 语句的使用。

1. SQL 语言的组成

SQL 语言包含查询、操纵、定义和控制等几个部分。它们都是通过命令动词分开的,各种语句类型对应的命令动词如下:

- 数据查询的命令动词为 SELECT。
- 数据定义的命令动词为 CREATE、DROP。
- 数据操纵的命令动词为 INSERT、UPDATE、DELETE。
- 数据控制的命令动词为 GRANT、REVOKE。

2. 数据定义语言

(1) CREATE 语句

CREATE 语句用于建立数据表,其基本格式如下:

```
CREATE TABLE 表名
(列名1 数据类型1 [NOT NULL]
 [,列名2 数据类型2 [NOT NULL]]…)
```

【例 12.1】 给出建立一个学生表 student 的 SQL 语句。

解:对应的 SQL 语句如下。

```
CREATE TABLE student
( 学号 CHAR(5),
  姓名 CHAR(10),
  性别 ChAR(2),
  民族 CHAR(10),
  班号 CHAR(6))
```

(2) DROP 语句

DROP 语句用于删除数据表,其基本格式如下:

```
DROP TABLE 表名
```

3. 数据操纵语言

(1) INSERT 语句

INSERT 语句用于在一个表中添加新记录,然后给新记录的字段赋值,其基本格式如下:

```
INSERT INTO 表名[(列名1[,列名2, …])]
VALUES(表达式1[,表达式2, …])
```

【例 12.2】 给出向 score 表中插入表 12.2 所示记录的 SQL 语句。

解:对应的 SQL 语句如下。

```
INSERT INTO score(学号,课程名,分数) VALUES('1','C语言',80)
INSERT INTO score(学号,课程名,分数) VALUES('1','数据结构',87)
INSERT INTO score(学号,课程名,分数) VALUES('2','C语言',70)
INSERT INTO score(学号,课程名,分数) VALUES('2','数据结构',52)
INSERT INTO score(学号,课程名,分数) VALUES('3','C语言',89)
INSERT INTO score(学号,课程名,分数) VALUES('3','数据结构',84)
INSERT INTO score(学号,课程名,分数) VALUES('6','C语言',90)
INSERT INTO score(学号,课程名,分数) VALUES('6','数据结构',95)
INSERT INTO score(学号,课程名,分数) VALUES('8','C语言',88)
INSERT INTO score(学号,课程名,分数) VALUES('8','数据结构',86)
```

(2) UPDATE 语句

UPDATE 语句用于以新的值更新表中的记录，其基本格式如下：

```
UPDATE 表名
    SET 列名1 = 表达式1
    [,SET 列名2 = 表达式2]…
WHERE 条件表达式
```

(3) DELETE 语句

DELETE 语句用于删除记录，其基本格式如下：

```
DELETE FROM 表名
[WHERE 条件表达式]
```

4. 数据查询语句

SQL 的数据查询语句是使用很频繁的语句。SELECT 的基本格式如下：

```
SELECT 字段表
FORM 表名
WHERE 查询条件
GROUP BY 分组字段
HAVING 分组条件
ORDER BY 字段[ASC|DESC]
```

各子句的功能如下。

- SELECT：指定要查询的内容。
- FORM：指定从其中选定记录的表名。
- WHERE：指定所选记录必须满足的条件。
- GROUP BY：把选定的记录分成特定的组。
- HAVING：说明每个组需要满足的条件。
- ORDER BY：按特定的次序将记录排序。

其中，在"字段表"中可使用聚合函数对记录进行合计，它返回一组记录的单一值，可以使用的聚合函数如表 12.3 所示。"查询条件"由常量、字段名、逻辑运算符、关系运算符等组成，其中的关系运算符如表 12.4 所示。

表 12.3 SQL 的聚合函数及其说明

聚合函数	说明	聚合函数	说明
AVG	返回特定字段中值的平均数	MAX	返回特定字段中的最大值
COUNT	返回选定记录的个数	MIN	返回特定字段中的最小值
SUM	返回特定字段中所有值的总和		

表 12.4 关系运算符及其说明

关系运算符	说明	关系运算符	说明
<	小于	<>	不等于
<=	小于等于	BETWEEN 值1 AND 值2	在两数值之间
>	大于	IN	（一组值）在一组值中
>=	大于等于	LIKE*	与一个通配符匹配

* 通配符可使用"?"代表一个字符位，"%"代表零个或多个字符位。

对于前面建立的 student 表(它包含表 12.1 中的记录)和 score 表完成以下各例题。

【例 12.3】 查询 student 表中的所有学生记录。

解:对应的 SQL 语句如下。

```
SELECT * FROM student
```

其运行结果如图 12.6 所示。

【例 12.4】 查询 student 表中"09002"班的所有学生记录。

解:对应的 SQL 语句如下。

```
SELECT * FROM student WHERE 班号 = '09002'
```

其运行结果如图 12.7 所示。

结果 | 消息

	学号	姓名	性别	民族	班号
1	1	王华	女	汉族	09001
2	2	孙丽	女	汉族	09002
3	3	李兵	男	满族	09001
4	6	张军	男	汉族	09001
5	8	马棋	男	回族	09002

图 12.6 例 12.3 运行结果

结果 | 消息

	学号	姓名	性别	民族	班号
1	2	孙丽	女	汉族	09002
2	8	马棋	男	回族	09002

图 12.7 例 12.4 运行结果

【例 12.5】 查询所有学生的学号、姓名、课程名和分数。

解:对应的 SQL 语句如下。

```
SELECT student.学号,student.姓名,score.课程名,score.分数
FROM student,score
WHERE student.学号 = score.学号
```

其运行结果如图 12.8 所示。

【例 12.6】 查询所有学生的学号、姓名、课程名和分数,要求按课程名排序。

解:对应的 SQL 语句如下。

```
SELECT student.学号,student.姓名,score.课程名,score.分数
FROM student,score
WHERE student.学号 = score.学号
ORDER BY score.课程名
```

其运行结果如图 12.9 所示。

结果 | 消息

	学号	姓名	课程名	分数
1	1	王华	C语言	80
2	1	王华	数据结构	87
3	2	孙丽	C语言	70
4	2	孙丽	数据结构	52
5	3	李兵	C语言	89
6	3	李兵	数据结构	84
7	6	张军	C语言	90
8	6	张军	数据结构	95
9	8	马棋	C语言	88
10	8	马棋	数据结构	86

图 12.8 例 12.5 运行结果

结果 | 消息

	学号	姓名	课程名	分数
1	1	王华	C语言	80
2	2	孙丽	C语言	70
3	3	李兵	C语言	89
4	6	张军	C语言	90
5	8	马棋	C语言	88
6	8	马棋	数据结构	86
7	6	张军	数据结构	95
8	3	李兵	数据结构	84
9	2	孙丽	数据结构	52
10	1	王华	数据结构	87

图 12.9 例 12.6 运行结果

【例12.7】 查询分数在80～90的所有学生的学号、姓名、课程名和分数。

解：对应的SQL语句如下。

```
SELECT student.学号,student.姓名,score.课程名,score.分数
FROM student,score
WHERE student.学号 = score.学号 AND score.分数 BETWEEN 80 AND 90
```

其运行结果如图12.10所示。

【例12.8】 查询每个班每门课程的平均分。

解：对应的SQL语句如下。

```
SELECT student.班号,score.课程名,AVG(score.分数) AS '平均分'
FROM student,score
WHERE student.学号 = score.学号
GROUP BY student.班号,score.课程名
```

其运行结果如图12.11所示。

【例12.9】 查询最高分的学生姓名和班号。

解：对应的SQL语句如下。

```
SELECT student.姓名,student.班号
FROM student,score
WHERE student.学号 = score.学号 AND score.分数 = (SELECT MAX(分数) FROM score)
```

其运行结果如图12.12所示。

图12.10 例12.7运行结果　　图12.11 例12.8运行结果　　图12.12 例12.9运行结果

12.2 ADO.NET模型

12.2.1 ADO.NET简介

在SQL Server系统中访问自己创建的数据库是十分方便的，但是如何从外部访问SQL Server数据库呢？为此人们提出了各种数据库的访问模型，ADO.NET是microsoft公司的新一代.NET数据库访问模型，它是目前数据库程序设计师用来开发数据库应用程序的主要接口。

ADO.NET是在.NET Framework上访问数据库的一组类库，它利用.NET Data Provider(数据提供程序)进行数据库的连接与访问，通过ADO.NET数据库程序设计人员能够很轻易地使用各种对象来访问符合自己需求的数据库内容。换句话说，ADO.NET定义了一个数据库访问的标准接口，让提供数据库管理系统的各个厂商可以根据此标准开发对应的.NET Data Provider，这样编写数据库应用程序的人员不必了解各类数据库底层运作的细节，

只要学会 ADO.NET 所提供对象的模型，便可轻易地访问所有支持.NET Data Provider 的数据库。

ADO.NET 是应用程序和数据源之间沟通的"桥梁"。通过 ADO.NET 所提供的对象，再配合 SQL 语句就可以访问数据库中的数据，而且凡是能通过 ODBC 或 OLEDB 接口访问的数据库（如 dBase、FoxPro、Excel、Access、SQL Server 和 Oracle 等）也可通过 ADO.NET 来访问。

ADO.NET 可提高数据库的扩展性。ADO.NET 可以将数据库中的数据以 XML 格式传送到客户端(Client)的 DataSet 对象中，此时客户端可以和数据库服务器端离线，当客户端程序对数据进行新建、修改、删除等操作后，再和数据库服务器联机，将数据送回数据库服务器端完成更新的操作。如此一来，就可以避免客户端和数据库服务器联机时虽然客户端不对数据库服务器做任何操作却一直占用数据库服务器的资源。此种模型使得数据处理由相互连接的双层架构向多层式架构发展，因而提高了数据库的扩展性。

使用 ADO.NET 处理的数据可以通过 HTTP 来传输。在 ADO.NET 模型中特别针对分布式数据访问提出了多项改进，为了适应互联网上的数据交换，ADO.NET 不论是内部运作还是与外部数据交换的格式都采用 XML 格式，因此能很轻易地直接通过 HTTP 来传输数据，而不必担心防火墙的问题，而且对于异质性(不同类型)数据库的集成也提供最直接的支持。

12.2.2 ADO.NET 体系结构

ADO.NET 模型主要希望在处理数据的同时不要一直和数据库联机而发生一直占用系统资源的现象。为了解决此问题，ADO.NET 将访问数据和数据处理的部分分开，以达到离线访问数据的目的，使得数据库能够运行其他工作。

ADO.NET 模型分成.NET Data Provider(数据提供程序)和 DataSet 数据集(数据处理的核心)两大主要部分，其中包含的主要组件及其关系如图 12.13 所示。

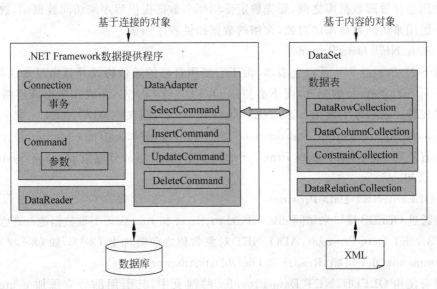

图 12.13　ADO.NET 组件结构模型

1. .NET Data Provider

.NET Data Provider 用于连接到数据库、执行命令和检索结果，可以直接处理检索到的结果，或将其放入 ADO.NET DataSet 对象，以便与来自多个源的数据或在层之间进行远程处理的数据组合在一起，以特殊方式向用户公开。.NET Framework 数据提供程序是轻量的，它在数据源和代码之间创建了一个最小层，以便在不以牺牲功能为代价的前提下提高性能。

表 12.5 给出了 .NET Data Provider 中包含的 4 个核心对象。

表 12.5 .NET Data Provider 中包含的 4 个核心对象及其说明

对象名称	功能说明
Connection	提供和数据源的连接功能
Command	提供运行访问数据库命令，传送数据或修改数据的功能，例如运行 SQL 命令和存储过程等
DataAdapter	DataSet 对象和数据源间的"桥梁"。DataAdapter 使用 4 个 Command 对象来运行查询、新建、修改、删除的 SQL 命令，把数据加载到 DataSet，或者把 DataSet 内的数据送回数据源
DataReader	通过 Command 对象运行 SQL 查询命令取得数据流，以便进行高速、只读的数据浏览

通过 Connection 对象可与指定的数据库进行连接；Command 对象用来运行相关的 SQL 命令（如 SELECT、INSERT、UPDATE 或 DELETE），以读取或修改数据库中的数据。通过 DataAdapter 对象中所提供的 4 个 Command 对象进行离线式的数据访问，这 4 个 Command 对象分别为 SelectCommand、InsertCommand、UpdateCommand 和 DeleteCommand，其中 SelectCommand 是用来将数据库中的数据读出并放到 DataSet 对象中，以便进行离线式的数据访问，至于其他 3 个命令对象（InsertCommand、UpdateCommand 和 DeleteCommand）则是用来修改 DataSet 中的数据，并写回数据库中；通过 DataAdapter 对象的 Fill 方法可以将数据读到 DataSet 中；通过 Update 方法则可以将 DataSet 对象的数据更新到指定的数据库中。

在使用程序管理数据库之前，要先确定使用哪个数据提供程序来访问数据库，数据提供程序就是一组用来访问数据库的对象，常用的数据提供程序如下。

(1) SQL.NET Data Provider

支持 SQL Server 7.0 及以上版本，由于它使用自己的通信协议并且做过最优化，所以可以直接访问 SQL Server 数据库，而不必使用 OLEDB 或 ODBC（开放式数据库连接层）接口，因此效果较佳。若程序中使用 SQL.NET Data Provider，则在该 ADO.NET 对象名称之前都要加上 Sql，如 SqlConnection、SqlCommand、SqlDataReader 和 SqlDataAdapter 等。

在所有使用 SQL.NET Data Provider 的网页中，其引用部分应添加 using System.Data.SqlClient 语句。

(2) OLEDB.NET Data Provider

支持通过 OLEDB 接口来访问 dBase、FoxPro、Excel 和 Access 等类型数据源。在程序中若使用 OLEDB.NET Data Provider，ADO.NET 对象名称之前要加上 OleDb，如 OleDbConnection、OleDbCommand、OleDbDataReader 和 OleDbDataAdapter 等。

在所有使用 OLEDB.NET Data Provider 的网页中，其引用部分应添加 using System.Data.OleDb 语句。

SQL.NET Data Provider 使用它自身的协议与 SQL Server 通信，由于它经过了优化，可以直接访问 SQL Server 而不用添加 OLE DB 或开放式数据库连接(ODBC)层,因此它是轻量的,并具有良好的性能。

(3) ODBC.NET Data Provider

支持通过 ODBC 接口来访问 dBase、FoxPro、Excel、Access、Oracle 以及 SQL Server 等类型数据源。在程序中若使用 ODBC.NET Data Provider,ADO.NET 对象名称之前要加上 Odbc,如 OdbcConnection、OdbcCommand、OdbcDataReader 和 OdbcDataAdapter 等。

在所有使用 OLEDB.NET Data Provider 的网页中,其引用部分应添加 using System.Data.Odbc 语句。

(4) ORACLE.NET Data Provider

支持通过 ORACLE 接口来访问 ORACLE 数据源。在程序中若使用 ORACLE.NET Data Provider,ADO.NET 对象名称之前要加上 Oracle,如 OracleConnection、OracleCommand、OracleDataReader 和 OracleDataAdapter 等。

在所有使用 OLEDB.NET Data Provider 的网页中,其引用部分应添加 using System.Data.OracleClient 语句。

从以上介绍看到,为了访问 SQL Server 数据库,可以使用 SQL.NET Data Provider 和 ODBC.NET Data Provider,但前者可以直接访问 SQL Server 数据库,若使用后者,还需建立 SQL Server 数据库对应的 ODBC 数据源。本章主要介绍使用 SQL.NET Data Provide 直接访问 SQL Server 数据库的方法。

2. DataSet 对象

DataSet(数据集)是 ADO.NET 离线数据访问模型中的核心对象,主要使用时机是在内存中暂存并处理各种从数据源中所取回的数据。DataSet 其实就是一个存放在内存中的数据暂存区,这些数据必须通过 DataAdapter 对象与数据库进行数据交换。在 DataSet 内部允许同时存放一个或多个不同的数据表(DataTable)对象。这些数据表是由数据列和数据域组成的,并包含有主索引键、外部索引键、数据表间的关系(Relation)信息以及数据格式的条件限制(Constraint)。

DataSet 的作用像内存中的数据库管理系统,因此在离线时 DataSet 也能独自完成数据的新建、修改、删除、查询等操作,而不必一直局限在和数据库联机时才能做数据维护的工作。DataSet 可以用于访问多个不同的数据源、XML 数据或者作为应用程序暂存系统状态的暂存区。

数据库通过 Connection 对象连接后便可以通过 Command 对象将 SQL 语法(如 INSERT、UPDATE、DELETE 或 SELECT)交由数据库引擎(例如 SQL Server)运行,并通过 DataAdapter 对象将数据查询的结果存放到离线的 DataSet 对象中,进行离线数据修改,对降低数据库联机负担具有极大的帮助。至于数据查询部分,还通过 Command 对象设置 SELECT 查询语法和通过 Connection 对象设置数据库连接,运行数据查询后利用 DataReader 对象以只读的方式逐笔从前向后浏览记录。

12.2.3 ADO.NET 数据库的访问流程

ADO.NET 数据库访问的一般流程如下:

① 建立 Connection 对象,创建一个数据库连接。

② 在建立连接的基础上可以使用 Command 对象对数据库发送查询、新增、修改和删除等

命令。

③ 创建 DataAdapter 对象，从数据库中取得数据。

④ 创建 DataSet 对象，将 DataAdapter 对象填充到 DataSet 对象（数据集）中。

⑤ 如果需要，可以重复操作，一个 DataSet 对象可以容纳多个数据集合。

⑥ 关闭数据库。

⑦ 在 DataSet 上进行所需要的操作。为了将一个 DataSet 数据集的数据输出到窗体中或者网页上，需要设定数据显示控件的数据源为该数据集。

12.3 ADO.NET 的数据访问对象

ADO.NET 的数据访问对象有 Connection、Command、DataReader 和 DataAdapter 等。由于每种 .NET Data Provider 都有自己的数据访问对象，因此它们的使用方式相似。本节主要介绍 SQL.NET Data Provider 的各种数据访问对象的使用，所有这些数据访问对象都位于 System.Data.SqlClient 命名空间中。

12.3.1 SqlConnection 对象

在数据访问中首先必须建立数据库的物理连接。SQL.NET Data Provider 使用 SqlConnection 类对象来实现与一个数据库的物理连接。

1. SqlConnection 类

SqlConnection 类的常用属性如表 12.6 所示。

表 12.6 SqlConnection 类的常用属性及其说明

属性	说明
ConnectionString	获取或设置用于打开数据库的字符串
ConnectionTimeout	获取在尝试建立连接时终止尝试并生成错误之前所等待的时间
Database	获取当前数据库或连接打开后要使用的数据库的名称
DataSource	获取数据源的服务器名或文件名
Provider	获取在连接字符串的"Provider="子句中指定的 SQL 提供程序的名称
State	获取连接的当前状态，其取值及其说明如表 12.7 所示

表 12.7 State 枚举成员值

成员名称	说明
Broken	与数据源的连接中断，只有在连接打开之后才可能发生这种情况，可以关闭处于这种状态的连接，然后重新打开
Closed	连接处于关闭状态
Connecting	连接对象正在与数据源连接
Executing	连接对象正在执行命令
Fetching	连接对象正在检索数据
Open	连接处于打开状态

SqlConnection 类的常用方法如表 12.8 所示。

表 12.8　SqlConnection 类的常用方法及其说明

方　法	说　明
Open	使用 ConnectionString 所指定的属性设置打开数据库连接
Close	关闭与数据库的连接,这是关闭任何打开连接的首选方法
CreateCommand	创建并返回一个与 SqlConnection 关联的 SqlCommand 对象
ChangeDatabase	为打开的 SqlConnection 更改当前数据库

2. 建立连接字符串 ConnectionString

在创建一个 SqlConnection 对象时必须设置其 ConnectionString 属性值,例如 ConnectionString 属性值设置如下:

"Data Source = LCB - PC\SQLEXPRESS;Initial Catalog = Stud;User ID = sa;Password = 12345"

ConnectionString 中常用的关键字值的有效名称如下。

- Data Source:指定要连接的 SQL Server 实例名或网络地址。上述连接字符串中的"LCB-PC\SQLEXPRESS"就是 SQL Server 的一个实例。
- Initial Catalog(或 Database):指定要连接的数据库名称。上述连接字符串中要连接的数据库为 Stud。
- Integrated Security(或 Trusted_Connection):当为 False(默认值)时,将在连接中指定用户 ID 和密码;当为 True 时,将使用当前的 Windows 账户凭据进行身份验证。其可识别的值为 True、False、yes、no 以及与 True 等效的 sspi(强烈推荐)。
- Persist Security Info:当该值设置为 False(默认值)或 no(强烈推荐)时,如果连接是打开的或者一直处于打开状态,那么安全敏感信息(如密码)将不会作为连接的一部分返回。重置连接字符串将重置包括密码在内的所有连接字符串值。其可识别的值为 True、False、yes 和 no。
- User ID:指定 SQL Server 的登录账户。
- Password(或 Pwd):指定 SQL Server 账户登录的密码。

在指定连接字符串后,最后用 Open 方法打开连接。

【例 12.10】 设计一个采用直接建立连接字符串的方法实现 Stud 数据库连接的网页 WebForm1.aspx。

解:其步骤如下。

① 在 ch12 网站添加一个代码隐藏页模型的 WebForm1 空网页。

② 其设计界面如图 12.14 所示,其中包含一个 Button 控件 Button1 和一个标签 Label1,将该网页的 StyleSheetTheme 属性设置为 Blue。在该网页上设计如下事件过程:

```
using System.Data.SqlClient;                    //网页代码页新增的引用
protected void Button1_Click(object sender, EventArgs e)
{   SqlConnection myconn = new SqlConnection();
    string mystr = @"Data Source = LCB - PC\SQLEXPRESS;
            Initial Catalog = Stud;User ID = sa;Password = 12345";
    myconn.ConnectionString = mystr;
    myconn.Open();
    if (myconn.State == System.Data.ConnectionState.Open)
        Label1.Text = "成功连接到 SQL Server 数据库";
```

```
        else
            Label1.Text = "不能连接到 SQL Server 数据库";
        myconn.Close();
    }
```

③ 单击工具栏中的 ▶ Internet Explorer 按钮运行本网页,然后单击"连接"命令按钮,其运行结果如图 12.15 所示,表示成功连接到 Stud 数据库。

图 12.14　WebForm1 网页设计界面　　　　图 12.15　WebForm1 网页运行界面

3. 将连接字符串存放在 Web.config 文件中

用户可以在 Web.config 文件中保存用于连接数据库的连接字符串,再通过对 Web.config 文件加密,从而达到保护连接字符串的目的。例如,在 Web.config 文件的<configuration>节中插入以下代码:

```
<connectionStrings>
    <add name = "myconnstring"
        connectionString = "Data Source = LCB - PC\SQLEXPRESS;Initial Catalog = Stud;
        User ID = sa;Password = 12345"
        providerName = "System.Data.SqlClient" />
</connectionStrings>
```

这样,以下代码自动获取 Web.config 文件中的连接字符串 myconnstring 并打开连接:

```
string mystr = System.Configuration.ConfigurationManager.
                ConnectionStrings["myconnstring"].ToString();
SqlConnection myconn = new SqlConnection();
myconn.ConnectionString = mystr;
myconn.Open();
```

说明:ConfigurationManager 类位于 System.Configuration 命名空间中,提供对客户端应用程序配置文件的访问。其中 ConnectionStrings 属性用于获取当前应用程序默认配置的 ConnectionStrings 节的数据。后面的示例均采用这种方法。

建立的数据库连接在使用完毕后必须调用 Close 方法关闭它,为了避免因为忘记使用 Close 方法关闭连接而造成资源浪费,可以使用 using 语句块的方法建立数据库连接,其基本格式如下:

```
string mystr = System.Configuration.ConfigurationManager.
                ConnectionStrings["myconnstring"].ToString();
using (SqlConnection myconn = new SqlConnection())
{   myconn.ConnectionString = mystr;
    myconn.Open();
    …
}
```

这样无论程序块是如何退出的,using 语句都会自动关闭数据库连接。

12.3.2 SqlCommand 对象

在建立数据连接之后就可以执行数据访问操作和数据操纵操作了。对数据库的操作一般被概括为 CRUD——Create、Read、Update 和 Delete，在 ADO.NET 中定义 SqlCommand 类去执行这些操作。

1. SqlCommand 类的属性和方法

SqlCommand 类有自己的属性，其属性包含对数据库执行命令所需要的全部信息，通常包括以下内容。

- 一个连接：命令引用一个连接，使用它与数据库通信。
- 命令的名称或者文本：包含某 SQL 语句的实际文本或者要执行的存储过程的名称。
- 命令类型：指明命令的类型，如命令是存储过程还是普通的 SQL 文本。
- 参数：命令可能要求随命令传递参数，命令还可能返回值或者通过输出参数的形式返回值。每个命令都有一个参数集合，可以分别设置或者读取这些参数以传递或接受值。

SqlCommand 类的常用属性如表 12.9 所示。

表 12.9 SqlCommand 类的常用属性及其说明

属性	说明
CommandText	获取或设置要对数据源执行的 SQL 语句或存储过程
CommandTimeout	获取或设置在终止执行命令的尝试并生成错误之前的等待时间
CommandType	获取或设置一个值，该值指示如何解释 CommandText 属性，其取值如表 12.10 所示
Connection	获取或设置 SqlCommand 的此实例使用的 SqlConnection
Parameters	参数集合（SqlParameterCollection）

表 12.10 CommandType 枚举成员值

成员名称	说明
StoredProcedure	CommandType 属性应设置为存储过程的名称。如果存储过程名称包含任何特殊字符，则可能会要求用户使用转义符语法。当调用 Execute 方法之一时，该命令将执行此存储过程
TableDirect	CommandType 属性应设置为要访问的表的名称。当调用 Execute 方法之一时，将返回命名表的所有行和列
Text	SQL 文本命令（默认），不支持在向通过 Text 的 CommandType 调用的 SQL 语句或存储过程传递参数时使用问号（?）占位符，在这种情况下必须使用命名的参数

SqlCommand 类的常用方法如表 12.11 所示。

表 12.11 SqlCommand 类的常用方法及其说明

方法	说明
CreateParameter	创建 SqlParameter 对象的新实例
ExecuteNonQuery	针对 Connection 执行 SQL 语句并返回受影响的行数
ExecuteReader	将 CommandText 发送到 Connection 并生成一个 SqlDataReader
ExecuteScalar	执行查询，并返回查询所返回的结果集中第一行的第一列，忽略其他列或行

2. 创建 SqlCommand 对象

SqlCommand 类的主要构造函数如下：

```
SqlCommand();
SqlCommand(cmdText);
SqlCommand(cmdText,connection);
```

其中，cmdText 参数指定查询的文本。connection 参数是一个 SqlConnection，它表示到 SQL Server 数据库的连接。例如，以下语句创建一个 SqlCommand 对象 mycmd：

```
string mystr = System.Configuration.ConfigurationManager.
                    ConnectionStrings["myconnstring"].ToString();
myconn.ConnectionString = mystr;
myconn.Open();
SqlCommand mycmd = new SqlCommand("SELECT * FROM student",myconn);
```

3. 通过 SqlCommand 对象返回单个值

在 SqlCommand 的方法中，ExecuteScalar 方法执行返回单个值的 SQL 命令。例如，如果想获取 Student 数据库中学生的总人数，则可以使用这个方法执行 SQL 查询 SELECT Count(*) FROM student。

【例 12.11】 设计一个通过 SqlCommand 对象求 score 表中的所有学生平均分的网页 WebForm2。

解：其步骤如下。

① 在 ch12 网站添加一个代码隐藏页模型的 WebForm2 空网页。

② 其设计界面如图 12.16 所示，其中包含一个 HTML 标签、一个文本框 TextBox1 和一个 Button 控件 Button1。在该网页上设计如下事件过程：

```
protected void Button1_Click(object sender, EventArgs e)
{   string mystr, mysql;
    SqlConnection myconn = new SqlConnection();
    SqlCommand mycmd = new SqlCommand();
    mystr = System.Configuration.ConfigurationManager.
                ConnectionStrings["myconnstring"].ToString();
    myconn.ConnectionString = mystr;
    myconn.Open();
    mysql = "SELECT AVG(分数) FROM score";
    mycmd.CommandText = mysql;
    mycmd.Connection = myconn;
    TextBox1.Text = mycmd.ExecuteScalar().ToString();
    myconn.Close();
}
```

说明：将本网页的 StyleSheetTheme 属性设置为 Blue，将 HTML 标签的 class 设置为 StyleSheet.css 中的 html-style1。所有这些用于网页布局的皮肤文件和 CSS 文件都位于 App_Themes 目录中（从第 9 章复制而来）。如无特别说明，后面的示例均采用这种布局设计。另外，所有网页代码都添加"using System.Data.SqlClient;"来引用 System.Data.SqlClient 命名空间。

③ 单击工具栏中的 ▶ Internet Explorer 按钮运行本网页，然后单击"求平均分"命令按钮，其运行结果如图 12.17 所示，表示所有学生的平均分为 82.1。

图 12.16　WebForm2 网页设计界面

图 12.17　WebForm2 网页运行界面

4．通过 SqlCommand 对象执行修改操作

在 SqlCommand 的方法中，ExecuteNonQuery 方法执行不返回结果的 SQL 命令。该方法主要用来更新数据，通常使用它来执行 UPDATE、INSERT 和 DELETE 语句。该方法不返回行，对于 UPDATE、INSERT 和 DELETE 语句，返回值为该命令所影响的行数；对于所有其他类型的语句，返回值为 −1。

【例 12.12】　设计一个通过 SqlCommand 对象将 score 表中的所有分数增 5 分和减 5 分的网页 WebForm3。

解：其步骤如下。

① 在 ch12 网站添加一个代码隐藏页模型的 WebForm3 空网页。

② 其设计界面如图 12.18 所示，其中包含两个命令按钮控件（Button1 和 Button2）和一个标签 Label1。在该网页上设计如下事件过程：

```
public partial class WebForm3 : System.Web.UI.Page
{   SqlCommand mycmd = new SqlCommand();            //类字段
    SqlConnection myconn = new SqlConnection();      //类字段
    protected void Page_Load(object sender, EventArgs e)
    {   string mystr = System.Configuration.ConfigurationManager.
            ConnectionStrings["myconnstring"].ToString();
        myconn.ConnectionString = mystr;
        myconn.Open();
    }
    protected void Page_Unload()
    {
        myconn.Close();                              //关闭本网页时关闭连接
    }
    protected void Button1_Click(object sender, EventArgs e)
    {   string mysql = "UPDATE score SET 分数 = 分数 + 5";
        mycmd.CommandText = mysql;
        mycmd.Connection = myconn;
        mycmd.ExecuteNonQuery();
        Label1.Text = "所有学生分数均增加 5 分";
    }
    protected void Button2_Click(object sender, EventArgs e)
    {   string mysql = "UPDATE score SET 分数 = 分数 - 5";
        mycmd.CommandText = mysql;
        mycmd.Connection = myconn;
        mycmd.ExecuteNonQuery();
        Label1.Text = "所有学生分数均减少 5 分";
    }
}
```

上述代码先建立连接，然后通过 ExecuteNonQuery 方法执行 SQL 命令，不返回任何结果，在关闭网页时关闭连接。

③ 单击工具栏中的 ▶ Internet Explorer 按钮运行本网页,然后单击"分数+5"命令按钮,此时 score 表中的所有分数都增加 5 分,其运行界面如图 12.19 所示。为了保持 score 表不变,再单击"分数-5"命令按钮,此时 score 表中的所有分数都恢复成原来的数据。

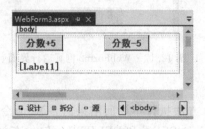
图 12.18 WebForm3 网页设计界面

图 12.19 WebForm3 网页运行界面

5. 在 SqlCommand 对象的命令中指定参数

SQL.NET Data Provider 支持执行命令中包含参数的情况,也就是说,可以使用包含参数的数据命令或存储过程执行数据筛选操作和数据更新等操作,其主要流程如下:

① 创建 Connection 对象,并设置相应的属性值。
② 打开 Connection 对象。
③ 创建 Command 对象并设置相应的属性值,其中 SQL 语句参数使用参数名称。
④ 创建参数对象,将建立好的参数对象添加到 Command 对象的 Parameters 集合中。
⑤ 为参数对象赋值。
⑥ 执行数据命令。
⑦ 关闭相关对象。

例如下面的更新语句:

```
UPDATE course SET cName = @Name WHERE cID = @ID
```

其中 course 是一个课程表,有 cID(课程号)和 cName(课程名)两个列。该命令是将指定 cID 的课程记录的 cName 替换成指定的值,其中@ID 和@Name 均为参数,在执行该语句之前需要为参数赋值。

那么如何为参数赋值呢? SqlCommand 对象的 Parameters 属性能够取得与 SqlCommand 相关联的参数集合(也就是 SqlParameterCollection),从而通过调用其 Add 方法将 SQL 语句中的参数添加到参数集合中,每个参数都是一个 SqlParameter 类对象,其常用属性及说明如表 12.12 所示。

表 12.12 SqlParameter 的常用属性及其说明

属 性	说 明
ParameterName	用于指定参数的名称
SqlDbType	用于指定参数的数据类型,例如整型、字符型等
Value	设置输入参数的值
Size	设置数据的最大长度(以字节为单位)
Scale	设置小数位数
Direction	指定参数的方向,可以是下列值之一。ParameterDirection.Input:指明为输入参数。ParameterDirection.Output:指明为输出参数。ParameterDirection.InputOutput:指明为输入参数或者输出参数。ParameterDirection.ReturnValue:指明为返回值类型

例如，假设 mycmd 数据命令对象包含前面带参数的命令，可以使用以下命令向 Parameters 参数集合中添加参数值：

```
mycmd.Parameters.Add("@Name",SqlDbType.VarChar,10).Value = Name1;
mycmd.Parameters.Add("@ID", SqlDbType.VarChar,5).Value = ID1;
```

上面 Add 方法中的第 1 个参数为参数名，第 2 个参数为参数的数据类型，第 3 个参数为参数值的最大长度，并分别将参数值设置为 Name1 和 ID1 变量。上述语句也可以等价地改为：

```
SqlParameter myparm1 = new SqlParameter();
myparm1.ParameterName = "@Name";
myparm1.SqlDbType = System.Data.SqlDbType.VarChar;
myparm1.Size = 10;
myparm1.Value = Name1;                      //设置参数值为 Name1
mycmd.Parameters.Add(myparm1);
SqlParameter myparm2 = new SqlParameter();
myparm2.ParameterName = "@ID";
myparm2.SqlDbType = System.Data.SqlDbType.VarChar;
myparm2.Size = 5;
myparm2.Value = ID1;                         //设置参数值为 ID1
mycmd.Parameters.Add(myparm2);
```

【例 12.13】 设计一个通过 SqlCommand 对象求出指定学号的学生的平均分的网页 WebForm4。

解：其步骤如下。

① 在 ch12 网站添加一个代码隐藏页模型的 WebForm4 空网页。

② 其设计界面如图 12.20 所示，其中包含两个 HTML 标签、两个文本框（TextBox1 和 TextBox2）和一个 Button 控件 Button1。在该网页上设计如下事件过程：

```
protected void Button1_Click(object sender, EventArgs e)
{   SqlConnection myconn = new SqlConnection();
    SqlCommand mycmd = new SqlCommand();
    string mystr = System.Configuration.ConfigurationManager.
            ConnectionStrings["myconnstring"].ToString();
    myconn.ConnectionString = mystr;
    myconn.Open();
    string mysql = "SELECT AVG(分数) FROM score WHERE 学号 = @no";
    mycmd.CommandText = mysql;
    mycmd.Connection = myconn;
    mycmd.Parameters.Add("@no",System.Data.SqlDbType.VarChar,5).Value = TextBox1.Text;
    TextBox2.Text = mycmd.ExecuteScalar().ToString();
    myconn.Close();
}
```

上述代码先建立连接，然后通过 ExecuteScalar 方法执行 SQL 命令，通过"@no"替换返回指定学号的平均分。

③ 单击工具栏中的 ▶ Internet Explorer 按钮运行本网页，输入学号 8，单击"求平均分"命令按钮，运行界面如图 12.21 所示。

图 12.20　WebForm4 网页设计界面　　　图 12.21　WebForm4 网页运行界面

12.3.3　SqlDataReader 对象

当执行返回结果集的命令时,需要一个方法从结果集中提取数据。处理结果集的方法有两个:第一,使用 SqlDataReader 对象(数据阅读器);第二,同时使用 SqlDataAdapter 对象(数据适配器)和 DataSet 对象。

不过,使用 DataReader 对象可以从数据库中得到只读的、只能向前的数据流。使用 SqlDataReader 对象还可以提高应用程序的性能,减少系统开销,因为同一时间只有一条行记录在内存中。

1. SqlDataReader 类的属性和方法

SqlDataReader 类的常用属性如表 12.13 所示,其常用方法如表 12.14 所示。

表 12.13　SqlDataReader 类的常用属性及其说明

属　　性	说　　明
FieldCount	获取当前行中的列数
IsClosed	获取一个布尔值,指出 SqlDataReader 对象是否关闭
RecordsAffected	获取执行 SQL 语句时修改的行数

表 12.14　SqlDataReader 类的常用方法及其说明

方　　法	说　　明
Read	将 SqlDataReader 对象前进到下一行并读取,返回布尔值指示是否有多行
Close	关闭 SqlDataReader 对象
IsDBNull	返回布尔值,表示列是否包含 NULL 值
NextResult	将 SqlDataReader 对象移到下一个结果集,返回布尔值指示该结果集是否有多行
GetBoolean	返回指定列的值,类型为布尔值
GetString	返回指定列的值,类型为字符串
GetByte	返回指定列的值,类型为字节
GetInt32	返回指定列的值,类型为整型值
GetDouble	返回指定列的值,类型为双精度值
GetDataTime	返回指定列的值,类型为日期时间值
GetOrdinal	返回指定列的序号或数字位置(首列序号为 0)
GetBoolean	返回指定列的值,类型为对象

2. 创建 SqlDataReader 对象

在 ADO.NET 中从来不会显式地使用 SqlDataReader 对象的构造函数创建 SqlDataReader 对象。事实上,SqlDataReader 类没有提供公有的构造函数。人们通常调用 Command 类的

ExecuteReader 方法,这个方法将返回一个 SqlDataReader 对象。例如,以下代码创建一个 SqlDataReader 对象 myreader:

```
SqlCommand cmd = new SqlCommand(CommandText, ConnectionObject);
SqlDataReader myreader = cmd.ExecuteReader();
```

注意:SqlDataReader 对象不能使用 new 来创建。

SqlDataReader 对象最常见的用法就是检索 SQL 查询或存储过程执行后返回的记录集。另外,SqlDataReader 是一个连接的、只向前的和只读的记录集。也就是说,当使用数据阅读器时必须保持连接处于打开状态。除此之外,可以从头到尾浏览记录集,而且也只能以这样的次序浏览。这就意味着不能在某条记录处停下来向回移动。记录是只读的,因此数据阅读器类不提供任何修改数据库记录的方法。

注意:SqlDataReader 对象使用底层的连接,该连接是它专有的。当 SqlDataReader 对象打开时,不能使用对应的连接对象执行其他任何任务,例如执行另外的命令等。当不再需要 SqlDataReader 对象的记录时应该立刻关闭它。

3. 遍历 SqlDataReader 对象的记录

当 ExecuteReader 方法返回 SqlDataReader 对象时,当前光标的位置是第一条记录的前面。用户必须调用 SqlDataReader 对象的 Read 方法把光标移动到第一条记录,然后第一条记录将变成当前记录。如果 SqlDataReader 对象中包含的记录不止一条,Read 方法就返回一个 Boolean 值 True。如果想要移动到下一条记录,需要再次调用 Read 方法。重复上述过程,直到最后一条记录,此时 Read 方法将返回 False。经常使用 While 循环来遍历记录:

```
while (myreader.Read())
{
    //读取数据
}
```

只要 Read 方法返回的值为 True,就可以访问当前记录中包含的字段。

4. 访问字段中的值

使用以下语句获取一个 SqlDataReader 对象:

```
SqlDataReader myreader = mycmd.ExecuteReader();
```

然后 ADO.NET 提供了两种方法来访问记录中的字段。第一种是 Item 属性,此属性返回由字段索引或字段名指定的字段值;第二种方法是 Get 方法,此方法返回由字段索引指定的字段的值。

(1) Item 属性

每一个 SqlDataReader 对象都定义了一个 Item 属性,此属性返回一个代码字段属性的对象。Item 属性是 SqlDataReader 对象的索引。需要注意的是 Item 属性总是基于 0 开始编号的:

```
myreader[FieldName]
myreader[FieldIndex]
```

可以把包含字段名的字符串传递给 Item 属性,也可以把指定字段索引的 32 位整数传递给 Item 属性。例如,如果命令是 SELECT 查询:

```
SELECT ID,cName FROM course
```

使用下面任意一种方法都可以得到两个被返回字段的值：

```
myreader["ID"]
myreader["cName"]
```

或者：

```
myreader[0]
myreader[1]
```

(2) Get 方法

每一个 SqlDataReader 对象都定义了一组 Get 方法，这些方法将返回适当类型的值。例如，GetInt32 方法把返回的字段值作为 32 位整数，每一个 Get 方法都将接受字段的索引。例如，在上面的例子中使用以下代码可以检索 ID 字段和 cName 字段的值：

```
myreader.GetInt32(0)
myreader.GetString(1)
```

【例 12.14】 设计一个通过 SqlDataReader 对象在一个列表框中输出所有学生记录的网页 WebForm5。

解：其步骤如下。

① 在 ch12 网站添加一个代码隐藏页模型的 WebForm5 空网页。

② 其设计界面如图 12.22 所示，其中包含一个列表框 ListBox1 和一个 Button 控件 Button1。在该网页上设计如下事件过程：

```csharp
protected void Button1_Click(object sender, EventArgs e)
{   string mystr,mysql;
    SqlConnection myconn = new SqlConnection();
    SqlCommand mycmd = new SqlCommand();
    mystr = System.Configuration.ConfigurationManager.
                ConnectionStrings["myconnstring"].ToString();
    myconn.ConnectionString = mystr;
    myconn.Open();
    mysql = "SELECT * FROM student";
    mycmd.CommandText = mysql;
    mycmd.Connection = myconn;
    SqlDataReader myreader = mycmd.ExecuteReader();
    ListBox1.Items.Add("学号 姓名 性别 民族 班号");
    ListBox1.Items.Add(" ====================== ");
    while (myreader.Read())                  //循环读取信息
        ListBox1.Items.Add(String.Format("{0} {1} {2} {3} {4}",
            myreader["学号"].ToString(), myreader[1].ToString(),
            myreader[2].ToString(), myreader[3].ToString(),
            myreader[4].ToString()));
    myconn.Close();
    myreader.Close();
}
```

③ 单击工具栏中的 ▶ Internet Explorer 按钮运行本网页，然后单击"输出学生记录"命令按钮，运行界面如图 12.23 所示。

第 12 章 ADO.NET 数据库访问技术

图 12.22 WebForm5 网页设计界面

图 12.23 WebForm5 网页运行界面

12.3.4 SqlDataAdapter 对象

SqlDataAdapter 对象（数据适配器）可以执行 SQL 命令以及调用存储过程、传递参数，最重要的是取得数据结果集，在数据库和 DataSet 对象之间来回传输数据。

1. SqlDataAdapter 类的属性和方法

SqlDataAdapter 类的常用属性如表 12.15 所示，其常用方法如表 12.16 所示。

表 12.15 SqlDataAdapter 类的常用属性及其说明

属 性	说 明
SelectCommand	获取或设置 SQL 语句用于选择数据源中的记录。该值为 SqlCommand 对象
InsertCommand	获取或设置 SQL 语句用于将新记录插入到数据源中。该值为 SqlCommand 对象
UpdateCommand	获取或设置 SQL 语句用于更新数据源中的记录。该值为 SqlCommand 对象
DeleteCommand	获取或设置 SQL 语句用于从数据集中删除记录。该值为 SqlCommand 对象
AcceptChangesDuringFill	获取或设置一个值，该值指示在任何 Fill 操作过程中是否接受对行所做的修改
AcceptChangesDuringUpdate	获取或设置在 Update 期间是否调用 AcceptChanges
FillLoadOption	获取或设置 LoadOption，后者确定适配器如何从 SqlDataReader 中填充 DataTable
MissingMappingAction	确定传入数据没有匹配的表或列时需要执行的操作
MissingSchemaAction	确定现有 DataSet 架构与传入数据不匹配时需要执行的操作
TableMappings	获取一个集合，它提供源表和 DataTable 之间的主映射

表 12.16 SqlDataAdapter 类的常用方法及其说明

方 法	说 明
Fill	用来自动执行 SqlDataAdapter 对象的 SelectCommand 属性中相对应的 SQL 语句，以检索数据库中的数据，然后更新数据集中的 DataTable 对象，如果 DataTable 对象不存在，则创建它
FillSchema	将 DataTable 添加到 DataSet 中，并配置架构以匹配数据源中的架构
GetFillParameters	获取当执行 SELECT 语句时由用户设置的参数
Update	用来自动执行 UpdateCommand、InsertCommand 或 DeleteCommand 属性相对应的 SQL 语句，以使数据集中的数据来更新数据库

实际上,使用 SqlDataAdapter 对象的主要目的是取得 DataSet 对象。另外它还有一个功能,就是数据写回更新的自动化。因为 DataSet 对象为离线存取,因此数据的添加、删除、修改都在 DataSet 中进行,当需要数据批次写回数据库时,SqlDataAdapter 对象提供了一个 Update 方法,它会自动将 DataSet 中不同的内容取出,然后自动判断添加的数据并使用 InsertCommand 所指定的 INSERT 语句,修改的记录使用 UpdateCommand 所指定的 UPDATE 语句,删除的记录使用 DeleteCommand 指定的 DELETE 语句来更新数据库的内容。

在写回数据来源时,DataTable 与实际数据的数据表及列的对应可以通过 TableMappings 定义对应关系。

2. 创建 SqlDataAdapter 对象

SqlDataAdapter 类有以下构造函数:

```
SqlDataAdapter();
SqlDataAdapter(selectCommandText);
SqlDataAdapter(selectCommandText,selectConnection);
SqlDataAdapter((selectCommandText,selectConnectionString);
```

其中,selectCommandText 是一个字符串,包含 SQL SELECT 语句或存储过程;selectConnection 是当前连接的 SqlConnection 对象;selectConnectionString 是连接字符串。

采用上述第 3 个构造函数创建 SqlDataAdapter 对象的过程是先建立 SqlConnection 连接对象,接着建立 SqlDataAdapter 对象,在建立该对象的同时可以传递两个参数,即命令字符串(mysql)和连接对象(myconn)。例如:

```
string mystr,mysql;
SqlConnection myconn = new SqlConnection();
mystr = System.Configuration.ConfigurationManager.
            ConnectionStrings["myconnstring"].ToString();
myconn.ConnectionString = mystr;
myconn.Open();
mysql = "SELECT * FROM student";
SqlDataAdapter myadapter = new SqlDataAdapter(mysql,myconn);
myconn.Close();
```

以上代码仅创建了 SqlDataAdapter 对象,并没有使用它,在后面介绍 DataSet 对象时将大量使用 SqlDataAdapter 对象。

3. 使用 Fill 方法

Fill 方法用于向 DataSet 对象填充从数据源中读取的数据。

调用 Fill 方法的语法格式有多种,常见的格式如下:

```
SqlDataAdapter 对象名.Fill(DataSet 对象名,"数据表名");
```

其中第一个参数是数据集对象名,表示要填充的数据集对象;第二个参数是一个字符串,表示在本地缓冲区中建立的临时表的名称。例如,以下语句用 course 表数据填充数据集 mydataset1:

```
SqlDataAdapter1.Fill(mydataset1,"course");
```

使用 Fill 方法要注意以下几点:

- 如果在调用 Fill() 之前连接已关闭,则先将其打开以检索数据,数据检索完成后再将连接关闭。如果在调用 Fill() 之前连接已打开,连接仍然会保持打开状态。

- 如果数据适配器在填充 DataTable 时遇到重复列，它们将以"columnname1"、"columnname2"、"columnname3"等形式命名后面的列。
- 如果传入的数据包含未命名的列，它们将以"column1"、"column2"等形式命名并存入 DataTable。
- 在向 DataSet 添加多个结果集时，每个结果集都放在一个单独的表中。
- 可以在同一个 DataTable 中多次使用 Fill()方法。如果存在主键，则传入的行会与已有的匹配行合并；如果不存在主键，则传入的行会追加到 DataTable 中。

4．使用 Update 方法

Update 方法用于将数据集 DataSet 对象中的数据按 InsertCommand 属性、DeleteCommand 属性和 UpdateCommand 属性所指定的要求更新数据源，即调用 3 个属性中所定义的 SQL 语句来更新数据源。

Update 方法常见的调用格式如下：

```
SqlDataAdapter 对象名.Update(DataSet 对象名,[数据表名]);
```

其中第一个参数是数据集对象名，表示要将哪个数据集对象中的数据更新到数据源中；第二个参数是一个字符串，表示临时表的名称。

由于 SqlDataAdapter 对象介于 DataSet 对象和数据源之间，Update 方法只能将 DataSet 中的修改回存到数据源中，有关修改 DataSet 对象中数据的方法将在下一节介绍。那么当用户修改 DataSet 对象中的数据时，如何产生 SqlDataAdapter 对象的 InsertCommand、DeleteCommand 和 UpdateCommand 属性呢？

系统提供了 SqlCommandBuilder 类，它根据用户对 DataSet 对象数据的操作自动生成相应的 InsertCommand、DeleteCommand 和 UpdateCommand 属性值。该类的构造函数如下：

```
SqlCommandBuilder(adapter);
```

其中，adapter 是一个 SqlDataAdapter 对象的名称。例如，以下语句创建一个 SqlCommandBuilder 对象 mycmdbuilder，用于产生 myadp 对象的 InsertCommand、DeleteCommand 和 UpdateCommand 属性值，然后调用 Update 方法执行这些修改命令，以更新数据源：

```
SqlCommandBuilder mycmdbuilder = new SqlCommandBuilder(myadp);
myadp.Update(myds, "student");
```

12.4 DataSet 对象

DataSet 是 ADO.NET 数据库访问组件的核心，主要是用来支持 ADO.NET 的不连贯连接及数据分布。它的数据驻留内存，可以保证和数据源无关的一致的关系模型，用于多个异种数据源的数据操作。DataSet 类位于 Syatem.Data 命名空间。

12.4.1 DataSet 对象概述

ADO.NET 包含多个组件，每个组件在访问数据库时具有自己的功能，如图 12.24 所示。首先通过 Connection 组件建立与实际数据库的连接，Command 组件发送数据库的操作命令。一种方式是使用 DataReader 组件(含有命令执行提取的数据库数据)与 C♯窗体控件进行数据绑定，即在窗体中显示 DataReader 组件中的数据集，这在上一节已介绍过；另一种方式是通过DataAdapter组件将命令执行提取的数据库数据填充到DataSet组件中,再通过DataSet组件与C#窗体控件进行数据绑定,这是本节要介绍的内容,这种方式功能更强。

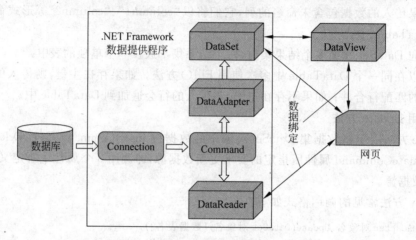

图12.24　ADO.NET组件访问数据库的方式

数据集DataSet对象可以分为类型化数据集和非类型化数据集。

类型化DataSet数据集继承自DataSet基类,包含结构描述信息,是结构描述文件所生成类的实例,C#对类型化数据集提供了较多的可视化工具支持,使访问类型化数据集中的数据表和字段内容更加方便、快捷且不容易出错,类型化数据集提供了编译阶段的类型检查功能。

在非类型化DataSet数据集中,DataSet对象没有对应的内建结构描述,本身所包括的表、字段等数据对象以集合的方式呈现,对于动态建立的且不需要使用结构描述信息的对象则应该使用非类型化数据集,可以使用DataSet的WriteXmlSchema方法将非类型化数据集的结构导出到结构描述文件中。

创建DataSet对象有多种方法,既可以使用设计工具,也可以使用程序代码来创建DataSet对象。使用程序代码创建DataSet对象的语法格式如下:

DataSet 对象名 = new DataSet();

或

DataSet 对象名 = new DataSet(dataSetName);

其中,dataSetName为一个字符串,用于指出DataSet的名称。

12.4.2　DataSet对象的属性和方法

1. DataSet对象的属性

DataSet对象的常用属性如表12.17所示。DataSet对象如同内存中的数据库,一个DataSet对象包含一个Tables属性(表集合)和一个Relations属性(表之间关系的集合)。

表12.17　DataSet对象的常用属性及其说明

属　　性	说　　明
CaseSensitive	获取或设置一个值,该值指示DataTable对象中的字符串比较是否区分大小写
DataSetName	获取或设置当前DataSet的名称
Relations	获取用于将表连接起来并允许从父表浏览到子表的关系的集合
Tables	获取包含在DataSet中的表的集合

2. DataSet 对象的方法

DataSet 对象的常用方法如表 12.18 所示。

表 12.18　DataSet 对象的常用方法及其说明

DataSet 对象的方法	说　　明
AcceptChanges	提交自加载此 DataSet 或上次调用 AcceptChanges 以来对其进行的所有更改
Clear	通过移除所有表中的所有行来清除任何数据的 DataSet
CreateDataReader	为每个 DataTable 返回带有一个结果集的 DataTableReader，顺序与 Tables 集合中表的显示顺序相同
GetChanges	获取 DataSet 的副本，该副本包含自上次加载以来或自调用 AcceptChanges 以来对该数据集进行的所有更改
HasChanges	获取一个值，该值指示 DataSet 是否有更改，包括新增行、已删除的行或已修改的行
Merge	将指定的 DataSet、DataTable 或 DataRow 对象的数组合并到当前的 DataSet 或 DataTable 中
Reset	将 DataSet 重置为其初始状态

12.4.3　Tables 集合和 DataTable 对象

DataSet 对象的 Tables 属性由表组成，每个表是一个 DataTable 对象。实际上，每一个 DataTable 对象代表了数据库中的一个表，每个 DataTable 数据表都由相应的行和列组成。

用户可以通过索引引用 Tables 集合中的一个表。例如，Tables[i] 表示第 i 个表，其索引值从 0 开始编号。

1. Tables 集合的属性和方法

Tables 集合的常用属性如表 12.19 所示，其常用方法如表 12.20 所示。

表 12.19　Tables 集合的常用属性及其说明

Tables 集合的属性	说　　明
Count	Tables 集合中表的个数
Item	检索 Tables 集合中指定索引处的表

表 12.20　Tables 集合的常用方法及其说明

Tables 集合的方法	说　　明
Add	向 Tables 集合中添加一个表
AddRange	向 Tables 集合中添加一个表的数组
Clear	移除 Tables 集合中的所有表
Contains	确定指定表是否在 Tables 集合中
Equqls	判断是否等于当前对象
GetType	获取当前实例的 Type
Insert	将一个表插入到 Tables 集合中指定的索引处
IndexOf	检索指定的表在 Tables 集合中的索引
Remove	从 Tables 集合中移除指定的表
RemoveAt	移除 Tables 集合中指定索引处的表

2. DataTable 对象

DataTable 对象的常用属性如表 12.21 所示。一个 DataTable 对象包含一个 Columns 属性(即列集合)和一个 Rows 属性(即行集合)。DataTable 对象的常用方法如表 12.22 所示。

DataSet 对象由若干个 DataTable 对象组成,可以使用 DataSet.Tables["表名"]或 DataSet.Tables["表索引"]来引用其中的 DataTable 对象。

表 12.21　DataTable 对象的常用属性及其说明

属性	说明
CaseSensitive	指示表中的字符串比较是否区分大小写
ChildRelations	获取此 DataTable 的子关系的集合
Columns	获取属于该表的列的集合
Constraints	获取由该表维护的约束的集合
DataSet	获取此表所属的 DataSet
DefaultView	返回可用于排序、筛选和搜索 DataTable 的 DataView
ExtendedProperties	获取自定义用户信息的集合
ParentRelations	获取该 DataTable 的父关系的集合
PrimaryKey	获取或设置充当数据表主键的列的数组
Rows	获取属于该表的行的集合
TableName	获取或设置 DataTable 的名称

表 12.22　DataTable 对象的常用方法及其说明

方法	说明
AcceptChanges	提交自上次调用 AcceptChanges 以来对该表进行的所有更改
Clear	清除所有数据的 DataTable
Compute	计算用来传递筛选条件的当前行上的给定表达式
CreateDataReader	返回与此 DataTable 中的数据相对应的 DataTableReader
ImportRow	将 DataRow 复制到 DataTable 中,保留任何属性设置以及初始值和当前值
Merge	将指定的 DataTable 与当前的 DataTable 合并
NewRow	创建与该表具有相同架构的新 DataRow
Select	获取 DataRow 对象的数组

3. 建立包含在数据集中的表

建立包含在数据集中的表的方法主要有以下两种。

(1) 利用数据适配器的 Fill 方法自动建立 DataSet 中的 DataTable 对象

先通过 SqlDataAdapter 对象从数据源中提取记录数据,然后调用其 Fill 方法,将所提取的记录存入 DataSet 中对应的表内,如果 DataSet 中不存在对应的表,Fill 方法会先建立表再将记录填入其中。例如,以下语句向 DataSet 对象 myds 中添加一个表 course 及其包含的数据记录:

```
DataSet myds = new DataSet();
SqlDataAdapter myda = new SqlDataAdapter("SELECT * FROM course",myconn);
myda.Fill(myds, "course");
```

(2) 将建立的 DataTable 对象添加到 DataSet 中

先建立 DataTable 对象,然后调用 DataSet 的表集合属性 Tables 的 Add 方法将 DataTable 对象添加到 DataSet 对象中。例如,以下语句向 DataSet 对象 myds 中添加一个表,并返回表的名称 course:

```
DataSet myds = new DataSet();
DataTable mydt = new DataTable("course");
myds.Tables.Add(mydt);
textBox1.Text = myds.Tables["course"].TableName;//文本框中显示"course"
```

12.4.4 Columns 集合和 DataColumn 对象

DataTable 对象的 Columns 属性是由列组成的，每个列是一个 DataColumn 对象。DataColumn 对象描述数据表列的结构，要向数据表添加一个列，必须先建立一个 DataColumn 对象，设置其各项属性，然后将它添加到 DataTable 的列集合 DataColumns 中。

1. Columns 集合的属性和方法

Columns 集合的常用属性如表 12.23 所示，其常用方法如表 12.24 所示。

表 12.23 Columns 集合的常用属性及其说明

Columns 集合的属性	说 明
Count	Columns 集合中列的个数
Item	检索 Columns 集合中指定索引处的列

表 12.24 Columns 集合的常用方法及其说明

Columns 集合的方法	说 明
Add	向 Columns 集合中添加一个列
AddRange	向 Columns 集合中添加一个列的数组
Clear	移除 Columns 集合中的所有列
Contains	确定指定列是否在 Columns 集合中
Equqls	判断是否等于当前对象
GetType	获取当前实例的 Type
Insert	将一个列插入到 Columns 集合中指定的索引处
IndexOf	检索指定的列在 Columns 集合中的索引
Remove	从 Columns 集合中移除指定的列
RemoveAt	移除 Columns 集合中指定索引处的列

2. DataColumn 对象

DataColumn 对象的常用属性如表 12.25 所示，其方法很少使用。

表 12.25 DataColumn 对象的常用属性及其说明

属 性	说 明
AllowDBNull	获取或设置一个值，该值指示对于属于该表的行此列中是否允许空值
Caption	获取或设置列的标题
ColumnName	获取或设置 DataColumnCollection 中的列的名称
DataType	获取或设置存储在列中的数据的类型
DefaultValue	在创建新行时获取或设置列的默认值
Expression	获取或设置表达式，用于筛选行、计算列中的值或创建聚合列
MaxLength	获取或设置文本列的最大长度
Table	获取列所属的 DataTable
Unique	获取或设置一个值，该值指示列的每一行中的值是否必须是唯一的

例如，以下语句在内存中建立一个 DataSet 对象 myds，向其中添加一个 DataTable 对象 mydt，向 mydt 中添加 3 个列，列名分别为 ID、cName 和 cBook，数据类型均为 String：

```
DataTable mydt = new DataTable();
DataColumn mycol1 = mydt.Columns.Add("ID", Type.GetType("System.String"));
mydt.Columns.Add("cName", Type.GetType("System.String"));
mydt.Columns.Add("cBook", Type.GetType("System.String"));
```

12.4.5 Rows 集合和 DataRow 对象

DataTable 对象的 Rows 属性是由行组成的，每个行都是一个 DataRow 对象。DataRow 对象用来表示 DataTable 中单独的一条记录。每一条记录都包含多个字段，DataRow 对象的 Item 属性表示这些字段，Item 属性加上索引值或字段名表示指定的字段值。

1. Rows 集合的属性和方法

Rows 集合的常用属性如表 12.26 所示，其常用方法如表 12.27 所示。

表 12.26 Rows 集合的常用属性及其说明

Rows 集合的属性	说 明
Count	Rows 集合中行的个数
Item	检索 Rows 集合中指定索引处的行

表 12.27 Rows 集合的常用方法及其说明

Rows 集合的方法	说 明
Add	向 Rows 集合中添加一个行
AddRange	向 Rows 集合中添加一个行的数组
Clear	移除 Rows 集合中的所有行
Contains	确定指定行是否在 Rows 集合中
Equqls	判断是否等于当前对象
GetType	获取当前实例的 Type
Insert	将一个行插入到 Rows 集合中指定的索引处
IndexOf	检索指定的行在 Rows 集合中的索引
Remove	从 Rows 集合中移除指定的行
RemoveAt	移除 Rows 集合中指定索引处的行

2. DataRow 对象

DataRow 对象的常用属性如表 12.28 所示，其方法如表 12.29 所示。

表 12.28 DataRow 对象的常用属性及其说明

属 性	说 明
Item	获取或设置存储在指定列中的数据
ItemArray	通过一个数组来获取或设置此行的所有值
Table	获取该行拥有其架构的 DataTable

表 12.29 DataRow 对象的常用方法及其说明

方 法	说 明
AcceptChanges	提交自上次调用 AcceptChanges 以来对该行进行的所有更改
Delete	删除 DataRow
EndEdit	终止发生在该行的编辑
IsNull	获取一个值，该值指示指定的列是否包含空值

第 12 章　ADO.NET 数据库访问技术

【例 12.15】　设计一个通过 DataSet 对象创建一个表并显示其中添加的记录的网页 WebForm6。

解：其步骤如下。

① 在 ch12 网站添加一个代码隐藏页模型的 WebForm6 空网页。

② 其设计界面如图 12.25 所示，其中包含一个 GridView 控件 GridView1 和一个 Button 控件 Button1。在该网页上设计如下事件过程：

```csharp
using System.Data;
protected void Button1_Click(object sender, EventArgs e)
{   DataSet myds = new DataSet();
    DataTable mydt = new DataTable("course");
    myds.Tables.Add(mydt);
    mydt.Columns.Add("ID", Type.GetType("System.String"));
    mydt.Columns.Add("cName", Type.GetType("System.String"));
    mydt.Columns.Add("cBook", Type.GetType("System.String"));
    DataRow myrow1 = mydt.NewRow();
    myrow1["ID"] = "101";
    myrow1["cName"] = "C语言";
    myrow1["cBook"] = "C语言教程";
    myds.Tables[0].Rows.Add(myrow1);
    DataRow myrow2 = mydt.NewRow();
    myrow2["ID"] = "120";
    myrow2["cName"] = "数据结构";
    myrow2["cBook"] = "数据结构教程";
    myds.Tables[0].Rows.Add(myrow2);
    GridView1.DataSource = mydt;
    //或 GridView1.DataSource = myds.Tables["course"];
    GridView1.DataBind();
}
```

上述事件过程在内存中建立一个 DataSet 对象 myds，向其中添加一个 DataTable 对象 mydt，向 mydt 中添加 3 个列，列名分别为 ID、cName 和 cBook，数据类型均为 String，再向 mydt 中添加两行数据。通过设置 GridView1 的 DataSource 属性为 mydt 让 GridView1 控件显示表数据。有关 GridView 控件的使用将在后面介绍。

③ 单击工具栏中的 ▶ Internet Explorer 按钮运行本网页，然后单击"显示 DataSet 中的表"命令按钮，运行结果如图 12.26 所示。

图 12.25　WebForm6 网页设计界面

图 12.26　WebForm6 网页运行界面

12.5 数据源控件

12.5.1 数据源控件概述

ASP.NET 包含一些数据源控件，这些数据源控件允许用户使用不同类型的数据源，如数据库、XML 文件或中间层业务对象。数据源控件用于连接到数据源，从中检索数据，并使得其他控件可以绑定到数据源而无须代码。数据源控件还支持修改数据。

.NET 框架提供了支持不同数据绑定方案的数据源控件，常用的数据源控件如表 12.30 所示，它们都位于 System.Web.UI.WebControls 命名空间。

表 12.30 常用的数据源控件及其说明

数据源控件	说明
SqlDataSource	表示数据绑定控件的 SQL 数据库
ObjectDataSource	表示为多层 Web 应用程序体系结构中的数据绑定控件提供数据的业务对象
XmlDataSource	表示数据绑定控件的 XML 数据源
SiteMapDataSource	提供了一个数据源控件，Web 服务器控件及其他控件可使用该控件绑定到分层的站点地图数据
EntityDataSource	表示 ASP.NET 应用程序中数据绑定控件的实体数据模型（EDM）
LinqDataSource	支持通过标记文本在 ASP.NET 网页中使用语言集成查询（LINQ），以从数据对象中检索和修改数据

注意：数据源控件仅用作 ASP.NET 网页和数据库之间的"桥梁"。也就是说，数据源控件只检索数据库数据，且不具有任何在网页中显示所检索数据的能力。如果要显示数据，需要使用相关的数据绑定控件，如 GridView 等。

使用数据源控件的优势在于：一是可以得到完全声明性的数据绑定模型，新的模型减少了以内联方式插入到 .aspx 网页中再分散在代码隐藏类中的松散代码；二是数据源控件从本质上改变了代码的质量，原来添加在事件过程中的代码消失，被插入到现有框架中的组件所代替，这些组件派生于抽象类，实现了已知的接口，意味着更高级别的可重用性。

本节讨论 SqlDataSource 控件和 LinkDataSource，XMLDataSource 控件与它们类似，主要是用于连接 XML 文档。SiteMapDataSource 控件在第 10 章已介绍，ObjectDataSource 和 EntityDataSource 数据源控件将在后面几章介绍。

12.5.2 SqlDataSource 控件

SqlDataSource 控件位于工具箱的"数据"类别中，图标为 SqlDataSource，对应命名空间 System.Web.UI.WebControls 中的 SqlDataSource 类。SqlDataSource 控件用于表示到 Web 应用程序中数据库的直接连接。数据绑定控件（如 GridView、DetailsView 和 FormView 控件）可以使用 SqlDataSource 控件自动检索和修改数据，可以将用来选择、插入、更新和删除数据的命令指定为 SqlDataSource 控件的一部分，并让该控件自动执行这些操作。用户无须编写代码来创建连接并指定用于查询和更新数据库的命令。

1. SqlDataSource 控件的属性、方法和事件

SqlDataSource 控件的构造函数如下。

- SqlDataSource()：初始化 SqlDataSource 类的新实例。
- SqlDataSource(string connectionString, string selectCommand)：使用指定的连接字符串和 Select 命令初始化 SqlDataSource 类的新实例。
- SqlDataSource(string providerName, string connectionString, string selectCommand)：使用指定的连接字符串和 Select 命令初始化 SqlDataSource 类的新实例。

其中，providerName 参数指出 SqlDataSource 使用的数据提供程序的名称，如果没有设置任何提供程序，则在默认情况下 SqlDataSource 使用 Microsoft SQL Server 的 ADO.NET 提供程序。connectionString 参数作为与基础数据库建立连接的连接字符串。selectCommand 参数用于从基础数据库中检索数据的 SQL 查询，如果该 SQL 查询是参数化的 SQL 字符串，可能需要将 Parameter 对象添加到 SelectParameters 集合中。

SqlDataSource 控件的常用属性、方法和事件分别如表 12.31～表 12.33 所示。

表 12.31 SqlDataSource 控件的常用属性及其说明

属 性	说 明
ConnectionString	获取或设置特定于 ADO.NET 提供程序的连接字符串，SqlDataSource 控件使用该字符串连接基础数据库
DataSourceMode	获取或设置 SqlDataSource 控件获取数据所用的数据检索模式
DeleteCommand	获取或设置 SqlDataSource 控件从基础数据库删除数据所用的 SQL 字符串
DeleteCommandType	获取或设置一个值，该值指示 DeleteCommand 属性中的文本是 SQL 语句还是存储过程的名称
DeleteParameters	从与 SqlDataSource 控件相关联的 SqlDataSourceView 对象获取包含 DeleteCommand 属性所使用的参数的集合
FilterExpression	获取或设置调用 Select 方法时应用的筛选表达式
FilterParameters	获取与 FilterExpression 字符串中的任何参数占位符关联的参数的集合
InsertCommand	获取或设置 SqlDataSource 控件将数据插入基础数据库所用的 SQL 字符串
InsertCommandType	获取或设置一个值，该值指示 InsertCommand 属性中的文本是 SQL 语句还是存储过程的名称
InsertParameters	从与 SqlDataSource 控件相关联的 SqlDataSourceView 对象获取包含 InsertCommand 属性所使用的参数的集合
ProviderName	获取或设置 .NET Framework 数据提供程序的名称，SqlDataSource 控件使用该提供程序来连接基础数据源
SelectCommand	获取或设置 SqlDataSource 控件从基础数据库检索数据所用的 SQL 字符串
SelectCommandType	获取或设置一个值，该值指示 SelectCommand 属性中的文本是 SQL 查询还是存储过程的名称
SelectParameters	从与 SqlDataSource 控件相关联的 SqlDataSourceView 对象获取包含 SelectCommand 属性所使用的参数的集合
SortParameterName	获取或设置存储过程参数的名称，在使用存储过程执行数据检索时该存储过程参数用于对检索到的数据进行排序
UpdateCommand	获取或设置 SqlDataSource 控件更新基础数据库中的数据所用的 SQL 字符串
UpdateCommandType	获取或设置一个值，该值指示 UpdateCommand 属性中的文本是 SQL 语句还是存储过程的名称
UpdateParameters	从与 SqlDataSource 控件相关联的 SqlDataSourceView 控件获取包含 UpdateCommand 属性所使用的参数的集合

表 12.32　SqlDataSource 控件的常用方法及其说明

方法	说明
DataBind	将数据源绑定到被调用的服务器控件及其所有子控件
Delete	使用 DeleteCommand 字符串和 DeleteParameters 集合中的所有参数执行删除操作
Insert	使用 InsertCommand 字符串和 InsertParameters 集合中的所有参数执行插入操作
Select	使用 SelectCommand 字符串以及 SelectParameters 集合中的所有参数从基础数据库中检索数据
Update	使用 UpdateCommand 字符串和 UpdateParameters 集合中的所有参数执行更新操作

表 12.33　SqlDataSource 控件的常用事件及其说明

事件	说明
DataBinding	当服务器控件绑定到数据源时引发
Deleted	完成删除操作后引发
Deleting	执行删除操作前引发
Disposed	当从内存释放服务器控件时引发,这是请求 ASP.NET 页时服务器控件生存期的最后阶段
Filtering	执行筛选操作前引发
Init	当服务器控件初始化时引发,初始化是控件生存期的第一步
Inserted	完成插入操作后引发
Inserting	执行插入操作前引发
Load	当服务器控件加载到 Page 对象中时引发
PreRender	在加载 Control 对象之后、呈现之前引发
Selected	完成数据检索操作后引发
Selecting	执行数据检索操作前引发
Unload	当服务器控件从内存中卸载时引发
Updated	完成更新操作后引发
Updating	执行更新操作前引发

2. SqlDataSource 控件的功能

SqlDataSource 控件提供了选择和显示数据,对数据进行排序、分页和缓存,更新、插入和删除数据,使用运行时参数筛选数据等功能,其主要的功能及要求如表 12.34 所示。

表 12.34　SqlDataSource 控件的功能及其要求

功能	说明
缓存	将 DataSourceMode 属性设置为 DataSet 值、EnableCaching 属性设置为 True,并根据希望缓存数据所具有的缓存行为设置 CacheDuration 和 CacheExpirationPolicy 属性
删除	将 DeleteCommand 属性设置为删除数据所用的 SQL 语句。此语句通常是参数化的
筛选	将 DataSourceMode 属性设置为 DataSe 值,将 FilterExpression 属性设置为在调用 Select 方法时用于筛选数据的筛选表达式
插入	将 InsertCommand 属性设置为插入数据所用的 SQL 语句。此语句通常是参数化的
分页	SqlDataSource 当前不支持此功能,但是将 DataSourceMode 属性设置为 DataSet 值时某些数据绑定控件(例如 GridView)支持分页
选择	将 SelectCommand 属性设置为检索数据所用的 SQL 语句
排序	将 DataSourceMode 属性设置为 DataSet
更新	将 UpdateCommand 属性设置为更新数据所用的 SQL 语句。此语句通常是参数化的

3. 使用 SqlDataSource 控件连接到 SQL Server 数据库

用户可以将 SqlDataSource 控件连接到 SQL Server 数据库，然后使用某些控件（例如 GridView）来显示或编辑数据。下面通过一个示例说明操作过程。

【例 12.16】 设计一个通过 SqlDataSource 控件来访问 student 表，并采用 GridView 控件显示所有记录的网页 WebForm7。

解：其步骤如下。

① 在 ch12 网站添加一个代码隐藏页模型的 WebForm7 空网页。

② 切换到设计视图，从工具箱的"数据"类别中将 SqlDataSource 控件拖动到网页上。如果智能标记面板没有显示，单击 SqlDataSource1 控件右上方的智能标记 ▶ 。

③ 在"SqlDataSource 任务"列表中选择"配置数据源"命令将显示"配置数据源-SqlDataSource1"向导，出现"选择您的数据连接"对话框，如图 12.27 所示，单击"新建连接"按钮。

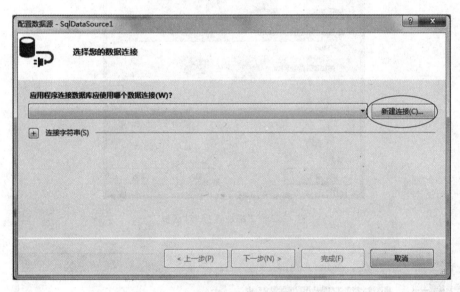

图 12.27 "选择您的数据连接"对话框

④ 出现"添加连接"对话框，在"服务器名"中输入或选择"LCB-PC\SQLEXPRESS"项，选中"使用 SQL Server 身份验证"，在"用户名"文本框中输入"sa"，在"密码"文本框中输入"12345"，选择"Stud"数据库，如图 12.28 所示。单击"测试连接"按钮后出现连接成功信息，单击"确定"按钮返回到"选择您的数据连接"对话框，直接单击"下一步"按钮。

⑤ 出现"将连接字符串保存到应用程序配置文件中"对话框，保持默认值，如图 12.29 所示，单击"下一步"按钮。

若这一步中勾选"是，将此连接另存为"复选框，则自动在 Web.config 文件的 <connectionStrings> 节中添加如下代码：

```
< add name = "StudConnectionString" connectionString = "Data Source = LCB - PC\SQLEXPRESS;
    Initial Catalog = Stud; User ID = sa; Password = 12345"
providerName = "System.Data.SqlClient" />
```

其中，StudConnectionString 连接部分是本次操作新增加的，以后在网页设计中可以使用这个新连接。

图 12.28 "添加连接"对话框

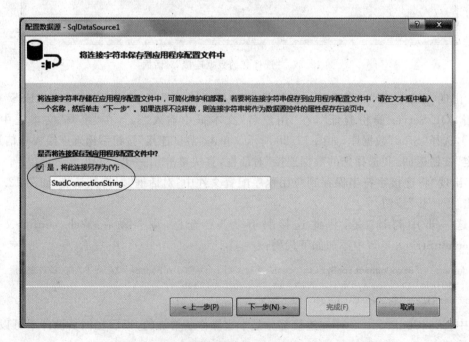

图 12.29 "将连接字符串保存到应用程序配置文件中"对话框

第 12 章　ADO.NET 数据库访问技术

⑥ 出现"配置 Select 语句"对话框，选择"student"表，并勾选所有列，如图 12.30 所示。单击"高级"按钮，出现"高级 SQL 生成选项"对话框，勾选"生成 INSERT、UPDATE 和 DELETE 语句"复选框，如图 12.31 所示，单击"确定"按钮返回到"配置 Select 语句"对话框，再单击"下一步"按钮。

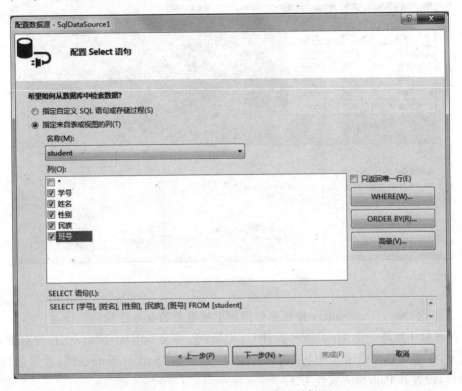

图 12.30　"配置 Select 语句"对话框

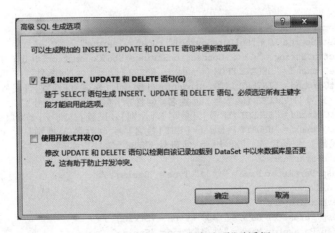

图 12.31　"高级 SQL 生成选项"对话框

⑦ 在出现的对话框中单击"测试查询"按钮，出现如图 12.32 所示的对话框，表示查找成功，单击"完成"按钮。

这样就在网页中建立好了 SqlDataSource1 控件，并自动设置其 SelectQuery 属性。这些 SQL 语句分别用于 SqlDataSource1 控件执行查询、插入、修改和删除操作，而且只能执行这样

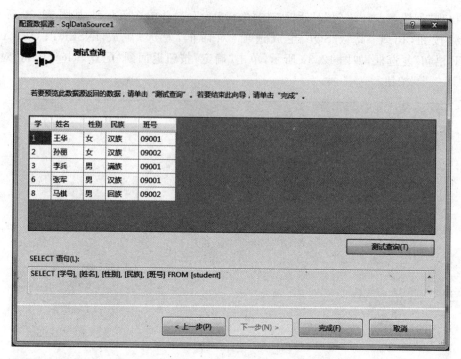

图 12.32 "测试查询"对话框

的操作,不能像 ObjectDataSource 控件那样指定更加复杂的业务逻辑。

⑧ 在网页中拖放一个 GridView 控件 GridView1,单击 SqlDataSource1 控件右上方的智能标记▶,在出现的快捷菜单中将"选择数据源"选择为"SqlDataSource1",并勾选"启动分页"复选框,设置其 PageSize 属性为3。

这样 WebForm7 网页的设计界面如图 12.33 所示,其源视图代码的<body>部分如下:

```
<body>
  <form id="form1" runat="server">
    <asp:SqlDataSource ID="SqlDataSource1" runat="server"
      ConnectionString="<%$ ConnectionStrings:StudConnectionString %>"
      DeleteCommand="DELETE FROM [student] WHERE [学号] = @学号"
      InsertCommand="INSERT INTO [student] ([学号],[姓名],[性别],[民族],
         [班号]) VALUES (@学号,@姓名,@性别,@民族,@班号)"
      SelectCommand="SELECT [学号],[姓名],[性别],[民族],[班号] FROM [student]"
      UpdateCommand="UPDATE [student] SET [姓名] = @姓名,[性别] = @性别,
         [民族] = @民族,[班号] = @班号 WHERE [学号] = @学号">
      <DeleteParameters>
        <asp:Parameter Name="学号" Type="String" />
      </DeleteParameters>
      <InsertParameters>
        <asp:Parameter Name="学号" Type="String" />
        <asp:Parameter Name="姓名" Type="String" />
        <asp:Parameter Name="性别" Type="String" />
        <asp:Parameter Name="民族" Type="String" />
        <asp:Parameter Name="班号" Type="String" />
      </InsertParameters>
      <UpdateParameters>
        <asp:Parameter Name="姓名" Type="String" />
        <asp:Parameter Name="性别" Type="String" />
```

```
                <asp:Parameter Name = "民族" Type = "String" />
                <asp:Parameter Name = "班号" Type = "String" />
                <asp:Parameter Name = "学号" Type = "String" />
            </UpdateParameters>
        </asp:SqlDataSource>
        <div>
            <asp:GridView ID = "GridView1" runat = "server" AllowPaging = "True"
                AutoGenerateColumns = "False" DataKeyNames = "学号"
                DataSourceID = "SqlDataSource1" PageSize = "3">
                <Columns>
                    <asp:BoundField DataField = "学号" HeaderText = "学号" ReadOnly = "True"
                        SortExpression = "学号" />
                    <asp:BoundField DataField = "姓名" HeaderText = "姓名"
                        SortExpression = "姓名" />
                    <asp:BoundField DataField = "性别" HeaderText = "性别"
                        SortExpression = "性别" />
                    <asp:BoundField DataField = "民族" HeaderText = "民族"
                        SortExpression = "民族" />
                    <asp:BoundField DataField = "班号" HeaderText = "班号"
                        SortExpression = "班号" />
                </Columns>
            </asp:GridView>
        </div>
    </form>
</body>
```

在源视图代码中，SqlDataSource 控件的 ConnectionString 属性指定用于连接到数据库的连接字符串。如果选择将连接字符串信息保存在 Web.config 配置文件中，该值为 Web.config 文件中连接字符串设置的名称，语法<%$ ConnectionStrings:StudConnectionString %>告诉数据源控件查看应用的连接字符串信息以检索适当的信息。如果选择不将连接字符串保存在 Web.config 文件中，在这里将用自己定义的完整连接字符串代替<%$ ConnectionStrings:StudConnectionString %>。

⑨ 单击工具栏中的 ▶ Internet Explorer 按钮运行本网页，运行结果如图 12.34 所示。

图 12.33　WebForm7 网页设计界面

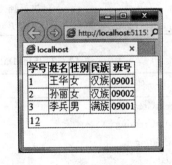

图 12.34　WebForm7 网页运行界面

说明：本例中完全通过用户操作生成 SqlDataSource1 控件的相关属性，不需要编写任何代码。如果对应的数据库表没有设置主键，则在第⑥步单击"高级"按钮后出现的"高级 SQL 生成选项"对话框中不能勾选"生成 INSERT、UPDATE 和 DELETE 语句"复选框，也就是说不能自动生成 SqlDataSource1 控件的 InsertCommand 属性、UpadteCommand 属性和 DeleteCommand 属性，这样也就不能通过 SqlDataSource1 控件实现基础数据库表中相应数据的插入、修改和删除操作。

12.5.3 LinkDataSource 控件

LinkDataSource 控件位于工具箱的"数据"类别中,图标为 LinqDataSource,对应命名空间 System.Web.UI.WebControls 中的 LinkDataSource 类。LinkDataSource 控件支持通过标记文本在 ASP.NET 网页中使用语言集成查询(LINQ),以从数据对象中检索和修改数据,即支持对数据对象的查询、插入、删除和更新操作。

LinkDataSource 控件的常见属性如表 12.35 所示,常见方法如表 12.36 所示,常见事件如表 12.37 所示。

表 12.35 LinkDataSource 控件的常见属性及其说明

属性	说明
Context	为当前 Web 请求获取与服务器控件关联的 HttpContext 对象
ContextTypeName	获取或设置包含属性(其值包含要检索的数据)的类型的名称
EnableDelete	获取或设置一个值,该值指示是否可以通过 LinqDataSource 控件删除数据记录
EnableInsert	获取或设置一个值,该值指示是否可以通过 LinqDataSource 控件插入数据记录
EnableUpdate	获取或设置一个值,该值指示是否可以通过 LinqDataSource 控件更新数据记录
GroupBy	获取或设置一个值,该值指定用于对检索到的数据进行分组的属性
OrderBy	获取或设置一个值,该值指定用于对检索到的数据进行排序的字段
OrderGroupsBy	获取或设置用于对分组数据进行排序的字段
Select	获取或设置属性和计算值,它们包含在检索到的数据中
TableName	获取或设置数据上下文类中的属性或字段的名称,该数据上下文类表示一个数据集合
Where	获取或设置一个值,该值指定要将记录包含在检索到的数据中必须为真的条件

表 12.36 LinkDataSource 控件的常见方法及其说明

方法	说明
DataBind	将数据源绑定到被调用的服务器控件及其所有子控件
Delete	执行删除操作
Insert	执行插入操作
Update	执行更新操作

表 12.37 LinkDataSource 控件的常见事件及其说明

事件	说明
ContextCreated	在创建上下文类型对象实例后引发
ContextCreating	在创建上下文类型对象实例前引发
DataBinding	当服务器控件绑定到数据源时发生
Deleted	完成删除操作后引发
Deleting	执行删除操作前引发
Inserted	完成插入操作后引发
Inserting	执行插入操作前引发
Selected	数据检索操作完成后引发
Selecting	执行数据检索操作前引发
Updated	完成更新操作后引发
Updating	执行更新操作前引发

LinkDataSource 控件的工作方式与 SqlDataSource 控件一样,也是把在控件上设置的属性转换为可以在目标数据对象上执行的查询。SqlDataSource 控件可以根据设置的属性生成 SQL 语句,LinkDataSource 控件也可以把设置的属性转换为有效的 LINQ,也就是说,LinqDataSource 控件使用 LINQ to SQL 来自动生成数据命令,有关 LINQ 和 LINQ to SQL 的内容将在下一章介绍。

在实际应用中,用户可以利用 LinkDataSource 控件的配置数据源向导来选择要查询的数据对象,可选的数据对象称为上下文对象(DataContext)。DataContext 表示 LINQ to SQL 框架的主入口点,它是通过数据库连接映射的所有实体的源,会跟踪用户对所有检索到的实体所做的更改,并且保留一个"标识缓存",该缓存确保使用同一对象实例表示多次检索到的实体。

Visual Studio 提供了用户 Object Relation(O/R)映射器,它可以快速地将基于 SQL 的数据源映射为 .NET Framework 的 CLR 元素,之后就可以使用 LINQ 查询了。

下面以 SQL Server 数据库 Stud 中的表 student 为目标数据说明利用 O/R 映射器创建上下文对象的步骤。

① 打开 ch12 网站,选择"网站|添加新项"命令,出现"添加新项-ch12"对话框,在中间列表中选择"LINQ to SQL 类",保持默认文件名 DataClasses.dbml,如图 12.35 所示,单击"添加"按钮。通常,系统会自动将该文件保存在 App_Code 目录中。

图 12.35 "添加新项-ch12"对话框

② 出现创建 DataClasses.dbml 的界面,如图 12.36 所示。如果没有出现该界面,用户可以在解决方案资源管理器中双击 DataClasses.dbml 文件名。如果没有出现服务器资源管理器,可以单击中部的"服务器资源管理器"超链接。如果服务器资源管理器中的数据连接部分为空,可以右击它,在出现的快捷菜单中选择"添加连接"命令来添加一个连接(其操作与 SqlDataSource 控件的建立连接过程相同)。

③ 在服务器资源管理器中选择 Stud 数据库中的 student 表,将其拖放到对象关系设计器中,设计器将显示其结构,并自动创建一个对应的实体类 student,如图 12.37 所示。

④ 单击工具栏中的 ■ 按钮保存文件。

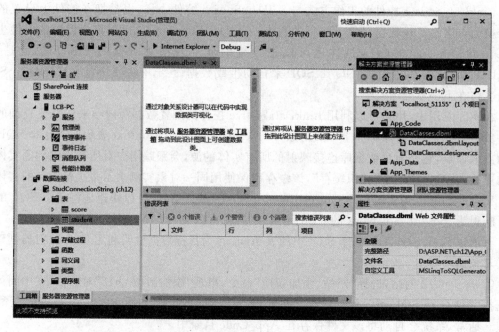

图 12.36 创建 DataClasses.dbml 的界面

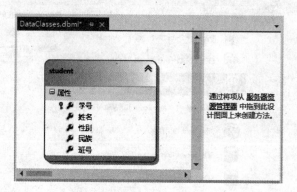

图 12.37 创建的上下文对象

student 实体类的部分代码如下：

```
public partial class student : INotifyPropertyChanging, INotifyPropertyChanged
{   private string _学号;
    private string _姓名;
    private string _性别;
    private string _民族;
    private string _班号;
    [global::System.Data.Linq.Mapping.ColumnAttribute(Storage = "_学号",
        DbType = "Char(5) NOT NULL", CanBeNull = false, IsPrimaryKey = true)]
    public string 学号                                  //学号属性
    {
        get
        {   return this._学号; }
        set
        {   if ((this._学号 != value))
            {   this.On学号Changing(value);
                this.SendPropertyChanging();
```

```
                this._学号 = value;
                this.SendPropertyChanged("学号");
                this.On学号Changed();
            }
        }
    }
    …
}
```

上述 student 类被映射成一个表,对应数据库中的 student 表。该类中定义了 5 个属性,对应表中的 5 个字段,其中,"_学号"字段是主键。

在建立了上下文对象后,访问其数据就很简单了。下面通过一个示例说明如何使用 LinkDataSource 控件实现对数据对象的查询。

【例 12.17】 设计一个通过 LinkDataSource 控件来访问 student 表,并采用 GridView 控件显示所有记录的网页 WebForm8。

解:其步骤如下。

① 在 ch12 网站添加一个代码隐藏页模型的 WebForm8 空网页。

② 切换到设计视图,从工具箱的"数据"类别中将 LinkDataSource 控件拖动到网页上。如果智能标记面板没有显示,单击 LinkDataSource1 控件右上方的智能标记 ▶ 。

③ 在"LinkDataSource 任务"列表中选择"配置数据源"命令将显示"配置数据源-LinqDataSource1"向导,出现"选择上下文对象"对话框,选择"DataClassesDataContext"上下文对象,如图 12.38 所示,然后单击"下一步"按钮。

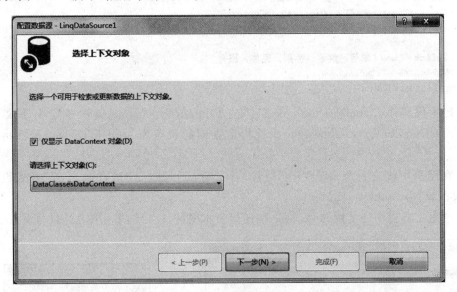

图 12.38 "选择上下文对象"对话框

④ 出现"配置数据选择"对话框,选择"student"表,选择字段,如图 12.39 所示,然后单击"高级"按钮。

⑤ 在出现的"高级选项"对话框中选择所有选项,如图 12.40 所示。然后单击"确定"按钮返回到"配置数据选择"对话框,再单击"完成"按钮。从网页源视图代码中看到 LinqDataSource1 的代码如下:

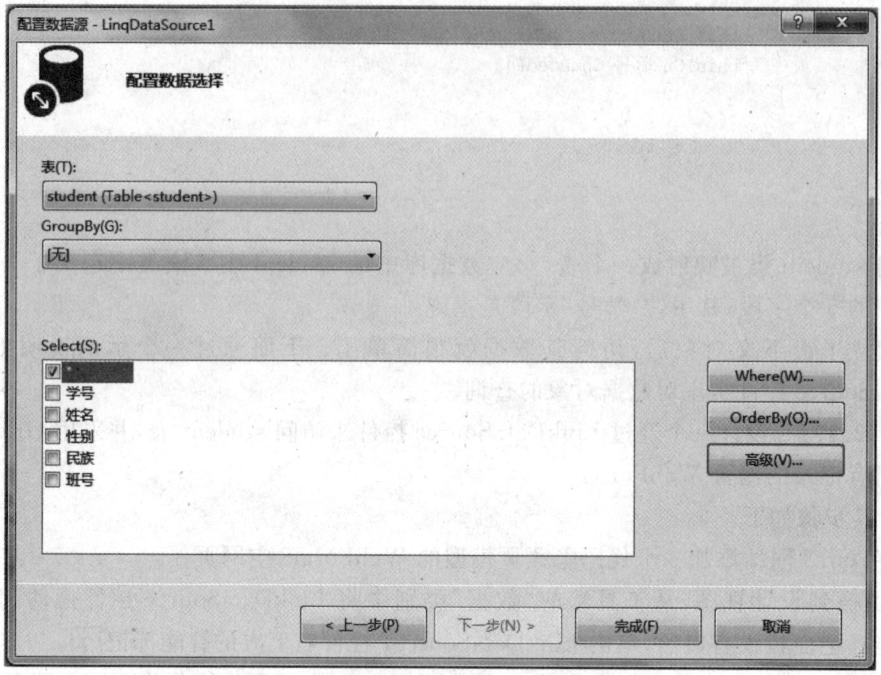

图12.39 "配置数据选择"对话框

```
<asp:LinqDataSource ID="LinqDataSource1" runat="server"
    ContextTypeName="DataClassesDataContext"
    EnableDelete="True" EnableInsert="True" EnableUpdate="True"
    EntityTypeName=""
    Select="new (学号,姓名,性别,民族,班号)"
    TableName="student">
</asp:LinqDataSource>
```

在上述代码中，LinqDataSource1 控件的 ContextTypeName 属性指定上下文对象为 DataClassesDataContext，TableName 属性指定查询的表名为 student，Select 属性指定字段列表。

⑥ 在网页中放入一个 GridView 控件 GridView1，通过"GridView 任务"列表设置它的"选择数据源"为 LinkDataSource1。

⑦ 单击工具栏中的 ▶ Internet Explorer 按钮运行本网页，运行结果如图 12.41 所示。

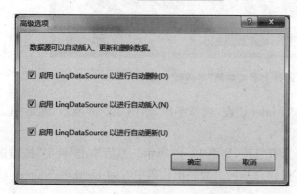

图12.40 "高级选项"对话框

图12.41 WebForm8 网页运行界面

12.6 数据绑定控件

12.6.1 数据绑定控件概述

数据绑定就是把数据连接到网页的过程,在数据绑定后,可以通过网页界面来操作数据库中的数据。

数据绑定控件将数据以标记的形式呈现给请求数据的浏览器。数据绑定控件可以绑定到数据源控件,并自动在页请求生命周期的适当时间获取数据。数据绑定控件可以利用数据源控件提供的功能,包括排序、分页、缓存、筛选、更新、删除和插入。数据绑定控件通过其 DataSourceID 属性连接到数据源控件。

ASP.NET 包括的数据绑定控件如表 12.38 所示。

表 12.38 ASP.NET 包括的数据绑定控件及其说明

数据绑定控件	说明
列表控件	以各种列表形式呈现数据。列表控件包括 BulletedList、CheckBoxList、DropDownList、ListBox 和 RadioButtonList 等标准服务器控件
GridView	以表的形式显示数据,并支持在不编写代码的情况下对数据进行编辑、更新、排序和分页
DataList	以表的形式呈现数据。每一项都使用用户定义的项模板呈现
DetailsView	以表格布局一次显示一个记录,并允许编辑、删除和插入记录,还可以翻阅多个记录
FormView	与 DetailsView 控件类似,但允许用户为每一个记录定义一种自动格式的布局。对于单个记录,FormView 控件与 DataList 控件类似
AdRotator	将广告作为图像呈现在网页上,用户可以通过单击该图像转到与广告关联的 URL
Menu	在可以包括子菜单的分层动态菜单中呈现数据
Repeater	以列表的形式呈现数据。每一项都使用用户定义的项模板呈现
TreeView	以可展开结点的分层树的形式呈现数据

12.6.2 列表控件的绑定

在列表控件中可以显示一组数据,可以和数据库表进行绑定,称为复合绑定。列表控件绑定的基本方法是通过 DataSource 属性指定绑定的数据源,DataTextField 属性指定要显示的表字段,然后调用 DataBind 方法。

例如设计一个网页,其中只有一个 HTML 文本"班号:"和一个下拉列表控件 DropDownList1,在该网页上设计如下事件过程:

```
protected void Page_Load(object sender, EventArgs e)
{   string mystr;
    mystr = System.Configuration.ConfigurationManager.
                ConnectionStrings["myconnstring"].ToString();
    SqlConnection myconn = new SqlConnection();
    myconn.ConnectionString = mystr;
    myconn.Open();
    DataSet myds = new DataSet();
    SqlDataAdapter myda = new SqlDataAdapter("SELECT distinct 班号 FROM student",
        myconn);
    myda.Fill(myds, "student");
    DropDownList1.DataSource = myds.Tables["student"];
```

```
DropDownList1.DataTextField = "班号";
DropDownList1.DataBind();                    //数据绑定
DropDownList1.Items.Insert(0,"所有选项");    //插入作为第一项
myconn.Close();
}
```

单击工具栏中的 ▶ Internet Explorer 按钮运行本网页,运行结果如图12.42所示。DropDownList1控件中有3个选项,后两个来自student表,第一项是通过Insert方法插入的。

注意:在运行网页时,DropDownList1控件中必须有一项被选择(默认为第一项)。有时不需要选择任何内容,可以采用本例的设计方式,在下拉列表控件添加"所有选项",然后通过DropDownList控件的SelectedValue属性进行判断,并做相应的处理。

图12.42 网页中的下拉列表控件

12.6.3 GridView控件

GridView控件称为列表视图控件,在工具箱的"数据"类别中,其图标为 ![GridView]。该控件用于在一个列表中显示数据源的值,其中每列表示一个字段,每行表示一条记录。它允许用户选择和编辑这些项以及对它们进行排序等。对应的GridView类位于System.Web.UI.WebControls命名空间。

1. GridView控件的常用属性、方法和事件

GridView控件的常用属性及其说明如表12.39所示,常用方法及其说明如表12.40所示,常用事件及其说明如表12.41所示。

表12.39 GridView控件的常用属性及其说明

属性	说明
AllowPaging	获取或设置一个值,该值指示是否启用分页功能
AllowSorting	获取或设置一个值,该值指示是否启用排序功能
AutoGenerateColumns	获取或设置一个值,该值指示是否为数据源中的每个字段自动创建绑定字段
Columns	获取表示GridView控件中列字段的DataControlField对象的集合
DataKeyNames	获取或设置一个数组,该数组包含了显示在GridView控件中的项的主键字段的名称
DataKeys	获取一个DataKey对象集合,这些对象表示GridView控件中的每一行的数据键值
DataMember	当数据源包含多个不同的数据项列表时,获取或设置数据绑定控件绑定到的数据列表的名称
DataSource	获取或设置对象,数据绑定控件从该对象中检索其数据项列表
DataSourceID	获取或设置控件的ID
GridLines	获取或设置GridView控件的网格线样式
PageCount	获取在GridView控件中显示数据源记录所需的页数
PageIndex	获取或设置当前显示页的索引
PagerSettings	获取对PagerSettings对象的引用,使用该对象可以设置GridView控件中的页导航按钮的属性
PagerStyle	获取对TableItemStyle对象的引用,使用该对象可以设置GridView控件中的页导航行的外观

续表

属性	说明
PagerTemplate	获取或设置 GridView 控件中页导航行的自定义内容
PageSize	获取或设置 GridView 控件在每页上所显示的记录的数目
Rows	获取表示 GridView 控件中数据行的 GridViewRow 对象的集合
SelectedDataKey	获取 DataKey 对象,该对象包含 GridView 控件中选中行的数据键值
SelectedIndex	获取或设置 GridView 控件中的选中行的索引
SelectedRow	获取对 GridViewRow 对象的引用,该对象表示控件中的选中行
SelectedValue	获取 GridView 控件中选中行的数据键值
SortDirection	获取正在排序的列的排序方向
SortExpression	获取与正在排序的列关联的排序表达式

表 12.40 GridView 控件的常用方法及其说明

方法	说明
DataBind	将数据源绑定到 GridView 控件
DeleteRow	从数据源中删除位于指定索引位置的记录
Sort	根据指定的排序表达式和方向对 GridView 控件进行排序
UpdateRow	使用行的字段值更新位于指定行索引位置的记录

表 12.41 GridView 控件的常用方法及其说明

事件	说明
DataBinding	当服务器控件绑定到数据源时引发
DataBound	在服务器控件绑定到数据源后引发
PageIndexChanged	在单击某一页导航按钮时,但在 GridView 控件处理分页操作之后引发
PageIndexChanging	在单击某一页导航按钮时,但在 GridView 控件处理分页操作之前引发
RowCommand	当单击 GridView 控件中的按钮时引发
RowDataBound	在 GridView 控件中将数据行绑定到数据时引发
RowDeleted	在单击某一行的"删除"按钮时,但在 GridView 控件删除该行之后引发
RowDeleting	在单击某一行的"删除"按钮时,但在 GridView 控件删除该行之前引发
RowEditing	在单击某一行的"编辑"按钮以后,GridView 控件进入编辑模式之前引发
RowUpdated	在单击某一行的"更新"按钮,并且 GridView 控件对该行进行更新之后引发
RowUpdating	在单击某一行的"更新"按钮以后,GridView 控件对该行进行更新之前引发
SelectedIndexChanged	在单击某一行的"选择"按钮,GridView 控件对相应的选择操作进行处理之后引发
SelectedIndexChanging	在单击某一行的"选择"按钮以后,GridView 控件对相应的选择操作进行处理之前引发
Sorted	在单击用于列排序的超链接时,但在 GridView 控件对相应的排序操作进行处理之后引发
Sorting	在单击用于列排序的超链接时,但在 GridView 控件对相应的排序操作进行处理之前引发

下面主要介绍几个常用的属性。

(1) PagerSettings 属性

使用 PagerSettings 属性控制 GridView 控件中页导航行的设置。它是一个 PagerSettings 对象的引用。

如果想要对分页编码进行设置（需将 AllowPaging 属性设置为 True），可以在 HTML 代码中为 GridView 控件添加分页导航条形式代码。也就是启用 GridView 的 PagerSettings 属性，在 PagerSettings 属性中可以根据需要设置 Mode 的值，从而实现分页编码的显示效果。PagerSettings 属性的 Mode 有下面 4 种取值。

- NextPrevious：上一页按钮和下一页按钮。
- NextPreviousFirstLast：上一页按钮、下一页按钮、第一页按钮和最后一页按钮。
- Numeric：可直接访问页面的带编号的链接按钮。
- NumericFirstLast：带编号的链接按钮、第一个链接按钮和最后一个链接按钮。

在将 Mode 属性设置为 NextPrevious、NextPreviousFirstLast 或 NumericFirstLast 值时，用户可以通过设置 PagerSettings 属性的以下属性来自定义非数字按钮的文字。

- FirstPageText：第一页按钮的文字。
- PreviousPageText：上一页按钮的文字。
- NextPageText：下一页按钮的文字。
- LastPageText：最后一页按钮的文字。

例如，在网页中有一个 GridView1 控件，其数据源的连接字符串为例 12.16 创建的 StudConnectionString，将 PageSize 属性设置为 2，设置其 PagerSettings 属性如下：

```
<PagerSettings
    Mode = "NextPreviousFirstLast"
    FirstPageText = "首页"
    LastPageText = "末页">
</PagerSettings>
```

该网页的各页面的显示结果如图 12.43 所示。

图 12.43　设置 PagerSettings 属性后 GridView 控件的显示结果

用户也可以通过设置 PagerSettings 属性的以下属性为非数字按钮显示图像。

- FirstPageImageUrl：为第一页按钮显示的图像的 URL。
- PreviousPageImageUrl：为上一页按钮显示的图像的 URL。
- NextPageImageUrl：为下一页按钮显示的图像的 URL。
- LastPageImageUrl：为最后一页按钮显示的图像的 URL。

（2）PageSize、PageCount 和 PageIndex 属性

PageSize 属性获取或设置一个页面中显示的记录个数。PageCount 属性获取或设置总的页数，PageIndex 获取或设置当前的页号。正确地使用这些属性可以实现分页功能。

(3) AutoGenerateColumns 属性

该属性获取或设置网页运行时是否基于关联的数据源自动生成列,其默认值为 True,也就是说,一旦指定了 GridView 控件的数据源,便自动生成相应的列。在有些情况下不希望自动生成列,而是通过"GridView 任务"列表的"编辑列"命令来设置相关的列,此时要将 AutoGenerateColumns 属性设为 False。

(4) DataKeyNames 和 DataKeys 属性

DataKeyNames 属性是一个字符串数组,指定表示数据源主键的字段。当设置了 DataKeyNames 属性时,GridView 控件自动为该控件中的每一行创建一个 DataKey 对象。DataKey 对象包含在 DataKeyNames 属性中指定的字段的值。DataKey 对象随后被添加到控件的 DataKeys 集合中。使用 DataKeys 属性检索 GridView 控件中特定数据行的 DataKey 对象。这提供了一种访问每个行的主键的便捷方法。例如:

```
GridView1.DataKeyNames = new string[] {"学号"};
…
TextBox1.Text = GridView1.DataKeys[0].Value.ToString();
```

GridView 控件的 DataKeyNames 属性可被设置为绑定到 GridView 的数据的主键列名,如果设置了该属性,GridView 控件将自动跟踪每行的主键列值。当绑定数据源控件到 GridView 控件时,该属性自动被设置为数据源控件返回的主键列。

(5) Rows 属性

该属性获取表示 GridView 控件中数据行的 GridViewRow 对象的集合,有关 GridViewRow 类的内容将在后面进一步介绍。

通过使用 GridViewRow 对象的 Cells 属性可以访问一行的单独单元格。如果某个单元格包含其他控件,则通过使用单元格的 Controls 集合可以从单元格检索控件。如果控件指定了 ID,还可以使用单元格的 FindControl 方法来查找该控件。

若要从 BoundField 字段列或自动生成的字段列检索字段值,需使用单元格的 Text 属性。若要从将字段值绑定到控件的其他字段列类型检索字段值,需先从相应的单元格检索控件,然后访问该控件的相应属性。

例如,以下代码显示第 2 行的姓名:

```
TextBox1.Text = GridView1.Rows[1].Cells[1].Text; //第 2 个单元格为姓名,索引均从 0 开始
```

2. 绑定到数据

GridView 控件可绑定到数据源控件(如 SqlDataSource 等)以及实现 System.Collections.IEnumerable 接口的任何数据源(如 System.Data.DataView、System.Collections.ArrayList 或 System.Collections.Hashtable),使用以下方法之一将 GridView 控件绑定到适当的数据源类型:

- 若要绑定到某个数据源控件,需将 GridView 控件的 ID 属性设置为该数据源控件的 ID 值。GridView 控件自动绑定到指定的数据源控件,并且可利用该数据源控件的功能来执行排序、更新、删除和分页功能。这是绑定到数据的首选方法。
- 若要绑定到某个实现 System.Collections.IEnumerable 接口的数据源,需以编程方式将 GridView 控件的 DataSource 属性设置为该数据源,然后调用 DataBind 方法。当使用此方法时,GridView 控件不提供内置的排序、更新、删除和分页功能,需要使用适当的事件提供此功能。

这里主要介绍第一种方法，下面通过一个例子进行说明。

【例12.18】 设计一个通过 GridView 控件显示 student 表记录的网页 WebForm9。

解：其步骤如下。

① 在 ch12 网站添加一个代码隐藏页模型的 WebForm9 空网页。

② 向其中拖放一个 GridView 控件 GridView1。

③ 在"GridView 任务"列表中选择"新建数据源"命令，如图 12.44 所示。

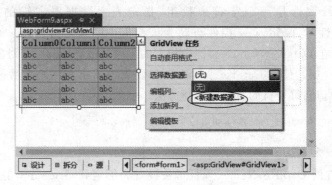

图 12.44 "GridView 任务"列表

④ 出现如图 12.45 所示的"选择数据源类型"对话框，选中"数据库"，保持默认的名称 SqlDataSource1，单击"确定"按钮。

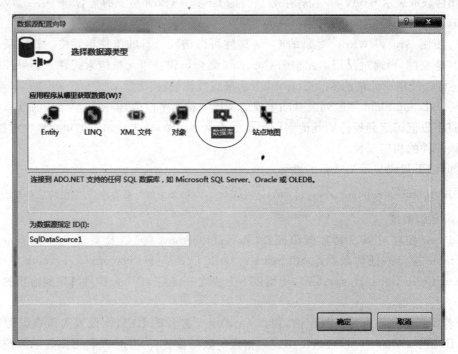

图 12.45 "选择数据源类型"对话框

⑤ 按照前面建立 SqlDataSource 控件数据源的方式，在这里指定其数据源为 Stud 数据库的 student 表，将 GridView1 控件的 PageSize 属性设置为 3。此时设置的"GridView 任务"列表如图 12.46 所示，在其中勾选相关选项。

第 12 章 ADO.NET 数据库访问技术

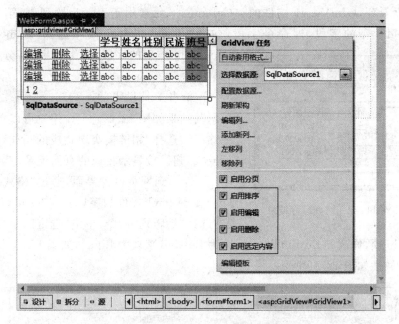

图 12.46 "GridView 任务"列表

在上述操作后,GridView1 控件的相关属性会自动更改,如 AllowPaging 属性会自动设置为 True 等。用户可以在"GridView 任务"列表中选择"编辑列"命令设置相关的列属性,还可以选择"自动套用格式"命令设置 GridView1 控件的外观等。

最后生成的 WebForm9 网页源视图代码的<body>部分如下:

```
<body>
    <form id = "form1" runat = "server">
        <asp:GridView ID = "GridView1" runat = "server" AllowPaging = "True"
            AllowSorting = "True" AutoGenerateColumns = "False" DataKeyNames = "学号"
            DataSourceID = "SqlDataSource1" PageSize = "3">
            <Columns>
                <asp:CommandField ShowDeleteButton = "True" ShowEditButton = "True"
                    ShowSelectButton = "True" />
                <asp:BoundField DataField = "学号" HeaderText = "学号" ReadOnly = "True"
                    SortExpression = "学号" />
                <asp:BoundField DataField = "姓名" HeaderText = "姓名"
                    SortExpression = "姓名" />
                <asp:BoundField DataField = "性别" HeaderText = "性别"
                    SortExpression = "性别" />
                <asp:BoundField DataField = "民族" HeaderText = "民族"
                    SortExpression = "民族" />
                <asp:BoundField DataField = "班号" HeaderText = "班号"
                    SortExpression = "班号" />
            </Columns>
        </asp:GridView>
        <asp:SqlDataSource ID = "SqlDataSource1" runat = "server"
            <- 这部分代码与例 12.16 中 SqlDataSource1 的源视图代码相同 ->
        </asp:SqlDataSource>
    </form>
</body>
```

从中可以看到,GridView1 控件的＜Columns＞元素用于表示字段列表,第一个字段是 CommandField 类型的字段,即命令字段,包含"编辑"、"删除"和"选择"超链接;其他为 BoundField 类型的字段,即绑定字段,分别与相应数据源的表字段绑定。

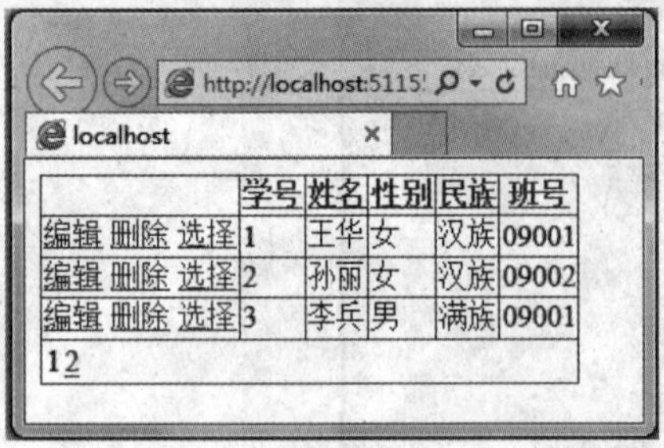

⑥ 单击工具栏中的 ▶ Internet Explorer 按钮运行本网页,其结果如图 12.47 所示,用户可以单击"编辑"、"删除"和"选择"超链接实现相应的功能,也可以单击"1"或"2"超链接显示相应的页面记录。

⑦ 返回到网页设计界面,通过"格式|字体"命令修改 GridView1 控件的字体。在"GridView 任务"列表中选择"编辑列"命令,单击"选定的字段"列表中的 CommandField 项,修改其 ButtonType 属性为 Button(默认为 Link),如图 12.48 所示,修改其 ControlStyle 属性如图 12.49 所示。

图 12.47 WebForm9 网页运行结果

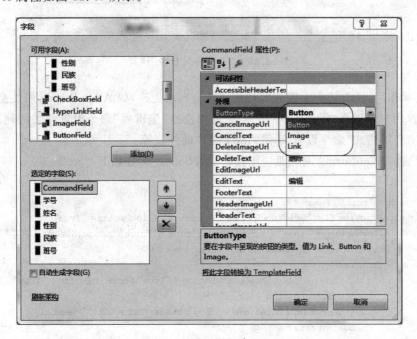

图 12.48 修改 CommandField 字段的 ButtonType 属性

⑧ 单击工具栏中的 ▶ Internet Explorer 按钮运行本网页,其结果如图 12.50 所示。

注意在运行时 GridView1 控件的每个绑定字段标题呈现超链接。另外,从前面的源视图代码中看到 GridView1 控件中每个绑定字段都有 SortExpression 属性,它指出排序的字段,所以在运行时单击 GridView1 控件中某个绑定字段的标题超链接,则会按其 SortExpression 属性指出的字段进行排序。图 12.51 所示的是单击"班号"标题超链接后的显示结果,3 个 09001 班的学生记录显示在第一页中。

说明:本例没有编写一行代码,都是通过用户操作来实现网页设计的,查看源代码有下面几点说明。

① 自动设置 GridView1 控件的 SqlDataSource ID 属性为"SqlDataSource1"。

第 12 章　ADO.NET 数据库访问技术

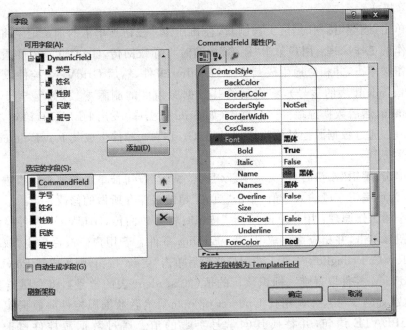

图 12.49　修改 CommandField 字段的 ControlStyle 属性

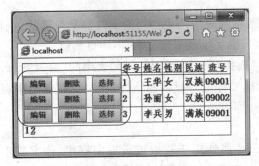

图 12.50　修改后 WebForm9 网页的运行结果

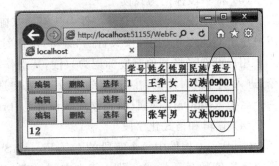

图 12.51　按班号排序后的运行结果

② SqlDataSource1 控件用于操作 Stud 数据库的 student 表。

③ 当 GridView 控件绑定到数据源控件 SqlDataSource1 时，DataKeyNames 属性自动被设置为数据源控件返回的主键列（这里为"学号"），GridView 控件中的每行都是以 DataKeyNames 属性值为关键字。

④ 如果不指定对应 SqlDataSource 控件的 UpdateCommand、InsertCommand 和 DeleteCommand 属性，则 GridView 控件不支持更新、插入和删除操作。本例通过操作自动设置了这些属性。

3. 基本数据操作

GridView 控件提供了很多内置功能，这些功能使得用户可以对控件中的项进行排序、更新、删除、选择和分页。当 GridView 控件绑定到某个数据源控件时，GridView 控件可利用该数据源控件的功能并提供自动排序、更新和删除功能。GridView 控件也可以为指定的数据源提供对排序、更新和删除的支持，但必须提供一个适当的事件处理程序，其中包含对这些操作的实现。

(1) 删除操作

当用户单击"删除"按钮时,网页被刷新,且其"删除"按钮被单击的那条记录将消失。

删除操作的工作原理:用户单击"删除"按钮时将导致回传,GridView 控件检测到特定行的"删除"按钮被单击,并相应地生成其 RowDeleting 事件,然后 GridView 控件取得唯一标识该行的值(如 student 表的学号),将它赋给其数据源控件的删除参数(如@学号),并调用其 DeleteCommand,然后数据源控件向数据库(如 Stud 数据库)发出 DELETE 语句,并替换其@学号参数的值。通过数据源控件删除该记录后,GridView 控件生成其 RowDeleted 事件。

(2) 编辑操作

当用户单击"编辑"按钮时,网页被刷新,且其"编辑"按钮被单击的那个行将进入可编辑状态,用户可以为可编辑字段输入新值,单击"更新"超链接保存所做的修改。

编辑操作的工作原理:用户单击"编辑"按钮时将导致回传,GridView 控件检测到特定行的"编辑"按钮被单击,并相应地生成其 RowEditing 事件。若用户修改后单击"取消"按钮,则相应地生成 RowCancelingEdit 事件。若用户修改后单击"更新"按钮,则生成其 RowUpdateing 事件,然后 GridView 控件取得唯一标识该行的值(如 student 表的学号),将它赋给其数据源控件的更新参数(如@学号),并调用其 UpdateCommand,然后数据源控件向数据库(如 Stud 数据库)发出 UPDATE 语句,并替换其@学号参数的值。通过数据源控件修改该记录后,GridView 控件生成其 RowUpdated 事件。

(3) 将字段标记为只读

在默认情况下,GridView 控件中映射到基础数据库表中的主键列的字段都是只读的。当用户单击 GridView 控件中某行的"编辑"按钮时,只读字段显示为文本,不能更新值。

用户可选择将其他字段标记为只读,其操作是选择"GridView 任务"列表中的"编辑列"命令,进入"字段"对话框,在"选定的字段"列表中选择要标记为只读的字段,在"行为"部分中有一个名为 ReadOnly 的属性,将该属性设置为 True 即可。

(4) 编辑和格式化字段

GridView 控件中每个字段的 DataFormatString 属性用于获取或设置字符串,该字符串指定字段值的显示格式。默认值为空字符串(""),表示尚无特殊格式设置应用于该字段值。当 GridView 控件中字段的 HtmlEncode 属性为 True 时,会在应用格式化字符串之前将字段值通过 HTML 编码变成其字符串表示形式。对于某些对象(如日期),可能需要通过格式化字符串控制对象的显示方式,此时,必须将 HtmlEncode 属性设置为 False。

默认情况下,只有当包含 BoundField 对象(GridView 控件中对应表列的每个字段均为 BoundField 对象)的数据绑定控件处于只读模式时,格式化字符串才应用到字段值。若要在编辑模式中将格式化字符串应用到字段值,需将 ApplyFormatInEditMode 属性设置为 True。

格式化字符串可以为任意字符串,并且通常包含字段值的占位符。例如,在格式化字符串"Item Value:{0}"中,当 BoundField 对象中显示字符串时,字段的值会代替{0}占位符。格式化字符串的剩余部分显示为文本。

注意如果格式化字符串不包含占位符,则来自数据源的字段值将不包含在最终显示文本中。占位符由用冒号分隔的两部分组成并用大括号括起,格式为{A:Bxx}。冒号前的值(常规示例中为 A)指定在从零开始的参数列表中的字段值的索引。注意此参数是格式化语法的一部分,因为每个单元格中只有一个字段值,所以这个值只能设置为 0。

该冒号以及冒号后面的值是可选的,冒号后的字符(常规示例中为 B)指定值的显示格式。

表12.42列出了一些常用格式。

表12.42 常用的格式及其说明

格式字符	说明	格式字符	说明
C	以货币格式显示数值	G	以常规格式显示数值
D	以十进制格式显示数值	N	以数字格式显示数值
E	以科学记数法(指数)格式显示数值	X	以十六进制格式显示数值
F	以固定格式显示数值		

其中格式字符不区分大小写,但X除外,它以指定的大小写形式显示十六进制字符。格式字符后的值(常规示例中为xx)指定显示的值的有效位数或小数位数。例如,格式化字符串"{0:F2}"将显示带两位小数的定点数。

4. 列对象处理

(1) 列字段

在默认情况下,GridView控件的AutoGenerateColumns属性被设置为True,为数据源中的每一个列创建一个字段。然后每个字段作为GridView控件中的列呈现,其顺序与每一字段在数据源中出现的顺序相同。

通过将AutoGenerateColumns属性设置为False,然后定义自己的列字段集合,也可以手动控制哪些列字段将显示在GridView控件中。不同的列字段类型决定控件中各列的行为。表12.43列出了可以使用的不同列字段类型。

表12.43 GridView控件的列字段类型及其说明

列字段类型	说明
BoundField	显示数据源中某个字段的值。这是GridView控件的默认列类型
ButtonField	为GridView控件中的每个项显示一个命令按钮。这样可以创建一列自定义按钮控件,如"添加"按钮或"移除"按钮
CheckBoxField	为GridView控件中的每一项显示一个复选框。此列字段类型通常用于显示具有布尔值的字段
CommandField	显示用来执行选择、编辑或删除操作的预定义命令按钮
HyperLinkField	将数据源中某个字段的值显示为超链接。此列字段类型允许将另一个字段绑定到超链接的URL
ImageField	为GridView控件中的每一项显示一个图像
TemplateField	根据指定的模板为GridView控件中的每一项显示用户定义的内容。此列字段类型允许创建自定义的列字段

选择"GridView任务"列表中的"编辑列"命令,打开"字段"对话框,如图12.52所示,通过该对话框可以进行列字段的添加、删除,或对列字段的属性进行设置等,如利用HeaderText属性设置列字段呈现的文本。

(2) 使用列模板

有时候,用户需要的功能是系统提供的列字段类型中不具备的,这样需要为应用程序添加列模板。

添加列模板有两种方式:第一种是通过"字段"对话框中的"可用字段"列表选取TemplateField选项,单击"添加"按钮,则在"选定的字段"列表中创建了一个模板列。第二种

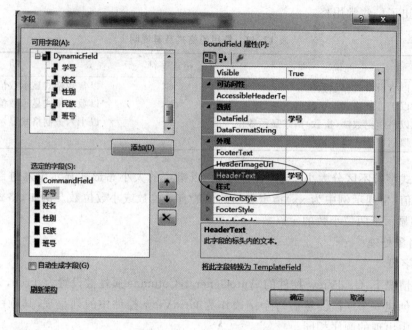

图 12.52 "字段"对话框

方式是通过把一个"选定的字段"列表中现有的列转换为模板列,通过单击"将此字段转换为 TemplateField"超链接完成。

在完成模板的转换后,选择"GridView 任务"列表中的"编辑模板"命令,就可以编辑该模板。TemplateField 类包含如表 12.44 所示的多个模板。

表 12.44 模板类型

模 板 类 型	说　　明
HeaderTemplate	在列头部显示一个单元格
FootTemplate	在列尾部显示一个单元格
ItemTemplate	显示模式下的每行单元格
AlternatiingItemTemplate	显示模式下的隔行单元格
EditItemTemplate	编辑模式下的单元格
EmptyDataTemplate	当没有相应数据时呈现给用户的外观表示
PagerTemplate	分页模式下呈现的外观

【例 12.19】 设计一个通过 GridView 控件显示 score 表记录的网页 WebForm10,要求显示分数对应的等级。

解:其步骤如下。

① 在 ch12 网站添加一个代码隐藏页模型的 WebForm10 空网页。

② 向其中拖放一个 GridView 控件 GridView1,在"GridView 任务"列表中选择"自动套用格式"命令,通过弹出的对话框设置 GridView1 控件的外观为"沙滩和天空",如图 12.53 所示。

③ 选择"新建数据源"命令,在出现的"选择数据源类型"对话框中单击"数据库",保持默认的名称为 SqlDataSource1,然后单击"确定"按钮。

第 12 章　ADO.NET 数据库访问技术

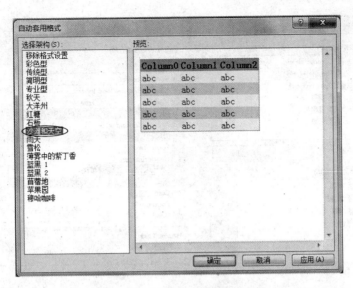

图 12.53　"自动套用格式"对话框

④ 出现"选择您的数据连接"对话框,可以从"应用程序连接数据库应使用哪个数据连接"列表中选择前面在 Web.config 中添加的数据连接,这里选择连接字符串"StudConnectionString"(StudConnectionString 连接字符串是在例 12.16 中创建的),如图 12.54 所示,再单击"下一步"按钮,按照前面建立 SqlDataSource 控件数据源的方式指定数据源为 Stud 数据库的 score 表。

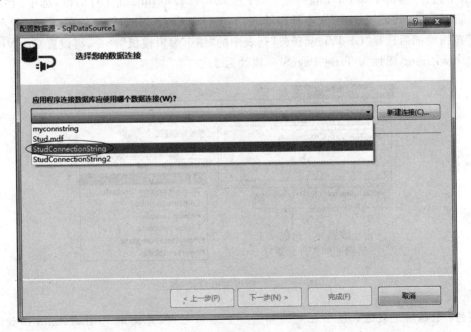

图 12.54　"选择您的数据连接"对话框

⑤ 从"GridView 任务"列表中选择"编辑列"命令,出现"字段"对话框,从"可用字段"列表中选中"TemplateField",单击"添加"按钮将其加入到"选定的字段"列表中,然后选中它,在 TemplateField 属性中将 HeaderText 属性改为"等级",如图 12.55 所示,再单击"确定"按钮返回。

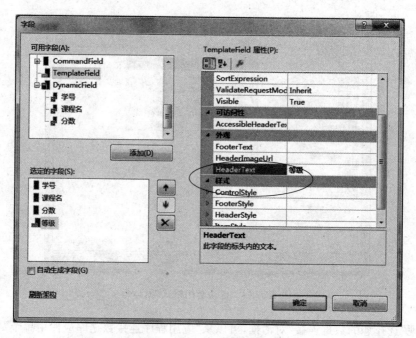

图 12.55 "字段"对话框

⑥ 在"GridView 任务"列表中选择"编辑模板"命令，出现如图 12.56 所示的"模板编辑模式"列表，从中选择 ItemTemplate。在 ItemTemplate 区中拖放一个 Label 控件，从"Label 任务"列表中选择"编辑 DataBindings"命令，打开 Label1 DataBindings 对话框，选中"自定义绑定"单选按钮，在"代码表达式"文本框中输入 GetLevel(Eval("分数"))，如图 12.57 所示，单击"确定"按钮返回后选择"GridView 任务"列表中的"结束编辑模板"命令，再设置 GridView1 控件的 AllowPaging 属性为 True、PageSize 属性为 5。

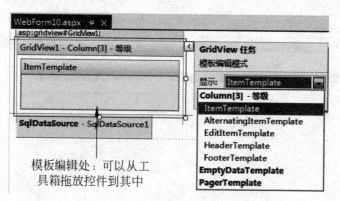

图 12.56 "模板编辑模式"列表

注意：数据绑定表达式包含在＜％和％＞分隔符之内，并使用 Eval 或 Bind 函数。Eval 函数用于定义单向（只读）绑定，Bind 函数用于定义双向（可更新）绑定。在调用控件或 Page 对象的 DataBind 方法时会对数据绑定表达式进行解析。当控件仅显示值时可以使用 Eval 方法，当用户可以修改数据值时可以使用 Bind 方法。如果模板包含值可能被用户更改的控件，如 TextBox 或 CheckBox 控件，或者模板允许删除记录，则需使用 Bind 方法。

第 12 章 ADO.NET 数据库访问技术

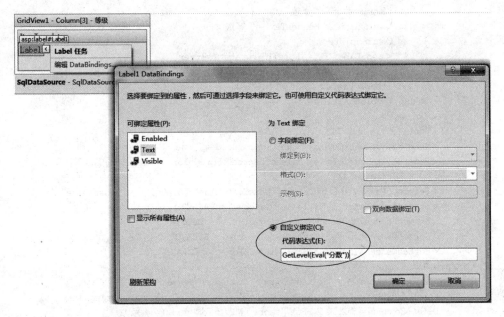

图 12.57 Label1 DataBindings 对话框

⑦ 在本网页上设计如下方法：

```
public string GetLevel(object s)
{   int fs = int.Parse(s.ToString());
    if (fs >= 90)
        return("优");
    else if (fs >= 80)
        return("良");
    else if (fs >= 70)
        return("中");
    else if (fs >= 60)
        return("及格");
    else
        return("不及格");
}
```

WebForm9 网页源视图代码中的＜body＞部分如下：

```
< body >
  < form id = "form1" runat = "server">
    < div >
      < asp:GridView ID = "GridView1" runat = "server" AllowPaging = "True"
          AutoGenerateColumns = "False" BackColor = "LightGoldenrodYellow"
          BorderColor = "Tan" BorderWidth = "1px" CellPadding = "2"
          DataKeyNames = "学号,课程名" DataSourceID = "SqlDataSource1"
          ForeColor = "Black" GridLines = "None" PageSize = "5">
        < AlternatingRowStyle BackColor = "PaleGoldenrod" />
        < Columns >
          < asp:BoundField DataField = "学号" HeaderText = "学号" ReadOnly = "True"
              SortExpression = "学号" />
          < asp:BoundField DataField = "课程名" HeaderText = "课程名" ReadOnly = "True"
              SortExpression = "课程名" />
          < asp:BoundField DataField = "分数" HeaderText = "分数"
```

```
                        SortExpression = "分数" />
                    <asp:TemplateField HeaderText = "等级">
                        <ItemTemplate>
                            <asp:Label ID = "Label1" runat = "server"
                                Text = '<%# GetLevel(Eval("分数")) %>'></asp:Label>
                        </ItemTemplate>
                    </asp:TemplateField>
                </Columns>
                <FooterStyle BackColor = "Tan" />
                <HeaderStyle BackColor = "Tan" Font-Bold = "True" />
                <PagerStyle BackColor = "PaleGoldenrod" ForeColor = "DarkSlateBlue"
                    HorizontalAlign = "Center" />
                <SelectedRowStyle BackColor = "DarkSlateBlue" ForeColor = "GhostWhite" />
                <SortedAscendingCellStyle BackColor = "#FAFAE7" />
                <SortedAscendingHeaderStyle BackColor = "#DAC09E" />
                <SortedDescendingCellStyle BackColor = "#E1DB9C" />
                <SortedDescendingHeaderStyle BackColor = "#C2A47B" />
            </asp:GridView>
            <asp:SqlDataSource ID = "SqlDataSource1" runat = "server"
                ConnectionString = "<%$ ConnectionStrings:StudConnectionString %>"
                DeleteCommand = "DELETE FROM [score] WHERE [学号] = @学号
                    AND [课程名] = @课程名"
                InsertCommand = "INSERT INTO [score] ([学号], [课程名], [分数])
                    VALUES (@学号, @课程名, @分数)"
                SelectCommand = "SELECT [学号], [课程名], [分数] FROM [score]"
                UpdateCommand = "UPDATE [score] SET [分数] = @分数
                    WHERE [学号] = @学号 AND [课程名] = @课程名">
                <DeleteParameters>
                    <asp:Parameter Name = "学号" Type = "String" />
                    <asp:Parameter Name = "课程名" Type = "String" />
                </DeleteParameters>
                <InsertParameters>
                    <asp:Parameter Name = "学号" Type = "String" />
                    <asp:Parameter Name = "课程名" Type = "String" />
                    <asp:Parameter Name = "分数" Type = "Double" />
                </InsertParameters>
                <UpdateParameters>
                    <asp:Parameter Name = "分数" Type = "Double" />
                    <asp:Parameter Name = "学号" Type = "String" />
                    <asp:Parameter Name = "课程名" Type = "String" />
                </UpdateParameters>
            </asp:SqlDataSource>
        </div>
    </form>
</body>
```

⑧ 单击工具栏中的 ▶ Internet Explorer 按钮运行本网页,其结果如图12.58所示,从中看到等级列会自动调用GrtLevel方法产生相应的结果。

【例12.20】 设计一个通过GridView控件显示student表记录的网页WebForm11,要求显示界面美观。

解:其步骤如下。

① 在 ch12 网站添加一个代码隐藏页模型的

图12.58 WebForm10网页运行界面

WebForm11空网页。

② 向其中拖放一个 GridView 控件 GridView1。对应网页源视图代码的<body>部分如下：

```
<body>
  <form id="form1" runat="server">
    <div>
      <asp:GridView ID="GridView1" runat="server" AutoGenerateColumns="False"
        CellSpacing="1" DataKeyNames="学号" DataSourceID="SqlDataSource1"
        style="color:#0000FF;font-size:medium;font-weight:400;font-family:仿宋">
        <Columns>
          <asp:CommandField ButtonType="Button" ShowSelectButton="True">
            <ControlStyle ForeColor="#FF0066" />
          </asp:CommandField>
          <asp:BoundField DataField="学号" HeaderText="学号" ReadOnly="True"
            SortExpression="学号">
            <HeaderStyle Font-Bold="True" ForeColor="#FF3399"
              HorizontalAlign="Center" Width="60px" />
            <ItemStyle HorizontalAlign="Center" />
          </asp:BoundField>
          <asp:BoundField DataField="姓名" HeaderText="姓名"
            SortExpression="姓名">
            <HeaderStyle ForeColor="#FF3399" HorizontalAlign="Center"
              Width="70px" />
            <ItemStyle HorizontalAlign="Center" />
          </asp:BoundField>
          <asp:BoundField DataField="民族" HeaderText="民族"
            SortExpression="民族">
            <HeaderStyle ForeColor="#FF3399" HorizontalAlign="Center"
              Width="50px" />
            <ItemStyle HorizontalAlign="Center" />
          </asp:BoundField>
          <asp:BoundField DataField="班号" HeaderText="班号"
            SortExpression="班号">
            <HeaderStyle ForeColor="#FF3399" HorizontalAlign="Center"
              Width="60px" />
            <ItemStyle HorizontalAlign="Center" />
          </asp:BoundField>
          <asp:TemplateField HeaderText="性别">
            <ItemTemplate>
              <asp:RadioButton ID="RadioButton1" runat="server"
                Checked='<%# Getxb1(Eval("性别")) %>' Text="男" />
              <asp:RadioButton ID="RadioButton2" runat="server"
                Checked='<%# Getxb2(Eval("性别")) %>' Text="女" />
            </ItemTemplate>
            <HeaderStyle ForeColor="#FF3399" HorizontalAlign="Center"
              Width="80px" />
          </asp:TemplateField>
        </Columns>
        <SelectedRowStyle BackColor="#009933" />
      </asp:GridView>
      <asp:SqlDataSource ID="SqlDataSource1" runat="server">
        <-- 这部分代码与例12.16中SqlDataSource1的源视图代码相同 -->
      </asp:SqlDataSource>
    </div>
  </form>
</body>
```

③ 在本网页上设计如下两个方法：

```
public bool Getxb1(object s)
{
    string xb = s.ToString();
    if (xb == "男") return true;
    else return false;
}
public bool Getxb2(object s)
{
    string xb = s.ToString();
    if (xb == "女") return true;
    else return false;
}
```

④ 单击工具栏中的 ▶ Internet Explorer 按钮运行本网页，首先显示所有学生记录，然后单击 6 号学生记录前的"选择"按钮，该选择行的背景颜色发生改变，其结果如图 12.59 所示。

5. DataBinder 类

在前面的示例中使用了动态绑定，实际上是使用 DataBinder 类实现的，该类提供对应用程序快速开发设计器的支持以生成和分析数据绑定表达式语法。在网页数据绑定语法中可以使用此类的静态方法 Eval 在运行时计算数据绑定表达式。与标准数据绑定相比，其提供的语法更容易记忆，但是因为 DataBinder.Eval 提供自动类型转换，这会导致服务器响应时间变长。

图 12.59　WebForm11 网页运行界面

Eval 方法的基本语法格式如下：

```
public static Object Eval(Object container, string expression)
```

其中，参数 container 指出进行计算的对象引用。expression 指出从 container 到要放置在绑定控件属性中的公共属性值的导航路径。其返回值为 Object，它是数据绑定表达式的计算结果。

用户必须将＜%＃和%＞标记放在数据绑定表达式的两头，这些标记也用于标准 ASP.NET 数据绑定。当数据绑定到模板列表中的控件时，此方法尤其有用。

对于所有的列表 Web 控件，如 DataGrid、DataList 或 Repeater，container 参数值均应为 "Container.DataItem"。如果要对页进行绑定，则 container 参数值应为"Page"。

例如，使用 Eval 方法绑定到 Price 字段，其使用代码如下：

```
<%# DataBinder.Eval(Container.DataItem, "Price") %>
```

6. GridViewRow 类

GridView 控件中的单独行就是一个 GridViewRow 对象。

GridView 控件将其所有数据行都存储在 Rows 集合中。若要确定 Rows 集合中 GridViewRow 对象的索引，需使用 RowIndex 属性。

通过使用 Cells 属性可以访问 GridViewRow 对象的单独单元格。如果某个单元格包含其他控件，则通过使用单元格的 Controls 集合可以从单元格检索控件。如果控件指定了 ID，还可以使用单元格的 FindControl 方法来查找该控件。

第12章 ADO.NET 数据库访问技术

若要从 BoundField 字段列或自动生成的字段列检索字段值，需使用单元格的 Text 属性。若要从将字段值绑定到控件的其他字段列类型检索字段值，先从相应的单元格检索控件，然后访问该控件的相应属性。

在以下代码中，使用 GridViewRow 对象从 GridView 控件中的单元格检索字段值，然后在该网页上显示该值：

```
GridViewRow selectRow = GridView1.SelectedRow;
String txt = selectRow.Cells[1].Text;
```

【例 12.21】 设计一个通过 GridView 控件修改 student 表记录班号的网页 WebForm12。

解：其步骤如下。

① 在 ch12 网站添加一个代码隐藏页模型的 WebForm12 空网页。

② 向其中拖放一个 GridView 控件 GridView1，在其下方拖放一个 Button 控件 Button1，并将本网页的 StyleSheetTheme 属性指定为 Blue。

③ 在"GridView 任务"列表中选择"自动套用格式"命令设置为"石板"，然后按照上例方法设置其连接字符串为"StudConnectionString"，并指定连接到 student 表，这样建立了 SqlDataSource1 控件，单击"确定"按钮。

④ 在"GridView 任务"列表中选择"编辑列"命令，打开"字段"对话框，从"选定的字段"列表中选中"班号"，单击右下方的"将此字段转换为 TemplateField"超链接，然后单击"确定"按钮返回。

⑤ 在"GridView 任务"列表中选择"编辑模板"命令，指定 ItemTemplate 模板，删除原来的 Label 控件，向其中拖放一个 TextBox 控件 TextBox1，如图 12.60 所示。

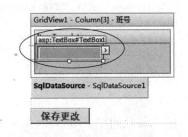

图 12.60 定义 ItemTemplate 模板

⑥ 从"TextBox 任务"列表中选择"编辑 DataBindings"命令，打开 TextBox1 DataBindings 对话框，选中"自定义绑定"单选按钮，在"代码表达式"文本框中输入"DataBinder.Eval(Container.DataItem,"班号")"，如图 12.61 所示。单击"确定"按钮返回，然后选择"GridView 任务"列表中的"结束编辑模板"命令。

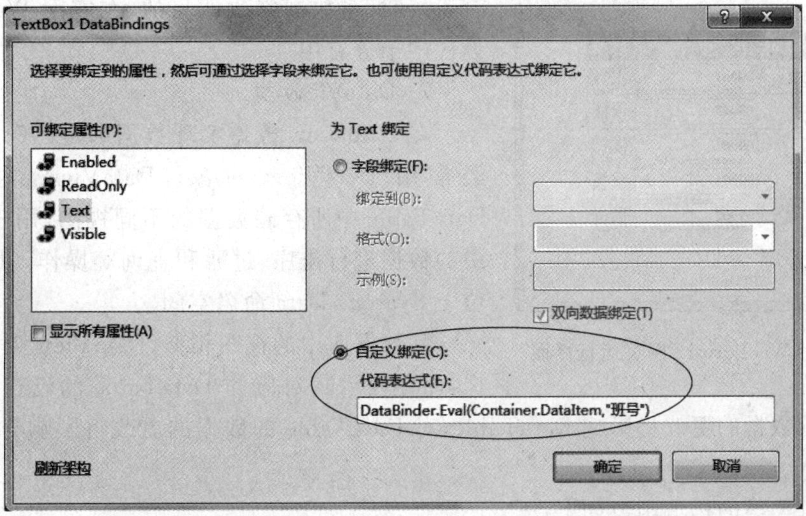

图 12.61 TextBox1 DataBindings 对话框

⑦ 在本网页中设计如下事件过程：

```csharp
protected void Button1_Click(object sender, EventArgs e)
{
    string no;
    TextBox txtbh;
    int i;
    for (i = 0; i < GridView1.Rows.Count; i++)
    {
        txtbh = GridView1.Rows[i].FindControl("TextBox1") as TextBox;
        //在该行中找 TextBox1 控件
        no = GridView1.Rows[i].Cells[0].Text;    //提取该行的学号
        Update(no, txtbh.Text);                   //调用自定义过程进行更新
    }
}
protected void Update(string no, string nbh)
//自定义过程,用 UPDATE 语句修改班号
{
    SqlCommand mycmd = new SqlCommand();
    SqlConnection myconn = new SqlConnection();
    string mystr;
    mystr = System.Configuration.ConfigurationManager.
            ConnectionStrings["myconnstring"].ToString(); myconn.ConnectionString = mystr;
    myconn.Open();
    string mysql = "UPDATE student SET 班号 = '" + nbh + "' WHERE 学号 = '"
        + no + "'";
    mycmd.CommandText = mysql;
    mycmd.Connection = myconn;
    mycmd.ExecuteNonQuery();
    myconn.Close();
}
```

在上述代码中，GridView1.Rows[i] 就是一个 GridViewRow 对象，它表示 GridView1 控件索引为 i 的行对象，可以使用 GridViewRow 类的相关方法实现更复杂的操作。

⑧ 单击工具栏中的 ▶ Internet Explorer 按钮运行本网页，用户可以直接修改各记录的班号，如图 12.62 所示，然后单击"保存更改"命令按钮修改对应 student 表中记录的班号。

图 12.62 WebForm12 网页运行界面

本例不像直接使用 GridView 控件的编辑功能那样，一次只能修改一个记录，而是一次可以修改多个记录，达到批量数据修改的目的，在实际 Web 应用程序设计中十分有用。

7. DataView 类

在 GridView 控件实现数据绑定的第 2 种方法中经常用 DataView 对象。DataView 类能够创建 DataTable 中所存储数据的不同视图，用于对 DataSet 中的数据进行排序、过滤和查询等操作。DataView 类位于 Syatem.Data 命名空间。

和数据库中的视图相似，DataView 对象不存储数据，而是表示其对应的 DataTable 的已连接视图。对 DataView 的数据的更改将影响 DataTable，对 DataTable 的数据的更改将影响与之关联的所有 DataView。

DataView 类的构造函数如下：

```
DataView()
DataView(table)
DataView(table, RowFilter, Sort, RowState)
```

其中,table 参数指出要添加到 DataView 的 DataTable；RowFilter 参数指出要应用于 DataView 的 RowFilter；Sort 参数指出要应用于 DataView 的 Sort；RowState 参数指出要应用于 DataView 的 DataViewRowState。

为给定的 DataTable 创建一个新的 DataView,可以声明该 DataView,把 DataTable 的一个引用 mydt 传给 DataView 构造函数,例如：

```
DataView mydv = new DataView(mydt);
```

用过滤条件属性可以得到 DataView 中数据行的一个子集合,也可以为这些数据排序。DataTable 对象提供 DefaultView 属性返回默认的 DataView 对象。例如：

```
DataView mydv = new DataView();
mydv = myds.Tables["student"].DefaultView;
```

上述代码从 myds 数据集中取得 student 表的默认内容,再利用相关控件（如 DataGridView）显示内容,指定数据来源为 mydv。

DataView 类的常用属性如表 12.45 所示,常用方法如表 12.46 所示。

表 12.45 DataView 类的常用属性及其说明

属 性	说 明
AllowDelete	设置或获取一个值,该值指示是否允许删除
AllowEdit	获取或设置一个值,该值指示是否允许编辑
Allownew	获取或设置一个值,该值指示是否可以使用 Addnew 方法添加新行
ApplyDefaultSort	获取或设置一个值,该值指示是否使用默认排序
Count	在应用 RowFilter 和 RowStateFilter 之后获取 DataView 中记录的数量
Item	从指定的表获取一行数据
RowFilter	获取或设置用于筛选在 DataView 中查看哪些行的表达式
RowStateFilter	获取或设置用于 DataView 中的行状态筛选器
Sort	获取或设置 DataView 的一个或多个排序列以及排序顺序
Table	获取或设置源 DataTable

表 12.46 DataView 类的常用方法及其说明

方 法	说 明
Addnew	将新行添加到 DataView 中
Delete	删除指定索引位置的行
Find	按指定的排序关键字值在 DataView 中查找行
FindRows	返回 DataRowView 对象的数组,这些对象的列与指定的排序关键字值匹配
ToTable	根据现有 DataView 中的行创建并返回一个新的 DataTable

【例 12.22】 设计一个通过 GridView 控件查找和排序 student 表中记录的网页 WebForm13。

解：其步骤如下。

① 在 ch12 网站添加一个代码隐藏页模型的 WebForm13 空网页。

② 其设计界面如图12.63所示,其中有一个5×5的表格,包含两个文本框(TextBox1 用于输入学号,TextBox2 用于输入姓名)、3 个下拉列表(DropDownList1 用于选择民族,DropDownList2 用于选择班号,DropDownList3 用于选择排序字段)、4 个单选按钮(RadioButton1 和 RadioButton2 为一组,用于选择性别,RadioButton3 和 RadioButton4 为一组,用于选择升降序)和两个命令按钮(Button1 为确定按钮,Button2 为重置按钮)。

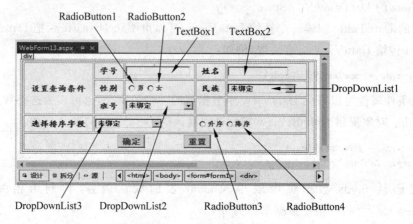

图 12.63　WebForm13 网页设计界面

③ 在 WebForm13 网页上设计如下事件过程:

```
protected void Page_Load(object sender, EventArgs e)
{   if (!Page.IsPostBack)
    {   string mystr;
        mystr = System.Configuration.ConfigurationManager.
            ConnectionStrings["myconnstring"].ToString();
        SqlConnection myconn = new SqlConnection();
        myconn.ConnectionString = mystr;
        myconn.Open();
        //以下设置 DropDownList1 的绑定数据
        DataSet myds1 = new DataSet();
        SqlDataAdapter myda1 = new SqlDataAdapter("SELECT distinct 民族" +
            " FROM student", myconn);
        myda1.Fill(myds1, "student");
        DropDownList1.DataSource = myds1.Tables["student"];
        DropDownList1.DataTextField = "民族";
        DropDownList1.DataBind();
        DropDownList1.Items.Insert(0, "所有民族");
        //以下设置 DropDownList2 的绑定数据
        DataSet myds2 = new DataSet();
        SqlDataAdapter myda2 = new SqlDataAdapter("SELECT distinct 班号 " +
            "FROM student", myconn);
        myda2.Fill(myds2, "student");
        DropDownList2.DataSource = myds2.Tables["student"];
        DropDownList2.DataTextField = "班号";
        DropDownList2.DataBind();
        DropDownList2.Items.Insert(0, "所有班号");
        //以下设置 DropDownList3 的数据
        DropDownList3.Items.Add("学号"); DropDownList3.Items.Add("姓名");
        DropDownList3.Items.Add("性别"); DropDownList3.Items.Add("民族");
        DropDownList3.Items.Add("班号");
```

```csharp
        myconn.Close();
        TextBox1.Text = ""; TextBox2.Text = "";
        RadioButton1.Checked = false; RadioButton2.Checked = false;
        RadioButton3.Checked = false; RadioButton4.Checked = false;
    }
}
protected void Button1_Click(object sender, EventArgs e)
{
    string condstr = "";
    //以下根据用户输入求得条件表达式condstr
    if (TextBox1.Text != "")
        condstr = "学号 Like '" + TextBox1.Text + "%'";
    if (TextBox2.Text != "")
        if (condstr != "")
            condstr = condstr + " AND 姓名 Like '" + TextBox2.Text + "%'";
        else
            condstr = "姓名 Like '" + TextBox2.Text + "%'";
    if (RadioButton1.Checked == true)
        if (condstr != "")
            condstr = condstr + " AND 性别 = '男'";
        else
            condstr = "性别 = '男'";
    else if (RadioButton2.Checked == true)
        if (condstr != "")
            condstr = condstr + "AND 性别 = '女'";
        else
            condstr = "性别 = '女'";
    if (condstr != "")
        if (DropDownList1.SelectedValue != "所有民族")
            condstr = condstr + " AND 民族 = '" + DropDownList1.SelectedValue + "'";
    if (condstr == "")
        if (DropDownList1.SelectedValue != "所有民族")
            condstr = "民族 = '" + DropDownList1.SelectedValue + "'";
    if (condstr != "")
        if (DropDownList2.SelectedValue != "所有班号")
            condstr = condstr + " AND 班号 = '" + DropDownList2.SelectedValue + "'";
    if (condstr == "")
        if (DropDownList2.SelectedValue != "所有班号")
            condstr = "班号 = '" + DropDownList2.SelectedValue + "'";
    string orderstr = "";
    //以下根据用户输入求得排序条件表达式orderstr
    if (RadioButton3.Checked)
        orderstr = DropDownList3.SelectedValue + " ASC";
    else
        orderstr = DropDownList3.SelectedValue + " DESC";
    Server.Transfer("WebForm13-1.aspx?" + "condstr=" +
        condstr + "&orderstr=" + orderstr);
}
protected void Button2_Click(object sender, EventArgs e)
{
    TextBox1.Text = ""; TextBox2.Text = "";
    RadioButton1.Checked = false; RadioButton2.Checked = false;
    RadioButton3.Checked = false; RadioButton4.Checked = false;
}
```

④ 运行 WebForm13 网页用户单击 Button1 命令按钮时转向 WebForm13-1 网页。WebForm13-1 设计界面如图 12.64 所示，其中有 3 个 HTML 标签、两个标签（Label1 和

Label2)和一个 GridView 控件 GridView1，将 GridView1 控件的 PageSize 属性设为 2、AllowPaging 属性设为 True，并选择自动套用格式为"沙滩和天空"。

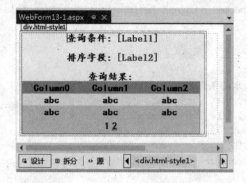

图 12.64 WebForm13-1 网页设计界面

⑤ 在 WebForm13-1 网页上设计如下事件过程：

```csharp
public partial class WebForm12_1 : System.Web.UI.Page
{   DataView mydv = new DataView();              //类字段
    protected void Page_Load(object sender, EventArgs e)
    {   string condstr = Request.QueryString["condstr"];
        string orderstr = Request.QueryString["orderstr"];
        string mystr = System.Configuration.ConfigurationManager.
            ConnectionStrings["myconnstring"].ToString();
        SqlConnection myconn = new SqlConnection();
        myconn.ConnectionString = mystr;
        myconn.Open();
        DataSet myds = new DataSet();
        SqlDataAdapter myda = new SqlDataAdapter("SELECT * FROM student", myconn);
        myda.Fill(myds, "student");
        mydv = myds.Tables["student"].DefaultView;
        //获得 DataView 对象 mydv
        mydv.RowFilter = condstr;                //过滤 DataView 中的记录
        mydv.Sort = orderstr;                    //对 DataView 中的记录排序
        GridView1.DataSource = mydv;
        GridView1.DataBind();
        Label1.Text = condstr;
        Label2.Text = orderstr;
    }
    protected void GridView1_PageIndexChanging(object sender, GridViewPageEventArgs e)
    {   GridView1.PageIndex = e.NewPageIndex;
        GridView1.DataSource = mydv;
        GridView1.DataBind();
    }
}
```

用户在 WebForm13-1 网页中单击 GridView1 控件（其数据源没有使用 SqlDataSource 控件）的其他页号（如页号 2）时并不能实现自动分页，而是出现错误，为此设计了处理分页的 GridView1_PageIndexChanging 事件处理过程，这样用户才可以进行分页操作。如果采用 SqlDataSource 控件作为 GridView1 控件的数据源，则不需要这样处理就可以进行分页操作。由于这些数据源控件具有一些自动处理表格的功能，因此省去了许多手工编码工作。

⑥ 单击工具栏中的 ▶ Internet Explorer 按钮运行 WebForm13 网页，从性别中单击"男"，在排

序条件设置下拉列表中选中"降序"(其他内容取默认值),如图 12.65 所示,单击"确定"按钮,转向 WebForm13-1 网页,其结果如图 12.66 所示,用户可以单击分页号显示相应的页面。

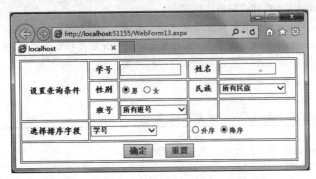 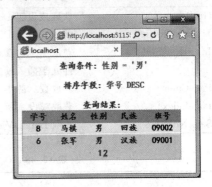

图 12.65　WebForm13 网页运行界面　　　　图 12.66　WebForm13-1 网页运行界面

12.6.4　DetailsView 控件

DetailsView 控件显示来自数据源的单条记录的值,其中每个数据行表示该记录的一个字段。它可与 GridView 控件结合使用,用于主/详细信息方案。DetailsView 控件支持的功能有绑定到数据源控件(如 AccessDataSource)、内置插入功能、内置更新和删除功能、内置分页功能,以编程方式访问 DetailsView 对象模型以动态设置属性、处理事件等。

DetailsView 控件的许多用法与 GridView 控件类似。DetailsView 控件的常用属性及其说明如表 12.47 所示,常用方法及其说明如表 12.48 所示,常用事件及其说明如表 12.49 所示。

表 12.47　DetailsView 控件的常用属性及其说明

属　　性	说　　明
AllowPaging	获取或设置一个值,该值指示是否启用分页功能
AutoGenerateDeleteButton	获取或设置一个值,该值指示用来删除当前记录的内置控件是否在 DetailsView 控件中显示
AutoGenerateEditButton	获取或设置一个值,该值指示用来编辑当前记录的内置控件是否在 DetailsView 控件中显示
AutoGenerateInsertButton	获取或设置一个值,该值指示用来插入新记录的内置控件是否在 DetailsView 控件中显示
AutoGenerateRows	获取或设置一个值,该值指示对应于数据源中每个字段的行字段是否自动生成并在 DetailsView 控件中显示
DataItem	获取绑定到 DetailsView 控件的数据项
DataItemCount	获取基础数据源中的项数
DataItemIndex	从基础数据源中获取 DetailsView 控件中正在显示的项的索引
DataKey	获取一个 DataKey 对象,该对象表示所显示的记录的主键
DataMember	当数据源包含多个不同的数据项列表时获取或设置数据绑定控件绑定到的数据列表的名称
DataSource	获取或设置对象,数据绑定控件从该对象中检索其数据项列表
DataSourceID	获取或设置控件的 ID,数据绑定控件从该控件中检索其数据项列表
DefaultMode	获取或设置 DetailsView 控件的默认数据输入模式

续表

属性	说明
GridLines	获取或设置 DetailsView 控件的网格线样式
HorizontalAlign	获取或设置 DetailsView 控件在页面上的水平对齐方式
InsertRowStyle	获取一个对 TableItemStyle 对象的引用,该对象允许用户设置在 DetailsView 控件处于插入模式时 DetailsView 控件中的数据行的外观
PageCount	获取数据源中的记录数
PageIndex	获取或设置所显示的记录的索引
SelectedValue	获取 DetailsView 控件中的当前记录的数据键值

表 12.48 DetailsView 控件的常用方法及其说明

方法	说明
ChangeMode	将 DetailsView 控件切换为指定模式 newMode。newMode 的取值为 DetailsViewMode.Edit（DetailsView 控件处于编辑模式,这样用户就可以更新记录的值）、DetailsViewMode.Insert（DetailsView 控件处于插入模式,这样用户就可以向数据源中添加新记录）或 DetailsView.ReadOnly（DetailsView 控件处于只读模式,这是通常的显示模式）
DataBind	将来自数据源的数据绑定到控件
DeleteItem	从数据源中删除当前记录
InsertItem	将当前记录插入到数据源中
UpdateItem	更新数据源中的当前记录

表 12.49 DetailsView 控件的常用事件及其说明

事件	说明
ItemCommand	当单击 DetailsView 控件中的按钮时发生
ItemCreated	在 DetailsView 控件中创建记录时发生
ItemDeleted	在单击 DetailsView 控件中的"删除"按钮时,但在删除操作之后发生
ItemDeleting	在单击 DetailsView 控件中的"删除"按钮时,但在删除操作之前发生
ItemInserted	在单击 DetailsView 控件中的"插入"按钮时,但在插入操作之后发生
ItemInserting	在单击 DetailsView 控件中的"插入"按钮时,但在插入操作之前发生
ItemUpdated	在单击 DetailsView 控件中的"更新"按钮时,但在更新操作之后发生
ItemUpdating	在单击 DetailsView 控件中的"更新"按钮时,但在更新操作之前发生
PageIndexChanged	当 PageIndex 属性的值在分页操作后更改时发生
PageIndexChanging	当 PageIndex 属性的值在分页操作前更改时发生

【例 12.23】 设计一个通过 DetailsView 控件操作 student 表记录的网页 WebForm14。

解：其步骤如下。

① 在 ch12 网站添加一个代码隐藏页模型的 WebForm14 空网页。

② 向其中拖放一个 DetailsView 控件 DetailsView1。在"DetailsView 任务"列表中选择"新建数据源"命令,如图 12.67 所示。

③ 采用例 12.20 的方式建立 DetailsView1 控件的数据源控件为 SqlDataSource1,它用于连接 Stud 数据库的 student 表,然后单击"完成"按钮。

④ 出现新的"GridView 任务"列表,如图 12.68 所示,勾选所有启动选项,选择自动套用格式为"沙滩和天空"。

第 12 章 ADO.NET 数据库访问技术

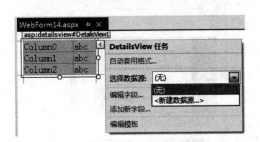
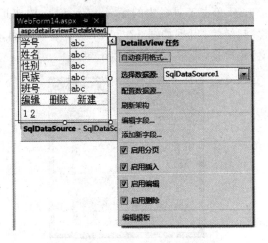

图 12.67 "GridView 任务"列表　　　　图 12.68 新的"GridView 任务"列表

该网页的源视图代码中的<body>部分如下：

```
< body >
  < form id = "form1" runat = "server">
    < div >
      < asp:DetailsView ID = "DetailsView1" runat = "server" AllowPaging = "True"
          AutoGenerateRows = "False" BackColor = "LightGoldenrodYellow"
          BorderColor = "Tan" BorderWidth = "1px" CellPadding = "2" DataKeyNames = "学号"
          DataSourceID = "SqlDataSource1" ForeColor = "Black" GridLines = "None"
          Height = "50px" Width = "210px">
        < AlternatingRowStyle BackColor = "PaleGoldenrod" />
        < EditRowStyle BackColor = "DarkSlateBlue" ForeColor = "GhostWhite" />
        < Fields >
          < asp:BoundField DataField = "学号" HeaderText = "学号" ReadOnly = "True"
              SortExpression = "学号" />
          < asp:BoundField DataField = "姓名" HeaderText = "姓名"
              SortExpression = "姓名" />
          < asp:BoundField DataField = "性别" HeaderText = "性别"
              SortExpression = "性别" />
          < asp:BoundField DataField = "民族" HeaderText = "民族"
              SortExpression = "民族" />
          < asp:BoundField DataField = "班号" HeaderText = "班号"
              SortExpression = "班号" />
          < asp:CommandField ShowDeleteButton = "True" ShowEditButton = "True"
              ShowInsertButton = "True" />
        </Fields >
        < FooterStyle BackColor = "Tan" />
        < HeaderStyle BackColor = "Tan" Font - Bold = "True" />
        < PagerStyle BackColor = "PaleGoldenrod" ForeColor = "DarkSlateBlue"
            HorizontalAlign = "Center" />
      </asp:DetailsView >
      < asp:SqlDataSource ID = "SqlDataSource1" runat = "server">
          <- 这部分代码与例 12.16 中 SqlDataSource1 的源视图代码相同 ->
      </asp:SqlDataSource >
    </div >
  </form >
</body >
```

⑤ 单击工具栏中的 ▶ Internet Explorer 按钮运行本网页,其结果如图 12.69 所示。单击"新建"超链接,出现如图 12.70 所示的编辑界面,用户可以输入相应的学生记录。这里单击"取消"超链接,表示不新增学生记录。

图 12.69 WebForm14 网页运行界面一　　图 12.70 WebForm14 网页运行界面二

【例 12.24】 设计一个通过 GridView 控件和 DetailsView 控件操作 student 表记录的网页 WebForm15。

解:其步骤如下。

① 在 ch12 网站添加一个代码隐藏页模型的 WebForm15 空网页。

② 向其中拖放一个 GridView 控件 GridView1,指定其自动套用格式为"沙滩和天空"。然后采用上例的方法建立其数据源控件为 SqlDataSource1 控件,它用于连接 Stud 数据库的 student 表,单击"完成"按钮。

③ 通过"GridView 任务"列表勾选"启动分页"和"启动选定内容",设置其 PageSize 属性为 3。

④ 向网页中 GridView1 控件的下方拖放一个 DetailsView 控件 DetailsView1,指定其 DataSourceID 为 AccessDataSource1,然后通过"DetailsView 任务"列表勾选"启动插入"和"启动编辑",指定自动套用格式为"红糖"。

⑤ 再添加两个起提示作用的 HTML 标签,网页设计界面如图 12.71 所示。

图 12.71 WebForm15 网页设计界面

⑥ 在该网页上设计如下事件过程:

```
protected void GridView1_SelectedIndexChanged(object sender, EventArgs e)
{
    DetailsView1.ChangeMode(DetailsViewMode.ReadOnly);
    DetailsView1.PageIndex = GridView1.PageIndex * GridView1.PageSize
        + GridView1.SelectedIndex;
}
protected void GridView1_PageIndexChanged(object sender, EventArgs e)
{
    DetailsView1.ChangeMode(DetailsViewMode.ReadOnly);
```

```
DetailsView1.PageIndex = GridView1.PageIndex * GridView1.PageSize;
}
```

由于 GridView1 控件具有选择和分页功能，在上面的方法中使用 GridVeiw1 控件的 PageIndex 和 PageSize 来决定 DetailsView1 控件的当前的页面索引，使这两个控件同步。

⑦ 单击工具栏中的 ▶ Internet Explorer 按钮运行本网页，在 GridView1 控件中单击页号 2 并选择学号为 6 的学生记录，看到在 DetailsView1 控件中显示相应的记录，如图 12.72 所示，此时用户可以单击"编辑"超链接修改该记录，也可以单击"新建"超链接插入一个新的记录，如图 12.73 所示。

图 12.72　WebForm15 网页运行界面一　　图 12.73　WebForm15 网页运行界面二

12.6.5　FormView 控件

FormView 控件与 DetailsView 控件在功能上有很多相似之处，也是用来显示数据源中的一条记录，分页显示下一条记录，支持数据的添加、删除、修改、分页等功能。

FormView 控件与 DetailsView 控件的不同之处在于 DetailsView 控件使用表格布局，在此布局中记录的每个字段各自显示一行，而 FormView 控件不指定用于显示距离的预定义布局，用户必须使用模板指定用于显示的布局。

读者可以参考 DetailsView 控件的用法来学习 FormView 控件，这里不再详述。

12.6.6　DataList 控件

DataList 控件在默认情况下以表格形式显示数据。其优点是用户可以通过模板定义为数据创建任意格式的布局，不仅可以横排数据，也可以竖排数据，还支持选择和编辑等。

DataList 控件支持的模板如表 12.50 所示，在使用时至少需要定义 ItemTemplate 以显示 DataList 控件中的项（通过"DataList 任务"列表建立其数据源绑定控件时自动定义 ItemTemplate 模板）。

DataList 控件的常用属性及其说明如表 12.51 所示，其常用的方法为 DataBind，其常用的事件如表 12.52 所示。

表 12.50 DataList 控件支持的模板

模板名称	说明
AlternatingItemTemplate	如果已定义,则为 DataList 中的交替项提供内容和布局;如果未定义,则使用 ItemTemplate
EditItemTemplate	如果已定义,则为 DataList 中当前编辑的项提供内容和布局;如果未定义,则使用 ItemTemplate
FooterTemplate	如果已定义,则为 DataList 的脚注部分提供内容和布局;如果未定义,将不显示脚注部分
HeaderTemplate	如果已定义,则为 DataList 的页眉节提供内容和布局;如果未定义,将不显示页眉节
ItemTemplate	为 DataList 中的项提供内容和布局所要求的模板
SelectedItemTemplate	如果已定义,则为 DataList 中的当前选定项提供内容和布局;如果未定义,则使用 ItemTemplate
SeparatorTemplate	如果已定义,则为 DataList 中各项之间的分隔符提供内容和布局;如果未定义,将不显示分隔符

表 12.51 DataList 控件的常用属性及其说明

属性	说明
AlternatingItemTemplate	获取或设置 DataList 中交替项的模板
DataKeyField	获取或设置由 DataSource 属性指定的数据源中的键字段
DataKeys	获取 DataKeyCollection 对象,它存储数据列表控件中每个记录的键值
DataMember	获取或设置多成员数据源中要绑定到数据列表控件的特定数据成员
DataSource	获取或设置源,该源包含用于填充控件中的项的值列表
DataSourceID	获取或设置数据源控件的 ID 属性,数据列表控件应使用它来检索其数据源
EditItemIndex	获取或设置 DataList 控件中要编辑的选定项的索引号
EditItemStyle	获取或设置 DataList 控件中为进行编辑而选定的项的样式属性
EditItemTemplate	获取或设置 DataList 控件中为进行编辑而选定的项的模板
FooterTemplate	获取或设置 DataList 控件的脚注部分的模板
GridLines	当 RepeatLayout 属性被设置为 RepeatLayout.Table 时,获取或设置 DataList 控件的网格线样式
HeaderTemplate	获取或设置 DataList 控件的标题部分的模板
ItemTemplate	获取或设置 DataList 控件中项的模板
RepeatColumns	获取或设置要在 DataList 控件中显示的列数
RepeatDirection	获取或设置 DataList 控件是垂直显示还是水平显示
SelectedIndex	获取或设置 DataList 控件中的选定项的索引
SelectedItem	获取 DataList 控件中的选定项
SelectedValue	获取所选择的数据列表项的键字段的值
SeparatorTemplate	获取或设置 DataList 控件中各项间分隔符的模板

表 12.52 DataList 控件的常用事件及其说明

事件	说明
DataBinding	当服务器控件绑定到数据源时发生
DeleteCommand	对 DataList 控件中的某个项单击"删除"按钮时发生
EditCommand	对 DataList 控件中的某个项单击"编辑"按钮时发生
ItemCommand	当单击 DataList 控件中的任一按钮时发生
ItemCreated	当在 DataList 控件中创建项时在服务器上发生
ItemDataBound	当项被数据绑定到 DataList 控件时发生
SelectedIndexChanged	在两次服务器发送之间,在数据列表控件中选择了不同的项时发生
UpdateCommand	对 DataList 控件中的某项单击 Update 按钮时发生

第 12 章 ADO.NET 数据库访问技术

【例 12.25】 设计一个通过 DataList 控件显示 student 表记录的网页 WebForm16。

解：其步骤如下。

① 在 ch12 网站添加一个代码隐藏页模型的 WebForm16 空网页。

② 向其中拖放一个 DataList 控件 DataList1。通过 "DataList 任务" 列表选择 "新建数据源" 命令，采用上例的方法建立其数据源控件为 SqlDataSource1 控件，它用于连接 Stud 数据库的 student 表，单击 "完成" 按钮。此时运行该网页，其显示结果如图 12.74 所示。

③ 选择 "DataList 任务" 列表中的 "编辑模板" 命令，可以看到 ItemTemplate 模板如图 12.75 所示。

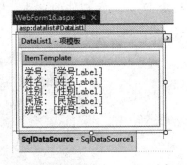

图 12.74　WebForm16 网页运行界面　　图 12.75　修改前的 ItemTemplate 模板

④ 修改该 ItemTemplate 模板如图 12.76 所示，删除标题文字，将 5 个标签水平排列。看一下 "学号 Label" 标签的绑定情况，从其 "Label 任务" 列表中选择 "编辑 DataBindings" 命令会出现 "学号 Label DataBindings" 对话框，如图 12.77 所示，保持不变。如果是在 ItemTemplate 模板中新建控件，其设置绑定的方法与它类似。

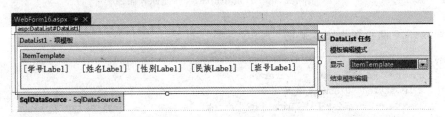

图 12.76　定义 ItemTemplate 模板

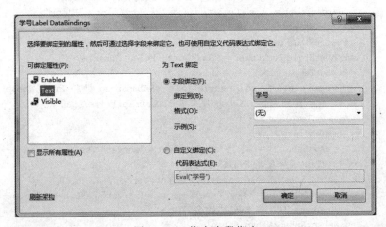

图 12.77　指定字段绑定

⑤ 定义 HeaderTemplate 模板如图 12.78 所示(输入相应文字并设置字体和颜色)。

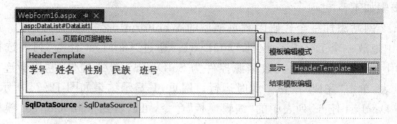

图 12.78　定义 HeaderTemplate 模板

⑥ 指定 DataList1 控件的自动套用格式为"沙滩和天空",最终的设计界面如图 12.79 所示。

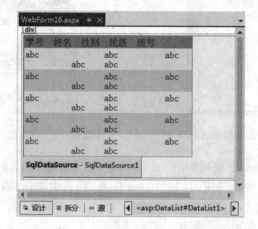

图 12.79　WebForm16 网页设计界面

WebForm16 网页源视图代码的<body>部分如下:

```
<body>
    <form id="form1" runat="server">
        <div style="width: 438px">
            <asp:DataList ID="DataList1" runat="server" DataKeyField="学号"
                DataSourceID="SqlDataSource1" Height="61px" Width="290px"
                BackColor="LightGoldenrodYellow" BorderColor="Tan"
                BorderWidth="1px" CellPadding="2" ForeColor="Black">
                <AlternatingItemStyle BackColor="PaleGoldenrod" />
                <FooterStyle BackColor="Tan" />
                <HeaderStyle BackColor="Tan" Font-Bold="True" />
                <HeaderTemplate>
                    <span class="auto-style1">学号    姓名   
                        性别   民族   班号</span>
                </HeaderTemplate>
                <ItemTemplate>
                    <asp:Label ID="学号Label" runat="server" CssClass="auto-style2"
                        Text='<%# Eval("学号") %>' />
                         
                    <asp:Label ID="姓名Label" runat="server" CssClass="auto-style2"
                        Text='<%# Eval("姓名") %>' />
                        
```

第12章 ADO.NET 数据库访问技术

```
            <asp:Label ID = "性别Label" runat = "server" CssClass = "auto-style2"
                Text = '<%# Eval("性别") %>' />
                 
            <asp:Label ID = "民族Label" runat = "server" CssClass = "auto-style2"
                Text = '<%# Eval("民族") %>' />
             
            <asp:Label ID = "班号Label" runat = "server" CssClass = "auto-style2"
                Text = '<%# Eval("班号") %>' />
            <br />
        </ItemTemplate>
        <SelectedItemStyle BackColor = "DarkSlateBlue" ForeColor = "GhostWhite" />
        </asp:DataList>
        <asp:SqlDataSource ID = "SqlDataSource1" runat = "server"
            <-- 这部分代码与例 12.16 中 SqlDataSource1 的源视图代码相同 -->
        </asp:SqlDataSource>
        </div>
    </form>
</body>
```

⑦ 单击工具栏中的 ▶ Internet Explorer 按钮运行本网页，运行界面如图12.80 所示，其中显示了所有的学生记录。

【例 12.26】 设计一个通过 DataList 控件在运行时计算数据绑定表达式的网页 WebForm17。

解：其步骤如下。

① 在 ch12 网站添加一个代码隐藏页模型的 WebForm17 空网页。

② 向其中拖放一个 DataList 控件 DataList1，然后在 DataList1 控件下方拖放一个标签控件 Label1。

③ 不设置 DataList1 控件的数据源。设计本网页的事件过程如下：

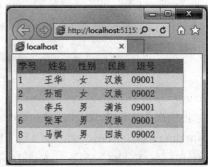

图 12.80 WebForm16 网页运行界面

```
protected void Page_Load(object sender, EventArgs e)
{   string mystr = System.Configuration.ConfigurationManager.
                ConnectionStrings["myconnstring"].ToString();
    SqlConnection myconn = new SqlConnection();
    myconn.ConnectionString = mystr;
    myconn.Open();
    DataSet myds = new DataSet();
    SqlDataAdapter myda = new SqlDataAdapter("SELECT * FROM " + "student", myconn);
    myda.Fill(myds, "student");
    DataList1.DataSource = myds.Tables["student"];
    DataList1.DataKeyField = "学号";
    DataList1.DataBind();
    myconn.Close();
}
```

上述代码设置 DataList1 控件的数据源并绑定。

④ 选择"DataList 任务"列表中的"编辑模板"命令，定义 ItemTemplate 模板如图 12.81 所示，其中共 5 个部分，第 1 部分输入"学号[ ]"，第 2～5 部分拖放 LinkButton 控件 LinkButton1～LinkButton4。为 LinkButton1 指定可绑定属性 Text 为自定义绑定，代码表达式为"DataBinder.Eval(Container.DataItem,"姓名")"，如图 12.82 所示。

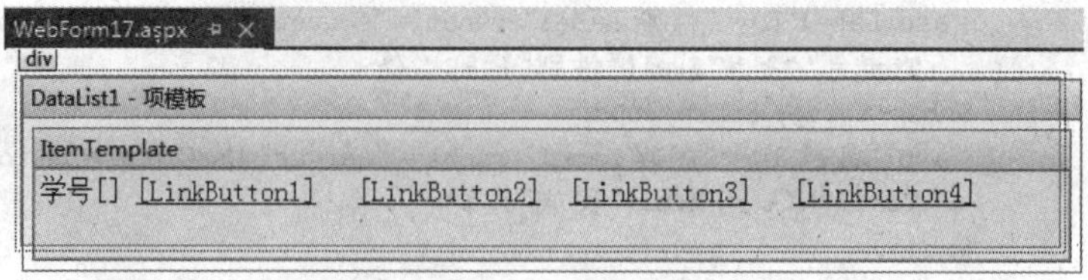

图 12.81 定义 ItemTemplate 模板

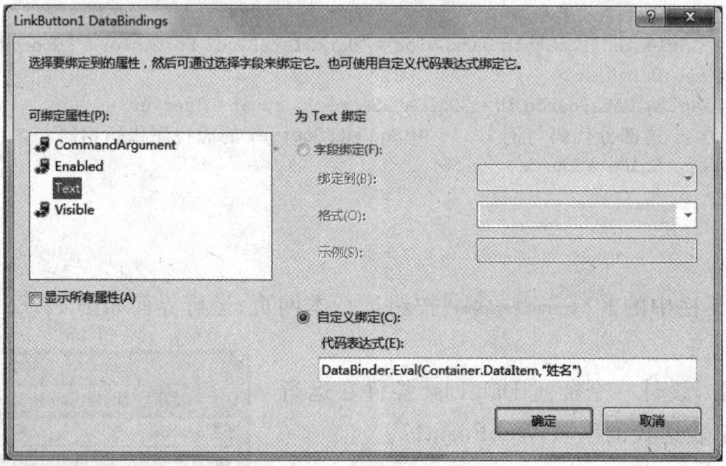

图 12.82 指定字段绑定

再依次为 LinkButton2～LinkButton4 指定自定义绑定代码表达式为"DataBinder.Eval(Container.DataItem,"性别")"、"DataBinder.Eval(Container.DataItem,"民族")"和"DataBinder.Eval(Container.DataItem,"班号")"。

⑤ 进入源视图代码,在"["和"]"之间插入一个绑定的代码表达式,修改代码如下(仅修改粗体部分):

学号[<% # DataBinder.Eval(Container.DataItem,"学号") %>]

⑥ 在网页上添加如下事件过程:

```
protected void DataList1_ItemCommand(object source, DataListCommandEventArgs e)
{   string no = DataList1.DataKeys[e.Item.ItemIndex].ToString();
    Label1.Text = "你选择的学生学号为:" + no;
}
```

⑦ 指定 DataList1 控件的自动套用格式为"沙滩和天空",最终的设计界面如图 12.83 所示。

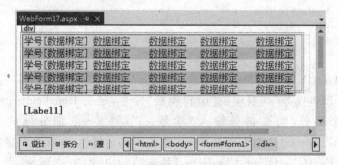

图 12.83 WebForm17 网页设计界面

⑧ 单击工具栏中的 ▶Internet Explorer 按钮运行本网页,然后单击"李兵"超链接,在 Label1 控件中显示对应的学号为 3,如图 12.84 所示。

图 12.84　WebForm17 网页运行界面

注意:更新、插入和删除数据的数据绑定控件(如 GridView、FormView 和 DetailsView 控件)会在执行数据更新操作之前自动验证是否通过验证检查。

练习题 12

1. 简述数据库中有哪些基本对象。
2. 简述 ADO.NET 模型的体系结构。
3. 简述 ADO.NET 数据库的访问流程。
4. 简述 ADO.NET 的基本数据访问对象。
5. 采用 ADO.NET 访问 SQL Server 数据库时通常使用哪个数据提供程序?
6. 简述 DataSet 对象的特点。
7. 简述常用的数据源控件及其特点。
8. 简述 SqlDataSource 数据源控件的使用方法。
9. 简述为什么要进行数据绑定,有哪些常用的数据绑定控件?
10. 简述列表控件绑定时需要设置哪些属性?
11. 简述 GridView 控件的使用方法。
12. 如何自定义 GridView 控件的模板。
13. 简述 DetailsView 控件的使用方法。
14. 简述 DataList 控件的使用方法。
15. GridView 控件和 DetailsView 控件各适合什么场合?

上机实验题 12

在 ch12 网页中添加一个名称为 Experment12 的网页,放置一个 GridView 控件(套用格式为简明型)用于分页显示学生的学号、姓名、课程名、分数和班号信息,每页 4 个记录,并显示当前页号和总页数,用户可以通过"首页"、"上一页"、"下一页"和"尾页"实现翻页操作,还可以在选择指定的页号后单击相关命令按钮直接转向指定的页。图 12.85 所示的是显示的第 1

页,单击"下一页"链接显示第2页,如图12.86所示。

图12.85 上机实验题12网页的运行界面一

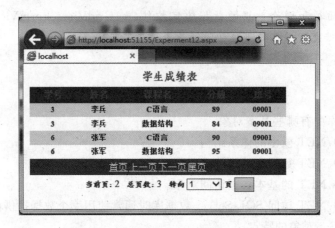

图12.86 上机实验题12网页的运行界面二

CHAPTER 13

第 13 章 语言集成查询——LINQ

LINQ(Language-Integrated Query,语言集成查询)是从.NET Framework 3.5 开始引入的一组功能。LINQ 提供了标准的、易于学习的查询和更新数据模式,大大提高了程序的数据处理能力和开发效率。本章介绍 LINQ 技术的基本使用方法。

本章学习要点:
- ☑ 掌握 LINQ 的基本概念和特点。
- ☑ 掌握 LINQ to Objects 中各种子句的使用方法。
- ☑ 掌握 LINQ to XML 的基本使用方法。
- ☑ 掌握 LINQ to DataSet 的基本使用方法。
- ☑ 掌握 O/R 映射器和 LINQ to SQL 的基本使用方法。
- ☑ 掌握 ADO.NET 实体框架和 LINQ to Entities 的使用方法。
- ☑ 灵活地使用 LINQ 实现各种较复杂的数据查询。

13.1 LINQ 概述

13.1.1 什么是 LINQ

LINQ 使程序员可以使用类似 SQL 的语言操作多种数据源。例如,可以使用 C♯ 查询 Access 数据库、ADO.NET 数据集、XML 文档以及任何实现 IEnumerable 接口或 IEnumerable<T>泛型接口的.NET Framework 集合类。

LINQ 定义了一组可以在.NET Framework 3.5 及以上版本中使用的通用标准查询运算符,使用这些标准查询运算符可以投影、筛选和遍历内存中的上述数据集中的数据。对 LINQ 的几个优点说明如下。

- 集成性:把查询语法集成到 C♯ 语言中,成为 C♯ 的一种语法;把以前复杂查询前的工作都集成封装起来,让开发人员侧重于查询。
- 统一性:对于支持的数据源使用统一的查询语法,使代码维护变得更加简单。

- 可扩展性：LINQ 提供了 LINQ provider model，可以为 LINQ 创建或提供 provider 让 LINQ 支持更多的数据源，如 LINQ to JavaScript 和 LINQ to MySQL 等。
- 说明式编程：开发人员只要告诉程序做什么，程序自己判断怎么做，从而提高了开发速度。
- 抽象性：使用面向对象的方式抽象数据。LINQ 通过所谓的 O-R Mapping 方式把关系型转换成对象与对象方式描述数据。
- 可组成性：LINQ 可以把一个复杂的查询拆分成多个简单查询。LINQ 返回的结果都是基于 IEnumerable<T>接口，因此能对查询结果继续查询。
- 可转换性：LINQ 能把一种数据源的内容转换到其他数据源，方便用户做数据移植。

13.1.2 LINQ 提供程序

LINQ 提供程序将 LINQ 查询映射到要查询的数据源。在编写 LINQ 查询时，提供程序接受该查询并将其转换为数据源能够执行的命令。提供程序还将源中的数据转换为组成查询结果的对象。最后，当向数据源发送更新时，它能够将对象转换为数据。C#包含以下 LINQ 提供程序。

1. LINQ to Objects

使用 LINQ to Objects 提供程序可以查询内存中的集合和数组。如果对象支持 IEnumerable 或 IEnumerable<T>接口，则可以使用 LINQ to Objects 提供程序对其进行查询。用户可以通过导入 System.Linq 命名空间来启用 LINQ to Objects 提供程序，默认情况下为所有 C#项目导入该命名空间。

2. LINQ to XML

使用 LINQ to XML 提供程序可以查询和修改 XML，既可以修改内存中的 XML，也可以从文件加载 XML 以及将 XML 保存到文件。

3. LINQ to DataSet

使用 LINQ to DataSet 提供程序可以查询和更新 ADO.NET 数据集中的数据，可以将 LINQ 功能添加到使用数据集的应用程序中，以便简化和扩展对数据集中的数据进行查询、聚合和更新的功能。

4. LINQ to SQL

使用 LINQ to SQL 提供程序可以查询和修改 SQL Server 数据库中的数据，这样就可以轻松地将应用程序的对象模型映射到数据库中的表和对象。

C#通过包含对象关系设计器（O/R 设计器）使 LINQ to SQL 更加易于使用。此设计器用于在应用程序中创建映射到数据库中的对象的对象模型。

5. LINQ to Entities

在使用 LINQ to Entities 时，LINQ 查询在后台转换为 SQL 查询并在需要数据的时候执行，即开始枚举结果的时候执行。LINQ to Entities 还为获取的所有数据提供变化追踪，也就是说，可以修改查询获得的对象，然后整批同时把更新提交到数据库。

LINQ to DataSet、LINQ to SQL 和 LINQ to Entities 统称为 LINQ to ADO.NET。
图 13.1 给出了 LINQ 提供程序和 LINQ 数据源之间的关系。

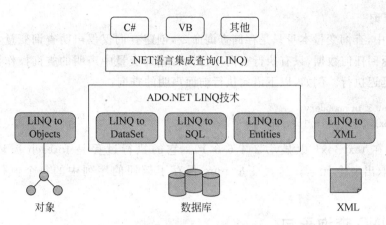

图 13.1 LINQ 提供程序和 LINQ 数据源之间的关系

13.2 LINQ to Objects

13.2.1 LINQ 基本操作

LINQ 查询通常称为"查询表达式",它由标识查询数据源的查询子句和标识查询迭代变量的查询子句组合而成。查询表达式还可以包含对源数据进行排序、筛选、分组和连接的指令或要应用于源数据的计算。查询表达式语法类似于 SQL 的语法。

LINQ 查询分为 3 个基本阶段,即获取数据源,创建查询,然后执行查询。

1. 获取数据源

数据源是 LINQ 查询对象。例如,可以定义如下整型数组 numbers 作为数据源:

```
int [] numbers = new int[10]{1,2,3,4,5,6,7,8,9,10};
```

2. 创建查询

创建查询主要是定义查询表达式,查询表达式指定如何从数据源中检索信息,并对其排序、分组和结构化。创建查询的一般格式如下:

```
var 查询变量 = from … where … select …;
```

其中,查询变量是一个匿名类型的变量,并使用查询表达式对其初始化。from 子句指定数据源,where 子句指定筛选条件,select 子句指定返回元素的类型。例如:

```
var numQuery =
    from num in numbers
    where (num % 2) == 0
    select num;
```

这里 numQuery 是一个匿名类型的查询变量,查询表达式是从 numbers 数据源中获取偶数元素。

使用查询表达式的注意事项如下:

- 子句必须按照一定的顺序出现。
- from 和 select 子句是必须有的,select 子句在表达式最后。
- 其他子句是可选的。

3. 执行查询

在 LINQ 中，查询变量本身只是存储查询命令，创建查询仅仅声明查询变量，并不执行任何操作，也不返回任何数据，只有执行查询才会执行查询变量中声明的查询操作，并返回结果数据，这称为延迟执行。例如，以下语句执行前面声明的查询：

```
foreach (var x in numQuery)
    textBox1.Text += x.ToString() + " ";
```

其结果是在 textBox1 中显示 2 4 6 8 10。它的执行过程是 foreach 循环一次，便从 numQuery 中取出一个元素。迭代变量 num 保存了返回的序列中的每个值（一次保存一个值）。

13.2.2 LINQ 查询子句

1. from 子句

form 子句用来标识查询的数据源，以及用于分别引用数据源中每个元素的变量，这些变量称为迭代变量。from 子句的基本格式如下：

```
from[类型]迭代变量 in 数据源
```

其中，"类型"是可选的，如果不指定，则从"数据源"推断迭代变量的类型。在前面的例子中，num 是采用匿名类型隐式定义的，也可以显式定义如下：

```
var numQuery =
    from int num in numbers
    where (num % 2) == 0
    select num;
```

2. select 子句

在查询表达式中，select 子句可以指定将在执行查询时产生值的类型。该子句的结果将基于前面所有子句的计算结果以及 select 子句本身中的所有表达式。查询表达式必须以 select 子句或 group 子句结束。

LINQ 查询返回的对象集合称为源系列，源系列是结构化的数据，通常由一个或多个元素构成，每个元素由一个或多个字段构成。通过 select 子句指定希望在源系列中出现的字段，也可以选择所有源系列字段的子集。选择源系列字段子集主要有下面两种方法：

① 若只选择源系列字段的一个字段，可以使用点运算。

② 若选择源系列的多个字段，需使用"select new {迭代变量.字段1,迭代变量.字段2,…}"的格式，还可以为选择的源系列字段定义别名，其基本格式为"别名=迭代变量.字段"。

3. where 子句

where 子句指定查询的筛选条件。筛选指将结果集限制为只包含那些满足指定条件的元素的操作，它又称为选择。where 子句的基本格式如下：

```
where  条件表达式
```

其中，"条件表达式"是必选项，它确定是否在输出结果中包含源系列中当前项的值。该表达式的计算结果必须为布尔值，如果为 True，则在查询结果中包含该元素，否则从查询结果中排除该元素。一个查询表达式可以包含多个 where 子句，一个子句可以包含多个谓词子表达式。

4. let 子句

在查询表达式中，存储子表达式的结果有时很有用，这样可以在随后的子句中使用。用户可以使用 let 子句完成这一工作，该子句可以创建一个新的迭代变量，并且用提供的表达式的结果初始化该变量。一旦用值初始化了该迭代变量，它就不能用于存储其他值。但如果该迭代变量存储的是可查询的类型，则可以对其进行查询。let 子句的基本格式如下：

let 迭代变量 = 表达式

例如，在下面的代码中以两种方式使用了 let，第一次创建一个可以查询自身的可枚举类型的迭代变量 word，第二次使查询对迭代变量 word 调用一次 ToLower 方法，产生另一个迭代变量 w：

```
string[] strings = {"A penny saved is a penny earned.",
        "The early bird catches the worm.",
        "The pen is mightier than the sword."};
var earlyBirdQuery =
    from sentence in strings
    let words = sentence.Split(' ')
    from word in words
    let w = word.ToLower()
    where w[0] == 'a' || w[0] == 'e' || w[0] == 'i' || w[0] == 'o' || w[0] == 'u'
    select word;
foreach (var v in earlyBirdQuery)             //在文本框中显示"A is a earned. early is"
    TextBox1.Text += v + "\r\n";
```

其中，查询变量 earlyBirdQuery 的数据来自 word 迭代变量，而不是 w 迭代变量。如果改为"select w"，则 TextBox1 中显示的结果如图 13.2 所示。

5. orderby 子句

在查询表达式中，orderby 子句可使返回序列或子序列（组）按升序或降序排序。用户可以指定多个键，以便执行一个或多个次要排序操作。排序是由针对元素类型的默认比较器执行的，默认排序顺序为升序，也可以指定自定义比较器。但是，只能通过基于方法的语法使用它。orderby 子句的基本格式如下：

orderby 排序表达式[ascending | descending]

图 13.2 TextBox1 中显示的结果

其中，"排序表达式"是必选项，指出当前查询结果中的一个或多个字段，用于标识对返回值进行排序的方式。当有多个排序字段时，必须以逗号分隔。ascending 和 descending 关键字分别指定对字段进行升序或降序排序，如果未指定，则默认排序顺序为升序。排序字段的优先级从左到右依次降低。

6. join 子句

join 子句接受两个数据源作为输入，每个数据源中的元素都必须是可以与另一个数据源中的元素进行比较的字段，进行这样比较的字段称为键(key)。join 子句使用特殊的 equals 关键字比较指定的键是否相等。join 子句执行的所有连接都是同等连接。join 子句的基本格式如下：

join 迭代变量1 in 数据源1 on key1 equals key2 […]

其中,"key1 equals key2"用于标识要连接的键,必须使用 equals 运算符比较要连接的键,可以使用 C♯ 的逻辑运算符来标识多个键,可以组合连接条件。

7. group by 子句

group by 子句对查询结果的元素进行分组,分组操作基于一个或多个键。group by 子句的基本格式如下:

group 迭代变量 by 分组的键

查询结果中的每一分组由一个被称为键的字段区分,每一个分组本身是可枚举类型。例如,以下代码对整型数组 numbers 中的整数按奇偶性分组:

```
int[] numbers = new int[10] { 1, 2, 3, 4, 5, 6, 7, 8, 9, 10 };
var numQuery =
    from num in numbers
    group num by (num % 2) == 0;
TextBox1.Text = "";
foreach (var x in numQuery)
{
    TextBox1.Text += "\r\n" + (x.Key ? "偶数:" : "奇数:");
    foreach (var y in x)
        TextBox1.Text += y.ToString() + " ";
}
```

其中,分组操作键值为(num %2)==0,系统用 key 表示,共分为 key=False(奇数组)和 key=True(偶数组)。查询结果不是对象集合,而是对象集合的集合。通过两重 foreach 循环获取所有的对象,外 foreach 循环遍历各个分组,内 foreach 循环遍历分组内的对象。执行上述代码在文本框 TextBox1 中显示的结果如图 13.3 所示。

图 13.3 TextBox1 中显示的结果

13.2.3 方法查询

1. 方法查询概述

在 LINQ 查询中大多数查询都是使用 LINQ 声明式查询语法,在编译时这些查询语法必须转换为 CLR 的方法调用。这些方法调用涉及标准查询运算符,如 Where、Select、GroupBy、Join、Max 和 Average,可以直接调用这些方法来代替查询语法,在 LINQ 查询中使用方法来代替查询语法称为方法语法。

查询语法和方法语法的语义相同,但是查询语法更简单、更易于阅读。有些查询必须采用方法调用,如必须使用方法调用来检索满足指定条件的元素个数或最大值。这些标准查询运算符包含在 System.Linq 命名空间中。常用的标准查询运算符及其说明如表 13.1 所示。

表 13.1 常用的标准查询运算符

运算符	说明
All	确定序列中的所有元素是否满足条件
Any	确定序列是否包含任何元素
Average	计算 Decimal 值序列的平均值,该值可通过调用输入序列的每个元素的转换函数获取
Count	返回序列中的元素数量
Distinct	通过使用默认的相等比较器对值进行比较,返回序列中的非重复元素
ElementAt	返回序列中指定索引处的元素

续表

运算符	说明
First	返回序列中的第一个元素
GroupBy	根据指定的键选择器函数对序列中的元素进行分组
Intersect	通过使用默认的相等比较器对值进行比较生成两个序列的交集
Join	基于默认的相等比较器对两个序列的元素进行连接
Last	返回序列的最后一个元素
LongCount	返回一个 Int64 表示序列中的元素的总数量
Max	返回泛型序列中的最大值
Min	返回泛型序列中的最小值
OrderBy	根据键按升序对序列的元素排序
Reverse	反转序列中元素的顺序
Select	将序列中的每个元素投影到新表中
SelectMany	将序列的每个元素投影到 IEnumerable<T>并将结果序列合并为一个序列
Skip	跳过序列中指定数量的元素,然后返回剩余的元素
Sum	计算 Decimal 值序列的和,这些值是通过对输入序列中的每个元素调用转换函数得来的
Where	基于谓词筛选值序列

2. 标准查询运算符的参数类型

标准查询运算符的参数类型有两种,即 Lambda 表达式参数形式和使用委托参数形式。例如,以下代码采用 Lambda 表达式参数形式获取 numbers 中的偶数:

```
int[] numbers = new int[10] { 1, 2, 3, 4, 5, 6, 7, 8, 9, 10 };
var numQuery = numbers.Where(num => num % 2 == 0).OrderBy(n => n);
TextBox1.Text = "";
foreach (var x in numQuery)
    TextBox1.Text += x.ToString() + " ";
```

3. into 子句

用户可以使用 into 上下文关键字创建一个临时标识符,以便将 group、join 或 select 子句的结果存储到新的标识符中。此标识符本身可以是附加查询命令的生成器。

例如,有以下代码:

```
int[] numbers = new int[10] { 1, 2, 3, 4, 5, 6, 7, 8, 9, 10 };
var numQuery =
        from num in numbers
        group num by (num % 2) == 0 into num1
        select new { f1 = num1.Key, f2 = num1.Count() };
TextBox1.Text = "";
foreach (var x in numQuery)
    TextBox1.Text += (x.f1 ? "偶数:" : "奇数:") + x.f2.ToString() + "\r\n";
```

迭代变量 num 从数据源 numbers 中获取所有元素,按奇、偶性分组,并将结果存放到临时标识符 num1 中,select 子句选取每个分组的键值和元素个数。在执行时文本框的显示结果如图 13.4 所示。

图 13.4 TextBox1 中显示的结果

4. 聚合运算符

标准查询运算符中有一部分是聚合运算符,如 Sum、

Max、Min、Count 和 Average 等。聚合运算符是从值集合计算单个值，而不是一系列结果，所以使用它们会强制立即执行查询，而不是延迟执行。

【例 13.1】 在 D 盘 ASP.NET 目录中建立一个 ch13 的子目录，将其作为网站目录，然后创建一个 WebForm1 网页，其功能是说明 LINQ to Objects 中聚合运算符的使用方法。

解：其步骤如下。

① 启动 Visual Studio 2012。

② 选择"文件|新建|网站"命令，出现"新建网站"对话框，然后选择"ASP.NET 空网站"模板，选择"Web 位置"为"文件系统"，单击"浏览"按钮，选择"D:\ASP.NET\ch13"目录，单击"确定"按钮，创建一个空的网站 ch13。

③ 在 ch13 网站添加一个代码隐藏页模型的 WebForm1 空网页。

④ 在该网页上放置一个多行文本框 TextBox1，设置字体和颜色属性，并设计如下事件过程：

```
protected void Page_Load(object sender, EventArgs e)
{   int[] numbers = new int[10] { 1, 2, 3, 4, 5, 6, 7, 8, 9, 10 };
    var numQuery = from num in numbers
                   where num > 3
                   select num;
    TextBox1.Text = "个 数：" + numQuery.Count().ToString() + "\r\n";
    TextBox1.Text += "最大值：" + numQuery.Max().ToString() + "\r\n";
    TextBox1.Text += "最小值：" + numQuery.Min().ToString() + "\r\n";
    TextBox1.Text += "平均值：" + numQuery.Average().ToString() + "\r\n";
    TextBox1.Text += "总 和：" + numQuery.Sum().ToString();
}
```

上述代码使用聚合运算符求元素个数和最大值等。

⑤ 单击工具栏中的 ▶ Internet Explorer 按钮运行本网页，在文本框中显示的结果如图 13.5 所示。

图 13.5 WebForm1 网页运行界面

13.3 LINQ to XML

13.3.1 XML 文档

XML 即可扩展标记语言（eXtensible Markup Language），XML 的定义如下：XML 指可扩展标记语言；XML 是一种标记语言，很类似 HTML；XML 的设计宗旨是传输数据，而非显示数据；XML 标记没有被预定义，用户需要自行定义标记；XML 被设计为具有自我描述性；XML 是 W3C 的推荐标准。

XML注重对数据结构和数据意义的描述,实现了数据内容和显示样式的分离,而且是与平台无关的。采用XML格式的文档称为XML文档。XML文档是数据的载体,可以使用任意Web技术来显示数据。由于世界各大计算机公司的积极参与,XML正日益成为基于互联网的数据格式的新一代的标准。存放XML文档的文件称为XML文件。

XML与HTML既相似又有区别,最大的不同是XML被设计用来传输和存储数据,而HTML被设计用来显示数据。XML不是对HTML的替代,而是对HTML的补充。

注意:通常将XML文件放入App_Data目录时,XML文件就具有了正确的权限,可以允许ASP.NET在运行时对该文件进行读/写操作。此外,将文件保留在App_Data目录中可防止在浏览器中查看这些文件,因为App_Data目录被标记为不可浏览。

【例13.2】 在ch13网站中创建一个存放学生信息的student.xml文件。

解:其步骤如下。

① 启动Visual Studio 2012。

② 打开ch13网站,右击项目名ch13,在出现的快捷菜单中选择"添加|添加ASP.NET文件夹|App_Data"命令,创建一个App_Data目录。

③ 选择"网站|添加新项"命令,出现"添加新项-ch13"对话框,在中间列表中选择"XML文件"模板,修改文件名为student.xml(保存在App_Data目录中),单击"添加"按钮,即创建了一个仅包含XML指令的student.xml文件,在该文件中输入如图13.6所示的代码。

```
<?xml version="1.0" encoding="utf-8" ?>
<学生表>
    <学生>
        <学号>1</学号>
        <姓名>王华</姓名>
        <性别>女</性别>
        <民族>汉族</民族>
        <班号>09001</班号>
    </学生>
    <学生>
        <学号>2</学号>
        <姓名>孙丽</姓名>
        <性别>女</性别>
        <民族>满族</民族>
        <班号>09002</班号>
    </学生>
    <学生>
        <学号>3</学号>
        <姓名>李兵</姓名>
        <性别>男</性别>
        <民族>汉族</民族>
        <班号>09001</班号>
    </学生>
    <学生>
        <学号>6</学号>
        <姓名>张军</姓名>
        <性别>男</性别>
        <民族>汉族</民族>
        <班号>09001</班号>
    </学生>
    <学生>
        <学号>8</学号>
        <姓名>马棋</姓名>
        <性别>男</性别>
        <民族>回族</民族>
        <班号>09002</班号>
    </学生>
</学生表>
```

图13.6 student.xml文档

④ 单击工具栏中的 按钮保存文件。

下面介绍XML文档中的几个概念。

- XML元素:指的是从(且包括)开始标记直到(且包括)结束标记的部分。元素可包含其他元素、文本或者两者的混合物。例如在student.xml中,<学生表>和<学生>

都拥有元素内容,因为它们包含了其他元素,<学号>、<姓名>等元素只有文本内容。被包含在其他元素中的元素称为子元素。
- XML 属性:XML 元素可以在开始标记中包含属性,类似 HTML。例如在<person sex="female">…</person>中,所定义的<person>元素包含 sex 属性,取值为"female"。但是在 XML 中应该尽量避免使用属性,如果信息感觉起来很像数据,那么最好使用子元素格式。
- XML DOM(Document Object Model,文档对象模型):DOM 定义了访问和操作 XML 文档的标准方法。DOM 把 XML 文档作为树结构来查看,能够通过 DOM 树访问所有元素,可以修改或删除它们的内容,并创建新的元素。该树结构中的元素、它们的文本以及它们的属性都被认为是 XML 结点。

13.3.2 使用 LINQ to XML

LINQ to XML 是内存中的 XML 编程接口,开发人员使用它可以轻松、有效地操作和修改 XML 文档。

1. 常用的 XML 类

LINQ to XML 包含多个类,位于 System.Xml.Linq 命名空间,其中最重要的 3 个类是 XDocument、XElement 和 XAttribute。

(1) XDocument 类

XDocument 类表示一个 XML 文档。XDocument 类的常见属性和方法如表 13.2 所示。

表 13.2 XDocument 类的常见属性和方法

类别	名称	说明
属性	FirstNode	获取此结点的第一个子结点
	LastNode	获取此结点的最后一个子结点
	NextNode	获取此结点的下一个同级结点
	NodeType	获取此结点的结点类型
	Parent	获取此 XObject 的父级 XElement,其中 XObject 表示 XML 树中的结点或属性
	PreviousNode	获取此结点的上一个同级结点
	Root	获取此文档的 XML 树的根元素
方法	Load	从文件创建新 XDocument。例如"XDocument doc = XDocument.Load("abc.xml");"语句从 abc.xml 文件创建一个 XML 文档
	Save	将一个 XML 文档存放到 XML 文件中。例如"doc.Save("abc.xml");"语句将 XDocument 类对象 doc 存储到 abc.xml 文件中

(2) XElement 类

XElement 类表示一个 XML 元素。XElement 类的常见属性和方法如表 13.3 所示。

(3) XAttribute 类

XAttribute 类表示一个 XML 属性。XAttribute 类的常见属性和方法如表 13.4 所示。

2. LINQ to XML 的基本查询

LINQ to XML 基本查询与 LINQ to Objects 十分相似,只是 LINQ to XML 的数据源是 XML 文档,需要结合常用的 XML 类实现查询。

表 13.3 XElement 类的常见属性和方法

类别	名称	说明
属性	FirstAttribute	获取此元素的第一个属性
	FirstNode	获取此结点的第一个子结点
	LastAttribute	获取此元素的最后一个属性
	LastNode	获取此结点的最后一个子结点
	Name	获取或设置此元素的名称
	NextNode	获取此结点的下一个同级结点
	Parent	获取此 XObject 的父级 XElement,其中 XObject 表示 XML 树中的结点或属性
	PreviousNode	获取此结点的上一个同级结点
	Value	获取或设置此元素的串连文本内容
方法	Load	从文件加载 XElement。例如"XElement root = XElement.Load("abc.xml");",其中 root 为该加载的 XML 文档的根元素
	Element	获取具有指定 XName 的第一个(按文档顺序)子元素,如果没有元素具有指定的名称,则返回 null,其中 XName 表示 XML 元素或属性的名称
	Elements	按文档顺序返回此元素或文档的子元素集合

表 13.4 XAttribute 类的常见属性和方法

类别	名称	说明
属性	NextAttribute	获取父元素的下一个属性
	NodeType	获取此结点的结点类型
	Parent	获取此 XObject 的父级 XElement
	PreviousAttribute	获取父元素的上一个属性
	Value	获取或设置此属性的值
方法	Remove	从此属性的父元素中移除它
	SetValue	设置此属性的值

【例 13.3】 在 ch13 网站中设计一个 WebForm2 网页,其功能是说明 LINQ to XML 的简单使用方法。

解:其步骤如下。

① 启动 Visual Studio 2012。

② 在 ch13 网站添加一个代码隐藏页模型的 WebForm2 空网页。

③ 在本网页上添加一个多行文本框 TextBox1,设置字体和颜色属性,并设计如下事件过程:

```
using System.Xml.Linq;
protected void Page_Load(object sender, EventArgs e)
{   XElement root = XElement.Load(MapPath("\\App_Data\\student.xml"));
    var myquery1 = from m in root.Elements("学生")
                   where (string)m.Element("班号") == "09001"
                   select m;
    var myquery2 = from m in root.Elements("学生")
                   where (string)m.Element("民族") != "汉族"
                   select m;
    TextBox1.Text = "09001 班人数:" + myquery1.Count().ToString();
    TextBox1.Text += "\r\n 少数民族人数:" + myquery2.Count().ToString();
}
```

④ 单击工具栏中的 ▶ Internet Explorer 按钮运行本网页,在文本框中显示的结果如图13.7所示。

图13.7 WebForm2网页运行界面

3. 将XML查询绑定到GridView控件

对于返回XElement集合的LINQ查询,在GridView控件中显示时需要建立两者字段之间的映射关系,这是通过选择源系列字段子集(即select new 子句)来实现的。

【例13.4】 在ch13网站中设计一个WebForm3网页,其功能是说明将XML查询绑定到GridView控件的方法。

解:其步骤如下。

① 启动Visual Studio 2012。
② 在ch13网站添加一个代码隐藏页模型的WebForm3空网页。
③ 在本网页上添加一个GridView1控件,设置字体和颜色属性,并设计如下事件过程:

```
using System.Xml.Linq;
protected void Page_Load(object sender, EventArgs e)
{
    var myquery = from m
        in XElement.Load(MapPath("\\App_Data\\student.xml")).Elements("学生")
        select new
        {
            学号 = (string)m.Element("学号"),
            姓名 = (string)m.Element("姓名"),
            性别 = (string)m.Element("性别"),
            民族 = (string)m.Element("民族"),
            班号 = (string)m.Element("班号")
        };
    GridView1.DataSource = myquery;
    GridView1.DataBind();
}
```

④ 单击工具栏中的 ▶ Internet Explorer 按钮运行本网页,在GridView1控件中显示的结果如图13.8所示。

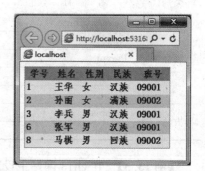

图13.8 WebForm3网页运行界面

4. LINQ to XML的复杂操作

LINQ to XML支持查询、过滤、分组和连接等复杂操作,其语法格式与LINQ to Objects相似。

【例13.5】 在ch13网站中设计一个WebForm4网页,其功能是说明连接操作的使用方法。

解:其步骤如下。

① 启动Visual Studio 2012。
② 为了实现连接操作,在App_Data目录中添加一个包含以下内容的score.xml文件:

```
<?xml version="1.0" encoding="utf-8" ?>
<成绩表>
    <成绩><学号>1</学号><课程名>C语言</课程名>      <分数>80</分数></成绩>
    <成绩><学号>1</学号><课程名>数据结构</课程名>  <分数>87</分数></成绩>
    <成绩><学号>2</学号><课程名>C语言</课程名>      <分数>70</分数></成绩>
    <成绩><学号>2</学号><课程名>数据结构</课程名>  <分数>52</分数></成绩>
    <成绩><学号>3</学号><课程名>C语言</课程名>      <分数>89</分数></成绩>
    <成绩><学号>3</学号><课程名>数据结构</课程名>  <分数>84</分数></成绩>
```

```
        <成绩> <学号>6</学号> <课程名>C语言</课程名>      <分数>90</分数> </成绩>
        <成绩> <学号>6</学号> <课程名>数据结构</课程名>    <分数>95</分数> </成绩>
        <成绩> <学号>8</学号> <课程名>C语言</课程名>      <分数>88</分数> </成绩>
        <成绩> <学号>8</学号> <课程名>数据结构</课程名>    <分数>86</分数> </成绩>
</成绩表>
```

③ 在 ch13 网站添加一个代码隐藏页模型的 WebForm4 空网页。

④ 在本网页上添加一个 GridView1 控件,设置字体和颜色属性,并设计如下事件过程:

```
using System.Xml.Linq;
protected void Page_Load(object sender, EventArgs e)
{   var myquery = from m in
            XElement.Load(MapPath("\\App_Data\\student.xml")).Elements("学生")
        join g in XElement.Load(MapPath("\\App_Data\\score.xml")).Elements("成绩")
        on (int)m.Element("学号") equals (int)g.Element("学号")
        select new
        {   学号 = (string)m.Element("学号"),
            姓名 = (string)m.Element("姓名"),
            课程名 = (string)g.Element("课程名"),
            分数 = (float)g.Element("分数")
        };
    GridView1.DataSource = myquery;
    GridView1.DataBind();
}
```

⑤ 单击工具栏中的 ▶ Internet Explorer 按钮运行本网页,在 GridView1 控件中显示的结果如图 13.9 所示。

图 13.9　WebForm4 网页运行界面

13.4　LINQ to DataSet

使用 LINQ to DataSet 可以更快、更容易地查询在 DataSet 对象中缓存的数据。具体而言,通过使开发人员能够使用编程语言本身而不是通过使用单独的查询语言来编写查询,LINQ to DataSet 可以简化查询。

在使用 LINQ to DataSet 查询数据集时,首先要填充 DataSet,然后才能使用 LINQ to DataSet 来查询 DataSet 对象。向 DataSet 中加载数据有多种方法,如使用 DataAdapter 对象等。LINQ to DataSet 可以对 DataSet 中的单个表（即 DataTable 对象）执行查询，也可以通过使用 Join 和 GroupJoin 标准查询运算符对多个表执行查询。

在使用 LINQ to DataSet 进行数据集操作时，LINQ 不能直接从 DataTable 数据集对象中查询（LINQ 查询仅适用于实现 IEnumerable 接口或 IQueryable 接口的数据源），因为该数据集对象不支持 LINQ 查询，所以需要使用 AsEnumerable 方法返回一个泛型的对象以支持 LINQ 的查询操作。

后面的示例使用了第 12 章创建的 Stud 数据库，在这里启动 SQL Server 2012，建立 student 和 score 表之间的外键关系如图 13.10 所示。

图 13.10　建立 student 和 score 表之间的关系

为了方便使用，打开 ch13 网站中的 Web.config 文件，在 <configuration> 节中添加以下连接字符串：

```
< connectionStrings >
    < add name = "myconnstring"
        connectionString = "Data Source = LCB - PC\SQLEXPRESS;Initial Catalog = Stud;
        User ID = sa;Password = 12345"
    providerName = "System.Data.SqlClient" />
</connectionStrings >
```

下面通过一个简单的示例说明 LINQ to DataSet 的使用方法。

【例 13.6】　在 ch13 网站中设计一个 WebForm5 网页，采用 LINQ to DataSet 按学号降序显示所有学生记录。

解：其步骤如下。

① 启动 Visual Studio 2012。

② 在 ch13 网站添加一个代码隐藏页模型的 WebForm5 空网页。

③ 在其中放置一个 GridView1 控件和一个 Label1 控件，设置它们的字体和颜色，并设计如下事件过程：

```
using System.Data;
using System.Data.SqlClient;
protected void Page_Load(object sender, EventArgs e)
{   string mystr = System.Configuration.ConfigurationManager.
                    ConnectionStrings["myconnstring"].ToString();
    SqlConnection myconn = new SqlConnection();
    myconn.ConnectionString = mystr;
    myconn.Open();
    DataSet myds = new DataSet();
    SqlDataAdapter myda = new SqlDataAdapter("SELECT * FROM student", myconn);
    myda.Fill(myds, "student");
    myconn.Close();
    DataTable mydt = myds.Tables["student"];
```

```
var myquery =
    from m in mydt.AsEnumerable()
    orderby m.Field<string>("学号") descending
    select new
    {   学号 = m.Field<string>("学号"),
        姓名 = m.Field<string>("姓名"),
        性别 = m.Field<string>("性别"),
        民族 = m.Field<string>("民族"),
        班号 = m.Field<string>("班号")
    };
GridView1.DataSource = myquery;
GridView1.DataBind();
Label1.Text = "总人数:" + myquery.Count().ToString();
}
```

注意：使用 Field<T>方法获取数据集的字段名，其中的泛型参数 T 中指定的数据类型必须与基础值的类型相匹配，否则将引发 InvalidCastException；指定的字段名也必须与 DataSet 中的字段名相匹配，否则将引发 ArgumentException。在这两种情况下，异常都是在执行查询期间的运行时数据枚举时引发的。

④ 单击工具栏中的 ▶ Internet Explorer 按钮运行本网页，在 GridView1 控件中显示的结果如图 13.11 所示。

需要说明的是，LINQ to DataSet 是在 ADO.NET 2.0 中引入的，新的 ASP.NET 4.5 仅仅保留了这一功能。

图 13.11　WebForm5 网页运行界面

13.5　LINQ to SQL

在 LINQ to SQL 中，关系数据库的数据模型映射到用开发人员所用的编程语言表示的对象模型。当应用程序运行时，LINQ to SQL 会将对象模型中的语言集成查询转换为 SQL，然后将它们发送到数据库进行执行。当数据库返回结果时，LINQ to SQL 会将它们转换回编程语言处理的对象。LINQ to SQL 的功能类位于 System.Data.Linq 命名空间。

13.5.1　使用 O/R 映射器

上述转换是一个复杂的过程，实际上，Visual Studio 提供了用户 Object Relation(O/R)映射器，它可以快速地将基于 SQL 的数据源映射为.NET Framework 的 CLR 元素，之后就可以使用 LINQ to SQL 查询数据了。

在第 12 章 12.5.3 节中简单介绍过 O/R 映射器，使用它可以创建一个上下文对象，将 LinqDataSource1 控件的 ContextTypeName 属性指定为这个上下文对象，就可以将该控件作为 GridView 控件的数据源。

下面进一步讨论 O/R 映射器。设计一个后面示例中使用的 LINQ to SQL 上下文类 DataClassesDataContext 的过程如下：

① 在 ch13 网站中选择"网站|添加新项"命令，出现"添加新项-ch13"对话框，在中间列表

中选择"LINQ to SQL 类",保持默认文件名 DataClasses.dbml,单击"添加"按钮。

② 出现创建 DataClasses.dbml 的界面,单击中部的"服务器资源管理器"超链接,左边出现服务器资源管理器窗口。由于 Web.config 文件中有一个连接字符串 myconnstring,所以"数据连接"结点下有一个"myconnstring(ch13)"选项。

③ 展开"myconnstring(ch13)"选项,将 student 和 score 两个表拖放到设计界面中,如图 13.12 所示。由于在前面 13.4 节中已建立了它们之间的外键关系(见图 13.10),图中两个表之间的连线表示这种关系。DataClasses.designer.cs 文件中的以下代码表示了这种关系:

```
[global::System.Data.Linq.Mapping.AssociationAttribute(Name = "student_score",
    Storage = "_score", ThisKey = "学号", OtherKey = "学号")]
```

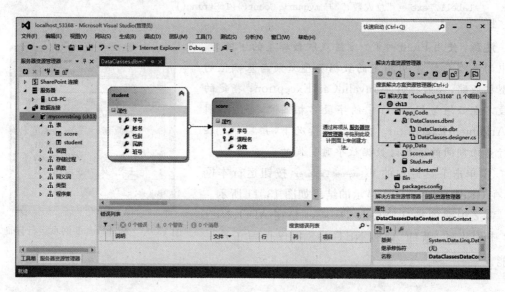

图 13.12　添加两个表后的 LINQ to SQL 设计界面

④ 单击工具栏中的 ![] 按钮保存文件。

此时在解决方案资源管理器的 App_Code 目录中产生 3 个文件,即 DataClasses.dbml、DataClasses.dbml.layout 和 DataClasses.designer.cs,后两个文件从属于前一个文件。

说明:使用 O/R 映射器的目的是产生上下文类,其名称是由 LINQ to SQL 自动生成的,如上述文件名为 DataClasses.dbml,产生的上下文类为 DataClassesDataContext。本节后面的示例都使用该类。

13.5.2　使用 LINQ to SQL

1. 查询数据

在上下文类创建好后,使用 LINQ to SQL 查询数据的方法与 LINQ to Objects 十分相似。

【**例 13.7**】　在 ch13 网站中设计一个 WebForm6 网页,采用 LINQ to SQL 按学号降序显示所有学生记录。

解:其步骤如下。

① 启动 Visual Studio 2012。

② 在 ch13 网站添加一个代码隐藏页模型的 WebForm6 空网页。

③ 在其中放置一个 GridView1 控件和一个 Label1 控件,设置它们的字体和颜色,并设计

如下事件过程：
```
protected void Page_Load(object sender, EventArgs e)
{   DataClassesDataContext dc = new DataClassesDataContext();
    var myquery = from m in dc.student
                  orderby m.学号 descending
                  select m;
    GridView1.DataSource = myquery;
    GridView1.DataBind();
    Label1.Text = "总人数:" + myquery.Count().ToString();
}
```

④ 单击工具栏中的 ▶ Internet Explorer 按钮运行本网页，在 GridView1 控件中显示的结果如图 13.11 所示。

下面的示例包含连接、分组、排序和聚合函数的应用。

【例 13.8】 在 ch13 网站中设计一个 WebForm7 网页，采用 LINQ to SQL 实现各种复杂的查询。

解：其步骤如下。

① 启动 Visual Studio 2012。

② 在 ch13 网站添加一个代码隐藏页模型的 WebForm7 空网页。

③ 在其中放置一个 GridView1 控件和 4 个命令按钮，设置它们的字体和颜色，并设计如下事件过程：

```
protected void Button1_Click(object sender, EventArgs e)
{   //求所有分数
    DataClassesDataContext dc = new DataClassesDataContext();
    var myquery = from st in dc.student
                  join sc in dc.score on st.学号 equals sc.学号
                  select new
                  {   学号 = st.学号, 姓名 = st.姓名,
                      课程名 = sc.课程名, 分数 = sc.分数
                  };
    GridView1.DataSource = myquery;
    GridView1.DataBind();
}
protected void Button2_Click(object sender, EventArgs e)
{   //求各课程平均分
    DataClassesDataContext dc = new DataClassesDataContext();
    var myquery = from sc in dc.score
                  group sc by sc.课程名 into gou
                  select new
                  {   课程名 = gou.Key,
                      平均分 = gou.Average(sc => sc.分数)
                  };
    GridView1.DataSource = myquery;
    GridView1.DataBind();
}
protected void Button3_Click(object sender, EventArgs e)
{   //求>83平均分课程
    DataClassesDataContext dc = new DataClassesDataContext();
    var myquery = from sc in dc.score
```

```
                        group sc by sc.课程名 into gou
                        select new
                        {   课程名 = gou.Key,
                            平均分 = gou.Average(sc => sc.分数)
                        };
        var myquery1 = from avgsc in myquery
                        where avgsc.平均分 > 83
                        select avgsc;
        GridView1.DataSource = myquery1;
        GridView1.DataBind();
}
protected void Button4_Click(object sender, EventArgs e)
{   //求所有学生平均分并按平均分递减排序
        DataClassesDataContext dc = new DataClassesDataContext();
        var myquery = from st in dc.student
                        join sc in dc.score on st.学号 equals sc.学号
                        select new
                        {   学号 = st.学号, 姓名 = st.姓名,
                            课程名 = sc.课程名, 分数 = sc.分数
                        };
        var myquery1 = from sc in myquery
                        group sc by sc.姓名 into gou
                        orderby gou.Average(sc => sc.分数) descending
                        select new
                        {   姓名 = gou.Key,
                            平均分 = gou.Average(sc => sc.分数)
                        };
        GridView1.DataSource = myquery1;
        GridView1.DataBind();
}
```

④ 单击工具栏中的 ▶ Internet Explorer 按钮运行本网页，单击各个命令按钮时的显示结果分别如图 13.13～图 13.16 所示。

图 13.13　WebForm7 网页运行界面一

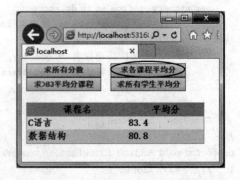

图 13.14　WebForm7 网页运行界面二

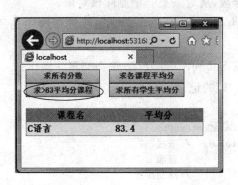

图 13.15　WebForm7 网页运行界面三　　　图 13.16　WebForm7 网页运行界面四

2. 插入数据

使用 LINQ to SQL 插入数据时，只需要创建要插入的新对象，并将其添加到对象集合中。在 LINQ 上下文类（如 DataClassesDataContext）中提供了下面两个方法。

- InsertOnSubmit 方法：把单个对象作为参数，将它添加到对象集合中。
- InsertAllOnSubmit 方法：把一个集合作为参数，将该集合添加到对象集合中。

在添加对象后，LINQ to SQL 还需要额外的一步来调用上下文类的 SubmitChanges 方法。该方法告诉 LINQ to SQL 执行 Insert 操作。

例如，以下代码在 student 表中插入一条学号为"101"的新记录：

```
protected void Page_Load(object sender, EventArgs e)
{   DataClassesDataContext dc = new DataClassesDataContext();
    student st = new student{ 学号 = "101",        //创建一个学生对象
            姓名 = "章海", 性别 = "男",
            民族 = "汉族", 班号 = "09003"};
    dc.student.InsertOnSubmit(st);                 //插入到集合中
    dc.SubmitChanges();                            //提交插入
}
```

3. 更新数据

使用 LINQ to SQL 更新数据与插入数据类似。首先获得要更新的对象，可以使用要更新的集合的 Single 方法，该方法根据其输入参数从集合中返回要更新的对象。如果有多个记录匹配，Single 方法只返回第一条匹配的记录。

有了要更新的记录之后，只需修改对象的属性值，再调用上下文类的 SubmitChanges 方法即可。

例如，以下代码在 student 表中将学号为"101"的记录的姓名更新为"成功"：

```
protected void Page_Load(object sender, EventArgs e)
{   DataClassesDataContext dc = new DataClassesDataContext();
    var st = dc.student.Single(m=>m.学号=="101");   //查找
    st.姓名 = "成功";                                //更新
    dc.SubmitChanges();                             //提交更新
}
```

4. 删除数据

在 LINQ 上下文类（如 DataClassesDataContext）中提供了两个方法用于从数据源中删除

数据。
- DeleteOnSubmit 方法：把单个对象作为参数，从对象集合中删除该对象。
- DeleteAllOnSubmit 方法：把一个集合作为参数，从对象集合中删除该集合中的所有记录。

首先获得要删除的对象，最后调用上下文类的 SubmitChanges 方法提交删除操作。

例如，以下代码在 student 表中删除学号为"101"的记录：

```
protected void Page_Load(object sender, EventArgs e)
{
    DataClassesDataContext dc = new DataClassesDataContext();
    var st = dc.student.Single(m => m.学号 == "101");     //查找
    dc.student.DeleteOnSubmit(st);                          //删除
    dc.SubmitChanges();                                     //提交删除
}
```

又如，以下代码在 student 表中删除所有班号为"09003"的学生记录：

```
protected void Page_Load(object sender, EventArgs e)
{
    DataClassesDataContext dc = new DataClassesDataContext();
    var myquery = from m in dc.student
                  where m.班号 == "09003"
                  select m;                                 //查找
    dc.student.DeleteAllOnSubmit(myquery);                  //删除
    dc.SubmitChanges();                                     //提交删除
}
```

13.6 LINQ to Entities

LINQ to Entities 允许开发人员使用 C# 等给实体框架概念模型编写查询。LINQ to SQL 查询最终会创建在后台数据库中执行的 SQL，而 LINQ to Entities 将 LINQ 查询转换为 ADO.NET 实体框架（Entity Framework，EF）能理解的命令树查询，对实体框架执行这些查询，返回可同时由实体框架和 LINQ 使用的对象。

13.6.1 ADO.NET 实体框架

ADO.NET 实体框架是 ADO.NET 中的一套支持开发面向数据的软件应用程序的技术，是支持开发面向数据的应用程序的对象关系映射器（Object Relational Mapper，ORM），使开发人员可以采用特定于域的对象和属性（如客户和客户地址）的形式使用数据，而不必自己考虑存储这些数据的基础数据库表和列。也就是说，使用 ADO.NET 实体框架可以把许多数据库对象（如表）转换成可以在代码中访问的 .NET 对象，然后就可以在查询中或者直接在数据绑定中使用这些对象。因此借助实体框架开发人员在处理数据时能够以更高的抽象级别工作，并且能够以相比传统应用程序更少的代码创建和维护面向数据的应用程序。

为了使用 LINQ to Entities，需要创建实体框架数据模型。如同使用 O/R 映射器创建 LINQ to SQL 类一样，Visual Studio 提供了实体数据模型向导（即对象关系映射器）用于创建实体框架。

为了不和前面的示例冲突，本节单独在 D 盘 ASP.NET 目录中建立一个 ch13-1 的子目录，将其作为 ch13-1 网站（采用"ASP.NET 空网站"模板），并像 13.4 节那样在 Web.config 文件中放入同样的 myconnstring 连接字符串定义。

设计一个后面示例使用的 LINQ to Entities 上下文类 StudEntities 的过程如下：

① 在 ch13-1 网站中选择"网站|添加新项"命令，出现"添加新项-ch13-1"对话框，在中间列表中选择"ADO.NET 实体数据模型"，保持默认文件名 Model.edmx，如图 13.17 所示，然后单击"添加"按钮，将启动实体数据模型向导，将生成的文件放在 App_Code 目录中。

图 13.17 "添加新项-ch13-1"对话框

② 出现"选择模型内容"对话框，选择"从数据库生成"，如图 13.18 所示，然后单击"下一步"按钮。

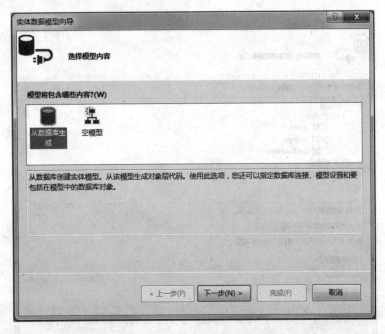

图 13.18 "选择模型内容"对话框

③ 出现"选择您的数据连接"对话框，选择的设置如图 13.19 所示，然后单击"下一步"按钮。

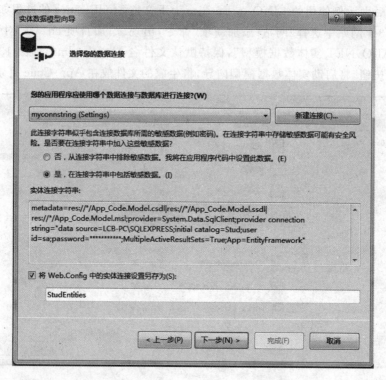

图 13.19　"选择您的数据连接"对话框

④ 出现"选择您的数据库对象和设置"对话框，展开"表"结点，选中 student 和 score 表，如图 13.20 所示，单击"完成"按钮，出现的 ADO.NET 实体数据模型设计器界面如图 13.21 所示。

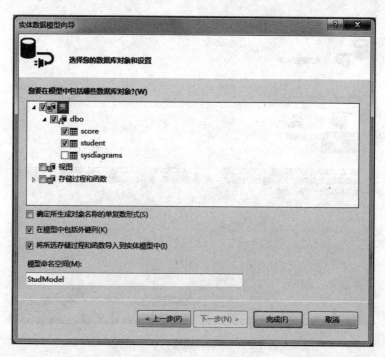

图 13.20　"选择您的数据库对象和设置"对话框

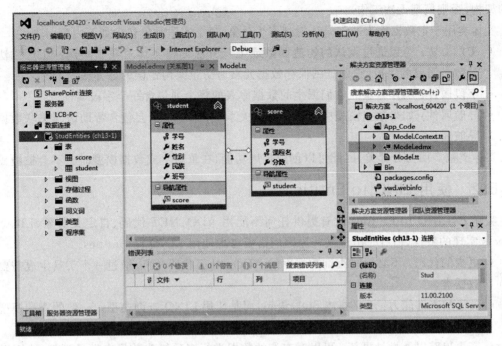

图 13.21　ADO.NET 实体数据模型设计器界面

⑤ 单击工具栏中的 ![save] 按钮保存文件。

此时,在解决方案资源管理器的 App_Code 目录中添加了 Model.edmx 和两个.tt 文件。Model.edmx 是一个 XML 文件,用于定义数据库模型的架构,Model.Designer.cs 是一个 C# 代码文件,包含了要用于 LINQ to Entities 查询的数据类型。另外还在网站中创建了一个 Bin 目录,在其中添加了 ADO.NET 实体数据模型需要的程序集和 XML 文件。

上述操作将 Stud 数据库的数据模型映射为对象模型,所创建的对象模型为上下文类 StudEntities,并在 Web.config 文件的＜connectionStrings＞节中自动添加如下连接字符串:

```
< add name = "StudEntities"
connectionString = "metadata = res://*/App_Code.Model.csdl|
    res://*/App_Code.Model.ssdl|res://*/App_Code.Model.msl;
provider = System.Data.SqlClient;
provider connection string = &quot;data source = LCB - PC\SQLEXPRESS;
initial catalog = Stud;user id = sa;password = 12345;MultipleActiveResultSets = True;
App = EntityFramework&quot;"
providerName = "System.Data.EntityClient" />
```

通常,Model.Designer.cs 的内容是隐藏的,而且这个文件会被数据模型重新生成,因此不应该也不必要手工去修改这个文件。如果要看到它的代码,在图 13.21 的属性窗口中将"代码生成策略"属性由"无"修改为"默认值",再双击 Model.Designer.cs,则在代码编辑窗口中显示其代码。

Model.Designer.cs 文件主要包含两段代码区域,即上下文和实体。

上下文区域定义的第一个类从 ObjectContext 派生,其名称为 StudEntities。这个类的构造函数连接到所生成模型的数据库,或者可以指定连接字符串连接到其他数据库(必须具有相同的架构,否则模型无法工作)。

实体类用于把数据库表的记录映射到 C# 对象,每个实体对象包含如下内容。

- 工厂方法:可以通过默认的构造函数或工厂方法创建实体对象新实例。工厂方法的参数是需要的字段,它是试图保存数据元素时防止架构错误的好办法。
- 字段属性:实体对象为它们派生的数据库表的每个列包含一个字段属性。
- 导航属性:如果数据模型中包含了外键关系,实体对象就会包含帮助访问关联数据的导航属性。

实体类被声明为分部类,因此可以创建扩展功能,在重新生成数据模型时它不会被覆盖。

13.6.2 使用 LINQ to Entities

实际上,LINQ to Entities 没有提供任何不能用 ADO.NET 代码、自定义对象、LINQ to Objects 实现的特性,但有时出于某些原因而需要考虑使用 LINQ to Entities。

- 更少的代码:不必编写查询数据库的 ADO.NET 代码,可以通过一个工具生成需要的数据类。
- 灵活的查询能力:不必拼凑 SQL 语句,而是使用 LINQ 查询模型。一致的查询模型可访问众多不同的数据源(从数据库到 XML)。
- 变更追踪以及批量更新:可以对查询的数据进行多项修改并提交批量更新,这不需要编写任何 ADO.NET 代码。

下面以前面创建的上下文类 StudEntities 为例介绍 LINQ to Entities 的应用。

1. LINQ to Entities 查询

(1) 基本查询

用户可以使用 select、from、where 和 orderby 等基本子句进行查询。

【例 13.9】 在 ch13-1 网站中设计一个 WebForm8 网页,采用 LINQ to Entities 按班号顺序显示所有男学生的记录。

解:其步骤如下。

① 启动 Visual Studio 2012。

② 在 ch13-1 网站添加一个代码隐藏页模型的 WebForm8 空网页。

③ 在其中放置一个 GridView1 控件,设置其字体和颜色,并设计如下事件过程:

```
protected void Page_Load(object sender, EventArgs e)
{
    StudEntities dc = new StudEntities();
    var myquery = from m in dc.student
                  where m.性别 == "男"
                  orderby m.班号
                  select m;
    GridView1.DataSource = myquery.ToList();
    GridView1.DataBind();
}
```

需要注意的是,myquery 是一个存储查询,其值不是集合,而是一个运算表达式。它的值如下:

```
[System.Data.Entity.Infrastructure.DbQuery<student>] =
    {SELECT [Extent1].[学号] AS [学号], [Extent1].[姓名] AS [姓名],
     [Extent1].[性别] AS [性别], [Extent1].[民族] AS [民族],
```

```
      [Extent1].[班号] AS [班号]
    FROM [dbo].[student] AS [Extent1]
    WHERE '男' = [Extent1].[性别]
    ORDER BY [Extent1].[班号] ASC}
```

不能直接将其赋给 GridView1.DataSource，需要使用 ToList 方法，这样才能成为对应的集合。

④ 单击工具栏中的 ▶Internet Explorer 按钮运行本网页，在 GridView1 控件中显示的结果如图 13.22 所示。

（2）使用聚合函数

使用聚合函数可以在一个集合上进行数学计算。例如，以下代码在 GridView1 控件中显示各个民族的学生人数：

图 13.22 WebForm8 网页运行界面

```
StudEntities dc = new StudEntities();
var myquery = from m in dc.student
              group m by m.民族 into gou
              select new
              {  民族 = gou.Key,
                 人数 = gou.Count()
              };
GridView1.DataSource = myquery.ToList();
GridView1.DataBind();
```

（3）使用导航属性

实体类包含导航属性，导航属性是由数据库上的外键关系转换而来的，通过导航属性可以在数据模型间方便地移动。

【例 13.10】 在 ch13-1 网站中设计一个 WebForm9 网页，采用 LINQ to Entities 统计每个学生的选课数。

解：其步骤如下。

① 启动 Visual Studio 2012。
② 在 ch13-1 网站添加一个代码隐藏页模型的 WebForm9 空网页。
③ 在其中放置一个 GridView1 控件，设置其字体和颜色，并设计如下事件过程：

```
protected void Page_Load(object sender, EventArgs e)
{   StudEntities dc = new StudEntities();
    var myquery = from st in dc.student
                  let sc = from sc1 in st.score
                           where st.学号 == sc1.学号
                           select sc1
                  select new
                  {  学号 = st.学号,
                     姓名 = st.姓名,
                     选课数 = sc.Count()
                  };
    GridView1.DataSource = myquery.ToList();
    GridView1.DataBind();
}
```

在上述代码中，st 为 student 表对应的数据集，由于 student 表和 score 表之间是一对多的关系，因此通过 st 可以导航到 score。

④ 单击工具栏中的 ▶ Internet Explorer 按钮运行本网页，在 GridView1 控件中显示的结果如图 13.23 所示。

2. 数据库操作

用户可以通过 ADO.NET 实体框架数据模型插入、更新和删除数据库记录。

(1) 插入

和 LINQ to SQL 的插入操作一样，首先要创建一个要插入的记录，用 Add 添加到集合中，最后调用 SaveChanges 方法提交插入。

图 13.23　WebForm9 网页运行界面

例如，以下代码在 student 表中插入一个新记录：

```
StudEntities dc = new StudEntities();
student st = new student
{    学号 = "101",                                   //创建一个学生对象
     姓名 = "章海", 性别 = "男",
     民族 = "汉族", 班号 = "09003"
};
dc.student.Add(st);                                  //插入到集合中
dc.SaveChanges();                                    //提交插入
```

(2) 更新

在更新操作时，首先查找要更新的记录，再修改相应的字段值，最后调用 SaveChanges 方法提交更新。

例如，以下代码在 student 表中将学号为"101"的记录的姓名改为"成功"：

```
StudEntities dc = new StudEntities();
var st = dc.student.Single(m => m.学号 == "101");    //查找
st.姓名 = "成功";                                     //更新
dc.SaveChanges();                                    //提交更新
```

(3) 删除

在删除操作时，首先查找要删除的记录，再用 Remove 方法从集合中删除该记录，最后调用 SaveChanges 方法提交删除。如果删除多个记录，要一个一个地删除。

例如，以下代码在 student 表中将"09003"班的所有记录删除：

```
StudEntities dc = new StudEntities();
var myquery = from m in dc.student
              where m.班号 == "09003"
              select m;                              //查找
foreach(student st in myquery)
    dc.student.Remove(st);                           //删除
dc.SaveChanges();                                    //提交删除
```

13.6.3　EntityDataSource 控件

EntityDataSource 控件表示 ASP.NET 应用程序中数据绑定控件的实体数据模型，它和上下文类（如 StudEntities）一起使用，以便实现 LINQ to Entities 查询。EntityDataSource 控件提供的属性有 Select（获取或设置定义要包含在查询结果中的属性的投影）、Where（获取或设置指定如何筛选查询结果的 Entity SQL 表达式）和 OrderBy（获取或设置指定如何对查询

第13章 语言集成查询——LINQ

结果进行排序的 Entity SQL 表达式)等。

【例 13.11】 在 ch13-1 网站中设计一个 WebForm10 网页,说明 EntityDataSource 控件的基本使用方法。

解:其步骤如下。

① 启动 Visual Studio 2012。

② 在 ch13-1 网站添加一个代码隐藏页模型的 WebForm10 空网页。

③ 在其中放置一个 GridView1 控件,设置其字体和颜色,再放置一个 EntityDataSource1 控件,进入其"配置数据源"对话框,配置 ObjectContext 如图 13.24 所示,单击"下一步"按钮。出现"配置数据选择"对话框,配置数据选择如图 13.25 所示,单击"完成"按钮。在源视图中看到 EntityDataSource1 控件的代码如下:

```
<asp:EntityDataSource ID="EntityDataSource1" runat="server"
    ConnectionString="name=StudEntities" DefaultContainerName="StudEntities"
    EnableFlattening="False" EntitySetName="student"
    Select="it.[学号], it.[姓名], it.[性别], it.[民族], it.[班号]">
</asp:EntityDataSource>
```

图 13.24 "配置 ObjectContext"对话框

④ 设置 GridView1 控件的数据源为 EntityDataSource1 控件。

⑤ 单击工具栏中的 ▶ Internet Explorer 按钮运行本网页,在 GridView1 控件中将显示 student 表中的所有学生记录。

从 .NET Framework 3.5 开始,LINQ to SQL 被 LINQ to Entities 替代,Microsoft 公司宣布不再提供 LINQ to SQL 更新,但仍然被支持。LINQ to Entities 具有许多新特征,是 .NET 应用程序开发的主流方向之一,读者可以阅读相关资料进一步了解。

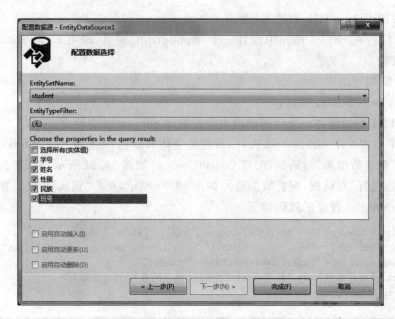

图 13.25 "配置数据选择"对话框

练习题 13

1. LINQ 有哪些优点?
2. 通常有哪几种 LINQ 提供程序？它们操作的数据源分别是什么？
3. LINQ 查询过程分为哪些阶段？分别完成什么工作？
4. 在 LINQ 中查询语法和方法语法有什么异同？
5. 有如下数组：

int[ ] numbers = new int[10] { 1, 2, 3, 4, 5, 6, 7, 8, 9, 10 };

网页中有一个文本框 TextBox1 和一个命令按钮 Button1，用户单击 Button1 时在 TextBox1 中显示所有偶数，请采用 LINQ to Objects 设计相应的事件处理过程。

【参考答案】

```
protected void Button1_Click(object sender, EventArgs e)
{   var numQuery = from num in numbers
                  where num % 2 == 0
                  select num;
    foreach (var x in numQuery)
        TextBox1.Text += x.ToString() + " ";
}
```

6. 在 ch13 网站中添加一个类文件 Class1.cs，包含如下两个类：

```
public class Student                              //声明 Student 类
{   public int 学号;                              //定义公有字段
    public string 姓名;
    public string 性别;
    public string 民族;
    public string 班号;
    public Student(int xh, string xm, string xb, string mz, string bh)
```

```
        { 学号 = xh; 姓名 = xm;
          性别 = xb; 民族 = mz; 班号 = bh;
        }
    };
    public class Score                                    //声明 Score 类
    {   public int 学号;                                   //定义公有字段
        public string 课程名;
        public int 分数;
        public Score(int xh, string kcm, int fs)
        {   学号 = xh; 课程名 = kcm;
            分数 = fs;
        }
    };
```

设计一个网页,网页中有一个文本框 TextBox1 和两个命令按钮(Button1 和 Button2),其中定义有如下数据源:

```
ArrayList arrList1 = new ArrayList();                 //定义学生动态数组
ArrayList arrList2 = new ArrayList();                 //定义学生成绩动态数组
protected void Page_Load(object sender, EventArgs e)
{   Student[] st = {
        new Student(1,"王华","女","汉族","09001"),
        new Student(2,"孙丽","女","满族","09002"),
        new Student(3,"李明","男","汉族","09001"),
        new Student(6,"张军","男","汉族","09001"),
        new Student(8,"马棋","男","回族","09002") };
    foreach (Student s in st)                         //向 arrList1 中添加 5 个学生记录
        arrList1.Add(s);
    Score[] sc = {
        new Score(1,"C 语言",80),new Score(2,"C 语言",70),
        new Score(3,"C 语言",89),new Score(6,"C 语言",90),
        new Score(8,"C 语言",88),new Score(1,"数据结构",87),
        new Score(2,"数据结构",52),new Score(3,"数据结构",84),
        new Score(6,"数据结构",95),new Score(8,"数据结构",86) };
    foreach (Score c in sc) //向 arrList2 中添加 10 个学生成绩记录
        arrList2.Add(c);
}
```

在网页运行时单击 Button1 命令按钮的结果如图 13.26 所示;单击 Button2 命令按钮的结果如图 13.27 所示。请采用 LINQ to Objects 设计这些事件处理过程。

图 13.26　第 6 题网页的运行界面一

图 13.27　第 6 题网页的运行界面二

【参考答案】

```
protected void Button1_Click(object sender, EventArgs e)
{   var mydata = from Student st in arrList1 orderby st.班号 select st;
    TextBox1.Text = "学号\t 姓名\t 性别\t 民族\t 班号\r\n";
    foreach (var x in mydata)
        TextBox1.Text += x.学号.ToString() + "\t" + x.姓名 + "\t"
            + x.性别 + "\t" + x.民族 + "\t" + x.班号 + "\r\n";
}
protected void Button2_Click(object sender, EventArgs e)
{   var mydata = from Score sc in arrList2 orderby sc.课程名,sc.分数 descending select sc;
    TextBox1.Text = "学号\t 课程名\t 分数\r\n";
    foreach (var x in mydata)
        TextBox1.Text += x.学号.ToString() + "\t" + x.课程名 + "\t"
            + x.分数.ToString() + "\r\n";
}
```

7. 修改第 6 题的网页,在网页运行时单击 Button1 命令按钮的结果如图 13.28 所示；单击 Button2 命令按钮的结果如图 13.29 所示。请采用 LINQ to Objects 设计这些事件处理过程。

图 13.28　第 7 题网页的运行界面一

图 13.29　第 7 题网页的运行界面二

【参考答案】

```
protected void Button1_Click(object sender, EventArgs e)
{   var mydata = from Student st in arrList1 group st by st.班号;
    TextBox1.Text = "";
    foreach (var x in mydata)
    {   TextBox1.Text += "班号：" + x.Key + "\r\n";
        TextBox1.Text += "学号\t 姓名\t 性别\t 民族\r\n";
        foreach (var y in x)
            TextBox1.Text += y.学号.ToString() + "\t" + y.姓名 + "\t"
                + y.性别 + "\t" + y.民族 + "\r\n";
    }
}
protected void Button2_Click(object sender, EventArgs e)
{   var mydata = from Score sc in arrList2 group sc by sc.课程名;
    TextBox1.Text = "";
    foreach (var x in mydata)
```

```
            {   TextBox1.Text += "课程名: " + x.Key + "\r\n";
                TextBox1.Text += "学号\t 分数\r\n";
                foreach (var y in x)
                    TextBox1.Text += y.学号.ToString() + "\t" + y.分数.ToString() + "\r\n";
            }
        }
```

8. 修改第 6 题的网页，在网页运行时单击 Button1 命令按钮的结果如图 13.30 所示；单击 Button2 命令按钮的结果如图 13.31 所示。请采用 LINQ to Objects 设计这些事件处理过程。

图 13.30　第 8 题网页的运行界面一　　　图 13.31　第 8 题网页的运行界面二

【参考答案】

```
protected void Button1_Click(object sender, EventArgs e)
{   var mydata = from Score sc in arrList2
                 group sc by sc.课程名 into fs
                 select new
                 {   f1 = fs.Key,
                     f2 = fs.Max(sc => sc.分数)
                 };
    TextBox1.Text = "课程名\t 最高分\r\n";
    foreach (var x in mydata)
        TextBox1.Text += x.f1 + "\t" + x.f2.ToString() + "\r\n";
}
protected void Button2_Click(object sender, EventArgs e)
{   var mydata = from Score sc in arrList2
                 group sc by sc.课程名 into fs
                 select new
                 {   f1 = fs.Key,
                     f2 = fs.Average(sc => sc.分数)
                 };
    TextBox1.Text = "课程名\t 平均分\r\n";
    foreach (var x in mydata)
        TextBox1.Text += x.f1 + "\t" + x.f2.ToString() + "\r\n";
}
```

9. 简述 LINQ 查询表达式中 from、select、where 子句的作用。

10. LINQ to XML 包含的最重要的 3 个类是什么？

11. LINQ to DataSet 中 O/R 映射器的作用是什么？

12. 在 LINQ to SQL 中插入数据、更新数据和删除数据都使用 SubmitChanges 方法，该方法的功能是什么？

13. 简述 LINQ to Entities 中 ADO.NET 实体框架的作用。

14. 在 LINQ to Entities 中插入数据、更新数据和删除数据都使用 SaveChanges 方法，该方法的功能是什么？

15. LINQ to Entities 和 LING to SQL 相比有什么先进性？

上机实验题 13

在 ch13-1 网站中添加一个名称为 Experment13 的网页，利用 13.6 节创建的 ADO.NET 实体框架，采用 LINQ to Entities 在 GridView1 控件（套用格式为简明型，字体为仿宋）中显示 Stud 数据库中所有学生的学号、姓名、班号、课程名和分数，并按学号递增、相同学号按分数递减排序，如图 13.32 所示。

图 13.32　上机实验题 13 网页的运行界面

CHAPTER 14

第 14 章　Web 系统的多层结构

ASP.NET 开发的 Web 系统是基于 B/S 模式的，Web 系统通常是多层架构。本章介绍三层结构的概念和实现方法。

本章学习要点：
☑ 掌握 Web 系统多层结构的基本概念。
☑ 掌握多层 Web 系统的设计方法。

14.1　Web 系统的三层结构

14.1.1　什么是 Web 系统的三层结构

传统的应用系统通常属于两层应用系统，也就是客户机/服务器模式(C/S)，这种模式只是两层架构，客户机发出请求给服务器，服务器将处理大量来自客户端的请求，经过业务逻辑运算和处理后再返回给客户端。两层架构的模式显然不能满足现代以互联网为趋势的企业计算处理要求，因为其部署、负载均衡等处理十分麻烦，所以就有了三层架构乃至于多层架构出现了。

多层架构的核心思想是将整个业务应用划分为表示层－业务层－数据访问层－数据库，明确地将客户端的表示层、业务逻辑访问、数据访问及数据库划分出来，如图 14.1 所示。

其中，表示层负责直接跟用户进行交互，一般指应用程序的界面，用于数据录入、数据显示等。

业务逻辑层用于做一些有效性验证的工作，以更好地保证程序运行的健壮性，如完成数据添加、修改和查询业务等；不允许在指定的文本框中输入空字符串，数据格式是否正确及数据类型验证；用户的权限的合法性判断等，通过以上的诸多判断来决定是否将操作继续向后传递，尽量保证程序的正常运行。

数据访问层用于专门跟数据库进行交互，执

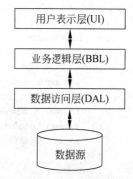

图 14.1　Web 系统的三层体系结构

行数据的添加、删除、修改和显示等。需要强调的是,所有的数据对象只在这一层被引用,如 System.Data.SqlClient 等,在除数据层之外的任何地方都不应该出现这样的引用。

这样分层有利于系统的开发、维护、部署和扩展。采用"分而治之"的思想把问题划分开来分别解决,易于控制、易于延展、易于分配资源。

14.1.2 Web 系统三层结构示例

下面通过一个典型的例子说明如何使用 ASP.NET 和 SQL Server 来构建一个三层 Web 应用。

【例 14.1】 设计一个用于显示指定班的所有课程平均分的网页 WebForm1。

解:其步骤如下。

① 启动 Visual Studio 2012。

② 选择"文件|新建|网站"命令,出现"新建网站"对话框,然后选择"ASP.NET 空网站"模板,选择"Web 位置"为"文件系统",单击"浏览"按钮,选择"D:\ASP.NET\ch14"目录,单击"确定"按钮,创建一个空的网站 ch14。在 Web.config 文件的<configuration>节插入以下连接字符串:

```
<connectionStrings>
    <add name = "myconnstring"
        connectionString = "Data Source = LCB - PC\SQLEXPRESS;Initial Catalog = Stud;
        User ID = sa;Password = 12345"
        providerName = "System.Data.SqlClient" />
</connectionStrings>
```

③ 系统整体结构设计。采用 Web 三层体系结构,用户表示层对应 WebForm1 网页,业务逻辑层设计成 DbOp 类,数据访问层设计成 Database 类,如图 14.2 所示。

④ 数据访问层 DAL 设计。在 ch14 网站添加一个代码隐藏页模型的 WebForm1 空网页,然后选择"网站|添加新项"命令,在弹出的对话框中选中"类"选项,建立的类文件为 DAL.cs(放在 App_Code 目录中),对应的代码如下:

图 14.2 示例系统的三层体系结构

```
using System.Data.SqlClient;
using System.Data;
public class Database
{   protected SqlConnection myconn;             //保护的类字段
    public Database()                           //构造函数
    {   string mystr = System.Configuration.ConfigurationManager.
            ConnectionStrings["myconnstring"].ToString();
        myconn = new SqlConnection();
        myconn.ConnectionString = mystr;
        myconn.Open();
    }
    ~Database()                                 //析构函数
    {   if (myconn != null)
            myconn.Close();
    }
```

```
        public DataSet GetDataset(string mysql)              //返回数据集
        {   DataSet myds = new DataSet();
            SqlDataAdapter myda = new SqlDataAdapter(mysql, myconn);
            myda.Fill(myds);
            return myds;
        }
    }
```

其中包含一个 Database 类,通过构造函数建立并打开连接,通过析构函数关闭连接,通过 GetDataset 公有方法执行指定的 mysql 语句并返回对应的数据集。

⑤ 业务逻辑层 BLL 设计。选择"网站"中的"添加新项"命令,在弹出的对话框中选中"类"选项,建立的类文件为 BLL.cs(放在 App_Code 目录中),对应的代码如下:

```
using System.Data;
public class DbOP
{   private string bh;                              //班号
    private string retstr;                          //查找结果字符串
    public string pbh                               //班号属性
    {
        set { bh = value; }
    }
    public string pretstr                           //查找结果字符串属性
    {
        get { return retstr; }
    }
    public void Compute()                           //计算指定班的所有课程的平均分
    {   int i = 0;
        Database db = new Database();
        string mysql = "SELECT 课程名,avg(分数) FROM student,score ";
            mysql += "WHERE student.学号 = score.学号 AND student.班号 = '" +
            bh.Trim() + "' group by score.课程名";
        DataSet myds = db.GetDataset(mysql);
        if (myds.Tables[0].Rows.Count > 0)          //存在该班的分数记录时
        {   retstr = "课程名\t\t平均分\n";
            while (i < myds.Tables[0].Rows.Count)
            {   retstr += myds.Tables[0].Rows[i][0];
                retstr += string.Format("{0:n}",myds.Tables[0].Rows[i][1]) + "\n";
                i++;
            }
        }
        else retstr = "没有该班号的成绩";
    }
}
```

其中包含一个 DbOp 类,其功能是获取班号,由班号构成一个 SQL 语句,调用 Datyabase 类中的 GetDataset 方法产生数据集,将该数据集中的所有记录组合成一个结果字符串并返回。为此设计 bh(班号)和 retstr(结果字符串)两个私有字段,并设计与之对应的属性 pbh 和 pretstr,最后设计一个求返回结果字符串的公共方法 Compute。

⑥ 用户表示层 UI。这主要是设计 WebForm1 网页,其设计界面如图 14.3 所示,其中包含两个 HTML 标签、两个文本框(TextBox1 为单行文本框,TextBox2 为多行文本框)和一个命令按钮 Button1,并设计如下事件过程:

```
protected void Button1_Click(object sender, EventArgs e)
```

```
{
    DbOP mydbop = new DbOP();
    mydbop.pbh = TextBox1.Text;
    mydbop.Compute();
    TextBox2.Text = mydbop.pretstr;
}
```

该事件过程将用户输入的班号赋给 mydbop 对象的 pbh 属性,然后调用 mydbop 对象的 Compute 方法产生查询结果字符串,并将其在 TextBox2 文本框中显示出来。

至此,这种三层结构的 Web 系统示例设计完毕。

⑦ 单击工具栏中的 ▶ Internet Explorer 按钮运行本网页,输入 09002 班号,单击"计算平均分"命令按钮,其运行结果如图 14.4 所示。

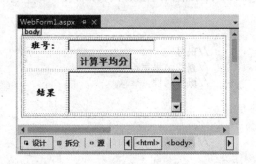

图 14.3 WebForm1 网页设计界面

图 14.4 WebForm1 网页运行界面

说明:就本例功能而言有多种设计方法,这里是为了说明三层体系结构而采用的一种设计方法,读者可以从中体会 Web 系统多层体系结构的概念。

14.2 ObjectDataSource 控件

14.2.1 ObjectDataSource 控件和 SqlDataSource 控件的区别

SqlDataSource 等控件极大地简化了数据库的访问,无须编写代码就可以选择、更新、插入和删除数据库数据,对于开发两层体系结构(只包含表示层和数据访问层)的应用程序非常容易,也适合于规模较小的应用程序,但对于开发企业级多层体系结构的应用程序就效果不佳,因为这些数据源控件的灵活性欠缺,它们将表示层和业务逻辑层混合在一起。

ObjectDataSource 控件解决了这一问题,它帮助开发人员在表示层与数据访问层、表示层与业务逻辑层之间建立联系,从而将来自数据访问层或业务逻辑层的数据对象与表示层中的数据绑定控件绑定,实现数据的选择、更新或排序等。

ObjectDataSource 控件可以从 .aspx 网页和表示层中抽象出特定的数据库设置,并将它们移至多层体系结构中的较低层,如图 14.5 所示。其中,ObjectDataSource 控件通过接口对象或业务实体对象将数据传递给数据绑定控件,从而实现各项功能。

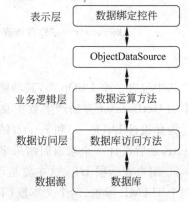

图 14.5 利用 ObjectDataSource 控件的多层应用程序体系结构图

SqlDataSource 控件中的 ConnectionString、ProviderName 和 SelectCommand 属性在 ObjectDataSource 控件中不存在，相反，它们被替换成告诉 ObjectDataSource 控件实例化哪个业务类以及使用哪个方法来查询或修改数据的其他属性，这些业务类和方法位于数据访问层或业务逻辑层中。

14.2.2 ObjectDataSource 控件的使用方法

ObjectDataSource 控件包含的属性与 AccessDataSource 控件的类似，但增加了若干用于个性化的属性。

若要从业务对象中检索数据，需用检索数据的方法的名称设置 SelectMethod 属性，该方法通常返回一个 DataSet 对象。如果方法签名带参数，可以将 Parameter 对象添加到 SelectParameters 集合，然后将它们绑定到要传递给由 SelectMethod 方法指定的方法的值。为使 ObjectDataSource 能够使用参数，这些参数必须与方法签名中的参数名称和类型相匹配。每次调用 Select 方法时，ObjectDataSource 控件都检索数据。此方法提供对 SelectMethod 属性所指定的方法的编程访问。当调用绑定到 ObjectDataSource 的控件的 DataBind 方法时，这些控件自动调用 SelectMethod 属性指定的方法。如果设置数据绑定控件的 DataSourceID 属性，该控件根据需要自动绑定到数据源中的数据。建议通过设置 DataSourceID 属性将 ObjectDataSource 控件绑定到数据绑定控件。或者可以设置 DataSource 属性，但之后必须显式调用数据绑定控件的 DataBind 方法。用户可以随时以编程方式调用 Select 方法以检索数据。

根据 ObjectDataSource 控件使用的业务对象的功能可以执行数据操作，如更新、插入和删除。若要执行这些数据操作，须为要执行的操作设置适当的方法名称和任何关联的参数。例如对于更新操作，将 UpdateMethod 属性设置为业务对象方法的名称，该方法执行更新并将所需的任何参数添加到 UpdateParameters 集合中。如果 ObjectDataSource 控件与数据绑定控件相关联，则由数据绑定控件添加参数。在这种情况下，需要确保方法的参数名称与数据绑定控件中的字段名称相匹配。在调用 Update 方法时，由代码显式执行更新或由数据绑定控件自动执行更新。Delete 和 Insert 操作遵循相同的常规模式。假定业务对象以逐个记录（而不是以批处理）的方式执行这些类型的数据操作。

由 SelectMethod、UpdateMethod、InsertMethod 和 DeleteMethod 属性标识的方法可以是实例方法或 static 方法。如果方法为 static，则不创建业务对象的实例，也不引发 ObjectCreating、ObjectCreated 和 ObjectDisposing 事件。

如果数据作为 DataSet、DataView 或 DataTable 对象返回，ObjectDataSource 控件可以筛选由 SelectMethod 属性检索的数据。用户可以使用格式字符串语法将 FilterExpression 属性设置为筛选表达式，并将表达式中的值绑定到 FilterParameters 集合中指定的参数。

14.2.3 使用 ObjectDataSource 控件关联数据访问层和表示层

数据访问层主要封装了对数据的存储、访问和管理，反映到组件类中就体现了对数据库执行以下任务的方法：

- 读取数据库中的数据记录，并将结果集返回给调用者。
- 在数据库中修改、删除和新增数据记录。

在实现以上方法的过程中必然涉及 SELECT、UPDATE、DELETE 和 INSERT 等 SQL

语句，所涉及的数据表可能是单个表也可能是一组相关表。

14.2.4 ObjectDataSource 控件应用示例

下面通过一个示例说明使用 ObjectDataSource 控件设计多层 Web 应用系统的过程。

【例 14.2】 采用 ObjectDataSource 控件设计一个网页 WebForm2，其功能是在 GridView 控件中显式指定班号的学生记录，并可以选择、更新和删除记录，当删除一个学生记录时需同时删除该生的所有成绩记录。

解：其步骤如下。

① 打开 ch14 网站，添加一个隐藏文件模型的 WebForm2 的空网页。

② 选择"网站|添加新项"命令，在弹出的对话框中选中"类"选项，建立的类文件为 StudentDB（放在 App_Code 目录中），对应的代码如下：

```csharp
using System.Data;
using System.Configuration;
using System.Data.SqlClient;
public class StudentDB
{   public StudentDB()                           //构造函数
    { }
    public DataSet SelectData(string bh)
    {   string mystr;
        mystr = ConfigurationManager.ConnectionStrings["myconnstring"].ToString();
        using (SqlConnection myconn = new SqlConnection())
        {   myconn.ConnectionString = mystr;
            myconn.Open();
            SqlCommand mycmd = new SqlCommand();
            mycmd.CommandText = "SELECT * FROM student WHERE 班号 = @sbh";
            mycmd.Connection = myconn;
            mycmd.Parameters.Add("@sbh", SqlDbType.VarChar, 5).Value = bh;
            using (SqlDataAdapter myda = new SqlDataAdapter())
            {   myda.SelectCommand = mycmd;
                DataSet myds = new DataSet();
                myda.Fill(myds, "student");      //将 student 表填充到 myds 中
                return myds;
            }
        }
    }
    public static void UpdateData(string 学号, string 姓名, string 性别,
        string 民族, string 班号)
    {   string mystr, mysql;
        mystr = ConfigurationManager.ConnectionStrings["myconnstring"].ToString();
        mysql = "UPDATE student SET 姓名 = @姓名,性别 = @性别,民族 = @民族," +
            "班号 = @班号 WHERE 学号 = @学号";
        using (SqlConnection myconn = new SqlConnection(mystr))
        using (SqlCommand mycmd = new SqlCommand(mysql, myconn))
        {   mycmd.Parameters.Add("@姓名", SqlDbType.VarChar, 10).Value = 姓名;
            mycmd.Parameters.Add("@性别", SqlDbType.VarChar, 2).Value = 性别;
            mycmd.Parameters.Add("@民族", SqlDbType.VarChar, 10).Value = 民族;
            mycmd.Parameters.Add("@班号", SqlDbType.VarChar, 6).Value = 班号;
            mycmd.Parameters.Add("@学号", SqlDbType.VarChar, 5).Value = 学号;
            myconn.Open();
            mycmd.ExecuteNonQuery();
        }
```

```
        }
        public static void DeleteData(string 学号)
        {   string mystr, mysql;
            mystr = ConfigurationManager.ConnectionStrings["myconnstring"].ToString();
            mysql = "DELETE FROM student WHERE 学号 = @学号";
            using (SqlConnection myconn = new SqlConnection(mystr))
            using (SqlCommand mycmd = new SqlCommand(mysql, myconn))
            {   mycmd.Parameters.Add("@学号", SqlDbType.VarChar, 5).Value = 学号;
                myconn.Open();
                mycmd.ExecuteNonQuery();
                mysql = "DELETE FROM score WHERE 学号 = @学号";
                using (SqlCommand mycmd1 = new SqlCommand(mysql, myconn))
                {   mycmd1.Parameters.Add("@学号", SqlDbType.VarChar, 5).Value = 学号;
                    mycmd1.ExecuteNonQuery();
                }
            }
        }
    }
```

上述代码中包含 StudentDB 类的 SelectData 方法,它返回一个 DataSet 对象。其中 using 语句用于定义一个范围,将在此范围之外释放一个或多个对象,如定义一个 myconn 对象,在其范围外自动释放它。另外包含一个修改记录的 UpdateData 方法和一个删除记录的 DeleteData 方法。

③ 在 WebForm2 网页中放置两个 HTML 标签、一个文本框 TextBox1、一个命令按钮 Button1 和一个 GridView1 控件,再将一个 ObjectDataSource 控件 ObjectDataSource1 拖放到本网页中。

④ 建立 ObjectDataSource1 控件关联数据访问层。在"ObjectDataSource 任务"列表中选择"配置数据源"启动"配置数据源"向导,首先出现"选择业务对象"对话框,从"选择业务对象"下拉列表中选择"StudentDB",如图 14.6 所示,然后单击"下一步"按钮。

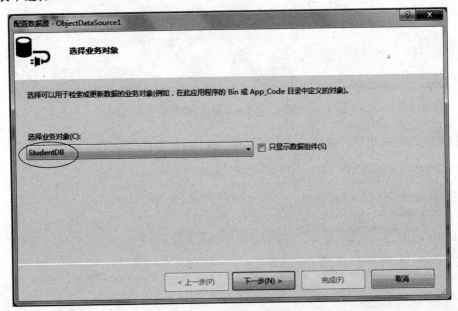

图 14.6 "选择业务对象"对话框

⑤ 出现"定义数据方法"对话框，默认选择 SELECT 选项卡，指定与 SELECT 操作关联并返回数据业务对象的方法为 StudentDB 类的 SelectData 方法。

⑥ 选择 UPDATE 选项卡，指定与 UPDATE 操作关联并返回数据业务对象的方法为 StudentDB 类的 UpdateData 方法。

⑦ 选择 DELETE 选项卡，指定与 DELETE 操作关联并返回数据业务对象的方法为 StudentDB 类的 DeleteData 方法，单击"下一步"按钮。

⑧ 出现"定义参数"对话框，为 SelectData 方法定义参数，该方法只有一个参数 bh，它的值来自 TextBox1 文本框中用户输入的文本值，所以在"参数"列表中选中它，在"参数源"列表中选中"Control"，在"ControlID"列表中选中"TextBox1"，在"DefaultValue"文本框中输入默认值"09001"，如图 14.7 所示。然后单击"完成"按钮返回到网页设计界面。

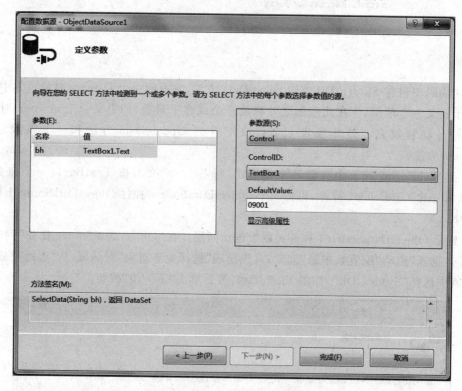

图 14.7 "定义参数"对话框

在网页的源视图中可以看到 ObjectDataSource1 控件的代码如下：

```
< asp:ObjectDataSource ID = "ObjectDataSource1" runat = "server"
    DeleteMethod = "DeleteData" SelectMethod = "SelectData" TypeName = "StudentDB"
    UpdateMethod = "UpdateData">
    < DeleteParameters >
        < asp:Parameter Name = "学号" Type = "String" />
    </DeleteParameters >
    < SelectParameters >
        < asp:ControlParameter ControlID = "TextBox1" DefaultValue = "09001" Name = "bh"
            PropertyName = "Text" Type = "String" />
    </SelectParameters >
    < UpdateParameters >
        < asp:Parameter Name = "学号" Type = "String" />
```

```
            <asp:Parameter Name = "姓名" Type = "String" />
            <asp:Parameter Name = "性别" Type = "String" />
            <asp:Parameter Name = "民族" Type = "String" />
            <asp:Parameter Name = "班号" Type = "String" />
        </UpdateParameters>
</asp:ObjectDataSource>
```

其中，ObjectDataSource1 控件的 DeleteMethod 属性为 StudentDB 类的 DeleteData 方法，表示用户的删除操作是调用 DeleteData 方法完成的，由<DeleteParameters>元素指出以学号为条件进行删除。

SelectMethod 属性为 StudentDB 类的 SelectData 方法，表示用户的选择操作（在 GridView1 控件中显示满足条件的记录）是调用 SelectData 方法完成的，由<SelectParameters>元素指出以文本框 TextBox1 值（学号，默认值为 09001）为条件进行选择。

UpdateMethod 属性为 StudentDB 类的 UpdateData 方法，表示用户的编辑操作是调用 UpdateData 方法完成的，由< UpdateParameters >元素指出可以修改所有字段，但学号已被设置为只读的。

⑨ 表示层向用户提供一个操作界面，在 ObjectDataSource 控件建立好后，下面的步骤实现 ObjectDataSource 控件与表示层的关联。首先向本网页中拖放一个 GridView 控件 GridView1。

展开"GridView 任务"列表，将 GridView1 控件的 AutoGenerateColumns 属性置为 False（该属性设置十分重要）。然后选择"编辑列"命令，在"选定的字段"列表中添加 5 个 BoundField 字段（数据绑定字段）。

将 5 个 BoundField 字段的 HeaderText 属性和 DataField 属性分别设置为"学号"、"姓名"、"性别"、"民族"和"班号"。这不同于以前的操作，由于此时 ObjectDataSource 控件还没有与 GridView1 控件绑定，所以在 DataField 中只能输入以后绑定的字段名，并将"学号"字段的 ReadOnly 属性置为 True（规定学号字段不能修改），如图 14.8 所示。

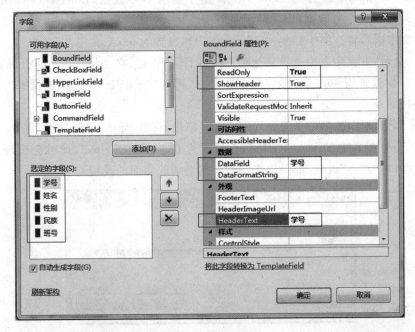

图 14.8 "字段"对话框

为了 GridView1 控件的显示和编辑界面美观,下面设置各 BoundField 字段的模板。这里以"学号"字段为例,其操作如下:

在"选定的字段"列表中单击"学号",然后单击右下方的"将此字段转换为 TemplateField"链接,单击"确定"按钮返回。从"GridView 任务"中选择"编辑模板"命令,在"显示"下拉列表中选择"Column[0]-学号",会出现如图 14.9 所示的编辑模板的对话框。

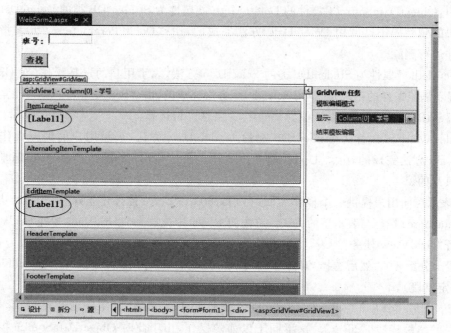

图 14.9 编辑模板的对话框

其中,ItemTemplate 部分的 Label1 控件用于显示学号数据,EditItemTemplate 部分的 Label1 控件用于编辑学号数据(因为前面将其 ReadOnly 属性设置为 True,所以呈现为标签,否则呈现为文本框),将这两个标签的 Width 设置均设置为 55px。

然后在"显示"下拉列表中选择其他项,进行同样的设置,只是将姓名、性别、民族和班号控件的 Width 分别设置为 80px、40px、70px 和 60px,再从"GridView 任务"中选择"结束编辑模板"命令返回。

在"字段"对话框中添加一个 CommandField 字段,将其 ButtonType 属性置为"Button"。

将 GridView1 控件的 DataSourceID 属性设置为 ObjectDataSource1,此时会出现如图 14.10 所示的消息框,单击"否"按钮(如果单击"是"按钮会清除前面的设置)。

图 14.10 消息框

第 14 章　Web 系统的多层结构

在"GridView 任务"列表中选中"启动分页"、"启动编辑"、"启动删除"和"启动选定内容"。

将 GridView1 控件的 PageSize 置为 2，DatakeyNames 属性置为"学号"，将其自动套用样式置为"沙滩和天空"，将 Font 属性置为"medium，加粗，仿宋"。

在网页的源视图中可以看到 GridView1 控件的代码如下：

```
<asp:GridView ID = "GridView1" runat = "server" AllowPaging = "True"
    BackColor = "LightGoldenrodYellow" BorderColor = "Tan" BorderWidth = "1px"
    CellPadding = "2" ForeColor = "Black" GridLines = "None" PageSize = "2" DatakeyNames = "学号"
    style = "font-family:仿宋" AutoGenerateColumns = "False" Width = "540px"
    DataSourceID = "ObjectDataSource1">
    <AlternatingRowStyle BackColor = "PaleGoldenrod" />
    <Columns>
        <asp:TemplateField HeaderText = "学号">
            <EditItemTemplate>
                <asp:Label ID = "Label1" runat = "server" Text = '<%# Eval("学号") %>'
                    Width = "55px"></asp:Label>
            </EditItemTemplate>
            <ItemTemplate>
                <asp:Label ID = "Label1" runat = "server" Text = '<%# Bind("学号") %>'
                    Width = "55px"></asp:Label>
            </ItemTemplate>
            <HeaderStyle HorizontalAlign = "Center" Width = "60px" />
            <ItemStyle HorizontalAlign = "Center" />
        </asp:TemplateField>
        <asp:TemplateField HeaderText = "姓名">
            <EditItemTemplate>
                <asp:TextBox ID = "TextBox1" runat = "server" Text = '<%# Bind("姓名") %>'
                    Width = "80px"></asp:TextBox>
            </EditItemTemplate>
            <ItemTemplate>
                <asp:Label ID = "Label2" runat = "server"
                    Text = '<%# Bind("姓名") %>'></asp:Label>
            </ItemTemplate>
            <ControlStyle Width = "80px" />
            <HeaderStyle Width = "80px" />
            <ItemStyle HorizontalAlign = "Center" />
        </asp:TemplateField>
        <asp:TemplateField HeaderText = "性别">
            <EditItemTemplate>
                <asp:TextBox ID = "TextBox4" runat = "server" Text = '<%# Bind("性别") %>'
                    Width = "40px"></asp:TextBox>
            </EditItemTemplate>
            <ItemTemplate>
                <asp:Label ID = "Label5" runat = "server" Text = '<%# Bind("性别") %>'
                    Width = "40px"></asp:Label>
            </ItemTemplate>
            <HeaderStyle Width = "40px" />
            <ItemStyle HorizontalAlign = "Center" />
        </asp:TemplateField>
        <asp:TemplateField HeaderText = "民族">
            <EditItemTemplate>
                <asp:TextBox ID = "TextBox2" runat = "server" Text = '<%# Bind("民族") %>'
                    Width = "70px"></asp:TextBox>
            </EditItemTemplate>
            <ItemTemplate>
```

```
                    <asp:Label ID="Label3" runat="server" Text='<%# Bind("民族") %>'
                        Width="70px"></asp:Label>
                </ItemTemplate>
                <HeaderStyle Width="70px" />
                <ItemStyle HorizontalAlign="Center" />
            </asp:TemplateField>
            <asp:TemplateField HeaderText="班号">
                <EditItemTemplate>
                    <asp:TextBox ID="TextBox3" runat="server" Text='<%# Bind("班号") %>'
                        Width="60px"></asp:TextBox>
                </EditItemTemplate>
                <ItemTemplate>
                    <asp:Label ID="Label4" runat="server" Text='<%# Bind("班号") %>'
                        Width="60px"></asp:Label>
                </ItemTemplate>
                <HeaderStyle Width="60px" />
                <ItemStyle HorizontalAlign="Center" />
            </asp:TemplateField>
            <asp:CommandField ButtonType="Button" ShowDeleteButton="True"
                ShowEditButton="True" ShowSelectButton="True" >
                <ControlStyle ForeColor="Red" Font-Bold="True" Font-Names="黑体" />
            </asp:CommandField>
        </Columns>
        <FooterStyle BackColor="Tan" />
        <HeaderStyle BackColor="Tan" Font-Bold="True" />
        <PagerStyle BackColor="PaleGoldenrod" ForeColor="DarkSlateBlue"
            HorizontalAlign="Center" />
        <SelectedRowStyle BackColor="DarkSlateBlue" ForeColor="GhostWhite" />
        <SortedAscendingCellStyle BackColor="#FAFAE7" />
        <SortedAscendingHeaderStyle BackColor="#DAC09E" />
        <SortedDescendingCellStyle BackColor="#E1DB9C" />
        <SortedDescendingHeaderStyle BackColor="#C2A47B" />
    </asp:GridView>
```

至此本网页设计完成，其设计界面如图 14.11 所示。网页中的 Button1 命令按钮上没有设计任何事件处理过程，它仅仅用于向服务器提交网页。在整个网页设计中除了操作外不包含任何程序代码，实际上是将处理功能提炼出来单独放在 StudentDB 类中，从而将网页界面设计与功能设计相分离，这就是多层 Web 开发的精髓。

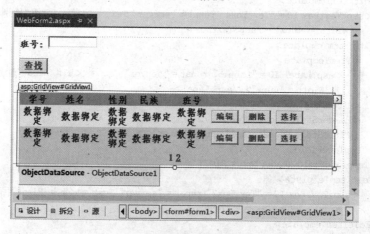

图 14.11　WebForm2 网页设计界面

⑩ 单击工具栏中的 ▶ Internet Explorer 按钮运行本网页，初始结果如图 14.12 所示，默认显示 09001 班的所有学生，在"班号"文本框中输入"09002"，单击"查找"命令按钮，其结果如图 14.13 所示，这样将显示 09002 班的所有学生记录。

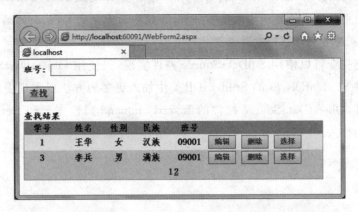

图 14.12　WebForm2 网页运行界面一

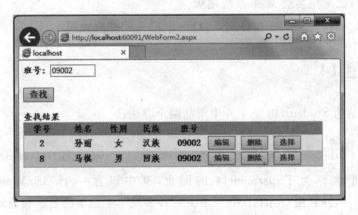

图 14.13　WebForm2 网页运行界面二

用户可以进行翻页操作。当单击"编辑"按钮时，进入所选记录的编辑界面，图 14.14 所示的是学号为 2 的记录的编辑界面，此时用户可以修改除了学号以外的其他字段，用户单击"更新"按钮会调用 UpdateData 方法修改 student 表，单击"取消"按钮表示放弃修改并返回。当

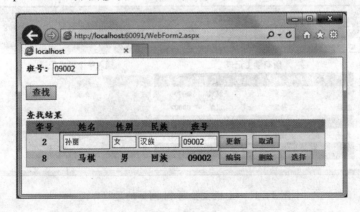

图 14.14　WebForm2 网页运行界面三

单击"删除"按钮时调用 DeleteData 方法，不仅会删除 student 表中所选的记录，还会删除 score 表中所有该学号的成绩记录（这是由 DeleteData 方法实现的）。

说明：在 GridView1 控件中单击"编辑"按钮时会出现默认的记录编辑界面，可能和 GridView1 控件中该记录的显示格式很不一样，导致界面十分难看，前面的编辑模板就是使得两种格式一致，从而美化记录修改界面。

本例的功能完全可以使用 SqlDataSource 控件实现，但使用 ObjectDataSource 控件时可以在组件类文件 StudentDB.cs 的 StudentDB 类中加入更多的方法以实现更复杂的多层业务逻辑功能。另外，ObjectDataSource 控件的 InsertCommand 属性主要和 DetailsView 等控件组合实现记录的插入。

练习题 14

1. 简述 Web 系统的三层结构及其各层的主要功能。
2. 简述为什么采用多层 Web 系统结构。
3. 简述 ObjectDataSource 控件和 SqlDataSource 控件的异同。

上机实验题 14

在 ch14 网站的 StudentDB 类文件中添加两个方法：

public DataSet SelectData()
public static void InsertData(string 学号, string 姓名, string 性别, string 民族, string 班号)

再添加一个名称为 Experment14 的网页，其中包含一个 GridView1 控件和一个 DetailsView1 控件，并利用 ObjectDataSource 控件实现学生记录的显示和输入。例如，用户运行该网页，首先调用 SelectData 方法在 GridView1 控件中显示所有学生记录，其选择学号 3 的界面如图 14.15 所示；用户单击"新建"按钮便可以插入一个新的学生记录，如图 14.16 所示；在输入新的学生记录后，单击"插入"按钮调用 InsertData 方法将该记录插入到 student 表中，单击"取消"按钮不做插入。

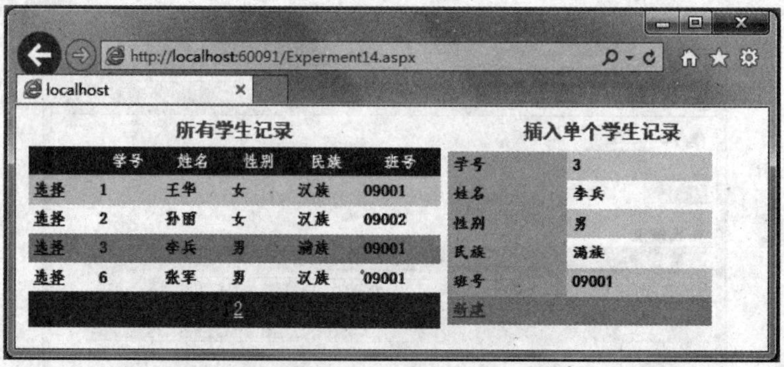

图 14.15 上机实验题 14 网页的运行界面一

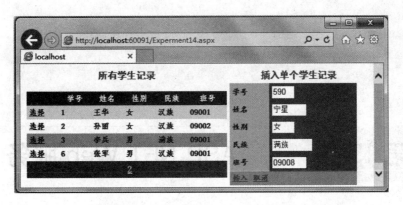

图 14.16　上机实验题 14 网页的运行界面二

CHAPTER 15

第 15 章 ASP.NET Web 服务

Web 服务(Web Service)是一项新兴发展的技术。它以"软件就是服务"为理想目标,使得在系统架构以及软件开发等领域都发生了深刻的变化。Web 服务是 Microsoft 公司的.NET 策略计划的基础。本章介绍了 Web 服务的创建和调用 Web 服务的方法。

本章学习要点:
- ☑ 掌握 Web 服务的概念。
- ☑ 掌握创建 Web 服务的方法。
- ☑ 掌握 Web 服务的调用方法。
- ☑ 掌握引用 Web 服务的方法。
- ☑ 掌握在 AJAX 内容页中引用 Web 服务的方法。

15.1 Web 服务概述

Web 服务(Web Services)是 Web 服务器上的一些组件,客户端应用程序可通过 Web 发出 HTTP 请求来调用这些服务,它是一种构建新的 Web 应用程序的普通模型,并能在所有支持 Internet 通信的操作系统上实施运行。

一个 Web 服务就是一个应用 Web 协议的可编程的应用程序逻辑。实际上,Web 服务就是一个动态链接库 DLL,它向外界显示出的是一个能够通过 Web 进行调用的 API。用户不需要知道它的内部实现,只需要知道它的调用函数名和参数即可。与普通的 DLL 不同的是,它不存在于本地主机上,而是存在于服务器端,因此 Web 服务可以被任何能访问本机的网络用户调用。

15.1.1 Web 服务的特点

Web 服务具有以下特点:
- Web 服务是应用程序组件。
- Web 服务使用开放协议进行通信。
- Web 服务是独立的并可自我描述。
- Web 服务可通过使用 UDDI 来发现。

- Web 服务可被其他应用程序使用。
- XML 是 Web 服务的基础。

15.1.2 Web 服务的体系结构

Web 服务体系结构如图 15.1 所示，主要包括以下几个方面。

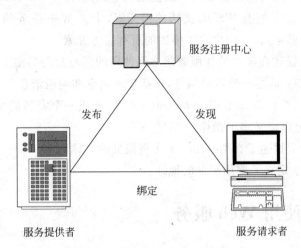

图 15.1 Web 服务体系结构

1. Web 服务体系结构的组件

Web 服务体系结构包括下面 3 种组件。

- 服务提供者：服务的拥有者，它为其他用户或服务提供服务功能。服务提供者先要向服务注册中心注册自己的服务描述和访问接口（发布操作）。
- 服务注册中心：把服务提供者和服务请求者绑定在一起，提供服务发布和查找功能。
- 服务请求者：Web 服务功能的使用者，它先向服务注册中心查找所需要的服务，服务注册中心根据服务请求者的请求把相关的 Web 服务和服务请求者进行绑定，这样服务请求者就可以从服务提供者那儿获取需要的服务。

2. Web 服务体系结构的操作

Web 服务体系结构包括下面 3 种操作。

- 发布：服务提供者向服务注册中心发布相关服务的注册。
- 发现：由服务请求者向服务注册中心执行 find 操作，服务请求者描述要找的服务，服务注册中心分发匹配的结果。
- 绑定：在服务请求者和服务提供者之间绑定，这两部分协商以使服务请求者可以访问和调用服务提供者的服务。

3. UDDI——通用查找、描述和集成协议

这是一个 Web 服务的信息注册规范，定义了 Web 服务的注册发布和发现的方法。UDDI 类似一个目录索引，列出了所有可用的 Web 服务信息。服务请求者可以在这个目录中找到自己需要的服务。

4. WSDL——Web 服务描述语言

Web 服务描述言语言（WSDL）是一种基于 XML 语法的为服务提供者提供了描述构建在

不同协议或编码方式之上的 Web 服务请求基本格式的语言。WSDL 用来描述一个 Web 服务能做什么,它的位置在哪里,如何调用它等。

UDDI 描述了 Web 服务的绝大多数方面,包括服务的绑定细节。WSDL 可以被看作是 UDDI 服务描述的子集。

一个 WSDL 文档在定义网络服务的时候使用以下元素。

- definitions(定义):所有 WSDL 文档的根元素,定义 Web 服务的名称,声明文档其他部分使用的命名空间,并包含这里描述的所有服务元素。
- types(类型):描述在客户端和服务器之间使用的所有数据类型。
- message(消息):描述一个单向消息,包括请求消息和响应消息。
- portType(端口类型):结合多个 message 元素,形成一个完整的单向或往返操作。一个 portType 可以定义多个操作。
- binding(绑定):描述了在 Internet 上实现服务的具体细节。
- service(服务):定义了调用服务的地址。

15.2 创建和使用 Web 服务

15.2.1 创建 ASP.NET Web 服务网站

Web 服务是提供给请求者使用的,通常创建一个能从外部访问的 Web 服务网站,本节采用外部 IIS(而不是 Visual Studio 内置的 IIS Express)创建一个 Web 服务网站 MyWeb。其步骤如下:

① 在计算机上安装 IIS 7.0 或更高版本(这里采用 IIS 7.0),在"D:\ASP.NET"目录中创建一个 MyWeb 子目录。

说明:在 Windows 中选择"控制面板|程序和功能|打开或关闭 Windows 功能"命令,如果看到如图 15.2 所示的 Internet 信息服务,表示安装正确。

② 在 Windows 中选择"控制面板|管理工具|Internet 信息服务(IIS)管理器"命令,出现"Internet 信息服务(IIS)管理器"对话框,展开右侧的服务器,右击"网站",在出现的快捷菜单中选择"添加网站"命令。

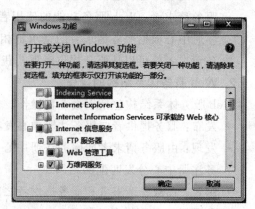

图 15.2 "Windows 功能"对话框

③ 出现"添加网站"对话框,输入网站名称为"Web",选择物理路径为"D:\ASP.NET\MyWeb",如图 15.3 所示,单击"确定"按钮返回。

④ Web 服务网站必须启用目录浏览功能,为此选择"功能视图"选项卡,双击其中的"目录浏览"选项,在目录浏览页面的"操作"窗格中单击"启用",如图 15.4 所示,返回到 Windows。

⑤ 启动 Visual Studio 2012。

⑥ 选择"文件|新建|网站"命令,出现"新建网站"对话框,然后选择"ASP.NET 空网站"

第 15 章 ASP.NET Web 服务

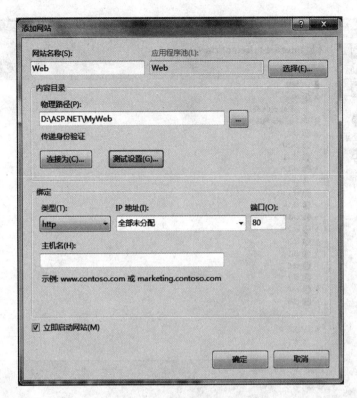

图 15.3 "添加网站"对话框

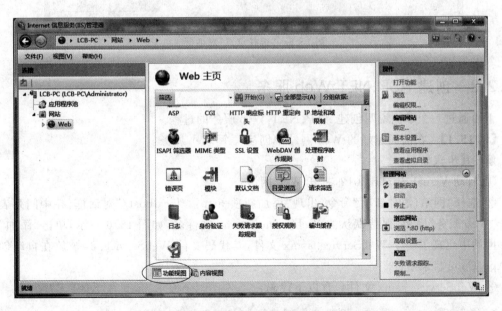

图 15.4 在目录浏览页面中单击"启用"后的界面

模板,选择"Web 位置"为"HTTP",单击"浏览"按钮,出现"选择位置"对话框,单击"本地 IIS",选择"Web",如图 15.5 所示,单击"打开"按钮,创建一个空的网站 Web。

说明:这里创建的 Web 服务网站的名称为 Web、URL 为"http://localhost/"、完整路径为"D:\ASP.NET\MyWeb"。

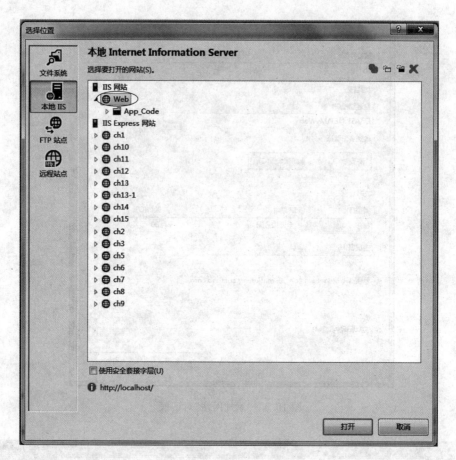

图 15.5 "选择位置"对话框

15.2.2 创建 ASP.NET Web 服务

下面通过一个示例说明创建 ASP.NET Web 服务的过程。

【例 15.1】 在前面建好的 Web 网站中创建一个 Web 服务。

解:其步骤如下。

① 启动 Visual Studio 2012,打开 Web 网站。

② 选择"网站|添加新项"命令,出现"添加新项-http://localhost/"对话框,在中间列表中选择"Web 服务"模板,保持默认的 WebService.asmx 文件名,如图 15.6 所示,单击"添加"按钮。网站中出现了一个 WebService.asmx 文件,其代码文件 WebService.cs 被放在自动创建的 App_Code 目录中。

③ WebService.asmx 文件包含以下代码:

```
<%@ WebService Language="C#" CodeBehind="~/App_Code/WebService.cs"
    Class="WebService" %>
```

其中 WebService 指令指定相关属性设置,属性与 Page 指令的属性类似。

WebService.cs 文件的初始代码如下:

```
using System;
using System;
```

```
using System.Collections.Generic;
using System.Linq;
using System.Web;
using System.Web.Services;
/// <summary>
/// WebService 的摘要说明
/// </summary>
[WebService(Namespace = "http://tempuri.org/")]
[WebServiceBinding(ConformsTo = WsiProfiles.BasicProfile1_1)]
// 若允许使用 ASP.NET AJAX 从脚本中调用此 Web 服务,请取消注释以下行
// [System.Web.Script.Services.ScriptService]
public class WebService : System.Web.Services.WebService {
    public WebService () {
        //如果使用设计的组件,请取消注释以下行
        //InitializeComponent();
    }
    [WebMethod]
    public string HelloWorld() {
        return "Hello World";
    }
}
```

上述代码声明了一个 WebService 类,从 System.Web.Services.WebService 类派生,默认的命名空间为"http://tempuri.org/",并自动生成了一个 Web 服务方法 HelloWorld。

图 15.6 "添加新项-http://localhost/"对话框

注意:只要是 Web 服务提供的方法,在方法定义的上面都需要添加[WebMethod]特性进行声明,表示该方法可以由 Web 调用。

④ 单击工具栏中的 ▶ Internet Explorer 按钮运行 WebService.cs 文件,出现如图 15.7 所示的运行界面,单击 HelloWorld 超链接,出现如图 15.8 所示的运行界面,单击"调用"命令按钮,出现如图 15.9 所示的运行界面,表示调用 HelloWorld 服务的结果是返回"Hello World",这里是采用 XML 文档的形式返回结果的。

图15.7 Web服务界面

图15.8 HelloWorld服务运行界面

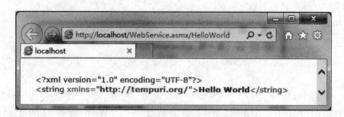
图15.9 HelloWorld服务运行结果

本例创建的ch15网站是一个Web服务网站,其URL为"http://localhost:51067"。下面介绍一个自定义Web服务的设计过程。

【例15.2】 在例15.1创建的Web服务中添加一个实现两个整数相加的服务。

解:其步骤如下。

① 打开Web网站的WebService.cs文件。
② 在Service类中添加如下代码:

```
[WebMethod]
    public int add(int a, int b)
    {
        return a + b;
    }
```

其中,Web方法的设计与普通类的方法设计相同。

③ 单击工具栏中的 ▶ Internet Explorer 按钮运行WebService.cs文件,出现如图15.10所示的运行界面,其中包含了add服务,单击add超链接,出现如图15.11所示的add服务运行界面,在参数文本框中分别输入2和6,单击"调用"命令按钮,出现如图15.12所示的运行界面,表示本次调用add服务的结果是8。

从中可以看到,调用一个Web服务就是调用Web服务的一个Web方法,其返回结果

图15.10 Web服务界面

是采用 XML 表示的。

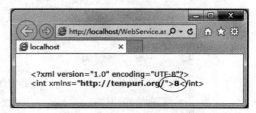

图 15.11　add 服务运行界面　　　　图 15.12　add 服务运行结果

15.2.3　使用 ASP.NET Web 服务

　　Web 服务的主要作用就是供客户端程序调用。在访问 Web 服务时，.NET 框架等完成了大部分工作，用户只需要在代码中调用代理类的相应方法即可。下面通过示例说明使用 Web 服务的过程。

　　【例 15.3】　创建一个应用网站 ch15，设计一个使用 add 服务网页的 WebForm1 网页。

　　解：其步骤如下。

　　① 创建一个以"D:\ASP.NET\ch15"为路径的空网站，添加一个代码隐藏页模型的 WebForm1 空网页。

　　② 右击 ch15 项目名，在出现的快捷菜单中选择"添加服务引用"命令，打开"添加服务引用"对话框，如图 15.13 所示。

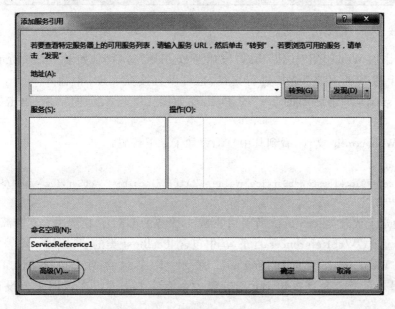

图 15.13　"添加服务引用"对话框

③ 保持默认的命名空间 ServiceReference1，单击"高级"按钮，出现如图 15.14 所示的"服务引用设置"对话框。

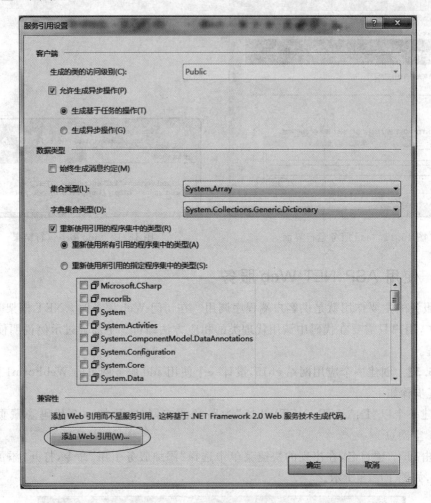

图 15.14 "服务引用设置"对话框

④ 单击"添加 Web 引用"按钮，出现"添加 Web 引用"对话框，如图 15.15 所示，然后单击"本地计算机上的 Web 服务"链接进行查找，也可以直接在 URL 中输入"http://localhost/WebService.asmx"，单击后面的"→"按钮，出现如图 15.16 所示的结果，单击"添加引用"按钮。

⑤ 打开 Web.config 文件，看到其中自动添加了以下代码：

```
<appSettings>
    <add key="localhost.WebService" value="http://localhost/WebService.asmx"/>
</appSettings>
```

这表示设定了代理类 localhost 所引用的 Web 服务的 URL。在解决方案资源管理器中看到新建了一个 App_WebReferences 目录，其中包含 localhost 类的子目录。

⑥ 设计 WebForm1 网页如图 15.17 所示，其中包含两个文本框（TextBox1 和 TextBox2），另外有一个命令按钮 Button1 和一个标签 Label1。在该网页上设计如下事件过程：

第 15 章 ASP.NET Web 服务

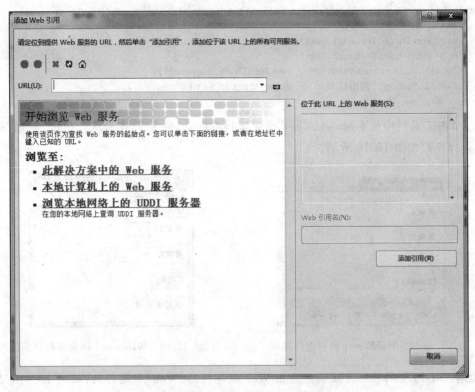

图 15.15 "添加 Web 引用"对话框

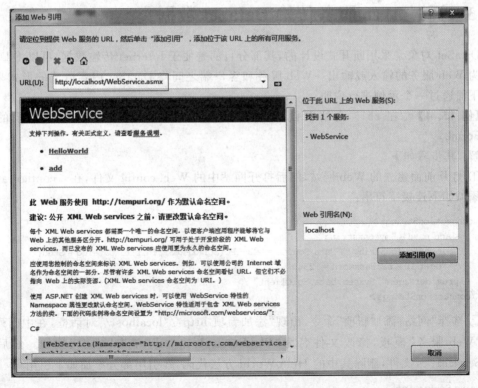

图 15.16 查找服务的结果

```
protected void Button1_Click(object sender, EventArgs e)
{    int m, n;
    m = int.Parse(TextBox1.Text);
    n = int.Parse(TextBox2.Text);
    localhost.Service myservice = new localhost.Service();
    Label1.Text = "调用结果:" + myservice.add(m, n).ToString();
}
```

⑦ 单击工具栏中的 ▶ Internet Explorer 按钮运行本网页,输入 2 和 6,然后单击"相加"命令按钮,其运行界面如图 15.18 所示。

图 15.17 WebForm1 网页设计界面

图 15.18 WebForm1 网页运行界面

说明:例 15.2 的 add 方法调用是在 Web 服务网站(Web)中运行的,而例 15.3 是在另一个网站(ch15)中调用 add 方法。也就是说,Web 服务网站提供了被其他网站调用的服务。

15.3 通过 Web 服务传输 DataSet 数据集

DataSet 对象是采用断开式设计的,其部分目的是便于 Internet 传输数据,可以将 DataSet 指定为 Web 服务的输入或输出。Web 服务和客户端之间将 DataSet 内容以流的形式来回传递。下面通过一个示例进行说明。

【例 15.4】 在 ch15 网站中设计一个使用 Web 服务显示 student 表记录的网页 WebForm2。

解:其步骤如下。

① 打开前面建立的 Web 网站,然后打开网站中的 Web.config 文件,在<configuration>节中添加如下连接字符串:

```
<connectionStrings>
    <add name = "myconnstring"
        connectionString = "Data Source = LCB - PC\SQLEXPRESS;Initial Catalog = Stud;
        User ID = sa;Password = 12345"
        providerName = "System.Data.SqlClient" />
</connectionStrings>
```

② 选择"网站|添加新项"命令,出现"添加新项-http://localhost/"对话框,在中间列表中选择"Web 服务"模板,修改文件名为"WebService1.asmx",单击"添加"按钮。然后打开 WebService1.cs 文件,删除其中的 HelloWorld 方法代码,在引用部分添加如下引用:

```
using System.Data;
using System.Data.SqlClient;
```

在 WebService1 类中添加如下方法代码：

```
[WebMethod]
public DataSet getdata()
{   string mystr, mysql;
    mystr = System.Configuration.ConfigurationManager.
                ConnectionStrings["myconnstring"].ToString();
    SqlConnection myconn = new SqlConnection();
    myconn.ConnectionString = mystr;
    myconn.Open();
    mysql = "SELECT * FROM student";
    SqlDataAdapter myda = new SqlDataAdapter(mysql, myconn);
    DataSet myds = new DataSet();
    myda.Fill(myds, "student");                    //将 student 表填充到 myds 中
    myconn.Close();
    return myds;
}
```

在解决方案资源管理器中右击"http://localhost/"项目名，在出现的快捷菜单中选择"对网站运行代码分析"命令，可以查看 Web 服务代码是否存在错误。

③ 采用例 15.3 的操作添加对"http://localhost/WebService1.asmx"的引用，Web.config 文件的＜appSettings＞节自动改变为：

```
<appSettings>
    <add key = "localhost.WebService" value = "http://localhost/WebService.asmx"/>
    <add key = "localhost.WebService1" value = "http://localhost/WebService1.asmx"/>
</appSettings>
```

④ 选择"文件|关闭解决方案"命令关闭 Web 网站。然后打开 ch15 网站，添加一个名称为 WebForm2 的空网页。在网页中拖放一个 GridView 控件 GridView1，设置其自动套用格式"沙滩和天空"，不设置它的数据源。在本网页上设计如下事件过程：

```
protected void Page_Load(object sender, EventArgs e)
{   localhost.WebService1 myservice = new localhost.WebService1();
    GridView1.DataSource = myservice.getdata();
    GridView1.DataBind();
}
```

⑤ 单击工具栏中的 ▶ Internet Explorer 按钮运行本网页，其运行界面如图 15.19 所示。

图 15.19　WebForm2 网页运行结果

15.4 在 AJAX 内容页中引用 Web 服务

在第 11 章介绍过 ASP.NET AJAX 控件的使用。一个 ASPX 网页上只能有一个 ScriptManager 控件,在有母版页的情况下,如果在内容页中需要引入不同的 Web 服务(或脚本),这就需要在内容页中使用 ScriptManagerProxy 控件。下面通过一个示例进行说明。

【例 15.5】 在 ch15 网站中设计一个母版页和两个使用 Web 服务的内容页,说明在 AJAX 内容页中引用 Web 服务的方法。

解:其步骤如下。

① 打开 ch15 网站,创建一个名称为 MasterPage.master 的母版页,其设计界面如图 15.20 所示。

② 创建一个以 MasterPage.master 为母版页的 WebForm3 网页,在其中放置一个 ScriptManagerProxy1 控件和一个 UpdatePanel1 控件。UpdatePanel1 控件的设计与 WebForm1 网页界面相同,如图 15.21 所示。

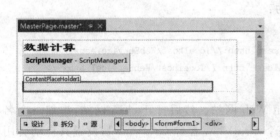

图 15.20 MasterPage.master 母版页设计界面　　图 15.21 WebForm3 网页设计界面

WebForm3 网页中 ScriptManagerProxy1 控件的源视图代码如下:

```
<asp:ScriptManagerProxy ID="ScriptManagerProxy1" runat="server">
    <Services>
        <asp:ServiceReference Path="localhost.WebService.asmx" />
    </Services>
</asp:ScriptManagerProxy>
```

它用于引用 localhost.WebService.asmx 服务。

WebForm3 网页中 Button1(相加)命令按钮的 Button1_Click 事件过程与 WebForm1 网页的完全相同。单击工具栏中的 ▶ Internet Explorer 按钮运行本网页,其运行界面如图 15.22 所示。

③ 再创建一个以 MasterPage.master 为母版页的 WebForm4 网页,在其中放置一个 ScriptManagerProxy1 控件和一个 UpdatePanel1 控件。UpdatePanel1 控件的设计与 WebForm2 网页界面相同,如图 15.23 所示。

图 15.22 WebForm3 网页运行界面

WebForm4 网页中 ScriptManagerProxy1 控件的源视图代码如下：

```
<asp:ScriptManagerProxy ID = "ScriptManagerProxy1" runat = "server">
    <Services>
        <asp:ServiceReference Path = "localhost.WebService1.asmx" />
    </Services>
</asp:ScriptManagerProxy>
```

它用于引用 localhost.WebService1.asmx 服务。WebForm4 网页的运行界面如图 15.24 所示。

图 15.23　WebForm4 网页设计界面　　　图 15.24　WebForm4 网页运行界面

本例的几点说明如下：

① 内容页的程序代码中像 myservice.add(m, n)调用的由 ScriptManagerProxy1 的 Path 属性引用的 Web 服务，即便删除 Web.config 文件中的＜appSettings＞节，WebForm3 和 WebForm4 网页也能够正确运行，而 WebForm1 和 WebForm2 网页就不能正确运行了。

② ScriptManagerProxy1 仅仅用来引用 Web 服务，像前面例 15.3 中第②步到第④步的操作不能省略，否则 WebForm3 和 WebForm4 网页也不能正确运行。

练习题 15

1. 简述 Web 服务有哪些特点。
2. 简述 Web 服务的体系结构。
3. 简述创建 Web 服务的过程。
4. 简述使用 Web 服务的过程。
5. 在 AJAX 内容页中如何引用 Web 服务的方法？

上机实验题 15

在本章创建的 Web 网站的 WebService1.cs 文件中添加一个名称为 compavg 的 Web 服务，其参数为课程名，返回 Stud 数据库中该课程名的平均分。再在 ch15 网站中添加一个名称为 Example15 的网页,该网页运行时用户选择一门课程名后,单击"求平均分"命令按钮,调用该 Web 服务并在标签中显示计算的结果。例如,运行本网页时选择"数据结构",单击"求平均分"命令按钮,其运行界面如图 15.25 所示。

图 15.25　上机实验题网页的运行界面

配置 ASP.NET 应用程序

第 16 章

ASP.NET 拥有一个功能强大且又设置灵活的配置系统,主要是通过 Web.config 配置文件设置的。本章介绍 Web.config 配置文件的格式和配置 Web 应用程序的方法。

本章学习要点:
- ☑ 掌握 Web.config 配置文件的作用。
- ☑ 掌握 Web.config 配置文件的结构。
- ☑ 掌握 Web.config 配置文件的设置方法。
- ☑ 掌握 Web.config 配置文件的加密和解密过程。
- ☑ 掌握 ASP.NET 安全机制,特别是表单验证过程。

16.1 Web.config 配置文件概述

Web.config 配置文件是一个 XML 文本文件,用于存放 ASP.NET Web 应用程序的配置信息。在创建网站时会自动建立 Web.config 文件,位于网站根目录下。

16.1.1 Web.config 文件的特点

Web.config 文件的特点如下:
- 在运行时对 Web.config 文件的修改不需要重启服务就可以生效。
- ASP.NET 可以自动监测到配置文件的更改并且将新的配置信息自动进行应用,无须管理人员手工干预。
- 易于编辑和理解,Web.config 文件是基于 XML 的文本文件,其设置易于阅读,可以使用任何文本编辑工具来编辑。
- ASP.NET 提供了配置信息加密机制,可对重要信息进行加密。
- Web.config 文件是可以扩展的,可以自定义新配置参数并编写配置节处理程序以对它们进行处理。
- ASP.NET 提供了专门用可视化工具对网站进行配置的管理模式。

- Web.config 文件是一个基于 XML 格式的配置文件，所以必须在其中包含成对的标记，即开始标记与结束标记必须成对出现，而且是区分大小写的，在编辑 Web.config 文件时需特别注意。开发人员可以用任意标准的文本编辑器、XML 解析器和脚本语言解释、修改配置内容。
- Web.config 文件可将配置的有关设置保存在该文件中而不对注册表做任何改动，所以只需将 Web.config 文件复制到另一服务器相应的目录中就可以方便地把该应用配置传到另一服务器之中。

16.1.2 配置文件的继承关系

　　Web.Config 文件可以出现在应用程序的每一个目录中。当新建一个 Web 应用程序后，默认情况下会在根目录自动创建一个默认的 Web.config 文件，包括默认的配置设置，所有的子目录都继承它的配置设置。如果要修改子目录的配置设置，可以在该子目录下新建一个 Web.config 文件。它可以提供除从父目录继承的配置信息以外的配置信息，也可以重写或修改父目录中定义的设置。

　　所有的 ASP.NET 应用程序配置都继承本地服务器上的一个"总"的 ASP.NET 配置文件，它位于"％systemroot％\Microsoft.NET\Framework\versionNumber\CONFIG\Web.config"目录（如 C:\Windows\Microsoft.NET\Framework\v4.0.30319\CONFIG），称为根 Web.config。

　　由于每个 ASP.NET 应用程序都从根 Web.config 文件那里继承默认设置，因此对于每个 ASP.NET 应用程序，只需要重写必要的配置信息即可。

　　另外，根 Web.config 从"顶级"的 machine.config 文件（与根 Web.config 位于相同目录）那里继承一些基本的配置设置，machine.config 文件中的某些设置不能在 Web.config 文件中被重写。

　　Web.config 文件的继承关系为 machine.config（服务器）→根 Web.config→网站 Web.config（网站级）→Web.config（ASP.NET 应用程序根目录）→Web.config（ASP.NET 应用程序子目录）→应用程序名称.config（客户端应用程序目录）。后面的配置信息可以继承并覆盖前面的设置。

　　说明：.NET Framework 4.5 实际上是 v4.0.30319 版本。.NET Framework 支持并行执行模式，如果服务器上安装了多个版本，就会有多个 machine.config 文件。.NET Framework 3 和 3.5 建立在 .NET Framework 2.0 基础之上，因此，.NET Framework 3 和 3.5 使用与 .NET Framework 2.0 相同的 machine.config 文件，而 .NET Framework 4 是全新的 CLR，不像 .NET Framework 3 和 3.5 那样依赖 .NET Framework 2.0。.NET Framework 4 有自己的 machine.config 文件。.NET Framework 4.5 也不同，它是 .NET Framework 4 的改进版，.NET Framework 4 最初的库由 .NET Framework 4.5 替代。

16.2　Web.config 文件

16.2.1　Web.config 文件的结构

　　Web.config 文件是基于 XML 的文本文件，可出现在 ASP.NET Web 应用程序服务器上的任何目录中。每个 Web.config 文件将配置设置应用到它所在的目录和它下面的所有子目录。

说明：XML 是一种将结构化信息表示为文本的简单而且通用的格式，采用分层并以节为中心表示信息，一个节可以嵌套其他子节，其使用十分灵活。Web.config 文件的实质就是采用 XML 保存 Web 应用系统中的配置信息。

Web.config 文件的所有配置信息都嵌套在＜configuration＞根元素中，其常用的 configuration 子元素如下。

- location：把指定的权限应用于某个特定的文件或目录。其主要属性 path 指定应用包含的配置设置的资源，使用不带 path 的 location 将配置设置应用于当前目录及其所有子目录。
- configSections：指定配置节和命名空间声明。
- appSettings：包含自定义应用程序设置，如文件路径或存储在应用程序中的任何信息。
- connectionStrings：为 ASP.NET 应用程序和功能指定数据库连接字符串（名称/值对的形式）的集合。

通常配置信息分为两个主区域，即指定配置节和命名空间声明以及配置节设置。

1. 指定配置节和命名空间声明

采用 configSections 元素指定配置节和命名空间声明。它出现在配置文件顶部，包含在＜section＞标记中的每个声明都指定提供特定配置数据集的节名和处理该节中配置数据的.NET Framework 类的名称。＜configSections＞节的基本格式如下：

```
< configSections >
    < section />
    < sectionGroup />
    < remove />
    < clear/>
</configSections >
```

其中，clear 移除对继承的节和节组的所有引用，只允许由当前 section 和 sectionGroup 元素添加的节和节组。remove 移除对继承的节和节组的引用。section 称为节，用于定义配置节处理程序与配置元素之间的关联。sectionGroup 称为节组，用于定义配置节处理程序与配置节之间的关联，sectionGroup 元素充当 section 元素的容器。

每个 section 元素标识一个配置节或元素以及对该配置节或元素进行处理的关联 ConfigurationSection 派生类，可以在 sectionGroup 元素中对 section 元素进行逻辑分组，以对 section 元素进行组织并避免命名冲突。

在 Web.config 文件中不一定有 configSections 元素，但如果包含 configSections 元素，该元素必须是 configuration 元素的第一个子元素，ASP.NET 会将配置数据的处理委托给其中指定的配置节处理程序。

例如，以下代码来自 Machine.config 文件，用于定义 system.web 节中 authentication 元素的配置节处理程序：

```
< configSections >
    < sectionGroup name = "system.web"
        type = "System.Web.Configuration.SystemWebSectionGroup, System.Web,
            Version = % ASSEMBLY_VERSION %, Culture = neutral,
```

```
                    PublicKeyToken = % MICROSOFT_PUBLICKEY % ">
        <section name = "authentication"
            type = "System.Web.Configuration.AuthenticationSection, System.Web,
            Version = 2.0.3600.0, Culture = neutral, PublicKeyToken = b03f5f7f11d50a3a"
            allowDefinition = "MachineToApplication" />
        <!-- 其他 system.web 节 -->
    </sectionGroup>
        <!-- 其他配置节 -->
</configSections>
```

如果配置节处理程序不与某个配置元素关联,ASP.NET 将发出服务器错误"无法识别的配置节元素名称"。

说明:在初学 Web 系统开发时很少使用<configSections>节,通过这里的介绍希望给读者一个关于配置文件的整体概念。

2. 配置节的设置

配置节设置区域位于<configSections>之后,这部分包含实际的配置设置。<configSections>区域中的每个声明都有一个配置节。每个配置节都包含子标记,这些子标记带有包含该节设置的属性。

例如,一个 Web.config 文件包含以下配置:

```
<configuration>
    <configSections>
        <sectionGroup name = "mySectionGroup">
            <section name = "mySection"
                type = "System.Configuration.NameValueSectionHandler" />
        </sectionGroup>
    </configSections>
    <mySectionGroup>
        <mySection>
            <add key = "key1" value = "value1" />
        </mySection>
    </mySectionGroup>
</configuration>
```

其中,在配置节处理程序声明区域配置了一个节组 mySectionGroup,包含一个 mySection 节,其处理程序为 System.Configuration.NameValueSectionHandler。在配置节设置区域中定义的 mySection 配置节有一个键为 key1,其值为 value1。

16.2.2 重要的配置节

system.web 元素指定 ASP.NET 配置节的根元素,并包含用于配置 ASP.NET Web 应用程序和控制其行为的元素。Web.config 文件的一些重要的配置节如下:

```
<configuartion>
    <system.web>
        <httpRuntime />
        <pages />
        <compilation />
        <customErrors />
        <authentication />
        <authorization />
        <identity />
```

```
        <trace />
        <sessionState />
        <httpHandlers />
        <httpModules />
        <globalization />
    </system.web>
</configuration>
```

上述常用子元素及其说明如表 16.1 所示。

表 16.1　常用子元素及其说明

元　　素	说　　明
\<httpRuntime\>	配置 ASP.NET HTTP 运行库设置
\<pages\>	标识特定于页的配置设置
\<compilation\>	配置 ASP.NET 使用的所有编译设置
\<customErrors\>	为 ASP.NET 应用程序提供有关自定义错误信息的信息
\<authentication\>	配置 ASP.NET 身份验证支持
\<authorization\>	配置 ASP.NET 授权支持，控制对 URL 资源的客户端访问
\<identity\>	控制 Web 应用程序的应用程序标识
\<trace\>	配置 ASP.NET 跟踪服务
\<sessionState\>	为当前应用程序配置会话状态设置
\<httpHandlers\>	根据在请求中指定的 URL 和 HTTP 谓词将传入的请求映射到适当的 IHttpHandler 或 IHttpHandlerFactory 类
\<globalization\>	配置应用程序的全球化设置
\<compilation\>	配置 ASP.NET 使用的所有编译设置

下面介绍一些常用子元素的使用方法。

1. \<httpRuntime\>节

\<httpRuntime\>节用于配置 ASP.NET HTTP 运行时设置，以确定如何处理对 ASP.NET 应用程序的请求。

例如，控制用户上传文件最大为 4MB(4096B)，最长时间为 60 秒，最多请求数为 100：

```
< httpRuntime maxRequestLength = "4096" executionTimeout = "60"
    appRequestQueueLimit = "100">
</httpRuntime >
```

2. \<pages\>节

\<pages\>节用于全局定义页特定配置设置，如配置文件范围内的页和控件的 ASP.NET 指令。对于单个网页等同于@ Page 指令。

例如，不检测用户在浏览器输入的内容中是否存在潜在的危险数据，在从客户端回发页时将检查加密的视图状态，以验证视图状态是否已在客户端被篡改：

```
< pages buffer = "true" enableViewStateMac = "true"
    validateRequest = "false">
</pages >
```

3. \<compilation\>节

\<compilation\>节用于配置 ASP.NET 用于编译应用程序的所有编译设置。ASP.NET 支持调试模式下编译的应用程序，但是应用程序的性能受到影响。在默认状态下调试被禁用。

若要启用调试,设置<compilation>节如下:

```
<compilation
    debug = "false" >
</compilation>
```

4. <customErrors>节

<customErrors>节用于为 ASP.NET 应用程序提供有关自定义错误信息的信息。它不适用于 Web 服务中发生的错误。其子元素为 error(可选),用于指定给定 HTTP 状态代码的自定义错误页。其属性及说明如表 16.2 所示。

其子元素有 error(可选的元素),用于指定给定 HTTP 状态代码的自定义错误网页。error 可以出现多次,每一次出现均定义一个自定义错误条件。

表 16.2 <customErrors>节的属性及其说明

属 性	说 明
defaultRedirect	可选的属性,指定出错时将浏览器定向到的默认 URL。如果未指定该属性,则显示一般性错误。URL 可以是绝对的(如 www.contoso.com/ErrorPage.htm)或相对的。相对 URL(如/ErrorPage.htm)是相对于为该属性指定 URL 的 Web.config 文件,而不是相对于发生错误的网页。以波形符(~)开头的 URL(如~/ErrorPage.htm)表示指定的 URL 是相对于应用程序的根路径
mode	必选的属性,指定是启用或禁用自定义错误,还是仅向远程客户端显示自定义错误,此属性可以为下列值之一。 ① On:指定启用自定义错误,会向远程客户端和本地主机显示自定义错误 ② Off:指定禁用自定义错误,会向远程客户端和本地主机显示详细的 ASP.NET 错误 ③ RemoteOnly(默认值):指定仅向远程客户端显示自定义错误并且向本地主机显示 ASP.NET 错误

例如有以下配置:

```
<configuration>
    <system.web>
        <customErrors defaultRedirect = "ErrorPage.aspx"
            mode = "RemoteOnly">
            <error statusCode = "500"
                redirect = "InternalError.htm"/>
        </customErrors>
    </system.web>
</configuration>
```

当网页发生运行错误时,将跳转到 ErrorPage.aspx 网页;如果是 500 错误,则跳转到 InternalError.htm 网页。

5. <authentication>节

<authentication>节为 ASP.NET 应用程序配置 ASP.NET 身份验证模式。身份验证方案确定如何识别要查看 ASP.NET 应用程序的用户。其 mode 属性指定身份验证模式,它是必选的属性,其取值如表 16.3 所示。

其他子元素如下。

- forms:为基于窗体的自定义身份验证配置 ASP.NET 应用程序。
- passport:指定要重定向到的网页。

表 16.3　mode 属性的取值及其说明

取　　值	说　　明
Windows(默认值)	指定为 Windows 身份验证模式
Forms	指定为表单身份验证模式
Passport	由 Microsoft 提供的集中身份验证服务,用于为成员网站提供单一登录和核心配置服务
None	不指定任何身份验证。应用程序仅期待匿名用户,否则它将提供自己的身份验证

有关身份验证的详细内容将在 16.4 节讨论。

6.　<authorization>节

<authorization>节配置 Web 应用程序的授权,以控制客户端对 URL 资源的访问(如允许匿名用户访问)。此元素可以在任何级别(计算机、网站、应用程序、子目录或页)上声明,且必须与<authentication>节配合使用,其子元素如下。

- allow:向授权规则映射添加一个规则,该规则允许对资源进行访问。
- deny:向授权规则映射添加一条拒绝对资源的访问的授权规则。

例如,以下代码允许所有 Admins 角色成员进行访问并拒绝所有 users 角色成员进行访问:

```
<configuration>
    <system.web>
        <authorization>
            <allow roles = "Admins"/>
            <deny users = " * "/>
        </authorization>
    </system.web>
</configuration>
```

又如,以下代码阻止除了被指派为 Managers 角色外的任何用户访问 Management 文件目录:

```
<location path = "Management">
    <system.web>
        <authorization>
            <allow roles = "Managers" />
            <deny users = " * " />
        </authorization>
    </system.web>
</location>
```

users 属性指出可访问的账号,当为"?"时表示匿名用户,当为" * "时表示所有用户。

说明:ASP.NET 应用程序不会验证 path 属性中指定的路径。如果路径无效,ASP.NET 就不会应用安全设置。

不像<authentication>节,<authorization>节并没有被限制在 Web 应用程序根目录下面的 Web.config 文件中,相反,用户可以在任何子目录中使用它,这样可以为不同组的网页设置不同的授权规则。

7.　<trace>节

<trace>节配置 ASP.NET 代码跟踪服务以控制如何收集、存储和显示跟踪结果。例如,以下为 Web.config 中的默认配置:

```
<trace
    enabled = "false"
    localOnly = "true"
    mostRecent = "false"
    pageOutput = "false"
    requestLimit = "10"
    traceMode = "SortByTime"
    writeToDiagnosticsTrace = "false" />
```

其中,enabled="false"表示不启用跟踪(如果设置为true,表示启动跟踪,在应用程序执行完毕后,它会将跟踪情况保存到一个系统文件trace.axd中)。localOnly="true"表示跟踪查看器只用于宿主Web服务器。mostRecent="false"表示显示请求跟踪的数据,直至达到requestLimit特性指定的限制。pageOutput="false"表示只能通过跟踪实用工具访问跟踪输出。requestLimit="10"表示指定在服务器上存储的跟踪请求的数目。traceMode="SortByTime"表示以处理跟踪的顺序来显示跟踪信息。

8. <sessionState>节

<sessionState>节为当前应用程序配置会话状态设置(如设置是否启用会话状态,会话状态保存位置)。例如,有以下设置:

```
<sessionState mode = "InProc" cookieless = "true" timeout = "20"></sessionState>
```

其中,mode="InProc"表示在本地储存会话状态(也可以选择储存在远程服务器或SAL服务器中或不启用会话状态)。cookieless="true"表示用户浏览器不支持cookie时启用会话状态(默认为false)。timeout="20"表示会话可以处于空闲状态的20分钟。

在IIS中配置网站或虚拟目录时可能会导致自动修改相应Web.config的内容,下面通过一个示例来说明。

【例16.1】 在D盘ASP.NET目录中建立一个ch16的子目录,将其作为第15章创建的Web网站的虚拟目录,然后创建一个Default.aspx网页,并将该网页作为主页。

解:其步骤如下。

① 进入"Internet信息服务(IIS)管理器"对话框。

② 右击第15章创建的"Web"网站,在出现的快捷菜单中选择"添加虚拟目录"命令,出现"添加虚拟目录"对话框,输入别名"ch16",指定物理路径为"D:\ASP.NET\ch16",如图16.1所示,单击"确定"按钮,这样就建立了ch16虚拟目录。

说明:虚拟目录可以在不影响现有网站的情况下实现服务器磁盘空间的扩展,而且虚拟目录可以与原有网站不在同一个文件夹,不在同一个磁盘驱动器,甚至不在同一台计算机上,但用户在访问网站时却感觉不到任何区别。如果要访问虚拟目录,用户必须知道虚拟目录的别名,并在浏览器中输入URL,例如"http://localhost/ch16/"。

③ 右击ch16虚拟目录,在出现的快捷菜单中选择"转换为应用程序"命令,在出现的对话框中单击"确定"按钮。

说明:如果没有本步骤的操作,在第⑦步新建网站时会出现"网站ch16没有在IIS中标记为一个应用程序"的提示框。

④ 双击"身份验证"项,出现"身份验证"对话框,然后右击"Forms身份验证"项,在出现的快捷菜单中选择"编辑"命令,出现"编辑Forms身份验证设置"对话框,将登录URL改为"Default.aspx",如图16.2所示,单击"确定"按钮。

第 16 章　配置 ASP.NET 应用程序

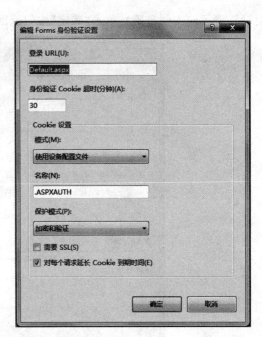

图 16.1　"添加虚拟目录"对话框　　　　　图 16.2　"编辑 Forms 身份验证设置"对话框

⑤ 双击"授权规则"项，在"操作"窗格中单击"添加拒绝规则"，出现"添加拒绝授权规则"对话框，选择"所有匿名用户"单选按钮，如图 16.3 所示，然后单击"确定"按钮返回。

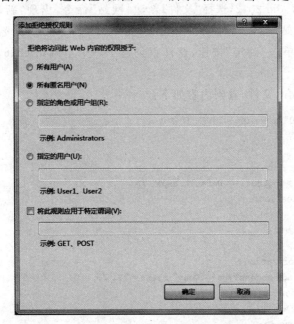

图 16.3　"添加拒绝授权规则"对话框

⑥ 双击"连接字符串"项，其中默认的连接字符串如下：

data source = .\SQLEXPRESS;Integrated Security = SSPI;
AttachDBFilename = |DataDirectory|aspnetdb.mdf;User Instance = true

在"操作"窗格中单击"编辑"，出现"编辑连接字符串"对话框，修改其如图 16.4 所示（图中自动隐藏了输入的密码),单击"确定"按钮返回。

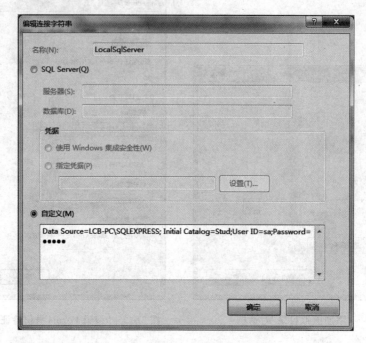

图 16.4 "编辑连接字符串"对话框

⑦ 启动 Visual Studio 2012,选择"文件|新建|网站"命令,出现"新建网站"对话框,然后选择"ASP.NET 空网站"模板,选择"Web 位置"为"HTTP",单击"浏览"按钮,选择本地 IIS 中 Web 下方的 ch16,单击"确定"按钮,这样就创建了一个空网站 ch16,其 URL 为"http://localhost/ch16/"。

⑧ 打开 Web.config 文件,看到内容如下:

```
<?xml version = "1.0" encoding = "UTF-8"?>
<configuration>
    <system.web>
        <authentication>
            <forms loginUrl = "Default.aspx" />
        </authentication>
    </system.web>
    <system.webServer>
        <security>
            <authorization>
                <add accessType = "Deny" users = "?" />
            </authorization>
        </security>
    </system.webServer>
    <connectionStrings>
        <remove name = "LocalSqlServer" />
        <add connectionString = "Data Source = LCB-PC\SQLEXPRESS;
            Initial Catalog = Stud; User ID = sa; Password = 12345" name = "LocalSqlServer"
            providerName = "System.Data.SqlClient" />
    </connectionStrings>
</configuration>
```

从中看到用户的操作都反映在上述代码中。

说明：system.webServer 节是在 IIS 7.0 或更高版本中引入的，用于设置一些网站级和应用程序级的配置设置。该节是在 IIS 7.0 下运行 ASP.NET AJAX 所必需的，对于早期版本的 IIS 不是必需的。

16.2.3 在 Web.config 中保存自定义的设置

用户可以在＜appSettings＞节和＜connectionStrings＞节设置一些应用程序的设置项。

1.＜appSettings＞节

此节用于定义应用程序设置项。对于一些不确定设置，还可以让用户根据自己的实际情况设置。例如在其中添加用于存储数据库连接字符串的子结点，当然，如果程序需要其他自定义的全局配置信息，也可以在此添加相应的子结点。

appSettings 元素的子元素如下：add（可选的子元素）向应用程序设置集合添加名称/值对形式的自定义应用程序设置；clear（可选的子元素）移除所有对继承的自定义应用程序设置的引用，仅允许由当前 add 属性添加的引用；remove（可选的子元素）从应用程序设置集合中移除对继承的自定义应用程序设置的引用。

例如，在 Web.config 文件的＜appSettings＞节中采用＜add＞添加了一个与 SQL Server 数据库 Stud 连接的子结点和一个 Web 服务子结点：

```
< appSettings >
    < add key = "myconnstring1"
      value = "Data Source = LCB - PC\SQLEXPRESS;Initial Catalog = Stud;
        User ID = sa;Password = 12345" />
</appSettings >
```

可以使用 System.Configuration.ConfigurationManager.AppSettings.Get("key 值")来读取＜appSettings＞节中的子结点值。其中，Get 方法总是返回一个字符串，可以转换为所需要的类型。以下代码用于获取＜appSettings＞节中 myconnstring1 子结点的值：

```
mystr = System.Configuration.ConfigurationManager.AppSettings.Get("myconnstring1");
```

2.＜connectionStrings＞节

此节用于定义连接字符串，在 ASP.NET 中，会话、成员资格、个性化设置和角色管理器等功能均依赖于存储在 connectionStrings 元素中的连接字符串，还可以使用 connectionStrings 元素来存储应用程序的连接字符串。

connectionStrings 元素的子元素如下：add 子元素向连接字符串集合添加名称/值对形式的连接字符串；clear 子元素移除所有对继承的连接字符串的引用，仅允许那些由当前的 add 元素添加的连接字符串；remove 子元素从连接字符串集合中移除对继承的连接字符串的引用。

例如，在 Web.config 文件的＜connectionStrings＞节中采用＜add＞添加了一个与 SQL Server 数据库 school 连接的子结点：

```
< connectionStrings >
    < remove name = "myconnstring" />
    < add name = "myconnstring"
        connectionString = "Data Source = localhost;
        Initial Catalog = Stud;Integrated Security = False;
```

```
                User Id = sa;Password = 12345;"
                providerName = "System.Data.SqlClient" />
</connectionStrings>
```

对于<connectionStrings>节中的子结点的 Web 应用程序配置信息,可以使用 System. Configuration.ConfigurationManager.ConnectionSettings["key 值"].ToString()来读取这些子结点值,例如:

```
mystr = System.Configuration.ConfigurationManager.
        ConnectionStrings["myconnstring"].ToString();
```

<connectionStrings>节是从.NET Framework 2.0 开始引入的,在以前的版本中,连接字符串存储在<appSettings>节中。尽管在 ASP.NET 4.5 中连接字符串可以存储在这两个节中,但最好使用专用的<connectionStrings>节存储连接字符串。

16.3 Web.config 文件的加密和解密

Web.config 文件中可能包含数据库连接字符串和其他敏感信息,通常需要对其加密和解密,其方法有多种,这里介绍如何使用命令行工具 aspnet_regiis.exe 对配置节进行加密和解密。

在 Windows 中单击"开始"按钮,选择"所有程序|Microsoft Visual Studio 2012|Visual Studio Tools|VS2012 x86 本机工具命令提示"命令,然后输入 aspnet_regiis 命令即可启动 aspnet_regiis 工具,不带任何参数时显示该工具的帮助文档。

16.3.1 Web.config 文件的加密

加密一个特定网站的 Web.config 文件的通用格式如下:

`aspnet_regiis -pef 节名 网站物理路径`

或:

`aspnet_regiis -pe 节名 -app 网站虚拟目录`

其中,参数-pef 表示对指定物理路径的网点的配置节进行加密,参数-pe 表示对指定虚拟目录的网点的配置节进行加密。

【例 16.2】 若 ch16 网站中 Web.config 文件的<connectionStrings>节的代码如下,将其进行加密,并查看加密后的内容。

```
<connectionStrings>
    <add name = "myconnstring" connectionString = "Data
        Source = LCB-PC\SQLEXPRESS;Initial Catalog = Stud;User ID = sa;Password = 12345"
        providerName = "System.Data.SqlClient" />
    <add name = "StudConnectionString" connectionString = "Data
        Source = LCB-PC\SQLEXPRESS;Initial Catalog = Stud;User ID = sa;Password = 12345"
        providerName = "System.Data.SqlClient" />
</connectionStrings>
```

解:其步骤如下。

① 该节的加密过程如图 16.5 所示,表示成功加密。

第 16 章　配置 ASP.NET 应用程序

图 16.5　加密操作

② 打开 Web.config 文件,看到＜connectionStrings＞节变为:

＜connectionStrings configProtectionProvider = "RsaProtectedConfigurationProvider"＞
　＜EncryptedData Type = "http://www.w3.org/2001/04/xmlenc#Element"
　xmlns = "http://www.w3.org/2001/04/xmlenc#"＞
　＜EncryptionMethod Algorithm = "http://www.w3.org/2001/04/xmlenc#tripledes-cbc" /＞
　＜KeyInfo xmlns = "http://www.w3.org/2000/09/xmldsig#"＞
　　＜EncryptedKey xmlns = "http://www.w3.org/2001/04/xmlenc#"＞
　　　＜EncryptionMethod Algorithm = "http://www.w3.org/2001/04/xmlenc#rsa-1_5" /＞
　　　＜KeyInfo xmlns = "http://www.w3.org/2000/09/xmldsig#"＞
　　　　＜KeyName＞Rsa Key＜/KeyName＞
　　　＜/KeyInfo＞
　　　＜CipherData＞＜CipherValue＞…＜/CipherValue＞＜/CipherData＞
　　＜/EncryptedKey＞
　＜/KeyInfo＞
　＜CipherData＞＜CipherValue＞…＜/CipherValue＞＜/CipherData＞
　＜/EncryptedData＞
＜/connectionStrings＞

其中省略部分为加密字符值。

说明:在请求应用程序中的网页或其他 ASP.NET 资源时,ASP.NET 会对受保护配置节调用提供程序,以解密信息供 ASP.NET 和应用程序代码使用。

16.3.2　Web.config 文件的解密

解密一个特定网站的 Web.config 文件的通用格式如下:

aspnet_regiis -pdf 节名　网站物理路径

或:

aspnet_regiis -pd 节名 -app 网站虚拟目录

其中,参数-pdf 表示对指定物理路径的网点的配置节进行解密,参数-pd 表示对指定虚拟目录的网点的配置节进行解密。

【例 16.3】　对例 16.2 的加密结果进行解密。

解:其步骤如下。

① 该节的解密过程如图 16.6 所示,表示成功解密。

② 打开 Web.config 文件,看到＜connectionStrings＞节恢复成原来的明码。

图 16.6 解密操作

16.4 ASP.NET 安全机制

16.4.1 ASP.NET 结构

ASP.NET 结构如图 16.7 所示,所有 Web 客户端都通过 IIS(Internet 信息服务)与 ASP.NET 应用程序通信。IIS 根据需要对请求进行身份验证,然后找到请求的资源(如 ASP.NET 应用程序)。如果客户端已被授权,则资源可用。

当运行 ASP.NET 应用程序时,它可以使用内置的 ASP.NET 安全功能。另外,ASP.NET 应用程序还可以使用 .NET Framework 的安全功能。

16.4.2 ASP.NET 安全级别

对于主流的 Web 应用程序,实现安全的基本任务通常是相同的。ASP.NET 安全级别如下:

1. 身份验证

身份验证是揭示用户标识并判断标识真实性的过程。身份验证就是指明是谁在访问网站。例如,某个人参加一

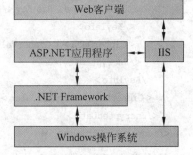

图 16.7 ASP.NET 结构

个会议,就会登记提供一些证件(即表明身份的标识),一旦标识被确认,他就会得到会议通行证,然后带着通行证参加会议。

如果访问网站的用户通过了身份验证,就会得到一个标识。在一个特定的区域内,该标识都可以被识别。在 ASP.NET 中有 4 种身份验证的模式,即 Widows 身份验证、Forms 身份验证、Passpot 身份验证和自定义身份验证。

对于每一种身份验证,用户都需要在登录的时候提供凭证,一旦标识被核实,用户就会获得一个身份验证令牌,在 Forms 身份验证中,整个令牌就是 FormsAuthenticationTicket(它提供对票证的属性和值的访问,这些票证用于 Forms 身份验证对用户进行标识),整个令牌就放在 cookie 中,每次请求资源的时候令牌就会提供用户的标识信息。

2. 授权

授权就是确定谁可以对哪些资源操作和访问?访问网站的用户是否被授权使用他所请求的资源?以前面开会为例子,授权就是表明参会者可以做什么,当他进入会议厅以后会发现有很多不同的会议,专家级的,普通级的,不同人参加不同级别的会议,而且有些人可以参观整个会议厅,但有些人只能在展览厅参观。这就是由权限的不同而导致的。

3. 机密性

当用户使用程序时，必须保证没有人可以查看这个用户正在处理的敏感数据。因此需要对客户端浏览器和服务器之间的通道进行加密，常用的是 SSL（安全套接字层）技术。例如，用户通过登录网页提交了用户名和密码，就必须使用 SSL 加密这些信息，要实现 SSL，需要购买一份证书，安装它并正确配置 IIS。此外，可能还要对后台数据或客户端以 cookie 形式存储的数据进行加密。

4. 完整性

最后还要保证数据在客户端和服务器端传输过程中没有被非授权者修改过。数字签名提供了一个减轻这种威胁的途径。

16.4.3 两种主要的身份验证模式

1. 表单验证

表单验证是一种常用的身份验证模式。使用表单验证对开发人员来讲是一个很有吸引力的选择，其原因如下：

- 开发人员可以完全控制验证代码。
- 开发人员可以完全控制登录表单的外观。
- 表单验证适用于任何浏览器。
- 它允许开发人员决定如何存储用户信息。

表单验证是一个基于票据（ticket）的系统。这意味着当一个用户登录系统以后，他得到一个包含基本用户信息的票据（ticket）。这些信息被存放在加密过的 cookie 里面，这些 cookie 和响应绑定在一起，因此每一次后续的请求都会被自动提交到服务器。

当一个匿名用户请求无法访问的 ASP.NET 的网页时，ASP.NET 验证这个表单验证票据是否有效。如果无效，ASP.NET 自动将用户转到一个登录网页。所以在开发网站时必须创建一个登录网页，并且验证由登录网页提交的凭证。如果用户验证成功，则告诉 ASP.NET 验证成功（通过调用 FormsAuthentication 类的一个方法），运行库会自动设置验证 cookie（实际上包含了票据）并将用户转到原先请求的页面。通过这个请求，运行库检测到验证 cookie 包含一个有效的票据，然后赋用用户对这个网页的访问权限，其流程如图 16.8 所示。

所以，Forms 验证主要是基于 cookie 的，就是把用户信息保存在 cookie 中，然后发送到客户端，再解析客户端发送的 cookie 信息来进行验证。

例如，一个用户登录基于 Forms 身份验证的网站时，其处理步骤如下：

① 用户请求一个网页（如 Default.aspx）。

② URL 授权模块把用户重定向到登录网页（如 Login.aspx），要输入用户名和密码等凭证，通过提交给 ASP.NET 网站（Web 服务器）来审核，检查凭证是否正确。

③ 如果凭证正确，那么就会在服务器端创建一个身份验证票据，该身份验证票据中含有了经过加密的用户信息。

④ 在服务器端将这个身份验证票据写入 cookie 中，然后发送到客户端。

⑤ 然后用户就被重定向到最初请求的 URL，即 Default.aspx 网页。

⑥ 此时因为身份验证的票据 cookie 已经存在于客户端的浏览器中，在转向 Default.aspx 网页时，实际上是再次向服务器端发起了请求，该请求同样需要经历 ASP.NET 的生命周期。

用户第一次请求 Default.aspx 网页时，该用户根本没有提供任何表明身份的票据，而第 2

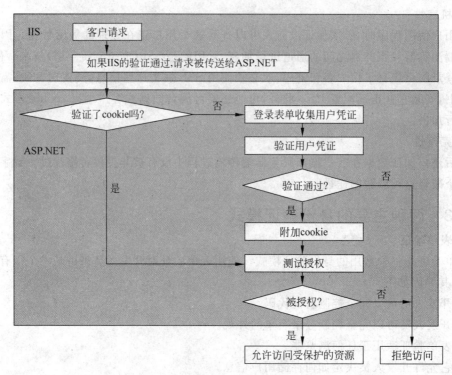

图 16.8　表单验证流程

次重定向到 Default.aspx 网页时，该用户已经登录了，而且浏览器中已经有了他的身份验证票据的 cookie，此时在 Application_AuthenticateRequest 事件中 Forms 身份验证模块获取表明身份的 cookie，然后利用 cookie 中的信息填充 Context.User。

例如，以下代码为基于表单身份验证配置网站，指定传输来自客户端登录信息的 cookie 名称（401kApp）以及指定当初始身份验证失败时跳转的登录网页名称（login.aspx），必须将 authorization 节包含在内才能要求对所有用户进行 Forms 身份验证，并拒绝匿名用户访问站点：

```
<configuration>
    <system.web>
        <authentication mode = "Forms">
            <forms name = "401kApp" loginUrl = "/login.aspx"/>
        </authentication>
        <authorization>
            <deny users = "?"/>
        </authorization>
    </system.web>
</configuration>
```

使用表单身份验证的一种简便方法是使用 ASP.NET 成员资格和 ASP.NET 登录控件，它们一起提供了一种只需少量或无需代码就可以收集、验证和管理用户凭据的方法，将在下一章介绍。

2. Windows 验证

Windows 验证是 ASP.NET 应用程序的默认身份验证机制，使用 Windows 验证的好处如下：

- 对于开发人员来讲，它允许 IIS 和客户端浏览器来处理验证流程，不需要创建登录网页和检查数据库等，几乎不需要进行多少编程工作。
- 允许使用现有的 Windows 账号进行登录。
- 为多种类型的应用程序提供了一个单独的验证模型，例如，可以为 Web 服务和 ASP.NET 应用程序等使用相同的验证模型，使开发人员摆脱让身份信息在计算机彼此之间流动的艰苦工作。
- 允许使用身份模拟和 Windows 安全机制。

和表单验证不同，Windows 验证没有在 ASP.NET 中内置。相反，Windows 验证将验证的责任移交给了 IIS。IIS 通过提供映射到 Windows 用户账号的凭证要求浏览器进行验证。如果用户验证成功，IIS 允许这次网页请求，并且将用户和角色传递给 ASP.NET，这样 Web 应用程序就可以用几乎和表单验证一样的方式处理这些信息了。

IIS 执行 Windows 验证有 3 种方式，即基本身份验证、摘要式身份验证或集成 Windows 身份验证。在 IIS 身份验证完成后，ASP.NET 会使用验证过的标识授权访问权限。

ASP.NET 中的 Windows 身份验证提供程序是 WindowsAuthenticationModule。

例如，以下代码使用 authentication 配置为 Windows 验证：

```
<system.web>
    <authentication mode="Windows"/>
</system.web>
```

16.4.4 ASP.NET 授权

验证模块处理完之后就是授权模块起作用了，其实 URL 授权模块会利用之前填充在 Context.User 中的信息来验证用户是否被批准访问所请求的资源或者网页。

在 ASP.NET 中有两种方式来授予对给定资源的访问权限。

1. 文件授权

文件授权由 FileAuthorizationModule 执行，基于 Windows 的文件系统安全管理。它检查 .aspx 或 .asmx 处理程序文件的访问控制列表（ACL），以确定用户是否应该具有对文件的访问权限。ACL 权限用于验证用户的 Windows 标识（如果已启用 Windows 验证）或 ASP.NET 进程的 Windows 标识。例如，用户请求一个网页，FileAuthorizationModule 模块会检查当前已验证过的 IIS 用户是否具有访问该 .aspx 网页的权限，如果这个用户没有权限，不会执行网页的代码，用户收到一个"禁止访问"的信息。

文件授权只有在使用 Windows 验证时才会起作用，对于表单验证和自定义验证，它不会起作用。

2. URL 授权

URL 授权由 UrlAuthorizationModule 执行，它将用户和角色映射到 ASP.NET 应用程序中的 URL。这个模块可用于有选择地允许或拒绝特定用户或角色对应用程序的任意部分（通常为目录）的访问权限。

通过 URL 授权可以显式地允许或拒绝某个用户名或角色对特定目录的访问权限，为此需要在该目录的配置文件中创建一个 authorization 节。若要启用 URL 授权，需要在配置文件的 authorization 节中的 allow 或 deny 元素中指定一个用户或角色列表。为目录建立的权限也会应用到其子目录，除非子目录中的配置文件重写这些权限。

例如,以下代码对 Kim 用户和 Admins 角色的成员授予访问权限,对 John 标识(除非 Admins 角色中包含 John 标识)和所有匿名用户拒绝访问权限:

```
<authorization>
    <allow users = "Kim"/>
    <allow roles = "Admins"/>
    <deny users = "John"/>
    <deny users = "?"/>
</authorization>
```

练习题 16

1. 简述 Web.config 配置文件的作用。
2. 简述 Web.config 配置文件中 connectionSettings 节的设置和使用方法。
3. 简述 Web.config 配置文件中 appSettings 节的设置和使用方法。
4. 简述 Web.config 配置文件的解密和解密过程。

上机实验题 16

在 ch16 网站中修改 Web.config 文件,配置 logon.aspx 网页为 ASP.NET 在找不到包含请求内容的身份验证 cookie 的情况下进行重定向时所使用的 URL,并拒绝未通过身份验证的用户访问该应用程序中的资源。

第 17 章 成员资格和角色管理

表单验证解决了为 ASP.NET 程序实现安全的自定义登录表单的验证问题,但是表单验证只提供了验证用户的架构,开发人员必须自己实现登录表单以及与底层的凭证存储之间的通信,如添加用户、删除用户、重设密码等。用户权限管理涉及角色的概念,角色可以被看成是具有特定权限的用户集合。ASP.NET 成员资格和角色管理属于网站安全性管理。本章介绍成员资格和角色管理的一些基本概念及其管理方法。

本章学习要点:
☑ 了解成员资格的概念以及创建成员资格的过程。
☑ 了解角色的概念以及创建角色的过程。
☑ 掌握成员资格和角色配置方法。

17.1 成员资格概述

17.1.1 ASP.NET 成员资格体系结构

ASP.NET 成员资格(membership)的主要功能是管理系统的用户,提供了一种验证和存储用户凭据的内置方法,以保证只有合法的登录用户才能使用网站系统的某些网页和功能。开发人员可以将 ASP.NET 成员资格与表单验证或 ASP.NET 登录控件一起使用,以创建一个完整的用户身份验证系统。

由于所有用户网站登录操作是相似的,所以 ASP.NET 成员资格提供了一个通用的安全的用户管理功能。归纳起来,ASP.NET 成员资格支持以下功能:

- 创建新用户和密码。
- 将成员资格信息(用户名、密码和支持数据)存储在 SQL Server 或其他数据存储区。
- 对访问站点的用户进行身份验证,可以以编程方式验证用户,也可以使用 ASP.NET 登录控件创建一个只需很少代码或无需代码的完整身份验证系统。

- 管理密码，包括创建、更改和重置密码。根据开发人员选择的成员资格选项不同，成员资格系统还可以提供一个使用用户提供的问题和答案的自动密码重置系统。
- 公开经过身份验证的用户的唯一标识，可以在自己的应用程序中使用该标识，也可以将该标识与 ASP.NET 个性化设置和角色管理（授权）系统集成。
- 指定自定义成员资格提供程序，开发人员可以改为用自己的代码管理成员资格及在自定义数据存储区中维护成员资格数据。

成员资格体系结构如图 17.1 所示，最底层是成员资格数据层，用于存放用户的数据，包括 SQL Server 数据库以及其他数据源。成员资格提供程序层(Membership Providers)从中取出数据，交给上层的成员资格 API 层，成员资格 API 层用其中两个核心类 Membership 和 MembershipUser 来管理这些用户数据，并且可以交由网页中的一些用户管理控件（登录控件层）使用。从中看到，ASP.NET 通过内置成员资格 API 与 SQL Server Express 数据库有效结合，将大量复杂、烦琐的身份验证代码封装为不同的类库，为开发用户权限管理功能提供了方便。成员资格体系结构采用分层的架构，每一层都可以被独立地替换掉。

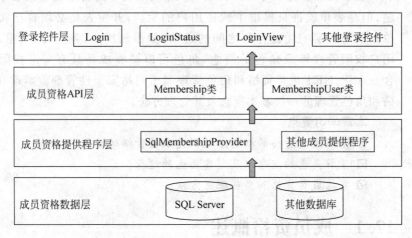

图 17.1　成员资格体系结构

17.1.2　配置成员资格的过程

若要使用成员资格，必须首先为网站配置成员资格，其主要过程如下：

① 指定要使用的成员资格提供程序，成员资格提供程序与存储成员资格信息（如用户信息等）的数据库类型是密不可分的。默认提供程序使用 SQL Server 数据库。用户还可以选择使用活动目录存储成员资格信息，或者可以指定自定义提供程序。

② 将应用程序配置为使用表单身份验证，通常指定应用程序中的某些网页或目录受到保护，并只能由经过身份验证的用户访问。

③ 为成员资格定义用户账户，可以通过多种方式实现，如使用网站管理工具或者创建"新用户"的 ASP.NET 网页并使用相应的成员资格函数在成员资格系统中创建新用户。

在为网站配置好成员资格后，就可以使用成员资格对应用程序中的用户进行身份验证了。在大多数情况下，开发人员需要提供一个登录网页，可以使用 TextBox 等控件手动创建登录网页，也可以使用 ASP.NET 登录控件。由于已将应用程序配置为使用表单身份验证，因此在未经验证的用户请求一个受保护的网页时，ASP.NET 将自动显示登录网页。

下面按照成员资格体系结构中从底层到顶层的顺序介绍各部分内容。

17.2 建立成员资格数据

首先要建立成员资格数据，ASP.NET 提供了建立成员资格数据的专用工具，称之为注册工具。ASP.NET SQL Server 注册工具 aspnet_regsql.exe 用于创建供 ASP.NET 中的 SQL Server 提供程序使用的 SQL Server 数据库，或者用于在现有数据库中添加或移除选项。

aspnet_regsql.exe 是一个可执行程序，可以使用它来建立成员资格数据。执行 aspnet_regsql.exe 可以带多个参数，如参数-? 表示在命令窗口中显示帮助文本，-E 表示使用当前登录用户的 Windows 凭据进行身份验证，等等。另外，可以不带任何命令行参数运行 aspnet_regsql.exe，以运行一个向导完成如下过程的向导：为 SQL Server 安装指定连接信息，并为成员资格、角色管理器、配置文件、Web 部件个性化设置及运行状况监视等功能安装或移除数据库元素。

【例 17.1】 在 Stud 数据库中建立成员资格数据表。

解：其步骤如下。

① 在 Windows 中单击"开始"按钮，选择"所有程序|Microsoft Visual Studio 2012|Visual Studio Tools|VS2012 x86 本机工具命令提示"命令，然后输入 aspnet_regsql 命令即可启动 aspnet_regiis 工具。

② 在出现的欢迎使用界面中单击"下一步"按钮。

③ 出现如图 17.2 所示的"选择安装选项"对话框，单击"下一步"按钮。

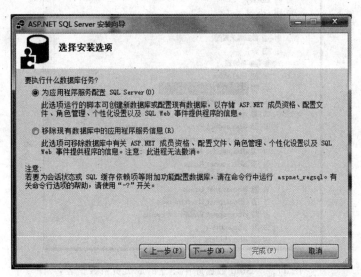

图 17.2 "选择安装选项"对话框

④ 出现"选择服务器和数据库"对话框，设置服务器为"LCB-PC"、用户名为"sa"、密码为"12345"，选择数据库为"Stud"，如图 17.3 所示，单击"下一步"按钮。

⑤ 在出现的确认界面中单击"下一步"按钮。

⑥ 单击"完成"按钮。

此时再进入 SQL Server 2012 系统，打开 Stud 数据库，看到经过前面的操作后新建了一系列的表,如图 17.4 所示,这些表的功能如下。

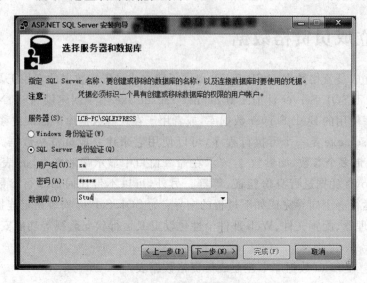

图 17.3 "选择服务器和数据库"对话框

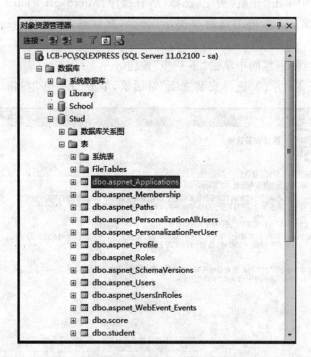

图 17.4 Stud 数据库中建立的成员资格数据表

- aspnet_Applications:存放数据库所涉及应用程序的有关信息。
- aspnet_Membership:存放与用户相关的信息,例如用户登录密码、创建时间。
- aspnet_Paths:存放应用程序和目录路径的对应关系数据。
- aspnet_PersonalizationAllUsers:存放针对所有用户的 Web 部件个性化设置信息。
- aspnet_PersonalizationPerUser:存放针对每个特定用户的 Web 部件个性化设置信息。

- aspnet_Profile：存放用户配置数据。
- aspnet_Roles：存放角色信息。
- aspnet_SchemaVersions：存放用户配置信息支持的模式。
- aspnet_Users：存放用户基本信息。
- aspnet_UsersInRoles：存放用户和角色的关系数据。
- aspnet_WebEvent_Events：存放 Web 事件的相关信息。

上述表是用户通过操作由系统自动创建的,还包括许多存储过程等,用户不必修改这些内容。

17.3 成员资格提供程序

ASP.NET 成员资格主要由内置成员资格提供程序组成,这些提供程序与数据源进行通信。MembershipProvider 类提供了这样的协定,以便 ASP.NET 使用自定义成员资格提供程序来实现提供成员资格服务。

17.3.1 SqlMembershipProvider 提供程序

SqlMembershipProvider 类是从 MembershipProvider 类派生的,位于 System.Web.Security 命名空间。

提供程序用于管理 SQL Server 数据库中 ASP.NET 应用程序的成员资格信息存储,包括 SQL Server 数据库中存储的用户名和密码等,该类供 Membership 和 MembershipUser 类使用,为使用 SQL Server 数据库的 ASP.NET 应用程序提供成员资格服务。

说明:在计算机以默认实例名安装了 SQL Server Express 并启用了用户实例化的情况下,在应用程序首次运行时,SqlMembershipProvider 对象将在网站的 App_Data 目录创建一个名为 aspnetdb 的数据库,其中包含与图 17.4 相同的成员资格数据表,这样开发人员不需要采用 17.2 节的方法建立成员资格数据。

SqlMembershipProvider 类的主要属性如表 17.1 所示,其主要方法如表 17.2 所示。

表 17.1 SqlMembershipProvider 类的主要属性及其说明

属 性	说 明
ApplicationName	获取或设置要存储和检索其成员资格信息的应用程序的名称
EnablePasswordReset	获取一个值,指示 SQL Server 成员资格提供程序是否配置为允许用户重置其密码
EnablePasswordRetrieval	获取一个值,指示 SQL Server 成员资格提供程序是否配置为允许用户检索其密码
MaxInvalidPasswordAttempts	获取锁定成员资格用户前允许的无效密码或无效密码提示问题答案尝试次数
MinRequiredNonAlphanumericCharacters	获取有效密码中必须包含的最少特殊字符数
MinRequiredPasswordLength	获取密码所要求的最小长度
Name	获得一个友好名称,用于在配置过程中引用提供程序
PasswordAttemptWindow	获取时间长度,在该时间间隔内对提供有效密码或密码答案的连续失败尝试次数进行跟踪

续表

属性	说明
PasswordFormat	获取一个值，表示用于在 SQL Server 成员资格数据库中存储密码的格式，可以取如下值。 ① Clear：密码未加密。 ② Encrypted：密码加密。 ③ Hashed：密码单向加密
PasswordStrengthRegularExpression	获取用于计算密码的正则表达式
RequiresQuestionAndAnswer	获取一个值，指示 SQL Server 成员资格提供程序是否配置为要求用户在进行密码重置和检索时回答密码提示问题
RequiresUniqueEmail	获取一个值，指示 SQL Server 成员资格提供程序是否配置为要求每个用户名具有唯一的电子邮件地址

表 17.2 SqlMembershipProvider 类的主要方法及其说明

方法	说明
ChangePassword	修改用户密码
ChangePasswordQuestionAndAnswer	更新 SQL Server 成员资格数据库中用户的密码提示问题和答案
CreateUser	向 SQL Server 成员资格数据库添加一个新用户
DecryptPassword	解密已加密的密码
DeleteUser	从 SQL Server 成员资格数据库删除用户的成员资格信息
EncryptPassword	对密码进行加密
FindUsersByEmail	返回成员资格用户的集合，其中用户的电子邮件地址字段包含指定的电子邮件地址
FindUsersByName	获取一个成员资格用户的集合，其中的用户名包含要匹配的指定用户名
GeneratePassword	生成长度至少为 14 个字符的随机密码
GetAllUsers	获取 SQL Server 成员资格数据库中所有用户的集合
GetNumberOfUsersOnline	返回当前访问该应用程序的用户数
GetPassword	从 SQL Server 成员资格数据库返回指定用户名的密码
GetUser	从数据源获取成员资格用户的信息
GetUserNameByEmail	获取与指定的电子邮件地址关联的用户名
ResetPassword	将用户密码重置为一个自动生成的新密码
UpdateUser	更新 SQL Server 成员资格数据库中用户的信息
ValidateUser	验证 SQL Server 成员资格数据库中是否存在指定的用户名和密码

在默认情况下，ASP.NET 成员资格可支持所有的 ASP.NET 应用程序。默认成员资格提供程序为 SqlMembershipProvider，并在计算机配置中以名称 AspNetSqlProvider 指定，SqlMembershipProvider 的默认实例配置为连接到 Microsoft SQL Server 的一个本地实例，可以从 Machine.config 文件中的以下代码看到这种配置：

```
<connectionStrings>
    <add name="LocalSqlServer"
        connectionString="data source=.\SQLEXPRESS;
        Integrated Security=SSPI;
        AttachDBFilename=|DataDirectory|aspnetdb.mdf;
        User Instance=true" providerName="System.Data.SqlClient"/>
```

```
    </connectionStrings>
    <membership>
        <providers>
            <add name = "AspNetSqlMembershipProvider"
                type = "System.Web.Security.SqlMembershipProvider,System.Web,
                    Version = 4.0.0.0, Culture = neutral, PublicKeyToken = b03f5f7f11d50a3a"
                connectionStringName = "LocalSqlServer" enablePasswordRetrieval = "false"
                enablePasswordReset = "true" requiresQuestionAndAnswer = "true"
                applicationName = "/" requiresUniqueEmail = "false" passwordFormat = "Hashed"
                maxInvalidPasswordAttempts = "5" minRequiredPasswordLength = "7"
                minRequiredNonalphanumericCharacters = "1" passwordAttemptWindow = "10"
                passwordStrengthRegularExpression = ""/>
        </providers>
    </membership>
```

其中定义一个名称为 AspNetSqlMembershipProvider 的默认 SqlMembershipProvider 实例,该实例连接到本地计算机上的默认 SQL Server Express 实例。网站中的 Web.config 可以自动继承该配置。也就是说,如果 SQL Server Express 以默认实例名安装,则可使用提供程序的此实例,否则,可在 ASP.NET 网站的 Web.config 文件中配置自己的 SqlMembershipProvider 提供程序。

例如,下面的 Web.config 文件中 system.web 节的 membership 元素配置元素,它指定应用程序使用 SqlMembershipProvider 类的实例提供成员资格服务,并将 passwordStrengthRegularExpression 特性设置为验证密码是否满足以下条件的正则表达式:至少为 7 个字符;至少包含一个数字;至少包含一个特殊字符(非字母数字字符)。如果密码不符合这些条件,成员资格提供程序将不接受此密码。

```
    <membership defaultProvider = "SqlProvider" userIsOnlineTimeWindow = "20">
        <providers>
            <add name = "SqlProvider"
                type = "System.Web.Security.SqlMembershipProvider"
                connectionStringName = "MySqlServer"
                requiresQuestionAndAnswer = "true"
                passwordStrengthRegularExpression =
                    "@\"(?=.{6,})(?=(.*\d){1,})(?=(.*\W){1,})" />
        </providers>
    </membership>
```

17.3.2 配置自己的 SqlMembershipProvider 提供程序

如果要配置自己的 SqlMembershipProvider 提供程序,采用的方法是先配置 ASP.NET 连接字符串,再定制自己的 SqlMembershipProvider 提供程序,定制后者使用 membership 元素。

membership 元素使用 ASP.NET 成员资格配置用于对用户账户进行管理和身份验证的参数,其主要的属性是 defaultProvider,它指定默认成员资格提供程序的名称,默认值为 AspNetSqlProvider(其类型为 AspNetSqlMembershipProvider)。

membership 元素的子元素有 providers,它是定义成员资格提供程序的集合。

【例 17.2】 为例 17.1 创建的成员资格数据配置自己的 SqlMembershipProvider 提供程序。

解：其步骤如下。

① 以"D:\ASP.NET\ch17"为路径创建一个"文件系统"类型的空网站 ch17。

② 打开网站下的 Web.config 文件，修改代码如下：

```
<configuration>
  <connectionStrings>
    <add name = "MyMembershipConnString"
        connectionString = "Data Source = LCB - PC\SQLEXPRESS;
            Initial Catalog = Stud; User ID = sa; Password = 12345" />
  </connectionStrings>
  <system.web>
    <compilation debug = "true" />
    <authentication mode = "Forms">
      <forms name = ".ASPXFORMSAUTH" />
    </authentication>
    <membership defaultProvider = "SqlProvider">
      <providers>
        <remove name = "AspNetSqlProvider" />
        <add name = "SqlProvider"
            type = "System.Web.Security.SqlMembershipProvider"
            connectionStringName = "MyMembershipConnString"
            enablePasswordRetrieval = "false"
            enablePasswordReset = "true"
            requiresQuestionAndAnswer = "true"
            passwordFormat = "Hashed"
            applicationName = "/" />
      </providers>
    </membership>
  </system.web>
</configuration>
```

其中配置连接字符串为 MyMembershipConnString，定制的 SqlMembershipProvider 提供程序为 SqlProvider，对应的连接字符串名为 MyMembershipConnString。这样，用户的信息就会存储在 Stud 数据库中，而不是默认的 aspnetdb 数据库中。

forms 的 name 属性设置为".ASPXFORMSAUTH"，这是为包含身份验证票证的 cookie 的名称设置的后缀。

如果要进一步自定义成员资格提供程序，需要继承 MembershipProvider 类，这里不再介绍。

17.4 成员资格 API

成员资格 API 即成员资格应用程序接口，ASP.NET 提供的成员资格 API 类有 Membership、MembershipUser 和 MembershipCreateStatus 类等。

17.4.1 Membership 类

Membership 类提供常规成员资格功能，它提供了一系列的静态方法与属性，用于完成创建用户、管理密码以及身份验证的功能。

Membership 类的常用属性及说明如表 17.3 所示，其常用方法及说明如表 17.4 所示，其常用事件及说明如表 17.5 所示。

表 17.3　Membership 类的常用属性及其说明

属　性	说　明
ApplicationName	获取或设置应用程序的名称
EnablePasswordReset	获取一个值，指示当前成员资格提供程序是否配置为允许用户重置其密码
EnablePasswordRetrieval	获取一个值，指示当前成员资格提供程序是否配置为允许用户检索其密码
HashAlgorithmType	用于哈希密码的算法的标识符
MaxInvalidPasswordAttempts	获取锁定成员资格用户前允许的无效密码或无效密码提示问题答案尝试次数
MinRequiredNonAlphanumericCharacters	获取有效密码中必须包含的最少特殊字符数
MinRequiredPasswordLength	获取密码所要求的最小长度
PasswordStrengthRegularExpression	获取用于计算密码的正则表达式
Provider	获取对应用程序的默认成员资格提供程序的引用
RequiresQuestionAndAnswer	获取一个值，该值指示默认成员资格提供程序是否要求用户在进行密码重置和检索时回答密码提示问题

表 17.4　Membership 类的常用方法及其说明

方　法	说　明
CreateUser	将新用户添加到数据存储区
DeleteUser	从数据库中删除一个用户
FindUsersByEmail	获取一个成员资格用户的集合，其中的电子邮件地址包含要匹配的指定电子邮件地址
FindUsersByName	获取一个成员资格用户的集合，其中的用户名包含要匹配的指定用户名
GeneratePassword	生成指定长度的随机密码
GetAllUsers	获取数据库中用户的集合
GetNumberOfUsersOnline	获取当前访问应用程序的用户数
GetUser	从数据源获取成员资格用户的信息
GetUserNameByEmail	获取一个用户名，其中该用户的电子邮件地址与指定的电子邮件地址匹配
UpdateUser	用指定用户的信息更新数据库
ValidateUser	验证提供的用户名和密码是有效的

表 17.5　Membership 类的常用事件及其说明

事　件	说　明
ValidatingPassword	在创建用户、更改密码或重置密码时发生

说明：Membership 类是一个静态类，不能由它派生对象，可以通过"Membership.成员"来使用其成员。

Membership 类依赖于成员资格提供程序与数据源通信。在例 17.2 中已经配置好了相关的成员资格提供程序 SqlProvider 与数据源 Stud。

在网页中可以直接使用 MemberShip 的一系列静态方法来管理用户，如创建新用户、删除一个用户、更新用户信息等。例如：

```
Membership.CreateUser("username", "password");
```

```
Membership.DeleteUser("username");
```

这就使开发人员很方便地在网页中集成用户管理的功能（如在页面上提供注册新用户账号的功能）。

17.4.2 MembershipUser 类

MemberShipUser 类代表单个的用户权限信息，提供有关特定用户的信息，如获取密码和密码问题、更改密码、确定用户是否联机、确定用户是否已经过验证、返回最后一次活动、登录和密码更改的日期、取消对用户的锁定。

MembershipUser 类的常用属性及说明如表 17.6 所示，其常用方法及说明如表 17.7 所示。

表 17.6 MembershipUser 类的常用属性及其说明

属性	说明
Comment	获取或设置成员资格用户的特定于应用程序的信息
CreationDate	获取将用户添加到成员资格数据存储区的日期和时间
Email	获取或设置成员资格用户的电子邮件地址
IsApproved	获取或设置一个值，表示是否可以对成员资格用户进行身份验证
IsLockedOut	获取一个值，该值指示成员资格用户是否因被锁定而无法进行验证
LastActivityDate	获取或设置成员资格用户上次进行身份验证或访问应用程序的日期和时间
LastLockoutDate	获取最近一次锁定成员资格用户的日期和时间
LastLoginDate	获取或设置用户上次进行身份验证的日期和时间
LastPasswordChangedDate	获取上次更新成员资格用户的密码的日期和时间
PasswordQuestion	获取成员资格用户的密码提示问题
ProviderName	获取成员资格提供程序的名称，该提供程序存储并检索成员资格用户的用户信息
ProviderUserKey	从用户的成员资格数据源获取用户标识符
UserName	获取成员资格用户的登录名

表 17.7 MembershipUser 类的常用方法及其说明

方法	说明
ChangePassword	更新成员资格数据存储区中成员资格用户的密码
ChangePasswordQuestionAndAnswer	更新成员资格数据存储区中成员资格用户的密码提示问题和密码提示问题答案
GetPassword	从成员资格数据存储区获取成员资格用户的密码
ResetPassword	将用户密码重置为一个自动生成的新密码
UnlockUser	清除用户的锁定状态以便可以验证成员资格用户

MembershipUser 对象可由 Membership 对象的 GetUser 和 CreateUser 方法返回。例如，以下代码查找管理员用户 sa，并且输出其登录信息：

```
MembershipUser user = Membership.GetUser("sa");
if(user!= null)
    Response.Write("上次登录时间: " + user.LastLoginDate.ToString());
```

17.4.3　MembershipCreateStatus 类

MembershipCreateStatus 类提供描述性值，用于描述创建一个新成员资格用户时是成功还是失败，也就是说 MembershipCreateStatus 类描述 CreateUser 操作的结果，其描述性值及说明如表 17.8 所示。

表 17.8　MembershipCreateStatus 类提供的描述性值及其说明

成 员 名 称	说　　明
Success	创建用户成功
InvalidUserName	在数据库中未找到用户名
InvalidPassword	密码的格式设置不正确
InvalidQuestion	密码提示问题的格式设置不正确
InvalidAnswer	密码提示问题答案的格式设置不正确
InvalidEmail	电子邮件地址的格式设置不正确
DuplicateUserName	用户名已存在于应用程序的数据库中
DuplicateEmail	电子邮件地址已存在于应用程序的数据库中
UserRejected	因为提供程序定义的某个原因而未创建用户
InvalidProviderUserKey	提供程序用户键值的类型或格式无效
DuplicateProviderUserKey	提供程序用户键值已存在于应用程序的数据库中
ProviderError	提供程序返回一个未由其他 MembershipCreateStatus 枚举值描述的错误

下面通过一个示例说明如何采用成员资格 API 的类在 Stud 数据库中建立新用户。

【例 17.3】 在 ch17 网站中设计一个用于建立新用户的网页 WebForm1。

解：其步骤如下。

① 打开 ch17 网站，创建一个网页 WebForm1.aspx。

② 其设计界面如图 17.5 所示，其中主要包含一个 5×2 的表格、5 个文本框（从上到下分别为 TextBox1～TextBox5）、一个命令按钮 Button1 和一个标签 Label1。

说明：为了简单，网页中没有包含相关的验证功能。

③ 在网页上设计如下事件过程：

```
using System;
using System.Web.Security;
protected void Button1_Click(object sender, EventArgs e)
{   MembershipCreateStatus status;
    MembershipUser user = Membership.CreateUser(
            TextBox1.Text,          //用户名
            TextBox2.Text,          //密码
            TextBox3.Text,          //电子邮箱
            TextBox4.Text,          //找回答案问题
            TextBox5.Text,          //找回答案回答
            true,                   //是否批准该用户登录
            out status);            //返回状态,out 表示是返回型参数
    if (user != null)
        Label1.Text = "创建用户成功";
    else
    {   if (status == MembershipCreateStatus.DuplicateUserName)
            Label1.Text = "用户已存在";
        else
```

```
            Label1.Text = "创建用户失败";
        }
}
```

④ 运行本网页,输入合法的用户记录(如密码至少7位且至少包含一个特殊字符,电子邮箱也要规范),如图17.6所示,单击"确定"命令按钮,这样在Stud数据库的aspnet_Users表中增加了一个用户记录。

图 17.5　WebForm1 网页设计界面　　　　图 17.6　WebForm1 网页运行界面

17.5　登录控件

ASP.NET 提供了一组登录控件,它们封装了提示用户输入凭据及验证成员资格系统中的凭据所需的所有逻辑。也就是说,Membership 类和成员资格提供程序所提供的大多数功能封装在这几个登录 Web 控件中,使用户不必像例 17.1 那样编程,这些登录控件将自动使用成员资格系统验证用户。这些控件位于工具箱的"登录"类别中。

17.5.1　Login 控件

Login 控件显示用于执行用户身份验证的用户界面。Login 控件包含用于用户名和密码的文本框和一个复选框,该复选框可用于指示是否需要服务器使用 ASP.NET 成员身份存储他们的标识并且在他们下次访问该网站时自动进行身份验证。

Login 控件的常用属性及说明如表 17.9 所示,其常用事件及说明如表 17.10 所示。

表 17.9　Login 控件的常用属性及其说明

属　性	说　明
CreateUserText	获取或设置新用户注册页的链接文本
CreateUserUrl	获取或设置新用户注册页的 URL
DestinationPageUrl	获取或设置在登录尝试成功时向用户显示的页面的 URL
DisplayRememberMe	获取或设置一个值,该值指示是否显示复选框以使用户可以控制是否向浏览器发送持久性 cookie
FailureAction	获取或设置当登录尝试失败时发生的操作
FailureText	获取或设置当登录尝试失败时显示的文本
Password	获取用户输入的密码
PasswordLabelText	获取或设置 Password 文本框的标签文本

续表

属　性	说　明
PasswordRecoveryText	获取或设置密码恢复页链接的文本
PasswordRecoveryUrl	获取或设置密码恢复页的 URL
PasswordRequiredErrorMessage	获取或设置当密码字段为空时在 ValidationSummary 控件中显示的错误消息
RememberMeSet	获取或设置一个值，该值指示是否将持久性身份验证 cookie 发送到用户的浏览器
RememberMeText	获取或设置"记住我"复选框的标签文本
UserName	获取用户输入的用户名
UserNameLabelText	获取或设置 UserName 文本框的标签文本
UserNameRequiredErrorMessage	获取或设置当用户名字段为空时在 ValidationSummary 控件中显示的错误消息

表 17.10　Login 控件的常用事件及其说明

事　件	说　明
Authenticate	在验证用户的身份后出现
DataBinding	当服务器控件绑定到数据源时发生
LoggedIn	在用户登录到网站并进行身份验证后出现
LoggingIn	在用户未进行身份验证而提交登录信息时出现
LoginError	当检测到登录错误时出现

说明：ASP.NET 成员资格和 ASP.NET 登录控件隐式地使用 Forms 身份验证。

【**例 17.4**】 在 ch17 网站中使用 Login 控件设计一个用于用户登录的网页 WebForm2。

解：其步骤如下。

① 打开 ch17 网站，创建一个网页 WebForm2.aspx。

② 在网页中添加一个 Login 控件，如图 17.7 所示，并通过"Login 任务"中的"自动套用格式"设置其套用格式为"传统型"。

③ 创建一个名为 WebForm2-1 的网页，其中仅含有一个"您已成功登录……"的 HTML 标签。然后将 WebForm2 网页中 Login 控件的 DestinationPageUrl 属性设为"～/WebForm2-1.aspx"。

④ 运行 WebForm2 网页，输入合法的用户记录，单击"登录"按钮，登录成功并转向 WebForm2-1 网页，如图 17.8 所示。

图 17.7　添加一个 Login 控件　　　　图 17.8　WebForm2 网页运行结果

注意：在默认情况下，Login 控件要求用户填写的密码的格式为至少有 7 位以上的长度，至少包含一个数字和一个符号字符。

17.5.2 其他登录控件

其他登录控件及其功能说明如下。

- ChangePassword 控件：允许用户更改其密码。用户必须先提供原始密码，然后再创建并确认新密码。如果原始密码正确，则用户密码将更改为新密码。
- CreateUserWizard 控件：用于收集潜在用户所提供的信息。
- LoginName 控件：用于显示当用户使用 ASP.NET 成员身份登录时的用户登录名。如果网站使用集成的 Windows 身份验证，则该控件显示用户的 Windows 账户名。
- LoginStatus 控件：为没有通过身份验证的用户显示登录链接，为已通过身份验证的用户显示注销链接。登录链接将用户带到登录页，注销链接将当前用户的标识重置为匿名用户。
- LoginView 控件：可用于向匿名用户和登录用户显示不同的信息。
- PasswordRecovery 控件：可以根据创建账户时所使用的电子邮件地址找回用户密码。该控件会向用户发送包含密码的电子邮件。

这些登录控件的使用方法与 Login 控件类似，这里不再详述。

17.6 角色管理

可以把用户分为特定的类型，每种类型的用户只能做特定的事情，这种用户的分类称为角色。角色可以看成是具有特定权限的用户集合。

角色管理主要帮助管理授权，允许指定应用程序中的用户可以访问的资源。角色管理允许向角色分配用户（如 abc123456 用户等），从而将用户组视为一个单元。在 Windows 中，可以通过将用户分配到组（如 Administrators、超级用户等）来创建角色。

建立角色后，可以在应用程序中创建访问规则。例如，站点中可能包括一组只希望对成员显示的网页。同样，可能希望根据当前用户是否是管理员而显示或隐藏页面的一部分。使用角色，可以独立于单个应用程序用户建立这些类型的规则。例如，无须为站点的各个成员授予权限，允许他们访问仅供成员访问的网页。

一个用户可以具有多个角色。例如，如果网站是一个论坛，则有些用户可能同时具有成员角色和版主角色，可能定义每个角色在站点中拥有不同的特权，同时具有这两种角色的用户将具有两组特权。

若要使用角色管理，首先要启用它，并配置能够利用角色的访问规则（可选），然后可以在运行时使用角色管理功能处理角色。如下所示的设置在应用程序的 Web.config 文件中启用它：

```
<roleManager
    enabled = "true"
    cacheRolesIncookie = "true">
</roleManager>
```

角色的典型应用是建立规则，用于允许或拒绝对页面或目录的访问。用户可以在 Web.config 文件的 authorization 元素部分设置此类访问规则。

以下示例允许 members 角色的用户查看名为 memberPages 的目录中的网页，同时拒绝任何其他用户的访问：

```
<configuration>
  <location path = "memberPages">
```

```
            <system.web>
                <authorization>
                    <allow roles = "members" />
                    <deny users = " * " />
                </authorization>
            </system.web>
        </location>
    <configuration>
```

另外还必须创建管理员(如 manager)或普通用户(如 member)之类的角色,并将用户 ID 分配给这些角色。

如果使用表单身份验证,可以通过调用各种角色管理器方法以编程方式执行此任务。Roles 类提供了一系列的静态方法与属性,完成角色管理的相关功能,例如,以下代码示例表示创建角色 members:

```
Roles.CreateRole("members");
```

注意:对于配置角色管理、定义角色、向角色中添加用户和创建访问规则而言,最简单的方法是使用网站管理工具(将在下一节介绍)。

17.7 使用向导配置安全性

使用 ASP.NET 网站管理工具可以方便地实现成员和角色管理,也就是使用向导配置安全性。该向导几乎可以完成所有的成员和角色管理功能,下面通过一个示例说明该向导的使用过程。

【例 17.5】 使用向导创建一个用户 Mary,创建一个角色 manager(允许访问 ch17 网站的 App_Data 目录),并将 manager 角色分配给 Mary 用户。

解:其步骤如下。

① 打开 ch17 网站,选择"网站|ASP.NET 配置"命令,出现"ASP.NET 网站管理工具"对话框,图 17.9 所示为"主页"选项卡,其中 6 个用户是在前面执行示例网页时创建的。

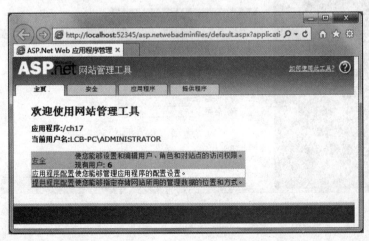

图 17.9 "ASP.NET 网站管理工具"对话框

② 选择"安全"选项卡,出现如图 17.10 所示的对话框,单击"使用安全设置向导按部就班地配置安全性"超链接。

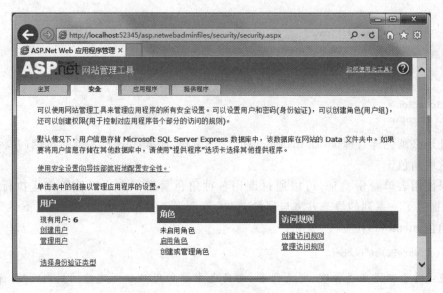

图17.10 "安全"选项卡

③ 出现"欢迎使用安全设置向导"对话框,按照左边列出的7个步骤可以创建角色、创建用户和访问规则等。

④ 在步骤2中选中"通过Internet",在步骤4中选中"为此网站启动角色",单击"下一步"按钮。

⑤ 为网站添加两个角色,单击"下一步"按钮。

⑥ 出现"注册新账户"对话框,创建一个新用户,如图17.11所示,单击"下一步"按钮。

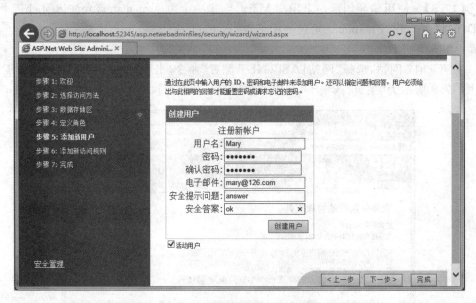

图17.11 "注册新账户"对话框

⑦ 出现"添加新访问规则"对话框,设置manager角色可以访问ch17下面的App_Data目录,如图17.12所示,单击"完成"按钮。

⑧ 回到"主页"选项卡,单击"管理用户"超链接,出现如图17.13所示的"搜索用户"对话框,单击Mary后的"编辑用户"超链接。

第 17 章 成员资格和角色管理

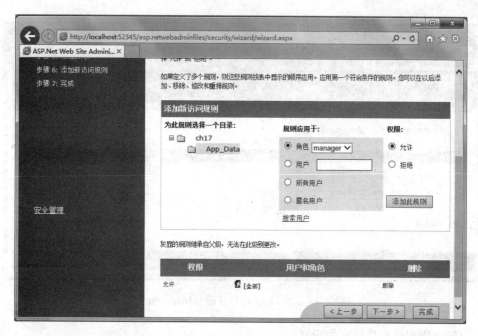

图 17.12 添加一个规则

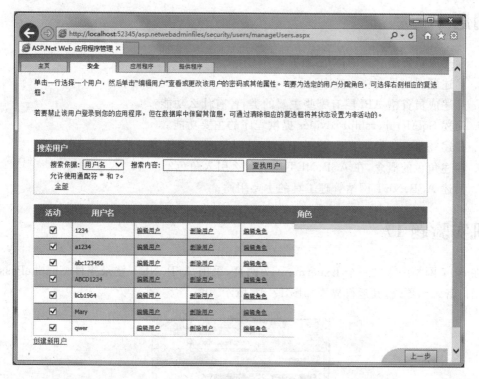

图 17.13 "搜索用户"对话框

⑨ 为 Mary 用户分配 manager 角色，即选中"为此用户选择角色"下方的 manager，如图 17.14 所示。

网站管理工具除了上述管理用户账户和角色的设置外，还可以使用"应用程序"选项卡来管理影响 ASP.NET 应用程序的配置元素的设置，使用"提供程序"选项卡来添加、编辑、删除、

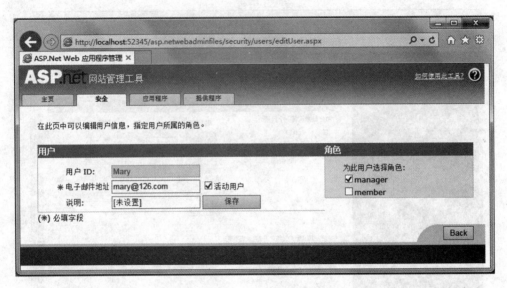

图 17.14　为 Mary 用户分配 manager 角色

测试或分配应用程序提供程序的设置。

练习题 17

1. 简述成员资格管理的体系结构。
2. 简述配置成员资格的基本过程。
3. 简述成员资格 API 层有哪些主要的类，各有什么功能？
4. 简述 SqlMembershipProvider 提供程序的主要功能。
5. 简述登录控件的主要功能，在开放网站时是否必须使用登录控件？
6. 简述角色的概念，在 ASP.NET 中为什么引入角色？
7. 简述 ASP.NET 网站管理工具的主要用途。

上机实验题 17

在 ch17 网站中添加一个 Experment17 网页，采用 ASP.NET 登录控件 ChangePassword 实现用户密码的更改，其运行界面如图 17.15 所示。

图 17.15　上机实验题 17 网页的运行结果

第 18 章 学生成绩管理网站设计

CHAPTER 18

学生成绩管理网站是一个中小型网站,本章介绍该网站的详细设计过程,包括数据库设计和动态网页设计等。

本章学习要点:

掌握采用 ASP.NET 4.5＋C#＋SQL Server 2012 开发中小型网站的方法。

18.1 网站功能

学生成绩管理网站用于实现学生、教师、课程的管理,以及课程安排、学生网上选课、教师网上成绩输入和学生网上成绩查询等。其主要功能如下:

① 用户分为学生、教师和管理员 3 种类型,如图 18.1 所示。

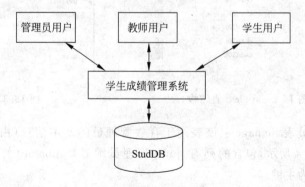

图 18.1 3 类系统用户

② 管理员可以输入和编辑学生、教师、课程和管理员用户数据。
③ 管理员可以更改自己的密码、安排教师讲授课程以及查看学生成绩。
④ 学生可以更改自己的密码、选修课程和取消课程、列自己的选课单、查看自己的成绩。
⑤ 教师可以更改自己的密码、输入和修改所授课程的学生成绩和查看该成绩。

网站设计要求如下：

① 学生学号、教师编号、课程编号和管理员编号都是唯一的。

② 一个学生可以选修多门课程，一个教师可以讲授多门课程，但每门课程最多只有一个教师讲授。

③ 学生按课程编号进行选修，也就是说，在学生选课前不一定安排了课程的讲课教师。

④ 在第一次输入各类人员的信息时，密码与其编号相同，每个人只能修改自己的密码。

⑤ 所有的修改操作不能修改编号。

⑥ 教师只能输入自己上课课程的学生成绩，学生只能查看自己的成绩，管理员可以查看所有学生成绩。

18.2 数据库设计

学生成绩管理网站采用 SQL Server 2012 Express 设计数据库，数据库名称为 StudDB，其中包含 6 个表。

- 学生表 student：该表用于存放学生的基本信息（由管理员输入），其表结构如图 18.2 所示，包含的列有 sno（学号）、sname（姓名）、ssex（性别）、snation（民族）、sclass（班号）和 spass（密码），其中 sno 为主键。

- 教师表 teacher：该表用于存放教师的基本信息（由管理员输入），其表结构如图 18.3 所示，包含的列有 tno（教师编号）、tname（姓名）、tsex（性别）、tdepart（系别）和 tpass（密码），其中 tno 为主键。

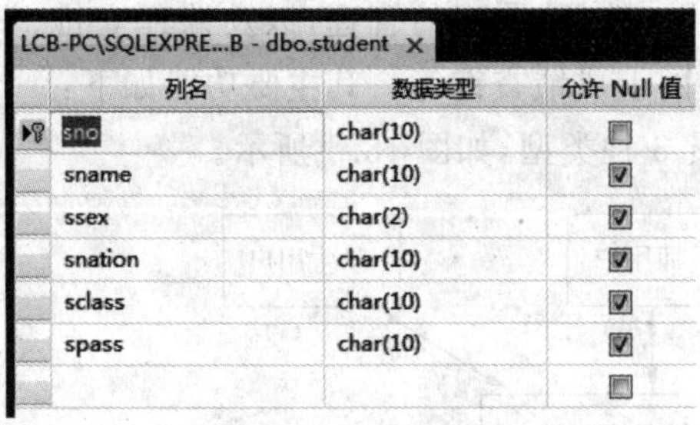

图 18.2 student 表结构 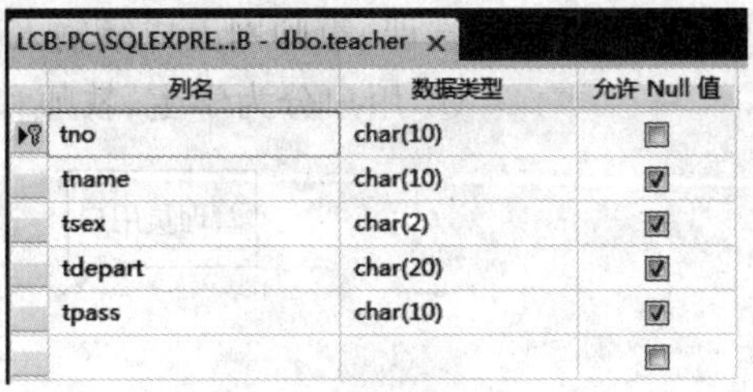   图 18.3 teacher 表结构

- 管理员表 manager：该表用于存放管理员的基本信息（由管理员输入），其表结构如图 18.4 所示，包含的列有 mno（管理员编号）、mname（姓名）和 mpass（密码），其中 mno 为主键。

- 课程表 course：该表用于存放所有课程的课程名和上课情况的信息（由管理员输入并安排上课教师），其表结构如图 18.5 所示，包含的列有 cno（课程号）、cname（课程名）、ctime（上课时间）、cplace（上课地点）、tno（上课教师编号）和 tname（上课教师姓名），其中 cno 为主键。为了便于查询，其中设计了 tname 冗余列。

- 成绩表 score：该表用于存放所有学生的成绩（由任课教师输入或修改），其表结构如图 18.6 所示，包含的列有 sno（学号）、sname（姓名）、cno（课程号）、cname（课程名）、degree（分数）和 tno（上课教师编号），没有主键。为了便于成绩查询、输入和修改，其中设计了 sname 和 cname 冗余列。

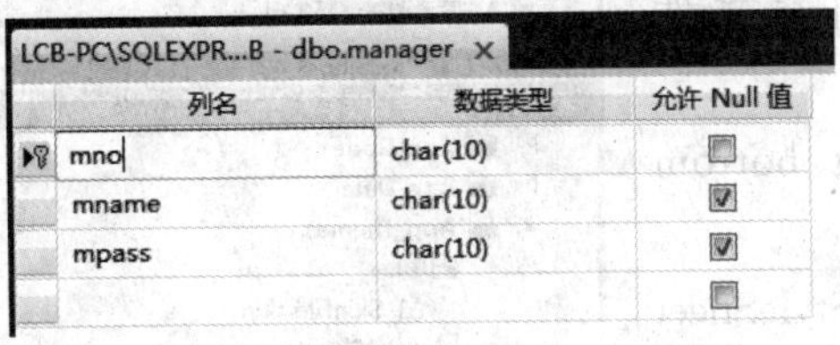

LCB-PC\SQLEXPR...B - dbo.manager

列名	数据类型	允许 Null 值
mno	char(10)	☐
mname	char(10)	☑
mpass	char(10)	☑
		☐

图 18.4　manager 表结构

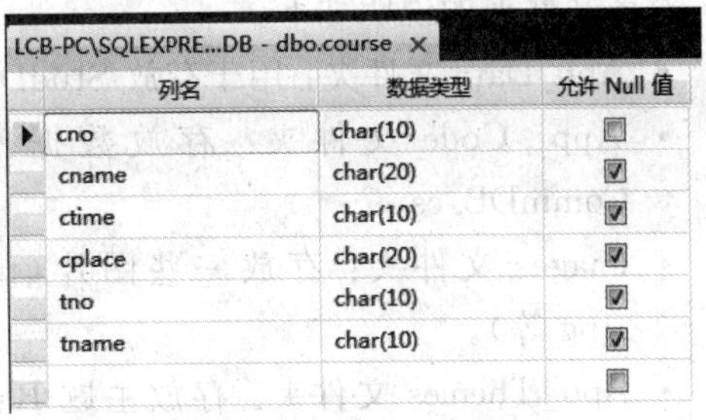

LCB-PC\SQLEXPRE...DB - dbo.course

列名	数据类型	允许 Null 值
cno	char(10)	☐
cname	char(20)	☑
ctime	char(10)	☑
cplace	char(20)	☑
tno	char(10)	☑
tname	char(10)	☑
		☐

图 18.5　course 表结构

- 学生选课表 selcourse：该表用于临时存放学生选课情况(由学生在选课时修改)，其表结构如图 18.7 所示，包含的列有 sno(学号)、cno(课程号)、cname(课程名)、ctime(上课时间)、cplace(上课地点)、tno(上课教师编号)、tname(上课教师)和 sel(选修否)，没有主键。为了便于成绩查询、输入和修改，其中设计了多个冗余列。一旦某学生确认了选课情况，则将其所有选课记录转入 score 表中，从 selcourse 表中删除该生的记录，并且不能再进行选课操作。

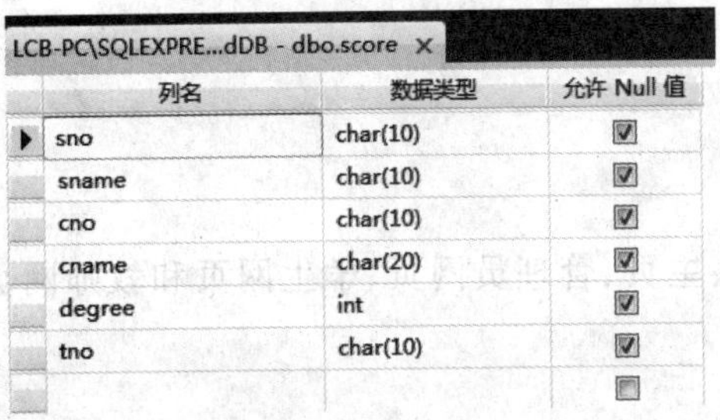

LCB-PC\SQLEXPRE...dDB - dbo.score

列名	数据类型	允许 Null 值
sno	char(10)	☑
sname	char(10)	☑
cno	char(10)	☑
cname	char(20)	☑
degree	int	☑
tno	char(10)	☑
		☐

图 18.6　score 表结构

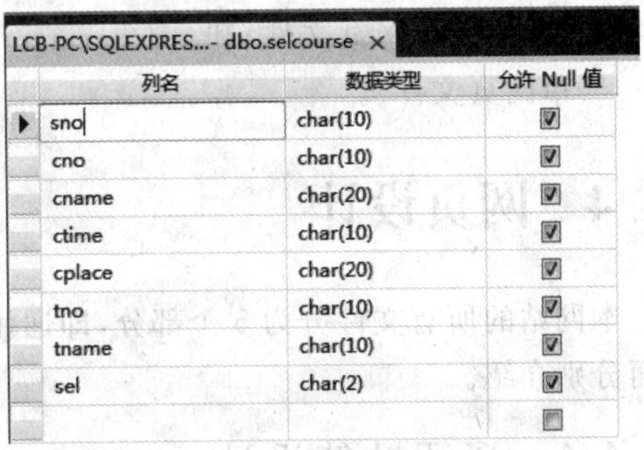

LCB-PC\SQLEXPRES...- dbo.selcourse

列名	数据类型	允许 Null 值
sno	char(10)	☑
cno	char(10)	☑
cname	char(20)	☑
ctime	char(10)	☑
cplace	char(20)	☑
tno	char(10)	☑
tname	char(10)	☑
sel	char(2)	☑
		☐

图 18.7　selcourse 表结构

在上述表中包含了一些冗余字段，所谓冗余字段是指这些信息可以从其他表通过表连接得到。但为了提高运算效率、减轻服务器的负担，这样的设计是合适的。

18.3　网站设计

18.3.1　建立网站

首先选择"文件|新建|网站"命令，出现"新建网站"对话框，选择"ASP.NET 空网站"模板，设置"Web 位置"为"文件系统"，单击"浏览"按钮，选择"D:\ASP.NET\学生成绩管理系统"目录，单击"确定"按钮，创建一个空的学生成绩管理系统网站，然后在其中添加网页等。

本网站的所有文档存放在"D:\ASP.NET\学生成绩管理系统"目录中，网站的首页为 default.aspx，在 IE 浏览器的地址栏中输入"http://localhost:49239"后按回车键即可启动本网站。

18.3.2　网站布局

本网站的布局如图 18.8 所示，所有网页文件分类存放。

对各文件夹的说明如下。

- App_Data 文件夹：用于存放 StudDB 数据库文件。
- App_Code 文件夹：存放数据库访问类文件 CommDB.cs。
- images 文件夹：存放一些图片（top.jpg、bottom.jpg 等）。
- App_Themes 文件夹：存放主题 Blue 和 StyleSheet.css 样式文件。
- Manager 文件夹：存放管理员的主要网页文件。
- Student 文件夹：存放学生的主要网页文件。
- Teacher 文件夹：存放教师的主要网页文件。
- 根目录：存放 Web.config（配置文件）、Default.aspx（主页文件）、MasterPage.master（母版页文件）、dispinfo.aspx（公共显示网页文件）、mamanermenu.aspx（管理员菜单网页文件）、studentmenu.aspx（学生菜单网页文件）和 teachermenu.aspx（教师菜单网页文件）。

图 18.8　网站布局

18.4　网页设计

本网站的所有文件分为 5 个部分，即通用功能、主页、管理员网页、学生网页和教师网页，下面分别介绍。

18.4.1　通用功能设计

通用功能由 Web.config、CommDB.cs、Stylesheet.css、SkinFile.skin 和 MasterPage.master（母版页文件）组成。

1. Web.config 配置文件

本网站的 Web.config 配置文件十分简单，由于没有采用 ASP.NET 的特定登录功能，不需要配置提供程序，其内容如下：

```
<?xml version="1.0"?>
<configuration>
  <appSettings>
    <add key="ValidationSettings:UnobtrusiveValidationMode" value="None" />
  </appSettings>
  <connectionStrings>
    <add name="myconnstring"
        connectionString="Data Source=LCB-PC\SQLEXPRESS;Initial Catalog=StudDB;
        User ID=sa;Password=12345" providerName="System.Data.SqlClient"/>
  </connectionStrings>
  <system.web>
    <authentication mode="Forms">
      <forms loginUrl="Default.aspx"/>
    </authentication>
    <compilation debug="true" targetFramework="4.5">
```

```
        </compilation>
        <httpRuntime targetFramework = "4.5"/>
    </system.web>
</configuration>
```

2. CommDB.cs

该类文件包括通用数据库访问方法和随机产生验证码方法等,被其他网页引用。该文件的代码如下:

```
using System;
using System.Data;
using System.Data.SqlClient;
public class CommDB
{   public CommDB() {}                          //默认构造函数
    // *********************************************************************
    //返回 SELECT 语句执行后记录集中的行数
    // *********************************************************************
    public int Rownum(string sql,string tname,ref string sname)
    {   int i = 0;
        string mystr = System.Configuration.ConfigurationManager.
                ConnectionStrings["myconnstring"].ToString();
        SqlConnection myconn = new SqlConnection();
        myconn.ConnectionString = mystr;
        myconn.Open();
        SqlCommand mycmd = new SqlCommand(sql, myconn);
        SqlDataReader myreader = mycmd.ExecuteReader();
        while (myreader.Read())          //循环读取信息
        {   sname = myreader[0].ToString();
            i++;
        }
        myconn.Close();
        return i;
    }
    // *********************************************************************
    //执行 SQL 语句,返回是否成功执行.SQL 语句最好是如下:
    //UPDATE 表名 SET 字段名 = value,字段名 = value WHERE 字段名 = value
    //DELETE FROM 表名 WHERE 字段名 = value
    //INSERT INTO 表名 (字段名,字段名) values (value,value)
    // *********************************************************************
    public Boolean ExecuteNonQuery(string sql)
    {   string mystr = System.Configuration.ConfigurationManager.
                ConnectionStrings["myconnstring"].ToString();
        SqlConnection myconn = new SqlConnection();
        myconn.ConnectionString = mystr;
        myconn.Open();
        SqlCommand mycmd = new SqlCommand(sql,myconn);
        try
        {   mycmd.ExecuteNonQuery();
            myconn.Close();
        }
        catch
        {   myconn.Close();
            return false;
        }
        return true;
```

```csharp
}
//************************************************************
//执行SELECT语句,返回DataSet对象
//************************************************************
public DataSet ExecuteQuery(string sql,string tname)
{   string mystr = System.Configuration.ConfigurationManager.
                ConnectionStrings["myconnstring"].ToString();
    SqlConnection myconn = new SqlConnection();
    myconn.ConnectionString = mystr;
    myconn.Open();
    SqlDataAdapter myda = new SqlDataAdapter(sql,myconn);
    DataSet myds = new DataSet();
    myda.Fill(myds,tname);
    myconn.Close();
    return myds;
}
//************************************************************
/// 实现随机验证码:返回生成的随机数
//************************************************************
public string RandomNum(int n)    //n为验证码的位数
{   //定义一个包括数字、大写英文字母和小写英文字母的字符串
    string strchar = "0,1,2,3,4,5,6,7,8,9,A,B,C,D,E,F,G,H," +
    "I,J,K,L,M,N,O,P,Q,R,S,T,U,V,W,X,Y,Z," +
    "a,b,c,d,e,f,g,h,i,j,k,l,m,n,o,p,q,r,s,t,u,v,w,x,y,z";
    //将strchar字符串转化为数组
    //String.Split方法返回包含此实例中的子字符串的String数组
    string[] arry = strchar.Split(',');
    string num = "";
    //记录上次的随机数值,尽量避免产生几个一样的随机数
    int temp = -1;
    //采用一个简单的算法保证生成随机数的不同
    Random rand = new Random();
    for (int i = 1; i < n + 1; i++)
    {   if (temp != -1)
        {   //unchecked关键字用于取消整型算术运算和转换的溢出检查
            //DateTime.Ticks属性获取表示此实例的日期和时间的刻度数
            rand = new Random(i * temp * unchecked((int)DateTime.Now.Ticks));
        }
        //Random.Next方法返回一个小于所指定最大值的非负随机数
        int t = rand.Next(61);
        if (temp != -1 && temp == t)
            return RandomNum(n);
        temp = t;
        num += arry[t];
    }
    return num;                     //返回生成的随机数
}
}
```

3. StyleSheet.css 样式文件

该文件包含一些样式定义,被其他网页引用。该文件的代码如下:

```css
.auto-stringstyle                /*输入文本框提示文字样式*/
{   font-family:楷体;
    font-size:medium; color:#0000FF;
    font-weight:bold; text-align:right;
```

```
}
.auto-captionstyle                    /*标题样式*/
{   font-size: 16pt; color: #ff0099;
    font-family: 幼圆; font-weight: bold;
    text-align:center; height:40px;
    width: 436px;
}
.auto-resettyle                       /*重置按钮样式*/
{   font-weight: bold; color: red;
    font-family: 黑体; font-size: medium;
}
a:visited                             /*定义超链接被访问过后的显示颜色*/
{   text-decoration:none;
    color:#0000FF;font-weight:bold;
}
a:link                                /*定义正常显示的超链接颜色*/
{   text-decoration:none;
    color:#FF6A00;font-weight:bold;
}
#tablecenter                          /*表格居中样式*/
{   margin-left: auto;    margin-right: auto;
    vertical-align: middle; background-color: #99ccff;
    width: 426px;         height: 206px;
}
```

4. SkinFile.skin 皮肤文件

该文件包含一些主题样式定义,被其他网页引用。该文件的代码如下:

```
<asp:Label runat="server" style="color: #CCFF33;background-color:#9900CC;
    font-size: medium; font-weight: 700;font-family: 楷体;" />
<asp:Button runat="server" style="color: red; font-size: medium; font-weight: 700;
    font-family: 黑体" Text="Button" />
<asp:TextBox runat="server" style="font-size: small;background-color:white" />
<asp:RequiredFieldValidator runat="server"
    style="font-family: 仿宋; font-size:16px; color: #800080;font-weight: bold" />
<asp:CompareValidator runat="server"
    style="font-family: 仿宋; font-size:16px; color: #800080;font-weight: bold" />
<asp:RadioButton runat="server"
    style="font-family: 宋体; font-size: small; color: #008080;font-weight: bold" />
<asp:DropDownList runat="server"
    style="font-size: small;background-color:white;width:120px" />
```

5. MasterPage.master

母版页中包含一个 3×3 的表格,第 1 行放置 images/top.jpg 图形文件,第 3 行放置 images/bottom.jpg 图形文件,第 2 行的第 1 列和第 3 列各放置一个 images/edges.jpg 图形文件,第 2 行的第 2 列放置一个 ContentPlaceHolder 控件 ContentPlaceHolder1,其设计界面如图 18.9 所示。其源视图代码如下:

```
<%@ Master Language="C#" AutoEventWireup="true" CodeFile="MasterPage.master.cs"
    Inherits="MasterPage" %>
<html xmlns="http://www.w3.org/1999/xhtml">
    <head runat="server">
        <title>欢迎使用学生成绩管理系统</title>
        <style type="text/css">
            .auto-style1 {
```

```
                width: 2%;
                height: 100%;
            }
            .auto-style2 {
                width: 96%;
                height: 100%;
            }
        </style>
    </head>
    <body>
        <form id="form1" runat="server">
        <div>
            <table border="0" cellpadding="0" cellspacing="0"
                style="align-content:center">
                <tr>
                    <td colspan="3" style="width:900px; height: 130px">
                        <img src="images/top.jpg" style="width: 100%;" alt="" />
                    </td>
                </tr>
                <tr>
                    <td style="background-image: url('images/edges.jpg');"
                        class="auto-style1">
                    </td>
                    <td class="auto-style2">
                        <asp:ContentPlaceHolder ID="ContentPlaceHolder1" runat="server">
                        </asp:ContentPlaceHolder>
                    </td>
                    <td style="background-image: url('images/edges.jpg');"
                        class="auto-style1">
                    </td>
                </tr>
                <tr style="width:900px; height: 80px">
                    <td colspan="3">
                        <img src="images/bottom.jpg" style="width: 100%;" alt=""/>
                    </td>
                </tr>
            </table>
        </div>
        </form>
    </body>
</html>
```

在本网站中，MasterPage.master 作为 Default.aspx、mamanermenu.aspx、studentmenu.aspx 和 teachermenu.aspx 等网页的母版页，这样能够达到统一网页设计界面的目的。

图 18.9　MasterPage.master 设计界面

18.4.2 主页设计

本网站的主页是 Default.aspx，它提供用户登录，其设计界面如图 18.10 所示。其母版页为 MasterPage.master，在 Conten1 中包含一个 6×3 的表格，表格中主要有用户编号文本框 TextBox1、密码文本框 TextBox2、用户类型单选按钮（RadioButton1、RadioButton2 和 RadioButton3）、输入验证码文本框 TextBox3、显示验证码标签 Label1、"登录"命令按钮 Button1、"重置"命令按钮 Button2 和"看不清"命令按钮 Button3。

其源视图代码如下：

```
<%@ Page Language="C#" MasterPageFile="~/MasterPage.master" AutoEventWireup="true"
    CodeFile="Default.aspx.cs" Inherits="_Default"
    Title="欢迎使用学生成绩管理系统" StylesheetTheme="Blue" %>
<asp:Content ID="Content1" ContentPlaceHolderID="ContentPlaceHolder1"
    Runat="Server">
    <link href="App_Themes/StyleSheet.css" rel="stylesheet" />
    <table style="width:100%; background-color:aliceblue" cellspacing:1">
        <tr>
            <td colspan="2" style="text-align:center; height:84px;">
                <strong><span style="font-size:24pt; color:#ff0033;
                    font-family:华文新魏">用户登录</span></strong>
            </td>
        </tr>
        <tr>
            <td class="auto-stringstyle" style="height:20px">用户编号</td>
            <td style="width:60%; height:20px;">
                <asp:TextBox ID="TextBox1" runat="server"
                    style="width:135px"></asp:TextBox>
                 
                <asp:RequiredFieldValidator ID="RequiredFieldValidator1"
                    runat="server" ControlToValidate="TextBox1"
                    ErrorMessage="用户编号不能为空"></asp:RequiredFieldValidator>
            </td>
        </tr>
        <tr>
            <td class="auto-stringstyle">密 码</td>
            <td style="width:60%; height:20px;">
                <asp:TextBox ID="TextBox2" runat="server" textMode="Password"
                    style="width:135px" ValidateRequestMode="Enabled"></asp:TextBox>
                 
                <asp:RequiredFieldValidator ID="RequiredFieldValidator2"
                    runat="server" ControlToValidate="TextBox2"
                    ErrorMessage="密码不能为空"></asp:RequiredFieldValidator>
            </td>
        </tr>
        <tr>
            <td class="auto-stringstyle">用户类型</td>
            <td style="width:60%; height:20px;">
                <asp:RadioButton ID="RadioButton1" runat="server"
                    Text="学生" GroupName="sel" />
                  
                <asp:RadioButton ID="RadioButton2" runat="server"
                    Text="教师" GroupName="sel" />
                  
```

```
            < asp:RadioButton ID = "RadioButton3" runat = "server"
                Text = "管理员" GroupName = "sel" />
        </td>
    </tr>
    <tr>
        <td class = "auto - stringstyle">输入验证码</td>
        < td style = "width: 60%; height: 22px">
            < asp:TextBox ID = "TextBox3" runat = "server"
                Width = "52px"></asp:TextBox>
                 
            < strong >< span style = "color: #339966; font - family: 仿宋;
                font - size: medium;">验证码: </span></strong>
            < asp:Label ID = "Label1" runat = "server" />
             
            < span style = "font - family: 楷体; font - size: medium; color: #0000FF">
                区分大小写</span>
            < asp:Button ID = "Button3" runat = "server"
                OnClick = "Button3_Click" Text = "看不清"
                style = "font - size: small;color:red;font - weight: bold;" />
        </td>
    </tr>
    <tr>
        < td colspan = "2" style = "text - align:center;height:56px">
            < asp:Button ID = "Button1" runat = "server"
                Text = "登录" OnClick = "Button1_Click" />
                 
            < input type = "reset" ID = "Button2" value = "重置"
                class = "auto - resettyle" />
        </td>
    </tr>
    </table>
</asp:Content>
```

图 18.10 主页设计界面

主页对应的部分类代码如下：

```csharp
public partial class _Default : System.Web.UI.Page
{   CommDB mydb = new CommDB();                          //公共字段
    protected void Page_Load(object sender, EventArgs e)
    {   if (!Page.IsPostBack)
            Label1.Text = mydb.RandomNum(4);             //显示4位数的验证码
    }
    protected void Button1_Click(object sender, EventArgs e)
    {   string mysql;
        int i;
        string uname = "";
        if (TextBox3.Text.Trim() != Label1.Text.Trim())   //验证码输入错误
            Response.Write("<script>alert('你的验证码输入错误,请重输入!')</script>");
        else
        {   if (RadioButton1.Checked)                     //学生登录
            {   mysql = "SELECT sname FROM student WHERE sno = '" +
                    TextBox1.Text + "' AND spass = '" + TextBox2.Text + "'";
                i = mydb.Rownum(mysql, "student", ref uname);
                if (i > 0)                                //合法用户
                {   Session["uno"] = TextBox1.Text.Trim(); //保存学号
                    Session["uname"] = uname;              //保存姓名
                    Server.Transfer("~/studentmenu.aspx");
                }
                else                                      //非法用户
                    Response.Write("<script>alert('对不起,'
                        + '你输入的用户名或者密码错误,请查实!')</script>");
            }
            else if (RadioButton2.Checked)                //教师登录
            {   mysql = "SELECT tname FROM teacher WHERE tno = '"
                    + TextBox1.Text + "' AND tpass = '" + TextBox2.Text + "'";
                i = mydb.Rownum(mysql, "teacher", ref uname);
                if (i > 0)                                //合法用户
                {   Session["uno"] = TextBox1.Text.Trim(); //保存教师编号
                    Session["uname"] = uname;              //保存姓名
                    Server.Transfer("~/teachermenu.aspx");
                }
                else                                      //非法用户
                    Response.Write("<script>alert('对不起,' +
                        '你输入的用户名或者密码错误,请查实!')</script>");
            }
            else if (RadioButton3.Checked)                //管理员登录
            {   mysql = "SELECT mname FROM manager WHERE mno = '" + TextBox1.Text
                    + "' AND mpass = '" + TextBox2.Text + "'";
                i = mydb.Rownum(mysql, "manager", ref uname);
                if (i > 0)                                //合法用户
                {   Session["uno"] = TextBox1.Text.Trim(); //保存管理员编号
                    Session["uname"] = uname;              //保存姓名
                    Server.Transfer("~/managermenu.aspx");
                }
                else                                      //非法用户
                    Response.Write("<script>alert('对不起,' +
                        '你输入的用户名或者密码错误,请查实!')</script>");
            }
            else                                          //没有选择用户类型
                Response.Write("<script>alert('对不起,必须选择用户类型!')</script>");
```

```
        }
    }
    protected void Button3_Click(object sender, EventArgs e)
    {
        Label1.Text = mydb.RandomNum(4);              //产生4位验证码
    }
}
```

本网页设计中使用Session("uno")和Session("uname")保存用户的登录编号(学生为学号、教师为教师编号、管理员为管理员编号)和姓名,在后面的网页中将多次使用它们。

本网页的运行界面如图18.11所示。在用户输入用户名、密码,选择"学生"、"教师"或"管理员"用户类型并输入验证码登录后,分别进入相应的操作菜单界面。

图18.11 主页的运行界面

18.4.3 管理员端功能设计

提供给管理员的操作功能有学生信息管理、课程信息管理、教师信息管理、管理员信息管理、安排课程管理、学生成绩管理和我的密码管理,下面讨论部分网页设计。

1. 管理员菜单网页managermenu.aspx的设计

管理员菜单网页为managermenu.aspx,其设计界面如图18.12所示,各链接指向不同的网页以实现对应的功能。其母版页为MasterPage.master,在Content1中包含一个2×2的表格,第1行有一个Label控件Label1,在第2行第1列中有一个TreeView控件TreeView1(实现菜单的功能),在第2行第2列中有一个Iframe框架Iframe1。本网页的源视图代码如下:

```
<%@ Page Language="C#" MasterPageFile="~/MasterPage.master" AutoEventWireup="true"
    CodeFile="managermenu.aspx.cs" Inherits="managermenu"
    Title="欢迎使用学生成绩管理系统" StyleSheetTheme="Blue" %>
<asp:Content ID="Content1" ContentPlaceHolderID="ContentPlaceHolder1"
    Runat="Server">
    <link href="App_Themes/StyleSheet.css" rel="stylesheet" />
    <table style="width: 100%; height: 55px;align-content:center;">
```

```html
<tr>
    <td colspan="2" style="height: 21px">
        <asp:Label ID="Label1" runat="server"></asp:Label>
    </td>
</tr>
<tr>
    <td style="width: 30%; height: 400px; background-color: aliceblue">
        <asp:TreeView ID="TreeView1" runat="server"
            Font-Bold="True" Font-Names="仿宋" Font-Size="11pt">
    <Nodes>
        <asp:TreeNode Text="学生信息管理" Value="学生信息管理"
            NavigateUrl="~/dispinfo.aspx?info=欢迎使用本系统" Target="Iframe1">
            <asp:TreeNode NavigateUrl="~/Manager/addstudent.aspx"
                Target="Iframe1" Text="添加学生信息" Value="添加学生信息">
            </asp:TreeNode>
            <asp:TreeNode NavigateUrl="~/Manager/editstudent.aspx"
                Target="Iframe1" Text="编辑学生信息" Value="编辑学生信息">
            </asp:TreeNode>
        </asp:TreeNode>
        <asp:TreeNode Text="课程信息管理" Value="课程信息管理"
            NavigateUrl="~/dispinfo.aspx?info=欢迎使用本系统" Target="Iframe1">
            <asp:TreeNode NavigateUrl="~/Manager/addcourse.aspx" Target="Iframe1"
                Text="添加课程信息" Value="添加课程信息">
            </asp:TreeNode>
            <asp:TreeNode Text="编辑课程信息" Value="编辑课程信息"
                NavigateUrl="~/Manager/editcourse.aspx" Target="Iframe1">
            </asp:TreeNode>
        </asp:TreeNode>
        <asp:TreeNode Text="教师信息管理" Value="教师信息管理"
            NavigateUrl="~/dispinfo.aspx?info=欢迎使用本系统" Target="Iframe1">
            <asp:TreeNode NavigateUrl="~/Manager/addteacher.aspx"
                Target="Iframe1" Text="添加教师信息" Value="添加教师信息">
            </asp:TreeNode>
            <asp:TreeNode Text="编辑教师信息" Value="编辑教师信息"
                NavigateUrl="~/Manager/editteacher.aspx" Target="Iframe1">
            </asp:TreeNode>
        </asp:TreeNode>
        <asp:TreeNode Text="管理员信息管理" Value="管理员信息管理"
            NavigateUrl="~/dispinfo.aspx?info=欢迎使用本系统" Target="Iframe1">
            <asp:TreeNode Text="添加管理员信息" Value="添加管理员信息"
                Target="Iframe1" NavigateUrl="~/Manager/addmanager.aspx">
            </asp:TreeNode>
            <asp:TreeNode Text="编辑管理员信息" Value="编辑管理员信息"
                Target="Iframe1" NavigateUrl="~/Manager/editmanager.aspx">
            </asp:TreeNode>
        </asp:TreeNode>
        <asp:TreeNode Text="安排课程管理" Value="安排课程管理"
            NavigateUrl="~/dispinfo.aspx?info=欢迎使用本系统" Target="Iframe1">
            <asp:TreeNode Text="安排课程任课教师" Value="安排课程任课教师"
                Target="Iframe1" NavigateUrl="~/Manager/plancourse.aspx">
            </asp:TreeNode>
        </asp:TreeNode>
        <asp:TreeNode Text="学生成绩管理" Value="学生成绩管理"
            NavigateUrl="~/dispinfo.aspx?info=欢迎使用本系统" Target="Iframe1">
            <asp:TreeNode Text="查询学生成绩" Value="查询学生成绩"
                Target="Iframe1" NavigateUrl="~/Manager/queryallscore.aspx">
            </asp:TreeNode>
        </asp:TreeNode>
```

```
                    <asp:TreeNode Text="我的密码管理" Value="我的密码管理"
                        NavigateUrl="~/dispinfo.aspx?info=欢迎使用本系统" Target="Iframe1">
                        <asp:TreeNode Text="更改我的密码" Value="更改我的密码"
                            Target="Iframe1" NavigateUrl="~/Manager/updatemanagerpass.aspx">
                        </asp:TreeNode>
                    </asp:TreeNode>
                </Nodes>
            </asp:TreeView>
            <asp:HyperLink ID="HyperLink1" runat="server" style="font-family:黑体;
                font-weight:bold;font-size:16px;color:#009900"
                NavigateUrl="~/Default.aspx" Target="_self">退出本系统</asp:HyperLink>
        </td>
        <td style="width:99%;height:400px">
            <iframe id="Iframe1" name="Iframe1" src="dispinfo.aspx?info=欢迎使用本系统"
                style="width:99%;height:99%"></iframe>
        </td>
    </tr>
</table>
</asp:Content>
```

图18.12 managermenu.aspx 网页设计界面

在上述代码中，TreeView1 控件的各结点用作菜单项，叶子菜单项链接到实际功能的网页，非叶子菜单项链接到通用 dispinfo.aspx 网页，仅仅显示提示信息。所有菜单项对应的 NavigateUrl 属性如下。

- 学生信息管理：~/dispinfo.aspx?info=欢迎使用本系统
- 添加学生信息：~/Manager/addstudent.aspx
- 编辑学生信息：~/Manager/editstudent.aspx
- 课程信息管理：~/dispinfo.aspx?info=欢迎使用本系统
- 添加课程信息：~/Manager/addcourse.aspx
- 编辑课程信息：~/Manager/editcourse.aspx
- 教师信息管理：/dispinfo.aspx?info=欢迎使用本系统

- 添加教师信息：~/Manager/addteacher.aspx
- 编辑教师信息：~/Manager/editteacher.aspx
- 管理员信息管理：~/dispinfo.aspx?info=欢迎使用本系统
- 添加管理员信息：~/Manager/addmanager.aspx
- 编辑管理员信息：~/Manager/editmanager.aspx
- 安排课程管理：~/dispinfo.aspx?info=欢迎使用本系统
- 安排课程任课教师：~/Manager/plancourse.aspx
- 学生成绩管理：~/dispinfo.aspx?info=欢迎使用本系统
- 查询学生成绩：~/Manager/queryallscore.aspx

它们的 Target 均为 Iframe1，在运行时，用户单击某个结点时会转向相应的网页去执行，但不是在新窗口中执行，而是在 Iframe1 框架中执行，除 Iframe1 框架中的内容外，其他部分不刷新，这种设计不仅提高了网络的传输速度，而且减少了整个屏幕的刷新次数。

在本网页上设计如下事件过程：

```
protected void Page_Load(object sender, EventArgs e)
{
    Label1.Text = "管理员端→欢迎你:" + Session["uname"] + "(" + Session["uno"] + ")";
}
```

其功能是在表格第 1 行中显示登录的用户姓名和用户编号，其数据源来自 Default.aspx 网页中保存的会话数据。

例如，管理员用户 901/刘丹登录后的管理员界面如图 18.13 所示。在该界面中可以完成一系列管理员的工作。

图 18.13 管理员用户界面

2. 学生信息管理

学生信息管理有添加学生信息和编辑学生信息两项功能。

1) 添加学生信息网页设计

添加学生信息的网页是 addstudent.aspx，其设计界面如图 18.14 所示，包括一个 7×3 的表格，表格中主要有学号文本框 TextBox1、姓名文本框 TextBox2、性别单选按钮(RadioButton1 和 RadioButton2)、民族下拉列表框 DropDownList1、班号文本框 TextBox3、"提交"命令按钮 Button1、"重置"按钮 Reset1(type 属性为"reset")，另有两个验证控件用于检测不能输入空的学号和姓名。

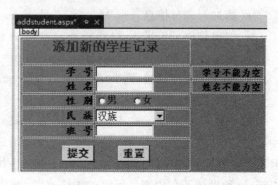

图 18.14　addstudent.aspx 设计界面

在该网页上设计如下事件过程：

```
protected void Button1_Click(object sender, EventArgs e)
{    int i;
     CommDB mydb = new CommDB();
     string mysql, sn = "";
     mysql = "SELECT * FROM student WHERE sno = '" + TextBox1.Text + "'";
     i = mydb.Rownum(mysql, "student", ref sn);
     if (i > 0)
         Response.Redirect("~/dispinfo.aspx?info=学号重复,不能添加该学生记录!");
     else
     {   string xb;
         if (RadioButton1.Checked)
             xb = "男";
         else if (RadioButton2.Checked)
             xb = "女";
         else
             xb = "";
         mysql = "INSERT INTO student(sno,sname,ssex,snation,sclass,spass) " +
             "VALUES('TextBox1.Text + "','" + TextBox2.Text + "','" + xb + "','" +
             DropDownList1.SelectedValue + "','" + TextBox3.Text + "','" +
             TextBox1.Text + "')";
         mydb.ExecuteNonQuery(mysql); ;
         Response.Redirect("~/dispinfo.aspx?info=学生记录已成功添加!");
     }
}
```

在用户单击 Button1(提交)后，先检查学号是否重复，若不重复，则将其插入到 student 表中。

例如，管理员添加一个学号为 580 的学生记录的操作界面如图 18.15 所示，单击"提交"命令按钮将该记录插入到 student 表；单击"重置"命令按钮表示重新输入。

2) 编辑学生信息网页设计

编辑学生信息网页有 3 个，editstudent.aspx 用于输入查询条件，editstudent1.aspx 用于显示所有满足查询条件的学生记录，editstudent2.aspx 用于修改指定的单个学生记录。

图 18.15 添加一个学生记录

(1) editstudent.aspx 网页设计

该网页用于输入查找条件,其设计界面如图 18.16 所示,其中包括一个 7×2 的表格,表格中主要有学号文本框 TextBox1、姓名文本框 TextBox2、性别单选按钮(RadioButton1 和 RadioButton2)、民族文本框 TextBox3、班号文本框 TextBox4、"提交"命令按钮 Button1、"重置"按钮 Button2(type 属性为 "reset")。

当用户没有输入任务内容时,表示查找所有学生记录。

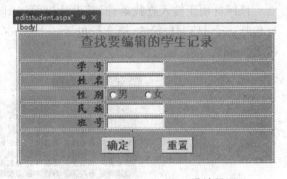

图 18.16 editstudent.aspx 设计界面

在该网页上设计如下事件过程:

```
protected void Button1_Click(object sender, EventArgs e)
{    string condstr = "",xb,mysql;
    //以下代码用于构造条件表达式 condstr
    if (TextBox1.Text != "")
        condstr = "sno Like '" + TextBox1.Text + "%'";
    if (TextBox2.Text != "")
        if (condstr == "")
            condstr = "sname Like '" + TextBox2.Text + "%'";
        else
            condstr = condstr + " AND sname Like '" + TextBox2.Text + "%'";
```

```
if (RadioButton1.Checked)
    xb = "男";
else if (RadioButton2.Checked)
    xb = "女";
else
    xb = "";
if (xb != "")
    if (condstr == "")
        condstr = "ssex='" + xb + "'";
    else
        condstr = condstr + " AND ssex='" + xb + "'";
if (TextBox3.Text != "")
    if (condstr == "")
        condstr = "snation LIKE '" + TextBox3.Text + "%'";
    else
        condstr = condstr + " AND snation LIKE '" + TextBox3.Text + "%'";
if (TextBox4.Text != "")
    if (condstr == "")
        condstr = "sclass LIKE '" + TextBox4.Text + "%'";
    else
        condstr = condstr + " AND sclass LIKE '" + TextBox4.Text + "%'";
if (condstr == "")
    mysql = "SELECT * FROM student ORDER BY sno";
else
    mysql = "SELECT * FROM student WHERE " + condstr + " ORDER BY sno";
Session["sql"] = mysql;                          //用会话保存SQL语句
Response.Redirect("editstudent1.aspx");
}
```

(2) editstudent1.aspx 网页设计

该网页用于输入查找条件,其设计界面如图18.17所示,其中包括一个3×1的表格,第1行包括一个HTML标签,第2行包括一个GridView控件GridView1,第3行包括一个命令按钮Button1。

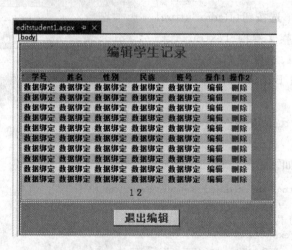

图 18.17　editstudent1.aspx 设计界面

当用户单击某行的"编辑"超链接时进入该记录的编辑状态,单击某行的"删除"超链接时便可删除该记录。

该网页的逻辑代码如下:

```csharp
public partial class editstudent1 : System.Web.UI.Page
{   string mysql;
    CommDB mydb = new CommDB();
    DataSet myds = new DataSet();
    protected void Page_Load(object sender, EventArgs e)
    {   if (!Page.IsPostBack)
        {   bind();  }
    }
    protected void GridView1_PageIndexChanging(object sender,GridViewPageEventArgs e)
    {   //分页
        GridView1.PageIndex = e.NewPageIndex;
        bind();
    }
    protected void GridView1_RowEditing(object sender, GridViewEditEventArgs e)
    {   //编辑记录
        string sno = GridView1.DataKeys[e.NewEditIndex].Value.ToString();
        Response.Redirect("editstudent2.aspx?sno = " + sno);
    }
    protected void GridView1_RowDeleting(object sender, GridViewDeleteEventArgs e)
    {   //删除记录
        string sno = GridView1.DataKeys[e.RowIndex].Value.ToString();
        string mysql;
        mysql = "DELETE FROM student WHERE sno = '" + sno + "'";
        mydb.ExecuteNonQuery(mysql);
        bind();
    }
    public void bind()                              //自定义方法,用于绑定GridView1控件的数据
    {   mysql = Session["sql"].ToString();
        myds = mydb.ExecuteQuery(mysql, "student");
        GridView1.DataSource = myds.Tables["student"];
        GridView1.DataKeyNames = new string[] { "sno" };
        GridView1.DataBind();
    }
    protected void Button1_Click(object sender, EventArgs e)
    {
        Response.Redirect("~/dispinfo.aspx?info = 学生记录编辑完毕!");
    }
}
```

(3) editstudent2.aspx 网页设计

该网页用于修改指定的学生记录,其设计界面如图18.18所示,其中包括一个 7×2 的表格,表格中主要有学号文本框 TextBox1、姓名文本框 TextBox2、性别单选按钮(RadioButton1 和 RadioButton2)、民族文本框 TextBox3、班号文本框 TextBox4、"提交"命令按钮 Button1、"重置"按钮 Button2(type 属性为"reset")。

该网页的逻辑代码如下:

```csharp
public partial class editstudent2 : System.Web.UI.Page
{   CommDB mydb = new CommDB();
    string mysql;
    protected void Page_Load(object sender, EventArgs e)
```

```
    {   if (!Page.IsPostBack)
        {   DataSet myds = new DataSet();
            string sno = Request.QueryString["sno"];
            mysql = "SELECT * FROM student WHERE sno = '" + sno + "'";
            myds = mydb.ExecuteQuery(mysql, "student");
            DataRow mydr = myds.Tables["student"].Rows[0];
            TextBox1.Text = mydr["sno"].ToString();
            TextBox2.Text = mydr["sname"].ToString();
            string xb = mydr["ssex"].ToString();
            if (xb == "男")
                RadioButton1.Checked = true;
            else if (xb == "女")
                RadioButton2.Checked = true;
            DropDownList1.Text = mydr["snation"].ToString();
            TextBox3.Text = mydr["sclass"].ToString();
        }
    }
    protected void Button1_Click(object sender, EventArgs e)
    {   string xb;
        if (RadioButton1.Checked)
            xb = "男";
        else if (RadioButton2.Checked)
            xb = "女";
        else
            xb = "";
        mysql = "UPDATE student SET sname = '" + TextBox2.Text + "',ssex = '" +
            xb + "',snation = '" + DropDownList1.SelectedValue + "',sclass = '" +
            TextBox3.Text + "' WHERE sno = '" + TextBox1.Text + "'";
        mydb.ExecuteNonQuery(mysql);
        Response.Redirect("editstudent1.aspx");
    }
}
```

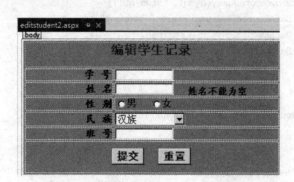

图 18.18　editstudent2.aspx 设计界面

例如,管理员编辑学号为580的学生记录的过程如图18.19所示,这3个界面分别对应editstudent.aspx、editstudent1.aspx和editstudent2.aspx网页。

"课程信息管理"、"教师信息管理"、"管理员信息管理"和"我的密码管理"模块的功能与操作和"学生信息管理"模块的功能与操作相似,这里不再介绍。

3. 安排课程管理功能设计

安排课程管理功能由plancourse.aspx和plancourse1.aspx两个网页实现。

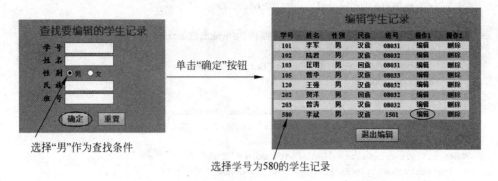

图 18.19 管理员编辑一个学生记录的过程

(1) plancourse.aspx 网页设计

该网页的设计界面如图 18.20 所示,其中包含一个 HTML 文字、一个 Label1 标签、一个 GridView1 控件和一个 Button1 命令按钮。GridView1 控件的源视图代码如下:

```
<asp:GridView ID = "GridView1" runat = "server" AllowPaging = "True"
    AutoGenerateColumns = "False" BackColor = "LightGoldenrodYellow"
    BorderColor = "Tan" BorderWidth = "1px" CellPadding = "2"
    Font - Bold = "True" Font - Size = "10pt" ForeColor = "Black" GridLines = "None"
    OnPageIndexChanging = "GridView1_PageIndexChanging"
    OnRowEditing = "GridView1_RowEditing" Width = "493px">
    <FooterStyle BackColor = "Tan" />
    <Columns>
        <asp:BoundField DataField = "cno" HeaderText = "课程号">
            <ItemStyle HorizontalAlign = "Center" />
        </asp:BoundField>
        <asp:BoundField DataField = "cname" HeaderText = "课程名">
            <ItemStyle HorizontalAlign = "Center" />
        </asp:BoundField>
        <asp:BoundField DataField = "ctime" HeaderText = "上课学期">
            <ItemStyle HorizontalAlign = "Center" />
        </asp:BoundField>
        <asp:BoundField DataField = "cplace" HeaderText = "上课地点">
            <ItemStyle HorizontalAlign = "Center" />
        </asp:BoundField>
        <asp:BoundField DataField = "tno" HeaderText = "上课教师编号">
            <ItemStyle HorizontalAlign = "Center" />
        </asp:BoundField>
        <asp:BoundField DataField = "tname" HeaderText = "上课教师">
```

```
            <ItemStyle HorizontalAlign = "Center" />
        </asp:BoundField>
        <asp:CommandField HeaderText = "操作" ShowEditButton = "True"
            EditText = "安排/更改教师">
            <ItemStyle ForeColor = "Blue" HorizontalAlign = "Center" />
        </asp:CommandField>
    </Columns>
    <SelectedRowStyle BackColor = "DarkSlateBlue" ForeColor = "GhostWhite" />
    <PagerStyle BackColor = "PaleGoldenrod" ForeColor = "DarkSlateBlue"
        HorizontalAlign = "Center" />
    <HeaderStyle BackColor = "Tan" Font-Bold = "True" />
    <AlternatingRowStyle BackColor = "PaleGoldenrod" />
</asp:GridView>
```

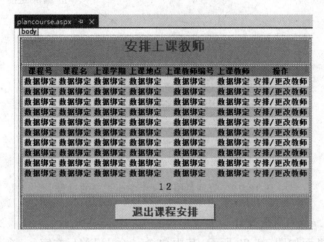

图 18.20　plancourse.aspx 网页设计界面

本网页的程序代码如下：

```
using System;
using System.Data;
using System.Web.UI;
using System.Web.UI.WebControls;
public partial class plancourse1 : System.Web.UI.Page
{   string mysql;
    CommDB mydb = new CommDB();
    DataSet myds = new DataSet();
    protected void Page_Load(object sender, EventArgs e)
    {   if (!Page.IsPostBack)
        {   string cname = Request.QueryString["cname"];
            Label1.Text = "(" + cname + ")";
            bind();
        }
    }
    protected void GridView1_RowEditing(object sender, GridViewEditEventArgs e)
    {                                                    //编辑记录
        string tno = GridView1.DataKeys[e.NewEditIndex][0].ToString();
                                                    //获取当前行的 tno 值
        string tname = GridView1.DataKeys[e.NewEditIndex][1].ToString();
                                                    //获取当前行的 tname 值
        string cno = Request.QueryString["cno"];
```

```csharp
        mysql = "UPDATE course SET tno = '" + tno + "',tname = '" +
            tname + "' WHERE cno = '" + cno + "'";
        mydb.ExecuteNonQuery(mysql);
        Response.Redirect("plancourse.aspx");
    }
    protected void GridView1_PageIndexChanging(object sender, GridViewPageEventArgs e)
    {                                                          //分页
        GridView1.PageIndex = e.NewPageIndex;
        bind();
    }
    public void bind()
    {   mysql = "SELECT * FROM teacher";
        myds = mydb.ExecuteQuery(mysql, "teacher");
        GridView1.DataSource = myds.Tables["teacher"];
        GridView1.DataKeyNames = new string[] { "tno","tname" };
        GridView1.DataBind();
    }
}
```

GridView1 控件中的前 6 列显示课程的信息，每门课程为一行，而"安排/更改教师"链接用于安排或更改该行课程的任课教师。

(2) plancourse1.aspx 网页设计

该网页的设计界面如图 18.21 所示，其中包含一个 HTML 文字、一个 Label1 标签和一个 GridView1 控件。其程序代码如下：

```csharp
using System;
using System.Data;
using System.Web.UI;
using System.Web.UI.WebControls;
public partial class plancourse1 : System.Web.UI.Page
{   string mysql;
    CommDB mydb = new CommDB();
    DataSet myds = new DataSet();
    protected void Page_Load(object sender, EventArgs e)
    {   if (!Page.IsPostBack)
        {   string cname = Request.QueryString["cname"];
            Label1.Text = "(" + cname + ")";
            bind();
        }
    }
    protected void GridView1_RowEditing(object sender, GridViewEditEventArgs e)
    {   //编辑记录
        string tno = GridView1.DataKeys[e.NewEditIndex][0].ToString();   //获取当前行的 tno 值
        string tname = GridView1.DataKeys[e.NewEditIndex][1].ToString(); //获取当前行的 tname 值
        string cno = Request.QueryString["cno"];
        mysql = "UPDATE course SET tno = '" + tno + "',tname = '" +
            tname + "' WHERE cno = '" + cno + "'";
        mydb.ExecuteNonQuery(mysql);
        Response.Redirect("plancourse.aspx");
    }
    protected void GridView1_PageIndexChanging(object sender, GridViewPageEventArgs e)
    {   //分页
        GridView1.PageIndex = e.NewPageIndex;
        bind();
    }
```

```
public void bind()
{   mysql = "SELECT * FROM teacher";
    myds = mydb.ExecuteQuery(mysql, "teacher");
    GridView1.DataSource = myds.Tables["teacher"];
    GridView1.DataKeyNames = new string[] { "tno","tname" };
    GridView1.DataBind();
}
```

GridView1 控件中的前 4 列显示教师的信息,每个教师为一行,而"选择"链接用于指定该教师为前面所选课程的任课教师。

例如,管理员 901 将"计算机导论"课程任课教师由"李郎"更改为"刘冰"的过程如图 18.22 所示,这两个界面分别对应 plancourse.aspx 和 plancourse1.aspx 网页。

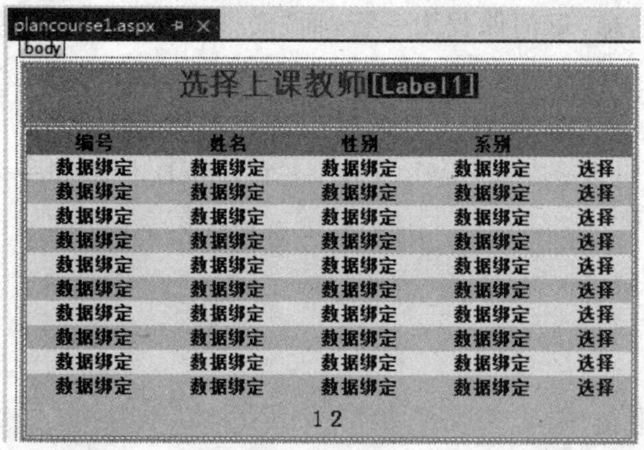

图 18.21 plancourse1.aspx 网页设计界面 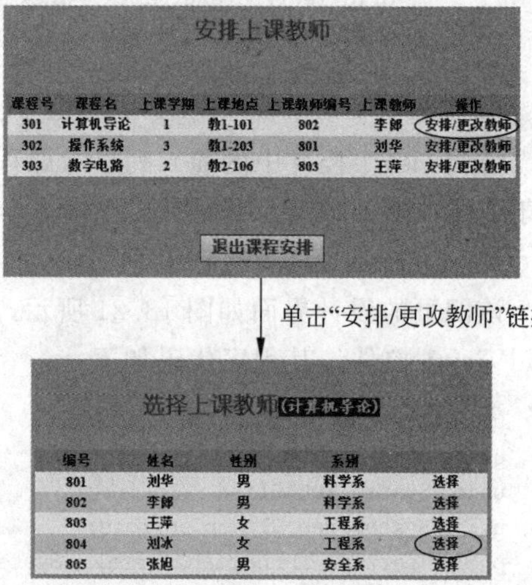   图 18.22 更改任课教师的操作过程

4. 学生成绩管理功能设计

学生成绩管理功能由 queryallscore.aspx 和 queryallscore1.aspx 两个网页实现。

(1) queryallscore.aspx 网页设计

该网页用于设置查询学生的条件,其设计界面如图 18.23 所示,其中包含 5 个 HTML 文字、4 个文本框(TextBox1～TextBox4)、一个"提交"命令按钮 Button1 和一个"重置"按钮 Button2(type 属性为"reset")。在该网页上设计如下事件处理过程:

```
protected void Button1_Click(object sender, EventArgs e)
{   string condstr = "",mysql;
    //以下构造条件表达式 condstr
    if (TextBox1.Text != "")
        condstr = "sno Like '" + TextBox1.Text + "%'";
    if (TextBox2.Text != "")
        if (condstr == "")
            condstr = "sname Like '" + TextBox2.Text + "%'";
        else
            condstr = condstr + " AND sname Like '" + TextBox2.Text + "%'";
    if (TextBox3.Text != "")
        if (condstr == "")
            condstr = "cno LIKE '" + TextBox3.Text + "%'";
        else
```

```
                condstr = condstr + " AND cno LIKE '" + TextBox3.Text + "%'";
    if (TextBox4.Text != "")
        if (condstr == "")
            condstr = "cname LIKE '" + TextBox4.Text + "%'";
        else
            condstr = condstr + " AND cname LIKE '" + TextBox4.Text + "%'";
    if (condstr == "")
        mysql = "SELECT * FROM score";
    else
        mysql = "SELECT * FROM score WHERE " + condstr;
    Response.Redirect("queryallscore1.aspx?mysql=" + mysql);
}
```

用户设置查询条件后单击"确定"命令按钮时转向 queryallscore1.aspx 网页。

(2) queryallscore1.aspx 网页设计

该网页用于显示满足查询条件的学生成绩，其设计界面如图 18.24 所示，其中包含一个 HTML 文字、一个 Button1 命令按钮和一个 GridView1 控件。在该网页上设计如下事件处理过程：

```
protected void Page_Load(object sender, EventArgs e)
{   if (!Page.IsPostBack)
        bind();
}
protected void GridView1_PageIndexChanging(object sender, GridViewPageEventArgs e)
{   //分页
    GridView1.PageIndex = e.NewPageIndex;
    bind();
}
public void bind()
{   CommDB mydb = new CommDB();
    string mysql = Request.QueryString["mysql"];
    DataSet myds = new DataSet();
    myds = mydb.ExecuteQuery(mysql, "score");
    GridView1.DataSource = myds.Tables["score"];
    GridView1.DataKeyNames = new string[] { "sno" };
    GridView1.DataBind();
}
protected void Button1_Click(object sender, EventArgs e)
{
    Response.Redirect("~/dispinfo.aspx?info=学生成绩查看完毕!");
}
```

图 18.23 queryallscore.aspx 网页设计界面　　图 18.24 queryallscore1.aspx 网页设计界面

例如，管理员901查看选修301课程学生成绩的过程如图18.25所示，这两个界面分别对应queryallscore.aspx和queryallscore1.aspx网页。

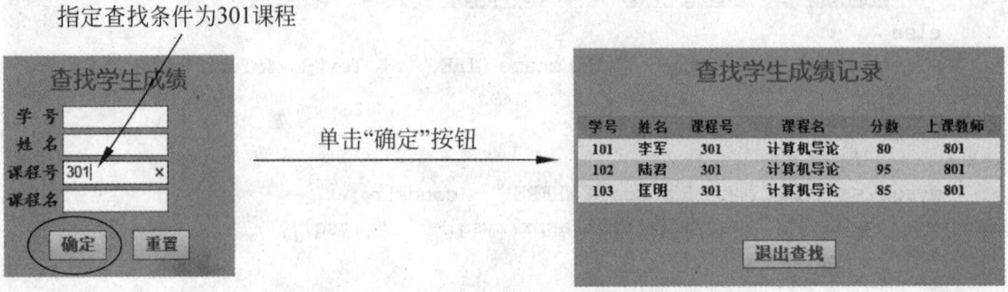

图18.25 更改任课教师的操作过程

18.4.4 学生端功能设计

学生端功能设计与管理员端功能设计相似，由同学们上机完成，其主要功能有选课管理、成绩管理和密码管理。

例如，学号为580的学生登录后显示界面如图18.26所示。

图18.26 学生用户界面

学号为580的学生单击"选修课程/取消课程"，出现所有课程的网页界面，可以单击"选修"或"取消"命令按钮实现该行课程的选修或取消，图18.27所示的是该学生选修了两门课程（带√的课程表示已选，带×的课程表示没有选）。

注意：一旦单击了"提交选修课程"按钮，该学生不能再进入本界面。

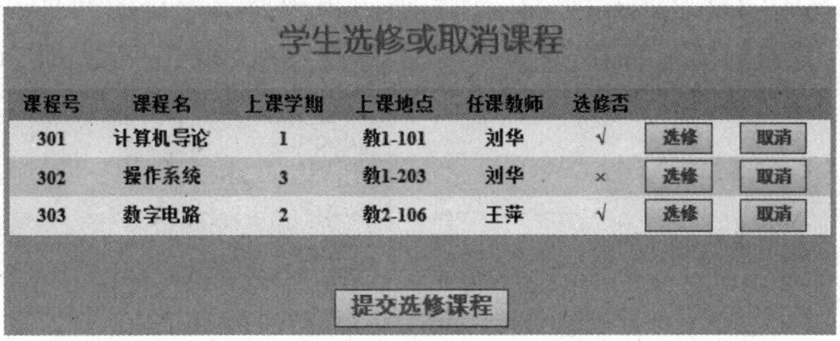

第 18 章 学生成绩管理网站设计

图 18.27 学生选修或取消课程界面

例如,学号为 101 的学生登录后单击"列我的成绩单",出现该学生所有课程的成绩,如图 18.28 所示。

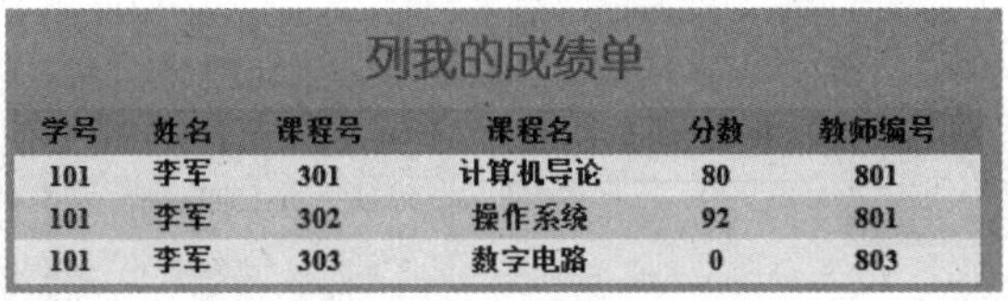

图 18.28 列我的成绩单界面

18.4.5 教师端功能设计

教师端功能设计与管理员端功能设计相似,由同学们上机完成,其主要功能有提供课程管理、成绩管理和密码管理。

例如,编号为 801 的教师登录后显示界面如图 18.29 所示。

图 18.29 教师用户界面

例如,编号为801的教师单击"查看选课学生",出现所有课程的网页界面,选择一门课程后单击"确定"命令按钮即显示所有选修该课程的学生信息,如图18.30所示。

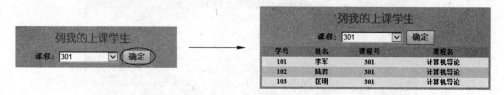

图 18.30　教师查看选修某课程的学生

例如,编号为801的教师单击"输入学生成绩",出现所有课程的网页界面,选择一门课程后单击"确定"命令按钮,进入成绩输入界面,教师可以一次输入或修改所有学生的成绩,如图18.31所示,单击"保存成绩"命令按钮时将成绩保存在StudDB数据库中。

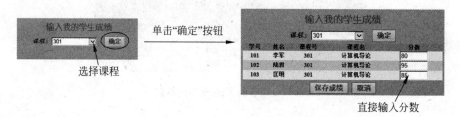

图 18.31　教师输入成绩的过程

练习题 18

1. 简述用 ASP.NET＋C#＋SQL Server 开发 Web 系统的过程。
2. 在学生成绩管理网站中为什么设计通用类 CommDB.cs?
3. 在学生成绩管理网站中为什么设计 StyleSheet.css 样式文件?
4. 在学生成绩管理网站中为什么设计 SkinFile.skin 皮肤文件?
5. 在学生成绩管理网站中为什么设计 MasterPage.master 母版页?

上机实验题 18

完成学生成绩管理网站的学生端功能设计和教师端功能设计。

附录 A 上机实验题设计参考答案

上机实验题 1

设计步骤如下：

① 在 ch1 网站中添加一个 Experment1 网页（采用代码隐藏页模型）。

② 其源视图代码如下：

```
<%@ Page Language="C#" AutoEventWireup="true" CodeFile="Experment1.aspx.cs"
    Inherits="Experment1" %>
<html xmlns="http://www.w3.org/1999/xhtml">
  <head runat="server">
    <title></title>
  </head>
  <body>
    <form id="form1" runat="server">
      <div>
        <asp:Button ID="Button1" runat="server" Font-Bold="True"
            OnClick="Button1_Click" Text="单击" /><br />
        <asp:Label ID="Label1" runat="server" Height="15px"
            Width="225px"></asp:Label> 
      </div>
    </form>
  </body>
</html>
```

③ 在网页上设计如下事件过程：

```
protected void Button1_Click(object sender, EventArgs e)
{
    Label1.Text = "上机实验题 1";
}
```

上机实验题 2

设计步骤如下：

① 在 ch2 网站中添加一个 Experment2 网页（采用单文件页模型）。

② 其源视图代码（含客户端脚本和服务器脚本）如下：

```aspx
<%@ Page Language="C#" %>
<!DOCTYPE html>
<script type="text/javascript">
    function display() {
        document.getElementById("Label2").textContent =
            "你的输入:" + form1.Text1.value;
    }
</script>
<script runat="server">
    protected void Button1_Click(object sender, EventArgs e)
    {
        Label1.Text = "你的输入:" + TextBox1.Text;
    }
</script>
<html xmlns="http://www.w3.org/1999/xhtml">
  <head runat="server">
    <meta http-equiv="Content-Type" content="text/html; charset=utf-8"/>
    <title></title>
    <style type="text/css">
        .auto-style1 { font-family: 黑体;
            font-weight: bold; font-size: medium;
            color: #FF0000; width: 112px;
        }
        .auto-style2 {
            font-family: 楷体; font-weight: bold;
            font-size: medium; color: #0000FF;
        }
    </style>
  </head>
<body>
  <form id="form1" runat="server">
    <div>
      <span class="auto-style2">输入:</span>
      <asp:TextBox ID="TextBox1" runat="server"></asp:TextBox>
      <br /><br />
      <asp:Button ID="Button1" runat="server" CssClass="auto-style1"
          OnClick="Button1_Click" Text="服务器按钮" />
      <br /><br />
      <asp:Label ID="Label1" runat="server" style="color: #FF00FF;
          font-size: medium; font-weight: 700; font-family: 仿宋"></asp:Label>
      <br /><br />
      <span class="auto-style2">输入:</span><input id="Text1" type="text" /><br />
      <br />
      <input id="Button2" class="auto-style1" type="button"
          value="客户端按钮" onclick="display()" /><br />
      <br />
      <asp:Label ID="Label2" runat="server" style="color: #FF00FF;
          font-size: medium; font-weight: 700; font-family: 仿宋"></asp:Label>
    </div>
  </form>
</body>
</html>
```

上机实验题 3

设计步骤如下：

① 在 ch3 网站中添加一个外部样式表文件 StyleSheet2.css，其代码如下：

```css
.auto-stringstyle                                          /*输入文本框提示文字样式*/
{   font-family: 楷体;    font-size: medium;
    color: #0000FF;       font-weight: bold;
    text-align:right; height:22px;
}
.auto-captionstyle                                         /*标题样式*/
{   font-size: 16pt;    color: #ff0099;
    font-family: 幼圆; font-weight: bold;
    text-align:center; height:40px;
}
.auto-buttonstyle                                          /*命令按钮样式*/
{   font-weight: bold; color: red;
    font-family: 黑体; font-size: medium;
}
.auto-dispText                                             /*显示文本框样式*/
{   width: 282px;       color: #FF00FF;
    font-size: medium;   font-weight: 700;
    font-family: 仿宋; background-color: #99ccff;
}
#tablecenter                                               /*表格居中样式*/
{   margin-left: auto;       margin-right: auto;
    vertical-align: middle; background-color: #99ccff;
    width:300px;
}
```

② 在 ch3 网站中添加一个 Experment3 网页(采用单文件页模型)。
③ 其源视图代码如下：

```html
<!DOCTYPE html>
<html xmlns="http://www.w3.org/1999/xhtml">
    <script type="text/javascript">
        function settext() {
            document.getElementById("Text3").value =
                "学号:" + document.getElementById("Text1").value +
                " 姓名" + document.getElementById("Text2").value;
        }
        function setnull() {
            document.getElementById("Text1").value = "";
            document.getElementById("Text2").value = "";
        }
    </script>
<head>
    <meta http-equiv="Content-Type" content="text/html; charset=utf-8"/>
    <title></title>
    <link href="StyleSheet2.css" rel="stylesheet" />
</head>
<body>
    <div>
        <table id="tablecenter">
```

```html
        <tr>
            <td colspan="2" class="auto-captionstyle">我的信息</td>
        </tr>
        <tr>
            <td class="auto-stringstyle" style="width:100px">学号</td>
            <td style="width:200px"><input id="Text1" type="text" /></td>
        </tr>
        <tr>
            <td class="auto-stringstyle">姓名</td>
            <td><input id="Text2" type="text" /></td>
        </tr>
        <tr>
            <td colspan="2" style="text-align:center">
                <input id="Button1" type="button" value="确定"
                    onclick="settext()" class="auto-buttonstyle" />
                  
                <input id="Reset1" type="reset" value="重置" onclick="setnull()"
                    class="auto-buttonstyle" />
            </td>
        </tr>
        <tr>
            <td colspan="2">
                <input id="Text3" type="text" class="auto-dispText"
                    aria-readonly="True" /></td>
        </tr>
    </table>
</div>
</body>
</html>
```

上机实验题 4

设计步骤如下：

① 打开 ch4 网站的 Class1.cs 类文件，在其中添加如下类：

```
public class Class4
{   public string link(params string[] strarr)
    {   int i; string mystr = "";
        for (i = 0; i < strarr.Length; i++)
            mystr += strarr[i] + " ";
        return mystr;
    }
    public void sort(params string[] strarr)
    {   int i, j; string tmp;
        bool exchange;                              //交换标志
        for (i = 0; i < strarr.Length - 1; i++)
        {   exchange = false;
            for (j = strarr.Length - 2; j >= i; j--)
                if (String.Compare(strarr[j + 1], strarr[j]) < 0)
                {   tmp = strarr[j + 1];            //tmp暂存数组元素，用于元素交换
                    strarr[j + 1] = strarr[j];
                    strarr[j] = tmp;
```

```
                exchange = true;                    //发生了交换,故将交换标志置为真
            }
        if (exchange == false)                      //本趟未发生交换,提前终止算法
            return;
        }
    }
}
```

② 在 ch4 网站中添加一个 Experment4 网页(采用代码隐藏页模型),其源视图代码如下:

```
<%@ Page Language = "C#" AutoEventWireup = "true" CodeFile = "Experment4.aspx.cs"
    Inherits = "Experment4" %>
<html xmlns = "http://www.w3.org/1999/xhtml">
  <head runat = "server">
    <title></title>
    <style type = "text/css">
        .auto - style1 { font - family: 仿宋;
            font - weight: bold; font - size: medium;
            color: #FF00FF; width:400px;
        }
    </style>
</head>
<body>
  <form id = "form1" runat = "server">
    <div>
        <strong style = "color: #0000FF; font - size: medium; font - family: 楷体">
            排序前:</strong>
        <asp:Label ID = "Label1" runat = "server" class = "auto - style1"></asp:Label>
        <br /><br />
        <asp:Button ID = "Button1" runat = "server" Font - Bold = "True"
            OnClick = "Button1_Click" Text = "排序"
            style = "color: #FF0000; font - size: medium; font - family: 黑体" />
        <br /><br />
        <strong style = "color: #0000FF; font - size: medium; font - family: 楷体">
            排序后:</strong>
        <asp:Label ID = "Label2" runat = "server"
            CssClass = "auto - style1" ></asp:Label></div>
    </form>
  </body>
</html>
```

③ 本网页的程序代码如下:

```
using System;
public partial class Experment4: System.Web.UI.Page
{   Class4 obj = new Class4();
    string[] strarr = new string[]{ "while", "if", "for", "break", "switch",
        "if - else", "do - while", "continue" };
    protected void Page_Load(object sender, EventArgs e)
    {
        Label1.Text = obj.link(strarr);
    }
    protected void Button1_Click(object sender, EventArgs e)
    {   obj.sort(strarr);
        Label2.Text = obj.link(strarr);
    }
}
```

上机实验题 5

设计步骤如下:
① 在 ch5 网站中添加一个 Experment5 网页(采用代码隐藏页模型)。
② 其源视图代码如下:

```aspx
<%@ Page Language="C#" AutoEventWireup="true" CodeFile="Experment5.aspx.cs"
    Inherits="Experment5" %>
<html xmlns="http://www.w3.org/1999/xhtml">
<head runat="server">
    <title></title>
    <style type="text/css">
        <!--省略若干样式定义-->
    </style>
</head>
<body>
  <form id="form1" runat="server">
    <div>
      <table>
        <tr>
          <td class="auto-style7"><strong>学号</strong></td>
          <td style="font-size: 12pt; width: 100px; height: 26px">
              <asp:TextBox ID="TextBox1" runat="server"
                  Font-Size="10pt"></asp:TextBox>
          </td>
        </tr>
        <tr style="font-size: 12pt; color: #0000ff">
          <td class="auto-style6"><strong>姓名</strong></td>
          <td style="color: #000000" class="auto-style1">
              <asp:TextBox ID="TextBox2" runat="server" Font-Size="10pt">
              </asp:TextBox>
          </td>
        </tr>
        <tr style="font-size: 12pt; color: #000000">
          <td class="auto-style4"><strong>性别</strong></td>
          <td style="width: 100px">
              <asp:TextBox ID="TextBox3" runat="server"
                  Font-Size="10pt"></asp:TextBox>
          </td>
        </tr>
        <tr>
          <td class="auto-style4"><strong>班号</strong></td>
          <td style="width: 100px">
              <asp:TextBox ID="TextBox4" runat="server"
                  Font-Size="10pt"></asp:TextBox>
          </td>
        </tr>
        <tr>
          <td colspan="2" style="text-align:center">
            <asp:Button ID="Button1" runat="server" OnClick="Button1_Click"
                Text="确定" CssClass="auto-style2" />
              
            <input id="Button2" runat="server" font-size="10pt" text="重置"
                type="reset" value="重置" class="auto-style2" />
```

```
        </td>
       </tr>
      </table>
     </div>
    </form>
  </body>
</html>
```

③ Experment5 网页的事件处理过程如下:

```
protected void Button1_Click(object sender, EventArgs e)
{   string mystr;
    ystr = "Experment5-1.aspx?sno=" + TextBox1.Text.Trim() +
           "&sname=" + TextBox2.Text.Trim() + "&ssex=" + TextBox3.Text.Trim() +
           "&sclass=" + TextBox4.Text.Trim();
    Server.Transfer(mystr);
}
```

④ 在 ch5 网站中添加一个 Experment5-1 网页(采用代码隐藏页模型),不包含任何控件,其事件处理过程如下:

```
protected void Page_Load(object sender, EventArgs e)
{   string sno = Request.QueryString["sno"];
    string sname = Request.QueryString["sname"];
    string ssex = Request.QueryString["ssex"];
    string sclass = Request.QueryString["sclass"];
    Response.Write("学生信息如下:<br>");
    Response.Write("学号:" + sno + "<br>");
    Response.Write("姓名:" + sname + "<br>");
    Response.Write("性别:" + ssex + "<br>");
    Response.Write("班号:" + sclass);
}
```

上机实验题 6

设计步骤如下:

① 在 ch6 网站中添加一个 Experment6 网页(采用代码隐藏页模型)。
② 其源视图代码如下:

```
<%@ Page Language="C#" AutoEventWireup="true" CodeFile="Experment6.aspx.cs"
    Inherits="Experment6" %>
<html xmlns="http://www.w3.org/1999/xhtml">
  <head runat="server">
    <title></title>
    <style type="text/css">
        <!--省略若干样式定义-->
    </style>
  </head>
  <body>
    <form id="form1" runat="server">
      <div>
        <table>
          <tr>
            <td class="auto-style3"><strong>学号</strong></td>
            <td style="width: 100px; height: 26px;">
              <asp:TextBox ID="TextBox1" runat="server"
```

```
                    Font-Size="10pt"></asp:TextBox>
                </td>
            </tr>
            <tr>
                <td style="width: 78px; text-align: right" class="auto-style2">
                    <strong><span class="auto-style1">姓名</span></strong></td>
                <td style="width: 100px">
                    <asp:TextBox ID="TextBox2" runat="server"
                        Font-Size="10pt"></asp:TextBox>
                </td>
            </tr>
            <tr>
                <td style="width: 78px; text-align: right" class="auto-style2">
                    <strong><span class="auto-style1">性别</span></strong></td>
                <td style="width: 100px">
                    <asp:RadioButton ID="RadioButton1" runat="server" Font-Bold="True"
                        Font-Size="10pt" Text="男" Checked="True" GroupName="xb" />
                    <asp:RadioButton ID="RadioButton2" runat="server"
                        Font-Bold="True" Font-Size="10pt" Text="女" GroupName="xb" />
                </td>
            </tr>
            <tr>
                <td class="auto-style4"><strong>班号</strong></td>
                <td style="width: 100px">
                    <asp:DropDownList ID="DropDownList1" runat="server" Font-Bold="True"
                        Font-Size="10pt" Width="88px">
                        <asp:ListItem>1501</asp:ListItem>
                        <asp:ListItem>1502</asp:ListItem>
                        <asp:ListItem>1503</asp:ListItem>
                    </asp:DropDownList></td>
            </tr>
            <tr>
                <td colspan="2" style="text-align:center">
                    <asp:Button ID="Button1" runat="server" Text="确定"
                        OnClick="Button1_Click" CssClass="auto-style5" />
                     <input type="reset" ID="Button2" runat="server" Font-Size="10pt"
                        Text="重置" class="auto-style5" /><br />
                </td>
            </tr>
            <tr>
                <td colspan="2">
                    <asp:Label ID="Label1" runat="server"
                        style="color:#FF0099;font-weight:bold;font-size: medium;
                            font-family: 仿宋"></asp:Label>
                </td>
            </tr>
        </table>
    </div>
    </form>
</body>
</html>
```

③ 本网页的事件处理过程如下：

```
protected void Button1_Click(object sender, EventArgs e)
{   string xb;
```

```csharp
        if (RadioButton1.Checked == true)
            xb = "男";
        else
            xb = "女";
        Label1.Text = "输入信息:<br>  学号:" + TextBox1.Text +
            "  姓名:" + TextBox2.Text + "<br>" +
            "  性别:" + xb +
            "  班号:" + DropDownList1.SelectedValue;
    }
```

上机实验题 7

设计步骤如下:

① 在 ch7 网站中添加一个 Experment7 网页(采用代码隐藏页模型)。

② 其源视图代码如下:

```aspx
<%@ Page Language = "C#" AutoEventWireup = "true" CodeFile = "Experment7.aspx.cs"
    Inherits = "Experment7" %>
<html xmlns = "http://www.w3.org/1999/xhtml">
  <head runat = "server">
    <title></title>
    <style type = "text/css">
        <!-- 省略若干样式定义 -->
    </style>
  </head>
  <body>
    <form id = "form1" runat = "server">
      <div>
        <table style = "width:300px">
          <tr>
            <td class = "auto-style1">学号</td>
            <td class = "auto-style5">
              <asp:TextBox ID = "TextBox1" runat = "server"
                  style = "width:100px"></asp:TextBox>
            </td>
            <td style = "width:45%" >
              <asp:RequiredFieldValidator ID = "RequiredFieldValidator1"
                  runat = "server" ControlToValidate = "TextBox1"
                  ErrorMessage = "学号不能为空" CssClass = "auto-style3">
              </asp:RequiredFieldValidator></td>
          </tr>
          <tr>
            <td class = "auto-style1">姓名</td>
            <td class = "auto-style6" >
              <asp:TextBox ID = "TextBox2" runat = "server"
                  style = "width:100px"></asp:TextBox>
            </td>
            <td>
              <asp:RequiredFieldValidator ID = "RequiredFieldValidator2"
                  runat = "server" ControlToValidate = "TextBox2"
                  ErrorMessage = "姓名不能为空" CssClass = "auto-style3">
              </asp:RequiredFieldValidator>
            </td>
          </tr>
          <tr>
```

```aspx
                <td class="auto-style1">性别</td>
                <td class="auto-style6">
                    <asp:RadioButton ID="RadioButton1" runat="server" Text="男"
                        Checked="True" GroupName="xb" CssClass="auto-style4" />
                    <asp:RadioButton ID="RadioButton2" runat="server" Text="女"
                        GroupName="xb" CssClass="auto-style4" />
                </td>
            </tr>
            <tr>
                <td class="auto-style1">班号</td>
                <td class="auto-style6">
                    <asp:TextBox ID="TextBox3" runat="server"
                        style="width:100px"></asp:TextBox>
                </td>
                <td>
                    <asp:CustomValidator ID="CustomValidator1" runat="server"
                        ErrorMessage="班号不正确" CssClass="auto-style3"
                        ControlToValidate="TextBox3"
                        OnServerValidate="CustomValidator1_ServerValidate">
                    </asp:CustomValidator>
                </td>
            </tr>
            <tr>
                <td colspan="2" style="text-align:center">
                    <asp:Button ID="Button1" runat="server" Text="确定"
                        OnClick="Button1_Click" CssClass="auto-style2" />
                      
                    <input type="reset" ID="Button2" runat="server"
                        Text="重置" class="auto-style2" /><br />
                </td>
            </tr>
            <tr>
                <td colspan="3">
                    <asp:Label ID="Label1" runat="server" style="color: #FF00FF;
                        font-size: medium; font-weight: 700; font-family: 仿宋">
                    </asp:Label>
                </td>
            </tr>
        </table>
    </div>
    </form>
</body>
</html>
```

③ 本网页的事件处理过程如下：

```csharp
protected void Button1_Click(object sender, EventArgs e)
{   if (Page.IsValid)
    {   string xb;
        if (RadioButton1.Checked == true)
            xb = "男";
        else
            xb = "女";
        Label1.Text = "输入信息：<br>" +
            "  学号:" + TextBox1.Text +
            "  姓名:" + TextBox2.Text + "<br>" +
```

```
                "  性别:" + xb +
                "  班号:" + TextBox3.Text;
        }
    }
    protected void CustomValidator1_ServerValidate(object source,
        System.Web.UI.WebControls.ServerValidateEventArgs args)
    {
        string bh = args.Value;
        if (bh.Length > 4 && bh[0] == '1' && bh[1] == '5')
            args.IsValid = true;
        else
            args.IsValid = false;
    }
```

上机实验题 8

设计步骤如下：

① 在 ch8 网站中添加一个名称为 WebUserControl2.ascx 的用户控件。

② WebUserControl2.ascx 的源视图代码如下：

```
<%@ Control Language="C#" AutoEventWireup="true" CodeFile="WebUserControl2.ascx.cs"
    Inherits="WebUserControl2" %>
<table>
    <tr>
      <td colspan="2" style="height: 21px; text-align: center">
        <span style="font-size: 16pt; color: #ff0099;
          font-family: 华文隶书"><strong>用户登录</strong></span>
      </td>
    </tr>
    <tr>
      <td style="width: 50px; height: 26px; text-align: center">
        <span style="font-size: 10pt; color: #0000ff"><strong>
          用户名</strong></span>
      </td>
      <td style="width: 77px; height: 26px">
        <asp:TextBox ID="TextBox1" runat="server" Font-Bold="True"
          Font-Size="10pt" Height="16px" Width="128px"></asp:TextBox>
      </td>
    </tr>
    <tr>
      <td style="width: 50px; height: 24px; text-align: center">
        <strong><span style="font-size: 10pt; color: #0000ff">
          密 码</span></strong>
      </td>
      <td style="width: 77px; height: 24px">
        <asp:TextBox ID="TextBox2" runat="server" Font-Bold="True"
          Font-Size="10pt" Height="16px"
          TextMode="Password" Width="128px"></asp:TextBox>
      </td>
    </tr>
</table>
```

③ WebUserControl2.ascx 的事件处理过程如下：

```
public string uid
{
```

```
        get { return TextBox1.Text; }
    }
    public string upass
    {
        get { return TextBox2.Text; }
    }
```

④ 在 ch8 网站中添加一个 Experment8 网页(采用代码隐藏页模型)。

⑤ Experment8 网页的源视图代码如下:

```
<%@ Page Language="C#" AutoEventWireup="true" CodeFile="Experment8.aspx.cs"
    Inherits="Experment8" %>
<%@ Register src="WebUserControl2.ascx" tagname="WebUserControl2" tagprefix="uc1" %>
<!DOCTYPE html>
<html xmlns="http://www.w3.org/1999/xhtml">
<head runat="server">
    <meta http-equiv="Content-Type" content="text/html; charset=utf-8"/>
    <title></title>
</head>
<body>
    <form id="form1" runat="server">
    <div>
        <uc1:WebUserControl2 ID="WebUserControl21" runat="server" />
    </div>
    <br />
    <asp:Button ID="Button1" runat="server" OnClick="Button1_Click"
        style="color:#FF0000; font-size: medium; font-weight: 700;
        font-family: 黑体" Text="确定" />
    <br /><br />
    <asp:Label ID="Label1" runat="server" style="color:#FF00FF; font-size:medium;
        font-weight: 700; font-family: 仿宋"></asp:Label>
    </form>
</body>
</html>
```

⑥ Experment8 网页的事件处理过程如下:

```
protected void Button1_Click(object sender, EventArgs e)
{
    Label1.Text = "输入信息如下:" + "<br>" +
        "      用户名:" + WebUserControl21.uid + "<br>" +
        "      密   码:" + WebUserControl21.upass;
}
```

上机实验题 9

设计步骤如下:

① 在 ch9 网站中添加一个 MasterPage2.master 母版页(采用代码隐藏页模型)。

② 其源视图代码如下(不含脚本代码):

```
<%@ Master Language="C#" AutoEventWireup="true" CodeFile="MasterPage2.master.cs"
    Inherits="MasterPage2" %>
<!DOCTYPE html>
<html xmlns="http://www.w3.org/1999/xhtml">
<head runat="server">
    <meta http-equiv="Content-Type" content="text/html; charset=utf-8"/>
    <title></title>
```

```
        <asp:ContentPlaceHolder id="head" runat="server"></asp:ContentPlaceHolder>
        <style type="text/css">
            <!--省略若干样式定义-->
        </style>
    </head>
    <body>
        <form id="form1" runat="server">
            <div>
                <table border="0" cellpadding="0" cellspacing="0" align="center">
                    <tr>
                        <td colspan="3" style="text-align:center;height:30px;
                            background-color:ThreeDFace">学生信息管理系统
                        </td>
                    </tr>
                    <tr>
                        <td style="width:2%;background-color:ThreeDFace"></td>
                        <td style="width:96%">
                            <asp:ContentPlaceHolder id="ContentPlaceHolder1" runat="server">
                            </asp:ContentPlaceHolder>
                        </td>
                        <td style="width:2%;background-color:ThreeDFace"></td>
                    </tr>
                    <tr>
                        <td colspan="3" style="text-align:center;height:30px;
                            background-color:ThreeDFace;font-size:small;font-weight:700;
                            font-family:黑体;">v2.0,版权所有
                        </td>
                    </tr>
                </table>
            </div>
        </form>
    </body>
</html>
```

③ 在 ch9 网站中添加一个 Experment9 网页(采用代码隐藏页模型)。

④ 其源视图代码如下：

```
<%@ Page Title="" Language="C#" MasterPageFile="~/MasterPage2.master"
    AutoEventWireup="true" StyleSheetTheme="Exper"
    CodeFile="Experment9.aspx.cs" Inherits="Experment9" %>
<asp:Content ID="Content1" ContentPlaceHolderID="head" Runat="Server">
    <style type="text/css">
        <!--省略若干样式定义-->
    </style>
</asp:Content>
<asp:Content ID="Content2" ContentPlaceHolderID="ContentPlaceHolder1"
    Runat="Server">
    <table class="auto-style3">
        <tr>
            <td class="auto-style5">学号</td>
            <td class="auto-style6">
                <asp:TextBox ID="TextBox1" runat="server"></asp:TextBox>
            </td>
        </tr>
        <tr>
            <td class="auto-style4">姓名</td>
```

```
                <td>
                    <asp:TextBox ID = "TextBox2" runat = "server"></asp:TextBox>
                </td>
            </tr>
            <tr>
                <td colspan = "2" style = "text-align:center">
                  <asp:Button ID = "Button1" runat = "server"
                      Text = "确定" OnClick = "Button1_Click" />
                </td>
            </tr>
            <tr>
                <td colspan = "2">
                    <asp:Label ID = "Label1" runat = "server"></asp:Label>
                </td>
            </tr>
        </table>
</asp:Content>
```

⑤ 本网页的事件处理过程如下：

```
protected void Button1_Click(object sender, EventArgs e)
{    Label1.Text = "输入信息：<br>" +
        "  学号：" + TextBox1.Text + "  姓名：" + TextBox2.Text;
}
```

上机实验题 10

设计步骤如下：

① 在 ch10 网站中添加一个 Experment10 网页（采用代码隐藏页模型），其中放置一个 TreeView 控件和一个 iframe 框架，采用手工方式添加 TreeView 控件的结点。

② Experment10 网页的源视图代码如下：

```
<%@ Page Language = "C#" AutoEventWireup = "true" CodeFile = "Experment10.aspx.cs"
    Inherits = "Experment10" %>
<html xmlns = "http://www.w3.org/1999/xhtml">
<head runat = "server">
    <title></title>
</head>
<body>
    <form id = "form1" runat = "server">
      <div>
        <table style = "width:600px; height: 212px;">
          <tr>
            <td>
                <asp:TreeView ID = "TreeView1" runat = "server" Font-Bold = "True"
                    ImageSet = "News" NodeIndent = "10"
                    style = "color: #0000FF; font-size: medium; font-family: 仿宋;">
                <HoverNodeStyle Font-Underline = "True" />
                <Nodes>
                    <asp:TreeNode Text = "学生管理" Value = "学生管理"
                        NavigateUrl = "dispinfo.aspx?info=选择：学生管理" Target = "Iframe1">
                        <asp:TreeNode Text = "添加学生信息" Value = "添加学生信息"
                           NavigateUrl = "dispinfo.aspx?info=选择：添加学生信息"
                           Target = "Iframe1">
                        </asp:TreeNode>
```

```
                    <asp:TreeNode Text="编辑学生信息" Value="编辑学生信息"
                        NavigateUrl="dispinfo.aspx?info=选择:编辑学生信息"
                        Target="Iframe1">
                    </asp:TreeNode>
                    <asp:TreeNode Text="学生成绩输入" Value="学生成绩输入"
                        NavigateUrl="dispinfo.aspx?info=选择:学生成绩输入"
                        Target="Iframe1">
                    </asp:TreeNode>
                    <asp:TreeNode Text="查询学生成绩" Value="查询学生成绩"
                        NavigateUrl="dispinfo.aspx?info=选择:查询学生成绩"
                        Target="Iframe1">
                    </asp:TreeNode>
                </asp:TreeNode>
                <asp:TreeNode Text="教师管理" Value="教师管理"
                    NavigateUrl="dispinfo.aspx?info=教师管理" Target="Iframe1">
                    <asp:TreeNode Text="添加教师信息" Value="添加教师信息"
                        NavigateUrl="dispinfo.aspx?info=选择:添加教师信息"
                        Target="Iframe1">
                    </asp:TreeNode>
                    <asp:TreeNode Text="编辑教师信息" Value="编辑教师信息"
                        NavigateUrl="dispinfo.aspx?info=选择:编辑教师信息"
                        Target="Iframe1">
                    </asp:TreeNode>
                    <asp:TreeNode Text="安排教师授课" Value="安排教师授课"
                        NavigateUrl="dispinfo.aspx?info=选择:安排教师授课"
                        Target="Iframe1">
                    </asp:TreeNode>
                </asp:TreeNode>
            </Nodes>
            <NodeStyle Font-Names="Arial" Font-Size="10pt" ForeColor="Black"
                HorizontalPadding="5px" NodeSpacing="0px" VerticalPadding="0px" />
            <ParentNodeStyle Font-Bold="False" />
            <SelectedNodeStyle Font-Underline="True" HorizontalPadding="0px"
                VerticalPadding="0px" />
        </asp:TreeView>
    </td>
    <td style="width:99%; height:100%;">
        <div style="text-align:center">
          <iframe name="Iframe1"
            style="height:100%; width:99%;text-align:center"
            id="Iframe1" src="dispinfo.aspx?info=欢迎使用本系统">
          </iframe>
        </div>
    </td>
   </tr>
  </table>
 </div>
 </form>
 </body>
</html>
```

③ 在ch10网站中添加一个dispinfo网页,其中有一个标签Label1,包含的事件过程如下:

```
protected void Page_Load(object sender, EventArgs e)
{
```

```
        Label1.Text = Request.QueryString["info"];
    }
```

上机实验题 11

设计步骤如下：

① 在 ch11 网站中添加一个 Experment11 网页（采用代码隐藏页模型）。

② 其源视图代码如下：

```
<%@ Page Language = "C#" AutoEventWireup = "true" CodeFile = "Experment11.aspx.cs"
    Inherits = "Experment11" %>
<!DOCTYPE html>
<html xmlns = "http://www.w3.org/1999/xhtml">
<head runat = "server">
    <meta http-equiv = "Content-Type" content = "text/html; charset = utf-8"/>
    <title></title>
    <style type = "text/css">
        .auto-style1 {
            font-family: 楷体; font-weight: bold;
            font-size: medium; color: #0000FF;
        }
    </style>
</head>
<body>
    <form id = "form1" runat = "server">
        <asp:ScriptManager ID = "ScriptManager1" runat = "server"></asp:ScriptManager>
        <asp:Timer ID = "Timer1" runat = "server" Interval = "1000" OnTick = "Timer1_Tick">
        </asp:Timer>
        <div>
            <asp:UpdatePanel ID = "UpdatePanel1" runat = "server">
                <ContentTemplate>
                    <span class = "auto-style1">倒计时秒数：</span>
                    <asp:TextBox ID = "TextBox1" runat = "server" Width = "36px"></asp:TextBox>
                    <br /><br />
                    <asp:Button ID = "Button1" runat = "server" OnClick = "Button1_Click"
                        style = "color: #FF0000; font-size: medium; font-weight: 700;
                        font-family: 黑体" Text = "开始" />
                    <br /><br />
                    <span class = "auto-style1">剩余秒数：</span>
                    <asp:TextBox ID = "TextBox2" runat = "server" ReadOnly = "True"
                        Width = "50px"></asp:TextBox>
                </ContentTemplate>
            </asp:UpdatePanel>
        </div>
    </form>
</body>
</html>
```

③ 本网页的程序代码如下：

```
using System;
using System.Web.UI;
public partial class Experment11 : System.Web.UI.Page
{   static int i = 0;
    protected void Page_Load(object sender, EventArgs e)
```

```csharp
    { if (!Page.IsPostBack)
        { Timer1.Interval = 1000;          //1秒
            Timer1.Enabled = false;
        }
    }
    protected void Button1_Click(object sender, EventArgs e)
    { if (TextBox1.Text != "")
        { i = int.Parse(TextBox1.Text);
            TextBox2.Text = i.ToString();
            Timer1.Enabled = true;
        }
    }
    protected void Timer1_Tick(object sender, EventArgs e)
    { if (i != 0)
        { i--;
            TextBox2.Text = i.ToString();
        }
        else
        { TextBox2.Text = "时间到";
            Timer1.Enabled = false;
        }
    }
}
```

上机实验题 12

设计步骤如下：

① 在 ch12 网站中添加一个 Experment12 网页（采用代码隐藏页模型）。
② 其源视图代码如下：

```
<%@ Page Language = "C#" AutoEventWireup = "true" CodeFile = "Experment12.aspx.cs"
    Inherits = "Experment12" %>
<html xmlns = "http://www.w3.org/1999/xhtml">
  <head runat = "server">
    <title></title>
    <style type = "text/css">
        .auto-style1 {
            font-family: 楷体; font-size: 10pt;
            font-weight:bold; color:blue;
        }
    </style>
  </head>
  <body>
    <form id = "form1" runat = "server">
      <div>
        <table id = "table1" style = "width: 488px; height: 200px;">
          <tr>
            <td style = "width: 431px; height: 10%; text-align: center;">
              <strong><span style = "color: #ff0066; font-family: 华文仿宋;
                  font-size: 14pt;">学生成绩表</span></strong>
            </td>
          </tr>
          <tr>
            <td style = "width: 431px; height: 49%;">
              <asp:GridView ID = "GridView1" runat = "server" AllowPaging = "True"
```

```
            AutoGenerateColumns = "False"
            CellPadding = "4" Font-Bold = "True"
            Font-Size = "10pt" ForeColor = "#333333"
            GridLines = "None" PageSize = "4"
            Width = "441px" Height = "137%"
            OnPageIndexChanging = "GridView1_PageIndexChanging"
            OnDataBound = "GridView1_DataBound">
            <EditRowStyle BackColor = "#7C6F57" />
            <Columns>
                <asp:BoundField DataField = "学号" HeaderText = "学号">
                    <ItemStyle HorizontalAlign = "Center" />
                </asp:BoundField>
                <asp:BoundField DataField = "姓名" HeaderText = "姓名">
                    <ItemStyle HorizontalAlign = "Center" />
                </asp:BoundField>
                <asp:BoundField DataField = "课程名" HeaderText = "课程名">
                    <ItemStyle HorizontalAlign = "Center" />
                </asp:BoundField>
                <asp:BoundField DataField = "分数" HeaderText = "分数">
                    <ItemStyle HorizontalAlign = "Center" />
                </asp:BoundField>
                <asp:BoundField DataField = "班号" HeaderText = "班号">
                    <ItemStyle HorizontalAlign = "Center" />
                </asp:BoundField>
            </Columns>
            <RowStyle BackColor = "#E3EAEB" />
            <SelectedRowStyle BackColor = "#C5BBAF" ForeColor = "#333333"
                Font-Bold = "True" />
            <PagerStyle BackColor = "#666666" ForeColor = "White"
                HorizontalAlign = "Center" Font-Bold = "True" Font-Size = "12px"
                Font-Names = "幼圆" />
            <HeaderStyle BackColor = "#1C5E55" Font-Bold = "True"
                ForeColor = "Red" Font-Names = "黑体" Font-Size = "Medium" />
            <AlternatingRowStyle BackColor = "White" />
            <SortedAscendingCellStyle BackColor = "#F8FAFA" />
            <SortedAscendingHeaderStyle BackColor = "#246B61" />
            <SortedDescendingCellStyle BackColor = "#D4DFE1" />
            <SortedDescendingHeaderStyle BackColor = "#15524A" />
        </asp:GridView>
    </td>
</tr>
<tr>
    <td style = "text-align:center">
        <span class = "auto-style1">当前页：</span>
        <asp:Label ID = "Label1" runat = "server"></asp:Label>
         
        <span class = "auto-style1">总页数：</span>
        <asp:Label ID = "Label2" runat = "server"></asp:Label>
         
        <span class = "auto-style1">转向</span>
        <asp:DropDownList ID = "DropDownList1" runat = "server"
            Width = "60px">
        </asp:DropDownList>
        <span class = "auto-style1">页</span>
        <asp:Button ID = "Button1" runat = "server"
```

```
                    OnClick = "Button1_Click" Text = "..." Width = "34px"
                    style = "color: #FF0000; font-size: small; font-weight: 700;
                    font-family: 黑体" />
                </span>
            </td>
          </tr>
        </table>
      </div>
    </form>
  </body>
</html>
```

③ 本网页的程序代码如下

```
using System;
using System.Data;
using System.Configuration;
using System.Web.UI;
using System.Web.UI.WebControls;
using System.Data.SqlClient;
public partial class Experment12 : System.Web.UI.Page
{   protected void Page_Load(object sender, EventArgs e)
    {   if (!Page.IsPostBack)
        {   GridView1.PagerSettings.Mode = PagerButtons.NextPreviousFirstLast;
            GridView1.PagerSettings.FirstPageText = "首页";
            GridView1.PagerSettings.NextPageText = "下一页";
            GridView1.PagerSettings.PreviousPageText = "上一页";
            GridView1.PagerSettings.LastPageText = "尾页";
            bind();
            int n = GridView1.PageCount;
            for (int i = 1; i <= n; i++)
                DropDownList1.Items.Add(i.ToString());
        }
    }
    public void bind()                                          //数据绑定
    {   string mystr =
        ConfigurationManager.ConnectionStrings["myconnstring"].ToString();
        string mysql = "SELECT student.学号,student.姓名," +
            "score.课程名,score.分数,student.班号 " +
            "FROM student,score " +
            "WHERE student.学号 = score.学号 " +
            "ORDER BY student.学号";
        SqlConnection myconn = new SqlConnection();
        myconn.ConnectionString = mystr;
        myconn.Open();
        DataSet myds = new DataSet();
        SqlDataAdapter myda = new SqlDataAdapter(mysql, myconn);
        myda.Fill(myds, "student");
        GridView1.DataSource = myds.Tables[0];
        GridView1.DataBind();
        myconn.Close();
    }
    protected void GridView1_PageIndexChanging(object sender, GridViewPageEventArgs e)
    {   //分页
        GridView1.PageIndex = e.NewPageIndex;
        bind();
```

```
        }
        protected void GridView1_DataBound(object sender, EventArgs e)
        {   int n = GridView1.PageIndex + 1;
            Label1.Text = n.ToString();
            Label2.Text = GridView1.PageCount.ToString();
        }
        protected void Button1_Click(object sender, EventArgs e)
        {   GridView1.PageIndex = int.Parse(DropDownList1.SelectedValue) - 1;
            bind();
        }
}
```

上机实验题 13

设计步骤如下：

① 在 ch13-1 网站中添加一个 Experment13 网页（采用代码隐藏页模型）。

② 其源视图代码如下：

```
<%@ Page Language="C#" AutoEventWireup="true" CodeFile="Experment13.aspx.cs"
    Inherits="Experment13" %>
<!DOCTYPE html>
<html xmlns="http://www.w3.org/1999/xhtml">
  <head runat="server">
    <meta http-equiv="Content-Type" content="text/html; charset=utf-8" />
    <title></title>
  </head>
  <body>
    <form id="form1" runat="server">
      <div>
        <asp:GridView ID="GridView1" runat="server" CellPadding="4"
            ForeColor="#333333" GridLines="None" style="font-size: medium;
              font-family: 仿宋">
            <AlternatingRowStyle BackColor="White" />
            <EditRowStyle BackColor="#7C6F57" />
            <FooterStyle BackColor="#1C5E55" Font-Bold="True" ForeColor="White" />
            <HeaderStyle BackColor="#1C5E55" Font-Bold="True" ForeColor="White" />
            <PagerStyle BackColor="#666666" ForeColor="White"
              HorizontalAlign="Center" />
            <RowStyle BackColor="#E3EAEB" />
            <SelectedRowStyle BackColor="#C5BBAF" Font-Bold="True"
              ForeColor="#333333" />
            <SortedAscendingCellStyle BackColor="#F8FAFA" />
            <SortedAscendingHeaderStyle BackColor="#246B61" />
            <SortedDescendingCellStyle BackColor="#D4DFE1" />
            <SortedDescendingHeaderStyle BackColor="#15524A" />
        </asp:GridView>
      </div>
    </form>
  </body>
</html>
```

③ 本网页的程序事件处理过程如下：

```
protected void Page_Load(object sender, EventArgs e)
{   StudEntities dc = new StudEntities();
```

```csharp
        var myquery = from st in dc.student
                      join sc in dc.score on st.学号 equals sc.学号
                      orderby st.学号,sc.分数 descending
                      select new { st.学号, st.姓名, st.班号, sc.课程名, sc.分数 };
        GridView1.DataSource = myquery.ToList();
        GridView1.DataBind();
    }
```

上机实验题 14

设计步骤如下：

① 打开 ch14 网站，在 StudentDB 类文件中添加两个方法：

```csharp
public DataSet SelectData()
{   string mystr;
    mystr = ConfigurationManager.ConnectionStrings["myconnstring"].ToString();
    using (SqlConnection myconn = new SqlConnection())
    {   myconn.ConnectionString = mystr;
        myconn.Open();
        SqlCommand mycmd = new SqlCommand();
        mycmd.CommandText = "SELECT * FROM student";
        mycmd.Connection = myconn;
        using (SqlDataAdapter myda = new SqlDataAdapter())
        {   myda.SelectCommand = mycmd;
            DataSet myds = new DataSet();
            myda.Fill(myds, "student");                    //将 student 表填充到 myds 中
            return myds;
        }
    }
}
public static void InsertData(string 学号, string 姓名, string 性别, string 民族, string 班号)
{   string mystr, mysql;
    mystr = ConfigurationManager.ConnectionStrings["myconnstring"].ToString();
    mysql = "INSERT INTO student(学号,姓名,性别,民族,班号) VALUES(@学号,@姓名,@性别,@民族,@班号)";
    using (SqlConnection myconn = new SqlConnection(mystr))
    using (SqlCommand mycmd = new SqlCommand(mysql, myconn))
    {   mycmd.Parameters.Add("@姓名",SqlDbType.VarChar,10).Value= 姓名;     //设置参数值
        mycmd.Parameters.Add("@性别",SqlDbType.VarChar,2).Value= 性别;      //设置参数值
        mycmd.Parameters.Add("@民族",SqlDbType.VarChar,10).Value= 民族;     //设置参数值
        mycmd.Parameters.Add("@班号",SqlDbType.VarChar,6).Value= 班号;      //设置参数值
        mycmd.Parameters.Add("@学号",SqlDbType.VarChar,5).Value= 学号;      //设置参数值
        myconn.Open();
        mycmd.ExecuteNonQuery();
    }
}
```

② 在 ch14 网站中添加一个 Experment14 网页（采用代码隐藏页模型）。

③ 其源视图代码如下：

```
<%@ Page Language="C#" AutoEventWireup="true" CodeFile="Experment14.aspx.cs"
    Inherits="Experment14" %>
<html xmlns="http://www.w3.org/1999/xhtml">
  <head runat="server">
    <title></title>
```

```
    <style type="text/css">
        <!--省略若干样式定义-->
    </style>
</head>
<body>
    <form id="form1" runat="server">
        <div>
            <asp:ObjectDataSource ID="ObjectDataSource1" runat="server"
                SelectMethod="SelectData" TypeName="StudentDB"
                UpdateMethod="UpdateData" InsertMethod="InsertData">
                <InsertParameters>
                    <asp:Parameter Name="学号" Type="String" />
                    <asp:Parameter Name="姓名" Type="String" />
                    <asp:Parameter Name="性别" Type="String" />
                    <asp:Parameter Name="民族" Type="String" />
                    <asp:Parameter Name="班号" Type="String" />
                </InsertParameters>
                <UpdateParameters>
                    <asp:Parameter Name="学号" Type="String" />
                    <asp:Parameter Name="姓名" Type="String" />
                    <asp:Parameter Name="性别" Type="String" />
                    <asp:Parameter Name="民族" Type="String" />
                    <asp:Parameter Name="班号" Type="String" />
                </UpdateParameters>
            </asp:ObjectDataSource>
            <table>
                <tr>
                    <td style="text-align: center" class="auto-style1">
                        所有学生记录</td>
                    <td style="text-align: center" class="auto-style2">
                        插入单个学生记录</td>
                </tr>
                <tr>
                    <td style="width: 345px">
                        <asp:GridView ID="GridView1" runat="server" CellPadding="4"
                            DataSourceID="ObjectDataSource1" Font-Bold="True"
                            Font-Size="Small" ForeColor="#333333" GridLines="None"
                            OnPageIndexChanged="GridView1_PageIndexChanged"
                            OnSelectedIndexChanged="GridView1_SelectedIndexChanged"
                            AllowPaging="True" PageSize="4"
                            Width="343px" style="font-family: 仿宋">
                            <EditRowStyle BackColor="#7C6F57" />
                            <FooterStyle BackColor="#1C5E55" Font-Bold="True"
                                ForeColor="White" />
                            <Columns>
                                <asp:CommandField ShowSelectButton="True" />
                            </Columns>
                            <RowStyle BackColor="#E3EAEB" />
                            <SelectedRowStyle BackColor="#C5BBAF" ForeColor="#333333"
                                Font-Bold="True" />
                            <PagerStyle BackColor="#666666" ForeColor="White"
                                HorizontalAlign="Center" />
                            <HeaderStyle BackColor="#1C5E55" Font-Bold="True"
                                ForeColor="White" />
                            <AlternatingRowStyle BackColor="White" />
```

```
              <SortedAscendingCellStyle BackColor="#F8FAFA" />
              <SortedAscendingHeaderStyle BackColor="#246B61" />
              <SortedDescendingCellStyle BackColor="#D4DFE1" />
              <SortedDescendingHeaderStyle BackColor="#15524A" />
            </asp:GridView>
          </td>
          <td style="width: 259px">
            <asp:DetailsView ID="DetailsView1" runat="server"
              AutoGenerateRows="False" CellPadding="4"
              DataSourceID="ObjectDataSource1" Font-Bold="True"
              Font-Size="Small" Height="50px"
              Width="218px" ForeColor="#333333" GridLines="None"
              style="font-family: 楷体">
              <FooterStyle BackColor="#1C5E55" ForeColor="White"
                Font-Bold="True" />
              <EditRowStyle BackColor="#7C6F57" />
              <RowStyle BackColor="#E3EAEB" />
              <PagerStyle ForeColor="White" HorizontalAlign="Center"
                BackColor="#666666" />
              <Fields>
                <asp:BoundField DataField="学号" HeaderText="学号">
                  <ControlStyle Width="40px" />
                </asp:BoundField>
                <asp:BoundField DataField="姓名" HeaderText="姓名">
                  <ControlStyle Width="60px" />
                </asp:BoundField>
                <asp:BoundField DataField="性别" HeaderText="性别">
                  <ControlStyle Width="40px" />
                </asp:BoundField>
                <asp:BoundField DataField="民族" HeaderText="民族">
                  <ControlStyle Width="70px" />
                </asp:BoundField>
                <asp:BoundField DataField="班号" HeaderText="班号">
                  <ControlStyle Width="60px" />
                </asp:BoundField>
                <asp:CommandField ShowInsertButton="True" />
              </Fields>
              <HeaderStyle BackColor="#1C5E55" Font-Bold="True" ForeColor="White" />
              <CommandRowStyle BackColor="#C5BBAF" ForeColor="red" Font-Bold="True" />
              <FieldHeaderStyle BackColor="#D0D0D0" Font-Bold="True" />
              <AlternatingRowStyle BackColor="White" />
            </asp:DetailsView>
          </td>
        </tr>
      </table>
    </div>
  </form>
 </body>
</html>
```

④ 本网页的事件处理过程如下：

```
protected void GridView1_SelectedIndexChanged(object sender, EventArgs e)
{   DetailsView1.ChangeMode(DetailsViewMode.ReadOnly);
    DetailsView1.PageIndex = GridView1.PageIndex * GridView1.PageSize
        + GridView1.SelectedIndex;
```

```csharp
}
protected void GridView1_PageIndexChanged(object sender, EventArgs e)
{   DetailsView1.ChangeMode(DetailsViewMode.ReadOnly);
    DetailsView1.PageIndex = GridView1.PageIndex * GridView1.PageSize;
}
```

上机实验题 15

设计步骤如下：

① 打开 Web 网站，在 WebService1.cs 文件中添加一个名称为 compavg 的 Web 服务，其代码如下：

```csharp
[WebMethod]
public string compavg(string kcm)
{   string mystr, mysql, retstr;
    mystr = System.Configuration.ConfigurationManager.
            ConnectionStrings["myconnstring"].ToString();
    SqlConnection myconn = new SqlConnection();
    myconn.ConnectionString = mystr;
    myconn.Open();
    SqlCommand mycmd = new SqlCommand();
    mysql = "SELECT AVG(分数) FROM score WHERE 课程名 = '" + kcm + "'";
    mycmd.CommandText = mysql;
    mycmd.Connection = myconn;
    retstr = mycmd.ExecuteScalar().ToString();
    myconn.Close();
    return retstr;
}
```

② 打开 ch15 网站，在其中添加一个 Experment15 网页（采用代码隐藏页模型）。

③ 其源视图代码如下：

```html
<%@ Page Language="C#" AutoEventWireup="true" CodeFile="Experment15.aspx.cs"
    Inherits="Experment15" %>
<!DOCTYPE html>
<html xmlns="http://www.w3.org/1999/xhtml">
<head runat="server">
    <meta http-equiv="Content-Type" content="text/html; charset=utf-8"/>
    <title></title>
    <style type="text/css">
        .auto-style1 {
            font-family: 楷体; font-weight: bold;
            font-size: medium; color: #0000FF;
        }
    </style>
</head>
<body>
    <form id="form1" runat="server">
      <div>
        <span class="auto-style1">课程名：</span>
        <asp:DropDownList ID="DropDownList1" runat="server" style="color: #0000FF;
            font-size: medium; font-weight: 700; font-family: 仿宋">
          <asp:ListItem>C 语言</asp:ListItem>
          <asp:ListItem>数据结构</asp:ListItem>
        </asp:DropDownList>
```

```
            <br /><br />
            <asp:Button ID = "Button1" runat = "server" OnClick = "Button1_Click"
                style = "color: #FF0000; font-size: medium; font-weight: 700;
                font-family: 黑体" Text = "求平均分" />
            <br /><br />
            <asp:Label ID = "Label1" runat = "server" style = "color: #FF00FF;
                font-size: medium; font-weight: 700; font-family: 仿宋"></asp:Label>
            <br />
        </div>
    </form>
  </body>
</html>
```

④ 本网页的事件处理过程如下：

```
protected void Button1_Click(object sender, EventArgs e)
{   localhost.WebService1 myservice = new localhost.WebService1();
    if (DropDownList1.SelectedValue!= "")
    {   Label1.Text = "平均分:" +
            myservice.compavg(DropDownList1.SelectedValue.ToString());
    }
}
```

上机实验题 16

Web.config 文件的配置如下：

```
<system.web>
  <authentication mode = "Forms">
    <forms loginUrl = "logon.aspx" name = ".ASPXFORMSAUTH" />
  </authentication>
  <authorization>
    <deny users = "?" />
  </authorization>
</system.web>
```

上机实验题 17

设计步骤如下：

① 打开 ch17 网站，添加一个名称为 Experment17.aspx 的网页。

② 在网页中添加一个 ChangePassword 控件，通过"Login 任务"中的"自动套用格式"设置其方案为"传统型"，并将其 DisplayUserName 属性设置为 True(显示用户名)，不设计任何事件过程。其源视图代码如下：

```
<%@ Page Language = "C#" AutoEventWireup = "true" CodeFile = "Experment17.aspx.cs"
    Inherits = "Experment17" %>
<!DOCTYPE html>
<html xmlns = "http://www.w3.org/1999/xhtml">
  <head runat = "server">
    <meta http-equiv = "Content-Type" content = "text/html; charset = utf-8"/>
    <title></title>
  </head>
  <body>
    <form id = "form1" runat = "server">
```

```
        <div>
          <asp:ChangePassword ID="ChangePassword1" runat="server" BackColor="#EFF3FB"
            BorderColor="#B5C7DE" BorderPadding="4" BorderStyle="Solid"
            BorderWidth="1px" DisplayUserName="True" Font-Names="Verdana"
            Font-Size="0.8em">
            <CancelButtonStyle BackColor="White" BorderColor="#507CD1"
              BorderStyle="Solid" BorderWidth="1px" Font-Names="Verdana"
              Font-Size="0.8em" ForeColor="#284E98" />
            <ChangePasswordButtonStyle BackColor="White" BorderColor="#507CD1"
              BorderStyle="Solid" BorderWidth="1px" Font-Names="Verdana"
              Font-Size="0.8em" ForeColor="#284E98" />
            <ContinueButtonStyle BackColor="White" BorderColor="#507CD1"
              BorderStyle="Solid" BorderWidth="1px" Font-Names="Verdana"
              Font-Size="0.8em" ForeColor="#284E98" />
            <InstructionTextStyle Font-Italic="True" ForeColor="Black" />
            <PasswordHintStyle Font-Italic="True" ForeColor="#507CD1" />
            <TextBoxStyle Font-Size="0.8em" />
            <TitleTextStyle BackColor="#507CD1" Font-Bold="True" Font-Size="0.9em"
              ForeColor="White" />
          </asp:ChangePassword>
        </div>
      </form>
    </body>
</html>
```

上机实验题 18

学生端功能设计参见学生成绩管理网站的 Student 目录的相关网页文件,教师端功能设计参见学生成绩管理网站的 Teacher 目录的相关网页文件。

综合上机实验题

采用 ASP.NET+SQL Server+C#实现如下系统。

1. 图书管理系统

模拟大学的图书管理系统,包括图书入库、读者(学生和教师)信息输入与编辑、读者借书、读者还书等功能。

2. 网上图书销售管理系统

模拟当当网站的图书销售部分的功能,包括图书信息上传、读者浏览图书、读者注册与登录、读者购买图书、注册读者的订单管理等。

3. 网上商品销售管理系统

模拟当当网站的其他商品销售部分的功能,包括商品信息上传、客户浏览商品、客户注册与登录、客户购买商品、注册客户的订单管理等。

4. 网上商城管理系统

模拟淘宝网站的部分功能,包括卖家和买家的管理。

5. 网上论坛管理系统

模拟课程学习论坛的功能,包括用户注册与登录、用户发帖、用户回帖等功能。

6. 聊天室管理系统

实现群聊、私聊、显示在线用户等功能。

附录 C 使用学生成绩管理系统

使用学生成绩管理系统的操作步骤如下。

① 环境准备：在计算机上安装好 Visual Studio 2012（或更高版本）和 SQL Server 2012 Express。

② 将本书的源代码复制到自己的计算机上，如文件夹是"D:\ASP.NET"。

③ 进入"学生成绩管理系统"文件夹的 App_Data 子文件夹，右击 StudDB 文件，在出现的快捷菜单中选择"属性"命令，然后选择"安全"选项卡，单击"编辑"按钮，出现"StudDB 的权限"对话框，在"组或用户名"列表中单击自己的用户名，如"User(LCB-PC\Users)"，勾选"Users 的权限"列表中的所有允许项，如图 C.1 所示。

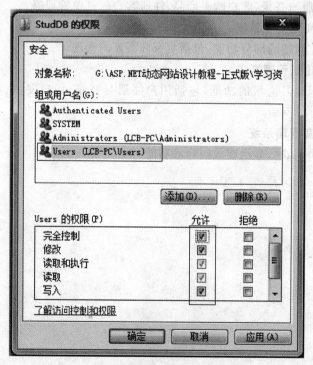

图 C.1 "StudDB 的权限"对话框

④ 对 StudDB_log 文件做同样的授权。

⑤ 启动 SQL Server 2012 Express，右击"数据库"结点，在出现的快捷菜单中选择"附加"命令，如图 C.2 所示。

⑥ 出现"附加数据库"对话框，单击"添加"按钮，选择"D:\ASP.NET\学生成绩管理系统\App_Data"文件夹中的 StudDB 文件，如图 C.3 所示，单击"确定"按钮，这样就在本机上创建了 StudDB 数据库。

⑦ 启动 Visual Studio 2012，选择"文件|打开|网站"命令，出现"打开网站"对话框，选择文件系统下的"学生成绩管理系统"，单击"打开"按钮，这样就进入了学生成绩管理系统网站，打开 Default.aspx 网页即可运行该系统。

图 C.2 选择"附加"命令

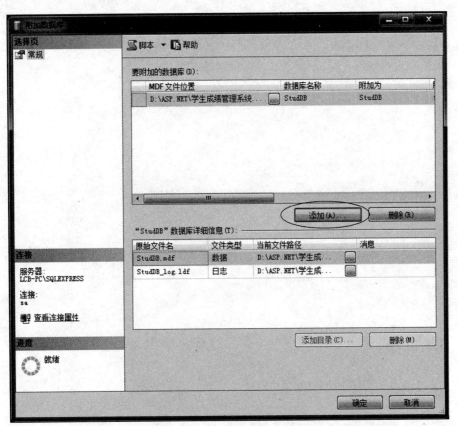

图 C.3 "附加数据库"对话框

注意：本书使用 SQL Server 数据库管理系统的 sa 登录账号的密码为 12345，服务器名称为 LCB-PC\SQLEXPRESS，如果使用其他服务器名称或密码，可以相应修改示例网站中的连接字符串。

说明：从第 12 章开始使用 Stud 数据库，该数据库文件存放在"\ch12\App_Data"文件夹中，在 SQL Server 2012 Express 中附加 Stud 数据库的方法与上述相同。

参 考 文 献

[1] Jason N. Gaylord,Christian Wenz,Pranav Rastogi,等. ASP.NET 4.5 高级编程. 8 版. 李增民,苗荣译. 北京:清华大学出版社,2014.
[2] Imar Spaanjaars. ASP.NET 4.5 入门经典. 7 版. 刘楠,陈晓宇译. 北京:清华大学出版社,2013.
[3] Mary Delamater,Anne Boehm. Murach's ASP.NET 4.5 Web Programming with C# 2012. Mike Murach & Associates,Inc. ,2013.
[4] Adam Freeman,Matthew MacDonald,Mario Szpuszta. Pro ASP.NET 4.5 in C#. Adam Freeman,2013.
[5] Matthew MacDonald,Adam Freeman,Mario Szpuszta. ASP.NET 4 高级程序设计. 4 版. 博思工作室译. 北京:人民邮电出版社,2011.
[6] 郑阿奇. ASP.NET 4.0 实用教程. 北京:电子工业出版社,2013.
[7] S. Mitchell. ASP.NET 2.0 入门经典. 陈武译. 北京:人民邮电出版社,2007.
[8] J. Liberty,等. 学习 ASP.NET 2.0 和 AJAX. 刘平利,等译. 北京:机械工业出版社,2008.
[9] F. Onion,等. Essential ASP.NET 中文版. 袁国忠译. 北京:人民邮电出版社,2007.
[10] 赵晓东,张正礼,许小荣. ASP.NET 3.5 从入门到精通. 北京:清华大学出版社,2009.
[11] 闫洪亮,潘勇. ASP.NET 程序设计教程. 上海:上海交通大学出版社,2006.
[12] 张跃廷,等. ASP.NET 2.0 自学手册. 北京:人民邮电出版社,2008.
[13] 马骏,等. ASP.NET 网页设计与网站开发. 北京:人民邮电出版社,2007.
[14] 王院峰,等. 零基础学 ASP.NET 2.0. 北京:机械工业出版社,2008.
[15] 贺伟,陈哲,龚涛,等. 新一代 ASP.NET 2.0 网络编程入门与实践. 北京:清华大学出版社,2007.
[16] 李春葆,等. ASP.NET 动态网站设计教程——基于 C#+SQL Server. 北京:清华大学出版社,2011.
[17] 李春葆,等. ASP.NET 2.0 动态网站设计教程——基于 VB+Access. 北京:清华大学出版社,2010.
[18] 李春葆,等. ASP.NET 2.0 动态网站设计教程——基于 C#+Access. 北京:清华大学出版社,2010.
[19] 李春葆,等. ASP 动态网页设计——基于 SQL Server 2005 数据库. 北京:清华大学出版社,2009.
[20] 李春葆,等. C#程序设计教程. 3 版. 北京:清华大学出版社,2015.